화학의 시대

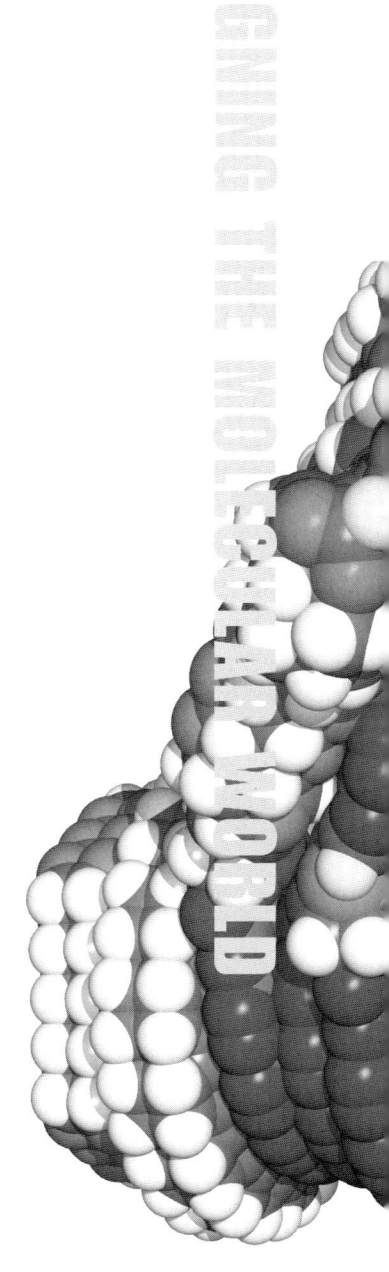

DESIGNING THE MOLECULAR WORLD: Chemistry at the Frontier

by Philip Ball

Copyright © 1994 Princeton University Press
All rights reserved.

Korean Translation Copyright © 2001 by ScienceBooks Co., Ltd.
Korean translation edition is published by arrangement with
Princeton University Press through Eric Yang Agency.
No Part of this book may be reproduced or transmitted in any form or by any means, electronic or
mechanical, including photocopying, recording or by any information storage and retrieval system,
without permission in writing from the Publisher.

이 책의 한국어판 저작권은 에릭 양 에이전시를 통해
Princeton University Press와 독점 계약한 ㈜사이언스북스에 있습니다.
저작권법에 의해 한국 내에서 보호를 받는 저작물이므로
무단 전재와 무단 복제를 금합니다.

화학의 시대

필립 볼 · 고원용 옮김

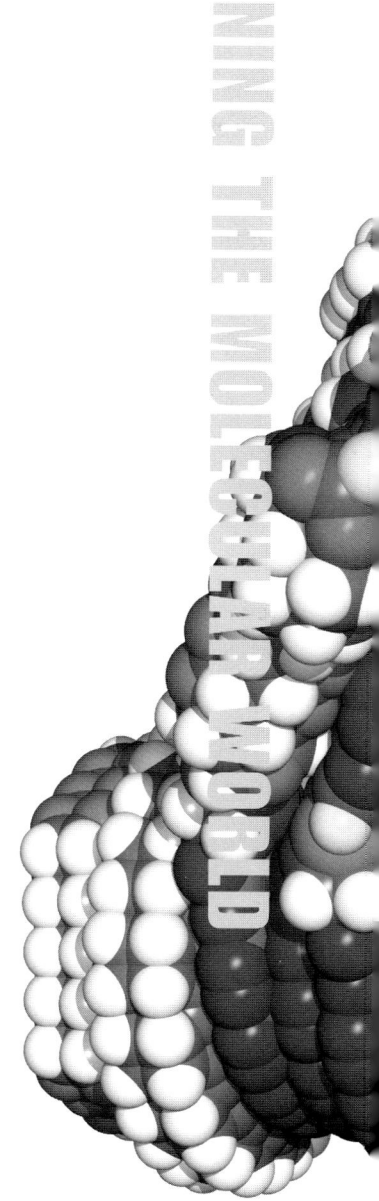

나는 《네이처》의 동료들, 특히 로라 가윈의 격려에 힘입어 처음부터 터무니없고 무모해 보이는 일을 시작게 되었다. 프린스턴 대학 출판부의 동료들, 특히 에밀리 윌킨슨과 말콤 리치필드는 이 책을 쓰도록 나를 설득했다.

만약 이 책이 목적을 이룬다면 그것은 여러 사람의 도움 덕분이다. 해리 크로토, 아메드 제웨일, 찰스 노블러, 마크 데이비스, 토요이치 타나카, 줄리어스 레벡, 스테판 멀러, 플레밍 크림, 스티븐 스콧, 노만 헤론, 일리아 프리고진의 제언과 충고와 도움에 감사한다. 그림 준비를 도와준 수 폭스와 스티브 설리번에게도 고마움을 전한다. 콜린 매카시와 키트 헤스먼과 피터 워커로부터도 큰 도움을 받았다. 그리고 이른 아침부터 밤 늦게까지 일에 몰두해 있던 남편을 너그러이 참아준 줄리아에게도 감사한다.

——필립 볼

서문

화학의 시대를 맞이하여

> 화학 이외에는 아무것도 이해하지 못하는 사람은
> 화학조차도 이해하지 못하는 것이다.
> ── 게오르그 크리스토프 리히텐베르그

과학을 피하는 법

과학 수업을 피할 수 있는 좋은 방법은 수업 시간에 황산과 같은 고전적인 독약을 사용할 때까지 기다리는 것이다. 무슨 일이 일어날지 모르고 있는 과학 선생님은 여느 때와 같이 아무도 병 안에 담긴 것을 만지지 말라고 할 것이다.

똑같이 생긴 병을 준비해서 황산이 담긴 병 옆에 두어라. 선생이 중얼중얼 수업을 시작하면 갑자기 일어나서 크게 울며 외쳐라. 〈선생님, 더 이상 참을 수 없습니다!〉 그리고는 색깔 있는 물을 마시고 쓰러져서 죽은 척 하라.

주의: 만약 여기서 실수를 하더라도 계속 죽은 척하라. 그리고 실제로 너는

죽었다.

> 제프리 윌란스와 로날드 설
> 학교를 타도하라!

  화학을 아주 싫어하는 학생도 화학이 때로는 생활에 도움이 된다는 것을 인정할 것이다. 그러나 화학은 가장 매력이 없어 보이는 과학 분야이다. 물리학자들은 우주의 무한한 신비를 탐구한다. 세상은 어디서 왔는가? 세상은 어떻게 될 것인가? 물질이란 무엇인가? 시간이란 무엇인가? 이렇듯 물리학은 가장 추상적이고, 다루는 범위 또한 가장 넓다. 물리학자들은 거대한 망원경을 이용하여 하늘에서 우주 생성의 흔적을 찾고, 수 킬로미터에 이르는 입자 가속기로 아원자 입자들을 충돌시켜 세상이 무엇으로 이루어져 있는지에 대한 실마리를 모은다. 생물학자들은 삶과 죽음의 문제에 도전한다. 그들은 수천 가지의 자연 질병과 싸우고, 우리가 어떻게 바다의 젤리 덩이에서 진화했는지를 알아내려고 애쓴다. 지질학자들은 화산과 지진에 용감히 맞서고, 해양학자들은 세상에서 숨겨진 깊은 곳을 탐사한다. 화학자들은 무엇을 하는가? 그들은 페인트를 만들고 다른 일도 한다.

  페인트를 만드는 것은 페인트가 마르기를 기다리는 것만큼이나 재미 없는 일이라고 생각할지도 모르겠다. 그러나 거기에는 미묘하고 교묘한 것이 있다고 말하고 싶다. 지금은 이 말에 귀가 솔깃하지 않더라도 페인트는 살아 있는 세포나 비눗방울뿐만 아니라 근육 조직이나 플라스틱과도 공통점이 있다는 것을 나중에 알게 될 것이다. 페인트를 연구하는 화학의 한 구석에는 생각지 못한 놀라움이 있다. 결국 물질의 화학적 성질을 이해하면 우리가 사는 세계를 조절할 수 있다는 것을 알게 될 것이다. 다른 과학 분야는 너무 거대해서 사람들에게 위압감을 주는 수수께끼를 다루지만 화학은 일상적인 경험을 다룬다. 화학은 나무가 어떻게 자라는지, 눈송이가 어떻게 생기는지, 불꽃이 어떻게 타는지를 다룬다.

화학은 너무 평범한 것들을 연구하는 것 같다. 여기에는 화학자들도 책임이 있다. 대다수의 화학자들은 사람들이 자신의 연구를 가치는 있지만 지루하다고 생각하는 것을 어쩔 수 없다고 체념하고 있다. 기대 수준이 낮기 때문에 화학자들은 처음부터 불리한 조건에 있는 것이다. (오래된 옥스퍼드의 농담에 따르면 〈예외 없이 남성〉 화학자는 머리카락이 길고 손은 더러우며 음울하고 퉁명스러운 사람으로 맥주는 엄청나게 마시지만 다른 사람과는 잘 어울리지 못한다.) 그리고 가끔 화학자들은 스스로 자신을 너무 낮춘다. 이런 화학자는 학술 발표회에서 이렇게 말할 것이다. 〈제가 이 결과를 이해한다고 주장하는 것은 아닙니다. 그것은 물리학자가 할 일입니다. 저는 단지 이 물질을 만들었을 뿐입니다.〉

내가 이 모든 것을 고쳐보려고 하는 것은 아니다. 다만 이 책을 통해 오늘날 화학자들이 연구하는 일 중 몇 가지를 소개하고자 한다. 그렇게 함으로써, 화학이 시험관이나 나쁜 냄새에만 관련이 있는 것이 아니라는 것을 보일 수 있다면 그것으로 충분하다. 여기서 우리는 화학의 기본 원리뿐만 아니라 유전학, 기상학, 전자공학, 카오스 연구 등 다양한 분야에서 나온 여러 가지 생각들을 접하게 될 것이다. 그러나 이 책은 교과서가 아니다. 화학을 종합적으로 다루지도 않을 것이고 현상들을 과학적으로 엄밀하게 증명하지도 않을 것이다. 단지 세상을 놀라게 하기 위해서 항상 별이나 진화 이론을 찾아야 하는 것은 아니라는 것을 보여주고 싶을 뿐이다. 세제나 나뭇잎, 자동차의 촉매 변환기를 보고도 놀랄 수 있다는 것을 보이고 싶은 것이다.

1950년에 미국의 화학자 라이너스 폴링Linus Pauling은 〈화학은 젊은 과학〉이라고 말했다. 물론 고대 중국과 바빌론에서도 화학을 연구하였다. 하지만 그의 말도 일리가 있다. 원자의 구조를 안 것은 불과 수십 년밖에 되지 않았고, 드미트리 멘델레예프 Dmitri Mendeleev가 주기율표를 만든 것도 겨우 81년 전의 일이다. 그중 빈 칸 몇 개는 최근에야 채워졌다. 그렇다면 폴링이 이 말을 한 지 약 반 세기가 지난 지금도 화학은 여전히 젊음의 활력을 유지하고 있을까?

오늘날 대부분의 화학은 폴링이 이 말을 한 당시와는 매우 다른 원리들에 의해 돌아간다. 새 화학은 전통적인 화학 분야에는 거의 관심이 없다. 대학에서는 아직도 화학을 물리화학, 유기화학, 무기화학의 세 분야로 나누어 가르친다. 그러나 오늘날 이 분야들 중 하나에만 전념하는 화학자는 거의 없다. 그보다는 연구자들이 그들이 하는 일을 정의하는 과정에서 새로운 개념과 분야가 나온다. 이런 분야들을 다음과 같이 나열했다. 이 책의 각 장에서 이런 개념들이 여러 번 등장할 것이다. 겉보기에는 관련이 없어 보이는 연구들도 결국에는 하나로 얽혀 있음을 알게 될 것이다. 할 수 있다면 다음의 개념들을 기억하라.

재료: 플라스틱 시대의 시작을 슬퍼하는 사람들이 꽤 있다. 그러나 플라스틱은 우리에게 자연에서 얻을 수 있는 재료들만 가지고 애쓸 필요가 없다는 사실을 뚜렷하게 보여주었다. 이제 우리는 용도에 맞는 새로운 재료를 설계할 수 있다. 플라스틱의 성질은 끝없이 다양하다. 그것은 철에 맞먹을 정도로 강하고, 물에 녹거나 미생물에 분해되며, 전기를 통하고, 색을 바꾸고, 근육처럼 수축하거나 구부러진다. 플라스틱은 보통 탄소를 기반으로 사슬 모양의 중합체를 이룬다. 한편 규소와 산소를 기반으로 강도가 큰 세라믹 재료인 〈인공 돌〉도 합성할 수 있다.

최근 몇 년간 재료에 대한 관심이 폭발적으로 증가했다. 공학에서 재료의 성질을 설계할 때 재료의 구조를 분자 수준에서 이해하는 것이 큰 도움이 되기 때문이다. 이제는 원자를 하나씩 더해 물질을 만들 수 있으므로 반도체 미소전자공학 등에서 보듯이 재료 분야에 새로운 가능성이 열렸다. 또한 뼈나 조개 껍질 같은 천연 재료도 흉내 낼 수 있게 되었다. 재료의 미세 구조를 제어할 수 있는 능력이 커질수록 화학은 놀라운 성질을 지닌 물질들을 끊임없이 만들어낼 것이다. 이러한 최근의 예로 풀러렌이라고 부르는 탄소 새장이나 준(準)결정이라고 부르는 금속 합금을 만들었다.

전자공학: 조금 전에 플라스틱이 전기를 통한다고 말했다고? 그렇다. 그런 플라스틱이 있을 뿐만 아니라 벌써 전자공학 장치에 쓰이고 있다. 여러 다양한 합성 화합물질은 금속만큼 전기를 잘 통한다. 그중에는 저항 없이 전기를 통하는 초전도라는 놀라운 성질을 지닌 것도 있다. 금속이 들어 있지 않은 자석도 있는데, 이런 자석은 생물계의 분자들처럼 탄소와 질소로 이루어졌다. 금속이나 규소 같은 반도체를 전혀 사용하지 않는 전자 산업이 이제 가능해 보인다. 어떤 화학자들은 분자 하나로 회로를 구성할 수 있다고 생각한다. 전기가 통하는 분자 전선으로 원자 크기의 부품들을 이어서 아주 작은 〈분자 장치〉를 만드는 것이다.

분자전자공학에 접근하는 한 가지 방법은 보통의 미세전자공학 장치를 특별한 재료로 만드는 것이지만, 더 과감한 방법은 우리에게 익숙한 다이오드와 트랜지스터를 모두 버리고 자연으로부터 영감을 얻는 것이다. 예를 들어 광합성 과정에서는 살아 있는 세포 안의 한 분자에서 다른 분자로 미세한 전류가 흐른다. 그리고 마치 축소한 전자 장치처럼 전류를 조절하는 생분자들도 있다. 이런 자연의 장치들이 어떻게 작동하는지를 알면 〈유기〉전자공학의 문을 열 수 있을 것이다.

자기 조립: 앞에서 제시한 것처럼 분자를 한 번에 하나씩 더해서

분자 구조를 만들려면 지금보다 훨씬 더 정밀하고 훨씬 더 빨리 미소 세계를 다룰 수 있어야 한다. 하지만 분자를 한 번에 하나씩 공들여 더할 필요가 없는 다른 방법이 있다. 분자들이 스스로를 조립하게 하는 것이다. 이것은 마치 벽돌 더미의 벽돌들이 스스로 쌓여 집을 만든다는 말처럼 들릴지 모르지만 분자는 벽돌보다 재주가 훨씬 더 많다. 예를 들어 비누 분자는 저절로 모여서 판, 겹친 판, 인공 세포막 등 온갖 종류의 복잡한 구조를 만든다. 다른 유기 분자는 스스로 모여서 액정이라는 여러 가지 규칙적인 배열을 이룬다.

분자들이 상호 작용하는 방식을 더 잘 이해할수록 스스로 조립하여 복잡한 구조를 만들 수 있는 분자를 더 잘 설계할 수 있다. 여기서 또다시 자연에서 배울 필요가 있다. 자연에는 조직적이고 규칙적인 방식으로 다른 분자를 인식하고 다른 분자와 협력하는 분자들이 아주 많다. 자연에서 그리고 실험실에서 분자 〈인식〉과 자기 조립을 통해 스스로를 복제할 수 있는 분자들이 만들어질 수 있다. 다시 말해……

복제: 생명체의 가장 기본적인 특징은 스스로를 복제할 수 있다는 것이다. 그러나 여기에는 지능이 필요 없다. 화학만으로 이 일을 할 수 있다. 1953년에 DNA의 구조가 발견되면서 화학적인 복제가 어떻게 가능한지를 이해하게 되었다. 복제하는 분자는 주형으로 작용해서 복사본을 만든다. 이 조립 과정에 각 분자와 구조적으로 쌍을 이루는 다른 분자의 〈상보성〉에 의해 그 위에 복사본이 만들어진다.

실험을 통해 자기 복제를 할 수 있는 작은 분자가 만들어지면서 자기 복제를 하는 분자가 DNA만큼 복잡할 필요가 없다는 것이 밝혀졌다. 어떤 의미에서 이러한 분자들은 인공 생명의 시작이다. 그러나 아직 이런 인공 복제 과정에 이용되는 원료는 최종 생성물과 비슷하게 생긴 것으로 복제의 마지막 단계가 빨리 진행되도록 하는 것일 뿐이다. 최초의 분자에서부터 시작해서 복사본을 만드는 진짜 합성 생명체를 만들려면 아직도 멀었다. 그러나 1982년에 DNA를 복제하는 데 복잡한 분자 기계 없이도 DNA의 친척인 RNA가 스스로를 복제할 수 있다는 사실이 발견되었다. 이것은 어떻게 생명이 화학만으로 시작했는지를 이해하는 데 결정적인 단서가 될지도 모른다.

선택성: 어떤 화학 반응은 매우 지저분해서 부반응에 의해 생긴 온갖 물질들로부터 원하는 생성물을 분리해야 한다. 그러나 몸 안의 생화학에서는 이런 일이 벌어지지 않고 각 반응은 정확히 원하는 한 가지 생성물만을 만든다. 생물학에서 발견한 분자 인식의 원리를 적용하여 이 방면에 상당히 진전이 있었다. 이것을 통해 우리는 반응을 선택적으로 진행시키는 법을 배우고 있다.

생화학 과정에서는 효소라고 부르는 분자들의 놀라운 선택성을 관찰할 수 있다. 효소가 어떻게 작용하는지를 완전히 이해하려면 아직도 멀었지만 효소의 작용을 흉내내는 분자들을 합성할 수 있다. 한편 화학 산업에서도 효소의 능력을 이용하기 시작했다. 효소가 든 〈생 반응기〉에서는 보통의 화학적인 방법으로 만들기에는 너무 복잡한 약들을 생산한다. 그리고 석유화학 회사들도 간단한 〈고체 효소〉인 제올라이트를 이용하여 석유에서 유용한 화합물들을 만든다.

원자 수준에서 보기: 화학적인 변화는 눈 깜작할 사이에 일어난다. 반응에서 두 분자가 상호 작용하는 시간은 1조 분의 1초밖에 안 될 수도 있다. 전에는 이 때문에 분자들이 만났을 때 무슨 일이 일어나는지를 알기가 매우 어려웠지만 이제는 이렇게 잠깐 사이에 일어나는 일의 〈사진〉을 찍을 수 있는 방법이 고안되었다. 분자들이 상호 작용하는 동안 수천 번 번쩍거리는 레이저를 쓰면 분자들의 움직임을 붙잡아 사진을 얻을 수 있다. 이러한 방법으로 지금은 분자들이

돌고, 부딪치고, 분자의 원자 배열을 바꾸는 모습까지도 볼 수 있다.

한편 현미경으로는 원자 크기의 물체도 볼 수 있다. 이런 현미경은 바늘 끝에도 수백만 개가 올라갈 수 있는 작은 물체의 상을 보기 위해 빛 대신 전자를 사용한다. 이 현미경으로는 결정에서 원자들이 규칙적으로 배열된 모습이나 액정막에서 분자들이 규칙적으로 쌓여 있는 모습, 또 DNA의 이중나선 구조도 볼 수 있다.

비평형: 눈송이에서 나무의 뿌리와 잎에 이르기까지 자연계의 복잡한 모양들은 오랜 동안 자연과학자들에게 감탄과 곤혹의 대상이였다. 그러나 지난 몇 년 사이의 놀라운 발견 때문에 복잡한 모양이 반드시 정교하게 제어된 생성 과정에서 나오는 것은 아니라는 것을 알게 되었다. 오히려 그런 모양은 전혀 조절되지 않는 계에서 저절로 생길 수 있다. 평형에서 아주 멀리 떨어진 계가 반드시 무질서한 것은 아니고 적당한 조건에서는 스스로를 조직하여 아주 복잡하고 대칭적인 큰 무늬를 형성할 수 있다. 준결정이라고 부르는 〈금지된 결정〉이 한 예이다. 어떤 것들은 〈쪽거리(프랙털)〉 성질을 지녀서 어떤 크기에서 보아도 똑같이 보인다.

평형에서 멀리 떨어진 계는 끊임없이 바뀌므로 움직이는 무늬를 만든다. 비평형 화학 반응은 소용돌이 모양이나, 연못에 돌을 던지면 생기는 동심원 모양으로 퍼져나가는 화학 파동을 만들 수 있다. 비평형계가 진동하는 것은 보통 완벽한 예측 불가능성, 즉 카오스가 가까이 있다는 신호이다. 이미 여러 화학 반응에서 카오스의 특징이 발견되었다.

중간 크기의 화학: 이제 우리는 보고 만질 수 있는 거시적인 크기와 분자 수준의 미시적인 크기의 화학적인 과정은 꽤 잘 이해하게 되었다. 그러나 그 사이, 즉 수천 개의 원자에서 살아 있는 세포 사이의

중간 크기, 즉 메소 크기 mesoscale에서는 별로 아는 것이 없다. 수천 개의 원자나 분자 모임이 덩어리 고체처럼 행동할 것인가 아니면 여전히 독립된 분자들과 같을 것인가? 둘 다 답이 아닌 경우가 자주 있다. 이 크기에서는 완전히 새로운 성질이 나타나기도 한다.

분자의 자기 조립을 통해 인공 생체막이나 규칙적인 액정 배열을 만들 수 있어 이 크기에서의 연구가 진행되었다. 그리고 기체 상태에서 원자를 서너 개에서 수천 개에 이르기까지 원하는 크기의 뭉치로 응축시켜 계의 성질이 분자에서 덩어리 고체 조각으로 바뀌는 것을 따라갈 수도 있다. 이러한 점진적인 변화 과정에서 비정상적으로 안정한 원자들의 〈마법수 magic number〉를 만나기도 한다. 그 이유는 아직도 완전히 알려지지 않았다. 특히 재미있는 예는 탄소 원자로 이루어진 뭉치들로 이것들은 속이 빈 일정한 크기의 새장 구조를 만들 수 있다. 이 탄소 새장은 화학, 전자공학, 재료과학에 새로운 연구 분야를 열었다.

에너지 변환: 보통 열의 형태로 에너지를 생산하는 화학 반응들이 많다. 인류가 불을 이용하기 시작한 이래 우리는 이것을 이용해 왔다. 그러나 오늘날에도 연소처럼 거칠고 비효율적인 화학 과정을 통해 에너지를 생산한다는 것은 놀라운 일이 아닐 수 없다. 건전지에서는 화학 에너지가 바로 전기 에너지로 바뀌지만 건전지는 비싸고 전세계 에너지 수요의 상당량을 공급할 만큼 강력하지도 못하다. 그러나 자동차나 인공 위성의 동력원 등으로 이용하기 위해 새로운 종류의 전지를 개발중이다. 큰 출력이 필요 없는 거의 모든 부분에 작고 가벼운 전지가 안전하고 효율적이며 편리한 에너지 공급원이 될 것이다.

우리는 매일 태양으로부터 수백만 메가와트의 에너지를 공짜로 공급받고 있다. 그러나 아직 이 에너지를 더 유용한 형태로 바꿀 효율적인 방법이 없다. 이것의 화학적인 해답은 바로 태양 전지이다. 태양 전지에는 빛을 흡수해서 화학 에너지로 바꾸거나 바로 전기로 바꾸는 물질이 쓰인다. 식물의 광합성 반응은 자연이 만든 태양 전지이고 최근에는 이것을 흉내낸 태양 전지도 나왔다.

센서: 어떤 화합물이 있는지를 빨리 정확하게 감지하는 것은 삶과 죽음의 문제이다. 유독 가스가 새는지, 혈액에 포도당이나 마취제가 얼마나 있는지, 음식에 해로운 성분이 들어 있는지를 검사하는 데에는 모두 믿을 수 있고 섬세한 감지 장치가 필요하다. 많은 화학 센서들은 특정한 화학종에 의해 전극의 전류나 전압이 바뀌는 전기화학의 원리를 이용하고 있다. 이렇게 특정한 생화합물에 아주 선택적으로 반응하는 센서는 자연적인 효소의 분자 인식 능력을 이용하는 방향으로 개발되고 있다. 한편 한 종류의 분자만을 선택적으로 투과시키고 다른 종류의 분자는 투과시키지 않는 플라스틱 막도 개발되었다.

몇몇 특별한 경우에는 현재 검출할 수 있는 궁극적인 한계인 분자 하나만을 검출할 수 있다. 이것은 인체의 화학 감지 시스템인 코의 후각기보다 성능이 우수한 것이다. 분자와 빛의 상호 작용인 분광학을 이용하는 센서는 검출하려는 물질과 직접 접촉하지 않고 멀리 떨어져서 측정할 수 있다. 이런 방법으로 먼 곳의 대기와 성간 공간과 다른 별의 대기에 있는 화합물들을 검출할 수 있다.

환경: 인류는 지구에 존재한 이래 많은 화학 쓰레기를 강과 바다, 땅, 그리고 공기 중에 버려 왔다. 하지만 이제 그 결과가 우리 집에까지 미치게 되었고 주변 환경의 화학적인 조성에 관심을 갖지 않을 수 없게 되었다. 유럽의 대기 오염이 북극의 눈에 나타나고, 화력 발전소에서 배출한 가스가 산성비로 땅에 떨어지고, 안정하기 때

문에 전혀 해가 없을 것이라고 생각했던 가스가 오존층을 파괴하고 있다. 그리고 탄소 화합물을 태울 때 생기는 이산화탄소는 지구를 찌는 듯한 온실로 바꾸어 놓을지도 모른다.

이제 이런 환경 위험을 일으키는 화학 과정은 잘 이해하게 되었지만 이것이 지구의 생태와 기후에 어떤 영향을 미칠지는 예측하기 어렵다. 그러나 과거의 자연적인 과정에 의한 대기화학의 변화로 인해 지구가 데워졌는지 식었는지를 연구해서 이 문제에 대한 단서를 얻을 수는 있다. 과학자들은 얼음 속에 갇힌 옛날 공기와 오래 전에 바다 밑바닥에 쌓인 퇴적암의 성분을 분석해서 대기화학과 기후 변화 사이의 관계를 알아내려고 한다.

한편 다른 과학자들은 금속이 대기와 바다에서 순환하는 것을 연구하여 오염물이 운반되는 과정을 이해하려고 한다. 그리고 과학자들은 지구에 해를 미치거나 쓰레기로 남는 물질들을 대체할 수 있는 더 안전한 물질들, 예를 들어 오존을 파괴하는 CFC의 대체물이나 박테리아에 의해 분해되는 플라스틱을 만들려고 애쓴다.

이 책은 세 부분으로 구성되어 있다. 처음 네 장은 화학 연구의 전통적인 면인(1장부터 4장까지 각각) 구조와 결합, 열역학과 동역학, 분광학, 결정학에 관한 것이다. 이 장들에서는 이미 확립된 도구와 개념을 새로운 목표와 문제들에 적용함으로써, 전통이 바뀌고 있다는 것을 보여주고자 한다. 과학의 어떤 주제는 그 목적을 달성한 후 시대에 뒤처져 사라지지만 적어도 이 네 분야는 새로운 발견과 기술적인 진보로 인해 앞으로 수십 년 동안 〈전통적인〉 접근법이 중요한 역할을 할 것이다.

뒤따르는 2부의 세 장에서는 7장(콜로이드 화학)의 주제만이 1950년대의 화학자들이 들어본 것이다. 물론 그것도 지금의 관점보다 상당히 다른 것이다. 2부에서는 분자 수준을 이해함으로써 화학적인 성질을 완전히 새로운 방식으로 보게 되었다는 것과 이것이 어떻게 화학과 분자생물학, 전자공학, 재료과학 같은 다른 분야와 관련되는지를 보게 될 것이다. 다시 말해 우리는 화학 연구의 새로운 기능 중 몇을 보게 될 것이다.

마지막 3부에서는 내가 〈과정의 화학〉이라고 부르는 것을 몇 가지 살펴볼 것이다. 이것은 화학적인 변화를 생성물과 화학 반응 및 상호 작용의 메커니즘 수준에서 보는 것이 아니라 이러한 과정의 결과들을 더 높은 수준에서 보려고 할 것이다. 생명 자체가 이러한 과정의 결과이다. 초기 지구의 화학에서 생명이 나왔을 것이다(8장). 자연계에서 볼 수 있는 성장과 모양의 복잡성도 간단한 화학 과정에서 시작해서 진화했을 것이다(9장). 대기와 환경과 기후의 중요한 변화 중에도 화학적인 변환에서 시작된 것이 많다(10장).

이런 이야기를 하는 동안 나는 주어진 면을 모두 채워버렸다. 어떤 화학자들은 다른 주제들도 다루기를 기대했을 것이다. 특히 고분자과학과 전기화학에 대해 거의 말하지 않은 것은 변명하기 어렵다. 용서를 바랄 뿐이다. 하지만 참고 문헌의 글들을 통해 이 빈 틈을 메울 수 있을 것이다.

차례

서문 - 화학의 시대를 맞이하여　7

1부　현대 화학의 출발
1장　분자의 건축　23
2장　촉매와 효소의 네트워크　83
3장　춤추는 분자의 스펙트럼　125
4장　준결정 구조의 기하학　165

2부　새로운 물질, 새로운 화학
5장　분자 하나를 집을 수 있는 집게　209
6장　전기가 흐르는 플라스틱　267
7장　칼로 자를 수 있는 액체　309

3부　무한한 화학의 가능성
8장　어떻게 화학에서 생명이 비롯되었는가　363
9장　분자 세계의 소우주　411
10장　지구를 되살리는 과학　455

옮긴이 후기　493
참고 문헌　495
찾아보기　511

1부 현대 화학의 출발

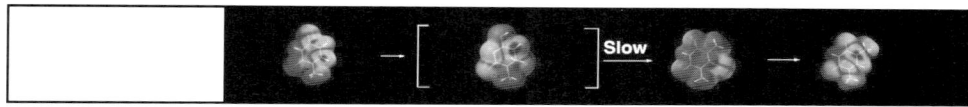

DESIGNING
THE
MOLECULAR
WORLD

2부 새로운 물질, 새로운 화학

3부 무한한 화학의 가능성

1
분자의 건축

화학적으로 합성할 수 있는 분자가
자연이 창조할 수 있는 것보다 훨씬 더 많다.
―마르셀렝 베르틀로

1989년에 매사추세츠에 있는 하버드 대학의 화학자들은 팔리톡신 palytoxin이라는 무시무시한 맹독성 물질을 합성했다. 팔리톡신은 합성 독약 중에서 가장 독성이 강한 물질로 천연 독약 중에서도 독성이 강한 것 가운데 하나이다. 그러나 어떤 사악한 목적을 위해 팔리톡신을 합성한 것은 아니었다. 화학자들은 간단한 분자로부터 완전한 팔리톡신을 합성하는 것이 매우 어려운 일이라고 생각했기 때문에 도전했던 것이다.

〈그림 1.1〉을 한 번 보고 이것이 얼마나 어려운 일인지 느낄 수 있겠는가? 이 그림은 팔리톡신의 분자 구조를 나타낸 것이다. 구슬은

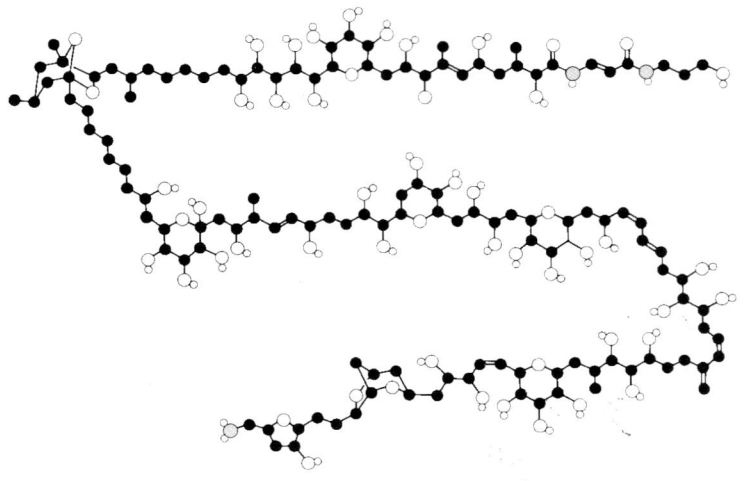

그림 1.1 가장 복잡한 분자들 중 하나이고 합성 분자 중 독성이 가장 강한 팔리톡신의 구조. 검은 원은 탄소 원자를, 큰 흰 원은 산소 원자를, 회색 원은 질소 원자를, 작은 흰 원은 수소 원자를 나타낸다. 이해하기 쉽도록 탄소에 붙은 수소 원자는 표시하지 않았다.

원자를, 막대는 원자들을 잇는 화학 결합을 나타낸다. (원자, 분자, 화학 결합이 무슨 뜻인지 잘 몰라도 걱정할 필요는 없다. 곧 설명할 것이다. 그리고 이 낱말들을 들어본 적이 없더라도 이렇게 복잡한 구조를 만드는 것이 결코 쉬운 일이 아니라는 것은 짐작할 수 있을 것이다.) 팔리톡신은 특별히 어디에 쓰이는 것이 아니다. 팔리톡신의 합성은 성경 암송 대회나 원주율을 소숫점 아래 백만 자리까지 외우는 것을 겨루는 대회에 비교할 수 있다. 이것들은 단지 기술적인 솜씨를 자랑하는 것뿐이다. 그러나 이렇게 어려운 일을 해결하는 동안 화학자들은 자주 새로운 방법을 발견했고 이러한 방법은 의학이나 공업에 필요한 복잡한 분자를 합성하는 데 이용된다.

　분자를 합성하는 것은 큰 사업이다. 사람들은 문명을 일으키고 삶을 풍요롭게 하기 위해 자연에서 필요한 물질들을 찾아냈다. 그러나 우리에게는 자연에 없는 물질도 필요하고, 어떤 물질은 자연에서 얻을 수 있는 것보다 더 많은 양이 필요하기도 하다. 지금까지 의사들은 생물계에서, 특히 식물에서 여러 가지 복잡한 화합물들을 찾아내 병을 치료해 왔다. 그러나 어떤 질병은 자연적인 치료법이 없거나 알려진 치료법이 별로 효과가 없다. 따라서 많은 화학자들이 알려진 생약보다 더 싸거나 더 효과적인 인공화합물을 합성하는 사업 분야에서 일한다. 제약 산업은 인공합성 화합물을 필요로 하는 여러 분야 중의 하나일 뿐이지만 그 화합물들이 매우 복잡하고 합성하기 어렵기 때문에 화학이 관련된 사업 가운데 가장 좋은 예이다.

다음 장들에서 우리는 근대 화학의 방법으로 합성한 간단한 인공 분자들의 예를 볼 것이다. 일반적으로 이 분자들은 더 작은 분자를 화학 반응을 통해 연결하거나 재배치하여 만든다. 여기서 합성법을 자세히 설명하지는 않을 것이다. 그 가운데에는 감탄할 만한 것도 있지만, 솔직히 말해 화학자가 아닌 사람들에게는 지루한 이야기일 뿐이다. 그보다는 만든 분자의 행동과 성질을 살펴보는 것이 훨씬 더 재미있을 것이다. 그렇지만 이 장에서만큼은 버크민스터풀러렌 buckminsterfullerene이라는 괴상망측한 이름을 지닌 분자의 합성법을 자세히 살펴보기로 하자. 이 분자는 모든 면에서 놀라울 뿐 아니라 이 분자가 발견되고 합성된 과정도 아주 흥미롭다. 이 이야기는 전혀 예상치 못한 곳에서 중요한 과학적 발전이 일어난다는 것과, 따분해 보이는 분자 합성이 왜 사람들을 때때로 흥분의 도가니로 빠뜨리는지를 보여주는 가장 좋은 예이다. 버크민스터풀러렌 이야기는 가장 화려한 화학 연구 이야기이다.

이 이야기를 이 장의 끝으로 미룬 것을 용서해 주기 바란다. 이 이야기를 이해하려면 분자를 합성하는 일에 대해 어느 정도 알아야 한다. 먼저 분자가 무엇인지 알아보자. 〈그림 1.1〉과 같은 그림으로 화학자들은 무엇을 말하려는 것인가? 구슬과 막대는 실제로 무엇인가?

1 우주를 채우는 것

1-1 왜 우주는 허상인가

도교나 불교와 같은 동양 사상과 근대 물리학 사이의 유사성을 논하는 것이 지난 몇 년 동안 하나의 유행이 되었다. 이것은 마치 표지 색이 같기 때문에 두 책의 내용이 비슷하다고 말하는 것 같지만, 도교에서 말하는 것처럼 근대 과학이 물리적인 세계를 오직 허상이라고 말하는 데에는 일리가 있다. 근대 과학에 따르면 겉보기에는 단단한 물체들이 실제로는 거의 텅 빈 공간이다. 만약 이 빈 공간들이 모두 없어지도록 지구를 압축시킨다면 지구는 축구장보다도 작아질 것이다. 사실 물리학자들은 이렇게 압축된 축구장 크기의 지구가 또 빈 공간은 아닌지 의심하고 있다. 여기까지 이르면 〈공간〉과 〈물질〉이 무엇을 의미하는지도 불확실하다.

따라서 모든 것이 허상이 아닌가? 우리는 거의 빈 공간 위에 앉아 있거나 서 있다. 우리들 자체도 거의 〈빈 공간일 뿐이다〉. 그렇지만 책은 단단하게 느껴지고 거의 빈 공간인 우리들의 손가락은 거의 빈 공간인 책장 속을 뚫고 들어가지 못한다. 여기서 근대 물리학은 우리의 상식을 벗어난다. 서론에서 말했던 것처럼 화학은 이 근대 물리학과 상식 사이에 있다. 화학은 물리학이 설명하는 세계의 모습을 받아들이고 이용한다. 또한 화학은 우리가 왜 물질들을 그렇게 느끼는지를 이성적으로 설명한다.

이 두 세계를 연결하는 고리는 원자 수준에 있다. 거의 모든 화학 분야는 원자들을 작고 단단한 구슬처럼 다룬다. 이 구슬들이 여러 가지 방법으로 붙어서 물질을 만들고 이 물질들이 일상적인 세계를 이룬다. 촛불이 타고, 결정이 자라고, 숯불 위의 고기가 눋고, 하나의 세포가 자라서 사람이 되는, 우리가 경험하는 현상들 모두를 이 구슬 원자들 사이의 결합 형태가 바뀌는 것으로 설명할 수 있다.

그러나 원자들이 실제로 텅 비어 있음에도 불구하고 어떻게 화학자들은 원자들이 구슬처럼, 다시 말해 구슬이 겉보기에 그런 것처럼 단단하다고 생각할 수 있는가? 도대체 원자란 무엇인가?

1-2 원소들의 질서

그리스 철학자들은 몇 가지 구성 요소가 다른 비율로 섞여 모든 물질을 이룬다고 생각했다. 그들은 원소라고 부르는 이 기본적인 구성 요소로 흙, 공기, 불, 물의 네 가지를 생각했다. (아리스토텔레스는 여기에 하늘의 물체를 구성하는 원소 에테르를 더했고 중국의 연금술사들은 금, 나무, 물, 불, 흙의 다섯 가지 원소를 생각했다.)

17세기에 이르기까지 자연 철학자들은 비록 많은 물질이 더 기본적인 것들로 분해되기는 하지만 이것들이 단 네 가지 원소만으로 이루어져 있다고 말하기 어렵다는 것을 알게 되었다. 더 분해되지 않는 기본적인 물질들이 흙, 공기, 불, 물의 성질과 너무도 달랐을 뿐 아니라 그 수도 분명히 네 가지가 넘었다. 원소들 중 대다수는 구리, 철, 납 같은 금속이었다. 다른 몇 가지 원소는 수소, 질소, 산소 등의 기체였다. 그리고 탄소와 규소 같은 몇 가지 비금속 고체가 있다. 한 가지 이상의 원소를 포함한 물질은 화합물이라고 불렸다.

화학자들은 원소를 하나 또는 두 개의 알파벳으로 이루어진 기호로 표시한다. 대부분은 쉽게 알아볼 수 있다. 예를 들면, 수소 hydrogen는 H로, 산소 oxygen는 O로, 질소 nitrogen는 N으로, 니켈 nickel은 Ni로, 알루미늄 aluminum은 Al로 표시한다. 몇 가지 원소 기호는 오래 전부터 쓰이던 이름에서 유래했기 때문에 예로 든 것보다 알아보기 어렵다. 예를 들어 철의 원소 기호 Fe는 라틴어 페룸 ferrum에서 유래한 것이다.

19세기에 프랑스 화학자 조셉 루이 프로스트 Joseph Louis Proust와 영국인 존 돌턴John Dalton은 화합물을 이루는 원소들의 비가 만드는 방법에 관계없이 항상 일정하다는 것을 알아냈다. 프로스트는 이 발견에 일정 성분비의 법칙이라는 이름을 붙였다. 원자들이 결합한 덩어리들의 모임을 분자라고 부르고, 이 덩어리 안에 각 원소의 원자가 정해진 개수만큼 들어 있다고 생각하면 이 법칙을 설명할 수 있다. 물질이 보이지 않는 단위로 이루어져 있다는 생각을 맨 처음 한 사람은 기원전 5세기의 그리스 철학자 루시푸스Leucippus였다. 그의 제자 데모크리투스Democritus는 이 조각들을 〈쪼갤 수 없다〉는 뜻에서 원자라고 불렀다. 그러나 원자 가설을 선험적인 주장이 아니라 현상을 논리적으로 설명하는 데 도움을 주는 진정한 의미에서의 과학적인 가설로 만든 사람은 프로스트와 돌턴이다.

원소, 원자, 분자 사이의 구분은 중요하므로 확실히 해 둘 필요가 있다. 예를 들어 이 책에서 산소 원소, 산소 원자, 산소 분자는 각각 다른 것을 가리키는 말이다. 원소는 원자 모델을 전혀 생각하지 않고 단지 그 물질만을 가리키는 것이다. 원자는 더 이상 나눌 수 없는 원소의 가장 작은 단위이고 분자는 화학 결합으로 묶인 원자들의 덩어리이다.

일상적인 조건에서 원자들은 보통 따로 떨어져 있지 않다. 원자들은 다른 원자들과 일정한 비율로 결합해서 산소 원자 하나가 수소 원자 두 개와 결합한 물 분자나 공기의 주성분인 산소와 질소 기체처럼 산소 원자와 질소 원자가 각각 쌍으로 결합한 분자를 이루고 있다(그림 1.2a). 화학자들은 분자의 조성을 구성 원소를 나열한 화학식으로 나타낸다. 아래 첨자는 그 원소의 원자 수를 나타낸다. 따라서 물 분자는 H_2O이고 질소 분자는 N_2이다.

어떤 물질들에서는 구성 원자가 모여 작은 분자를 이루는 대신 원자가 모두 이어져서 엄청나게 큰 그물 구조를 만든다. 다이아몬드(그림 1.2b)나 금속의 경우가 그렇다. 원리적으로 다이아몬드와 같은

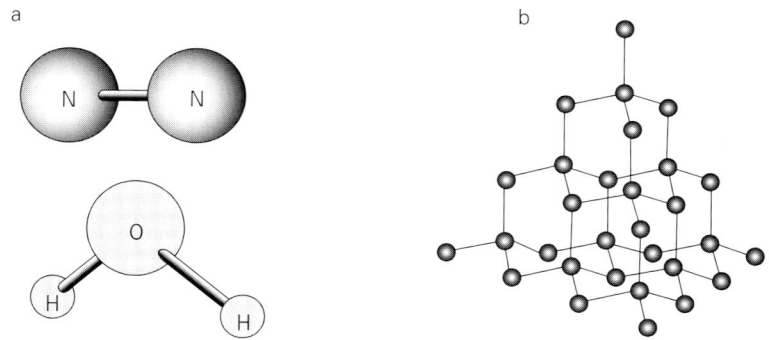

그림 1.2 질소(N_2)와 물(H_2O) 분자(a) 그리고 쭉 이어진 결정 구조를 따라 탄소 원자들이 결합해 있는 다이아몬드의 구조(b).

원자의 그물 구조를 하나의 거대한 분자로 생각하면 안 될 이유는 없지만 그렇게 해도 별 도움이 되지 않는다. 따라서 분자라고 말할 때는 보통 셀 수 있을 정도의 원자로 이루어진 따로 떨어진 덩어리들을 말하는 것이다. 그러나 수천 개, 심지어 수백만 개의 원자들로 이루어진 중간 영역에 있는 분자들도 이 책에서 보게 될 것이다.

19세기 중반까지 수십 가지의 다른 원소들이 발견되었다. 원자 모델에 따라 각 원소의 원자 대 수소 원자의 무게 비인 원자량을 정할 수 있었다. 원자 하나의 무게는 너무 작아서 재기 어렵지만 원소들의 상대적인 무게비는 훨씬 쉽게 잴 수 있었다. 1811년에 이탈리아 화학자 아메데오 아보가드로Amedeo Avogadro는 같은 온도와 압력에서 같은 부피의 두 가지 기체는 같은 수의 원자, 더 정확하게 말하면 분자를 담고 있다는 가설을 내놓았다. 따라서 산소의 원자량은 같은 부피의 산소 기체 대 수소 기체의 무게비였다(이 값은 거의 정확하게 16이다).

또한 어떤 원소들은 성질이 아주 비슷하다는 것도 잘 알려져 있었다. 예를 들어 나트륨(Na)과 칼륨(K)과 루비듐(Rb)과 세슘(Cs)은 모두 물과 결렬하게 반응해서 수소 기체를 발생시킨다. 플루오르(F)와 염소(Cl)는 금속을 녹슬게 하는 기체지만 헬륨(He)과 네온(Ne)과 아르곤(Ar)은 반응하지 않는 아주 안정한 기체이다. 러시아의 화학자 드미트리 이바노비치 멘델레예프 Dmitri Ivanovich Mendeleev는 원소들을 원자량 순서에 따라 배열하면 같은 화학적 성질들이 주기적으로 나타난다는 것을 발견했다. 이 원소 열을 적당히 잘라서 아래위로 성질이 비슷한 원소들이 같은 줄에 오도록 원소들의 표를 만들 수 있다. 1869년에 멘델레예프는 원소를 분류하는 방법인 주기율표를 발표했다. 그러나 그는 이러한 규칙성이 어디에서 왔는지에 대해 아무 설명도 할 수 없었다. 그리고 이러한 규칙성을 유지하기 위해 그는 주기율표에 아직 발견되지 않은 원소들의 자리를 몇 개 비워 놓았다. 그 뒤 수십 년 동안 화학자들이 발견한 새 원소들이 멘델레예프 표의 빈자리에 차례로 채워지는 것을 보고 사람들은 주기율표가 원자들의 성질에 대한 근본적인 무엇을 말하고 있다고 믿게 되었다. 그러나 주기율표의 규칙성을 설명하기까지는 많은 발견을 기다려야 했다. 오늘날 주기율표에는 빈자리가 없다(그림 1.3). 그러나 물리학자들이 가끔 아주 무겁고 불안정한 원소들을 원소 목록의 끝에 더하기도 한다.

1-3 원자의 속

20세기 초에야 원자 구조의 가장 깊숙한 비밀이 베일을 벗기 시작했다. 라돈(Ra) 기체가 붕괴할 때 나오는 알파 입자의 대부분이 아주 얇은 금판을 똑바로 통과하는 것을 보고 물리학자 어니스트 러더퍼드 Ernest Rutherford는 1916년에 원자가 실은 거의 텅 비어 있다는 가설을 내놓았다. 그는 원자의 거의 모든 질량이 양의 전하를 띠는 아주 작은 핵에 뭉쳐 있고 (아주 가끔 알파 입자는 금판 속의 이 무거

1 H 수소																	2 He 헬륨
3 Li 리튬	4 Be 베릴륨											5 B 붕소	6 C 탄소	7 N 질소	8 O 산소	9 F 플루오르	10 Ne 네온
11 Na 나트륨	12 Mg 마그네슘											13 Al 알루미늄	14 Si 규소	15 P 인	16 S 황	17 Cl 염소	18 Ar 아르곤
19 K 칼륨	20 Ca 칼슘	21 Sc 스칸듐	22 Ti 티탄	23 V 바나듐	24 Cr 크롬	25 Mn 망간	26 Fe 철	27 Co 코발트	28 Ni 니켈	29 Cu 구리	30 Zn 아연	31 Ga 갈륨	32 Ge 게르마늄	33 As 비소	34 Se 셀렌	35 Br 브롬	36 Kr 크립톤
37 Rb 루비듐	38 Sr 스트론튬	39 Y 이트륨	40 Zr 지르코늄	41 Nb 니오브	42 Mo 몰리브덴	43 Tc 테크네튬	44 Ru 루테늄	45 Rh 로듐	46 Pd 팔라듐	47 Ag 은	48 Cd 카드뮴	49 In 인듐	50 Sn 주석	51 Sb 안티몬	52 Te 텔루르	53 I 요오드	54 Xe 크세논
55 Cs 세슘	56 Ba 바륨	57 La 란탄	72 Hf 하프늄	73 Ta 탄탈	74 W 텅스텐	75 Re 레늄	76 Os 오스뮴	77 Ir 이리듐	78 Pt 백금	79 Au 금	80 Hg 수은	81 Tl 탈륨	82 Pb 납	83 Bi 비스무트	84 Po 폴로늄	85 At 아스타틴	86 Rn 라돈
87 Fr 프랑슘	88 Ra 라듐	89 Ac 악티늄															

58 Ce 세륨	59 Pr 프라세오디뮴	60 Nd 네오디뮴	61 Pm 프로메튬	62 Sm 사마륨	63 Eu 유로퓸	64 Gd 가돌리늄	65 Tb 테르븀	66 Dy 디스프로슘	67 Ho 홀뮴	68 Er 에르븀	69 Tm 툴륨	70 Yb 이테르븀	71 Lu 루테튬
90 Th 토륨	91 Pa 프로트악티늄	92 U 우라늄	93 Np 넵튜늄	94 Pu 플루토늄	95 Am 아메리슘	96 Cm 퀴륨	97 Bk 버클륨	98 Cf 칼리포르늄	99 Es 아인시타이늄	100 Fm 페르뮴	101 Md 멘델레븀	102 No 노벨륨	103 Lr 로렌슘

그림 1.3 1869년에 드미트리 멘델레예프가 고안한 원소의 주기율표는 여러 자연적인 원소들에 일관성을 부여했다. 이웃한 원자들의 원자 번호, 즉 양성자의 수는 왼쪽에서 오른쪽 방향으로 하나씩 커진다. 같은 세로줄에 속한 원소들은 비슷한 화학적 성질을 나타낸다. 중앙의 회색 영역에 있는 원소들은 전이 금속들이다. 란탄(La)과 하프늄(Hf) 사이에 란탄 계열 원소들이 있고, 악티늄(Ac) 이후로 악티늄 계열 원소들이 있다. 이 원소들은 표 아래에 따로 적었다. 로렌슘(Lr) 원소 이후로도 방사능을 띤 불안정한 원소들이 몇 개 인공적으로 합성되었다.

운 핵에 부딪혀 날아왔던 방향으로 다시 돌아간다) 음의 전하를 띤 전자가 핵의 주위를 돌고 있는 모델을 제안했다(그림 1.4). 원자핵 안에는 양성자와 중성자의 두 가지 입자가 있다는 것이 곧 알려졌다. 양성자는 전자의 음전하와 같은 크기의 양전하를 띠지만 중성자는 전기적으로 중성이다. 양성자는 전자보다 1,837배나 더 무겁고 중성자는 양성자와 질량이 거의 같다.

원자의 크기는 전자 궤도에 의해 결정되고 이것은 보통 원자핵 크기의 10만 배이다. 원자핵들을 둘러싸고 있는 전자가 서로 전기적인 힘으로 밀기 때문에 (같은 전하는 서로 민다) 사물이 스스로 짜부라지지 않는다고 설명하면 쉬울 것 같다. 그러나 실제 설명은 이것보다 미묘하다. 안타깝게도 이것을 설명하려면 책이 너무 길어질 것이다. 다른 원자 주위를 도는 전자들은 서로 반발하고 이것 때문에 원

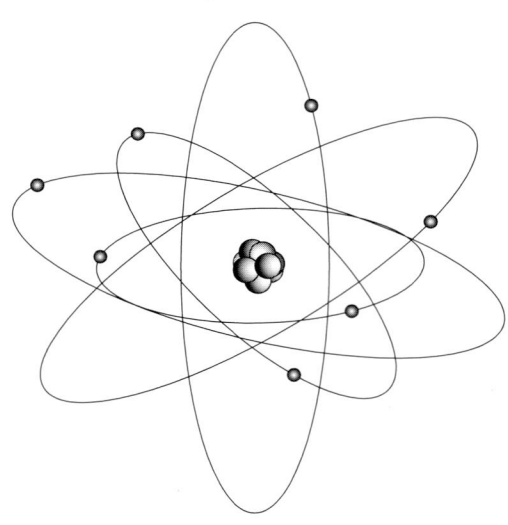

그림 1.4 어니스트 러더퍼드는 작고 무겁고 양전하를 띤 핵과 그 주위를 도는 음전하를 띤 전자로 이루어진 원자 모형을 제안했다.

자들이 구슬처럼 보인다고 하면 당장은 충분하다.

중성 원자에는 같은 수의 전자와 양성자가 있다. 이 전자의 수, 양성자의 수가 원자 번호이다. 서로 다른 원소의 원자들은 원자 번호가 다르고 멘델레예프의 주기율표에서 이웃한 원소들은 원자 번호가 하나만큼 틀리다. 예를 들어 탄소 원자에는 전자와 양성자가 각각 6개 있고 질소 원자에는 7개, 산소 원자에는 8개씩 있다. 납(Pb) 원자에는 무려 82개가 있다. 하지만 원자 번호는 중성자의 수에 대해서는 아무것도 말해 주지 않는다. 가벼운 원자들에서는 중성자의 수가 양성자의 수와 엇비슷하지만 (예를 들어 대부분의 탄소 원자에는 중성자가 6개 있고 대부분의 질소 원자에는 7개가 있다) 무거운 원자에서는 중성자가 양성자보다 훨씬 더 많다. 대부분의 납 원자에는 양성자가 82개, 중성자가 128개 들어 있다. 자꾸 〈대부분〉이라고 강조하는 것은 같은 원소라도 중성자의 수가 다른 원자들이 있기 때문이다. 예를 들어 중성자가 7개나 8개가 있는 탄소 원자도 있다. 그래도 이들은 원자 번호가 같기 때문에 탄소 원자이다. 동위 원소란 어떤 원소의 중성자 수가 다른 (따라서 그들의 질량, 즉 〈원자량〉이 다른) 원자들이다. 수소의 동위 원소에는 원자핵에 양성자 하나와 중성자 하나가 든 중수소와 양성자 하나와 중성자 두 개가 든 삼중수소가 있다.

1-4 양자론적 원자

러더퍼드의 〈태양계〉 원자 모형을 깎아내릴 필요는 없다. 이것은 원자를 이루는 요소들 간의 관계를 설명하고 원자가 거의 텅 비어 있다는 것을 명확하게 보여준다. 그러나 원자처럼 작은 것들은 지구나 구슬 같은 물체와는 다른 방식으로 움직이기 때문에 이 태양계 모형을 글자 그대로 받아들여서는 안 된다. 큰 물체와 작은 물체가 움직이는 방식이 다르다는 것은 작은 물체들의 행동을 다루는 양자역학의 중심 주장이다.

20세기 초 러더퍼드가 그의 원자 모형을 제안하기도 전에 물리학자들은 〈고전적인〉 물리적 세계관에 심각한 잘못이 있다는 것을 알고 불안해 했다. 고전 물리로부터 때때로 옳지 않거나 터무니없는 예측이 나왔기 때문이다. 19세기 말에 스코틀랜드인 제임스 클러크 맥스웰 James Clerk Maxwell이 수식화한 전자기학의 고전 이론은 물리 과학의 넓은 분야를 우아하게 하나로 합쳤다. 그러나 불행히도 맥스웰의 이론으로부터 뜨거운 물체가 무한한 양의 열을 발산한다는 도저히 받아들일 수 없는 결론이 나왔다. 그리고 당시의 이론에 따르면 빛을 비추었을 때 금속으로부터 튀어나오는 전자의 속도는 받은 빛의 세기에만 관련이 있고 빛의 색깔과는 관계가 없어야 했다(이렇게 전자가 튀어나오는 현상을 광전 효과라고 부른다). 그러나 실제 실험의 결과는 그 반대였다.

1902년에 독일인 물리학자 막스 플랑크 Max Planck는 뜨거운 물체가 에너지를 꾸러미로만 내놓을 수 있다고 가정해서 양자역학의 새로운 세계관을 열었다. 빛의 파장에 따라 결정되는 에너지 꾸러미에는 양자 quanta라는 이름을 붙였다. 그러나 플랑크에게는 이렇게 가정하면 이론적인 예측이 실험 결과와 잘 일치한다는 것 외에 이 가정을 뒷받침할 아무 근거가 없었다. 그러나 1905년에 알베르트 아인슈타인이 똑같은 가정으로 광전 효과를 설명할 수 있다는 것을 보이고나자 에너지의 꾸러미라는 생각이 수학적인 속임수가 아니라 실제 세계의 특징이라는 것이 분명해졌다.

1913년에 닐스 보어는 에너지가 꾸러미로만 전달될 수 있다는 생각을 받아들여서 러더퍼드의 원자 모형 중 당시의 물리 법칙과 어긋나는 부분을 설명해 냈다. 고전적인 관점에 따르면 원자핵 주위를 도는 전자는 에너지를 계속 방출하며 나선 궤도를 돌다가 원자핵에 충돌해야만 했다. 다시 말해 러더퍼드의 원자 모형은 불안정했다. 보어는 원자핵으로부터 띄엄띄엄 떨어진 몇 개의 궤도에 전자가 갇혀 있다고 제안했다. 이것은 전자의 에너지가 불연속적이라는 것을 의미했다. 궤도에 갇혀 있는 전자의 에너지는 일정하다. 전자들은 에너지를 연속적으로 잃어 나선 궤도를 도는 것이 아니라, 정해진 크기의 뭉치로만 에너지가 커지거나 작아질 수 있었다.

보어의 원자 모형에서 전자들의 에너지 상태는 사다리의 단처럼 생겼다. 단과 단의 사이는 금지된 에너지 영역을 나타낸다(그림 1.5). 각 전자들의 〈에너지 준위〉는 원자핵 주위를 도는 특정한 궤도에 대응한다. 따라서 한 에너지 준위의 전자는 어떤 궤도를 돌고 다른 에너지 준위의 전자는 다른 궤도를 돈다. 보어도 여전히 원 궤도를 가정했다. (나중에 독일인 물리학자 아놀드 조머펠트 Arnold Sommerfeld가 타원 궤도도 제안했다.) 그러나 1920년대에 베르너 하이젠베르크 Werner Heisenberg가 단단하고 윤곽이 뚜렷한 물체가 선형의 궤도를 돈다는 생각이 매우 작은 입자에는 적용되지 않는다는 것을 밝혔다. 이 정도 크기의 입자는 윤곽이 흐릿해져서 어떤 경우에도 입자의 정확한 위치와 정확한 속도, 더 정확하게는 속도를 질량과 곱

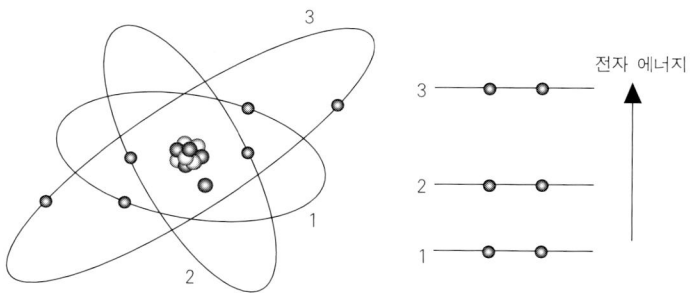

그림 1.5 닐스 보어의 원자 모형에서 전자들은 오직 정해진, 띄엄띄엄한 에너지만을 가질 수 있다. 빛을 흡수하거나 방출하여 전자들은 에너지 사다리의 한 단에서 다른 단으로 뛸 수 있지만 단 사이의 에너지는 가질 수 없다.

한 운동량 둘 다를 알 수는 없다. 원칙적으로 우리는 위치나 속도를 우리가 원하는 만큼 정확하게 결정할 수 있다. 그러나 하나를 정확하게 알면 알수록 다른 것은 그에 비례해서 불확실해진다. 이것이 양자역학의 주춧돌이 된 하이젠베르크의 불확실성의 원리이다. 이 불확실한 윤곽 때문에 양자론적 입자의 정확한 위치를 말할 수 없고 오직 공간의 어떤 점에서 그 입자를 발견할 확률에 대해서만 말할 수 있다.

 불확정성의 원리 때문에 전자의 궤도를 윤곽이 흐릿한 전하의 구름이라고 생각하는 것이 더 적절하다. 이 구름이 원자핵을 둘러싸고 있다. 구름이 짙을수록 전자를 발견할 확률이 더 높다. 고전적인 용어를 쓸 때 생기는 오해를 피하기 위해 화학자들은 이 구름을 궤도 orbit라고 부르지 않고 〈오비탈orbital〉이라고 부른다. 모든 원자에서 처음 두 에너지 준위에 해당하는 오비탈은 공 모양이다. 전자는 원자핵을 중심으로 공 모양의 영역에 모여 있다(그림 1.6). 따라서 s 오비탈이라고 부르는 이 오비탈은 전자들이 원자핵 주위를 도는 대신 원자핵을 바로 가로질러(!) 간다는 것을 빼면 원형 궤도의 그림과 그리 다르지 않다. 그러나 p 오비탈이라고 이름 붙인 셋째 에너지 준위의 오비탈은 아령 모양이다. 간단하게 말하면 이 오비탈의 전자들은 원자핵 주위에서 8자 모양을 그리고 있다고 생각할 수 있다. 에너지가 더 큰 오비탈들 중의 몇몇은 이 두 오비탈이 크기만 커진 것이지만 어떤 것들은 더 복잡한 모양을 하고 있다.

 전자의 오비탈은 러시아 인형처럼 여러 개가 차례차례 껍질을 이룬다. 맨 처음 껍질에는 s 오비탈 하나만이 있고 이것을 1s로 표시한다. 둘째 껍질에는 공 모양 오비탈(2s)과 서로 직교하는 p 오비탈 세 개가 있다(그림 1.6). 셋째 껍질에는 s 오비탈(3s) 하나와 p 오비탈(3p) 세 개와 d 오비탈(3d) 다섯 개가 있다. 뒤따르는 껍질에는 크기가 더 커진 앞 껍질의 모든 오비탈에 앞 껍질에는 없는 새로운 종류의 오비탈이 하나 더해진다는 것이 규칙이다. 전자의 에너지는 오비

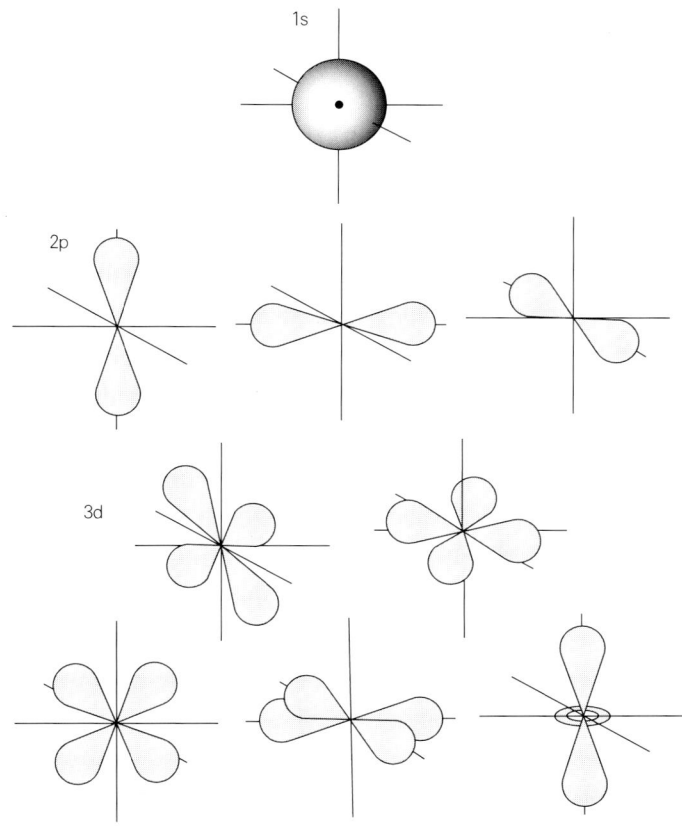

그림 1.6 양자론적 원자에서 윤곽이 흐릿한 전자 오비탈들은 러더퍼드의 〈고전〉 원자의 잘 정의된 궤도와 많이 다르다. 어둡게 칠한 영역은 전자를 발견할 확률이 가장 큰 곳이다. 에너지가 가장 낮은 두 오비탈(1s와 2s)은 구 대칭이다. 하지만 2p 오비탈은 아령 모양이고 셋째 전자 껍질에는 겹친 아령 모양과 고리 아령 모양의 3d 오비탈이 있다.

탈이 들어 있는 껍질과 (바깥 껍질에 속한 전자의 에너지가 더 크다) 오비탈의 종류에 따라 (즉, s 오비탈이냐 p 오비탈이냐 d 오비탈이냐에 따라) 정해진다.

오스트리아계 스위스인 물리학자 볼프강 파울리 Wolfgang Pauli의 이름을 따서 파울리 배타 원리라고 이름 붙인 양자역학의 또 하나의 중요한 원리에 따라 각 오비탈에는 딱 두 개의 전자만이 들어갈 수 있다. 이 파울리 배타 원리와 오비탈의 껍질 구조로부터 주기율표의 특징들을 설명할 수 있다. 원자의 화학적 성질은 주로 맨 바깥 층에 있는 전자들이 결정한다. 이 전자들은 대개 맨 바깥 껍질에 있는 전자들일 때가 많다. (아래 껍질에서 바깥으로 〈튀어나온〉 오비탈들은 예외이다. 이 튀어나온 오비탈도 바깥 층의 전자로 고려되어야 한다.) 에너지가 가장 낮은 오비탈부터 차례로 각 오비탈들에 전자가 두 개씩 위로 〈채워〉 올라간다고 생각할 수 있다. 따라서 수소 원자의 전자 하나는 1s 오비탈에 들어가고 헬륨 원자에서는 1s 오비탈에 전자가 하나 더 들어간다(그림 1.7). 주기율표의 다음 원소인 리튬(Li)에는 전자가 세 개 있어서 두 개는 1s오비탈에 들어가고 남은 하나는 다음 껍질로 간다. 이제 두 개의 오비탈, 즉 2s 또는 2p 가운데 어

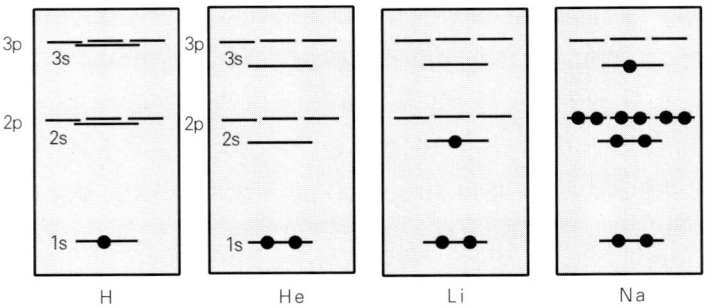

그림 1.7 에너지가 가장 낮은 원자 오비탈부터 차례로 각 오비탈에 전자가 두 개씩 채워진다. 수소 원자에는 1s 전자가 하나 있고, 헬륨 원자에는 1s 전자가 두 개 있고 리튬 원자에는 1s 전자가 두 개, 2s 전자가 하나 있고 이렇게 계속 된다. 수소 원자에서 전자의 에너지는 오직 〈껍질 수〉에만 좌우된다. 2s와 2p 오비탈의 에너지가 같고, 3s와 3p와 3d 오비탈의 에너지가 같다. 그러나 전자가 하나보다 많은 다른 원자들에서는 그렇지 않다. 수소와 리튬과 나트륨 원자는 모두 가장 바깥 껍질에 s 전자가 하나 있다.

디로 들어갈 것인지를 정해야 한다. 수소 원자에서 이 두 오비탈은 에너지가 똑같다. 그러나 전자가 하나보다 많은 모든 원자에서는 그렇지 않다. 2s 오비탈이 2p 오비탈보다 에너지가 낮다. 따라서 리튬의 셋째 전자는 2s 오비탈에 들어간다. 이제 원자 번호에 따라 둘째 껍질을 채워갈 수 있다. 예를 들어 탄소 원자에는 1s 오비탈에 전자 두 개, 2s 오비탈에 전자 두 개, 2p 오비탈에 전자 두 개가 들어 있다. 전자가 여덟 개인 네온에 이르면 둘째 껍질이 다 찬다. 2s 오비탈에 전자 두 개와 2p 오비탈 셋에 전자 여섯 개가 들어간다. 따라서 전자가 아홉 개인 나트륨 원자에서 아홉번째 전자는 셋째 껍질의 3s 오비탈에 들어간다. 이렇게 해서 나트륨과 리튬 원자에는 s 오비탈에 (리튬에서는 1s, 나트륨에서는 2s) 전자가 하나 든 맨 바깥 껍질이 있고(그림 1.7) 나트륨과 리튬은 화학적으로 비슷한 성질을 보인다. 같은 방식으로 염소의 맨 바깥 껍질은 플루오르의 맨 바깥 껍질이 더 커진 것이다. 플루오르의 경우에는 둘째 껍질에, 염소의 경우에는 셋째 껍질에 s 오비탈의 전자 두 개와 p 오비탈의 전자 다섯 개를 가진다. 브롬(Br)의 바깥 껍질은 이 둘이 더 커진 것이다.

주기율표에서 새 가로줄은 새 껍질이 채워지기 시작할 때 생긴다. 흔히 전이 금속이라고 부르는 칼슘(Ca) 다음에 새로 나타난 세로줄은 d 오비탈이 채워지기 시작해서 생긴 것이다(그림 1.3). 새로운 형태의 오비탈을 채우기 때문에 란탄과 악티늄 원소 다음에는 주기율표가 확장된다. 이 원소들은 보통 주기율표의 폭이 너무 넓어지지 않게 하기 위해 주기율표의 바깥에 따로 적는다.

2 원자 공예 - 분자의 구조

2-1 어떻게 막대를 붙이는가

분자에서 원자들은 화학 결합으로 연결된다. 이 화학 결합들은 〈그림 1.1〉에서처럼 단순하게 막대로 표현된다. 원자들은 전자를 함께 가지거나 주고받아서 서로 결합한다. 가장 흔한 것은 각 원자가 하나씩의 전자를 내놓고 뭉치는 것이다. 이제 이 결합에 속한 전자는 전자를 내놓은 원자의 오비탈에만 붙어 있는 것이 아니라 다른 원자의 핵 주위도 돌아다닌다. 따라서 결합 전자는 두 원자핵 주위에 윤곽이 흐릿한 구름, 다시 말해 분자 오비탈을 이룬다. 둘이나 세 원자핵이 전자를 공유해서 이루는 결합을 공유 결합이라고 부른다.

두 수소 원자가 모여서 H_2 분자를 이룰 때 각 원자의 1s 오비탈은 합쳐져서 럭비공 모양의 분자 오비탈을 이룬다(그림 1.8). 하지만 H_2 분자의 결합을 엄격하게 양자역학적으로 표현한 것에는 얼른 이해되

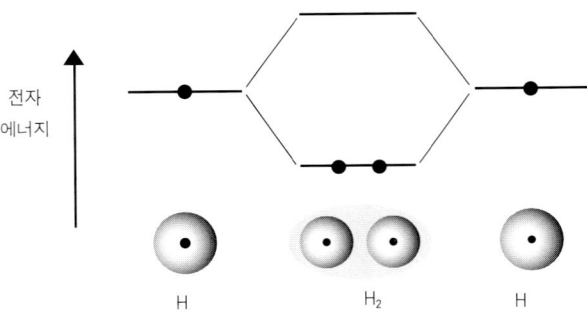

그림 1.8 공유 결합은 원자들이 전자들을 공유할 때 생긴다. 그 결과 공유된 전자는 〈분자〉 오비탈을 따라 두 원자핵 주위를 돈다. 더 정확하게 말하자면 어느 쪽 원자핵 주위에서도 전자를 발견할 확률이 상당히 크다. 수소 분자(H_2)에서 각 원자의 두 1s 오비탈은 겹쳐져서 두 원자핵에 걸친 길쭉한 분자 오비탈을 만든다. 이 분자 오비탈의 에너지는 수소 원자의 1s 오비탈의 에너지보다 작다. 이와 동시에 에너지가 더 높은 자리에 텅 빈 〈반결합〉 분자 오비탈도 생긴다. 분자 오비탈을 형성할 때는 전자의 에너지가 낮아지기 때문에 분자가 그대로 유지된다.

분자 그리기

화학자들은 분자 구조를 여러 방법으로 나타낸다. 이 방법들의 일반적인 원리는 원소들의 원자를 나타내는 기호들을 화학 결합을 나타내는 선이나 막대로 잇는 것이다. 홑줄은 단일(δ) 결합을 나타내고 겹줄은 이중 결합을, 세겹줄은 삼중 결합을 나타낸다.

H_2O: H-O-H O_2: O=O N_2: N≡N

그림에서 삼차원적인 원자의 위치를 나타내는 것이 편리하거나 필요할 때가 있지만 이 정보가 항상 필요한 것은 아니다. 예를 들어 에테인 분자의 삼차원적인 구조는 아래와 같지만

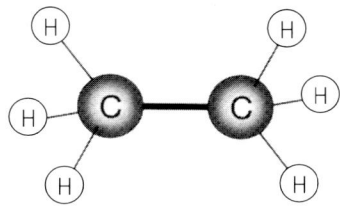

보통은 각 탄소 원자 주위의 결합이 정사면체 모양으로 배열한 것을 무시하고 아래처럼 간단히 그린다.

```
    H   H
    |   |
H — C — C — H
    |   |
    H   H
```

너무 많은 분자들이 탄소 원자로 이루어진 뼈대로 이루어져

있기 때문에 화학자들은 자주 원자를 일일이 나타내지 않고 탄소 뼈대를 선으로만 나타내는 더 간단한 표기법을 쓴다. 뼈대가 꺾인 꼭지점마다 탄소 원자가 자리잡고 있다. 탄소 원자와 결합한 수소 원자들은 반응성이 매우 낮아서 분자 구조에서 보통 중요하지 않으므로 이 간단한 표기법에서는 이러한 수소 원자를 따로 나타내지 않는다. (하지만 산소나 질소에 붙은 수소 원자는 구조적으로나 화학적으로 중요한 역할을 할 때가 많으므로 **나타낸다**.) 따라서 이 표기법에서는 사이클로헥세인(그림 1.12)과 벤젠(그림 1.13)을 아래처럼 나타낸다.

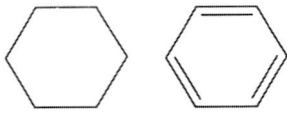

실제로 사이클로헥세인의 고리는 구부려져있지만 삼차원적인 구조는 이 표기법에서 무시된다.

분자의 구슬 막대 표현이나 뼈대 표현으로 원자들이 어떻게 이어져 있는가를 잘 나타낼 수 있지만 이런 표현과 실제 분자 모양과의 관계는 수수깡 인형과 사람과의 관계와 같다. 분자들이 상호 작용할 때 공간적인 제약을 이해하기 위해서 분자의 **진짜** 삼차원적인 크기와 모양을 알아야 할 필요가 자주 있다. 예를 들어 결정에서 분자들이 어떻게 쌓이는지를 이해하려면 이것이 아주 중요하다. 이런 때 화학자들은 구성 원자들을 사실적인 모양대로 만든 〈공간 채움 모델〉을 쓴다. 앞에서 보았듯이 원자에 실제로 모양이 있는 것도 아니고 뚜렷한 가장자리가 있는 것도 아니지만, 한 원자에 다른 원자가 가까이 다가갈 수 있는 거리를 그 원자의 실재적인 반지름이라고 부를 수 있다. 분자에서는 원자들의 오비탈이 겹치기 때문에 공간 채움 모델의 원자들은 완전한 구가 아니다. 벤젠의 공간 채움 모델은 아래와 같다.

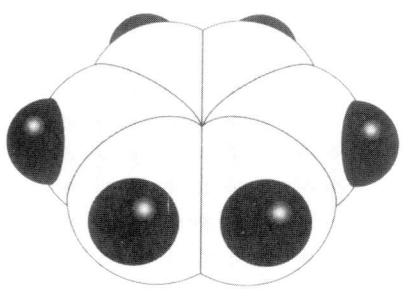

여기서 큰 회색 조각은 탄소 원자이고 작은 검정 반구는 수소이다.

이 책에서는 보통 분자의 각 원자를 공으로 나타낸다. 예외적으로 구조가 아주 복잡한 경우에는 쉽게 이해할 수 있도록 탄소에 붙은 수소 원자들을 생략한다. 이 책에서는 수소를 생략한 경우에는 모두 표시했다. 분자가 너무 크지 않다면 원자들을 화학 기호로 표시하지만 큰 분자의 경우에는 〈그림 1.1〉에서 쓴 부호를 사용한다.

- ● 탄소   ○ 산소
- ◉ 질소   ○ 수소

분자의 모양을 원자 수준에서 나타내는 것이 번거롭거나 오히려 혼동되는 경우에는 더 개략적인 방법으로 분자의 구조를 나타낸다. 예를 들어 탄소 뼈대를 직선으로 나타내거나 고리 모양의 분자를 단순한 띠로, 막대 모양의 분자를 원기둥으로 나타낸다.

지 않는 부분이 있다. 오비탈의 전체 개수는 반드시 〈보존되어야〉 한다. 다시 말해 분자 오비탈의 전체 개수는 분자 오비탈을 이루는 데 들어간 원자 오비탈의 개수와 같아야 한다. H_2 분자를 이루는 데는 두 원자 오비탈이 들어가므로 분자 오비탈도 두 개여야 한다. 하나는 전자쌍이 있는 결합 오비탈이다. 이 분자 오비탈에 있는 전자의 에너지는 원자 오비탈에 있는 전자의 에너지보다 낮다. 따라서 원자들이 서로 헤어지지 않고 붙들려 있다. 원자들을 떼어놓으려면 원자들이 결합을 이룰 때 잃은 에너지를 넣어주어야 한다.

다른 분자 오비탈은 어디에 있는가? 이것은 존재하지만 비어 있기 때문에 우리가 〈볼〉 수 없다. 이 다른 오비탈에는 전자가 없다. 돈이 하나도 들어있지 않은 은행 계좌처럼 이것은 〈잠재적인〉 오비탈이다. 이 오비탈에 전자가 들어간다면 이 전자는 원자 오비탈의 전자보다 에너지가 더 높게 된다(그림 1.8). 이 오비탈에 전자를 넣으면 결합 오비탈에만 전자가 들어 있는 것보다 전체 에너지가 높아지기 때문에 원자 사이의 결합이 약해진다. 따라서 이 오비탈을 반(反)결합 오비탈이라고 부른다. 만약 H_2 분자에 전자를 하나 더해서 H_2^- 이온을 만든다면 결합 오비탈에는 자리가 없기 때문에 이 여분의 전자는 반결합 오비탈로 들어간다. (원자 오비탈과 마찬가지로 분자 오비탈에도 전자가 두 개만 들어갈 수 있다.) 따라서 H_2^- 이온에서 두 수소 사이의 결합은 H_2 분자의 결합보다 약하다. 전자는 빛을 흡수해서 에너지가 높은 반결합 오비탈로 올라갈 수 있다. 이 현상은 3장에서 다룰 것이다.

원자들은 다른 방법으로도 강하게 결합할 수 있다. 이 경우에는 전자를 공유하는 것이 아니라 전자를 〈주고받는다〉. 한 원자가 전자를 온전히 다른 원자에게 주어서 이 전자는 〈주개〉의 원자 오비탈을 떠나서 〈받개〉의 원자 오비탈에 붙들린다. 음전하를 띤 전자를 잃기 때문에 주개 원자는 양전하를 띠지만 받개 원자는 전자가 양성자의 수보다 하나 더 많으므로 음전하를 띤다. 이렇게 전하를 띤 원자들을 이온이라고 부른다. 이 이온들은 서로 다른 전하를 띠기 때문에 서로 끌린다. 이온 결합은 금속과 주기율표에서 오른쪽 끝에 있는 비금속 원소들 사이에서 쉽게 볼 수 있다. 소금은 나트륨과 염소의 이온 결합 화합물로 나트륨 원자가 염소 원자에게 전자를 주어서 나트륨 이온(Na^+)과 염소 이온(Cl^-)을 만들었다고 생각할 수 있다. 이온 결합 화합물들은 대체로 높은 온도에서 녹는 고체이다.

원자에 속해 있는 전자 중 일부만이 결합에 이용되고 일반적으로 이 전자들은 맨 바깥쪽 껍질에 있다. (가끔 바깥쪽에서 둘째 껍질의 전자도 결합에 이용된다.) 안쪽〈깊숙한〉껍질에 있는 전자들은 너무 단단히 붙들려 있어서 화학적인 상호 작용을 할 수 없다. 따라서 각 원소들은 맨 바깥 껍질에 전자가 어떻게 배열되어 있느냐에 따라 특징적인 결합 양상을 보인다. 예를 들어 탄소는 맨 바깥, 즉 둘째 껍질에 전자가 네 개 있고 대부분의 화합물에서 네 개의 결합을 이룬다. 그러나 원자가 이루는 공유 결합의 수가 항상 맨 바깥에 있는 전자 수와 같은 것은 아니다. 예를 들어 질소는 맨 바깥 껍질에 전자가 다섯 개 있고 산소는 여섯 개가 있지만, 질소는 세 개의 결합을 이루고 산소는 두 개의 결합을 이룬다. 질소와 산소에서는 전자쌍들이 결합에 참여하지 않는 오비탈을 차지할 수 있다. 비공유 전자쌍이라고 부르는 이 전자쌍은 나뭇잎 모양의 원자 바깥쪽으로 튀어나온 오비탈에 들어 있어 질소와 산소가 들어 있는 분자의 모양에 큰 영향을 미친다(그림 1.9a). 비공유 전자쌍도 어떤 상황에서는 결합에 이용될 수 있다. 비공유 전자쌍을 지닌 원자는 공유 결합에 내놓을 전자가 없는 양이온과〈여분의〉결합을 이룰 수 있다. 배위 결합이라고 부르는 이 결합에서 두 결합 전자는 모두 한 원자로부터 온 것이다. 질소와 산소는 전자가 없는 양성자인 수소 이온과 배위 결합을 이루어서 양전하를 띤 화학종을 만들 수 있다(그림 1.9b).

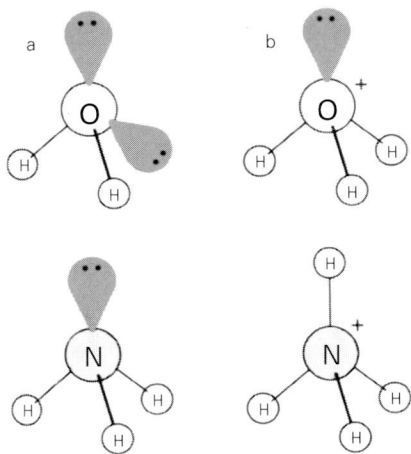

그림 1.9 공유 결합에 참여하지 않는 맨 바깥쪽 껍질의 전자쌍이 비공유 전자쌍이다. 물 분자에서 산소 원자에는 비공유 전자쌍이 두 벌 있고 암모니아 분자에서 질소 원자에는 비공유 전자쌍이 한 벌 있다(a). 비공유 전자쌍은, 수소 이온처럼 양전하를 띠지만 공유 결합에 내놓을 전자가 없는 이온과 결합할 수 있다. 물이나 암모니아 분자가 H^+ 이온과 결합하면 분자 이온이 된다(b).

앞에서 탄소 원자가 네 개의 결합을 이룬다고 말했지만 에틸렌 분자(C_2H_4)에서 각 탄소는 단지 세 개의 원자하고만 결합하고 있다. 그러나 두 탄소 원자는 이중 결합이라고 부르는 두 개의 결합으로 붙어 있기 때문에 실제로 탄소의 결합 수는 네 개이다. 이 두 개의 결합에는 두 원자핵 사이에서 전자 구름이 가장 두터운 보통의 (시그마(σ) 결합이라고 부르는) 〈단일〉 결합과 두 원자핵의 위와 아래에 소시지 모양의 전자 구름 두 개로 이루어진 〈파이(π) 결합〉이 있다(그림 1.10). π 결합은 나란히 놓인 아령 모양의 p 오비탈 두 개가 겹쳐져서 생긴 것이다. 이 π 결합 오비탈이 버팀대 구실을 하기 때문에 양끝의 원자가 돌지 못한다. 따라서 이 분자는 납작하다.

짐작대로 이중 결합은 단일 결합보다 더 세다. 에틸렌의 탄소-탄소 결합을 끊는 데는 두 CH_3 기의 탄소가 서로 단일 결합으로 이어진 에테인(C_2H_6)의 탄소-탄소 결합을 끊는 것보다 더 많은 에너지가 필요하다. 그러나 이중 결합이 단일 결합보다 두 배나 세지는 않다. 이중 결합에서 π 부분을 끊는 것은 단일 결합을 끊기보다 쉽다. 이 때문에 에틸렌은 에테인보다 다른 화합물과 쉽게 반응한다. 결합 수는 맞지만 결합 수만큼의 원자들과 결합하고 있는 것은 아니기 때문에 π 결합이 있는 탄소 화합물들을 보통 불포화되었다고 한다. 반면에 포화된 탄소 화합물에는 단일 결합밖에 없다. 기름진 음식에 들어 있는 불포화 지방산은 탄소 원자 사이에 이중 결합이 여러 개 있는 긴 사슬 모양의 분자이다. 이중 결합에 수소 원자를 더해서 (이것을 수소화라고 부른다) 이중 결합을 〈포화시키면〉 더 높은 온도에서 녹는 포화 지방산이 된다. 불포화된 액체 식물성 기름이 수소화 과정을 거치면 포화 지방산으로 이루어진 고체 마가린이 된다.

결합의 수를 맞추기 위해 원자들이 이중 결합까지만 할 수 있는 것은 아니다. 삼중 결합도 할 수 있다. 탄소 원자가 다른 탄소 원자 하나와 수소 원자 하나하고만 결합한 아세틸렌(C_2H_2)에서 두 탄소는

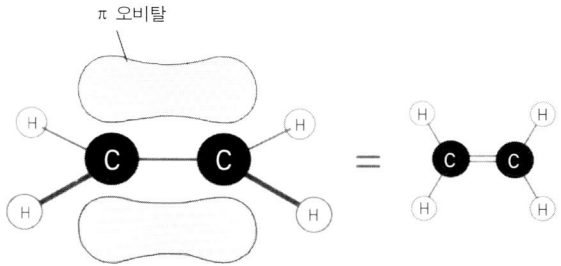

그림 1.10 에틸렌 분자에서 두 탄소 원자는 이중 결합으로 이어져 있다. 탄소의 두 원자 오비탈이 두 탄소 원자핵 사이에서 겹쳐 결합의 한 부분을 이루고 이것을 시그마(δ) 결합이라고 부른다. 아령 모양의 2p 오비탈은 분자 평면의 위와 아래에서 겹쳐서 소시지 모양의 전자 구름 두 개를 만든다. 이것을 파이(π) 결합이라고 부른다. 구슬-막대 표현에서는 이중 결합을 〈막대〉 두 개로 나타낸다.

삼중 결합으로 맺어져 있다. 삼중 결합은 δ 결합 하나와 π 결합 두 개로 이루어진다. 이때 소시지 모양의 두 π 오비탈은 서로 직각을 이룬다(그림 1.11).

삼중 결합은 아주 세지만 탄소 화합물에서는 반응성도 매우 크다. 이 때문에 아세틸렌은 폭발성이 있다. 아세틸렌은 산소 분자와 반응해서 삼중 결합을 풀고 쌓였던 에너지를 토해낸다. 이것이 산소아세틸렌 용접 불꽃에서 일어나는 일이다. 하지만 삼중 결합을 이룬 모든 분자가 항상 반응성이 큰 것은 아니다. 질소 분자(N_2)에서 두 질소 원자 사이의 삼중 결합은 매우 안정하기 때문에 질소 기체는 다른 화합물과 여간해서 반응하지 않는다.

최근에 더 높은 수준의 다중 결합이 가능하다는 것을 알게 되었다. 두 탄소 원자가 사중 결합으로 이어진 C_2는 아주 불안정하고 반응성이 매우 강하지만 어떤 금속 원자들은 비교적 안정한 금속-금속 사중 결합을 이룬다.

2-2 완전한 고리

원자를 이어 분자를 만들 때 탄소는 가장 많이 쓰인다. 다른 탄소 원자와 단일, 이중, 삼중 결합을 통해 단단하게 붙기 때문에 온갖

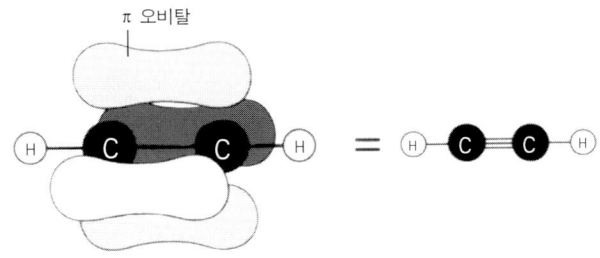

그림 1.11 아세틸렌 분자에서 두 탄소 원자는 삼중 결합으로 이어져 있다. 삼중 결합은 δ 결합 하나와 서로 직교하는 π 결합 두 개로 이루어진다.

분자 뼈대를 만들 수 있다. 이 중 일부는 지방이나 스테로이드 같은 복잡한 생화합물의 뼈대가 된다. 따라서 합성화학자가 새롭고 이상한 모양의 분자를 만들 때 탄소가 특히 도움이 된다는 것은 놀라운 일이 아니다. 신기한 것을 좋아하는 사람이 이상한 모양의 분자를 만들 것이라고 생각할지도 모르지만 아주 중요한 목적 때문에 그런 분자를 합성할 수도 있다. 특이한 모양의 분자를 설계하는 것은 그 분자의 화학적인 성질이 쓸모 있을 것이라고 생각하기 때문일 수도 있고, 또는 단순히 미지의 영역에 뛰어들기 위해서일 수도 있다. 이상한 모양 때문에 분자가 예상치 못한 성질을 지닐 수도 있고 겉으로 전혀 관련이 없어 보이는 화학의 분야들을 하나로 꿰는 새로운 통찰을 얻을 수도 있다.

이상한 탄소 분자에 관한 거의 모든 일들은 탄소 고리에서 시작한다. 석유에는 다섯 개나 여섯 개, 훨씬 드물게는 일곱 개 이상의 탄소 원자로 고리를 이루는 탄화수소가 들어 있다. 각 탄소 원자가 다른 두 개의 탄소 원자와 두 개의 수소 원자와 결합한 사이클로헥세인 cyclohexane의 뼈대는 육각 고리이다. 이때 각 탄소 주위의 결합들을 가장 편안하게 배열하면 고리가 꺾이게 된다(그림 1.12).

근대 산업의 중요 공정에서는 사이클로헥세인의 각 탄소에서 수소 원자를 하나씩 떼어 벤젠 (C_6H_6)을 만든다. 석유에도 자연적으로 들어 있는 벤젠의 발견은 1865년에 이것을 보고한 독일 화학자 프리드리히 아우구스트 케쿨레 Friedrich August Kekulé의 공으로 흔히 알려져 있지만 실제로는 다른 독일인 화학자 요한 로슈미트 Johann Loschmidt가 그보다 4년 전에 이미 고리 구조를 발표한 것 같다. 전하는 말에 의하면 케쿨레가 꿈에서 자기 꼬리를 입에 문 뱀을 보고 고리 구조를 생각해 냈다고 한다. 그러나 이 이야기는 케쿨레의 〈발견〉으로부터 25년이 지난 뒤에야 생겨난 것 같으므로 믿기 어렵다. 심지어는 케쿨레의 영감이 실제로는 로슈미트의 책을 흘끗 본 데서

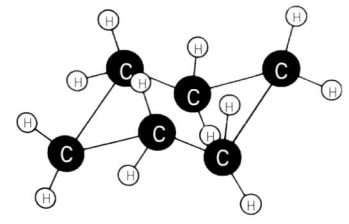

그림 1.12 사이클로헥세인은 여섯 개의 탄소 원자가 고리를 이룬 탄화수소이다. 각 탄소 주위의 결합을 가장 편안하게 배열하도록 고리가 접혀 있다.

왔을 것이라고 말하는 이도 있다!

어찌 되었건 단일 결합과 이중 결합이 번갈아 있는 탄소 육각 고리는 〈케쿨레 구조〉라고 알려지게 되었다. 단일 결합과 이중 결합을 차례로 배열하는 데에는 두 가지 동등한 방법이 있다(그림 1.13). 만약 두 인접한 수소를 염소 원자로 바꾸어 즉, 다이클로로벤젠을 만들어서 이 동등성을 없앤다면 두 가지 구조(염소와 결합한 탄소 원자 사이에 이중 결합이 있는 것과 그 사이에 단일 결합이 있는 것)가 생길 것이라고 생각할지 모르겠지만 오직 한 가지 다이클로로벤젠만이 존재한다는 것이 실험적으로 밝혀졌다. 케쿨레는 벤젠 분자의 결합들이 두 동등한 배열 사이에서 빠르게 왔다갔다한다고 제안했다. 근대 화학의 관점에서는 왔다갔다하는 대신 π 결합이 번져서 고리의 위와 아래에 죽 이어진 두 개의 전자 구름을 형성한다고 설명한다(그림 1.13). 이 분자 오비탈의 전자들은 고리를 따라 아주 쉽게 이 원자에서 저 원자로 옮겨갈 수 있다. 이 전자들을 비편재화되었다고 말한다.

벤젠을 가지고 수많은 종류의 탄화수소 분자를 만들 수 있다. 벤젠 고리 두 개를 나란히 붙이면 나프탈렌 naphthalene이 된다. 하나를 더 붙이면 안트라센 anthracene이 되고 세번째 벤젠 고리를 어긋나게 붙이면 페난트렌 phenanthrene이 된다(그림 1.14). 이 분자들은 벤젠처럼 완전히 납작하고 오비탈의 전자들은 육각 고리 둘레에 비편재화되었다. 육각 타일을 붙이는 것처럼 벤젠 고리를 이어 붙여서 탄화수소 분자들의 계열을 만들 수 있다. 이 중 어떤 것은 석탄에 들어 있고 어떤 것은 별의 대기에서도 생기는 것 같다. 그리고 이 중에는 발암성이 있는 것이 많다. 페난트렌에 고리를 어긋나게 이어 붙이면 재미있는 분자를 만들 수 있다. 여섯번째 고리는 첫번째 고리와 만나 더 큰 고리, 일종의 〈슈퍼벤젠〉을 만들고 (너무 납작하지만!) 왕관crown과 닮았다 해서 이것을 코로넨coronene이라고 부른다. 한편 여섯번째 고리를 첫번째 고리에 잇지 않고 수소 원자가 붙은 채로 두면 이 분자는 이제 납작할 수 없다. 이것은 스프링 와셔처럼 뒤틀려 나선helix 구조가 되고 이 때문에 헬리센helicene이라는 이름이 붙었다.

이렇게 벤젠 타일을 한없이 이어 붙일 수 있을까? 겉보기에는 그렇다 가장자리에 수소 원자들을 붙여서 각 탄소 원자에 4개의 결합

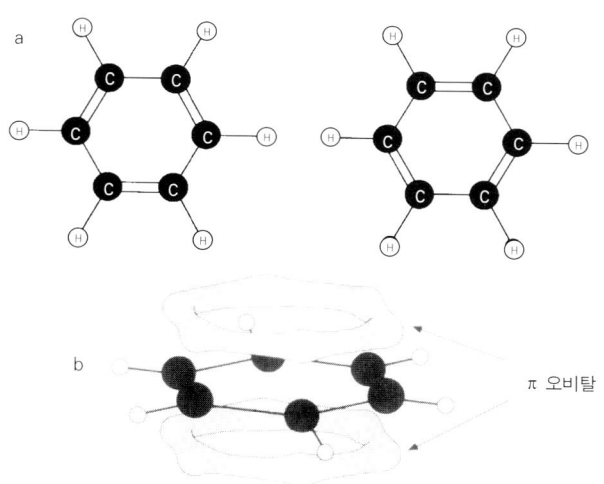

그림 1.13 아우구스트 케쿨레는 벤젠 분자가 단일 결합과 이중 결합이 번갈아 있는 탄소 원자 여섯 개로 이루어진 고리라고 생각했다. 케쿨레 구조에는 결합을 늘어놓는 두 가지 방법이 있지만(a) 화학 결합의 근대 이론에 따르면 결합을 늘어놓는 방법은 한 가지이다. 전자 구름은 윤곽이 흐려져서 분자 평면의 위와 아래에 두 〈비편재화〉된 고리 모양 오비탈이 된다.

분자의 건축 51

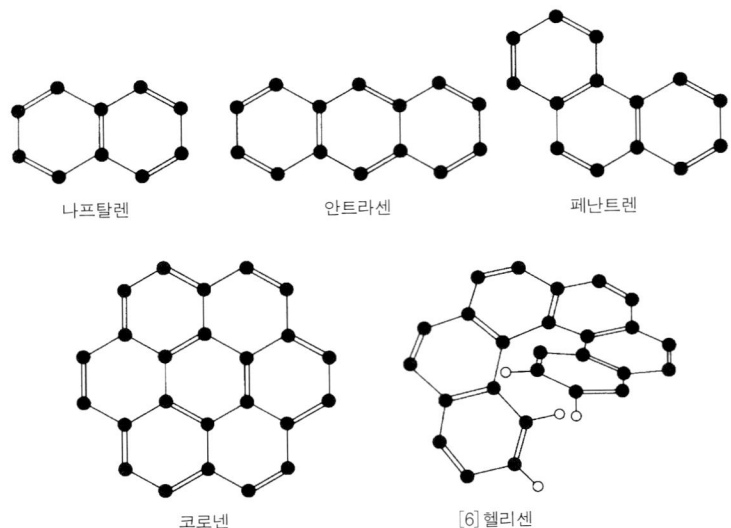

그림 1.14 벤젠 고리들을 모서리에서 합쳐서 여러 가지 분자를 만들 수 있다. 이들을 일컬어 방향족 여러 고리 탄화수소라고 한다. 가장 간단한 것은 나프탈렌으로 이 세 개를 이으면 안트라센과 페난트론이 된다. 더 색다른 것으로는 코로넨과 헬리센이 있다. [6]헬리센에 벤젠 고리를 계속 이어서 더 큰 코일 모양의 헬리센을 만들 수 있다. 이 분자들에서 π 오비탈들은 한 고리에서 다음 고리로 이어지는 늘어난 비편재화된 오비탈을 이룬다. 헬리센의 끝에만 수소 원자를 나타내고 다른 곳에서는 수소 원자를 생략했다.

을 유지하기만 하면 어떤 크기의 판이라도 만들 수 있다. 흑연은 종이처럼 이런 탄소 판들이 켜켜이 쌓인 것이다(그림 1.15). 한 켜가 다음 켜 위로 쉽게 미끄러질 수 있기 때문에 흑연은 좋은 윤활제이다. 각 벤젠 고리의 π 오비탈이 겹쳐져서 전자들이 판 전체를 마음대로 돌아다닐 수 있기 때문에 흑연에는 여러 가지 재미있는 성질이 있다. 흑연은 전기가 꽤 잘 통하는 전도체이다(실제로는 반도체이고 이 이야기는 6장에서 하게 될 것이다).

3 탄소로 만들기

천연물에서 볼 수 있는 갖가지 탄소 뼈대를 보고 화학자들은 야심만만한 분자 건축물을 짓기 시작했다. 화학자들이 놀랍고 이상한 분자들을 만드는 것보다 이름붙이는 것을 더 좋아한다고 말하는 사람도 있을지 모른다. 전혀 그렇지 않다고는 할 수 없지만 순전히 어떤 화합물의 이름을 짓기 위해 화학자가 고생스러운 합성 과정들을 고안했다고 말하는 것은 지나치다.

이들 분자의 중심에는 언제나 탄소 고리가 있다. 재미있는 뼈대를 만들려면 아무래도 고리가 여러 개 있어야 한다. 따라서 분자는 〈여러 고리〉 화합물이 된다. 탄소 사각 고리를 삼각 고리에 붙인 것에서 이름짓기 게임을 볼 수 있다. 이것을 〈하우세인 housane〉이라고 부른다. 〈그림 1.16〉을 보면 왜 그렇게 부르는지 알 수 있을 것이다.

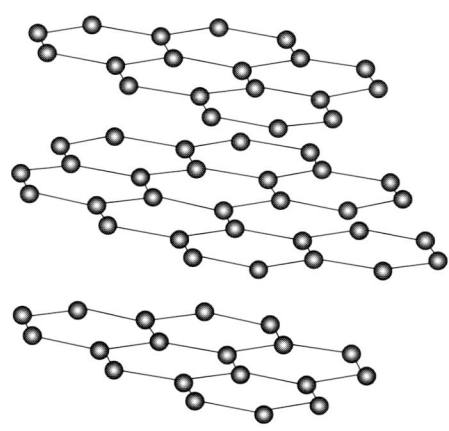

그림 1.15 흑연은 벤젠 고리들이 닭장의 그물 모양으로 이어진 아주 넓은 판으로 이루어졌다. (그림에는 아주 작은 일부만 나타냈다.) 각 판은 다른 판들 위에 켜켜이 놓여 있고 각 판의 비편재화된 오비탈은 이웃 판의 오비탈과의 약한 상호 작용으로 서로 붙들려 있다.

〈-에인(-ane)〉으로 끝난 이름은 탄화수소가 포화된, 즉 이중 결합이나 삼중 결합이 없는 알케인 계열에 속한다. 다시 말해 각 탄소는 수소까지 포함해서 모두 4개의 결합을 하고 있다는 것을 나타낸다. 삼각 고리와 사각 고리는 끝을 잇기 위해 결합이 몹시 구부러져 있기 때문에 긴장되어 있다.

세 고리가 한 모서리에서 이어지면 일종의 분자 프로펠러가 되고 여기에는 당연히 〈프로펠레인〉이라는 이름이 붙었다. 그러나 오클라호마 대학교의 조던 블룸필드 Jordon Bloomfield가 1966년에 최초의 프로펠레인을 만들었을 때(그림 1.17a), 보수적인 학술지 편집자는 이 별명을 본문에 쓰지 못하고 각주에 싣게 했다. 자기 화합물에 프로펠레인이라는 이름을 최초로 사용한 사람은 이스라엘 공과대학교의 다비드 긴스버그 David Ginsberg였다(그림 1.17b). 예일 대학교의 케네스 위버그 Kenneth Wiberg 그룹은 탄소 삼각 고리 세 개를 등으로 이은 어려운 프로펠레인을 만들었다(그림 1.17c). 모서리 대신 꼭 지점을 이으면 프로펠러가 아니라 물레방아가 되고 여기에는 〈로테인 rotane〉이라는 이름이 붙었다(그림 1.17d).

어떤 화학자들은 납작한 벤젠 고리를 접시처럼 포갤 생각을 했다. 이렇게 포갠 분자의 원형은 두 고리가 짧은 탄화수소 사슬로 이어진 사이클로페인이다(그림 1.18). 두 쌍이나 세 쌍의 이음대를 붙일 수

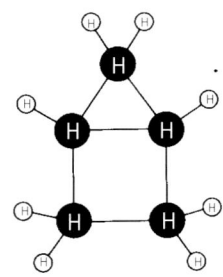

그림 1.16 탄소 사각 고리와 삼각 고리를 붙이면 하우세인 탄화수소가 된다.

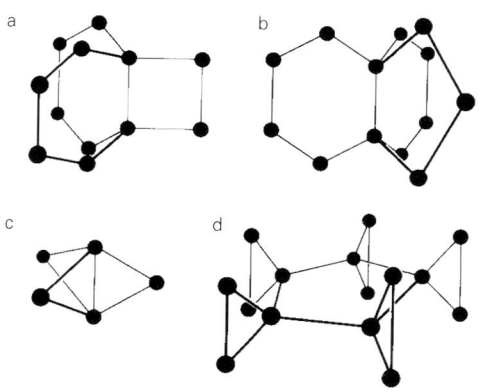

그림 1.17 탄소 고리들을 모서리나 꼭지점에서 이으면 프로펠레인(a-c)과 로테인(d)이 된다. 수소 원자는 생략했다.

있는데 세 쌍의 이음대로 이어진 두 고리는 마치 거미 두 마리가 얼싸안고 있는 것 같다. 1979년에 오레곤 대학교의 버질 보켈하이드 Virgil Boekelheide가 최초로 합성한 이 화합물에는 슈퍼페인이라는 이름이 붙었다. 오사카 대학교의 마사오 나카자키 Masao Nakazaki 팀이 만든 놀라운 사이클로페인에서는 동양적인 아름다움을 볼 수 있다(그림 1.18). 실제로 이것이 일본의 전통적인 등인 〈조친 chochin〉과 닮았기 때문에 그들은 통상적인 접미어-에인을 쓰지 않고 조친이라는 이름을 붙었다. (만약 한국 사람이 만들었다면 〈초롱〉이라고 불렀을 것이다.——옮긴이) 그러나, 이 사이클로페인들을 모양 때문에만 만든 것은 아니다. 어떤 것들은 효소라는 중요한 천연물의 작용을 흉내내기 위해 만들었다.

한 모서리뿐만 아니라 다른 모서리들을 이어서 더 복잡한 여러 고리 탄화수소 그물을 만들 수 있다. 〈그림 1.19〉에 보인 아다만테인 adamantane 분자는 다이아몬드의 탄소 그물 구조 〈그림 1.2b〉의 조

분자의 건축 55

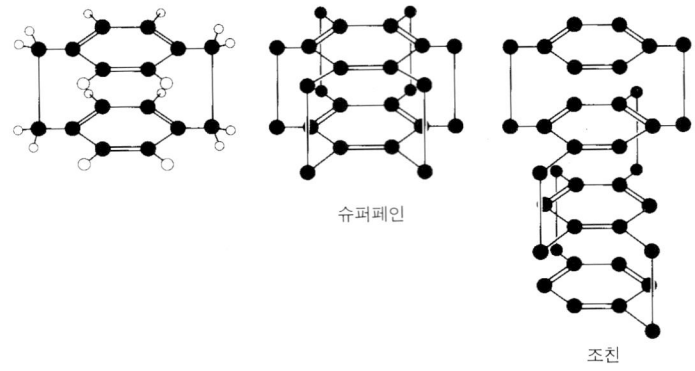

그림 1.18 사이클로페인은 겹친 벤젠 고리들이 짧은 탄소 사슬로 이어진 것이다. 슈퍼페인과 조친에서는 수소 원자를 생략했다.

각으로 생각할 수 있다. 1933년에 체코슬로바키아 화학자 란다 S. Landa와 마카첵 V. Machacek이 이 놀라운 분자를 석유에서 분리했다. 이 이름은 다이아몬드를 일컫는 그리스 어 아다마스 adamas에서 왔다.

아다만테인 분자 속의 공간은 일종의 분자 새장이다. 더 그럴듯한 분자 그릇에는 꼭 맞게도 바스케테인 basketane이라는 이름이 붙었다 (그림 1.19). 바스케탄은 아주 오랫동안 화학자들을 매료시켰던 완전한 탄화수소 정육면체 cube 구조에 아주 가깝다. 큐베인 cubane이라는 이름의 이 분자는 1964년 시카고 대학교의 필립 이튼 Philip Eaton과 동료들이 처음 만들었다. 이것은 프리즈메인이라고 부르는 프리즘 모양의 분자 가운데 하나이다(그림 1.20). 오각 프리즘으로 앞에서 보았던 간단한 두 고리 화합물 하우산처럼 집 모양을 만들 수 있다. 뉴저지에 있는 라이더 대학의 제럴드 켄트 Gerald Kent는 이 분자 집에 첨탑 모양을 더해서 처체인 churchane(교회)을 만들었고 프라이버그 대학교의 호스트 프린츠바흐 Horst Prinzbach와 동료들은 처체인을 닮은 구조 두 개를 이어 만든 화려한 건축물을 파고데인 pagodane(탑)이라고 불렀다.

이것들을 보고 여러분은 이제 합성화학자들이 기꺼이 도전을 받아들인다는 것을 알았을 것이다. 그러나 어떤 도전은 가망이 없어 보였다. 이것은 수십 년에 걸친 공격에도 정복되지 않아서 〈여러 고리 화학의 에베레스트 산〉이라는 별명을 얻었다. 이 화합물이 바로 탄소가 정십이면체 dodecahedron를 이루고 있는 도데카헤드레인 dodecahedrane이다(그림 1.21). 1970년대에 두 연구팀이 이 화합물을 만들기 직전까지 이르렀지만 마지막 고리를 잇지 못했다. 시카고 대학교의 필립 이튼 그룹은 1977년에 이 분자의 반쪽인 오각형 여섯 개로 이루어진 대접 모양의 구조를 합성했다. 이제 사이클로펜테인의 지붕을 가장자리의 다섯 모서리에 잇기만 하면 되었다. 이 때문에 이튼은 기둥을 뜻하는 그리스어 페리스텔론 peristelon을 따서 이 대접을 페리스틸레인 peristylane이라고 불렀다. 오하이오 주립 대학교의 레오 파케트 Leo Paquette는 다른 방법으로 접근했다. 그는 작은 오각형 세 개가 모인 조각 두 개를 만들어 모서리들을 잇는 일만 남았

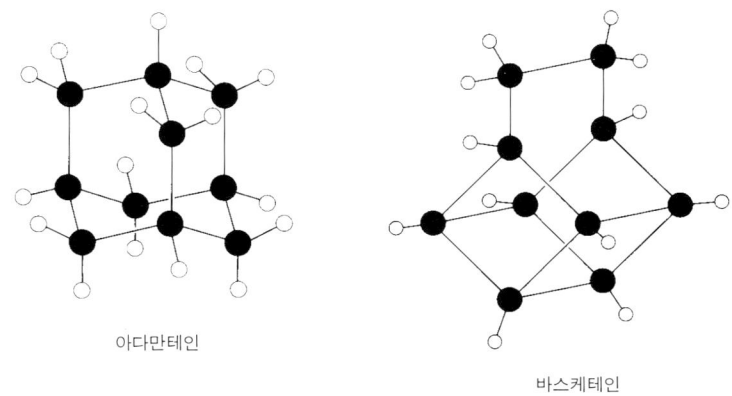

아다만테인

바스케테인

그림 1.19 아다만테인과 바스케테인에는 여러 탄소 고리들이 모서리에서 이어져 있다.

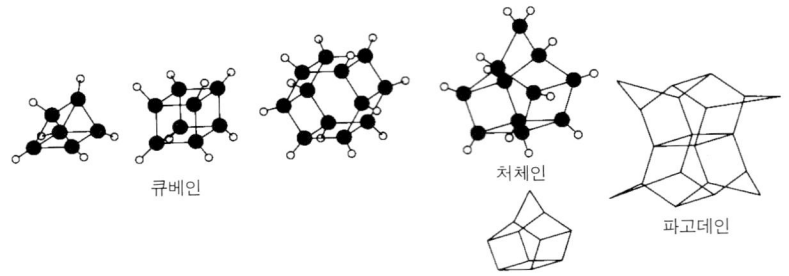

그림 1.20 프리즈메인은 탄화수소 다면체이고 그중 큐베인이 가장 많이 연구되었다. 장식을 단 종류가 처체인과 파고데인이다. 이 두 분자의 탄소 뼈대를 〈막대〉 모양으로 나타냈다.

다(그림 1.21). 이 분자는 조개 bivalve처럼 보이기 때문에 비발베인 bivalvane이라는 이름이 붙었다.

1981년이 되어서야 파케트와 동료들은 조개를 다물 수 있었다. 그러나 그들이 맨 처음에 만든 도데카헤드레인은 매끈하지 못하고 메틸 기(CH_3) 두 개가 밖으로 튀어나와 있었다. 이 화합물은 고체로 탄화수소 화합물 가운데 녹는점이 가장 높다(450°C 이상). 1982년에 파케트 그룹은 완벽한 도데카헤드레인을 만들었다.

4 화학이 둥글게 되다

4-1 이것은 외계에서 왔다

도데카헤드레인은 화학 합성이 이룬 높은 성과이다. 이것은 수십 년에 걸쳐 쌓인 탄소 화합물에 대한 지식을 바탕으로 길고 어지러운 계단을 하나하나 올라가서 얻은 것이다. 그러나 이 우아한 분자의 성과는 더욱 놀라운 분자에 의해 완전히 빛이 바랬다. 더구나 이 더욱 놀라운 분자는 합성이라고 부르기도 어려운 조잡한 방법으로 만들

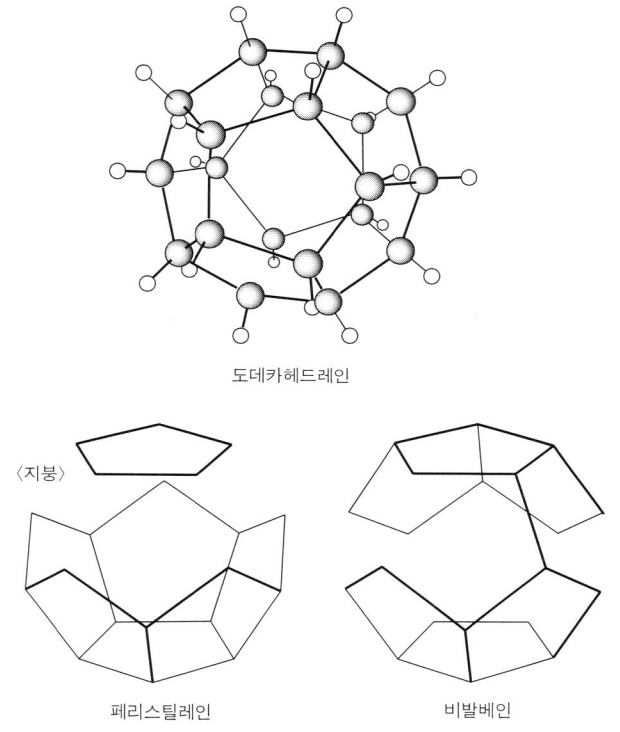

도데카헤드레인

〈지붕〉

페리스틸레인   비발베인

그림 1.21 도데카헤드레인 분자는 지금까지 합성된 탄화수소 중 가장 눈부신 것 중의 하나이다. 탄소 원자들이 완벽한 정십이면체를 이루고 있고 탄소 원자에 각각 수소 원자가 하나씩 붙어 있다. 이튼 그룹은 1977년에 페리스틸레인의 지붕을 잇지 못했지만 레오 파케트는 1982년에 비발베인의 입을 다물게 하는 데 성공했다.

수 있다.

또한 도데카헤드레인은 근대 화학의 능력을 과시하기 위해 순전히 호기심에 의해 만들어진 것이지만 이 가장 새롭고 눈부신 탄소 구조물은 실제로 여러 곳에 응용될 가능성이 보이고 벌써 이에 대한 연구가 하나의 연구 분야로 자리를 잡았다. 화학자뿐만 아니라 물리학자, 천문학자, 재료과학자, 공학자, 생물학자들도 이 분자를 연구한다. 순

분자의 건축 59

전히 이 분자만을 다루는 학술 회의가 열렸고, 이것의 가치를 자세히 설명하는 글이 신문에 실리고, 프로그램이 텔레비전에 방송되었다. 분자 수준에서 말하자면 이것은 의심할 여지없는 슈퍼 스타이다.

이 분자는 이제까지 알려지지 않았던 새로운 형태의 순수한 탄소이다. 화학자들은 순수한 화학 원소의 자연적인 상태는 오래 전에 모두 밝혀졌다고 믿고 있었기 때문에 이것의 발견은 화학자들을 상당히 부끄럽게 했다. 심지어 암모늄염을 합성하는 방법을 자세히 다루는 케케묵은 화학 교과서에서도 자신 있게 황은 노란 결정이고, 순수한 규소는 탁한 회색 가루이며, 염소는 쏘는 냄새가 나는 초록색 기체라고 말했다. 그리고 탄소에 대해서는 문명이 시작한 때부터 동소체로는 다이아몬드와 흑연만 있다고 알려져 있었다. 조셉 콘라드 Joseph Conrad가 1914년에 말했듯이 〈학생들은 누구나 석탄(흑연을 뜻함)과 다이아몬드 사이에 가까운 화학적 관계(가 있다는 것)를 안다〉. 오늘날의 학생들은 아마 DNA의 구조도 알테지만 우리는 순수한 탄소에 대해 모르는 것이 있었다. 어떻게 이 원소의 셋째 동소체를 발견하는 것이 이토록 오래 걸렸을까?

이것을 발견하게 된 이야기도 이 분자만큼 놀랍다. 이 이야기의 시작은 1970년대로 (나중에 알게 되겠지만 생각은 그보다 더) 올라간다. 영국 서섹스 대학교의 해리 크로토 Harry Kroto와 데이비드 왈톤 David Walton은 별들 사이의 공간에서 찾은 사슬 모양 분자의 정체에 대해 궁리하고 있었다. 3장에서 설명하겠지만 분자들이 흡수하고 방출하는 전자기파를 특히 라디오파의 방출을 탐지하면 수천 광년 떨어진 곳의 분자를 〈볼〉 수 있다. 분자가 어떻게 가시 광선이나 적외선, 라디오파 등의 전자기파와 상호 작용을 하는지는 3장에서 자세히 설명할 것이다.

서섹스 그룹은 〈폴리아인 polyyne〉이라고 부르는 긴 사슬 모양의 분자를 연구하고 있었다. 이 분자는 거의 탄소로 이루어졌다. 탄소

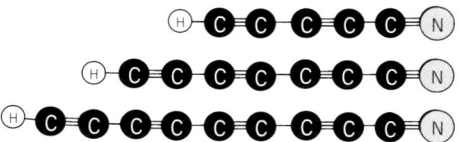

그림 1.22 사슬에 탄소 원자가 다섯, 일곱, 아홉 개 있는 사이아노폴리아인. 해리 크로토와 동료들은 탄소 별의 대기에 이 분자들이 있음을 확인했다.

원자들은 단일 결합과 삼중 결합이 번갈아 이어져서 네 개의 결합을 하기 때문에 수소 같은 다른 원자와 결합할 필요가 없다. 폴리아인 사슬은 양끝이 수소로 마무리되어 있지만 화학자들은 한 끝이 질소와 삼중 결합해서 사이아나이드(CN) 기를 이룬 사이아노폴리아인도 한편으로 연구했다. 1974년에 크로토와 왈톤의 학생이었던 안소니 알렉산더 Anthony Alexander가 다섯 탄소 사이아노폴리아인(HC_5N)을 합성해서 이 분자가 마이크로파를 어떻게 흡수하는가를 측정했다.

크로토는 이 분자가 우주 공간에서도 생길지 모른다는 생각에 흥분하였고 캐나다의 천문학자 다케시 오카 Takeshi Oka, 론 아베리 Lorne Avery, 놈 브로튼 Norm Broten, 존 맥로드 John MacLeod와 함께 연구하여 우리 은하계의 중심에서 가까운 분자 구름에서 HC_5N의 마이크로파 〈지문〉을 찾아냈다. 이 발견으로 엄청나게 흥분한 그들은 곧 이어 일곱 탄소 분자 HC_7N를 찾아냈다.

실험실에서 공들여 만들어야 하는 이 분자들이 어떻게 우주 공간에 존재하는가? 크로토는 이 분자들이 적색 거성이라고 부르는 늙은 별 주위의 대기에서 생성된다고 믿었다. 적색 거성 중 바깥 대기에 탄소 원자가 아주 많은 것이 있다면, 또 이 탄소 원자들이 별 내부의 열로부터 충분히 떨어져 있다면 탄소는 자기들끼리 또는 수소, 질소, 산소 같은 다른 원자와 결합해서 포름알데히드, 메탄, 메탄올처럼 평범하거나 이상한 분자들을 만들 수 있을 것이다. 이렇게 탄소가 많은 환경에서는 거의 탄소로만 이루어진 폴리아인이 생길 수 있을 것 같았다.

크로토와 캐나다 천문학자들이 최소한 아홉 개의 탄소를 지닌 사이아노폴리아인(HC_9N)의 라디오파 특징들을 발견했을 때 크로토는 그보다 훨씬 긴 탄소 사슬(아마 삼사십 개의 탄소 원자로 이루어진 것까지도)을 별들 사이의 분자 구름에서 찾을 수 있을 것이라고 생각했다. 때마침 1972년에 데이비드 왈톤과 그의 학생들이 32 탄소 폴리아인($HC_{32}N$)과 닮은 분자를 실제로 합성했다.

1984년에 이러한 크로토의 생각은 새로운 전기를 맞았다. 로버트 컬 Robert curl은 크로토가 텍사스 휴스턴에 있는 라이스 대학교의 리처드 스몰리 Richard Smalley를 방문하도록 주선했다. 스몰리는 레이저로 고체 표적을 기화시켜 원자들의 작은 뭉치를 만드는 실험 장치를 개발했었다. 그는 기체 상태의 원자들이 수백 개 정도 모인 작은 뭉치는 분자와 고체의 중간 성질을 나타낼지도 모른다는 생각을 가지고 있었다. 고체를 기화시키는 레이저 제거라고 부르는 이 방법으로 레이저 살이 닿는 작은 영역의 온도를 수만 도까지 올릴 수 있었다. 생성물을 확인하는 데는 양전하를 띤 뭉치를 전기장에서 가속시켜 긴 관을 통과하게 하는 비행시간 질량분광기라고 부르는 방법이 사용되었다. 무거운 뭉치는 가벼운 뭉치보다 덜 가속되기 때문에 뭉치가 긴 관의 끝에 있는 검출기에 이르는 데 걸리는 시간을 재서 뭉치의 질량을 결정할 수 있다. 이렇게 해서 원자 수가 다른 뭉치들의 상대적인 빈도를 나타내는 생성물의 〈질량 스펙트럼〉을 얻을 수 있다.

스몰리는 그 당시 전자 공업에 매우 중요한 재료인 규소(실리콘)나 비소화 갈륨 gallium arsenide(GaAs)과 같은 반도체 물질의 뭉치들을 주로 연구하고 있었다. 그러나 크로토는 레이저 제거법을 쓰면 적색 거성에서 일어나는 화학을 흉내낼 수 있다는 것을 눈치챘다. 규소 표적을 탄소 표적 즉, 흑연으로 바꾸기만 하면 되었다. 이렇게 해서 길이가 긴 폴리아인과 같은 분자를 실험실에서 만들 수 있을 것 같았다.

크로토에게 이것은 흥미로운 생각이었지만 라이스 대학의 팀은 규소를 이용한 일에 열중해 있었으므로 흑연에 대한 연구는 계속 미루어졌다. 한편 같은 해에 미국 뉴저지 주 안난데일에 있는 엑손 Exxon 사의 도널드 콕스 Donald Cox와 앤드류 칼도 Andrew Kaldor 팀이 바로 이 실험으로 흑연을 레이저 제거해서 얻은 질량 스펙트럼을 보고했다. 이들의 결과를 보면 작은 뭉치들에서는 연속된 질량 봉우리들이 12원자 단위(즉, 탄소 원자의 질량)만큼 떨어져 있어서 탄소 원자들이 한 번에 하나씩 뭉치에 더해짐을 나타냈다(그림 1.23). 그러나 원자 수가 40보다 큰 뭉치들은 12원자 단위가 아니라 24 원자 단위들만큼 떨어져 있어서 뭉치 안의 탄소 원자 수가 짝수임을 나타냈다. 질량 분석기로는 뭉치의 **구조**에 대한 정보를 전혀 얻을 수 없기 때문에 엑손 사의 연구팀은 큰 탄소 뭉치들이 짝수 개의 원자로만 이루어진 이유를 전혀 설명하지 못했다.

1985년 8월이 되어서야 스몰리와 컬은 탄소 뭉치에 대한 연구를 크로토와 함께 시작할 수 있었다. 여기에는 연구생이었던 제임스 헤스 James Heath, 신 오브라이너 Sean O'Brien, 유안 리우 Yuan Liu도 참여했다. 스몰리와 동료들은 흑연에 대한 연구를 길어야 〈일주일 정도〉할 예정이었다. 크로토가 이 일의 천문학적 중요성을 강조했지만 이 일이 반도체 뭉치에 대한 연구만큼 다급할 수는 없었다.

크로토와 라이스 연구팀은 먼저 흑연을 기화시켜 얻은 탄소 뭉치가 탄소 별의 대기에 들어 있을 수소, 산소, 암모니아와 같은 기체와 만나 생긴 분자들을 연구했다. 그들은 크로토가 예상했던 사이아노폴리아인을 비롯한 사슬 모양의 분자들을 찾아냈다. 한편 흑연만을 가지고 얻은 질량 스펙트럼은 엑손 팀이 발표했던 것과 거의 같았다. 여기서도 원자 수가 40이 넘으면 원자 수가 짝수인 뭉치만이

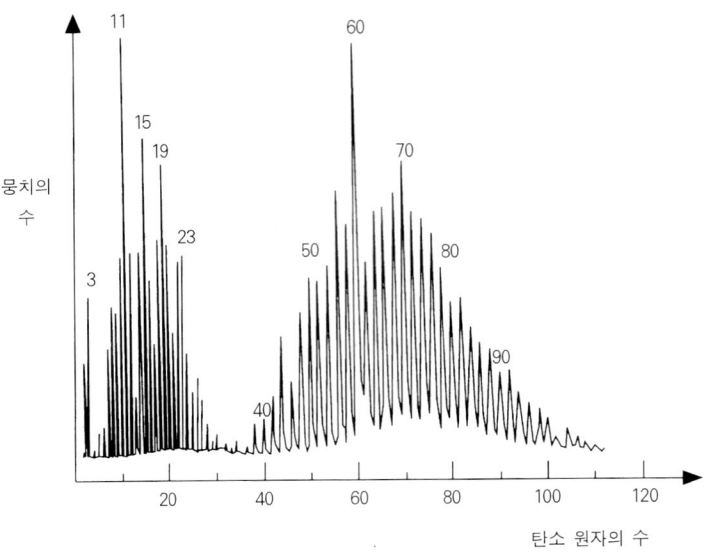

그림 1.23 엑손에서 일하는 연구자들이 1984년에 만든 탄소 뭉치의 질량 스펙트럼. 탄소 원자가 40개보다 많은 뭉치들 중에는 탄소 수가 짝수인 것이 압도적으로 우세하다.

나타났다. 여러 번 실험에서 얻은 질량 스펙트럼에서 엑손 팀이 전혀 언급하지 않았던 사실 하나가 뚜렷이 나타났다. 원자 수가 60인 뭉치의 봉우리는 양 옆의 봉우리보다 두드러지게(3배까지) 컸다. 어떤 경우에 원자 수 60인 뭉치(C_{60})는 원자 수가 짝수인 다른 뭉치들보다 더 쉽게 생기는 것 같았다(그림 1.24). 사실 엑손 그룹도 이 결과를 눈치챘지만 설명할 길이 없었기 때문에 그들은 논문에서 여기에 대해 아무 말도 하지 않았었다.

9월 6일 금요일 오후에 크로토와 라이스 그룹은 60 원자 봉우리가 가장 두드러지게 나타나는 조건을 밝혀내기로 마음먹었다. 헤스와 오브라이언은 주말의 이틀 동안 실험 조건을 바꾸어가며 C_{60}이 잘 생기는 조건을 찾아보겠다고 자청했다. 다음 월요일 아침 그들은 C_{60}

봉우리가 언덕들 사이에 높은 산처럼 보이는 질량 스펙트럼을 내놓았다. 질량 스펙트럼에는 원자 수 70인 뭉치(C_{70})의 봉우리도 뚜렷했다. C_{70} 신호는 항상 커다란 C_{60} 신호를 따라다니는 것 같았다.

이제 왜 C_{60}이 다른 뭉치들보다 훨씬 더 안정한지 알아낼 차례였다. 연구자들은 C_{60}이 안정한 이유가 그 구조에 있을 것이라고 생각했다. 이렇게 큰 뭉치들이 사슬 구조를 하고 있을 리는 없었다. 다른 가능성은 탄소 원자들이 작은 판을 이루어 이것들이 켜켜이 겹친 흑연과 같은 구조였다. 크로토는 C_6, C_{24}, C_{24}, C_6 판들이 차례로 겹쳐서 탄소 수가 60인 뭉치를 이룰 수 있다는 생각을 내놓았다(그림 1.25). 그러나 이와 같은 구조에서는 판의 가장자리에 있는 탄소에 4개가 아니라 3개의 결합만이 있기 때문에 채워지지 않은 〈대롱거리는〉

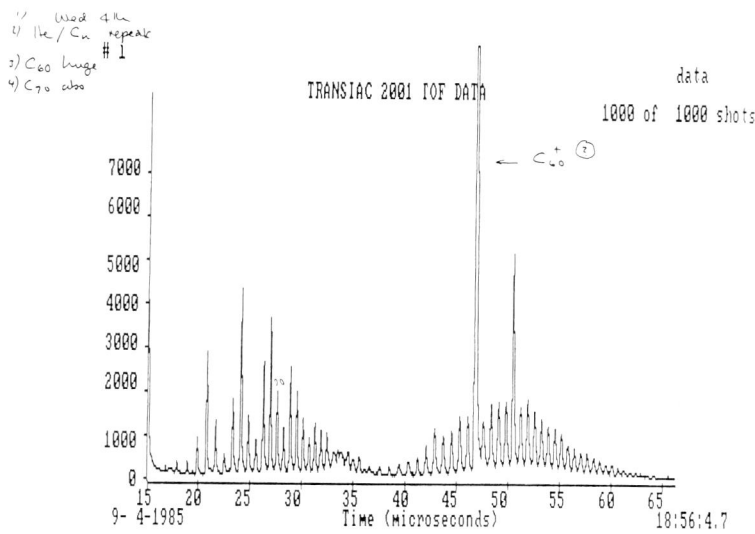

그림 1.24 해리 크로토와 리처드 스몰리 그룹이 탄소를 레이저로 기화시켜 얻은 질량 스펙트럼에 원자 수 60개인 뭉치(C_{60})에 해당하는 봉우리가 크고 뚜렷하게 보인다. 초기에 얻은 기초 데이터 중 하나인 이 그림의 가장 눈에 띄는 봉우리 곁에 해리 크로토가 〈C_{60}^+?〉라고 적었고 그 봉우리의 오른쪽에 C_{70}도 뚜렷하다고 구석에 표시했다.

결합이 있어서 그 뭉치는 아주 쉽게 반응할 것이었다.

판을 구부려 닫힌 껍질을 만들면 대롱거리는 결합의 문제를 피할 수 있다. 이것은 아주 그럴듯해 보였지만 완전히 평평한 흑연 구조의 탄소 원자 판을 어떻게 구부릴지가 문제였다. 그런데 크로토는 구부러진 육각형의 판들을 본 적이 있었다. 크로토는 1967년에 몬트리올 엑스포에서 미국의 건축가 리처드 버크민스터 풀러 Richard Buckminster Fuller가 설계한 미국 관에 눈길을 빼앗겼었다. 그것은 평평한 다각형으로 이루어진 돔이었다(그림 1.26). 버크민스터 풀러는 건축가들 사이의 이단아였고 그는 작품에 자주 이러한 돔을 사용했다. 크로토는 몬트리올 돔이 육각형 단위로 이루어져 있었다는 것을 떠올렸다. C_{60}이 버크민스터 풀러의 돔의 축소 모형일 수 있을까? 육각형을 이어 평평한 판을 만드는 것은 쉬웠지만 어떻게 닫힌 돔을 만들 수 있을지는 연구자들에게 얼른 생각이 나지 않았다.

수학자라면 당장 그들에게 답을 해줄 수 있었을 것이다. 육각형을 가지고 돔을 만들 수는 없다. 18세기에 스위스 수학자 레오나르 오일러 Leonhard Euler가 이것을 증명했었고 버크민스터 풀러도 이것을

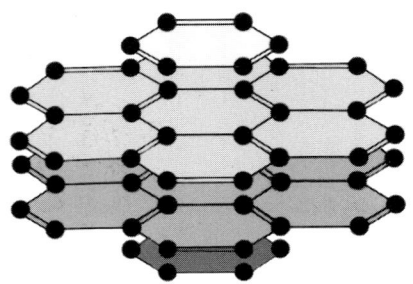

그림 1.25 흑연 같은 탄소 육각형판으로 C_{60} 뭉치를 만들면 가장자리에 〈대롱거리는〉 결합이 남는다. 매달린 결합이 있으면 분자가 쉽게 반응한다. 그렇기는 해도 해리 크로토가 만든 이 모델은 탄소 수가 6, 24, 24, 6인 네 판의 샌드위치로 뭉치의 탄소 수 60을 설명할 수 있었다. 그러나 크로토와 동료들은 60-원자 구조를 설명할 수 있는 더 나은 구조를 찾으려 했다.

그림 1.26 리처드 버크민스터 풀러가 설계해서 1967년 몬트리얼 엑스포에 설치된 돔. 삼각형으로 나뉜 다각형들의 모서리가 붙어 돔을 이루었다. (로빈 와이만의 사진, 해리 크로토 제공)

알았을 것이다. 크로토는 버크민스터 풀러의 돔에 모서리가 다섯 개인 오각형도 있었던 것 같다는 생각을 했다. 또한 그는 자식들에게 주려고 사서 만들었던, 그가 〈별돔〉이라고 불렀던 공 모양의 천체 지도 판지 꾸러미를 생각해냈다. 이것도 역시 육각형과 오각형으로 이루어졌었다. 하지만 연구자 가운데 이러한 구나 공을 만드는 데 자신이 있는 사람은 아무도 없었다. 크로토는 화요일에 영국으로 돌아가야 했기 때문에 퍼즐을 풀 시간이 별로 남아 있지 않았다. 라이스 대학교의 도서관에서 스몰리는 버크민스터 풀러의 업적에 관해 로버트 마크스Robert W. Marks가 쓴 『버크민스터 풀러의 다이맥션 세계 The Dymaxion World of Buckminster Fuller』를 찾아 월요일 저녁에 집으로 가져갔다.

흔히 생각하는 근대 과학의 정교함에 비추어 볼 때 아직도 가장 중요한 발견들은 맥주를 옆에 두고 앉아서 판지나 구슬 막대 모델을 가지고 이리저리 맞추어보는 동안에 이루어진다는 사실은 놀랍다.

분자의 건축 67

그러나 바로 이렇게 해서 C_{60}의 구조가 밝혀졌다. 그날 밤 제임스 헤스는 퍼즐을 풀 생각으로 껌으로 만든 60개의 공을 이쑤시개로 이어 보려고 애쓰고 있었다. 수시간 후 그와 그의 아내는 끈끈한 손가락과 육각형으로는 닫힌 껍질을 만들 수 없다는 오일러의 말을 몸으로 증명했다는 것말고는 보여줄 것이 없었다. 한편 스몰리는 집에서 컴퓨터로 문제를 풀어보다가 그만 두고 육각형 판지와 접착 테이프를 가지고 이리저리 모형을 만들어 보고 있었다. 아무리 해도 굽은 구조를 만들 수 없었지만 자정이 지나서 그는 크로토가 오각형에 대해 말한 것을 떠올렸다. 그가 오각형을 더하자마자 모든 것이 자리를 잡기 시작했다. 모서리가 오각형을 이루도록 육각형 5개를 이으면 그릇 모양이 생겼다(그림 1.27). 육각형과 오각형을 더 더해서 스몰리는 반구를 만들 수 있었다. 나머지는 쉬웠다. 이 위에 다른 반구를 만드니 오각형 12개, 육각형 12로 이루어진 공 모양의 다면체가 되었다. 원자가 자리할 꼭지점을 세어보니 놀랍게도 원자 수는 정확히 60이었다.

4-2 탄소 축구공

그 돔 구조는 (그림 1.28a) 완벽했다. 우아하게 대칭적이고, 튼튼하고, 〈마법〉 수 60을 설명할 수 있고, 모든 꼭지점이 다시 말해 모든 원자가 동등하다. 이것이 맞지 않다면 다른 무엇이 맞겠는가? 스

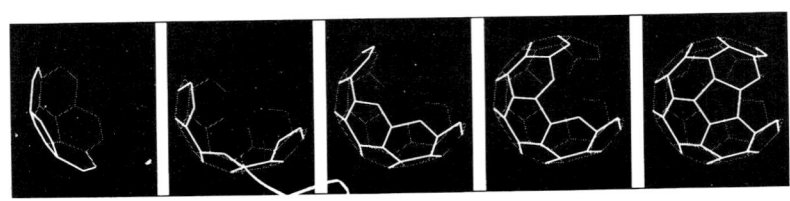

그림 1.27 육각형과 오각형으로 닫힌 우리를 만드는 방법. 종이를 구부리고 새장을 닫으려면 오각형이 반드시 필요하다.

몰리는 아침에 동료들에게 이 모델을 보여주며 이렇게 말했다. 처음에 동료들은 이 구조의 아름다움에 감탄하고 있었지만 로버트 컬은 화학적으로도 이 모델이 그럴 듯해야 한다고 주의를 주었다. 각 탄소 원자는 4개의 결합을 해야 하고 각 탄소 원자가 다른 탄소 원자 3개와 이어져 있으므로 셋 중의 하나와는 이중 결합을 해야 한다. 모든 원자에 대해 이 조건을 만족하도록 이중 결합을 배열할 수 있는가? 접착 꼬리표를 이용해 이중 결합을 나타내자 컬과 크로토는 금방 그것이 가능하다는 것을 알았다(그림 1.28b).

이 구조가 너무도 대칭적이고 조화롭기 때문에 스몰리는 이것이 수학자들에게는 잘 알려져 있을 것이라고 생각했다. 그래서 그는 라이스 대학교 수학과의 학과장 윌리엄 비치 William Veech에게 전화를 걸어 그의 모델을 설명했다. 이것의 이름이 있습니까? 잠시 뒤 비치는 스몰리에게 전화를 했지만 그의 대답은 학술적인 것이 아니었다. 비치는 그것이 〈축구공〉이라고 말했다. 축구공의 가죽 조각은 바로 그렇게 꿰매졌다(그림 1.28c).

그렇지만 이 축구공 구조에는 꼭지가 잘린 정이십면체 truncated icosahedron라는 학술적인 이름이 있었다. 이것은 오각형과 육각형으로 이루어진 무한히 많은 닫힌 껍질 가운데 하나이다. 오각형 12개와 하나보다 많은 육각형들로 닫힌 구조를 만들 수 있다는 것을 맨 처음 보여준 사람은 오일러였다. 꼭지가 잘린 정이십면체는 그중 특별히 대칭적인 것이다. 다른 것들은 대체로 그보다 덜 대칭적이다. 연구자들은 이 구조들로 흑연을 레이저 제거할 때 생기는 큰 탄소 뭉치들이 왜 짝수 개의 탄소 원자로 이루어지는지를 설명할 수 있었다. 육각형이 하나 더 많은 같은 계열의 구조를 만들려면 두 개의 모서리가 필요하다. 즉, 탄소 원자가 두 개 더해져야 한다.

크로토는 휴스턴을 떠나는 것을 미루고 이 놀라운 결과와 축구공 구조에 대한 짧은 논문을 써서 《네이처》에 보냈다. 이 논문을 쓰기

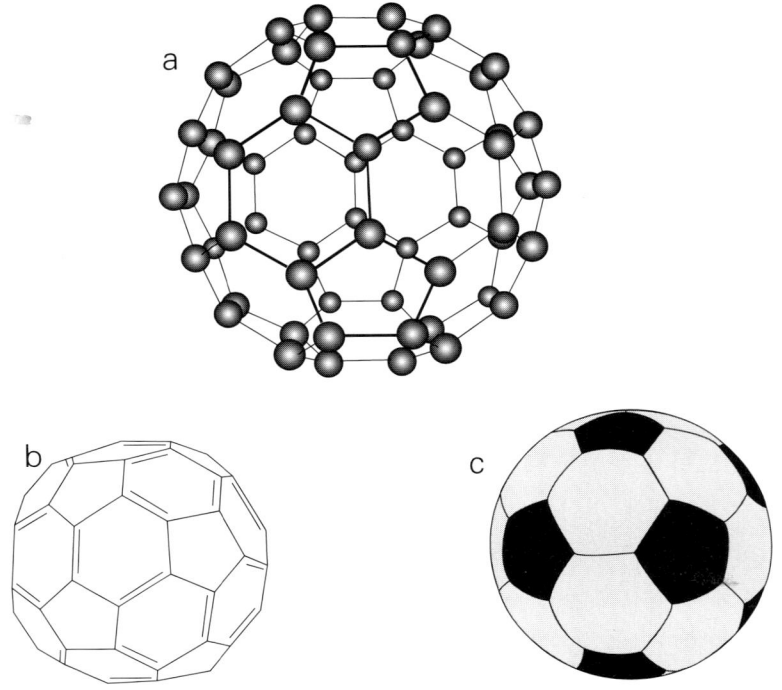

그림 1.28 버크민스터풀러렌이라고 부르는 원자 수가 60인 탄소 뭉치의 구조(a)와 각 탄소가 4개의 결합을 하도록 단일 결합과 이중 결합을 배열하는 방법(b). 모든 탄소 원자는 동등하다. 대칭적인 오각형과 육각형의 배열은 축구공의 그것과 같다(c)

위해 이 놀라운 탄소수가 60인 분자의 이름을 지어야 했다. 논문에서 〈슈피렌 spherene〉과 〈사커렌 soccerene〉 등의 여러 이름을 제안했지만 크로토가 가장 좋아한 것은 그가 처음 새장 구조의 영감을 얻은 버크민스터풀러렌 buckminsterfullerene이었다. (-엔(-ene)으로 끝나는 이름은 벤젠처럼 이중 결합이 들어 있음을 나타낸다.) 결국 이 이름이 굳어졌다. 그 이유는 화학자들의 마음을 사로잡았기 때문인 것 같다. (그러나 화학자들은 덜 고상한 〈버키 공 bucky ball〉이란 이름으로도 자주 줄여 쓴다.)

연구자들은 그 다음 질량 스펙트럼에서 원자 수가 70인 봉우리에 관심을 돌렸다. 그들은 이것이 또다른 아주 대칭적인, 따라서 매우 안정한 새장 모양의 뭉치일 것이라고 생각했다. C_{60} 분자로부터 C_{70} 분자를 만들 수 있다. 공의 가운데를 갈라 육각형들로 이루어진 고리를 끼우면 럭비공처럼 생긴 길쭉한 닫힌 껍질을 만들 수 있다(그림 1.29). 그밖에도 C_{32}, C_{50}, C_{84} 등의 대칭적인 구조들이 있다. 이렇게 해서 만들 수 있는 닫힌 껍질의 크기에 이론적인 제한은 없는 것 같다.

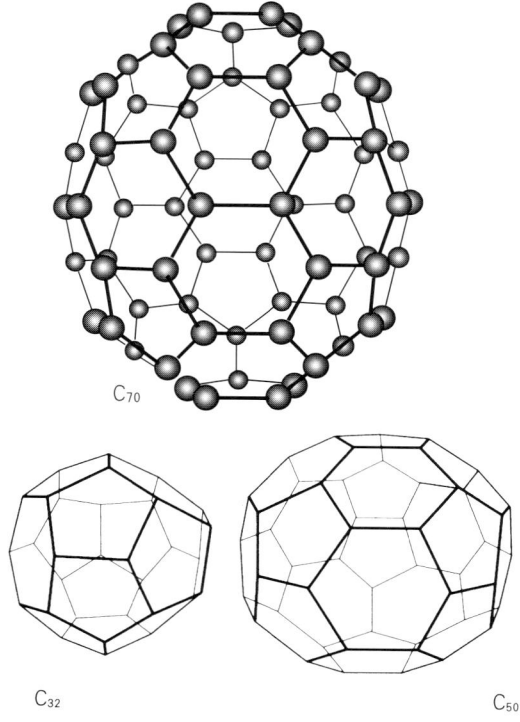

그림 1.29 C_{70}의 구조는 실험적으로 결정되었다. 이것은 럭비공 모양이다. 서섹스/라이스 연구자들은 더 작은 닫힌 우리 뭉치인 C_{32}와 C_{50}의 구조도 제안했다. C_{60}과 C_{70}처럼 이 작은 풀러렌에도 오각형이 12개 있다.

이러한 닫힌 껍질 구조의 탄소 뭉치들을 일반적으로 풀러렌이라고 부른다.

《네이처》에 논문이 발표된 후 그보다 먼저 C_{60}을 생각한 사람들이 있었다는 것이 곧 드러났다. 1966년에 영국 뉴 캐슬 대학교의 화학자인 데이비드 존스David Jones가 흑연 같은 판으로 이루어진 닫힌 새장 구조의 분자를 제안했었다. 존스는 다에달루스Daedalus라는 필명으로 과학의 가능성에 대해 수십 년 동안 잡지에 글을 발표했다. 이러한 글들에서 그는 상상적인, 하지만 상당히 그럴듯한 과학적인 발명에 대해 말했다. 존스는 말하기를 이 생각들이 이루어지기만 하면 바로 다에달루스의 회사 드레드코Dreadco에서 상품화될 것이라고 했다. 동료 과학자들은 존스의 통찰과 창의력을 높이 평가했고 다에달루스의 상상이 뒤이은 연구에 의해 열매를 맺는 것을 보고 기뻐했다. 버크민스터풀러렌은 1966년에 《뉴사이언티스트 New Scientist》의 다에달루스 칼럼에서 소개된 것의 초보적인 형태이지만 결코 이것이 유일한 예측은 아니었다.

존스는 〈구부러진 흑연〉이라는 넓은 개념을 생각했지만 어떤 이들은 바로 버크민스터풀러렌을 생각했었다. 일본 화학자 오사와 E. Osawa는 1970년에 구형의 C_{60} 분자가 존재할 가능성을 미리 내다보고 그 성질을 예측했었다. 러시아 과학자들은 1973년에 그 당시에는 상상 속에서만 존재했던 분자에 대해 이론적인 연구를 했다. 그리고 로스앤젤레스에 있는 캘리포니아 대학교의 오빌 채프만 Orville Chapman은 나중에 레오 파케트가 도데카헤드란을 만드는 데 사용한 유기 합성 방법을 써서 이 분자를 만들어 보려고 했다. 그러나 채프만은 이 결과를 발표하지 않았고, 일본과 소련 과학자들의 연구 결과는 널리 읽히지 않는 학술지에 발표되어 주목받지 못하고 잊혀졌다.

1986년에 크로토와 라이스 대학교의 연구자들은 생각했다. 풀러렌이 정말로 흑연과 닮은 속이 텅 빈 탄소 새장이라면 탄소가 많은 물질을 태울 때 생기는 숯에도 풀러렌이 들어 있지 않을까? 따지고 보면 결국 숯은 흑연 같은 판의 무질서한 조각들이고 풀러렌은 이러한 판들 가장자리의 대롱거리는 결합을 피하는 완벽한 방법을 보여주니 말이다. 그러나 대부분의 연소 화학자들은 숯에서 C_{60}을 찾는 일에 적극적이 아니었다. 1987년에 독일 다름슈타트에 있는 물리화학 연구소의 클라우스 호만 Klaus Homann과 그 동료들이 숯이 생기는 불꽃에서 나오는 이온들을 질량 분광기로 분석해서 원자 수 60인 이온이 원자 수 10 이상의 이온 가운데 가장 많다는 것을 알아냈을 때에도 그 반향은 미미했다. 크로토가 라이스 대학교의 실험 결과와의 연관성을 언급했어도 차이가 없었다. 그 당시에 어떤 이들은 C_{60} 분자를 믿었지만 나머지는 믿지 않았다! 그렇지만 1991년에 매사추세츠 공과 대학(MIT)의 연구자들이 천연 가스를 공기 중에서 태울 때 연소 속도와 혼합비를 조심스럽게 제어해서 상당한 양의 C_{60}과 C_{70}을 만들 수 있었다고 보고할 때 그들은 호만의 결과를 언급했다. 이제 와서 보면 인류는 수천 년 동안 C_{60}을 만들고 있었다.

4-3 풀러렌 열풍

1985년 이후 버크민스터풀러렌이 유행하게 되었다. 모두가 《네이처》에 실린 논문에 대해 들었지만 대부분은 그것을 별난 호기심으로만 받아들였다. 그러나 크로토는 이 분자가 탄소 화학의 완전히 새로운 국면을 여는 열쇠가 될지 모른다고 확신했다. 이것으로 독성이 있거나 방사능이 있는 금속을 따로따로 탄소로 둘러쌀 수 있을지도 몰랐다. 탄소 공이 볼 베어링처럼 서로 닿아 돌 수 있다면 C_{60}이 아주 뛰어난 윤활제가 될 수도 있었다. 가능성은 많고도 화려했다. 하지만 C_{60}을 레이저 제거의 다른 부산물들과 함께 아주 조금밖에 얻을 수가 없기 때문에 그것들은 모두 상상일 뿐이었다. 그리고 아무도 순수한 상태의 C_{60}을 손에 쥘 만큼 분리해 내지 못했기 때문에 축구공 구조를 확인하기 위한 실험을 할 엄두도 낼 수 없었다. 1990년에 모든 것이 바뀌었다.

해리 크로토처럼 미국 아리조나 대학교의 물리학자 도널드 허프만 Donald Huffman과 독일 하이델베르그에 있는 막스 플랑크 핵물리 연구소의 볼프강 크래츠머 Wolfgang Krätschmer도 1980년대 초반에 항성의 대기나 항성들 사이의 공간에서 새로운 탄소 분자가 생길 가능성에 관심을 가지게 되었다. 1982년에 두 물리학자는 함께 흑연을 전기적으로 가열해 기화시켜서 만든 숯의 성질을 측정하는 실험을 했다. 천문학자들이 측정한 흡광 스펙트럼과 비교하기 위해 허프만과 크레츠머는 이 숯이 자외선을 어떻게 흡수하는지를 연구했다. 자외선 스펙트럼에서 나타나는 몇 흡수띠를 빼고는 보통의 불꽃에서 생기는 숯과 별로 다른 것이 없었다. 그 당시 그들은 그 특이한 흡수띠가 기화기 안으로 들어온 불순물, 아마도 진공 펌프의 기름 때문일 것이라고 결론지었다. 3년 뒤 1985년에 《네이처》에 발표된 논문을 보고 허프만은 1982년에 그와 크레츠머가 본 흡수띠가 C_{60}에 의한 것일지도 모른다는 생각을 하게 되었다. 크레츠머는 허프만의 생각을 별로 믿지 않았지만 그것을 시험해 볼 만하다는 데에는 의견이 일치했다. 하이델베르그의 크레츠머 팀이 흑연을 전기 방전으로 가열해서 얻은 탄소 숯의 질량 스펙트럼을 측정하자 거기에는 C_{60}의 봉우리가 뚜렷하게 보였다. 몇 번의 시행 착오를 거쳐 그들은 간단한 아크 방전법으로 비교적 많은 양(수 밀리그램의 C_{60})을 만들 수 있었다. 이만한 양이면 구조를 확인하는 실험을 하기에는 충분했다. 그러나 문제는 C_{60}을 나머지로부터 분리하는 것이었다. 1990년 초에 크레츠머와 그의 제자 코스탄티노 포스티로폴로스 Kostantino Fostiropoulos와 허프만과 그의 제자 로렐 램 Lowell Lamb은 그 숯을 가열해서 승화시켰다. 그 기체를 식히자 다시 굳어 고체가 되었다. 이 고체의 일부는 액체 벤젠에 녹아 짙은 붉은색 용액이 되었다. 벤젠 용매를 증발시키고 나니 붉은 갈색의 결정이 얻어졌다(사진 1). 질량 스펙트럼으로 확인해 보니 이 고체는 90퍼센트가 C_{60}이고 나머지가 C_{70}이었다. 그들은 X선을 결정에 쬐어 (이 방법은 4장에서 설명할 것이다) 이 결정이 구형의 분자들이 쌓인 것이고 그 분자들의 중심은 서로 약 1나노미터(1미터의 백만 분의 1의 천 분의 1)만큼씩 떨어져 있다는 것을 알아냈다. 이 거리는 C_{60} 공을 나란히 늘어놓을 때 예상되는 거리와 일치했다. 1990년 8월 크레츠머와 허프만은 C_{60}을 분리하는 새 방법과 축구공 구조에 대한 증거를 《네이처》에 발표했다. 크로토에게 이 뉴스는 한편으로는 기쁨이었고 다른 한편으로는 한 방 먹은 셈이었다. 결국 그와 라이스 팀이 1985년에 짐작했던 것이 옳았다. 그러나 그는 바늘 끝만큼의 차이로 크레츠머와 허프만에게 뒤지고 말았다. 1986년에 크로토는 비슷한 아크 방전 실험을 했었지만 연구비가 모자라 일을 진전시키지 못했었다. 1989년에 학술대회에서 크레츠머와 허프만의 실험 결과에 대한 예비 발표를 듣고 크로토는 그들을 따라잡기 위해 아크 방전 장치를 다시 가동했다. 하지만 그의 서섹스 팀도 숯에서 C_{60}을 추출하는 똑같은 문제에 부딪혔다. 1990년 8월에 크로토의 동료인 조나단 헤어 Jonathon Hare도 독자적으로 벤젠 분리법을 생각해서 붉은색 용액을 얻었었다. 그러나 크레츠머와 허프만이 용액에서 결정을 얻는 마지막 단계를 먼저 끝내서 경주가 끝났다. 크로토가 《네이처》로부터 크레츠머와 허프만이 보낸 논문을 심사해 달라는 부탁을 받았을 때 그는 결승점 바로 앞에서 일등을 놓쳤다는 것을 알았다.

어쨌든 서섹스 팀은 붉은 용액을 벌써 가지고 있었고 다른 경쟁자들보다는 앞서 있는 것이 분명했기 때문에 그것을 이용하기로 했다. 8월말까지 그들은 분자의 축구공 구조를 확정짓는 실험을 끝냈다. 크레츠머와 허프만의 논문에는 그 실험이 빠져 있었다. 그렇다고 해도 크레츠머와 허프만의 결론을 의심하는 사람은 거의 없었을 것이었다.

서섹스 그룹은 핵 자기 공명 nuclear magnetic resonance(NMR) 분광법을 동원해서 축구공 구조에서 예측되듯이 60 탄소 원자의 각 탄소가 모두 동등하다는 것을 밝혔다. 그들은 또한 이 NMR 실험으로 C_{70}의 럭비공 구조도 확인했다.

판결이 내려졌다. C_{60}은 분자 축구공이다. 크레츠머와 허프만의 C_{60} 대량 생산법이 발표된 뒤에는 모든 사람이 경기에 뛰어들었다. 곧 주사 터널 현미경이라고 부르는 새로운 현미경으로 C_{60} 분자들이 나란히 줄지어 있는 것이 관찰되었다(사진 2). 유기 화학자들은 C_{60}이 어떤 화학 반응을 하는지 연구하기 시작했다. 대부분의 이론적인 계산들은 이 분자가 벤젠처럼 안정해서 반응성이 없으리라고 예측했다. 그러나 탄소 새장의 이중 결합을 여는 것이 그리 어려운 일이 아니라는 것이 곧 드러났다. 예를 들어 수소와 플루오르를 탄소 원자에 붙일 수 있다. 이 탄소 공들을 긴 사슬 모양의 고분자에 붙여서 구슬들이 매달린 목걸이 같은 것을 만든 사람도 있었다. 또한 전기화학 반응으로 C_{60}에 전자를 더해 C_{60}^{-}와 C_{60}^{2-} 같은 음이온을 만들 수 있다는 것을 알았다. 이것은 C_{60}이 엄청나게 큰 원자, 예를 들어 염소처럼 작용해서 금속과 〈염〉을 만들 수 있다는 것을 의미했다.

뉴저지에 있는 미국 전신전화 사(AT&T, 지금은 루슨트 테크놀로지로 분사 ── 옮긴이) 벨 연구소의 연구자들은 이 생각에서 C_{60}을 리튬, 나트륨, 칼륨, 루비듐, 세슘 같은 알칼리 금속과 반응시켰다. 이온 염이 실제로 생겼을 뿐만 아니라 이 염에는 연구자들이 전혀 예상하지 못했던 신기한 성질들이 있다는 것이 알려졌다. 6장에서 더 이야기할 것이므로 여기서는 이 실험 결과 때문에 물리학자들에게도 C_{60}은 아주 놀라운 물질이라고만 말해 두기로 한다. C_{60}과 금속의 화합물은 지금 C_{60} 연구의 중요한 주제이다.

이러한 화합물 가운데 특히 흥미 있는 것은 새장 안에 금속이 들어 있는 화합물이다. 흑연과 금속을 섞은 원료로부터 풀러렌을 만들면 이러한 구조를 얻을 수 있다. 맨 처음에 이러한 분자를 만든 사람은 짐 헤스였다. 1985년에 그와 크로토와 라이스 그룹이 C_{60}을 발견한 후 바로 흑연과 산화란탄을 섞어 만든 막대에 레이저 제거법을 적용해서 만들었다. 각 란탄 원자가 C_{60} 새장과 꼭 붙어 있는 것으로 나타났으므로 란탄 원자가 우리 안에 갇혀 있다고 하면 쉽게 설명할 수 있었다. 지금까지 껍질 안에 많으면 4개까지의 금속 이온이 들어 있는 풀러렌들이 발견되었다.

4-4 공이 계속 구르다

C_{60}을 만드는 것이 너무 쉬워서 수많은 과학자들이 새로운 성질을 발견할지 모른다는 기대를 가지고 이 분자에 손을 대었다. 자신의 C_{60} 공장을 세울 생각이 없는 과학자들은 이제 C_{60}과 다른 풀러렌들 (C_{70}, C_{84} 등)을 여러 시약 회사들로부터 구입할 수 있다. 이것은 아직 싸다고 할 수 없지만(금값의 약 40배——글쓴이, 2001년 현재 금값의 약 3배.——옮긴이) 어떤 이들은 수년 내에 알루미늄 값에 살 수 있을 것이라고 말한다.

더 신기한 것들을 기대하는 사람들에게는 더 커다란 풀러렌들의 성질이 여전히 밝혀지지 않은 채 남아 있다. 그것들은 모두 오일러

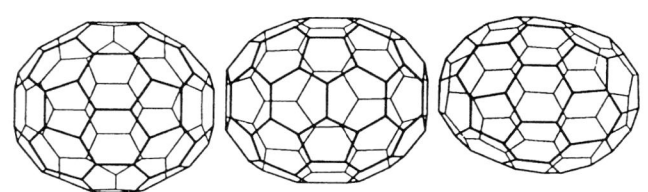

그림 1.30 C_{76}과 C_{78}과 C_{82}와 C_{84}처럼 더 큰 풀러렌들이 분리되고 구조가 추정되었다. 각각에 대해서 이론적으로 엄청난 수의 이성질체가 있을 수 있지만 오각형들이 이웃해서는 안 된다는 제약을 적용하면 겨우 몇 개의 이성질체가 남는다. C_{78} 분자에 대해 추정된 구조 몇 개를 여기에 보였다.

의 연구 결과에 따라 12개의 정오각형을 포함해야만 하는 것 같다. 그리고 오각형과 육각형의 탄소 고리를 배열하는 경우의 수는 엄청나게 크지만 오각형 고리들이 서로 이웃하지 않는다(만약 그렇게 되면 결합 형태가 안정하지 않기 때문에 바로 재배치가 일어날 것이다)는 사실을 고려하면 사정은 많이 간단해진다. C_{60}에서 1,812가지 방법으로 오각형과 육각형을 배열할 수 있지만 오각형들이 이웃하지 않는 배열은 단 한 가지 뿐이다.

같은 성분 원자들이 공간적으로 다르게 배치된 분자들을 이성질체라고 부르고 이 책에서 나중에 이런 예들을 보게 될 것이다. 모든 오각형이 서로 떨어져 있어야 한다는 규칙 때문에 더 큰 풀러렌의 경우에도 실제로 볼 수 있는 이성질체의 수는 그리 많지 않다. 거대한 풀러렌인 C_{120}과 C_{240}, C_{540}에는 특별히 대칭적인 이성질체가 있을 것으로 예상되지만 (그림 1.31) 이를 시험할 만큼 충분한 양을 아직 분리하지 못했다.

풀러렌과 관련된 더 큰 구조를 1991년에 일본 츠쿠바에 있는 일본 전기 회사(NEC)의 수미오 이지마 Sumio Iijima가 발견했다. 그는 어떤 조건 하에서 전기 방전법을 이용하여 한쪽 전극에서 가는 탄소 섬유를 키울 수 있다는 것을 알아냈다. 현미경으로 이 섬유들을 들여다보면 이것들은 흑연 같은 판이 원통으로 말린 속이 빈 관이다 (그림 1.32). 각 관들에는 러시아 인형처럼 속에 또다시 원통이 들어 있다. 관들은 끝이 원뿔이나 각이 진 반구로 막혀 있고 여기에는 판이 구부러질 수 있게 오각형이 들어 있을 것이다. 가는 것은 지름이 겨우 C_{60}의 지름과 비슷한 1나노미터 정도이고 길이는 지름보다 천 배나 긴 이 흑연 같은 관들에는 흥미 있는 성질이 있을 것 같다. 이론적인 예측에 따르면 알려진 탄소 섬유 중 가장 강하고 아마 전기가 통할지도 모른다. 1992년에 이지마와 그의 동료 풀리켈 아자얀 Pulickel Ajayan은 이 관의 한쪽 끝을 여는 데 성공했다. 끝이 열린

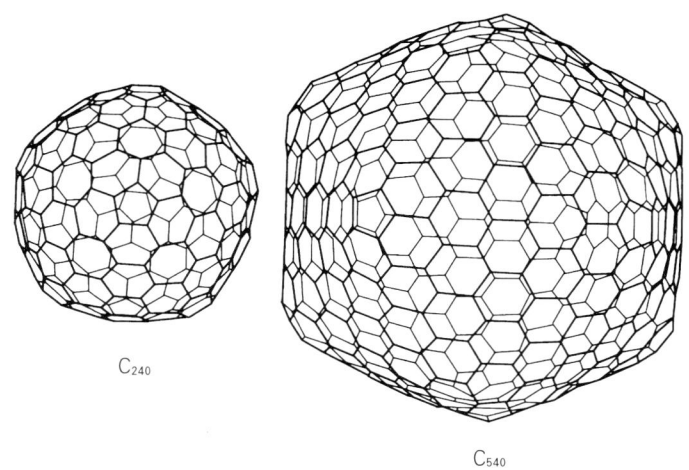

그림 1.31 해리 크로토와 그의 학생 켄 맥케이는 C_{240}와 C_{540}처럼 아주 거대한 풀러렌에서 매우 대칭적인 구조가 나타날 수 있다는 것을 알아냈다. 새장을 닫기 위해서 오각형은 여기서도 12개가 필요하다. 새장이 커질수록 오각형이 자리잡은 〈구석〉이 점점 더 뾰족해진다. 이 풀러렌들의 구조를 결정할 수 있을 만큼 많은 양을 아직 분리해서 정제하지 못했다. 여기에는 여러 가지 이성질체가 있을 것이다.

관은 녹은 납 액체를 빨대처럼 빨아들였다. 이 탄소 나노튜브와 역시 탄소 아크 방법으로 만든 속이 비고 양파처럼 켜켜이 쌓인 공 모양의 가루들은 이제 풀러렌 연구에서 완벽한 세부 주제로 확립되었다.

이제 와서 보면 흑연 같은 판들을 종이처럼 접고 말아서 수없이 다양한 탄소 구조를 만들 수 있을 것이라는 것은 의심할 여지가 없다. 이 분야의 연구는 1990년에 풀러렌을 대량 생산할 수 있게 된 이후 엄청난 속도로 발전하여 내일은 또 무슨 새로운 일이 있을지 짐작할 수가 없다. 그러나 리처드 스몰리가 말한 것처럼 한 가지만은 분명할 것이다. 〈버크민스터 풀러가 살아 있다면 아주 기뻐할 것이다.〉

(컬과 크로토와 스몰리는 풀러렌을 발견한 공로로 1996년 노벨 화학상을 받았다. 풀러렌에 대한 흥미로운 이야기들은 계속되고 있다. 다음에 몇 가지 예를 소개한다. 풀러렌으로 흰빛을 내는 발광 다이오드를

분자의 건축 79

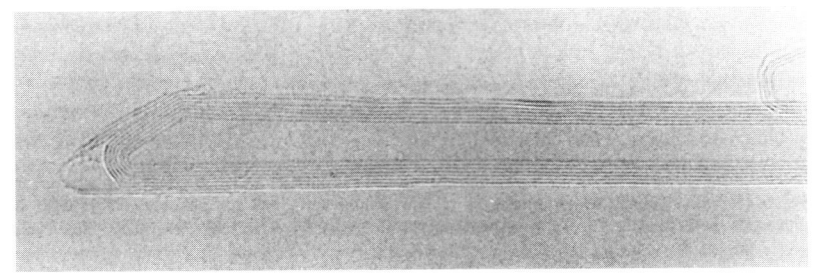

그림 1.32 튜브형 풀러렌. 1991년에 수미오 이지마가 흑연 같은 판으로 이루어진 속이 빈 탄소 튜브를 발견했다. 탄소 튜브는 끝이 다면체나 원추 모양의 껍질로 막혀있다. 전자 현미경으로 단면을 보면 이 튜브의 폭은 보통 1에서 50나노미터 사이이다. 가장 작은 튜브의 끝은 C_{60}의 반쪽일 가능성이 있다. (츠쿠바 NEC 수미오 이지마 제공)

만들었다. 탄소 운석에서 C_{100}에서 C_{400}에 이르는 뭉치들이 발견되었다. 전자 현미경으로 관찰한 탄소 나노튜브의 떨림으로부터 결정한 영 계수는 한 겹 탄소 나노튜브가 알려진 어떤 물질보다도 더 강하다는 것을 나타낸다. 하지만 이렇게 강한 물질을 구부려 나노튜브 고리를 만들 수도 있다. 탄소 나노튜브를 상온에서 수소 기체를 저장할 수 있다고 보고되었다. 스몰리 그룹은 고온 고압의 일산화탄소 기체로부터 한 겹 나노튜브를 95-97% 순도로 얻는 방법을 고안해 냈다. 한 겹 나노튜브로 실을 잣는 방법도 찾았다. 이것은 기존의 탄소 섬유와 달리 구부릴 수 있어서 매듭을 만들어도 부러지지 않는다. 한 겹 탄소 나노튜브로 만든 판 2개를 접착 테이프의 양쪽에 붙이고 전압을 걸면 테이프가 휘는데 이 힘은 동물의 근육보다 세다. 탄소 나노튜브의 전기적인 성질에 대한 연구도 매우 활발하다. 서울대학교 물리학과의 임지순 교수가 탄소 나노튜브 반도체에 대한 이론을 개척하였다. 직각으로 교차시킨 두 탄소 나노튜브가 트랜지스터로 작용할 수 있다는 임교수의 예상은 실험으로 확인되었다. 탄소 나노튜브에 전압을 걸면 쉽게 전자가 방출된다. 삼성 종합기술원의 김종민 박사팀은 이를 이용하여 1999년에 9인치 천연색 평판 표시 소자를 선보였다.——옮긴이)

a

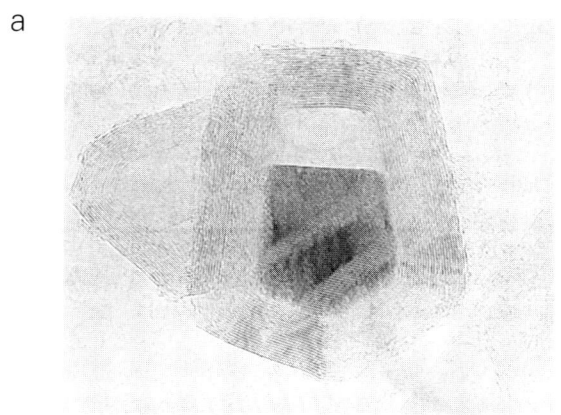

b

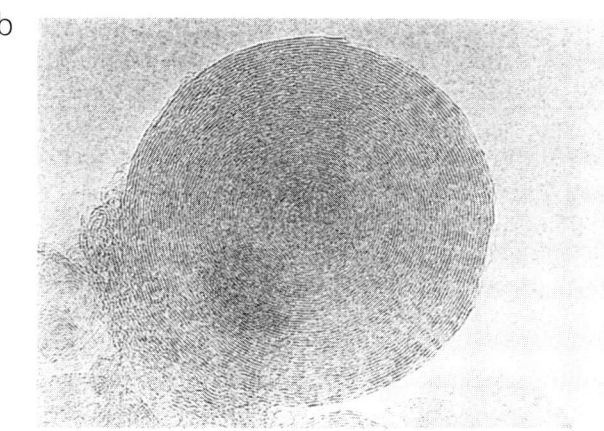

그림 1.33 흑연 같은 판에서 만들 수 있는 닫힌 껍질의 구조가 아주 여럿이고 종류도 점점 더 늘고 있다. 이지마의 탄소 튜브와 비슷하고 속에 금속 결정을 담을 수 있는 여러 겹의 다면체 입자(a)와 빽빽하게 동심원을 이루는 흑연〈양파〉(b)는 그중 특히 관심을 끈다. 흑연 양파는 다니엘 우가르트가 최초로 연구했다. (일본 미 대학교 사이토(a), 다니엘 우가르트(b) 제공)

2

촉매와 효소의 네트워크

> 이 일이 얼마나 힘들고 어렵든
> 그 경로에 어떠한 저항과 방해가 있든지,
> 이런 변형은 자연을 거슬러 가지 않는다.
>
> ──파라셀수스

　이 책에서 다루는 다양한 주제를 하나로 묶기 위해 변형이라는 개념에서부터 시작해야겠다. 무엇보다도 먼저 화학은 변형에 관한 것이다. 변형이란 하나의 물질을 다른 물질로, 혹은 어느 물질을 한 물리적 상태에서 다른 상태로 바꾸는 것이다. 일반적으로 물리적인 것에 대비되는 의미에서 화학적 변형 혹은 화학 반응이라고 말하는 것은 어느 물질의 화학 결합이 깨지거나 새로 생기는 것이다. 즉, 원자가 건네지거나 치환되거나 한 곳에서 떨어져 나와 다른 곳에 다시 자리잡는 것이다.

　오늘날 우리가 자주 보고 쓰는 물질 중에 자연에서 바로 얻은 〈원료〉 물질은 극히 드물다. 대개는 화학 반응의 생성물들이다. 현대 세계를 떠받치고 있는 플라스틱만 보더라도 이것은 땅에서 파낼 수 있는 물질이 아니다. 플라스틱은 석유에서 합성되어야 한다. 석유에는 필요한 원소가 모두 들어 있지만 이것들이 다른 방법으로 배열되어 있다. 나무토막에서 종이를 만들려면 더 많은 작업이 필요하다. 종이의 흰색과 질김과 유연성은 여러 화학 반응의 결과이다. 대부분의 금속은 광석에서 화학적으로 추출된 후 흔히 스테인리스 스틸이나 놋쇠나 청동 같은 합금의 형태로 섞인다. 우리들의 집은 이렇게 굉장히 복잡한 화학 반응을 거쳐 생성된 화합물로 가득 차 있다. 의약품, 식품 첨가제, 화장품 등 대부분의 화합물은 원료와는 닮은 점이 거의 없다. 많은 사람들은 〈화학물질〉이라고 하면 화학자가 공들여 합성한 물질을 떠올린다. 〈이 음식에는 화학물질이 너무 많다〉라는 표현처럼 마치 모든 화학물질을 사람이 만든 것처럼 말이다. 하지만 천연 제품을 쓴다고 반드시 화학에서 멀어지는 것은 아니다. 이것은 단지 우리 몸의 화학이 천연물에 더 잘 어울린다는 것을 암묵적으로 인정하는 것뿐이다. 그러나 (베르틀로의 말에도 불구하고) 자연은 우리보다 훨씬 더 뛰어난 합성 솜씨를 지녔다.

화학 산업과 자연의 공통된 문제는 거칠고 간단한 원료를 어떻게 더 쓸모 있는 화합물로 재배열하는가이다. 이것은 필요한 모든 원자를 갖춘 원료를 큰 그릇에 넣고 섞는 것 이상의 일이다. 단순히 섞기만 하면 온갖 쓸모 없는 물질들만 생기기 쉽고 정작 원하는 물질은 아주 조금밖에 생기지 않을 것이다. 혹은 아무 일도 일어나지 않아서 굽지 않은 케이크 믹스처럼 고루 섞인 혼합물만 남을 것이다. 체계적으로 화학 합성을 하려면, 무엇이 가장 많이 생길 것인가, 어떤 조건에서 반응이 일어날 것인가 등 화학적인 과정의 결과를 예측할 수 있는 규칙들을 알아야 한다.

반응물을 섞기만 해도 일어나는 반응 중에 쓸모 있는 것은 드물다. 그러나 열을 가하거나 흔들고 저어주는 것만으로 충분할 때도 가끔 있다. 어떤 경우에는 빛이나 전기가 반응을 일어나게 한다. 그러나 대부분의 중요한 생산 공정에서는 이것만으로 충분하지 않기 때문에 변환을 일으키는 어떤 물질을 사용한다. 이 물질 자체는 원료가 아니므로 반응 중 소모되지 않지만 만일 이런 물질이 없다면 일어나지 않을 화학 반응을 일어나게 한다.

촉매라고 부르는 이 화합물들은 신통력을 지닌 것 같다. 원자를 잃지도 얻지도 않아 변하지 않으면서도 여하튼 반응은 일어나게 한다. 어떤 촉매는 금속이나 금속 산화물 같은 고체의 알갱이이고 또 어떤 촉매는 반응물과 함께 녹는 분자이기도 하다. 어떤 촉매는 반응을 시작시키기만 할 뿐이지만 촉매가 생성물들의 비를 결정할 때도 많다. 미국 화학산업이 생산하는 물질의 약 43퍼센트가 촉매의 도움으로 만들어진다. 한편 생물체의 화학 반응에서 촉매의 역할은 아무리 강조해도 지나치지 않는다. 만약 효소라고 부르는 자연 촉매의 도움이 없다면 몸 안의 거의 모든 반응은 일어나지 않을 것이다.

여러 면에서 촉매는 현대 화학에서 (보통 금속을 금으로 바꾼다는) 연금술에서의 철학자의 돌과 같은 존재지만, 촉매가 작용하는 방법에 신비한 점은 없다. 이 장에서는 촉매가 어떻게 작용하는지를 설명할 것이고 화학 반응에서 촉매가 수행하는 정교한 조절 작용의 몇 가지 예를 보일 것이다. 그러나 촉매가 기적을 일으키는 것은 아니라는 점을 분명히 해둘 필요가 있다. 촉매가 반응이 일어나는 것을 도울 수는 있지만, 그것은 오직 반응이 〈일어날 수 있을〉 때에만 가능하다. 따라서 반응이 원칙적으로 일어날 수 있는지와 실제로 일어나는지를 구분할 필요가 있다. 촉매는 오직 두번째 경우에만 영향을 미칠 수 있다. 촉매가 어떻게 작용하는지를 이해하려면 먼저 반응이 일어날 수 있는지 없는지를 결정하는 것이 무엇인지 알아야 한다. 출발 물질과 우리가 만들고 싶어하는 어떤 쓸모 있는 물질을 놓고 이 변형이 가능한지 아닌지를 어떻게 알 수 있을까?

1 화학 반응을 미는 힘

1-1 최종 생성물

많은 화학 반응들이 한쪽으로만 일어나는 것처럼 보인다. 한 무리의 화합물(반응물)을 적당한 조건에서 섞으면 원자들이 재배열하여 다른 무리의 화합물(생성물)이 생긴다. 화학자들은 이런 변화를 간단한 도식으로 표현해 왼쪽의 반응물이 오른쪽의 생성물로 바뀌는 것을 화살표로 나타낸다.

$$반응물 \rightarrow 생성물$$

앞에서 말한 것처럼 많은 경우에 반응이 일어나게 하려면 반응물들을 흔들거나 가열할 필요가 있다. (흔들거나 가열하는 것은 결국 에너지를 공급하는 것이다.) 그러나 일단 반응이 시작되면 되돌아갈 수는 없다. 생성물을 아무리 오래 놓아두어도 반응물로 되돌아갈 기미는 전혀 보이지 않는다. 예를 들어 불타고 있는 나무토막을 생각해 보자. 여기서 일어나는 반응은 나무 속의 복잡한 유기 분자들(주성분은 탄수화물의 일종인 셀룰로오스이다)과 공기 중의 산소에 의해 일어난다. 생성물은 주로 CO_2 기체, 물, 질소가 들어 있는 분자에서 나온 산화질소, 그리고 검댕이나 숯의 형태로 남는 순수한 탄소이다. 이 반응은 나무에 불을 붙여야만 시작되지만 일단 반응이 시작되면 계속 진행한다. 생성물이 빠져나가지 못하도록 (산소가 충분히 든) 닫힌 상자 안에서 나무를 태워도 산화 기체와 숯이 처음의 나무

토막과 산소로 돌아가는 일은 결코 없다. 즉, 다음 반응은 일어나지만 그 역반응은 일어나지 않는다.

나무 + 산소 → 산화탄소 + 산화질소 + 물 + 숯

이 반응의 비가역성은 하나도 놀랍지 않다. 여러 종류의 산화 기체가 갑자기 셀룰로오스라는 복잡한 분자 구조로 스스로 재배열된다는 것은 생각하기 어렵다. 그러나 어느 방향으로 진행될지를 금방 알 수 없는 반응도 많다. 금속 아연 한 조각을 황산 용액에 넣으면 반응이 일어날까? 그렇다. 그러나 은 조각은 반응하지 않는다. 철은 공기 중에서 녹이 슬어 우리가 잘 아는 붉은색의 수산화철이 되지만 왜 금은 계속 반짝거릴까? 수소 기체는 산소와 폭발적으로 반응하여 물이 되지만 왜 물은 폭발적으로 반응하여 수소와 산소로 나누어지지 않을까? 세상은 온통 이런 수수께끼로 가득하다.

미국의 윌러드 깁스 Willard Gibbs, 영국의 제임스 프레스코트 줄 James Prescott Joule, 독일의 물리학자이자 생리학자인 헤르만 폰 헬름홀츠 Hermann von Helmholtz 같은 19세기 과학자들 덕에 이것들은 더 이상 진짜 수수께끼가 아니다. 이 과학자들은 자연계에서 변형의 방향을 지배하는 법칙들을 확립하는 데 많은 공헌을 하였다. 그러나 이들은 화학적인 문제를 직접 다룬 것이 아니라 더 일반적으로 열이 계 안에서 또는 다른 계 사이에서 어떻게 전달되는가를 다루었다. 이 분야를 (글자 그대로 해석하면 열의 운동인) 열역학이라고 부른다. 열역학은 변형의 기초가 되는 과학이다. 블랙 홀의 생성에서 몸 안의 신진 대사까지, 태양에서 오는 열에 의해 계절이 바뀌는 방식에서 우주 팽창의 결과까지 세상 모든 변화의 과정을 열역학의 틀에서 설명할 수 있다. 이 현상들의 공통점은 다음 질문으로 알 수 있다. 왜 이 현상들은 이렇게만 일어나고 다른 방식으로는 일어나지 않을까? 왜 잉크 방울은 물 속에서 퍼지지만 색이 균일하게 퍼진 용액은 결코 처음의 잉크 방울로 되돌아가지 못할까? 왜 물은 위로 흐르지 않을까? 그리고 왜 시간은 한 방향으로만 흐르는 것처럼 보일까? 열역학은 이 심오한 질문들 한가운데에 있다.

이런 질문에 대한 보편적인 답이 하나 있는데 그것을 열역학 제2법칙이라고 한다. (제1법칙이 무엇이냐고 물을지도 모르겠다. 제1법칙은 〈에너지 보존〉법칙이다. 즉, 에너지는 결코 없어지지 않고 한 종류에서 다른 종류로 바뀔 뿐이다.) 열역학 제2법칙은 모든 변형과 함께 우주의 전체 엔트로피가 늘어난다고 말한다. (엄격히 말하면 줄어들 수 없다고 말한다. 정확하게 되돌릴 수 있는 변형들은 우주의 엔트로피를 늘리지 않는다.)

요즘은 엔트로피라는 용어가 일상적으로 쓰이기도 하지만 이 낱말은 여전히 신비한 느낌을 풍긴다. 그러나 신비할 것은 아무것도 없다. 엔트로피는 무질서의 척도로 생각할 수 있다. 예를 들어 벽돌 한 무더기는 집보다 엔트로피가 더 크다. 같은 이유로 액체는 결정보다 엔트로피가 더 크다. 액체에서는 분자들이 흩어져 이리저리 부딪히지만 결정에서는 격자 속에 분자들이 규칙적으로 자리잡고 있다. 그러므로 열역학 제2법칙이 말하는 것은 우주가 계속 더 무질서하게 된다는 것이다. 이것도 여전히 어렵게 들릴지 모르지만 실제로 이것은 단지 일이 가장 그럴 법하게 일어난다는 것이다. 무질서하게 될 가능성이 질서 정연하게 될 가능성보다 더 크다. 제2법칙은 실제로 통계 법칙이다. 제2법칙은 엔트로피가 줄어드는 변화의 가능성을 원칙적으로 금지하는 것이 아니라 분자의 엄청난 수를 생각해 보면 그런 변화가 전혀 일어날 것 같지 않다는 것이다.

1-2 오르막 혹은 내리막?

비록 열역학 제2법칙이 화학적이든 다른 것이든 상관없이 변화의 보편적인 방향을 알려주지만 실제로 화학자에게는 큰 쓸모가 없다. 문제는 열역학 제2법칙이란 것이 측정할 수 없는 우주 전체의 엔트로피만을 생각한다는 점이다. 화학 반응이 어느 쪽으로 갈지를 알기 위해서는 반응물의 엔트로피가 생성물의 엔트로피와 어떻게 다른지뿐만 아니라 생기는 (또는 흡수하는) 열이 주변 환경의 엔트로피를 어떻게 바꾸는지도 알아야 한다. 반응에서 생긴 열이 어떻게 주변을 변화시킬지를 자세히 말하기는 어렵다. 이것은 주변에 무엇이 있는가에 달려 있다. 그러나 다행히도 우리는 이런 상세한 것까지 걱정할 필요는 없다. 주변으로 빠져나온 열의 엔트로피 효과는 단지 얼마만큼의 열이 거기에 있는지에만 관련이 있다. 만약 화학 반응에 의한 열의 방출 또는 흡수와 함께 부피가 변한다면(예를 들어 기체가 방출되는 경우) 이것도 주변의 엔트로피에 영향을 미친다. 부피 변화가 있을 때 화학 반응은 주변에 일을 한다고 할 수 있고(이 일은 부피 변화로 피스톤을 움직이거나 해서 이용할 수 있다), 이 일의 양도 반드시 전체 엔트로피 계산에 포함시켜야 한다.

따라서 반응물의 엔트로피 변화, 열의 방출과 흡수, 주변에 한 일의 양에 의해 열역학 제2법칙이 규정한 화학 변화의 방향을 알 수 있다. 이 모든 양은 원칙적으로 잴 수 있다. 윌라드 깁스는 깁스 자유 에너지라는 양으로 반응의 방향을 판단하였다. 깁스 자유 에너지는 변환 과정에서 여러 요소들이 전체 엔트로피에 미치는 영향을 더한 알짜 효과를 나타낸다. 깁스 자유 에너지는 계의 엔트로피 변화와 주변의 엔트로피 변화의 합으로 표시된다. 주변의 엔트로피 변화는 주로 화학 결합을 만들거나 깨뜨리는 열 변화와 부피 변화로 인해 일어나는 일의 합인 엔탈피라는 양으로 나타낸다.

만약 계와 우주의 나머지 부분에 해당하는 주변의 엔트로피가 전체적으로 증가한다면 화학 반응은 일어날 수 있다. 예를 들어 이것은 반응물보다 생성물의 엔트로피가 낮더라도 이 엔트로피 감소를 열 방출이나 주변에 한 일로 상쇄할 수 있다는 말이다. 다시 말하면 깁스 자유 에너지는 감소되어야 한다는 것이다. (엄밀히 말하면, 이것은 계의 온도나 압력이 일정하게 유지될 때에만 옳다. 다른 조건에서는 깁스 자유 에너지가 아닌 다른 종류의 자유 에너지를 고려해야 한다.) 깁스 자유 에너지의 변화는 반응이 〈내려가는〉 방향을 지시한다. 즉 언덕 꼭대기에 있는 공이 아래로 굴러가서 (지상에서의 높이에 비례하는) 위치 에너지를 줄이듯이, 화학 반응은 자유 에너지가 줄어드는 방향으로 진행한다(그림 2.1).

2 운동의 장애물

2-1 가능성과 실제

〈자유 에너지 감소〉는 이 책이나 독자 여러분이 존재하는 것이 매우 어렵다는 것을 의미하는 듯하다. 왜냐하면 이 책이나 여러분 모두 태우면 자유 에너지가 매우 줄어들 것이기 때문이다. 실제로 유기물을 태우면 상당량의 열이 발생해서 주변의 엔트로피가 증가할 뿐 아니라

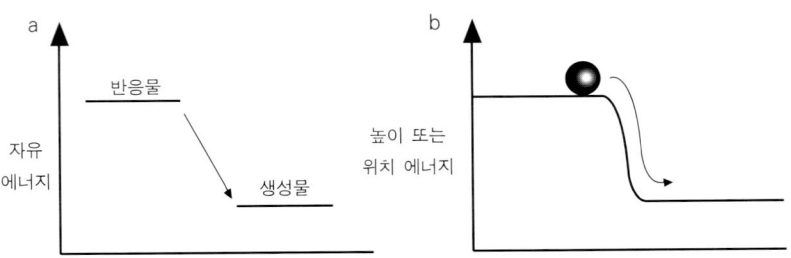

그림 2.1 (온도와 압력이 일정할 때) 깁스 자유 에너지를 보고 화학 반응이 〈내려가는〉 방향을 알 수 있다. 반응은 생성물의 깁스 자유 에너지가 반응물의 깁스 자유 에너지보다 줄어드는 방향으로 진행할 수 있다(a). 공은 언덕에서 아래로 굴러내려 위치 에너지를 스스로 줄일 수 있지만(b), 스스로 언덕을 거슬러 올라갈 수는 없다.

질서 정연한 몸의 분자 구조와 종이의 섬유가 기체 상태의 이산화탄소나 물 같은 무질서한 분자로 바뀌면서도 엔트로피가 크게 증가한다. 따라서 모두가 전체 우주의 엔트로피를 증가시키는 쪽으로 즉 깁스 자유 에너지를 감소시키는 쪽으로 맞추어져 있다. 그러나 이 책도 독자 여러분도 불 속에 던져지지 않는 한 상당히 오랜 동안 산소가 풍부한 대기 속에서 안정하게 있을 것이다. 그렇다면 화학 변환이 오르막인지 내리막인지를 결정하는 깁스의 기준에서 어디가 틀렸는가?

다행히, 거기에는 아무 잘못이 없다. 깁스의 기준은 반응이 원칙적으로 일어날 수 있는지만을 말할 뿐이다. 깁스의 기준은 실제로 일어날 것인지에 대해서는 아무 말도 할 수 없다. 내리막 화학 반응 중 거의 대부분이 반응을 막는 장애물 때문에 일어나지 못한다. 적어도 눈에 띌 속도로는 일어나지 않는다. 반응이 일어날 수 있는지를 결정하는 것은 엔탈피, 엔트로피, 자유 에너지를 다루는 열역학이다. 그러나 반응이 일어나지 못하게 하는 것은 변형의 〈동역학〉이다.

반응이 실제로 일어나지 못하는 이유를 이해하려면 반응 도중에 분자 수준에서 무슨 일이 일어나는지를 알 필요가 있다. 생성물에서 원자들이 결합한 방식은 반응물에서 원자들이 결합한 방식과 반드시 다르다. 이것이 바로 화학 반응의 본질이다. 따라서 이런 변환 도중에 화학 결합이 깨지거나 생기거나 혹은 둘 다 일어나야 한다. 반응물과 생성물의 상대적인 고유 에너지에는 관계없이 화학 결합을 깨는 데는 에너지가 필요하다. 다시 말하면 반응의 첫 단계는 일반적으로 오르막이다. 원자들이 새로운 형태로 재결합하기 (그와 함께 에너지를 방출하기) 전에 분자를 쪼개려면 반드시 어딘가에서 에너지를 받아야 한다. 많은 자유 에너지를 방출하는 반응이라도 시작하기 위해서는 먼저 에너지가 공급되어야만 한다. 앞에서 반응을 언덕 위에 있는 공에 비유했듯이 이것을 둔덕에 막혀 아래로 구르지 못하는 고원에 놓인 공으로 생각할 수 있다. 공을 아래로 구르게 하려면 둔덕을 넘을 수 있도록 밀어야 한다(그림 2.2). 화학자들은 일반적으로 〈그림 2.2a〉와 같은 그림으로 반응의 열역학적인 면을 나타낸다. 자유 에너지 장벽을 넘어 골짜기 아래로 내려가는 수평 〈운동〉은 반응의 진행 정도에 해당한다. 반응 좌표라고 부르는 그래프의 수평축은 구성 원소 사이의 화학 결합이 변하는 정도를, 즉 반응의 〈정도〉를 표시한다.

어떤 반응에서는 실제로 반응물 분자가 쪼개진 다음 새로운 방법으로 다시 결합하지만 대부분은 기존의 화학 결합이 깨지고 새 결합이 생기는 것이 대체로 동시에 일어난다. 이런 경우 직접 반응에 참여하지 않는 원자들이 천천히 재배열하기도 한다. 다시 말해 불안정한 중간 구조의 원자 배열을 거쳐 반응물이 점차 생성물로 변환된다. 브로모메탄이 수산화 이온과 반응하여 브로민이 수산화 기로 바뀌고 메탄올이 생기는 반응을 보자.

$$CH_3Br + OH^- \rightarrow CH_3OH + Br^-$$

반응물의 자유 에너지가 생성물의 자유 에너지보다 작기 때문에 수산화나트륨 용액에서 브로모메탄이 메탄올로 바뀐다. 브로민 원자

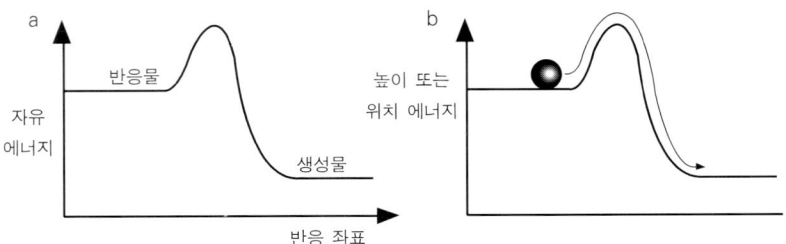

그림 2.2 일반적으로 반응이 진행하려면 자유 에너지 〈장벽〉을 넘어야 한다. 처음에는 반응물의 화학 결합이 약해지면서 자유 에너지가 늘어났다가 장벽을 넘은 후에야 자유 에너지가 감소한다(a). 따라서 둔덕 때문에 언덕에서 내려오지 못하는 공은(b) 자유 에너지 장벽을 넘을 수 있도록 〈밀어야〉 반응이 일어난다.

를 떼어내기 위해 수산화 이온은 교묘하게 접근한다. 뒤에서 접근하여 반대쪽으로 브로민을 밀어낸다. 이 과정에서 분자는 탄소 원자 한쪽에는 수산화기가, 반대쪽에는 브로민 원자가 붙은 불안한 〈중간〉 위치에 있게 된다(그림 2.3). 예상할 수 있듯이 이 이상한 형태는 자유 에너지가 매우 크다. 너무 많은 원자가 탄소 원자 주위에 몰려 있으므로 탄소와 브로민 그리고 탄소와 수산화기의 화학 결합은 약하다. 이 잠시 존재하는 분자는 반응물과 생성물을 갈라놓는 에너지 장벽의 맨 꼭대기에 위치하고 이것을 전이 상태라고 부른다. 이 전이 상태에서는 한쪽으로 약간만 밀어도 생성물 쪽이나 반응물 쪽으로 갈 수 있다.

2-2 반응을 빠르게 하는 온건한 방법

반응이 얼마나 빨리 진행되는가는 얼마나 많은 수의 반응물 분자

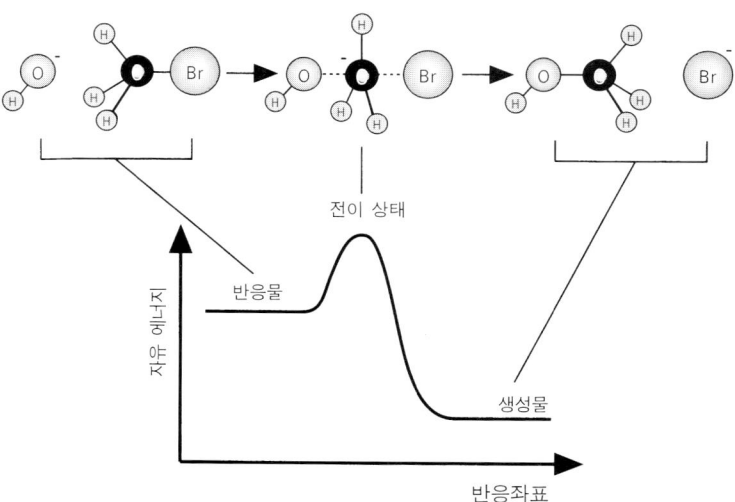

그림 2.3 브로모메탄이 수산화 이온과 반응할 때 탄소 원자가 불안정하게 다섯 원자로 둘러싸인 자유 에너지가 큰 상태를 거쳐야 생성물이 생긴다. 이것이 전이 상태에 해당한다.

가 자유 에너지 장벽을 넘기에 충분한 에너지를 가지고 모이느냐에 달려 있다. 반응계에 열을 가하면 에너지가 큰 분자가 많아지므로 반응 속도가 빨라진다.

열역학적으로 일어날 수 있는 반응이라도 반응물 분자를 모두 없앨 수는 없다. 왜냐하면 생성물 분자들 중 일부는 언제라도 자유 에너지 장벽을 넘어 반응물 쪽으로 되돌아갈 수 있는 에너지를 지니고 있기 때문이다. 이런 반응계는 결국 반응물과 생성물의 분자수가 더 이상 변하지 않는 상태에 도달한다. 이것은 열역학적 평형 상태이다. 반응물보다 생성물의 자유 에너지가 낮을수록 에너지 장벽을 넘기가 더 힘들기 때문에 평형 상태에서 생성물의 비율이 더 높다. 열을 가하면 정반응과 역반응의 속도가 모두 빨라지므로 열역학적 평형에 빨리 도달한다.

그러나 열을 가하는 것은 반응 속도를 빠르게 하는 방법치고는 조잡하고, 반응을 복잡하게 할 수도 있다. 먼저 열을 가하는 것은 에너지를 더하는 것이므로 비경제적이다. 그리고 반응물이나 생성물이 높은 온도에서 불안정할 수도 있다. 이 경우 반응 온도를 올리면 원하는 생성물 분자들이 깨어지는 등 원치 않는 반응들이 일어날 수도 있다. 에너지 장벽을 넘기에 충분한 에너지를 가진 분자들의 비율은 온도뿐만 아니라 장벽의 높이와도 관련이 있다. 장벽을 낮출 수 있다면 주어진 온도에서 더 많은 수의 분자들이 반응할 수 있고 평형 상태에도 더 빨리 도달할 것이다.

에너지 장벽의 높이는 전이 상태의 자유 에너지에 의해 결정되고 이것은 다시 매우 짧은 순간에만 존재하는 분자 구조에 달려있다. 촉매의 역할은 전이 상태의 자유 에너지를 낮추어 전이 상태를 덜 불안정하게 하는 것이다. 더 정확하게 말하면 촉매란 반응물과 상호작용하여 자유 에너지가 더 낮은 다른 전이 상태를 형성해야 한다(그림 2.4). 또 촉매는 이런 상호 작용에서도 바뀌지 않아야 한

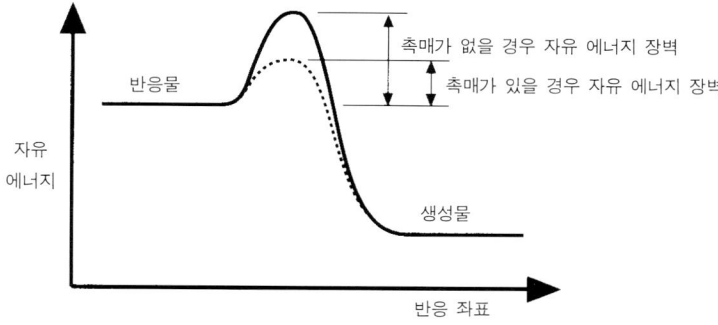

그림 2.4 촉매의 기능은 반응의 자유 에너지 장벽, 즉 전이 상태의 자유 에너지를 낮추는 것이다.

다. 일단 자유 에너지 장벽을 넘고 나면 전이 상태는 생성물을 내놓고 촉매가 다시 다른 반응물 분자와 상호 작용할 수 있도록 촉매의 상태를 되돌려야 한다. 만약 촉매가 반응 중 바뀌거나 소모되어 계속 보충해야 한다면 그것은 촉매가 아니고 단지 또다른 반응물일 뿐이다.

넓게 말해서 촉매에는 두 종류가 있다. 이 두 가지가 어떻게 다른지를 보기 위해, 서로를 위해 태어났지만 그냥 내버리면 결코 결합하지 못할 내성적인 남녀 같은 두 반응 분자를 상상해 보자. 결합을 촉매하는 첫째 방법은 둘을 한 자리에 모아 소개시키고 일을 진행할 중매쟁이를 더하는 것이다. 중매쟁이 촉매는 반응물과 같은 하나의 분자이며 반응물과 같은 물리적 상태, 예를 들어 기체 상태나 용액 상태에 있다. 화학적인 용어로는 이런 촉매를 균일 촉매라고 한다.

둘째 방법은 이 쌍이 더 여유 있고 친근한 환경에서 만날 수 있도록 주선하는 것이다. 예를 들어 남녀가 다 음악 애호가라면 오페라 공연에 초대해서 관계가 발전할 환경을 조성할 수 있다. 반응이 일어나기에 좋은 분위기를 조성하는 촉매는 일반적으로 반응물과는 다

촉매와 효소의 네트워크 95

른 물리적 상태에 있어야 한다. 반응물이 액체나 기체나 용액에 녹은 용질인데 비해 이런 촉매는 보통 고체이다. 반응물이 서로 만나게 되는 곳은 대부분 촉매의 표면으로 여기서 반응이 일어날 가능성이 가장 크다. 이런 종류의 촉매 중 어떤 것에는 반응 분자들이 붙들려 아주 가깝게 접근할 수 있는 분자 크기의 새장이나 굴이 있다. 이런 촉매를 불균일 촉매라고 한다. 어떤 과학자들은 요즘 균일 촉매와 불균일 촉매의 중간에 위치하는, 반응물보다 약간 클 뿐인 원자 뭉치를 연구한다. 이 분야는 이제 막 시작되었지만 균일과 불균일 촉매의 장점을 함께 아우를지도 모른다.

균일 촉매들은 일반적으로 반응물과 특별한 방법으로만 상호 작용하도록 고르고 설계한 분자들이다. 이들은 대부분 여러 가능한 생성물 중 하나만이 생기도록 한다. 이런 촉매를 설계하려면 반응물끼리 상호 작용하는 방식과 반응물이 촉매와 상호 작용하는 방식에 대한 자세한 정보가 필요하다. 지난 수십 년 사이에 이런 정보를 쉽게 얻을 수 있게 되었지만 과거에는 여러 번의 시행 착오를 거쳐 균일 촉매를 찾았다. 균일 촉매들은 불균일 촉매보다 더 정교한 일을 할 수 있다. 자연이 만든 균일 촉매인 효소가 그 가장 좋은 예이다. 비록 효소 촉매에 대해 아직도 초보적인 수준에서밖에 이해하지 못하고 있지만 효소 촉매가 합성 균일 촉매를 설계하는 데 많은 도움을 줄 것이라는 점은 분명하다.

불균일 촉매는 더 오래되고 전통적인 접근법이다. 일반적으로 불균일 촉매가 균일 촉매보다 조잡하고 덜 선택적이지만 아직도 불균일 촉매는 과거와 현재 공업화학의 대들보 역할을 하고 있다. 가끔은 자연적인 과정에서도 중요한 역할을 한다. 최근에는 균일 촉매와 견줄 만큼 선택적인 불균일 촉매도 개발되었다.

3 표면에 머무르기

금속 표면, 특히 니켈, 팔라듐, 백금 같은 전이 금속의 표면은 오래 전부터 알려진 전형적인 불균일 촉매이다. 이 물질은 이것들이 없으면 거의 일어나지 않을 기체들 사이의 갖가지 반응을 일으킬 수 있다(표 2.1). 백금이 있으면 일산화탄소와 산소가 결합하여 이산화탄소가 만들어진다. 자동차의 촉매 변환기에서 바로 이 반응이 일어난다. 니켈은 온갖 종류의 불포화 탄화수소를 수소와 반응시켜 포화 탄화수소로 바꿀 수 있다. 이 반응을 이용해 불포화 식물성 기름을 포화 식물성 기름으로 바꾸므로 식품 산업에서 이 반응은 매우 중요하다. 비료나 폭발물의 핵심 성분인 암모니아는 하버 공정에 의해 엄청난 양이 생산된다. 하버 공정에서는 철 촉매가 질소와 수소의 반응을 촉진한다. 또 백금/로듐의 혼합 금속을 촉매로 암모니아와 산소를 반응시켜 질산을 만든다. 크롬과 티타늄이 주성분인 촉매를 쓰면 에틸렌에서 폴리에틸렌을 만들 수 있다. 석유에서 플라스틱과 연료와 그 외 다른 용도로 쓰이는 여러 종류의 포화 탄화수소를 생산하는 석유화학에서는 백금과 다른 금속 촉매의 작용이 매우 중요하다.

표 2.1 금속 촉매를 이용하는 주요 산업 반응

금속 촉매	반응
니켈	수소+불포화 식물성 기름 → 포화 식물성 기름
철	질소+수소 → 암모니아
은	에틸렌+산소 → 산화에틸렌
백금/로듐	암모니아+산소 → 질산
이리듐/로듐	일산화탄소+산소 → 이산화탄소

이처럼 엄청난 자유 에너지 장벽에 막혀 있던 화학 반응들이 모두 금속 표면에서 크게 가속된다. 이 모든 예에서 촉매 메커니즘의 일반적인 원리는 같다. 이것은 모두 재료의 표면에 있는 금속 원자의 큰 반응성 때문이다. 표면에 노출된 금속 원자들은 화학 결합을 할 수 있는 성질이 있어서 표면에 부딪힌 기체 분자와 쉽게 결합한다. 이 과정을 흡착이라고 한다.

금속 표면의 원자와 여기에 흡착된 기체 분자 사이의 결합의 세기는 두 물질의 화학적인 성질에 따라 다르다. 어떤 경우엔 완전한 화학 결합이 생겨서 기체 분자가 단단히 붙들린다. 이것을 〈화학 흡착〉이라고 부른다. 한편 결합이 약해 기체 분자를 금속 표면 가까이에 붙들어 둘 수는 있지만 기체 분자가 표면을 떠돌아다니는 것은 막지 못할 수도 있다(〈물리 흡착〉).

기체 분자가 금속 표면에 흡착할 때 기체 분자가 그대로 있는 것은 아니다. 화학 흡착된 분자는 기존의 결합을 재배열해야만 새로운 결합을 할 수 있다. 물리 흡착된 분자도 일종의 새 결합을 만들려면 분자 내의 결합이 약해져야 한다. 예를 들어 에틸렌이 백금에 흡착되면 두 탄소 원자 사이의 이중 결합이 깨져서 열리고 각각의 탄소 원자는 백금과 결합한다(그림 2.5a). 흡착된 분자의 결합이 아주 심하게 약해지는 경우도 많고 이런 경우 쪼개진 원자나 분자 조각이 금속 표면을 돌아다닌다. 예를 들어 철 위에서 일산화탄소는 구성 원소인 탄소와 산소로 쪼개진다(그림 2.5b). 백금 같은 금속 표면에서는 에테인(C_2H_6) 같은 탄화수소도 탄소와 수소의 구성 원소로 완전히 쪼개진다.

촉매의 관점에서 보면 금속 표면은 반응 분자가 쪼개지고 그 조각들이 표면에서 다시 모여 생성물을 만드는 것을 돕는다. 기체 상태에서 이 결합들을 쪼개려면 큰 에너지를 더해야 하지만 금속은 이 과정이 훨씬 부드러운 조건에서도 일어날 수 있게 한다. 금속 표면은 반응물의 결합을 약하게 하거나 쪼갤 뿐만 아니라 반응 분자들이 만날 수 있는 장소를 제공한다. 반응물의 농도는 기체 상태에서보다 금속 표면에서 더 높고 따라서 서로 만날 가능성이 더 크다. 이렇게 결합을 약화시키는 효과와 농도의 증가가 함께 작용하여 표면 촉매의 효율을 높인다.

 온도나 반응물의 상대적인 비율 같은 반응 조건을 바꾸어 주어진 반응물에서 어떤 생성물을 만들지를 조절할 수 있을 때가 많다. 같은 정도로 촉매가 무엇이냐에 따라 생성물의 조성이 달라질 수도 있다. 다른 금속 촉매를 써서 같은 반응물로부터 전혀 다른 생성물(이나 성분비가 다른 혼합물)을 얻을 수도 있다. 예를 들면, 일산화탄소와 수소를 니켈 위에서 반응시키면 주로 메탄과 물이 생기고, 구리나 팔라듐 위에서 반응시키면 주로 메탄올이 생긴다. 촉매 입자의 크기나 촉매를 고정하는 물질의 종류, (금속 촉매 가루는 흔히 실리

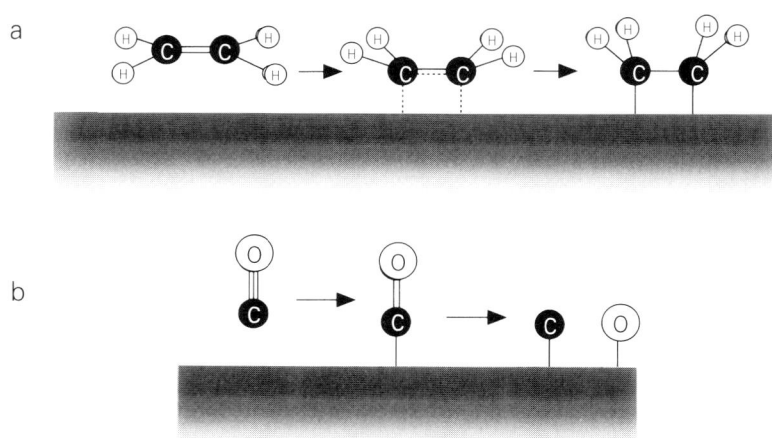

그림 2.5 에틸렌 분자가 백금 표면에 화학 흡착될 때 이중 결합이 깨지고 탄소 원자들은 표면의 백금과 결합한다(a). 한편 일산화탄소가 철에 화학 흡착하면 분자가 표면에 고정된 원자로 완전히 쪼개진다(b).

카(SiO_2)나 알루미나(Al_2O_3) 표면에 고정된다) 촉매를 만든 방법에 따라 반응의 결과가 다를 수도 있다. 그러나 일반적으로 이런 과정에서는 생성물이 섞여 나온다. 즉 원하는 물질과 함께 다양한 (보통 원하지 않는) 부산물들이 생긴다. 예상하지 못한 결과는 아니다. 반응물을 그 구성 원소로까지 쪼갠다면 원자들이 원하는 방식으로만 재결합할 것이라고 기대할 수 없다. 실제로 간단한 분자를 만들 경우에도 탄소와 수소와 산소가 모일 수 있는 방법이 너무 많기 때문에, 구리 표면에서 일산화탄소와 수소가 반응하여(표 2.1) 주로 메탄올을 얻는 것을 고맙거나 놀랍게 생각해야 할 것이다. 대부분의 간단한 금속 표면과 불균일 촉매는 이처럼 반응이 선택적이지 못한 것이 문제이다.

4 분자 체

4-1 선택적인 네트워크

불균일 촉매의 비선택성은 특히 석유화학 산업에서 골치 아픈 문제이다. 석유화학 산업에서는 단계적 증류 과정으로 원유의 다양한 탄화수소 성분을 분류한다. 그러나 이렇게 분류한 것을 쓸모 있는 화학물질로 바꾸려면 촉매가 필요하다. 1장에서 탄소와 수소 원자가 얼마나 많은 방법으로 결합할 수 있는지를 보았다. 비교적 가벼운 탄화수소 분자에도 수많은 이성질체가 있다. 따라서 선택성이 없는 단순한 불균일 촉매로 탄화수소를 촉매 반응시켜 원하는 물질을 만든다는 것은 도저히 가망이 없어 보인다.

그러나 이제는 종래의 금속 표면에서는 생각할 수 없을 만큼 선택적으로 이런 종류의 반응을 촉매하는 물질이 있고 그 수가 계속 늘어나고 있다. 이것을 제올라이트라고 부른다. 최초의 제올라이트 촉매는 자연에서 발견된 광물이었다. 제올라이트는 〈끓는 돌〉이라는 뜻으로 천연 제올라이트에는 상당히 많은 양의 물이 포함되어 있다. 지금은 아주 여러 종류의 우수한 제올라이트 물질을 인공적으로 합성한다.

천연 제올라이트와 인공 제올라이트는 대부분 알루미늄, 규소, 산소로 주로 구성된 알루미노실리케이트이다. 알루미노실리케이트는 정사면체 모양의 두 기본 단위로 이루어진다. 하나에는 규소 원소가 산소 원자 네 개로 둘러싸여 있고(SiO_4), 다른 하나에는 정사면체의 중심에 규소 대신 알루미늄이 들어있다(AlO_4)(그림 2.6a). 각 AlO_4 단위는 음전하를 띠지만 SiO_4 단위는 전하를 띠지 않는다. 제올라이트에서 이런 정사면체는 모서리의 산소를 통해 이어져 연속된 구조물을 만든다. AlO_4 단위의 음전하 때문에 알루미노실리케이트 구조는 전체적으로 음전하를 띠고 양전하를 띤 금속 (대개 나트륨) 이온이 구조물 틈 사이에 있어서 전체 전하를 맞춘다. 제올라이트 구조는 새장 같은 단위들로 이루어진다. 소다라이트 sodalite 새장(그림 2.6b) 등이 굴로 연결된다. 눈으로 보기에 결정들은 조밀한 고체처럼 보이지만 원자 규모에서는 구멍들이 복잡한 그물처럼 얽혀있다(그림 2.7).

경석이나 사암 같은 고체에는 맨눈이나 광학 현미경으로 볼 수 있는 큰 구멍이 있다. 이렇게 큰 구멍을 거공 macropore이라고 부르는데 이것들이 있는 물질은 약하고 부서지기 쉽다. 그러나 제올라이트의 구멍은 결정 구조의 기본적인 특징이고 크기도 단지 원자 지름 몇 개 정도이므로 제올라이트는 구조적으로 튼튼하다. 이렇게 작은 구멍을 미세기공 micropore이라고 한다. 제올라이트 안의 구멍과 굴은 비어 있기 때문에 고체의 전체 표면은 눈으로 볼 수 있는 결정면보다 엄청나게 넓다. 눈으로 볼 수 있는 표면적은 구멍과 벽의 내부 면적에 비하면 완전히 무시될 수 있을 정도로 작다. 예를 들어 1그램의 제올라이트 결정의 전체 표면적은 보통 1000제곱미터에

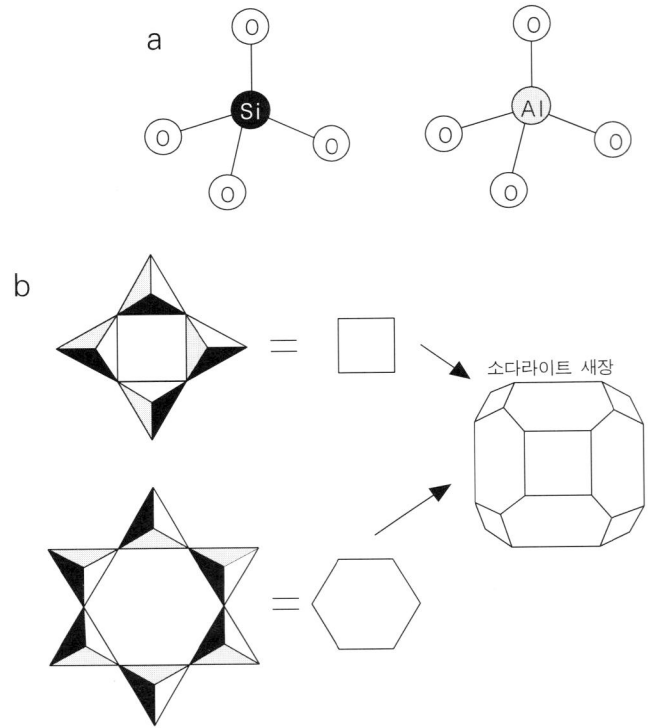

그림 2.6 제올라이트는 SiO_4와 AlO_4의 두 정사면체 기본 단위로 이루어진다(a). SiO_4는 전기적으로 중성이지만 AlO_4는 음전하를 띤다. 이런 정사면체는 이어져서 사각 또는 육각 고리를 만들고(b), 이런 고리들은 다시 모여 소다라이트 새장 같은 더 큰 단위를 만든다.

달한다.

 1950년대에 제올라이트를 처음 촉매로 쓸 때 과학자들은 자연에서 얻는 알루미노실리케이트 제올라이트 물질밖에 쓸 수 없었다. 그러나 오늘날 가장 흔히 쓰이는 제올라이트는 모빌 석유 회사가 1970년대에 개발한 ZSM-5처럼 인공적으로 만든 것이다. 이 중 어떤 것은 규소, 알루미늄, 산소가 아닌 다른 원자로 뼈대가 이루어졌다. 특히 규소를 인으로 치환해서 구멍이 많은 알루미노포스페이트를 만들 수 있다. 1988년에 버지니아 기술 연구소의 과학자들은 그때까지 알려진 어떤 것보다도 통로가 더 큰 알루미노포스페이트를 합성하였다. 이 통로의 가장 좁은 곳도 18개 이상의 원자로 이루어졌다(사진 3). VPI-5라고 이름을 붙인 이 물질은 구멍이 크기 때문에 훌륭한 촉매 작용을 보였다. 그밖에 갈륨(Ga), 붕소(B), 베릴륨(Be) 등의 원소가 든 인공 제올라이트도 알려져 있다. 이렇게 한 종류의 원자를 다른 원자로 바꾸어 제올라이트의 촉매 작용을 세밀하게 조절할 수 있다.

4-2 제올라이트의 촉매 작용

불균일 촉매로 작용하려면 제올라이트에 촉매 활성인 표면이 있어야 한다. 알루미노실리케이트는 산화물로 순수 금속과 화학적인 성질이 매우 다르다. 많은 산화물들은 그 자체가 다방면에 쓰이는 촉매이다. 바나듐(V)이나 몰리브데넘(Mo) 같은 금속의 산화물은 탄화수소를 산화시키는 (다시 말해 탄화수소를 산소와 반응시켜 산소를 포함한 유기 화합물로 바꾸는) 촉매로 널리 쓰인다. 아세톤이나 포름알

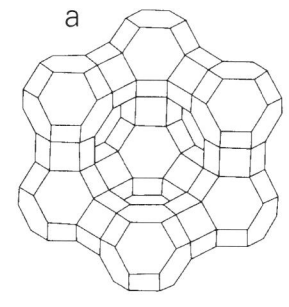 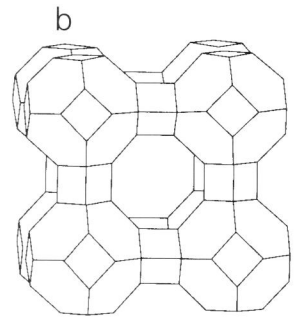

그림 2.7 Y형 제올라이트(a)와 A형 제올라이트(b)의 구조. 두 물질에서 모두 〈슈퍼새장 supercage〉은 더 좁은 통로로 연결된다.

데히드처럼 산업에서 중요하게 쓰이는 물질들이 이렇게 만들어진다. 그러나 간단한 알루미늄과 규소 산화물에는 다른 재주가 있다. 이들은 산화 반응을 촉진하지 않고 탄화수소를 새로운 형태로 재배열하게 한다. 특히 이런 화합물들은 (거대한 탄화수소를 잘게 부수는) 탄화수소의 〈분해〉, (작고 불포화된 탄화수소를 긴 사슬로 잇는) 중합, (분자의 원자들을 새 구조로 재배열하는) 이성화 반응을 촉진시키는 데 쓰인다. 제올라이트는 이 과정에서 선택적인 능력을 발휘한다.

미세기공이 있는 제올라이트 물질이 생성물을 선택적으로 촉매하는 메커니즘에는 여러 가지가 있다. 가장 간단한 것은 반응물 자체를 미리 고르는 것이다. 통로의 크기와 모양에 따라 어떤 특정한 분자만 제올라이트의 구멍에 들어갈 수 있다. 여러 간단한 분자의 크기와 미세기공의 폭이 비슷하므로 제올라이트는 〈분자 체〉로 작용할 수 있다. 수소, 질소, 메탄처럼 작은 분자들은 쉽게 구멍을 드나들지만 무거운 탄화수소처럼 큰 분자는 너무 커서 그럴 수 없다. 예를 들어 소위 X형 제올라이트의 구멍 입구는 벤젠 분자보다 조금 더 커서 벤젠 분자가 제올라이트의 통로에 들어갈 수 있다. 그러나 탄소 고리에 덩치가 큰 치환체가 달린 벤젠 유도체는 그럴 수 없다. A형 제올라이트는 구멍이 너무 작아서 벤젠도 들어갈 수 없다. 이렇게 분자를 거를 수 있기 때문에 제올라이트는 다른 기체를 뺀 어떤 기체들만을 내부의 굴과 새장에 (내부의 빈 공간에 엄청난 양을) 흡수할 수 있다. 이렇게 해서 선택적인 촉매로 작용할 수 있다.

분자의 크기뿐만 아니라 모양도 선택적인 흡수에 영향을 미친다. 석유에 있는 포화 탄화수소는 보통 길고 가는 사슬 모양의 분자이다. 한쪽 끝에서 보면 이런 분자는 메탄보다 그리 크지 않다. 많은 원자로 이루어져 있지만 이런 선형 탄화수소는 뱀처럼 구불거리며 제올라이트의 구멍 속으로 들어갈 수 있다. 그에 비해 곁가지가 있거나 사슬에 치환체가 붙어 있는 이성질체는 구멍에 들어갈 수 없다

(그림 2.8). 이렇게 해서 제올라이트는 같은 화합물의 다른 이성질체를 선택적으로 흡수할 수 있다.

반응물을 선택적으로 흡수하는 것은 선택적 형성 공정에 이용된다. 선택적 형성 공정은 옥탄가가 낮은 선형 탄화수소 분자를 제올라이트로 흡수하여 제거하고 곁가지가 있거나 벤젠 고리가 달린 분자들을 남겨서 석유계 연료의 옥탄가를 높인다. (탄화수소의 덩치가 클수록 옥탄가가 높다.) 이때 선형 탄화수소들만이 들어갈 수 있도록 구멍이 작은 제올라이트를 쓴다. 여기서 선형 탄화수소들은 (가열하여 증발시킬 수 있는 짧은 사슬로) 〈쪼개지지만〉 다른 덩치 큰 탄화수소들은 그대로 남는다. ZSM-5 제올라이트는 구멍이 중간 크기여서 곁에 메틸(CH_3)기가 붙은 분자도 흡수할 수 있어서 이 공정을 개선하였다.

분자 체의 내부에서도 들어간 분자들이 생성물을 만들 때 공간이 제한되기 때문에 분자 체의 선택성이 생긴다. 제올라이트 구멍 바깥에서 만들어지는 생성물 중 어떤 것은 제올라이트 안에 들어가기에 너무 크다(그림 2.9a). 한편 제올라이트 새장 안에서 생긴 생성물 중

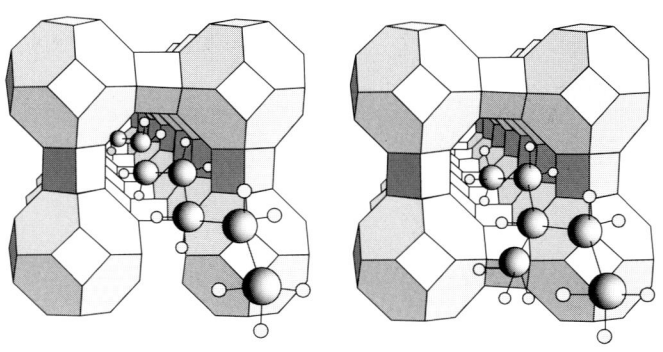

그림 2.8 선형 탄화수소 분자는 A형 제올라이트의 구멍으로 기어들어 갈 수 있지만 곁가지가 달린 사슬은 덩치가 커서 들어 갈 수 없다.

어떤 것들은 너무 커서 좁은 굴을 통해 빠져나올 수가 없다. 따라서 제올라이트 밖으로 나온 생성물들은 실제로 제올라이트 안에서 생긴 생성물들과 다를 수 있다. 이렇게 큰 생성물이 생겨서 빠져 나오지 못하면 제올라이트의 구멍이 막히기 쉽다.

생성물 고르기와 비슷하지만 조금 다른 것이 전이 상태 고르기이다. 앞에서 반응물에서 생성물로 가려면 전이 상태를 거쳐야 한다는 것을 보았다. 반응이 일어나려면 보통 반응물 분자들이 모여야 하므로 (그리고 나서 다른 식으로 쪼개져서 생성물이 생기므로) 전이 상태는 일반적으로 반응물이나 생성물 분자보다 덩치가 더 크다. 따라서 구멍의 크기에 따라 어떤 전이 상태는 가능하고 어떤 전이 상태들은 가능하지 못하므로 분자 체 안에서는 특정한 반응만이 일어난다(그림 2.9b).

4-3 분자 그릇으로 쓰이는 제올라이트

석유화학 산업의 여러 촉매 공정에서 제올라이트는 결정적인 작용을 하지만 아직도 일부 과학자들은 제올라이트가 그 잠재 능력에 비해 너무 작은 역할만을 맡고 있다고 생각한다. 이들은 제올라이트를 단지 한 탄화수소와 다른 탄화수소를 분리하는 거친 체로만 쓸 것이 아니라 그 안의 굴과 새장을 분자 수준의 건축용 발판, 즉 비계로 써서 수많은 분야에서 새롭고 놀라운 일을 할 수 있다고 생각한다.

그 한 예가 미국 델라웨어에 있는 화학 회사인 듀폰 사의 노만 헤론 Norman Herron과 동료들이 개발한 〈병 속의 배〉 촉매이다. 헤론의 생각은 제올라이트 슈퍼 우리 안에 좁은 통로로는 빠져나갈 수 없는 촉매 분자를 넣자는 것이었다. 이 분자는 마치 굴 안의 거미처럼 제올라이트 결정 안에 영원히 갇혀 그 곳을 지나가는 작은 분자들을 기다리고 있다가 촉매 작용을 할 것이었다. 이것은 생성물에서 쉽게 분리할 수 있는 다시 쓸 수 있는 〈복합〉 촉매가 될 것이었다.

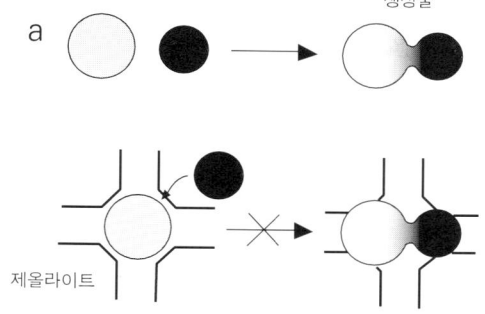

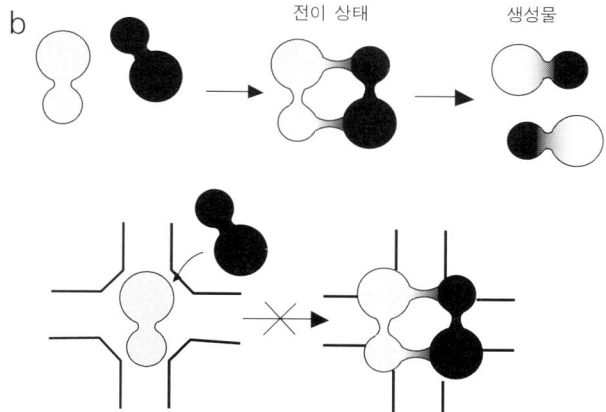

그림 2.9 제올라이트 안의 촉매 작용이 선택적인 이유. 반응물이 굴이나 슈퍼새장에 들어 와도 반응이 일어나기에 자리가 비좁을 수 있다. 슈퍼새장에 들어갈 수 없는 생성물은 생기지 않고(a) 전이 상태의 덩치가 너무 큰 반응도 일어날 수 없다(b).

촉매 분자를 가두려면 작은 부품들을 굴에 넣어 슈퍼 우리 안에서 촉매 분자를 조립해야 한다. 이것은 부품들을 병의 목을 통해 넣어 병 속에 배를 조립할 때와 마찬가지이다. 그 시작품으로 듀폰 연구팀은 제올라이트 Y안에 코발트 살렌이라는 화합물을 넣기로 하였다. 코발트 살렌은 코발트 이온과 유기 분자 살렌의 〈착물〉이다(그림 2.10). 먼저 이들은 제올라이트 슈퍼새장 안에 코발트 이온을 넣은 다음 살렌 분자를 통로를 통해 집어넣었다. 살렌 분자들은 유연해서 통로를 지나갈 수 있지만 조립된 금속 착물은 너무 커서 슈퍼새장에서 빠져 나오지 못한다.

듀폰 연구팀은 이런 병 속의 배 전략을 이용해서 천연 효소 시토크롬 cytochrome P450을 흉내낼 수 있는 촉매 시스템을 개발하였다. 이 효소는 반응성이 낮은 몸 안에서도 놀라운 속도로 산소 원자를 유기 분자에 더할 수 있다. 시토크롬 P450에서 촉매 활성인 곳은 포피린 porphyrin 기의 고리 안에 자리잡은 철 이온의 착물이다(그림 2.11a). 헤론과 동료들은 천연 시토크롬과 같은 촉매 작용을 할 것으로 예상되는 철프탈로시아닌 착물을 제올라이트 Y 안에 조립하였다(그림 2.11b). 이들은 철 이온과 프탈로시아닌 성분을 따로따로 통로로 넣어 슈퍼새장 안에서 착물이 생기도록 하였다(그림 2.11c). 물에

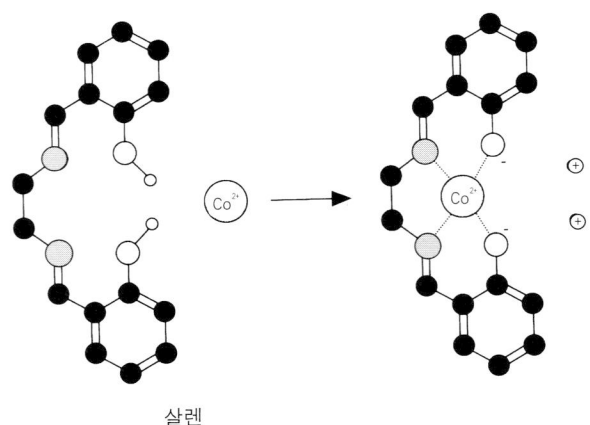

살렌

그림 2.10 노만 헤론과 동료들은 코발트 이온과 유기 분자 살렌을 제올라이트 Y 안에 넣어서 코발트 살렌 착물 촉매를 조립하였다. 이 성분들이 만나 생긴 착물은 너무 커서 슈퍼새장을 빠져나오지 못한다.

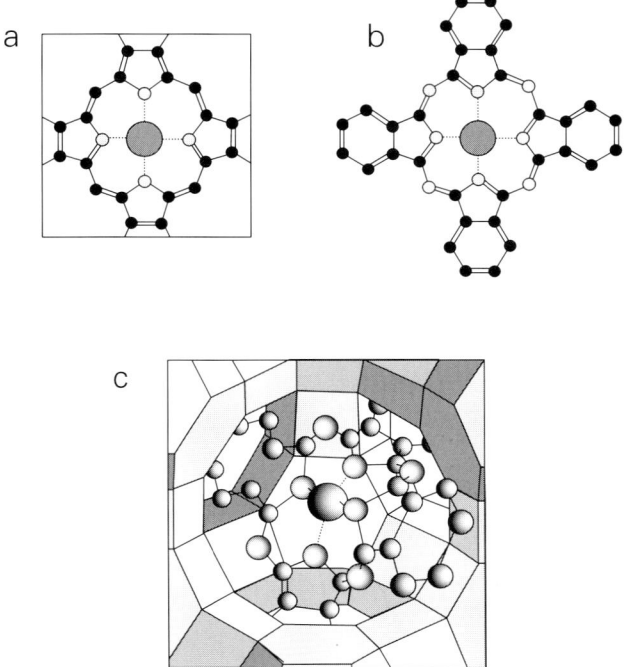

그림 2.11 철프탈로시아닌(b)은 천연 시토크롬 P450(a)의 촉매 활성 자리인 포피린 단위를 흉내낸다. 제올라이트 Y의 슈퍼 우리 안에서 조립된 철프탈로시아닌 착물은 〈병 속의 배〉 촉매로 붙들린다(c). (그림 (c)는 듀폰 사 노만 헤론의 그림 인용)

서 자유로이 떠다닐 때 이 착물들은 다른 유기 분자들을 산화시키는 대신 자기들끼리 서로 반응하는 경향이 있다. 그러나 제올라이트 슈퍼새장 안에 잡혀 있으면 서로 만날 수 없기 때문에 촉매 능력이 유지된다. 산소를 넣어주면 붙잡혀 있는 촉매에 의해 탄화수소가 쉽게 산화되는 것을 볼 수 있다.

 이런 예에서 제올라이트 새장이 화학 반응이 일어나는 일종의 〈분자 병〉으로서 이용된다. 이와 관련된 다른 생각은 구멍 구조 안의 통로와 새장을 자라는 물질의 틀로 이용하는 것이다. 제올라이트 슈퍼새장 안에서 자란 결정은 겨우 수십 개의 원자로만 이루어질 것이고 크기와 모양이 모두 거의 같을 것이다. 과학자들은 여러 가지 이유로 이렇게 작은 결정(또는 〈뭉치〉)에 관심이 많다. 그 이유 중 하나는 이런 물질도 쓸모 있는 촉매 역할을 할지 모른다는 것이다. 특히 관심을 끄는 것은 흔히 〈양자 점〉이라고 부르는 반도체 물질의 뭉치들이다. 이것들은 정보를 나르고 저장하는 데 전기 대신 빛을 쓰는 광학 컴퓨터의 트랜지스터와 스위치 역할을 하게 될지 모른다. 듀폰의 연구자들과 다른 과학자들은 반도체 물질인 황화카드뮴 뭉치를 제올라이트 새장 안에서 만들었다. 이 뭉치들의 크기는 새장 속의 빈 공간에 의해 결정되므로 거의 균일하다.

구멍의 벽에 분자들을 붙일 수 있기 때문에 제올라이트는 분자 틀에서 나아가 분자 비계로도 쓰일 수 있다. 구멍 네트워크가 분자 조립체가 생기는 주형으로 작용한다. 이런 주형 조립은 DNA 복제와 같은 자연적인 과정과도 유사점이 있다(5장 참고).

5 자연적인 촉매 작용

5-1 효소: 자연의 엔지니어

제올라이트의 매우 선택적인 촉매 작용은 천연 촉매인 효소의 작용과 아주 비슷하다. 효소는 아주 큰 단백질 분자이고 대부분 수천 개의 원자로 이루어진다. 이들은 촉매 작용을 하는 분자의 구조에 아주 민감하게 반응할 수 있는 구조를 이룬다. 제올라이트처럼 효소에는 목표 분자를 담는 빈 곳이 있고 이 안의 촉매 표면에서 화학 반응이 일어난다. 촉매 표면에는 흔히 〈활성〉 성분으로 금속 이온이 들어 있다.

그러나 효소들은 대부분의 면에서 제올라이트보다 훨씬 더 복잡하고 다양한 재주를 가지고 있다. 제올라이트가 구멍의 크기나 모양만 가지고 선택성을 발휘하는 데 비해 효소들은 자물쇠가 열쇠를 받아들이듯이 보통 효소 촉매 자리에 꼭 맞는 모양의 한 가지 목표 분자(이것을 효소의 기질이라고 부른다)에만 작용한다. 그래서 합성 촉매가 한 〈종류〉의 반응을 유도하는 경향이 있는 데에 비해 대부분의 효소들은 오직 잘 정해진 한 가지 일만 한다. 효소의 이런 엄청난 선택성은 궁극적으로 〈분자 인식〉의 결과이다(분자 인식은 5장에서 다룰 것이다).

생물체 안에서 일어나는 거의 모든 화학 반응에 효소 촉매가 관여한다. 약 7,000가지 정도의 다른 종류의 촉매가 자연계에 있다고 추정된다. 이것은 언뜻 많게 보이지만 자연계에 존재하는 3백만-3천만의 생물 종을 고려하면 어떤 효소는 아주 다른 종류의 생물체에서 같은 일을 하는 것이 분명하다. 곰팡이와 박테리아부터 물고기와 사람에 이르는 다양한 생물체부터 같은 일을 하는 효소가 여럿 발견되었다. 이것은 어떤 생화학적 반응에 가장 적합한 방법이 나타나면 진화의 과정에서 여간해서 바뀌지 않는다는 것을 의미한다.

효소들은 사실상 모두 아미노산으로 이어진 단백질 분자이다. 스무 종류의 아미노산을 단백질에서 발견할 수 있다. 아미노산에는 〈산〉 기인 카복시COOH 기와 염기 기인 아미노NH_2 기가 모두 들어 있다 (그림 2.12). 이런 두 작용기는 서로 반응해서 펩티드 결합이라고 부르는 화학 결합으로 연결될 수 있다. 펩티드 결합으로 연결된 아미노산 사슬을 일반적으로 폴리펩티드라고 부른다. 단백질은 천연적인 거대 폴리펩티드이다. 효소가 아닌 단백질이 몸의 섬유 조직의 많은 부분을 이룬다. 케라틴은 피부와 머리카락과 손톱을 이루고, 콜라겐은 힘줄을 이루고, 미오신은 근육을 이룬다. 또한 폴리펩티드가 아주 조직적으로 접혀 효소의 특정한 모양을 만든다(사진 4). 아직도

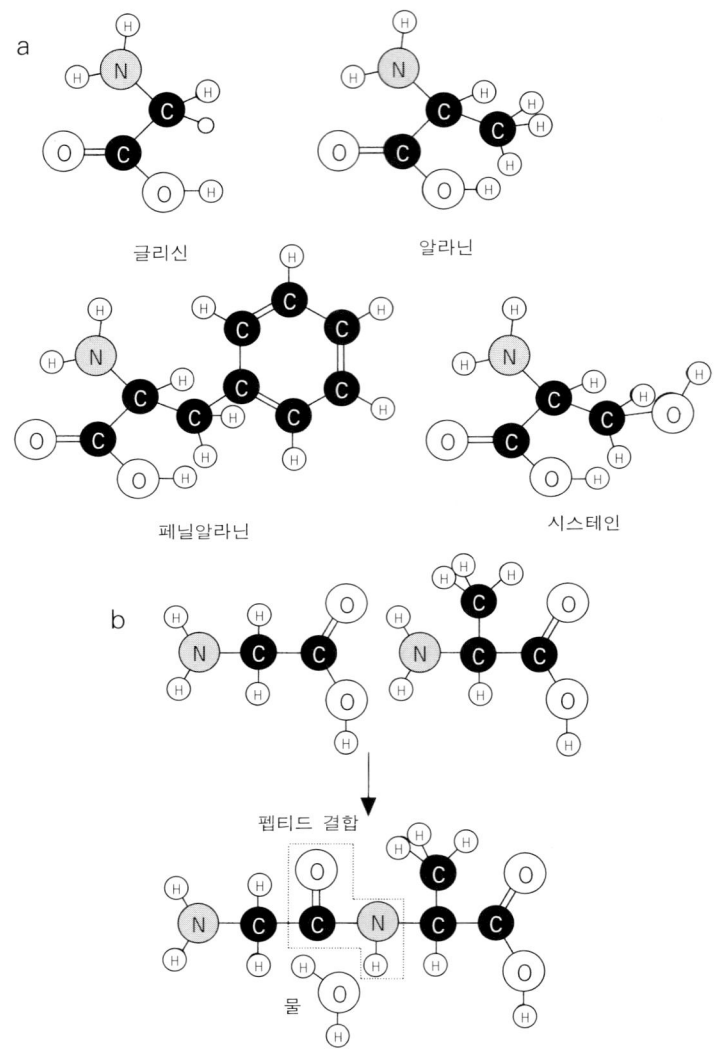

그림 2.12 단백질을 이루는 아미노산의 몇 가지 예로 글리신, 알라닌, 페닐알라닌, 시스테인을 보였다(a). 물에서 보통 카복시 기는 수소 이온을 잃고 음전하를 띤 카복시산(CO_2^-)기가 되고 아미노기는 양성자화되어 NH_3^+기가 된다. 양전하와 음전하를 함께 띠기 때문에 이런 분자 이온들을 츠비터 zwitter 이온이라고 부른다. 단백질에서 아미노산들은 펩티드 결합으로 이어진다(b).

이 접힘 과정에 대해서는 알려진 것이 별로 없다.

효소들은 보통 1마이크로미터의 10분의 1 크기이고, 하나 이상의 분자 단위로 이루어져 이들이 비공유 결합으로 붙들린 것이 많다. 이렇기 때문에 효소를 균일 촉매로 보아야 할지 불균일 촉매라고 보아야 할지가 분명하지 않다. 효소는 분명 화학자들이 균일 촉매로 간주할 분자들보다는 크다. 하지만 금속이나 무기물 고체의 〈벌크 bulk〉 입자보다는 훨씬 작다. 진실은 효소가 두 종류 촉매의 성질을 모두 보인다는 것이다.

효소가 하는 일은 화학자들이 인공적으로 할 수 없는 일은 아니더라도 보통 아주 어려운 것들이다. 일반적으로 효소는 분자의 일부를 잘라내거나 부분들을 이어 분자를 조립한다. 예를 들어 어떤 효소는 큰 탄수화물을 포도당으로 분해하고 결국 이산화탄소와 물로 쪼갠다. 이것이 우리 몸에서 일어나는 대사의 주 경로이다. 큰 분자를 작은 분자로 쪼개는 것은 무생물적인 효소도 그리 어렵지 않게 할 수 있는 일이다. 그러나 효소는 결합이 끊어질 때 나오는 에너지를 열로 낭비하지 않고 화학 에너지로 저장할 수 있도록 조심스럽게 이 일을 한다. 다른 효소는 아미노산을 이어 단백질을 만들거나 유전자를 담은 분자인 DNA를 만든다. 이런 일은 유기화학자의 능력 밖에 있다.

5-2 산업용 효소

효소는 아마도 공업화학자의 꿈일 것이다. 효소는 잘 정해진 일만을 극단적으로 온화한 조건에서 효율적으로 하는 촉매이다. 그래서 공업화학자들은 천연 촉매를 화학공업의 반응에 이용할 방법을 찾고 있다.

효소를 이렇게 이용하는 방법에는 두 가지가 있다. 첫째는 그것들을 천연 환경, 즉 살아 있는 세포 안에 두는 것이다. 박테리아 같은 미생물을 〈살아 있는 공장〉으로 이용해서 원료를 원하는 생성물로 바꾼다. 이 방법의 장점은 효소가 일하는 데 필요한 모든 것을 제공해야 한다는 것이다. 몇몇 효소는 작용하기 위해 조효소라고 부르는 다른 분자나 어떤 금속 이온을 필요로 한다. 이것들은 모두 살아 있는 세포에 벌써 들어 있다. 그러나 이 방법은 믿을 만하지 않다. 어떤 효소 하나의 작용은 매우 선택적이지만 미생물은 반응물을 여러 반응 경로로 보낼 수 있고 그 결과 원하지 않는 부산물이 섞인 혼합물이 나올 수가 있다.

둘째는 효소를 만든 세포에서 효소를 분리하여 정제한 것을 촉매로 쓰는 것이다. 이런 식으로 효소를 생산하기 위해서 미생물을 배양하기도 하지만 어떤 경우에는 더 고등한 동물이나 식물에서 효소를 추출한다. 분리한 효소는 아주 정교한 화학 합성에 쓰일 수 있다. 그러나 이 경우에는 효소가 일하는 데 필요한 모든 조효소도 분리하고 정제해서 넣어주어야 한다. 게다가 생성물과 함께 효소가 쓸려나가지 않도록 효소를 어떤 식으로든 고정해야 한다. 또한 이 고정 방법이 예를 들어 효소의 모양을 바꾸거나 해서 효소의 활성을 없애서는 안 된다.

두 방법 중 〈온 세포〉 접근법이라고 부르는 첫째 방법은 맥주만큼 오래되었다. 양조장에서는 몇 세기 동안 당을 발효시키기 위해, 즉 당류를 알코올로 바꾸기 위해 (학명이 사카로마이시스 세리비시아 Saccharomyces cerevisiae인) 어떤 종류의 효모를 이용해 왔다. 효모 세포는 여러 가지 효소를 써서 이 일을 한다. 그러나 맥주를 직접 빚어본 사람은 누구나 알겠지만 온 세포 접근법에는 문제가 있다. 조건이 아주 잘 맞지 않으면 미생물이 죽어버린다는 것이다.

제빵용 효모는 여러 산업 공정에 특히 수소를 더하는 공정에 쓸모가 있었다. 예를 들어 코리올린 화합물을 만들 때 가장 중요하고 가장 미묘한 단계는 전구체의 탄소 오각고리에 붙은 카보닐 기(C=O)

를 알코올 기(CHOH)로 바꾸는 것이다(그림 2.13). 이 단계에서 수소 원자 두 개 중 하나는 탄소 고리에, 다른 하나는 카보닐 기의 산소에 더한다. 탄소 고리에 수소를 더할 때 우리가 원하는 곳에 정확히 수소를 더하는 것은 유기합성화학의 기술로는 아주 어려운 일이다. 그러나 제빵용 효모에게는 아주 쉬운 일이다.

이 반응은 효소촉매화학의 가장 귀한 점을 보여준다. 효소는 키랄 선택성이 있다. 대부분의 천연 생분자에는 왼손과 오른손처럼 두 가지 거울상이 존재하는 원자단들이 들어 있다. 〈키랄 중심 chiral center〉이라고 부르는 이런 원자단의 중심에는 보통 네 가지 다른 치환체가 붙은 탄소 원자가 있다(그림 2.14). 키랄 중심이 있는 분자는 빛의 편광면을 시계 방향이나 반시계 방향으로 돌릴 수 있기 때문에 〈손대칭성〉이 있다고 한다. 손대칭성을 빼고는 키랄 분자의 두 거울상이 똑같기 때문에 이것은 이성질체이고 이들을 광학 이성질체 라고 부른다. 몸에서는 보통 키랄 분자 중 한 가지만이 있다. (글리신을 뺀) 모든 천연 아미노산은 키랄 분자이고 오직 〈왼손〉형(이것을 L로 표시한다)만이 발견된다. 그에 비해 모든 당은 오른손형(D형)이다.

촉매가 중개하는 생화학 과정의 결과가 천연 키랄 분자인 것으로

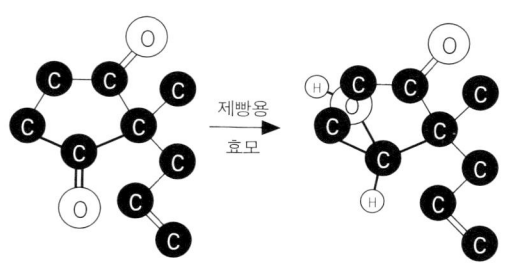

그림 2.13 코리올린 약 합성에서 중요한 단계는 수소를 카보닐 기(C=O)에 더하는 것이다. 제빵용 효모에 든 천연 효소는 CH 결합을 다섯 원자 고리 중 정확한 곳(여기서는 아래쪽)에 생기게 한다 (탄소에 붙은 수소 원자는 생략하였다).

촉매와 효소의 네트워크 115

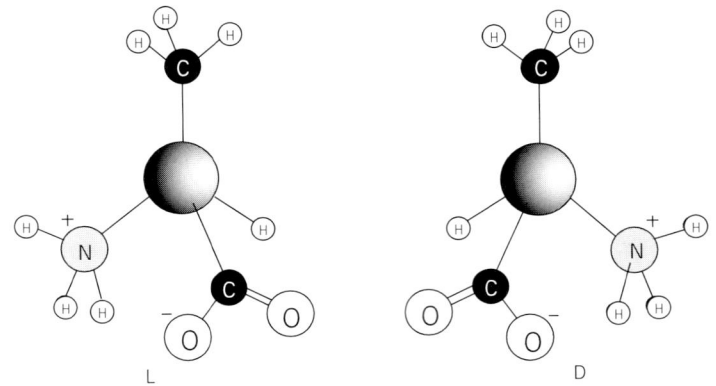

그림 2.14 (여기에 보인 알라닌의 츠비터 이온에서처럼) 네 가지 다른 치환체를 탄소 원자 주위에 붙이는 방법에는 두 가지 방법이 있고 두 분자는 서로 거울상이다. 이들을 키랄 분자라고 하고 두 가지 형태를 광학 이성질체라고 부른다. 화학 결합을 깨거나 결합을 심하게 변형하지 않고는 한 분자를 다른 분자로 바꿀 수 없다. 키랄 분자는 빛의 편광면을 돌릴 수 있다. 이 성질을 광학 활성이라고 한다. 이 편광면을 왼쪽으로 혹은 오른쪽으로 돌리느냐에 따라 광학 이성질체들을 L형, R형으로 구분한다.

보아 효소가 광학 이성질체들을 아주 잘 구분할 수 있다는 것, 즉 키랄 선택성이 매우 좋다는 것은 분명하다. 키랄 분자가 관련된 효소 촉매 반응에서 효소는 보통 한 가지 광학 이성질체의 반응만을 촉진하고 키랄이 아닌 원료에서 키랄 분자를 만드는 경우에는 두 가지 중 한 가지만을 만든다.

키랄이 아닌 분자에서 키랄 분자를 만드는 것은 유기화학자에게 아주 어려운 일이다. 왜냐하면 합성 과정에 키랄 선택성이 도입되지 않으면 두 가지 광학 이성질체가 반반 섞인 〈라세믹 racemic〉 혼합물이 생기기 때문이다. 일반적으로 이것은 촉매 자체가 키랄이어야 한다는 것을 의미한다. 비록 화학자들이 지금까지 이런 종류의 인공 촉매들을 많이 만들었지만 이들은 여러 번의 시행착오 끝에 얻은 것이고 이들을 쓰면 보통 〈틀린〉 광학 이성질체가 원하는 생성물과 함께 어느 정도 섞여 나온다. 키랄 약품인 탈리도마이드가 초래한 비극에서 볼 수 있듯이 키랄 분자의 생리적인 작용은 엄청나게 다를 수 있다. (『같기도 하고 아니 같기도 하고』, 로얼드 호프만 지음, 이덕환 옮김, 181-194쪽을 보시오——옮긴이) 효소는 옳은 광학 이성질체만을 완벽하게 만들기 때문에 공업화학자와 제약화학자들에게 엄청난 축복이다.

암모니아와 푸마르산을 대장균에게 주어서 인공 감미료인 아스파탐의 전구체이고 여러 약품의 귀중한 출발 물질로 쓰이는 아스파르트산의 순수한 L형만을 얻을 수 있다. 이 미생물에 든 아스파테이즈 효소는 키랄이 아닌 암모니아와 푸마르산을 이어 L형만을 만든다(그림 2.15).

이성화 효소라고 부르는 효소들은 한 광학 이성질체를 다른 것으로 바꿀 수 있다. 그중 〈옥수수 시럽 공정〉에 이용되는 포도당 이성화 효소는 포도당을 광학 이성질체 짝인 과당으로 바꾼다. 과당은 포도당보다 더 달게 느껴져서 같은 양으로 더 단맛을 낼 수 있기 때문에 청량음료나 과자에 널리 쓰인다. 그러나 두 가지 중 많은 양을 바로 얻을 수 있는 것은 옥수수의 녹말을 분해해서 만드는 포도당이

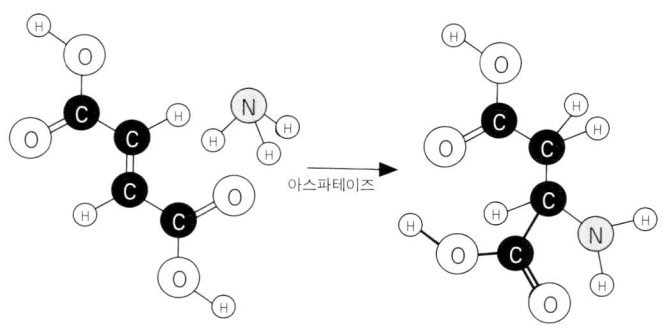

그림 2.15 대장균의 효소가 암모니아와 푸마르산을 이어 L형 아스파르트산만을 만든다.

다. 그래서 포도당 이성화 효소를 써서 상용의 옥수수 시럽의 과당 농도를 40내지 90퍼센트로 높인다. 이 효소들은 온 세포 방식으로 쓰이기도 하고 살아 있는 세포에서 분리하여 중합체나 표면에 고정한 정제된 형태로 쓰이기도 한다.

현재 화학 산업에서 〈무기적인〉 방법으로 촉매화하는 많은 반응들이 장래에는 효소를 이용하는 공정으로 바뀔 것처럼 보인다. 예를 들어 지금은 수소와 일산화탄소를 약 280°C에서 산화 구리/아연 촉매의 도움으로 반응시켜 메탄올을 만든다. 그러나 메탄을 공기 중의 산소와 반응시켜 메탄올을 만드는 메탄 일산화 효소가 여기에 쓰일지 모른다. 여러 다른 미생물의 효소를 써서 포도당과 산소에서 메탄올, 부탄올, 아세트산 등 넓은 범위의 쓸모 있는 화합물을 만들 수 있다. 이 경우에 효소를 쓰는 공정이 지금의 공업적인 공정과 경쟁하기에는 아직은 효율이 충분히 높지 않다. 그리고 어떤 산업 합성은 생성물이 해롭거나 독성이 있어서 효소가 이용될 수 없을 것이다. 공업적으로 대단히 중요한 질산과 황산의 합성이 그런 경우이다.

5-3 맞춤 효소

산업에 효소를 쓰는 것은 좋다! 그러나 그것은 자연에서 원하는 일을 할 수 있는 효소를 찾았을 때의 이야기이다. 원하는 반응마다 인공 효소를 설계하거나 얻을 수 있다면 얼마나 좋겠는가!

캘리포니아 라 홀라의 스크립스 연구소에 있는 리차드 러너 Richard Lerner와 버클리에 있는 캘리포니아 대학교의 피터 슐츠 Peter Schultz가 한 최초의 시도 덕에 이제 우리는 그 일을 할 수 있게 되었다. 이들이 발견한 것은 어떤 기질에도 맞는 단백질 분자를 자연이 만들도록 하는 것이었다.

생물체는 단백질을 만드는 놀라운 재주가 있다. 면역계는 항체라고 알려진 단백질 종류인 면역 글로불린을 만든다. 면역 글로불린은 몸 안에서 낯선 분자를 발견하면 이것과 결합해서 파괴하라는 꼬리표를 단다. 면역계는 침입한 온갖 유기물에 대해 항체를 만들어야 한다. 항체에는 언제나 목표 분자(항원)와 잘 맞아서 결합할 수 있는 자리가 있다.

주어진 분자와 단지 결합하는 대신 반응을 촉진시키는 효소의 성질을 지닌 항체 단백질을 만드는 열쇠는 효소가 작용하는 방식에 있다. 앞에서 효소의 활성 영역은 기질과 자물쇠와 열쇠처럼 맞는다고 하였다. 이것은 근사하기는 하지만 정확한 설명은 아니다. 실제로 효소의 구조는 효소가 유도하는 반응 경로에서 기질의 〈전이 상태〉와 맞는다. 이렇게 해서 효소는 전이 상태를 안정화시켜 반응에 이르는 자유 에너지 장벽을 낮춘다. 전이 상태의 모양은 일반적으로 원래 기질과 비슷하다.

일으키고자 하는 특정한 반응의 전이 상태에 대한 항체를 만든다면 이 단백질은 그것을 안정화시킬 것이고 따라서 반응을 촉매할 것이라고 러너와 슐츠는 생각하였다. 그러나 전이 상태는 아주 잠깐 동안만 존재하기 때문에 이들은 전이 상태의 모양과 구조가 비슷할 것이라고 생각한 분자를 이용하였다. 실재로 생물체의 면역계에 이 전이 상태 유사체를 넣으면 원하는 항체가 생긴다.

이들과 다른 과학자들은 지금까지 여러 경우에 생물체에서 분리한 〈촉매 항체〉가 기대하는 대로 반응을 촉진시킨다는 것을 보였다. 이 발견 덕에 선택적 촉매의 완전한 새 분야가 열릴 것이다.

5-4 감각과 센서

효소 분자들처럼 우리도 수천 가지 다른 유기와 무기 화합물을 구분할 수 있다. 물론 이들 중 일부는 겉모양을 보고 알 수 있지만 우리가 화합물을 구분할 때는 주로 냄새를 이용한다. 코 속의 점막에 있는 단백질이 냄새를 제어하고 이 단백질들은 효소처럼 유기 분자들 사이의 미묘한 차이를 구분할 수 있다. 그러나 냄새 센서로 작용하려면 후각 기관은 단지 기질을 인식하고 구분하는 것 이상의 일을 해야 한다. 후각 기관은 인식 작용을 신경 반응, 즉 신호로 바꿀 수 있어야 한다. 과학자들은 특정한 생분자를 검출할 수 있는 기관의 이런 인식 능력과 그에 따라 신호를 보내는 기능을 함께 흉내내어 어떤 〈하드웨어〉에 담으려고 한다. 바이오센서라고 부르는 이런 장치는 효소의 선택성을 이용해서 특정한 화학종(분석종)이 있을 때만 전기 신호를 보내는 화학 분석 도구이다.

바이오센서는 의료 분야에 중요하게 쓰일 것이다. 의료 분야에서는 피에서 중요한 생화합물들의 농도를 계속 측정할 필요가 있다. 예를 들어 당뇨병 환자의 혈당 농도에 따라 전기적 신호를 내는 바이오센서를 이용해서 인슐린의 방출을 조절해 혈당 농도를 안전한 수준에서 일정하게 유지할 수 있을 것이다.

바이오센서에 대한 초기 연구는 대부분 포도당 센서에 관한 것이었다. 미국 신시내티의 아동 병원 연구 재단의 릴랜드 클라크 Leland Clark가 1950년대에 초보적인 형태의 이런 센서를 고안하였다. 그것은 수술 중인 환자에게 대단히 중요한 혈중 산소 농도를 측정하는 센서였다. 클라크의 산소 센서는 백금 전극이 산소를 투과할 수 있는 플라스틱막으로 싸인 전기화학 장치였다. 전극은 전기 회로에 연결되어 있고 전극 표면의 전압에 따라 회로에 흐르는 전류가 변한다. 막을 통해 확산하는 산소는 전극의 전위를 바꾸고 그에 따라 잴 수 있을 만큼의 전류가 변화한다. 전류의 크기는 흡착한 산소의 양을 나타내고 이것에서 전극 주위 액체의 산소 농도를 알 수 있다(그림 2.16).

백금 표면의 화학적인 상호 작용은 특이성이 없어서 포도당 같은 생분자의 농도를 재는 센서에 이용하기에는 적당하지 않다. 클라크는 플라스틱으로 싼 전극을 포도당 산화효소가 든 겔로 싸서 이 목표를 달성하였다. 이름이 의미하듯이 이 효소는 포도당 분자가 산화하는 것을, 즉 산소와 반응하는 것을 돕는다. 효소가 든 겔에서 포도당 분자가 산화되면 센서 주위의 산소가 소모되고 이것은 전극의 전류를 바꾼다(그림 2.16b). 하지만 이제 포도당의 양이 센서가 측정하는 산소의 농도를 결정한다.

클라크의 장치는 산소 센서를 개조한 것이었고 지름이 1센티미터나 되었기 때문에 몸에 직접 넣어 포도당 농도를 측정할 수는 없었다. 그러나 이것은 오늘날의 대부분의 바이오센서에서 볼 수 있는 요소를 갖추고 있다. 어떤 식으로든 장치에 고정된, 보통 천연 효소인 촉매 분자가 분석종에 작용해서 신호를 발생한다.

모든 바이오센서가 전기 신호를 내지는 않는다. 어떤 장치는 분석

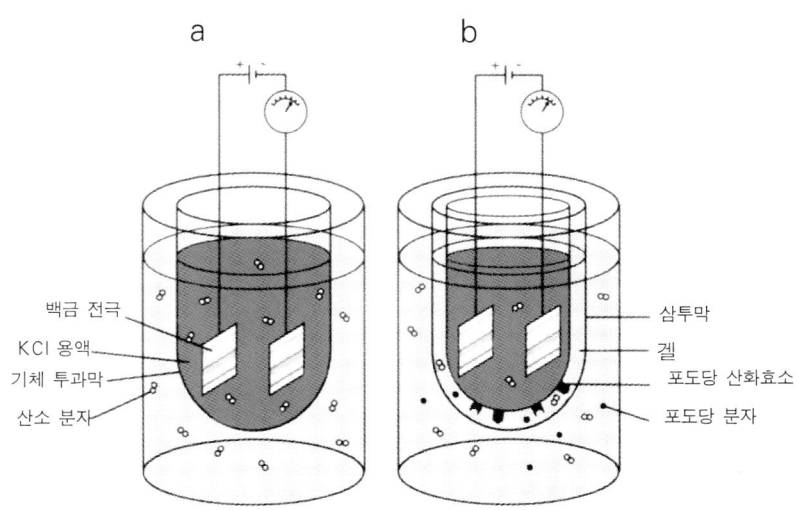

그림 2.16 릴랜드 클락이 고안한 산소 센서(a)에는 금속 전극이 산소 기체를 투과할 수 있는 막으로 싸여 있다. 전극 주위의 용액에서 산소의 농도가 전극에 흐르는 전류를 결정한다. 막을 포도당 산화효소가 든 겔로 싸서 클락은 이 전기화학적 장치를 포도당 센서로 바꾸었다(b). 포도당이 산화되어 산소가 소모되면 전극 주위의 산소 농도가 줄어든다.

종에 반응해서 빛을 낸다. 이런 바이오센서는 보통 가는 광섬유를 써서 빛을 감지부로 보내고 받는다. 광섬유는 구리선이 전기를 통하는 것처럼 빛을 〈통하는〉 플라스틱 선이다. 광선은 섬유의 경계에서 계속 반사되기 때문에 빛이 진행해도 섬유 안에 갇혀 있다. 이런 섬유-광센서에는 분석종과 상호 작용할 때 형광을 내는 (빛을 받으면 빛을 내는) 분자가 들어 있다. 예를 들어 플루오르세인은 수소 이온과 결합하면 형광을 내므로 수소 이온 농도를 나타내는 산도를 측정하는 데 쓰일 수 있다. 이런 종류의 센서는 그 자체로는 바이오센서가 아니지만 산도를 바꾸는 효소/분석종 반응에서 광학 신호를 내는 데 쓰일 수 있다. 동시에 여러 빛 신호를 전하도록 광섬유 다발을 써서 여러 종류의 분석종을 동시에 분석할 수 있는 소형 센서도 만들 수 있을 것이다.

분석종과 효소의 작용으로 생긴 열로 인한 아주 작은 온도 변화도 감지에 이용할 수 있다. 예를 들어 서미스터라는 아주 민감한 온도계를 장치에 더해서 이렇게 할 수 있다. 포도당과 페니실린을 측정하기 위해 〈효소 서미스터〉라고 부르는 이런 바이오센서를 개발하였다.

당뇨병 환자를 위한 인공 췌장의 부품으로 바이오센서가 의료 분야에 중요하게 쓰일 것이다. 그러나 아직은 그런 장치가 개발되지 않았다. 여기에 쓰일 바이오센서는 수명이 길고, 피의 포도당 농도를 계속 측정할 수 있고, 인슐린을 방출하는 장치에 연결할 수 있고, 전체가 몸에 넣을 수 있을 만큼 작고, 몸 안에 들어가서 면역 거부 반응 등의 문제를 일으키지 않아야 한다. 이런 장치의 원리는 이제 다 밝혀졌지만 실제로 만드는 데는 문제가 남아 있다. 이것을 해결한다면 의료에 크게 기여할 것이다.

바이오센서는 공공의 건강에 다른 식으로도 기여할 것이다. 환경이나 음식에서 독성이 있거나 해로운 물질의 농도를 측정하는 데도 쓰일 것이다. 실제로 시간이 지나면 증가하는 유해한 유기물의 농도를 측정하여 고기와 생선의 등급을 정하는 데에 벌써 바이오센서가 쓰이고 있다. 군사적으로도 바이오센서로 신경 독가스와 생화학적 무기를 감지하는 데에 상당한 관심이 있다. 제약 산업에서는 약을 생산하는 발효조의 조성을 계속 측정하는 데도 쓰일 것이다. 효소를 세포벽과 비슷한 인공막에 넣어서 (7장에서 다룰 것이다) 자연적인 조건과 비슷한 환경에 고정하는 것은 특히 관심을 끌 것이다. 장래에는 바이오센서가 미세전자공학 소자를 덜 닮고, 처음에 흉내내려 했던 후각계의 생체 센서처럼 진짜 생체 센서를 닮아갈지도 모른다.

(포항공대의 김기문 교수 팀은 분자체의 새장 안이 키랄 환경인 키랄 다공성 결정 물질을 세계 최초로 개발하고 이를 이용하여 광학 이성질체들을 분리하고 합성하였다. 광학 이성질체들을 쉽고 싸게 구분하여 만들 수 있다면 화학의 여러 분야에서 중요하게 쓸 수 있다.——옮긴이)

3

춤추는 분자의 스펙트럼

분자 수준에는 아주 격정적인 춤판이 있다.
—— 로얼드 호프만

어떻게 분자화학의 작은 세계를 볼 수 있을까? 이것은 원자론이 수용된 이래, 아니 그 전부터 뜨거운 질문이었다. 풀러렌의 탄소 새장이나 탄화수소의 놀라운 구조를 보이기 위해 분자를 구슬-막대기 모델로 생각하는 것은 좋다. 그러나 화학자가 정말로 바라는 것은 책상 위의 플라스틱 모형이나 컴퓨터 화면의 그림이 아니라 분자를 정말로 보는 것이다. 분자 세계가 움직이는 현장을, 분자가 윙윙거리고 화학 반응이 펼쳐지는 것을 눈으로 볼 수 있다면 더욱 좋다. 이제 그런 방법을 찾아내고 있다.

분자 수준의 현상을 들여다보는 글자 그대로의 방법은 아주 배율이 높은 현미경을 만드는 것이다. 현미경은 맨눈으로 보기에는 너무 작은 세계에 대해 엄청나게 많은 것을 밝혀냈다. 현미경으로 수정된 난자가 분열하여 배가 되는 것도 보았고 혈구가 실핏줄을 지나가는 것도 보았다. 그러나 이런 물체들이 1밀리미터의 수백 분의 일 크기인데 비해 분자들은 훨씬 더 작다. 오늘날 가장 강력한 광학 현미경으로도 1밀리미터의 수천 분의 일 크기까지 밖에 볼 수 없다. 그러나 메탄이나 암모니아 같은 간단한 분자는 그보다 천 배나 더 작다. 그러나 현미경에 반드시 빛을 사용해야 하는 것은 아니다. 빛 대신 전자를 쓰는 전자 현미경과 최근에 개발된 주사 탐침 현미경은 전기적이나 기계적인 방법으로 화상을 얻는다. 이제 이것들을 써서 분자 하나의 그림도 얻을 수 있고(사진 2) 어떤 경우에는 각각의 원자를 볼 수도 있다. 그러나 이런 화상을 해석하려면 보통 분자가 어떻게 생겼는지 미리 알 필요가 있다.

원자 세계를 들여다보는 둘째 방법은 4장에서 말할 것이다. 여기서는 원자와 분자가 규칙적으로 배열한 결정에 X선을 쪼여서 원자 세계를 조사한다. 반사된 X선을 결정 안의 원자 지도로 바꿀 수 있다. X선 회절법이라고 부르는 이 방법으로 원자의 배열을 아주 정확하게 밝힐 수 있다. 그러나 이 방법은 결정을 만드는 분자에 대해서만 적용할 수 있다. 액체나 기체나 비결정질 고체에 대해서는 얻을 수 있는 정보가 훨씬 더 적다. 게다가 어떤 분자의 경우에는 (특히 생분자의 경우에는) 결정에서의 구조가 〈활성인〉 자연적인 구조와 크게 다를 수도 있다.

현미경이나 회절법은 정적인 구조를 보여준다. 이 방법으로 분자를 보기 위해서는 분자를 고정해야 한다. 따라서 분자가 움직이는 것을 보고 싶다면 (즉, 분자동력학에는) 이 방법들이 쓸모가 없다. 상온에서 분자는 전혀 정적이지 않다. 맨눈으로는 도저히 따라갈 수 없는 엄청난 속도로 분자는 돌고, 떨고 있다. 게다가 화학적인 변화와 변형은 원자와 분자가 서로 만나고 작용해서 새 결합을 만드는 필연적으로 동적인 과정이다. 이런 운동은 분자의 작은 크기에 어울리는 아주 짧은 시간에 일어난다. 분자에게 일 초는 우리에게 지구의 나이와 같다. 분자 세계에서 이렇게 잠깐 사이에 일어나는 일들을 어떻게 볼 수 있을까?

분자의 모양과 움직임을 들여다보는 가장 오래된 방법 중 하나인 분광법이라는 방법으로 분자의 구조와 운동 〈둘 다〉를 연구할 수 있다. 언뜻 보기에 분광법은 분자의 움직임을 들여다보기에는 너무도 거친 방법인 것 같다. 가장 간단한 분광 장치는 시료에 빛을 쪼여 색깔에 따라 빛의 흡수가 어떻게 바뀌는지를 잰다. 따라서 분광법으로 얻는 것은 분자의 사진이 전혀 아니고 단순히 빛의 파장을 바꿀 때 빛의 흡수가 어떻게 바뀌는지를 나타내는 구불구불한 그래프이다. 그러나 이 〈흡수 스펙트럼〉에는 분자의 화학적인 구조와 운동에 대해 매우 많은 정보가 들어 있다. 오늘날 분광법은 화학자의 분석 도구 중 아마도 가장 중요할 것이고 다른 방법으로는 도저히 알 수 없는 것들을 볼 수 있을 만큼 정교해졌다. 특히 분광법 덕에 원자 세계의 엄청나게 빠른 과정을 조사하고 화학 과정이 일어나는 것을 볼 수 있는 〈분자 영화〉를 찍을 수 있다.

분광법의 바탕은 분자와 빛의 상호 작용이다. 빛은 〈수동적인〉 신호라서 사물을 볼 수 있게 하지만 교란하지는 않는다고 생각하기 쉽다. 그러나 빛이 사물을 교란하기 때문에 우리가 사물을 볼 수 있다. 분광법의 핵심 과정인 빛의 흡수가 일어나려면 빛이 나르는 에너지를 분자가 받아야 한다. 이렇게 에너지를 흡수하면 어떤 경우 흡수한 분자의 물리적 화학적 성질이 크게 바뀌고 심지어는 쪼개지기도 한다. 이 때문에 빛을 써서 분자를 들여다보는 분광법은 광화학과 밀접한 관련이 있다. 광화학에서는 빛이 화학 과정을 일으키고 영향을 준다.

자연계에서 광화학 과정의 중요성은 아무리 강조해도 지나칠 수 없다. 예를 들어 햇빛의 화학 반응에 의해 식물이 자라는 생화학이 일어난다. 이것이 우리에게 숨쉴 공기를 주는 광합성의 바탕이다. 광화학은 10장에서 다룰, 대기에서 일어나는 여러 화학 반응에 결정적으로 중요하다. 그리고 광화학을 이용해서 실험 화학자들이 화학 반응을 정교하게 조절할 수 있게 될지도 모른다. 광화학적 〈메스〉로 어떻게 분자에 대해 가장 정교한 수술을 할지를 보게 될 것이다.

1. 그리고 빛이 있었다

1-1 색깔이란 무엇인가

색깔은 일상 생활에서 가장 잘 아는 사물의 특징 중 하나인 동시에 또한 가장 모르는 특징이기도 하다. 왜 사물이 색깔을 띠는지를 잘 알고 이제 우리 몸의 시각계가 어떻게 이 색깔을 인식하는지에 대해서도 (완전한 것에는 아직도 거리가 멀지만) 그럴 듯한 설명을 할 수 있다. 그러나 색깔에는 음악이나 문학 작품에 담긴 것 같은 미적 가치도 있다. 렘브란트가 짙은 금색, 빨간색, 고동색을 고르고 세잔이 하늘을 녹색이나 분홍색으로 칠한 데에 우리는 관심이 있다. 그러나 색깔에 대한 우리의 감정적인 반응에 대해서는 현재 아는 것이 거의 없다.

가장 뚜렷하게 분광법은 색깔에 따라 화학 성분비를 아는 것이다. 이런 면에서 연금술사들이 바탕 금속에서 금으로의 변형을 관찰하던 방법과 크게 다르지 않다. 연금술사들은 이 변형 과정에서 특정한 색 변화가 차례로 일어난다고 생각했었다. 그러나 분광학자들은 맨눈보다 색을 더 정확하고 민감하게 잴 수 있는 분광기를 사용한다. 맨눈으로도 은과 금은 쉽게 구별할 수 있지만 은과 주석은 구별하기 어렵다. 마찬가지로 맨눈으로 보면 숯과 황화납이 같은 검은색으로 보이지만 분광기로는 그 두 〈검은색〉의 미묘한 차이를 볼 수 있다. 그리고 분광기는 색이 없는 물질도 구별할 수 있다. 맨눈에는 보이지 않는 산소 기체와 질소 기체를 분광기로 구별할 수 있다. 어떻게 빛의 흡수로 이런 구별을 할 수 있을까?

빛의 정체에 대한 과거의 이론들은 두 가지로 나눌 수 있다. 광선이 아주 작은 입자들로 이루어져 있다고 생각하는 입자설과 소리가 공기를 통과하듯이 빛도 매질을 따라 전파하는 파동이라고 생각하는 파동설이 그것이다. 아이작 뉴턴은 빛의 입자설을 선호했지만 같은 시대에 살았던 크리스찬 호이겐스 Christiaan Huygens는 사방에 존재하는 에테르라는 매질을 통과하는 파동에 바탕한 이론을 내놓았다. 두 이론 모두 빛이 직진하는 이유를 제시할 수 있었고 그 당시까지 알려진 광학 법칙들을 설명할 수 있었다.

입자설과 파동설은 19세기 초까지 공존하였으나 토마스 영 Thomas Young이 이 두 모델을 시험할 수 있는 방법을 찾았다. 1669년에 댄 에라스무스 바톨린 Dane Erasmus Bartholin은 어떤 결정에서는 한 방향으로 통과한 빛의 성질이 다른 방향으로 통과한 빛의 성질과 다르다는 것을 발견했다. 복굴절이라고 부르는 이 현상은 아주 아름다운 색을 만든다. 빛이 위아래로 진동하는 횡파라고 생각하면 이 현상을 설명할 수 있다고 영은 생각했다. 이것이 의미하는 것은 빛이 편광될 수 있다, 즉 진동면이 방향을 가질 수 있다는 것이다. 프랑스의 아우그스틴 장 프레스넬 Augustin Jean Fresnel은 1818년에서 1821년 사이에 복굴절 현상을 영의 생각으로 설명할 수 있다는 것을 보였다.

음파가 진행하는 데 매질이 필요하듯이 빛도 보이지 않는 에테르를 통해 진행한다고 그 당시 사람들은 생각하였다. 19세기 말에 이르러 빛이 에테르를 통과하는 횡파라는 생각이 일반적으로 받아들여졌지만 에테르가 정말로 무엇인지에 대해서는 알려진 것이 거의 없었다. 19세기 전반에 영국의 마이클 패러데이 Michael Faraday는 전기와 자기가 관련이 있다는 오래된 생각을 확신시켰다. 전류는 자기력을 미칠 수 있고 자기장의 변화는 전류를 일으킨다는 것이 그 당시 알려져 있었다. 1845년에 패러데이는 편광된 빛을 자기장에 통과시켜 빛의 편광면을 바꿀 수 있다는 것을 보였다. 이것은 빛도 역시 전기와 자기와 관련이 있다는 것을 의미했다. 스코틀랜드의 제임스 클라크 맥스웰 James Clerk Maxwell은 빛 자체가 에테르에서 전기와 자기, 즉 전자기적 교란이라는 과감하고 눈부신 가설을 내놓았다. 맥스웰의 이론에서 빛의 파동은 에테르를 통과하는 전자기 복사로 이루어진다. 파동에는 두 성분이 있다. 전기장의 세기가 한 평면에서 진동하고 자기장도 발을 맞추어 전기장 평면에 수직한 방향으로 진동한다(그림 3.1). 따라서 광선은 에테르를 통과해서 전자기 에너지를 전달한다. 파장과 간단한 관계를 이루는 진동의 주기가 빛의 색깔을 결정한다. 예를 들면 붉은빛의 전자기파는 1초에 대략 백조 번(10^{14}) 진동하지만 파란빛의 진동 주기는 그보다 네 배나 더 빠르다. 1887년에 독일 물리학자 하인리히 루돌프 헤르츠 Heinrich Rudolph Hertz는 처음으로 이러한 전자기파의 존재를 증명했다.

빛이 전자기적 파동이라는 맥스웰의 설명 덕에 빛과 물질의 상호

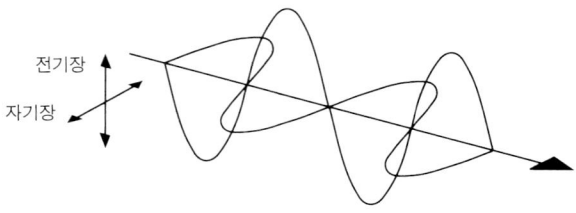

그림 3.1 제임스 클럭 맥스웰의 전자기 이론에 따르면 광선은 진동하는 전기장과 자기장으로 구성된다. 전기장의 평면은 자기장 평면과 수직 방향이다. 흔히 편광면이라고 부르는 것은 전기장 평면이다. 전구 같은 광원에서 오는 빛은 편광면이 마구잡이로 섞여 있지만 편광 필터를 통과시켜서 편광면이 모두 나란한 빛을 얻을 수 있다.

작용에 대한 어떤 면은 잘 설명할 수 있었지만 20세기 과학에서는 더 완벽한 이해를 위해 이것을 고칠 필요가 있었다. 1887년에 알버트 마이컬슨Albert Michelson과 에드워드 몰리Edward Morley가 한 실험 때문에 빛의 파동이 통과하는 매질이라고 생각했던 에테르가 존재하지 않는다는 결론을 받아들일 수밖에 없었다. 빛은 진행하는 데 매질이 필요 없는 것처럼 보였다. 전기장과 자기장은 완전히 빈 공간을 통과할 수 있었다. 근대 물리학은 이 생각을 약간 다른 방식으로 제시한다. 근대 물리학에 따르면 〈빈〉 공간은 빈 것이 아니라 에너지원이 자극하면 바로 진동할 수 있는 전자기〈장〉으로 가득하다고 간주된다. 마치 퉁기기를 기다리는 바이올린 줄처럼 말이다. 이 진동을 빛이라고 부르는 것이다.

한편 20세기 초의 양자 이론 혁명은 빛을 파동으로만 생각하면 그림의 반쪽밖에 볼 수 없고 빛은 때때로 따로따로인 입자들처럼 행동한다는 생각을 받아들이게끔 했다. 1905년에 알베르트 아인슈타인은 빛을 입자로 간주해서 광전 효과(34쪽)를 설명할 수 있었다. 아인슈타인은 빛이 전자기 에너지의 작은 꾸러미인 광자로 이루어져 있고 광자의 에너지는 맥스웰의 진동하는 전자기장의 주파수에 따라 결정된다는 생각을 내놓았다. 광자는 아주 이상한 입자이다. 광자는 에너지를 지니지만 질량이 없다. 광자의 에너지는 빛의 주파수에 막스 플랑크의 이름을 딴 플랑크 상수라는 일정한 값을 곱한 것이다. 따라서 붉은빛의 광자가 지닌 에너지는 파란빛의 광자의 에너지보다 작다.

광자의 주파수는 가시 광선 영역에만 제한되지는 않는다. 사람의 눈은 가시 광선보다 높고 낮은 넓은 전자기 스펙트럼에서 극히 일부만을 볼 수 있다(그림 3.2). 붉은빛보다 주파수가 조금 더 작은 전자기파를 적외선이라고 부른다. 우리 눈의 망막은 적외선의 광자를 감지하지 못하지만 그것이 나르는 에너지는 열로 느낄 수 있다. 적외

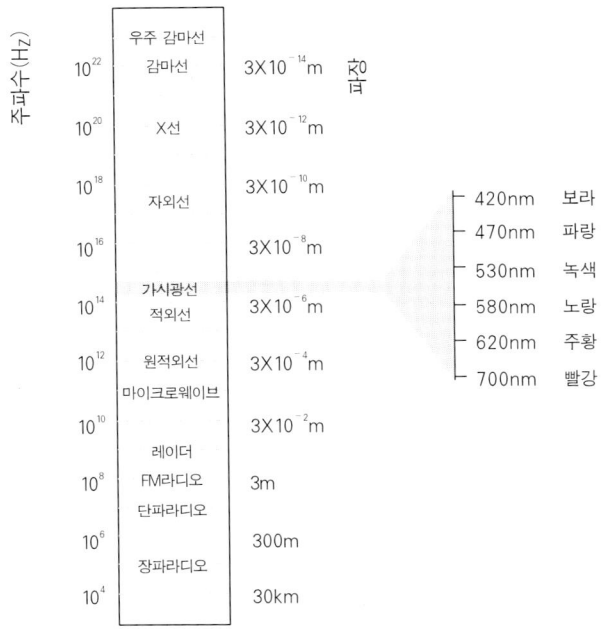

그림 3.2 전자기파의 스펙트럼은 낮게는 라디오파에서부터 높게는 감마선과 우주선에 이른다. 가시 광선은 이 스펙트럼 중간의 아주 좁은 부분 띠에 해당한다. (여기서 전자기파의 주파수를 십의 지수로 표기하였다. 10의 오른쪽 위에 적은 지수는 〈1〉 뒤에 따르는 0의 수를 나타낸다. 따라서 1000을 10^3으로 표기한다. 주파수는 매우 큰 수이지만 파장은 매우 작다. 음수 지수는 소수점 아래 0의 수를 나타낸다. 따라서 0.001을 10^{-3}으로 표기한다.)

선 바깥쪽에는 파장이 수 밀리미터인 마이크로파와, 파장이 수 미터에서 수 킬로미터에 이르는 라디오파가 있다. 가시 영역보다 주파수가 높은 쪽에는 차례로 자외선과 X선과 감마선과 우주선이 있다. 감마선은 어떤 방사능 원소가 붕괴할 때 나오고 우주 저 멀리에서 오는 우주선의 정체는 아직 밝혀지지 않았다. 자외선의 일부와 X선과 감마선의 광자는 에너지가 커서 화학 결합을 끊을 수 있다. 이렇게 짧은 파장의 강한 빛은 물질들을, 특히 살아있는 조직을 이루는 섬세한 화합물들을 심하게 망가뜨릴 수 있다.

2 들뜬 상태

2-1 나뭇잎은 왜 녹색일까

제1장에서 원자와 분자들이 음전하를 띤 입자인 전자의 구름에 싸여 있다는 것을 보았다. 그러므로 물질과 전자기파가 때로 강하게 상호 작용한다는 것은 놀라운 일이 아니다. 그보다는 오히려 빛이 유리를 통과하는 것처럼 그 둘이 어떤 경우에는 상호 작용하지 않는다는 것에 대해서 놀라야 할지도 모른다. 그러나 빛이 매질을 어떻게 통과하느냐는 그 매질이 진공인 경우에도 결코 간단한 문제가 아니다. 이것을 설명하려면 양자전자기학이라는 우아하고 아주 성공적인 이론이 필요하다. 유리를 통과하는 빛이 유리와 상호 작용을 하지 않기 때문에 유리가 투명한 것은 아니다. 그 이유는 광자가 흡수되지 않기 때문이다. (실제로 유리는 전자기 스펙트럼에서 적외선 영역을 강하게 흡수한다. 우리의 눈이 적외선을 볼 수 있다면 〈투명한〉 유리가 실은 〈색을 띤〉 것으로 보일 것이다.)

빛과 물질에 전기장이 있지만 그 둘이 무조건 상호 작용하지는 않는다. 물질이 전자기파를 받으면 어떤 주파수의 광자는 흡수하지만 다른 주파수의 광자는 흡수하지 않는다. 흡수되지 않은 전자기파는 통과하거나 반사된다. 흡수한 전자기파의 파장이 가시 광선 영역에 있으면 백색광 아래에서 물체는 가시 광선 영역에서 남은 부분의 색을 띠게 된다. 예를 들어 나뭇잎은 붉은빛과 파란빛을 흡수하기 때문에 오직 스펙트럼의 녹색 부분만이 반사된다. 옥수수꽃은 붉은색과 노란색을 흡수하고 당근은 녹색과 파란색을 흡수한다. 가시광선을 모두 반사하는 물체는 흰색으로 보이고 모두 흡수하는 물체는 검은색으로 보인다.

나뭇잎이 녹색인 이유는 클로로필 때문이다. 클로로필 a 덕에 식물은 햇빛의 에너지를 식물의 성장에 필요한 물질로 바꿀 수 있다. 나뭇잎이 녹색인 것을 보고 가시 광선 영역에서 클로로필 a의 대체적인 흡수 스펙트럼을 짐작할 수 있다.

이 흡수 스펙트럼을 더 정확하게 측정하기 위해 과학자들은 분광기를 쓴다. 프리즘을 써서 백색광을 스펙트럼으로 분리하고 이 스펙트럼 속에서 클로로필 a 용액이 든 큐벳을 움직여 보자. 큐벳이 스펙트럼의 붉은색 영역에 있다면 큐벳은 앞에서 오는 빛을 대부분 흡수해서 뒤쪽은 거의 검게 보일 것이다. (같은 이유로 붉은색 셀로판 테이프를 통해 나뭇잎을 보면 나뭇잎이 검게 보인다.) 한편 스펙트럼의 녹색 영역에서는 큐벳이 오는 빛을 거의 전부 통과시킬 것이다. 따라서 큐벳의 뒤쪽에 광도계를 놓고 큐벳을 통과하는 빛의 세기를 측정하면 큐벳이 스펙트럼 안을 움직임에 따라 색에 따른 빛의 세기가 바뀔 것이다(그림 3.3). 실제 분광기에서는 큐벳을 고정시키고 색 분해한 빛을 훑는 편이 더 쉽다. 클로로필 a에 대해 빛 감지기에 기록된 흡수의 변화를 〈그림 3.4a〉에 보였다 (이것을 흡수 스펙트럼이라고 한다).

흡수 스펙트럼의 정확한 모양은 그 물질을 나타내는 일종의 지문이다. 어느 식물에서 추출하건 클로로필 a의 흡수 스펙트럼은 같다. 황산 니켈 같은 니켈 염의 용액도 녹색이지만 그 흡수 스펙트럼(그림 3.4b)은 클로로필의 흡수 스펙트럼과 바로 구별할 수 있다.

사람의 눈은 오직 가시 광선 영역의 흡수만을 감지할 수 있지만 적당한 〈빛〉 감지기를 달면 분광기는 가시광선 바깥 영역의 전자기파, 가장 흔히 자외선과 적외선의 흡수를 잴 수 있다. 이렇게 해서 흡수 스펙트럼에 더 많은 정보를 담을 수 있다. 예를 들어 눈으로 보기에는 색이 없는 물질이 적외선이나 자외선 영역에 강한 흡수띠를 가지고 있을 수 있다. 물은 적외선을 강하게 흡수하기 때문에 대기에서 수증기는 중요한 역할을 한다.

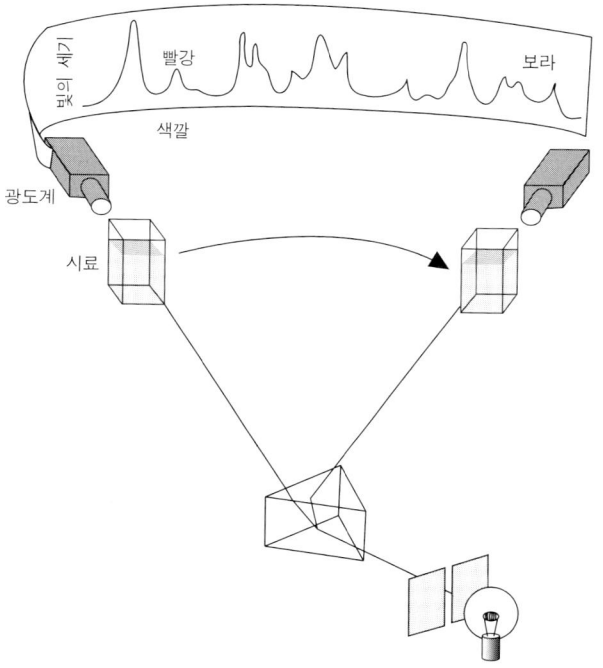

그림 3.3 일반적인 분광기는 〈탐색〉광이 시료가 든 큐벳을 통과할 때 빛의 세기를 측정한다. 빛 감지기는 색깔, 즉 파장이 바뀔 때 통과한 빛의 밝기가 달라지는 것을 기록한다. 그 결과로 빛의 파장에 따라 흡수된 빛의 세기의 변화를 기록한 그림을 얻고 이것을 흡수 스펙트럼이라고 한다. 흡수 스펙트럼의 봉우리(흡수띠)는 분자의 움직임이나 분자의 전자 구조의 특징을 나타낸다. 이 그림에서 백색광을 프리즘에 통과시켜 얻은 스펙트럼을 따라 시료가 움직인다. 실제 분광기에서는 시료와 감지기를 움직이는 것보다는 프리즘을 돌리는 편이 더 쉽다.

2-2 흔들기와 사다리

분자가 빛을 흡수하면 에너지가 커져서 분자는 〈뜨거워진다〉. 뜨거워진다는 말은 분자가 더 격하게 흔들리거나 떨거나 돈다는 뜻이다. 이것을 빛을 흡수해서 〈들떴다〉고 말한다. 분자가 어떤 파장의 빛의 광자는 흡수하고 다른 광자는 흡수하지 않는 이유는 분자의 운

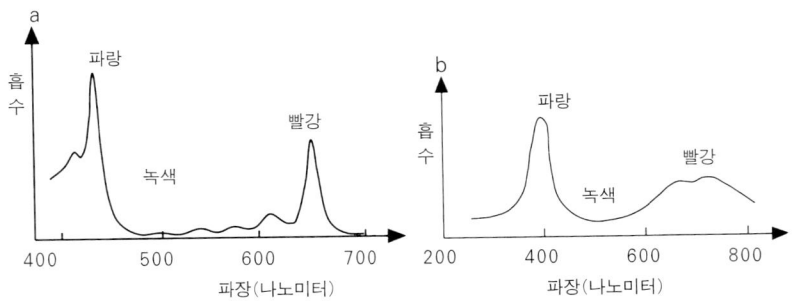

그림 3.4 클로로필 a 분자는 스펙트럼의 붉은 부분과 파란 부분을 강하게 흡수하지만 녹색빛은 통과시킨다(a). 이 분자가 나뭇잎의 색깔을 결정한다. 황산니켈 같은 니켈염도 물에 녹으면 녹색을 띠지만 니켈염 용액의 흡수 스펙트럼(b)을 보면 니켈염의 〈녹색〉이 클로로필 a의 녹색과 다르다는 것을 알 수 있다.

동이 양자역학 법칙을 따르기 때문이다. 양자역학 법칙은 분자의 운동을 제한한다. 1장에서 원자와 분자의 전자가 핵 주위에서 아무 궤도나 돌 수는 없다, 따라서 아무 에너지나 가질 수 없다는 것을 보았다. 전자는 정해진 에너지 준위의 사다리에 자리를 잡는다. 사다리의 단 사이의 에너지 값은 지닐 수 없다. 이것을 전자의 에너지 준위가 양자화 되었다고 말한다. 같은 방식으로 공간에서 움직이는 분자의 운동 에너지도 양자화 된다. 예를 들어 2원자 산소 분자 O_2는 공간에서 돌기도 하고 두 원자 사이의 거리가 늘고 줄기도 한다(그림 3.5). 이런 운동에 따르는 에너지도 오직 어떤 값만을 지닐 수 있어서 전자의 에너지처럼 에너지 준위의 사다리를 이룬다. 회전과 진동의 에너지가 각각 회전 속도와 진동 주파수에 달려 있기 때문에 회전 속도와 진동 주파수도 역시 양자화 된다. 따라서 산소 분자는 특정한 주파수로만 진동하고 특정한 회전 속도로만 돌 수 있다.

분자의 운동이 이렇게 양자화 되는 것은 전자 에너지의 양자화보다 더 직관에 어긋난다. 우리가 전자와 원자핵이 어떻게 행동하는지를 일상적으로 경험할 수는 없으므로 원자와 분자의 구조를 당구공들로 이루어진 계에 바로 유추할 수 없다는 것은 납득할 수 있을 것이다. 그러나 진동과 회전은 결코 일상 경험에서 멀리 떨어진 일이 아니고 진동과 회전이 양자화 된다는 생각은 상식에 어긋난다. 이것은 마치 바퀴가 분당 10회전 단위로만, 즉 분당 10회전, 분당 20회전, 분당 30회전 등으로만 돌 수 있다고 주장하는 것 같다. 그러나 우리는 적당한 힘을 써서 바퀴를 원하는 속도로 돌릴 수 있다는 것을 너무도 잘 안다. 바퀴의 회전이 분당 10회전 간격으로 고정되었다면 바퀴를 더 세게 돌려도 바퀴의 회전 속도는 분당 10회전으로 고정될 것이고 더 세게 돌리다 보면 회전 속도가 분당 20회전으로 갑자기 뛸 것이다. 현실에서 이런 일은 일어나지 않는다. 〈양자화된 자전거〉를 타는 불쌍한 자전거 경주 선수를 생각해 보자. 이 선

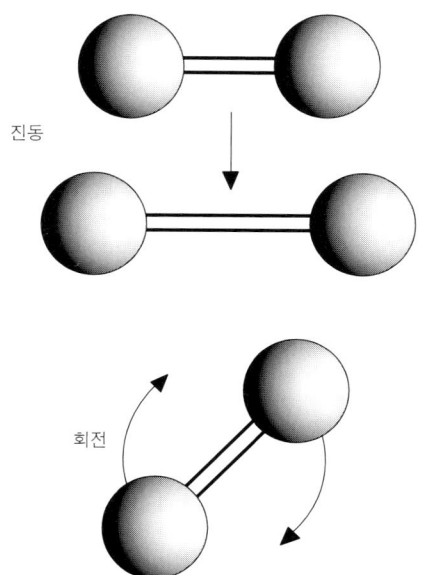

그림 3.5 산소 분자는 초소형 아령 같다. 운동에 제한을 받지 않는 산소 기체에서 분자는 뒹굴고, 결합거리가 늘고 줄며 진동한다.

춤추는 분자의 스펙트럼 137

수는 정해진 속도들로만 달릴 수 있어서 페달을 밟는 힘이 자전거를 다음 속도로 달리게 할 만큼 크지 않은 한 아무리 페달을 힘껏 밟아도 소용이 없을 것이다.

일상 생활에서 회전과 진동의 양자화를 볼 수 없는 것이 원자 세계와 일상 세계에 근본적인 차이가 있기 때문은 아니다. 그것은 단지 크기 때문이다. 돌거나 떠는 물체의 에너지 사다리 단 사이의 간격은 대강 물체의 질량의 역수에 관련된다. 자전거 바퀴처럼 큰 물체는 물론 시계 속의 작은 플라이휠에 대해서도 이 에너지 간격은 너무 작아서 측정할 수 없다. 따라서 사실상 〈금지된〉 간격은 존재하지 않고 모든 에너지가 허용된다. 이것은 양자역학의 일반적인 특징이다. 원자와 분자 크기에서 양자역학은 비상식적인 효과를 예측하지만 크기가 커질수록 이 효과가 점점 더 작아져서 일상 세계의 크기에서는 사실상 무시할 수 있다. 덩치가 큰 계에서 이렇게 양자 효과가 사라진다고 닐스 보어가 주장했고 이것을 대응 원리라고 부른다.

지금까지 분자 운동의 양자화를 다루는 동안 말하지 않은 셋째 운동이 있다. 분자의 회전과 진동은 한 자리에서 일어날 수 있다. 그러나 기체와 액체 상태에서 (액체 상태에서는 운동이 더 제한되지만) 분자들은 공간의 한 점에서 다른 점으로 자유로이 움직일 수 있다. (사실, 고체에서도 이런 운동이 조금 일어난다.) 과학자들은 이런 운동을 병진 운동이라고 부른다. 병진 운동도 양자화 될 수 있지만 분자에 대해서조차도 이 운동은 〈연속적〉이다. 다시 말해 병진 운동의 에너지는 계단식이 아니라 연속적으로 증가한다. 그 이유는 병진 에너지 간격이 물체의 질량뿐만 아니라 물체가 담긴 그릇의 크기에도 관련되기 때문이다. 그릇이 클수록 간격이 좁다. 실험실의 비이커나 분광계의 큐벳에 담긴 분자에 대해서 병진 운동의 에너지 사다리들은 너무 촘촘히 배열해 있어서 사실상 연속적이다. 따라서 앞으로 병진 운동에 대해서는 더 말하지 않을 것이다.

분자 회전과 진동이 양자화 된다는 것은 분자가 에너지를 어떤 〈덩어리〉 즉 정해진 크기의 꾸러미로 받아야만 회전, 진동 운동의 에너지가 증가할 수 있다는 것을 의미한다. 분자는 전자기 복사에서 광자의 형태로 에너지 꾸러미를 얻는다. 분자가 광자를 흡수할 수 있고 없고는 일차적으로, 분자가 있는 〈들뜨지 않은〉 에너지 준위와 그 다음 에너지 준위 사이의 간격이, 파장이 결정하는 광자의 에너지와 같으냐에 달려 있다.

분자는 회전과 진동 에너지가 높아져도 들뜰 수 있고, 전자 에너지가 증가해도 들뜰 수 있다. 전자가 다음 에너지 오비탈로 가면 전자 에너지가 높아진다. 따라서 분자에는 세 등급의 에너지 준위 사다리가 있다. 회전 에너지 준위의 단들이 가장 촘촘하고 진동 에너지 단들이 그 다음이고 전자 에너지 준위 단들이 가장 멀리 떨어져 있다. 보통 마이크로파 영역의 에너지를 지닌 광자가 분자의 회전 에너지를 증가시키고, 에너지가 더 큰 적외선 영역의 광자가 분자의 진동 에너지를 증가시키고, 에너지가 그보다 더 큰 가시광선과 자외선 영역의 광자가 분자의 전자 에너지를 증가시킨다(그림 3.6). 한 에너지 준위에서 다른 에너지 준위로 옮기는 것을 전이라고 부른다.

회전, 진동, 전자 에너지 준위의 차례는 각 분자마다 다르다. 분자를 이루는 원자들의 질량, 공간적인 배치(다시 말해 분자의 모양), 전자 에너지 준위의 경우에는 결합의 세기, 그리고 그보다 영향이 작은 다른 요인들이 이 에너지 준위의 차례를 결정한다. 광자의 에너지가 한 준위와 다른 준위 사이의 에너지 간격과 같을 때마다 분자는 광자를 흡수할 수 있어서 흡수 스펙트럼에 봉우리를 만든다. 이 값들 사이의 에너지를 지닌 광자들은 흡수되지 않으므로 물질을 뚫고 지나갈 수 있다.

앞에서 광자를 〈흡수한다〉고 하지 않고 〈흡수할 수 있다〉고 말했다. 그 이유는 분자가 전이를 일으키려면 맞는 에너지를 지닌 광자

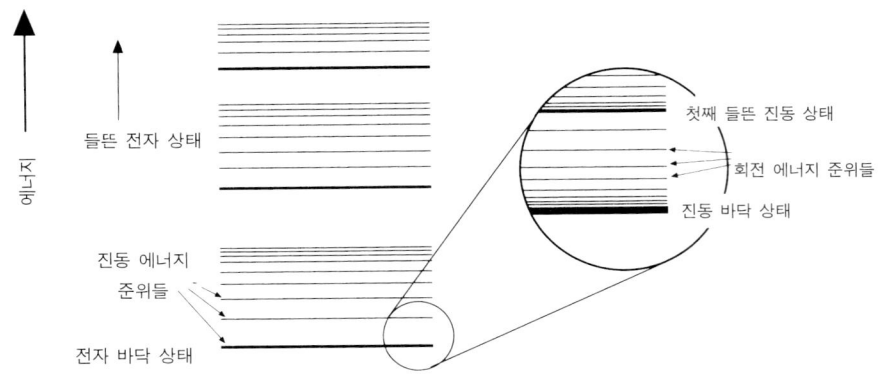

그림 3.6 간단한 분자의 에너지 준위는 세 등급의 사다리를 이룬다. 회전 에너지 준위가 가장 촘촘히 배열해 있어서 마이크로파 광자처럼 작은 에너지〈양자〉를 받아 한 준위에서 다음 준위로 옮길 수 있다. 진동 에너지 준위들은 더 멀리 떨어져 있어서 진동 에너지 사다리의 단마다 그에 따르는 회전 에너지 사다리가 있다. 전자 에너지 준위들은 더 멀리 떨어져 있어서 단마다 진동 에너지 사다리가 있다. 분자가〈완벽한〉스프링처럼 진동하지 않기 때문에 진동 에너지 사다리의 단들은 위로 올라갈수록 더 촘촘하다. 다른 전자적 상태에 있는 분자는 화학적 성질과 모양이 아주 다를 수 있다. 전자 에너지 준위 사이의 간격은 보통 가시광선이나 자외선 광자의 에너지에 해당한다.

말고도 다른 것이 필요하기 때문이다. 궁극적으로 분자와 광자의 상호 작용의 근원은 전기력이다. 이것은 광자의 진동하는 전자기장의 전기적 성분과 분자의 전자 구름 사이의 상호 작용이다. 어떤 주파수의 광자를 흡수하거나 내놓기 위해서는 분자가 그 주파수에서 진동하는 전기장을 만들어야 한다. 분자의 전하 분포에 불균형이 있다면, 즉 조금 과장하여 분자가 한 끝에는 양전하를 다른 끝에는 음전하를 띠고 있다면 회전 운동이 이런 진동하는 전기장을 만들 수 있다. 예를 들어 염화수소 분자에서는 전자 구름이 염소 원자 쪽으로 끌려가 거기에 음전하를 만들고 수소 원자 쪽에 그에 상응하는 양전하를 만든다(그림 3.7). 이렇게 전하 분포가 비대칭적인 분자를 전기 쌍극자 모멘트가 있다고 말한다. 전기 쌍극자는〈음극〉과〈양극〉이 있는 전기적인 자석에 비유할 수 있다. 분자가 회전하면 전기장의 방향이 이쪽을 향했다 저쪽을 향했다 하므로 광자의 진동하는 전기 장과 상호 작용할 수 있어서 광자의 에너지를 흡수할 수 있다.

O_2나 N_2 분자처럼 전기 쌍극자 모멘트가 없는 분자들은 회전 전이를 일으킬 수 없다. 이산화탄소 분자도 분자 안에 전하가 다른 부분이 있지만 회전 전이를 일으키지 못한다. 양끝의 산소 원자에 약간의 음전하가 있고 가운데 탄소 원자에 그에 상응하는 양전하가 있지만(그림 3.8) 분포가 대칭적이기 때문에 반대쪽을 향한 두 쌍극자 모멘트가 서로를 상쇄해서 CO_2 분자에는 알짜 전기 쌍극자가 없다.

진동 운동이 분자의 전기 쌍극자 모멘트를 바꿀 수 있을 때만 진동 전이가 일어날 수 있다. 탄소와 산소 사이의 두 결합이 똑같이 신축하는 CO_2의 진동에서는 전하의 분포가 계속 대칭적이기 때문에 분자에는 여전히 쌍극자가 없고 따라서 빛을 흡수해서 이 진동이 더 격렬해지는 일은 일어나지 않는다(그림 3.8). 그러나 이 두 결합이 굽는 진동은 다르다. 두 산소 원자가 탄소와 이루던 일직선에서 벗어나 V자 형태를 이루기 대문에 V자의 양끝에 알짜 음전하가 생기고 V자의 가운데 꼭지점에 양전하가 생긴다. 이 진동으로 인해 분

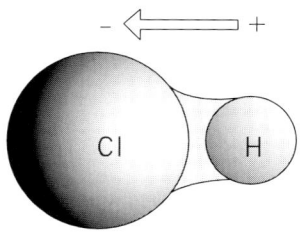

그림 3.7 염화수소 분자에서 염소 원자는 전자 구름을 잡아 당겨 수소 원자가 상대적으로 전자 구름이 벗겨진 상태가 된다. 그래서 염소 원자 주위에는 음전하가 생기고 수소 원자 주위에는 양전하가 생겨서 분자에는 두 원자핵을 잇는 축을 따라 (흰 화살표로 표시한) 전기 쌍극자 모멘트가 생긴다. 그러나 여기서 아주 개략적으로 말한 전하 분포를 글자 그대로 받아들여서는 안 된다.

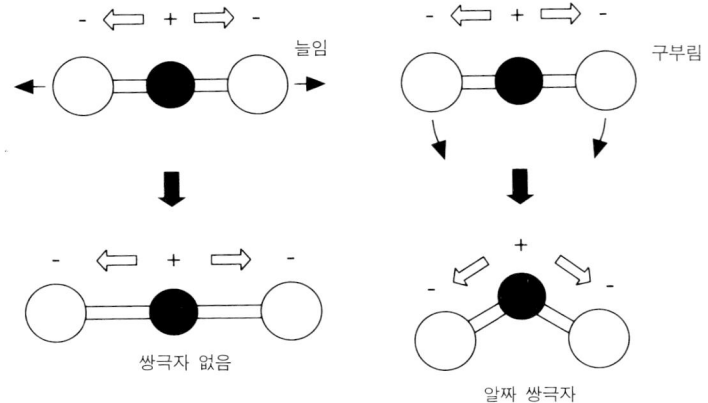

그림 3.8 이산화탄소에서 산소 원자는 전자를 잡아당길 수 있지만 그로 인해 생긴 전하 배치는 대칭적이다. CO 축을 따라 생긴 두 〈쌍극자〉는 서로를 상쇄해서 알짜 전기 쌍극자 모멘트가 없다. CO_2 분자가 축을 따라 늘고 주는 진동은 전하 분포를 대칭적으로 유지하므로 쌍극자 모멘트를 만들지 않는다. 그에 비해 분자를 구부리는 진동은 전하 분포의 일시적인 비대칭을 일으켜서 쌍극자 모멘트를 발생시킨다.

자에 쌍극자가 생기므로 빛의 상호 작용으로 광자를 흡수할 수 있다.

이렇게 해서 에너지 준위들 사이의 전이는 이른바 선택 규칙에 따라 〈허용〉되거나 〈금지〉된다. 선택 규칙은 전하의 공간적인 분포에 변화가 있느냐 없느냐에 달려 있다. 전자 에너지 준위들 사이의 전이를 결정하는 선택 규칙은 그렇게 간단하지 않다. 허용되는 전자 전이에는 전자 〈전이 모멘트〉가 있다. 이것은 전기적 쌍극자 모멘트와 어느 정도 비슷하고 공간적으로 특정한 방향을 가리킨다. 이것은 초기 상태와 들뜬 상태의 전하 배치가 같지 않기 때문에 생긴다. 적당한 에너지를 지닌 광자의 전기장이 전이 모멘트와 나란해지면 전자 전이가 일어날 수 있다. 이런 여러 선택 규칙 때문에 분자에서 〈에너지적으로 가능한〉 모든 전이가 일어나는 경우에 비해 실제 흡수 스펙트럼은 훨씬 간단해서 해석하기 쉽다.

일반적으로 말해서 회전 전이는 분자의 구조에 대해 많은 것을 말해주지 않는다. (액체나 고체에서 분자는 보통 자유롭게 회전하지 못한다.) 흡수 스펙트럼에서 정보가 많이 들어있는 구간은 적외선 infrared(IR)에서 자외선 ultraviolet(UV) 사이의 영역이다. IR 스펙트럼에는 분자의 진동에 대한 정보가 들어 있고 가시 광선과 UV 스펙트럼에는 분자의 전자 구조에 대한 정보가 들어 있다.

어떤 원자단들은 그 원자단들이 포함된 분자들에서 특징적인 진동 전이를 한다. 산소 원자가 탄소와 이중 결합을 한 카보닐 기가 진동하는 주파수는 다양한 여러 분자에서 거의 같다. 카보닐 기의 진동 전이는 파장이 5.5∼6마이크론인 적외선 광자를 흡수해서 일어난다. 따라서 카보닐 기를 포함한 화합물들은 IR 스펙트럼의 이 파장에서 특징적인 흡수띠를 보인다(그림 3.9). 탄소에 붙은 작고 가벼운 수소 원자가 안팎으로 진동하는 주파수는 훨씬 높다. 이 원자단의 진동 전이를 일으키려면 파장이 약 3.5마이크론인 광자가 필요하다. 이런 특징적인 파장들 때문에 화학자들이 분자의 구조를 밝혀내려 할 때 IR 스펙트럼은 필수적인 분석 도구이다. 만약 약 6마이크론에 어떤 분자가 흡수띠를 보인다면 아마도 그 분자에 카보닐 기가 있을 것이다.

전자 전이가 가시 광선 영역에서 (그리고 자외선 영역에서) 일어나기 때문에 화합물의 전자 전이가 화합물의 색을 결정한다. 예를 들어 니켈 염의 녹색은 파란색과 빨간색의 광자를 흡수한 결과이다. 파란색과 빨간색 광자는 니켈 이온의 전자를 더 높은 에너지 준위로 올린다. 가장 에너지가 낮은 전자 상태를 전자 바닥 상태라고 부른다. 상온에서 바닥 상태와 전자 에너지 사다리의 그 다음 단 (첫째 들뜬 상태) 사이의 에너지 간격이 보통 분자의 열 에너지보다 훨씬 크기 때문에 거의 모든 분자가 바닥 상태에 있다. 광자를 흡수해서 들뜬 전자 상태로 올라간 분자의 전자 배치는 바닥 상태와 다르고 따라서 들뜬 상태의 화학적 성질도 역시 다르다. 전체적으로 보아

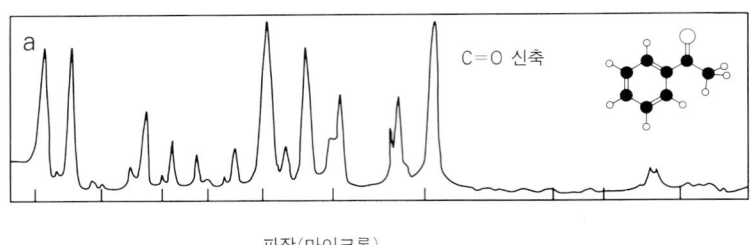

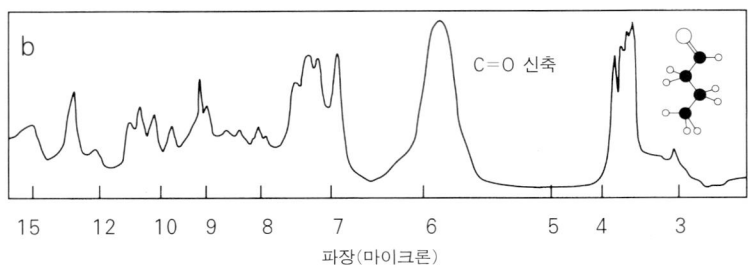

그림 3.9 파장이 약 6마이크론인 곳에 있는 유기 화합물의 흡수띠를 보고 유기화합물에 카보닐 기 (C=O)가 들어 있다고 추측할 수 있다. 카보닐 기는 이 파장에서 신축 진동 전이를 한다. 부틸알데 히드(a)와 아세토페논(b)의 스펙트럼에서 〈카보닐 신축〉 띠를 볼 수 있다.

들뜬 상태에 있는 분자는 화학적으로 더 반응하기 쉽다. 이 때문에 바닥 상태에서는 일어나지 않는 반응이 들뜬 전자 상태에서는 일어날 수 있다. 이런 반응을 광화학 반응이라고 부른다. 광화학 반응이 일어나지 않는다면 전자적으로 들뜬 분자는 마침내 광자를 내놓고 다시 바닥 상태로 〈떨어진다〉. 이것을 형광이라고 부른다. 들뜬 분자가 바닥 상태로 바로 떨어지지 않으면 분자는 분자 사이의 충돌을 통해 에너지를 조금씩 잃어서 진동 사다리를 먼저 내려갈 수도 있다. 그러면 바닥 상태로 내려갈 때 내놓는 광자의 에너지(즉, 주파수)는 들뜬 상태로 올라갈 때 흡수했던 광자의 에너지보다 작다(그림 3.10). 이런 메커니즘을 통해 형광 물질은 자외선을 쪼이면 빛을 낸다. 형광 물질에서 빛에 반응하는 분자가 (우리 눈에 보이지 않는) 자외선을 흡수하여 전자적으로 들뜨지만 들뜬 상태에서 떨어질 때

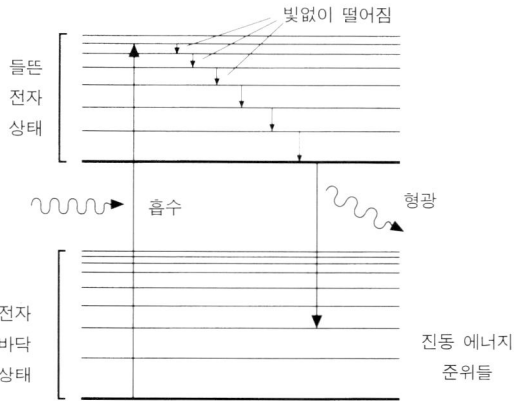

그림 3.10 광자를 흡수해서 에너지가 더 높은 들뜬 상태에 있던 분자가 빛을 내는 것이 형광이다. 광자를 흡수해서 들뜬 분자는 전자 들뜬 상태의 진동 사다리의 높은 단으로 올라간다. 분자는 광자를 내놓고 더 낮은 전자 상태로 내려가기 전에 다른 분자와 부딪혀서 진동 사다리를 내려갈 수 있다. 이렇게 나온 광자의 에너지는 흡수된 광자의 에너지보다 작고 따라서 파장은 더 길다.

는 에너지가 그보다 작은 가시 광선 영역의 광자를 내놓는다.

3 눈 깜짝할 사이의 화학

3-1 빨리 찍기

전통적인 분광법을 통해 분자의 어떤 움직임, 예를 들어 분자가 얼마나 빨리 진동하거나 회전하는지를 알 수 있었다. 분자가 이렇게 움직이는 속도는 굉장히 빠르다. 요오드(I_2) 분자는 1초에 10조 번이나 뒤집기를 한다. 분광학자들은 이제 이렇게 엄청나게 빠른 움직임을 실시간으로 포착하려고 한다. 또 원자가 이렇게 움직이는 것을 한 장씩 찍은 영화를 만들려고 애쓰고 있다. 이런 연구를 하려는 가장 큰 이유는 화학적 변환 과정에 대한 통찰을 얻기 위해서이다. 분자가 쪼개지거나 원자가 한 분자에서 다른 분자로 건네지는 화학 반응에서도 원자들은 비슷하게 움직일 것이다. 화학 반응에서 일어나는 동력학적 과정을 이해하는 것은 화학 결합에 대한 이론을 시험할 수 있기 때문에 그 자체로도 가치가 있지만 실제적인 이익을 얻을 가능성도 있다. 반응 메커니즘을 원자 수준에서 자세히 이해하면 특정한 결과만을 얻을 수 있을지도 모른다.

 돌고 있는 비행기의 프로펠러의 선명한 상을 얻으려면 프로펠러가 한 번 도는 시간보다 훨씬 짧은 시간 동안 열리고 닫히는 셔터가 달린 사진기를 써야 한다. 최근의 고속 사진술에서 그 정도로 빠른 셔터 속도는 보통이다. 그러나 초당 십조 번 도는 요오드 분자는 전혀 다른 문제이다. 이렇게 빨리 움직이는 분자를 보기 위해 과학자들이 사용하는 장치는 세상에서 가장 빠른 사진기라고 생각할 수 있다. 이 장치는 레이저를 이용한다. 초당 천조 장의 속도로 사진을 찍을 수 있는, 거울과 셔터로 이루어진 복잡한 계가 레이저 살을 나누고, 반사하고 검출한다(사진 5). 이렇게 찍은 한 장 한 장을 보통 영화처럼 초당 스물다섯 장씩 재생한다면 일 초를 기록한 영화를 재생하는 데에 약 백만 년이 걸릴 것이다.

 레이저 빛은 태양이나 전구에서 나오는 보통의 빛과 다르다. 먼저 레이저 빛에서 모든 광자의 주파수는 사실상 똑같다. 즉, 레이저는 한 가지 색으로만 이루어진 단색광이다. 둘째, 물결치는 각 광자의 전자기파는 발맞추어 오르고 내린다, 즉 결이 맞는다. 레이저 빛은 결이 맞기 때문에 결이 맞지 않은 보통의 빛과 달리 훨씬 덜 퍼진다. 레이저 빛은 수 킬로미터 밖에서도 연필심 굵기를 유지할 수 있다.

 들뜬 상태의 원자나 분자가 바닥 상태로 떨어질 때 레이저 빛이 나온다. 들뜬 상태에 있던 분자가 모두 서로 발을 맞추어 빛을 내는 데에서 결맞음 성질이 나온다. 빛을 내는 물질을 담은 통의 양쪽에 있는 거울이 일종의 연쇄 반응을 시작해 분자 몇 개에서 시작된 발광이 앞뒤로 반사하며 다른 분자들을 자극하면 결국 모든 분자가 결을 맞추어 빛을 내게 된다. 자극된 발광에 의해 빛을 증폭하는 이 과정에서 〈레이저 Light Amplification by Stimulated Emission of Radiation(LASER)〉라는 말이 나왔다.

초고속 분광법에 쓰는 레이저에는 두 가지 특징이 더 있다. 하나는 레이저가 내는 빛이 편광되어 있다는 것이다. 모든 전자기파가 결이 맞을 뿐 아니라 전자기파의 진동면이 같은 평면에 있다. 다른 하나는 레이저가 연속적으로 나오는 것이 아니라 짧은 펄스로 나온다는 것이다. 실제로 이 펄스는 너무 짧아서 지금까지 인공적으로 유발한 사건 중 가장 짧다. 펄스형 레이저는 약 5펨토초(1펨토초= 0.000000000000001초, 10^{-15}초) 동안 지속되는 펄스를 일 초 동안 1억 번이나 낼 수 있다. 중요한 점은 이것이 분자가 한 번 돌거나 한 번 진동하는 데 걸리는 시간보다 수천 배나 더 짧다는 것이다. 따라서 펨토초 펄스로 분자의 사진을 한 장씩 찍어서 분자가 어떻게 움직이는지를 따라갈 수 있다.

3-2 분자 영화

캘리포니아의 패서디나에 있는 캘리포니아 공과대학교(칼텍)의 아메드 즈웨일 Ahmed H. Zewail은 초고속 분광법을 처음 시작한 사람 중의 한 명이다. 즈웨일과 동료들은 1조 분의 1초 동안 분자가 돌고 진동하는 것을 추적하고 화학 반응이 일어나는 것을 보기 위해 펨토초 레이저 펄스를 이용했다.

즈웨일과 동료들은 요오드 분자의 회전이 전자 스펙트럼에 미치는 영향을 관찰해서 요오드 분자가 도는 것을 바로 그 순간에 보았다. 전자 전이의 선택 규칙 때문에 요오드 분자가 빛의 편광면에 어떤 방향으로 놓이는지에 따라 요오드 분자가 전자적으로 들뜰 확률이 달라진다. 광자를 흡수하려면 (두 원자핵을 잇는 축에 나란한) 분자의 전이 모멘트가 편광면과 나란해야 한다(그림 3.11). 보통 시료에는 방향이 제멋대로인 분자들이 많고 보통의 전자 분광기에서는 편광되지 않은 빛을 쓰기 때문에 어느 순간에나 빛의 편광면과 나란한 분자들이 있어서 보통의 전자 스펙트럼을 찍을 때는 이 조건을 무시할 수 있다. 분자들이 돌아도 빛에 나란하게 놓인 분자의 평균적인 개수는 시간에 따라 변하지 않는다. 보통의 분광 실험에서 전자 흡수 스펙트럼은 분자의 회전 운동과 무관하다.

회전을 〈보려면〉 분자의 방향을 일정하게 해야 한다. 그러므로 분자들이 모두 똑같은 시간에 똑같은 방향으로 돌게 할 방법이 있어야 한다. 즈웨일의 해답은 모든 분자가 한 방향으로 늘어서는 때를 골

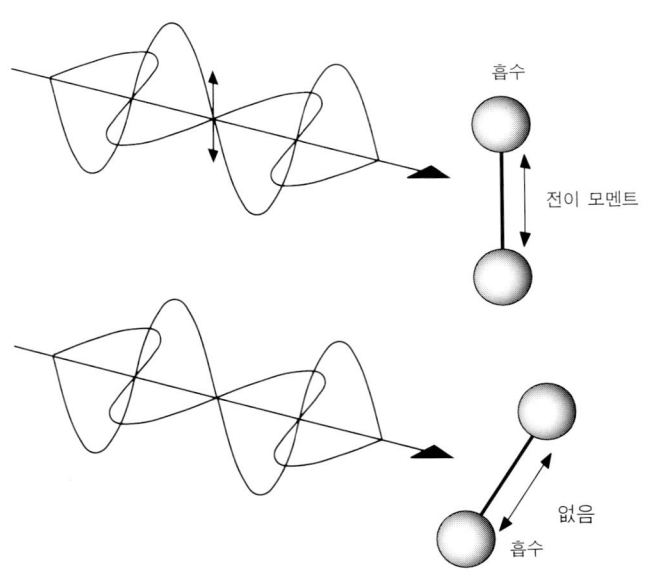

그림 3.11 요오드 분자는 두 원자핵을 잇는 축 방향의 전이 모멘트와 나란한 방향으로 빛이 편광되어 있을 때만 광자를 흡수한다.

라 그때 그 분자들에 대한 전자 스펙트럼을 얻는 것이다. 칼텍 팀은 바닥 상태에서 첫째 전자 들뜬 상태로 전이를 일으킬 수 있는 주파수로 맞춘 편광된 펨토초 레이저 펄스를 쏘여 이 초기 상태의 분자 무리를 골랐다. 편광된 이 극히 짧은 〈펌프〉 펄스의 편광면과 전이 모멘트가 나란한 분자들만이 첫째 들뜬 상태로 올라가고 다른 분자

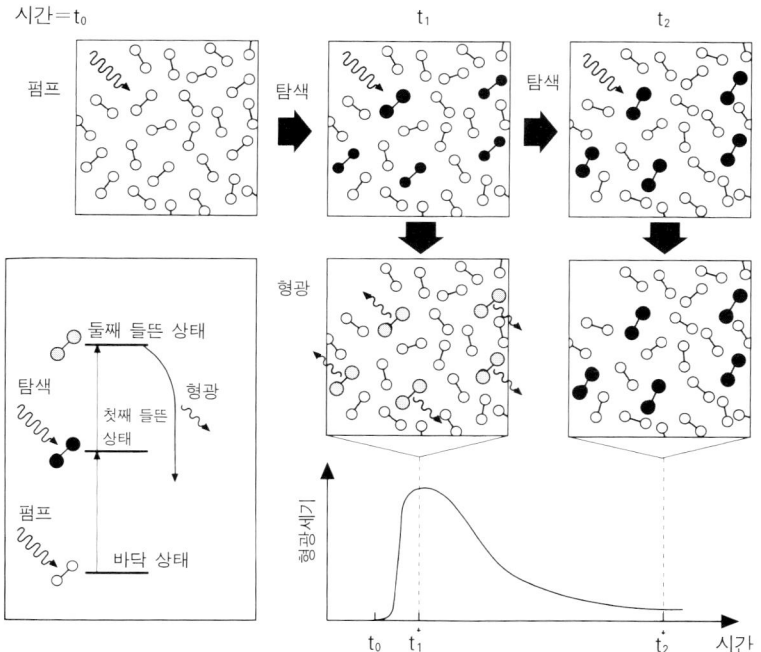

그림 3.12 분자의 회전에 대한 즈웨일의 초고속 레이저 〈스트로보스코프〉 연구에서 아주 짧은 〈펌프〉 펄스를 써서 그 순간(시간 t_0) 펌프 펄스의 편광면과 나란히 늘어선 요오드 분자만을 더 높은 전자 상태로 들뜨게 한다. 들뜬 분자는 검정색으로 표시하였다. 탐색 펄스는 분자를 더 높은 상태로 들뜨게 하고 (회색으로 표시하였다) 여기서 분자는 광자를 내놓고 바닥 상태로 떨어진다. 들뜬 분자들이 거의 돌지 않은 펌프 펄스 직후에는 (시간 t_1) 분자들이 여전히 탐색 펄스의 편광면과 나란해서 광자를 흡수할 수 있다. 시간이 조금 더 지나면 (시간 t_2) 여러 분자들이 회전해서 탐색 펄스의 편광면과 나란하지 않게 되므로 탐색 펄스를 흡수해서 형광을 내는 상태로 올라갈 수 없다. 시간이 더 지나서 분자들이 한 바퀴 돌아 다시 나란하게 되면 형광의 세기는 다시 커진다. 전자적 전이의 순서를 아래 왼쪽에 나타냈다.

들은 그대로 있는다(그림 3.12). 이 들뜬 분자들이 도는 것을 조사하기 위해 둘째 레이저에서 나온 역시 수 펨토초 길이의 펄스를 쓴다. 이 〈탐색〉 펄스는 첫째 들뜬 상태의 분자들을 더 높은 들뜬 상태로 올리고 거기서 분자들은 빛(즉, 형광)을 내고 더 낮은 상태로 내려온다. 연구자들은 둘째 들뜬 상태에서 나오는 형광의 세기가 시간에 대해 어떻게 바뀌는지를 관찰했다. 세기는 얼마나 많은 분자가 둘째 들뜬 상태로 올라갔는지에 달려 있고 이것은 매순간 탐색 펄스의 편광면과 나란한 분자의 수에 달려 있다. 분자가 돌면 이 값이 커졌다 작아졌다 하므로 형광의 세기도 이에 따라 세지고 약해지는 것을 볼 수 있다. 영화라고 하기는 어렵지만 형광 신호는 분명 분자 회전의 움직임을 찍은 것이다(그림 3.13).

그러나 시간에 따라 형광의 세기가 계속 똑같은 크기로 흔들리지는 않는다. 그 이유는 들뜬 분자들이 처음에는 똑같은 방향으로 늘어서 있지만 똑같은 속도로 회전하는 것은 아니기 때문이다. 레이저

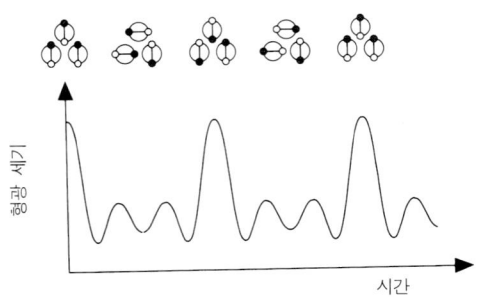

그림 3.13 분자의 회전에 대한 초고속 영화는 시간의 진행에 따라 형광 세기의 변화를 기록한 것이다. 분자들이 움직이며 탐색 펄스와 나란해지거나 어긋나게 됨에 따라 형광이 세지고 약해진다. 분자들이 모두 똑같은 속도로 돌지는 않기 때문에 어떤 분자는 다른 분자들보다 빨리 탐색 펄스와 나란해진다. 그 결과 형광의 세기가 같은 크기로 흔들리지 않는다. 여기에는 세 가지 속도로 도는 분자들에 대한 이상적인 경우를 보였다.

살도 완벽한 단색광은 아니다. 레이저 살은 아주 좁은 폭의 주파수로 이루어져 있고 광자의 에너지에도 폭이 있다. 회전 에너지 준위는 너무도 촘촘하고 펌프 레이저의 광자가 지닌 에너지에 폭이 있기 때문에 바닥 상태의 분자가 회전 속도가 다른 여러 회전 에너지 준위로 올라간다. 각 회전 에너지 준위에서 분자들이 도는 속도 사이에는 아주 간단한 관계가 있다. 가장 낮은 단의 분자가 한 바퀴 도는 동안 그 다음 단의 분자는 두 바퀴를 돌고 그 다음 단의 분자는 세 바퀴를 돌고 이렇게 계속된다. 〈그림 3.13〉에서 분자를 세 회전 에너지 준위로 올렸을 경우의 결과를 볼 수 있다. 가장 빨리 도는 분자가 한 바퀴 돌아 탐색 펄스와 나란하게 될 때 다른 두 분자는 나란하지 않으므로 형광 세기에 작은 봉우리가 나타난다. 〈중간〉 분자가 나란하게 될 때 다시 작은 봉우리가 나타난다. 가장 느린 분자가 한 바퀴를 돌았을 때 다른 분자들도 두 바퀴, 세 바퀴를 돌아 나란하게 되므로 큰 봉우리가 나타난다.

요오드 분자는 늘어나고 줄어드는 진동을 1초에 십조(10^{13})번 한다. 펨토초 레이저는 충분히 짧아서 이 진동 운동도 볼 수 있다. 진동 운동에 의해 원자 사이의 거리가 바뀜에 따라 요오드 분자가 광자를 흡수해서 더 높은 전자 상태로 올라갈 확률이 변한다. 전이 확률이 최대가 되는 특별한 원자간 거리가 있다. 양자역학에서 나온 프랑크-콘돈 원리 Franck-condon principle로 이렇게 전이 확률이 변하는 것을 설명할 수 있다. 모든 분자가 발을 맞추어 늘어나고 줄어드는 진동을 한다면 각 분자가 진동하며 원자 사이의 거리가 달라짐에 따라 전자적인 들뜬 상태로 올라가는 분자의 수가 늘어나고 줄어드는 것을 (분자의 형광을 통해) 볼 수 있어야 한다.

즈웨일과 동료들은 회전 운동의 경우와 똑같은 방법을 써서 분자들이 발맞추어 진동하게 했다. 어느 순간에 두 원자가 정확히 어떤 거리만큼 떨어진 요오드 분자들을 첫째 전자적 들뜬 상태로 올려서 원자 사이의 거리가 똑같은 한 무리의 요오드 분자 무리를 준비했다. 그 다음 탐색 레이저를 써서 이 상태를 둘째 전자적 들뜬 상태로 올렸다. 분자의 진동하며 원자 사이의 거리가 어떤 거리보다 커지고 작아짐에 따라 둘째 들뜬 상태가 내는 형광의 세기가 커졌다 작아졌다 한다(그림 3.14). 분자가 이상적인 용수철처럼 진동하지는 않고 약간 〈비조화〉 진동하기 때문에 그 결과는(그림 3.15) 조금 더 복잡해서 빠른 주기의 진동의 진폭이 커졌다 작아졌다 한다.

비록 이 두 실험에서 실제로 측정한 것은 둘째 전자적 들뜬 상태의 형광이지만 이것은 사실상 탐색 레이저 펄스의 흡수가 변하는 것을 본 것이다. 즈웨일과 동료들은 효과적으로 홀분자의 (더 정확하게

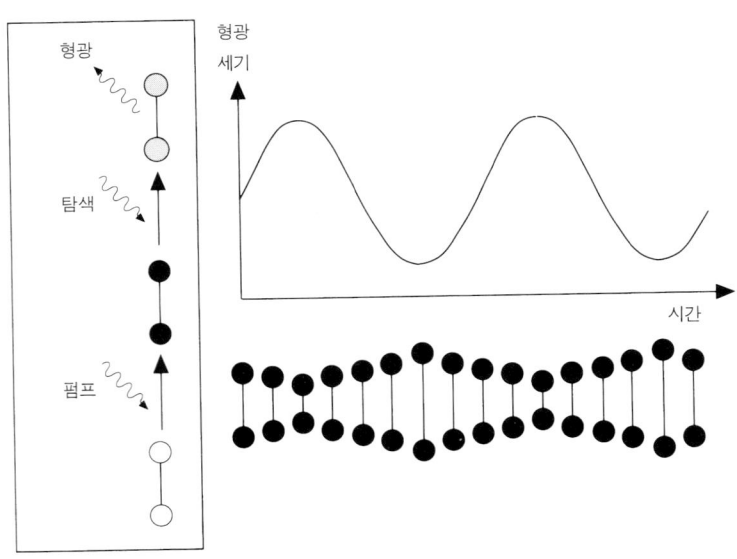

그림 3.14 즈웨일과 동료들은 분자의 진동을 보기 위해서 같은 〈올리고 탐색하기〉 방법을 썼다. 이 경우 들뜬 상태의 분자가 탐색 펄스를 흡수하는 것을 결정하는 것은 두 요오드 원자 사이의 거리이다. 두 원자는 특정한 거리만큼 떨어져 있을 때 형광을 내는 상태로 올라갈 가능성이 가장 크다. 분자가 이 거리를 지나쳐서 늘어나고 줄어듦에 따라 형광 신호가 세졌다 약해졌다 한다.

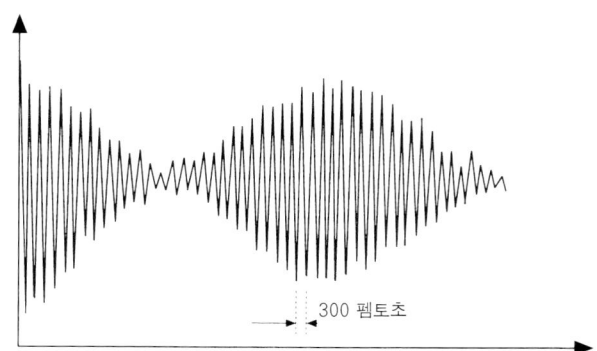

그림 3.15 진동 실험의 결과는 분자의 진동에 따라 형광 신호가 진동하는 것이다. 분자가 완벽한 《조화》 용수철이라면 진동의 진폭이 일정하겠지만 분자 용수철이 완벽하지 않기 때문에 진폭이 천천히 커졌다 작아졌다 한다.

말하면 사실상 동일한 분자 한 무리의) 전자적 흡수 스펙트럼을 시간적으로 아주 빨리 기록했다. 이것은 분자가 발맞추어 움직임에 따라 마치 요오드 기체가 한순간에는 색을 띠었다가 다음 순간에는 색이 없어지는 것을 아주 빨리 되풀이하는 것을 본 것이라고 할 수도 있다.

3-3 빠른 반응

1980년대에 분자 운동을 관찰하는 데 성공한 즈웨일 팀은 더 야심적인 일을 시도했다. 이번에는 화학 반응의 《영화》를 찍는 것이었다. 잘 알려진 반응에 대한 첫째 초고속 레이저 영화의 대상으로 그들은 사이아나이드요오드(ICN) 분자의 광분해 (빛을 쪼여 분자를 쪼개는) 반응을 골랐다. 이것은 눈을 끄는 구경거리가 아니었다. 일어나는 일이라고는 고작 분자가 요오드와 사이아나이드 기 사이의 결합 에너지보다 큰 에너지를 (오는 광자에서) 얻어서 쪼개지는 것뿐이다. 더 기술적으로 말하면 바닥 상태의 분자가 전자적으로 들떠서 결합하지 않은 상태로 올라가는 것이다. 이 분해 과정은 오직 한 분자하고만 관련이 있기 때문에 (그에 비해 충돌에는 두 분자가 관련된다) 단분자 반응이라고 부른다. 물론 펨토초 분광학자들은 더 중요한, 예를 들어 효소 분자의 움직임을 들여다보고 싶어한다. 그러나 처음의 목표는 더 무난해야 했으므로 연구 초기에는 간단한 반응계를 연구의 대상으로 삼았다. 처음 영화를 만든 뤼미에르 형제가 「스타 워즈」 같은 영화를 만들었기를 기대하는 사람은 없을 것이다. 그러나 이런 간단하고 이해하기 쉬운 계를 연구함으로써 복잡한 계에 적용할 수 있는 통찰력을 얻는다.

1987년에 즈웨일 팀이 행한 실험의 원리는 앞에서와 같다. 펨토초 레이저 펄스를 써서 분자를 들뜬 상태로 올리고 뒤이은 탐색 레이저 펄스로 형광을 내는 둘째 전자적 전이를 일으켜 분자가 어떻게 되는지를 살핀다. 이 경우 형광은 사이아나이드 기 조각에서 나온다. 요오드-사이아나이드 기 짝 사이의 거리가 이 분자의 에너지를 결정한다. 바닥 (결합) 상태에서는 요오드와 탄소 원자 사이의 평형 거리 주위에 에너지 〈우물〉이 있다. 분자가 거기에 갇혀서 결합 거리가 조금씩 늘고 주는 진동을 한다고 볼 수 있다. 그러나 이 실험에서 고른 첫째와 (형광을 내는) 둘째 들뜬 상태에서는 원자 사이의 거리가 멀어질수록 에너지가 천천히 줄어든다. 그러므로 원자가 헤어지는 것을 막을 에너지 장벽이 없으므로 들뜬 상태는 스스로 분해한다(그림 3.16a).

첫째와 둘째 들뜬 상태에서 원자 사이의 거리가 멀어짐에 따라 에너지가 바뀌는 정도가 조금 다르기 때문에 거리가 바뀜에 따라 에너지의 차이도 바뀐다. 그러나 첫째 들뜬 상태에서 둘째 들뜬 상태로의 전이는 두 상태 사이의 에너지 차가 탐색 레이저 펄스의 광자가 지닌 에너지와 같을 때만 일어날 수 있다. 그러므로 펌프 펄스로 들뜨게 한 분자가 쪼개지는 동안 CN 조각은 요오드와 탄소 원자가 어떤 특정한 거리에 이르렀을 때, 즉 분리 과정 중 어떤 특정한 순간

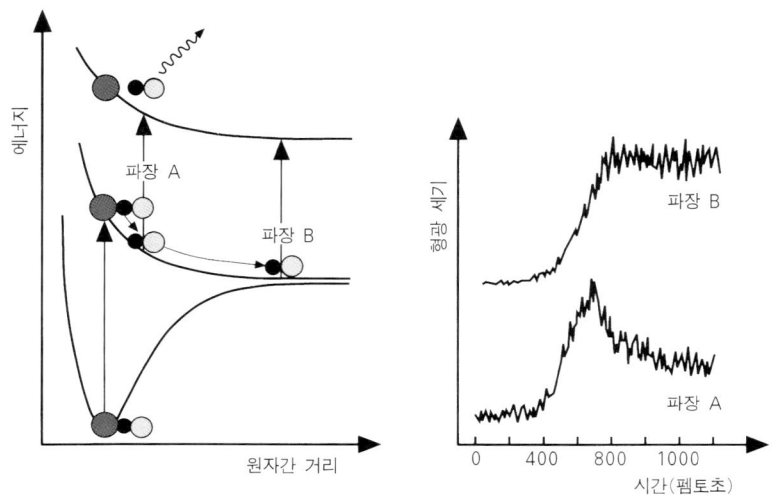

그림 3.16 화학 결합의 스냅 사진: 즈웨일과 동료들은 사이아나이드요오드 분자가 쪼개지는 것을 실시간으로 관찰했다. 바닥 상태에서 I-CN 결합은 〈에너지 우물〉 안에서 진동한다. 이들은 펌프 레이저 펄스를 써서 ICN 분자를 에너지 우물이 없는 상태로 올려서 I와 CN 기가 서로 멀어지도록 했다(a). 극히 짧은 탐색 펄스를 써서 이 분리 과정을 추적했다. I-CN 거리가 1밀리미터의 백만 분의 0.3배(0.3나노미터)일 때 이 들뜬 상태와 에너지가 더 높은 형광을 내는 들뜬 상태 사이의 에너지 차이에 해당하는 탐색 펄스(파장 A)를 쪼일 때 원자들 사이의 거리가 이 값을 지나침에 따라 형광이 세졌다가 약해진다(b). 0.6나노미터만큼 떨어졌을 때의 에너지 차이에 해당하는 탐색 펄스(파장 B)를 쪼였을 때 (조각들이 이렇게 멀어지는 데 시간이 더 걸리므로) 형광은 더 늦게 세지고 두 들뜬 상태 사이의 에너지 차이가 대체로 일정해서 조각들이 멀어지면서도 탐색 펄스를 계속 흡수할 수 있으므로 그 세기가 줄어들지 않았다(b).

에 탐색 펄스를 흡수하여 결국 형광을 낸다.

즈웨일과 동료들은 이 사실을 이용해서 분자가 쪼개지는 동안 요오드와 CN 조각이 멀어지는 움직임을 추적했다. 탐색 레이저의 주파수를 바꾸어서 분리 과정 중 각각 다른 단계에서 분자를 형광 상태로 옮길 수 있었다. 펌프 펄스를 쪼인 후, 원자가 1밀리미터의 백만 분의 0.3배만큼 떨어졌을 때 두 상태의 에너지 차이에 해당하는 탐색 펄스로 분자를 추적하면 두 조각이 점점 멀어지며 이 거리만큼

춤추는 분자의 스펙트럼 155

떨어짐에 따라 형광이 처음에는 세지다가 거리가 더 멀어짐에 따라 형광이 약해지는 것을 보였다(그림 3.16). 조각들 사이의 거리가 이 거리의 두 배보다 더 크면 거리가 바뀌어도 두 들뜬 상태의 에너지가 더 이상 바뀌지 않으므로 에너지 차도 거의 일정하다. 따라서 즈웨일 팀이 이 에너지 차에 해당하는 탐색 펄스를 쪼일 때는 앞 경우보다 (원자들이 이 거리만큼 떨어지는 데 시간이 더 걸리므로) CN 형광 세기가 더 늦게 올라가고 거리가 더 멀어져도 CN 조각이 탐색 펄스의 광자를 계속 흡수하므로 형광 세기가 줄어들지 않았다(그림 3.16).

즈웨일 팀은 그 다음 더 복잡한, 요오드화나트륨(NaI)의 단분자 분해 반응을 실시간으로 관찰했다. 요오드화나트륨은 이온성 분자로 양전하를 띤 나트륨 이온(Na^+)이 음전하를 띤 요오드화 이온(I^-)과 정전기적인 인력 때문에 붙들려 있다. 바닥 상태의 에너지는 역시 거리에 따라 바뀐다. 원자 사이의 거리가 가까울 때 에너지 우물을 이루는 것은 앞 경우와 같지만 거리가 멀어질 때의 양상은 다르다. 중성 원자로 분리될 때 거리가 더 멀어져도 에너지가 대체로 일정하다. 하지만 전하를 띤 조각들은 멀리 떨어져도 서로 끌어당긴다. 따라서 분자를 이온들로 쪼개려면 이 끄는 힘을 상쇄하기 위해 에너지를 계속 공급해야 한다. 그러나 분리 과정에서 나트륨 이온이 요오드화 이온에서 전자를 가져온다면 두 원자는 중성이 되어 에너지를 더 주지 않아도 계속 멀어질 수 있다. 따라서 이온들과 중성 원자들은 원자 사이의 거리에 따라 에너지가 다르게 변한다. 이온 에너지 곡선에는 〈붙들린〉 에너지 우물이 있지만 중성 원자 (즉 공유) 에너지 곡선은 거리가 아주 가까울 때를 빼고는 평평하다(그림 3.17).

NaI 분자가 붙들린 이온 에너지 곡선에서 붙들리지 않은 공유 에너지 곡선으로 들뜨게 해서 NaI 분자를 분해할 수 있을 것이라고 생각할지도 모르겠다. 그러나 일은 그렇게 간단하지 않다. 이온 곡선이 공유 곡선과 만나는 곳에서 NaI의 두 가지 상태는 에너지가 같아서 에너지 비용을 전혀 치르지 않고 한 상태가 다른 상태로 바뀔 수 있다. 이 점에서 분자는 실제로 두 상태가 〈섞인〉 상태로 존재한다. 그 결과 공유 곡선에서 원자들이 멀어지다가 이 교차점에서 이르면 섞임 때문에 이온의 특성을 띠게 되고 정전기적인 끄는 힘이 원자들을 서로 잡아당겨 다시 가까워진다. 결과적으로 두 상태가 섞여 들뜬 상태에 둘째 에너지 우물이 생겨서 들뜬 상태의 분자가 이 우물 안에서 좌우로 진동한다(그림 3.17). 그러나 교차점에 가까워질 때마다 섞인 결과가 공유 상태가 되어 중성 원자들이 에너지 우물을 빠

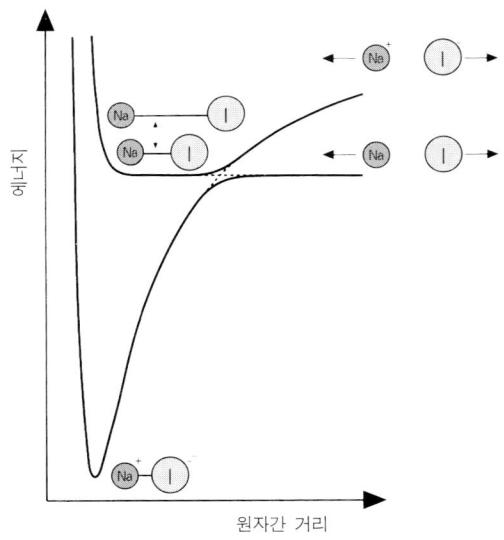

그림 3. 17 요오드화나트륨 분자는 이온들(Na⁺와 I⁻)로 나뉠 수도 있고 중성 원자들(Na와 I)로 나뉠 수도 있다. 이 두 경우 원자 사이의 거리가 멀어짐에 따라 에너지가 바뀌는 모양이 다르다. 어떤 거리에서 에너지 곡선이 교차한다. 여기서 양자 역학에 의해 이온 상태와 공유 상태가 〈섞여서〉 한 에너지 곡선에서 다른 에너지 곡선으로 옮아갈 수 있다. 그 결과 교차점보다 거리가 가까운 부분의 공유 곡선과 교차점보다 거리가 먼 부분의 이온 곡선이 합쳐져서 에너지 우물이 생긴다. 공유 에너지 곡선으로 올라간 요오드화나트륨 분자는 이 에너지 우물 안에서 진동할 수 있다. 원자들이 에너지 우물의 바깥벽에 이를 때마다 원자들이 공유 곡선으로 〈새어 나가서〉 계속 멀어질 가능성이 있다. 이 그림에서 점선은 〈순수한〉 에너지 곡선의 두 부분을 잇는다. 섞여서 생긴 혼합 곡선은 실선으로 나타내었다.

져나갈 (양자역학적으로 확률을 계산할 수 있는) 가능성이 있다. 이 경우 두 조각은 거리가 계속 멀어져서 결국 분자가 분해한다.

즈웨일의 팀은 들뜬 상태의 NaI 분자들이 진동하고 그중 일부가 벽을 빠져 나와 분해하는 것을 관찰했다. 그들은 펌프 펄스를 써서 (이온성) 바닥 상태의 분자들을 공유성 들뜬 상태로 올린 다음 이들이 위쪽 에너지 우물에서 진동하는 것을 탐색 펄스로 추적했다. 앞선 실험에서 CN 조각을 형광 상태로 올린 것처럼 이 경우 붙들리지 않은 나트륨 원자를 형광 상태로 올릴 수 있는 주파수에 탐색 펄스를 맞추었다.

들뜬 상태의 분자가 진동하며 탐색 펄스를 흡수할 수 있는 어떤 원자간 거리를 지나침에 따라 형광 신호가 커졌다 작아졌다 한다. (이것도 역시 프랑크-콘돈 원리의 효과이다.) 하지만 분자가 진동할 때마다 분자 일부가 분해하여 〈사라지기〉 때문에 이 진동하는 형광 세기는 계속 줄어든다(그림 3.18). 결국 들뜬 상태의 분자가 진동하

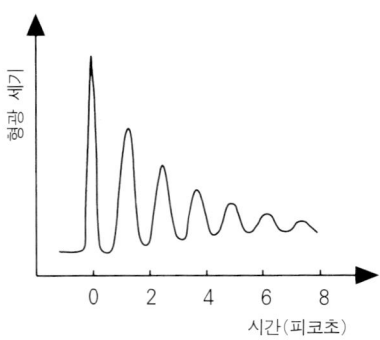

그림 3.18 빛에 의한 요오드화나트륨의 분해를 펌프-탐색 실험 방법을 써서 실시간으로 추적하였다. 나트륨 원자가 형광을 내는 더 높은 들뜬 상태로 분자를 올리는 탐색 펄스를 써서 위쪽 에너지 우물 안에서 분자들이 진동하는 것과 일부 분자가 장벽을 통해 공유 곡선으로 빠져나가 분해되는 것을 관찰하였다. 더 많은 분자들이 〈새어 나가〉 분해됨에 따라 형광 진동의 세기가 줄어든다. (피코초는 1초의 1조 분의 일, 즉 10^{-12}초이다.)

는 것과 단분자 분해 반응 과정을 실시간으로 볼 수 있다.

이것들은 분자 영화의 시작일 뿐이고 즈웨일과 다른 과학자들은 충돌하는 두 분자 사이의 반응이나 용액에서처럼 원자 〈새장〉 안에서 일어나는 반응 같은 더 복잡한 반응들을 벌써 연구하기 시작했다. 이 연구들을 통해 화학적 변환의 가장 기본적인 과정을 이해할 수 있을 뿐 아니라 화학 결합 자체의 성질을 더 온전히 파악할 수 있다. 그리고 분자 운동의 과정을 더 잘 이해할 수 있게 되면 원자 크기에서 반응의 경로를 더 잘 조절할 수 있게 될 것이다.

4 광화학적 메스

ICN이나 NaI 같은 간단한 분자들은 열을 가하기만 해도 진동 에너지 사다리를 올라가 분해한다. 더 복잡한 분자의 경우도 마찬가지지만 열로 분해하는 것은 너무 무차별적이다. 열은 모든 결합의 에너지를 골고루 높이기 때문에 복잡한 분자를 열분해하면 마구잡이의 분자 조각들이 생긴다.

선택적으로 분자를 분해할 수 있다면 즉 분자 안의 특정한 결합을 끊을 수 있다면 화학자들은 화학 반응의 경로를 마음대로 조절할 수 있을 것이다. 유기 화합물을 합성할 때는 흔히 특정한 결합을 끊는 시약을 가하기 전에 먼저 〈보호 기〉를 더해서 분자의 다른 민감한 부분을 감싼다. 이 보호 기는 나중에 제거해야 한다. 이렇게 보호 기를 더하고 빼는 오랜 과정에서 시약의 효과가 줄어들 수도 있고 최종 생성물의 수율이 심각하게 줄어들 수도 있다. 제2장에서 말한 것 같은 선택적인 촉매를 써서 특정한 결합을 끊을 수 있을 때도 있지만 이런 촉매를 개발하는 것은 매우 힘들고 흔히 수많은 시행착오 실험을 거쳐야 한다. 레이저 분광학과 광화학에서 배운 것을 적용해서 화학자들은 이제 선택적으로 결합을 끊는 방법을 개발했고 이 방법은 앞에서 말한 방법들보다 더 깨끗하고 효율적일 가능성이 있다.

레이저를 써서 특정한 결합을 끊는 것을, 분자의 일부를 잘라내고 나머지 부분을 남겨두는 일종의 〈분자 수술〉로 볼 수 있다. 레이저가 아주 강하고 색이 선택적이기 때문에 특정한 결합에만 에너지를 부어 넣어 이것을 끊을 수 있다. 앞에서 분자의 각 결합의 진동은 특정한 주파수의 빛만을 흡수한다는 것을 보았다. 레이저의 주파수 폭은 매우 좁기 때문에 맞는 주파수의 레이저를 쬐어 분자에서 이 결합의 진동만을 들뜨게 할 수 있다.

원리적으로는 이것이 가능하지만 실제로 단분자 분해에서 특정한 결합을 끊는 데 적용하려면 문제가 있다. 한 결합에 많은 에너지를 부어 넣었다고 해서 분자가 분해될 때까지 에너지가 거기에 머물러 있는 것은 아니다. 분자에는 고유 상태라고 부르는 분자가 좋아하는 어떤 진동 방식이 있다. 분자의 모양이, 더 엄밀하게는 분자의 대칭성이 분자의 고유 상태를 결정한다. 예를 들어 메탄(CH_4) 분자의 진동 고유 상태는 정사면체 구조를 유지하면서 C─H 결합 네 개가 발을 맞추어 늘어났다 줄어들었다 하는 것이다. 에너지를 한 결합에 부어 넣어도 분자가 좋아하는 고유 상태로 진동할 수 있도록 곧 재분배된다. 이 에너지 섞기 효과 때문에 특정한 결합만을 끊는 것이 쉽지 않다.

이 어려움을 감안해서 과학자들은 특정한 진동 고유 상태에서 분해를 일으키는 것부터 시작했다. 다시 말해 특정한 고유 상태에 분해를 일으키기에 충분한 에너지를 넣은 분자를 마련했다. 매디슨에 있는 위스콘신 대학교의 플레밍 크림 Fleming Crim과 동료들은 이 방법으로 과산화수소(H_2O_2) 분자를 특정한 고유 상태에서 분해했다. 그러나 크림과 동료들은 분자를 목표한 진동 고유 상태로 바로 올리지 않고 분자 내의 에너지 전달을 이용해서 고유 상태에 에너지를 넣었다. 이들은 레이저를 써서 O—H 신축 진동을 에너지 사다리의 여섯째 단으로 올렸다. 이 에너지는 진동 고유 상태로 재분배되어 O—O 결합도 진동하게 된다. 처음에 O—H 결합에 준 에너지는 이 결합을 끊기에는 충분하지 못하지만 O—O 결합은 약하기 때문에 분자가 고유 상태로 진동하게 되면 분자가 OH 조각 두 개로 쪼개진다(그림 3.19).

그러나 특정한 고유 상태를 선택적으로 분해하는 것은 특정한 결합을 선택적으로 분해하는 것과 다르다. 앞의 경우 특정한 방식으로 진동하는 분자에서 분해가 일어나기는 하지만 분자가 반드시 어떻게 쪼개진다는 것을 보장하지는 않는다. 한 고유 상태에 충분한 에너지가 주어졌을 때 분자가 한 가지가 아니라 여러 가지 방법으로 쪼개질 수도 있다. 선택적으로 결합을 끊으려면 원하는 방식으로 분자가

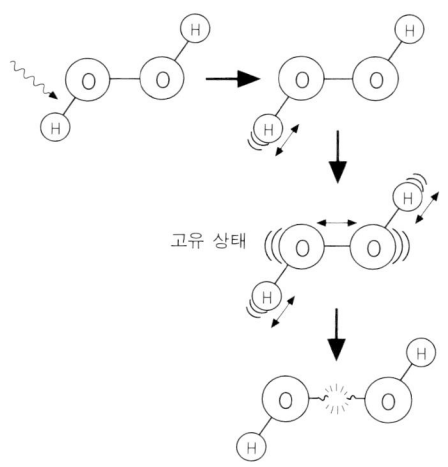

그림 3. 19 O—H 결합에 에너지를 넣어서 과산화수소의 O—O 결합을 끊을 수 있다. 이 에너지가 분자 안에서 빨리 재분배되어 특징적인 진동 고유 상태로 흘러든다. 그 결과 O—H 결합 대신 들뜬 분자의 O—O 결합이 끊어진다.

쪼개지는 진동 운동으로만 에너지를 넣을 방법이 필요하다. 이런 운동이 일반적으로 고유 상태 진동이 아니기 때문에 이것은 더 어렵다. 버클리에 있는 캘리포니아 대학교의 브래들리 무어 Bradley Moore와 동료들은 C—H 결합이 끊어지도록 하기 위해 레이저로 C—H 신축 진동을 들뜨게 해서 고리형 탄화수소의 재배치 반응에서 한 탄소 원자에서 다른 탄소 원자로 수소가 옮아가는 속도를 높이려고 시도했다. 그러나 분자 안의 에너지 재배치는 너무 빨랐다. C—H 결합을 들뜨게 하는 것은 결합을 끊고 수소 원자를 전달하는 데에 선택적인 효과가 전혀 없었다.

그러나 간단한 분자에 대해서는 성공한 적도 있었다. 플레밍 크림과 동료들은 물의 두 수소 원자 중 하나를 중수소(D)로 치환한 물 분자를 선택적으로 분해하려고 시도하였다. HOD가 분해되면 H와 OD 또는 D와 OH가 생긴다. 열로 분해한다면 두 분해쌍이 섞여 나올 것이다. 중수소가 보통의 수소보다 무겁기 때문에 O—H와 O—D 결합의 진동 주파수가 다르고 원리적으로는 레이저 펄스를 써서 한 결합만을 들뜨게 할 수 있다. 문제는 두 결합 사이에서 에너지가 재분배하지 않고 선택적으로 분해가 일어나는가이다. 크림과 동료들은 기막힌 방법을 써서 O—H 결합만을 선택적으로 끊었다. 먼저 O—H 결합을 에너지 사다리의 여섯째 단까지 올린다. 그리고 두번째 레이저를 써서 진동 운동에서 들뜬 분자를 전자적으로 들뜬 상태로 올린다. 전자적으로 들뜬 상태에서는 반드시 분해가 일어난다. O—H 결합에 더 많은 에너지가 들어 있기 때문에 전자적으로 들뜬 상태에서는 이 결합이 더 쉽게 끊어진다(그림 3.20). 크림은 O—D 결합보다 O—H 결합이 15배나 더 잘 끊어진다는 것을 알아냈다. 더 최근의 실험에서 크림 팀은 이 방법으로 펌프 레이저의 주파수를 조절하여 O—D 결합이나 O—H 결합을 마음대로 골라서 끊을 수 있었다. 캘리포니아에 있는 스탠포드 대학교의 리처드 제어 Richard

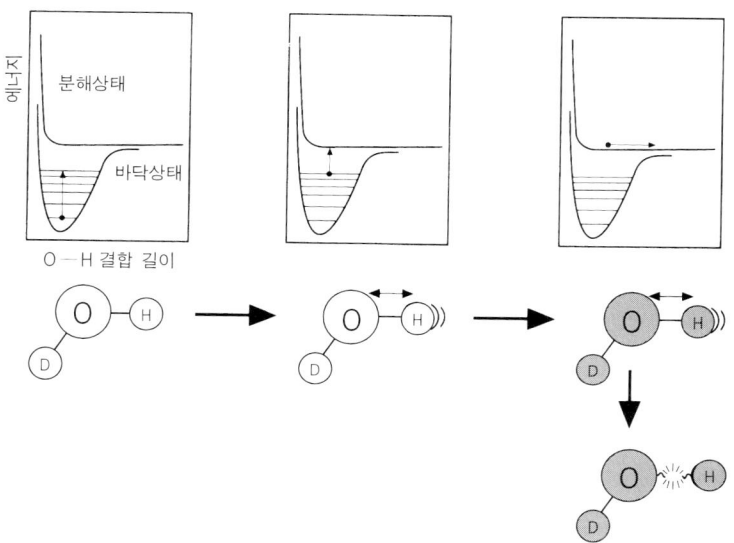

그림 3.20 하나가 중수소로 치환된 물 분자(HOD)에서 선택적으로 O―H 결합을 끊기 위해 플레밍 크림과 동료들은 바닥 상태 분자의 O―H 진동을 들뜨게 한 다음 이 분자들은 분해하는 전자적 들뜬 상태로 올렸다. 여기서 〈뜨거운〉 O―H 결합은 O―D 결합보다 더 잘 끊어진다.

Zare와 동료들도 비슷한 방법을 써서 암모니아(NH_3)에서 중수소치환된 암모니아(ND_3)로 수소를 선택적으로 옮길 수 있었다. 이들의 실험에서 수소의 전달은 ND_3에서 NH_3로 중수소가 전달되는 것보다 훨씬 더 빨랐다.

이 연구들이 결합-선택적인 광화학의 조짐을 보이기는 하지만 이런 방법이 화학 합성에 쓸모가 있으려면 갈 길이 멀다. 어떤 과학자들은 큰 분자의 진동 운동은 너무 복잡해서 〈깨끗한〉 수술이 불가능할 것이라고 생각한다. 그러나 중요한 화학 공업의 공정에는 간단한 분자들이 쓰이기 때문에 언젠가 빛으로 생산을 정밀하게 제어할 수 있으리라고 기대하는 것이 전혀 터무니없지는 않을 것이다.

(즈웨일은 초고속 분광학에 대한 공로로 1999년에 노벨 화학상을 받

았다. 독일 비츠버그 대학교의 물리연구소의 게르베르 G. Gerber 교수 팀은 정확한 반응 기구를 몰라도 펨토초 레이저 펄스를 되먹임 조작하여 광화학 반응의 생성물을 최대 70배까지 선택적으로 조절할 수 있음을 보였다.-옮긴이).

4

준결정 구조의 기하학

X선 결정학의 거의 모든 문제가 수수께끼여서
열심히 궁리해야 풀 수 있었던 옛날이 그립다.
—— 라이너스 폴링

　런던과 뉴욕의 여러 차이점 가운데 대부분은 두 도시를 직접 겪어 보아야만 알 수 있을 것이다. 그러나 가장 눈에 띄는 한 가지 차이는 지도(그림 4.1)만 보고도 바로 알 수 있다. 뉴욕은 장래를 내다보고 계획된 도시이다. 특히 맨해튼에는 동서로 뻗은 길들이 촘촘하게 늘어 있고 남북으로 뻗은 넓은 길들이 동서로 뻗은 길들을 직각으로 가로지른다. 따라서 뉴욕은 크기가 거의 같고 같은 방향으로 늘어선 규칙적인 블록들로 나뉘어 있다. 그에 비해 런던에서는 규칙성을 거의 찾을 수 없다. 크고 작은 길들이 어지럽게 얽혀서 구조라고는 전혀 찾아볼 수 없다. 런던은 중세의 주막과 교회와 오두막들을 잇던

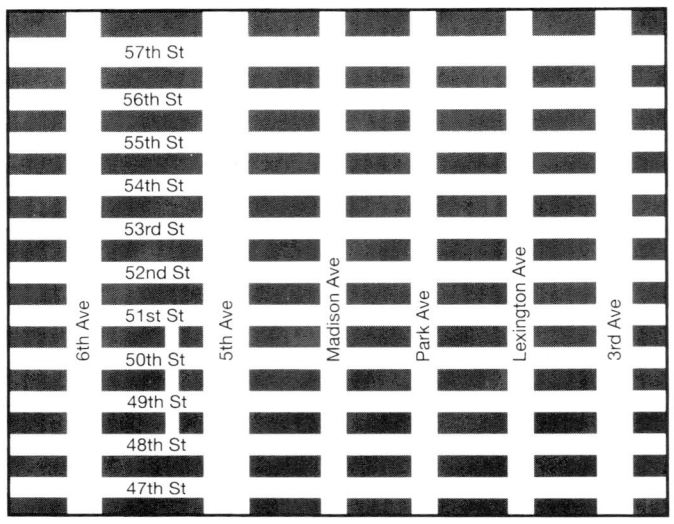

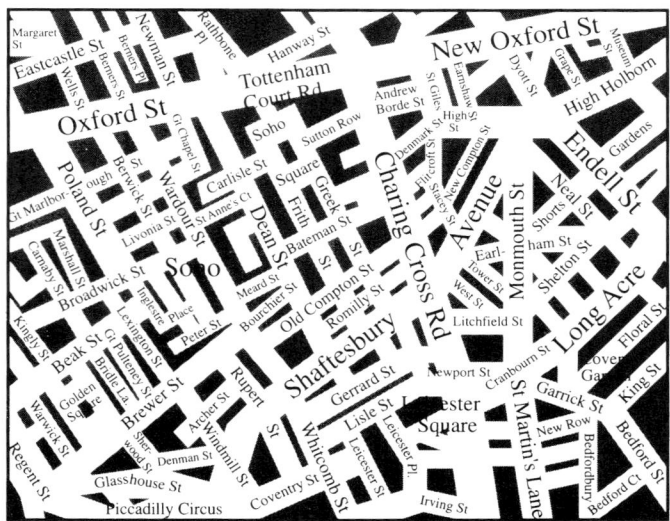

그림 4.1 뉴욕의 맨해튼은 거의 같은 크기의 블럭으로 나뉜 질서 있는 도시이지만(위) 런던에는 규칙성이 전혀 없는 길이 마구 뒤섞여 있다(아래).

진창길에서 무계획적으로 자라났다. 이 차이 때문에 여행자가 뉴욕에서 길을 물으면 그가 어디 있던 간에 남쪽으로 네 블럭 가서 동쪽으로 세 블럭 더 가라는 식의 대답을 듣는다. 그러나 런던에서는 블럭이라는 개념이 없기 때문에 각 방향은 모두 다르다. 플릿 거리를 따라가서 루드게이트 서커스를 가로지르면 바로 세인트 폴 성당 근처에……

고체의 구조에서도 비슷한 상황을 볼 수 있다. 어떤 것들은 뉴욕처럼 되풀이해서 나타나는, 규칙적인 원자들의 〈블럭〉으로 나뉘어 있다. 이러한 고체는 석영이나 소금이나 금속과 같은 결정이다. 다른 종류의 고체는 런던 같아서 구성 원자나 분자들이 아무렇게나 놓여 있고 물질의 한 부분과 똑같은 모양이 다시는 나타나지 않는다. 이것을 비결정질 고체라고 부르고 창유리나 대부분의 플라스틱이 여기에 속한다. 따라서 결정의 구조를 설명하는 것이 일반적으로 비결정질 고체의 구조를 설명하는 것보다 쉽다. 지도 만드는 사람이 뉴욕 거리에 서 있다고 생각해 보자. 그는 동서로 뻗은 길을 약 50미터 걸을 때마다 큰 길이 직각으로 교차하는 것을 보게 될 것이다. 네거리에서 방향을 바꾸던지 그대로 가던지 계속 걸으면 약 50미터마다 다시 네거리가 나타나는 같은 상황이 되풀이되는 것을 보게 될 것이다. 오래지 않아 지도 만드는 사람은 도시가 아마도 모두 이렇게 되어 있을 것이라고 생각할 것이다. 따라서 그가 할 일은 맨해튼 섬 경계 안을 약 50미터씩 떨어진 동서 방향과 남북 방향의 길들로 채우는 것이다. 거리를 고생스럽게 걷지 않고도 술집에서 맥주 한 잔을 옆에 두고 이 일을 쉽게 끝낼 수 있을 것이다. 이렇게 하면 브로드웨이와 같은 예외들을 놓치겠지만 도시의 전체 모습은 그런 대로 그려낼 수 있다. 그러나 런던에 떨어진 지도 만드는 사람은 운이 그렇게 좋지 못하다. 길을 따라 걷고 또 걸으며 기록할 수밖에 없을 테고 지도에 표시된 부분은 점점 더 늘어나겠지만 지도에 희게 남은 부분이 어떻게 생겼는지는 가보기 전에는 결코 알 수 없을 것이다.

결정과 비결정질 고체의 차이는 질서와 무질서의 차이이다. 더 정확하게 말해서 그 차이는 (수백만 원자 정도의) 먼 거리에 이르는 질서가 있느냐 없느냐의 차이이다. 유리나 다른 비결정질 고체의 구조를 자세히 들여다보면 원자 바로 주위에서는 어느 정도의 질서를 찾을 수 있다. (런던에서도 짧은 거리에서는 비슷한 것을 볼 수 있다. 전체적으로는 무질서하지만 군데군데 규칙적인 섬들이 있고 길모퉁이는 대체로 직각이라는 등의 웬만큼 들어맞는 규칙들도 몇 개 찾을 수 있다.) 그러나 비결정질 고체의 구조는 그 자체로 심각한 주제이고 여기서는 더 다루지 않을 것이다.

(실제로 그렇게 완벽한 결정은 거의 없지만) 완벽한 결정에는 전체에 걸쳐 주기적으로 똑같이 되풀이되는 원자 규모의 구조가 있다. 과학자들은 이 사실을 이용해서 결정 안의 원자들의 정확한 위치를 알아내는 방법을 개발했다. X선을 결정에 쬐어 반사된 빛의 〈밝고〉〈어두운〉 무늬를 측정하는 방법인 X선 회절법은 분자의 모양을 바로 볼 수 있는, 화학자의 가장 강력한 도구이다. 단백질과 같은 생물 분자로도 결정을 만들 수 있기 때문에 X선 회절법으로 이렇게 거대한 분자의 구조를 알아낼 수 있다. 이런 분자는 너무 복잡하기 때문에 다른 방법으로 구조를 결정하기는 매우 어렵다.

이 장의 주제 중 하나는 1984년에 처음 발견된 새로운 종류의 고체이다. 이것은 전통 있는 결정학 분야를 완전히 뒤집어 놓았다. 준(準)결정 quasicrystal이라고 부르는 이 물질 때문에 무엇이 결정이고 무엇이 결정이 아닌지에 대해 다시 생각하게 되었다. 준결정의 정확한 원자 구조에 대해서는 아직도 논란이 있지만 처음에 파라독스로 여겨졌던 것은 대부분 해결되었다. 준결정에서는 예술가와 장인과 수학자 모두에게 익숙한 대칭성이라는 개념을 배우게 될 것이다.

1 보강 간섭의 효과

1-1 질서의 단위

결정의 규칙성 때문에 뉴욕의 지도 제작자처럼 일부분을 보고 전체가 어떻게 생겼는지를 예상할 수 있다. 전체 고체의 구조를 묘사하기 위해 필요한 뉴욕의 블럭에 해당하는 가장 작은 영역을 단위 세포라고 부른다. 완벽한 결정은 단위 세포 수십 억 개가 상자처럼 쌓인 것이다. 수십 억 개의 원자들이 결정에서 어떻게 배열하고 있느냐는 문제는 결국 한 단위 세포에 든 훨씬 적은 수의 소금(염화나트륨)처럼 간단한 물질의 경우 열 개 미만의 원자들이 어떻게 배열하고 있느냐로 축소된다.

소금은 결정 구조를 설명하기에 가장 좋은 예이다. 소금은 결정의 구조가 간단할 뿐 아니라 이러한 규칙적인 원자 구조가 빚어내는 결과를 누구나 부엌에 가서 쉽게 볼 수 있다. 돋보기를 써서 소금 알갱이를 자세히 들여다보면 대부분이 대체로 주사위 모양(입방체)인 것을 볼 수 있다(그림 4.2). 이 입방 대칭은, 염소와 나트륨 원자가 입방체를 이루는 단위 세포의 모양에서 비롯된 것이다. 염화 나트륨의 결정은 〈그림 4.3〉에 보인 단위 세포가 쌓인 것이다. 단위 세포 입방체의 모서리와 꼭지점과 내부에 있는 염소 원자와 나트륨 원자는 모두 각각 네 개이다. (모서리와 꼭지점에 있는 원자들은 여러 단위 세포에 걸치기 때문에 〈그림 4.3〉에는 네 개보다 많은 원자가 그려져 있다. 그러나 한 단위 세포에 속하는 원자의 조각들을 모두 더하면 각각 네 개이다.) 물론 염화나트륨에서 원자들은 실제로 이온이어서 전하를 띤다. 나트륨 원자는 염소 원자한테 전자 하나를 주어서 양전하를 띤 나트륨 양이온이 되고 염소는 음전하를 띤 염소 이온이 된다. 나트륨 이온들이 차지하는 자리들의 구조인 동등한 점들의 규칙적이고 대칭적인 배열을 격자라

그림 4.2 소금(염화나트륨)은 이온들이 규칙적으로 입방체 단위 세포에 든 것을 반영하는 입방체 결정을 이룬다.

고 한다. 염소 이온들도 이 격자와 서로 얽힌 똑같은 격자의 모서리를 차지한다.

간단한 이온 염도 여러 가지 구조의 결정을 이룰 수 있고 어떤 결정 구조는 여러 다른 화합물에서 공통적으로 나타난다. 예를 들어 염화칼륨, 산화구리, 황화마그네슘 고체는 모두 염화나트륨 구조이다. 이 화합물들에서 금속은 나트륨 이온 자리에, 비금속은 염소 이온 자리에 들어간다. 이렇게 해서 화합물들을 구조에 따라 분류할 수 있기 때문에 결정학자가 할 일이 많이 줄어든다. 흔히 볼 수 있는 결정 구조의 단위 세포를 〈그림 4.4〉에 보였다.

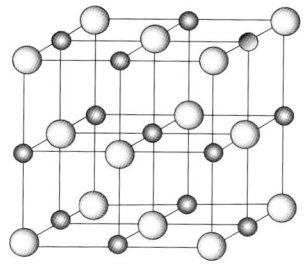

그림 4.3 염화나트륨 결정의 단위 세포.
큰 공은 염소 이온을, 작은 공은 나트륨 이온을 나타낸다.

1-2 X선으로 보기

염화나트륨 결정의 구조는 1913년에 X선 회절법으로 알아낸 최초의 구조 가운데 하나이다. 원자처럼 전자기파를 〈산란할〉 수 있는 것들의 규칙적인 배열에서 전자기파가 어떻게 상호 작용하는지를 조사하기 위해 1912년에 독일 물리학자 막스 폰 라우에Max von Laue는 황산구리 결정에 X선을 쬐어 반사된 무늬를 사진으로 기록했다. 어떤 방향으로는 반사된 X선의 세기가 강했고 어떤 방향으로는 X선이 아주 약해서 거의 검출되지 않았다. 결과적으로 사진에 반점들이 대칭적으로 나타났다(〈그림 4.5〉에 보인 무늬는 (〈그림 4.4〉에 보인) 황

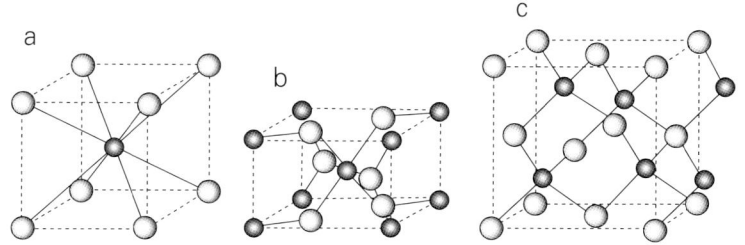

그림 4.4 결정에서 이온들이 이루는 어떤 배열은 여러 화합물에서 나타난다. 흔히 나타나는 구조인 염화세슘(a)과 이산화티탄(〈루틸〉)(b)과 황화아연(c) 구조의 단위 세포를 여기에 보였다. 작은 공이 금속 이온을 나타낸다.

준결정 구조의 기하학 171

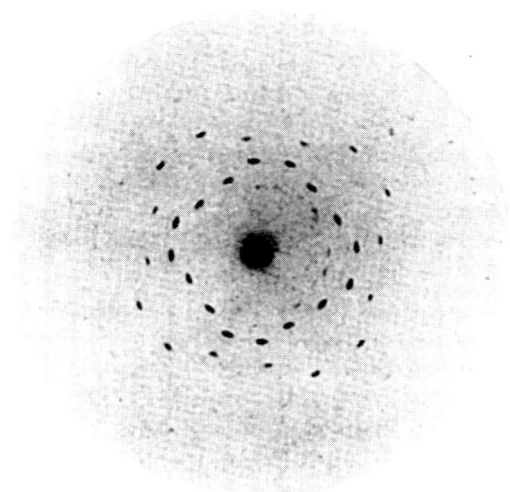

그림 4.5 막스 폰 라우에는 X선이 결정에서 산란되어 규칙적인 점들을 이루고 이 점들을 사진으로 기록할 수 있다는 것을 알아냈다. 그림에서 X선이 이루는 모양은 황화아연 결정에서 나온 것이고 라우에와 동료들이 1912년에 최초로 기록한 것 중 하나이다. 사진에 보이는 네 겹 대칭은 〈그림 4.4c〉에 보인 결정 구조의 대칭성을 반영한다. (1961년 라우에 인용)

화아연에서 나온 무늬이다). 몇 달 뒤 케임브리지 대학교의 로렌스 브랙 W. Lawrence Bragg은 반점 무늬에 결정 속 원자들의 위치가 암호화되어 들어 있다는 것을 알아냈다. 브랙은 반점 무늬에서 출발해서 원자의 배열과 그 사이의 거리를 계산할 수 있었다. 아버지인 윌리엄 브랙과 함께 그는 여러 결정 물질에서 반사된 X선의 무늬를 측정하여 그 결정 구조를 계산했다.

회절이란 X선 살이 결정에 부딪혀 튀어나올 때 밝은 점들이 나타나는 현상에 붙인 이름이다. 이 현상은 X선이 파동이기 때문에 생긴다. 3장에서 말했듯이 X선은 결국 파장이 매우 짧은 (빛 에너지를 나르는 단위인 광자의 에너지가 파장이 짧을수록 크기 때문에 에너지가 매우 큰) 빛이다. 전자기장의 크고 작은 진폭을 파동의 마루와 골로 생각하면, X선 살을 따로따로 물결치는 파동들의 묶음으로 생각할 수 있다. 한 파동이 다른 파동과 만나면 파동들은 서로 〈간섭한다〉. 마루에서 두 파동이 만나면 〈더해져서〉 높이가 두 배인 마루가 된다. 반면에 한 파동의 마루와 다른 파동의 골이 만나면 두 파동은 서로 지워져서 그 곳의 빛의 세기는 0이 된다(그림 4.6). 두 파동이 더해지는 것을 보강 간섭이라고 두 파동이 서로 지워지는 것을 상쇄 간섭이라고 부른다. 연못의 물결에서 간섭 효과를 볼 수 있다. 자갈 두 개를 연못에 던져 동심원으로 퍼지는 물결을 두 개 만들면 물결이 마주치는 곳에서 간섭 무늬가 생긴다.

  1912년에 라우에가 얻은 것은 황산구리 결정에서 산란된 X선들이 간섭하여 생긴 무늬이다. X선은 원자에 부딪혀 사방으로 산란된다. 첫째 층의 원자에 부딪히는 것도 있고 첫째 층의 원자를 비껴 지나서 둘째 층의 원자에 부딪히는 것도 있고 셋째 층, 넷째 층, 그 다음 층들에 부딪히는 것들도 있다. 둘째 층에서 반사하는 X선은 첫째

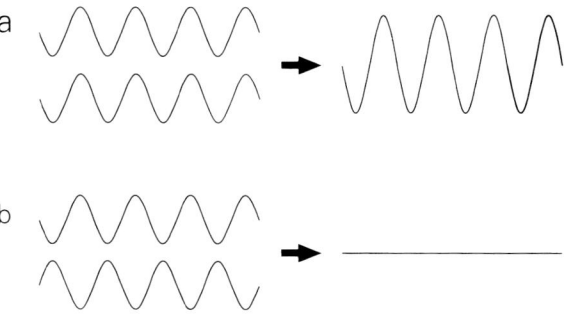

그림 4.6 두 파동이 만나면 간섭에 의해 진동이 더 커질 수도 있고 더 작아질 수도 있다. 한쪽 극단에서 두 파장이 완벽하게 발을 맞추면(상이 일치하면) 마루와 마루, 골과 골이 만나서 진폭이 두 배인 파장이 된다(a). 이것이 보강 간섭이다. 다른 극단에서 두 파장이 완벽하게 어긋나면 서로 지워진다. 이것이 상쇄 간섭이다.

준결정 구조의 기하학 173

층에서 반사하는 X선보다 더 먼 거리를 지난다. 그 결과 두 X선의 마루와 골이 어긋나므로 간섭이 일어날 수 있다. 두 X선이 반 파장만큼 어긋나면 상쇄 간섭이 일어나고, 한 파장만큼 어긋나면 보강 간섭이 일어난다(그림 4.7). 한 X선이 둘째 층이 아니라 더 아래층에서, 예를 들어 여섯째 층에서 반사하였다면 두 X선이 지난 거리의 차이가 더 커서 여러 파장이 될 수 있다. 그래도 거리 차가 파장의 정수 배이면 마루끼리 만나서 보강 간섭이 일어나고 거리 차가 정수 배 더하기 반 파장이면 마루와 골이 만나 상쇄 간섭이 일어난다. 반사된 두 X선이 어떻게 간섭할지는 X선이 원자 층과 만나는 각도와 원자 층 사이의 거리에 달려 있다. 따라서 반사된 X선 살은 공간적으로 밝고 어두운 무늬를 만들고 이것이 X선 사진에 밝은 점으로 나타난다. 결정의 원자들이 규칙적이고 대칭적으로 쌓여 있기 때문에 X선 사진의 점들도 규칙적인 모양을 그린다.

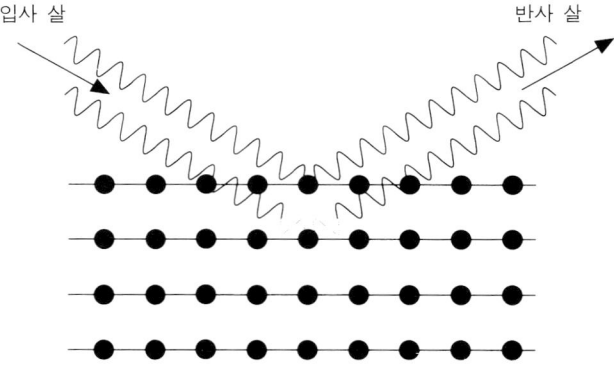

그림 4.7 결정에서 다른 원자 층에서 반사한 평행한 X선 살은 어긋나서 보강 간섭이나 상쇄 간섭을 일으킬 수 있다. 어떤 간섭을 일으킬지는 (여기에 회색으로 표시한) 두 살이 진행한 거리의 차에 달려 있고 이것은 다시 원자 층 사이의 거리와 X선 살이 원자 층과 이루는 각도에 달려 있다. 따라서 여러 층에서 반사된 여러 살이 간섭하여 생긴 무늬에는 층 사이의 거리에 대한 정보가 들어 있다. 로렌스 브랙은 보강 간섭 때문에 생기는 밝은 점들의 거리로부터 이 층 사이의 거리를 계산하는 수학 공식을 고안했다.

로렌스 브랙은 입사하는 X선 살의 각도가 바뀔 때 산란하는 X선의 세기가 바뀌는 것으로부터 원자 층 사이의 거리를 계산할 수 있다는 것을 알아냈다. 브랙은 회절 무늬에서 밝은 점이 나타날 때 층 사이의 거리와 각도 사이의 관계를 나타내는 공식을 만들었다. 브랙 공식을 보면 왜 결정으로부터 회절 무늬를 얻기 위해 위험한 X선을 써야만 하는지 알 수 있다. 어떤 층 구조에서 회절 무늬가 나타나려면 입사하는 파동의 파장은 층 사이의 거리, 결정학에서는 원자 층 사이의 거리와 비슷한 크기여야 한다. 염화나트륨 결정을 예로 들면 나트륨 원자와 이웃하는 염소 원자 사이의 거리는 대략 1밀리미터의 백만 분의 일의 삼 분의 일이다. 이 거리는 회절 연구에 보통 쓰는 X선의 파장인 1밀리미터의 백만 분의 일의 0.15배와 얼추 비슷하다.

그러나 결정의 원자 층 사이의 거리를 계산하는 것과 결정 속의 원자들이 어떻게 자리잡고 있는지를 알아내는 것은 다른 일이다. 결정은 단순히 한 가지 층이 겹쳐져 있는 것이 아니다. 격자에는 원자들이 규칙적으로 자리잡고 있으므로 다른 방향으로 다른 종류의 면들이 겹쳐 있는 것을 볼 수 있다(그림 4.8). 입사하는 X선은 한 종류의 면과 어떤 각도로 만나고 동시에 다른 종류의 면과 다른 각도로 만나므로 모든 면에 대해서 각각 브랙 보강 간섭 조건을 고려해야 한다. 입사하는 X선의 각도를 바꾸어서 이 보강 간섭 조건들을 바꿀 수 있으므로 각 면마다 보강 간섭이 일어날 때 생기는 복잡한 반점 무늬들을 얻을 수 있다(실제 연구에서는 X선은 그대로 두고 X선 속에 놓인 결정을 돌려서 각도를 바꾼다).

완전한 회절 무늬는 결정 속 원자들의 삼차원적인 거리에 대한 정보를 모두 담고 있다. 원리적으로는 결정 구조에 대한 모든 세세한 것들이 회절 무늬의 점(다른 말로는 〈봉우리〉)에 암호화되어 있다. 그러나 이 암호를 풀기 위해서는 어떤 봉우리가 어떤 면에서 나온 것인지를 알아야 한다. 봉우리 분류라고 부르는 이 일을 하려면 상당한 양의 수

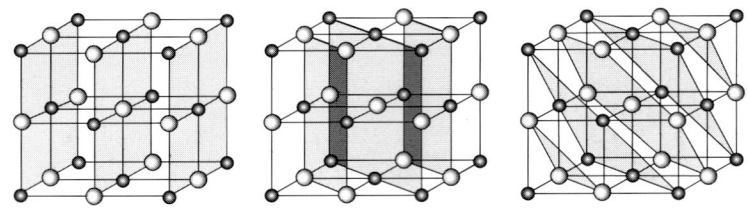

그림 4.8 결정에는 여기 보인 소금 결정처럼 격자를 다른 각도로 지나는, X선을 반사할 수 있는 원자 면이 많이 있다.

학을 동원해야 한다. 하지만 복잡한 회절 무늬로부터 바로 알아낼 수 있는 것도 있다. 회절 무늬의 대칭성은 결정의 대칭성을 반영한다. 앞에서 염화나트륨 결정의 단위 세포는 입방 대칭이라는 것을 보았다. 입방 대칭에서는 360도의 4분의 일인 90도만큼 돌리면 원자들이 모두 같은 자리에 온다. 이런 회전을 네 번 하면 단위 세포가 처음으로 되돌아오므로 이 단위 세포에는 네 겹 대칭축이 있다. 따라서 회절 무늬도 황화아연의 무늬처럼(그림 4.5) 네 겹 대칭이다. 순수한 금속을 비롯한 대부분의 간단한 결정들은 네 겹이나 여섯 겹 대칭이다.

1-3 더 크게 생각하기

단위 세포에 들어 있는 원자의 수가 많으면 봉우리 분류는 보통 일이 아니다. 이 경우 처음부터 시작해서 한 번에 회절 무늬를 푸는 대신 구조에 대해 어림셈을 할 필요가 있다. 생각한 구조에서 나올 회절 무늬를 계산해서 실험적으로 얻은 것과 비교한다. 어림셈을 잘 했다면 무늬가 비슷할 것이다. 원자들의 위치를 바꾸어 두 무늬가 완전히 일치할 때까지 계속한다.

단백질 결정처럼 단위 세포가 복잡해지면 이런 어림잡기 - 바꾸기 방법도 전혀 소용이 없다. 처음에 옳은 구조를 고를 가능성이 거의 없으므로 이 방법을 쓴다면 실험적으로 얻은 회절 무늬에 점차 접근하는 것이 아니라 끝없이 다른 구조들에 대한 회절 무늬를 계산할 뿐이다. 이런 경우에는 각 원자의 위치를 찾는 것을 포기하고 구조를 전혀 다른 방법으로 묘사한다. X선이 원자에서 산란될 때 산란을 일으키는 것은 원자의 전자이다. X선은 원자핵을 전혀 보지 못하고 핵을 둘러싼 전자 구름에서 구부러진다. 따라서 회절 무늬는 결국 단위 세포 안의 전자 분포가 암호화된 상이다. 전자 구름의 중심에 보통 원자핵이 있으므로 전자 분포는 원자의 위치를 나타낸다. 그러나 전자 분포를 각각의 원자로 나누는 대신 이것을 어떤 곳은 진하고 어떤 곳은 옅은 전자의 연속적인 지도로 생각할 수도 있다.

구조를 전자 밀도의 지도라고 생각하는 것이 유리한 점은 분리된 〈원자〉를 가정했을 때 쓸 수 없었던 수학적인 방법을 쓸 수 있다는 것이다. 관찰된 회절 무늬와 같은 회절 무늬를 얻기 위해 원자들을 움직이는 대신, 전자 밀도의 연속적인 지도를 진흙처럼 〈주물러〉 옳은 모양을 만들 수 있다. 19세기 프랑스 수학자 조셉 푸리에 Joseph Fourier가 고안한 수학적인 방법으로 이 일을 할 수 있다. 이 방법을 만족스러울 때까지 계속한 다음, 결과로 나온 전자 밀도 지도를 조사하여 전자 밀도가 짙은 곳을 찾으면 보통 이 자리가 원자가 있는 곳이다(그림 4.9).

푸리에 방법으로 회절 무늬를 풀어 많은 유기 분자나 생분자의 결정 구조를 밝혀낼 수 있었다. 결정학이 처음 시작되었을 때에는 이런 종류의 분자들이 너무 복잡해서 회절 무늬를 풀 수 없을 것이라고 생각했었다. 그러나 결정학자들의 노력으로 회절 무늬는 풀렸다. 원자가 41개 든 페니실린과 177개가 들어 있는 비타민 B_{12}의 구조를 1950년대에 옥스퍼드 대학교의 도로시 호지킨 Dorothy Hodgkin이 풀어 1964년에 노벨상을 받았다. 피에서 산소를 운반하는 헤모글로빈의 친척인 미오글로빈의 구조를 1955년에 케임브리지 대학교의 존

켄드류John Kendrew가 풀었다. 런던 왕립 대학교의 로잘린드 프랭클린Rosalind Franklin이 얻은 DNA의 회절 무늬는 프란시스 크릭Francis Crick과 제임스 왓슨James Watson이 1953년에 DNA의 이중 나선 구조를 (5장 참고) 밝혀내는 데 근본적인 단서가 되었다.

X선 결정학은 막스 페루츠Max Perutz의 발견 덕에 훨씬 더 강력해졌다. 1953년에 그는 다른 원자의 배열을 흐트러트리지 않고 수은이나 금 같은 중금속 원자가 단백질 결정 속에 들어갈 수 있다는 것을 알아냈다. 이런 중금속 원자는 전자 밀도가 높기 때문에 회절 무늬에서 아주 뚜렷하게 나타나므로 이들을 기준으로 전자 밀도 지도의 나머지 부분을 계산할 수 있다. 단백질의 구조를 알 수 있게 되자 효소처럼 큰 분자가 어떻게 생겼는지, 어떻게 작용하는지도 이해할 수 있게 되었다. 오늘날에는 가축에게 아구창을 일으키는 바이러스처럼 크고 복잡한 생화학적 구조(그림 4.10)를 푸는 것이 거의 일

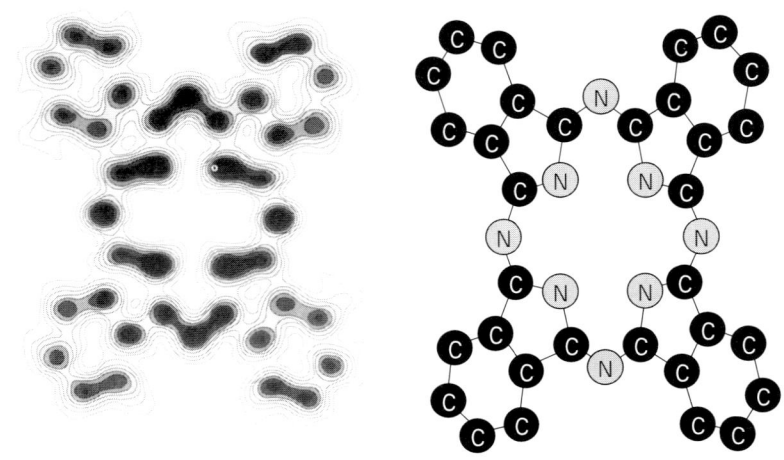

그림 4.9 회절 무늬를 푸리에 분석을 이용하여 얻은 프탈로시아닌 결정의 전자 밀도 분포에서 분자 안에 있는 원자들의 위치를 알 수 있다. 분자 뼈대를 오른쪽에 보였다.

상적인 일이 되었다. 결정에서 바이러스들이 공처럼 쌓여 있으므로, 각 단위들은 다섯 겹 대칭이지만 결정은 다섯 겹 대칭이 아니다. 그러나 곧 보게 되겠지만 결정에 관한 한 다섯 겹 대칭은 아주 이상한 성질이다.

2 준결정의 파라독스

2-1 금지된 대칭성

1984년에 미국 메릴랜드 주 게이터스버그에 있는 미국 표준국에서 일하던 네 과학자는 결정 구조의 가장 근본적인 법칙을 어기는 것처럼 보이는 물질을 발견했다. 댄 스켁트만 Dan Schectman과 일란 블레크 Ilan Blech와 데니스 그래티아스 Denis Gratias와 잔 칸 John Cahn은 알루미늄과 망간을 섞어 녹인 것을 갑자기 식힐 때 생기는 합금을 연구하고 있었다. 녹은 혼합물을 찬 표면에 물총처럼 쏘아서 식히면 액체 합금은 초당 약 섭씨 백만 도의 속도로 식는다. 이 과학자들은 혼합물을 이렇게 빨리 식히면 천천히 식힐 때에 비해 매우 다른 구조가 생길지 모른다고 생각했다. 이 〈급속 냉각〉은 9장에서 다룰 비평형 과정의 한 예이다. 그러나 이렇게 만든 합금의 X선 회절 무늬를 측정해 보니 합금의 구조는 이상한 정도가 아니었다. 그것은 있을 수 없는 구조 같았다.

이 과학자들이 본 이런 무늬의 한 예가 그림 〈그림 4.11〉에 있다. 무늬에 뚜렷한 회절 봉우리가 대칭적으로 배열해 있으므로 이것은 규칙적인 결정 구조를 나타내는 것 같다. (그에 비해 불규칙적인 비결정질 물질은 뿌연 회절 무늬를 보이고 이런 무늬에는 구조에 대한 정보가 거의 없다.) 밝은 중심 반점 주위에 원을 이루는 밝은 점 열 개가 보인다. 앞에서 보았듯이 회절 무늬의 대칭성은 결정의 대칭성을

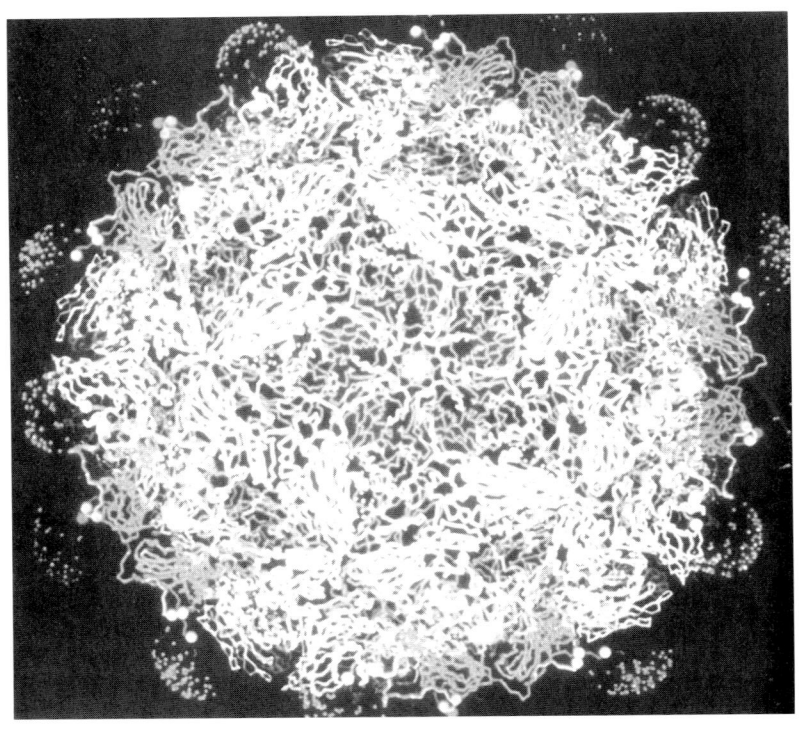

그림 4.10 1989년에 밝혀진 아구창 바이러스의 구조는 매우 복잡하다. 이 바이러스에는 원자가 약 30만 개 들어 있고 원자들을 각각 알아볼 수는 없지만 전체적인 모양과 구조적인 특징은 뚜렷하다. 바이러스는 다섯 겹 (오각형) 대칭 구조를 이룬다. (옥스포드 대학교 데이비드 스튜어트 제공)

말해 준다. 따라서 이 경우 합금은 열 겹 (또는 다섯 겹) 대칭인 결정일 것 같다. 결정 격자를 원의 5분의 1, 즉 72도만큼 돌리면 격자에 변함이 없을 것이다.

결정학을 아는 사람이라면 누구라도 그랬을 테지만 미국 표준국 팀은 그런 결정은 존재할 수 없다는 것을 바로 알았다. 겉보기에는 결정성 물질에서 나오는 수많은 다른 회절 무늬처럼 생겼지만 이 회절 무늬는 수천 년의 역사를 지닌 기하학에 대한 모욕이었다.

양자역학과 상대성 이론 이후로 과학자들은 당연하게 여길 수 있는 것은 아무것도 없다는 것을 배웠다. 하지만 결정 격자의 대칭성이 엄격히 제한된다는 믿음은 의심받아 본 적이 없었다. 세 겹, 네 겹, 여섯 겹 같은 어떤 대칭은 흔하지만 다섯 겹, 여덟 겹, 열 겹, 열두 겹 등 다른 대칭은 엄격하게 〈금지된다〉. 다섯 겹 대칭을 유지하면서 공간적으로 정확하게 되풀이되는 격자를 만드는 것은 실패할 수밖에 없다. 발명가의 영감이 부족해서가 아니라 수학적으로 불가능하다. 이차원 (평면) 격자에서 이것을 쉽게 볼 수 있다. 다섯

그림 4.11 댄 스켓트만과 동료들이 1984년에 연구하던 알루미늄/망간 합금의 X선 회절 무늬는 회절 봉우리가 뚜렷하기 때문에 결정성 물질에서 나온 것처럼 보인다. 그러나 이 무늬는 〈금지된〉 열 겹 대칭이다. (가장 안쪽에 원을 이루는 밝은 점이 10개이다.) 이 합금은 준결정이다. (프랑스의 금속화학 연구센터의 그래티아가 사진을 제공함.)

준결정 구조의 기하학 181

겹 대칭인 규칙적인 모양을 만드는 일은 정오각형처럼 다섯 겹 대칭인 타일로 바닥을 까는 것과 동등하다. 정삼각형, 정사각형, 정육각형처럼 세 겹, 네 겹, 여섯 겹 대칭인 타일을 나란히 겹치면 쉽게 바닥을 빈틈없이 덮을 수 있다(그림 4.12). 그러나 정오각형의 모서리를 나란히 이어보면 금방 알게 되겠지만 오각형 사이에는 빈틈이 있을 수밖에 없다. 빈틈은 중요하지 않을 수도 있다. 만약 그것이 반복된다면 말이다! 그러나 그렇지 않다. 빈틈이 생기더라도 바닥을 될 수 있는 대로 많이 메우도록 오각형 타일들을 깔 수 있지만 결코 오각형 타일과 빈틈이 규칙적으로 되풀이되게 할 수는 없다. 다시 말해 세 겹, 네 겹, 여섯 겹 대칭인 타일로 바닥을 까는 것과는 달리 오각형 타일로 바닥을 까는 데는 〈단위 세포〉가 없다. (타일의 모서리를 원자로 생각하면 타일을 까는 것과 원자들의 이차원 격자를 만드는 것은 같은 문제이다.)

    삼차원 격자를 머리 속에서 그리는 것보다는 이차원 격자를 가지고 이야기하는 것이 여러 모로 편리하다. 그러나 여기서 이차원에 대해 말한 것은 모두 삼차원에 대해서도 똑같이 적용된다. 다시 말해 세 겹, 네 겹, 여섯 겹 대칭이 되게 삼차원 격자에 원자들을 쌓을 수 있지만 다섯 겹 대칭인 반복 쌓기는 불가능하다. 완전한 입방체를 쌓아 이루어진 입방 격자에서는 네 겹 대칭을 쉽게 볼 수 있고 세 겹 대칭도 볼 수 있다. 입방체의 한 꼭지점에서 반대편 꼭지점 쪽을 보면 세 겹 대칭을 볼 수 있다. 그러나 오각형 타일로 바닥을 깔 수 없듯이 다섯 겹 대칭을 지닌 정십이면체와 정이십면체(그림 4.13)로는 삼차원 공간을 빈틈없이 채울 수 없다.

    미국 표준국 팀이 만든 알루미늄/망간 합금과 그 이후 발견된 금지된 다섯 겹, 여덟 겹, 열 겹, 열두 겹 대칭인 회절 무늬를 보이는 다른 많은 합금들은 똑같은 단위 세포가 물질 전체에서 되풀이된다는 의미의 진짜 결정이 아니다. 다시 말해 이 합금을 이루는 원자들

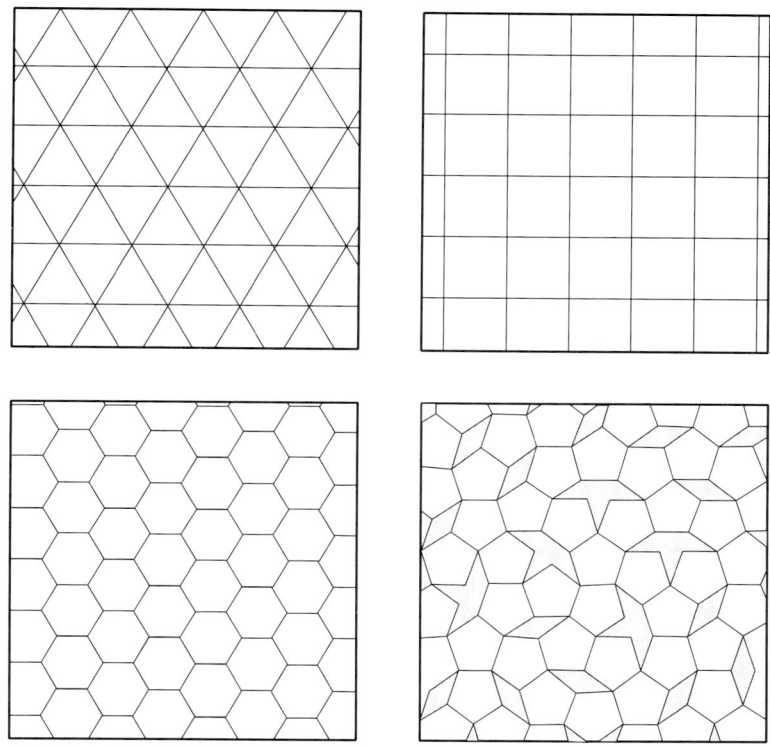

그림 4.12 삼각형, 사각형, 육각형 타일을 반복적으로 늘어놓아 이차원 평면을 쉽게 채울 수 있지만 오각형 타일로는 그렇게 할 수 없다. 오각형 타일을 늘어놓은 틈이 많은 모양에는 반복되는 단위가 없다.

의 위치는 멀리까지 규칙적일 수 없다. 이런 대칭성을 지닌 결정이 기하학적으로 불가능하다는 것은 확실하다.

그러나 비결정질 고체의 특징인 뿌연 회절 무늬를 보이지 않고 완벽한 결정에 전혀 뒤지지 않는 선명한 회절 봉우리를 보이는 이 고체들에는 X선과 간섭할 수 있는 결정 같은 성질이 있음에 틀림이 없다. 결정도 아니고 비결정질도 아닌 이 합금들에는 〈준결정〉이라는 이름이 붙었다.

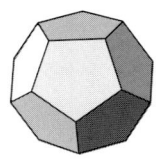
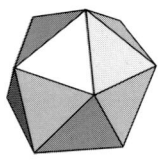

정이십면체　　　　정십이면체

그림 4.13 정육각형을 쌓아 빈틈없이 삼차원 공간을 채울 수 있고 이것은 세 겹, 네 겹 대칭인 주기적인 격자를 이루지만 다섯 겹 대칭인 정다면체, 정십이면체와 정이십면체로는 공간을 빈틈 없이 채울 수도 없고 다섯 겹 대칭인 주기적인 격자를 만들 수도 없다.

　　스켁트만과 동료들이 만든 알루미늄/망간 합금은 다섯 겹 회전 대칭인 축이 여섯 개 있는 정이십면체 대칭성을 보인다. 적은 수의 원자가 정이십면체 대칭으로 뭉친 것은 이 실험보다 훨씬 전에 관찰된 적이 있었다. 1952년에 브리스톨 대학교의 찰스 프랑크Charles Frank는 액체를 어는점 아래로 식히면 (액체를 충분히 조심스럽게 식히면 이런 〈과냉각〉 액체 상태를 만들 수 있다) 정이십면체 대칭인 원자 뭉치가 생길 것이라고 예측했다. 작은 원자 뭉치에 대해서는 원자가 (평균적으로) 가장 많은 수의 원자와 이웃할 수 있어서 더 많은 원자-원자 상호 작용을 할 수 있는 정이십면체로 뭉치는 것이 네 겹이나 여섯 겹 대칭으로 뭉치는 것보다 낫다(그림 4.14). 액체가 너무 빨리 식어 원자들이 결정 구조로 재배열할 시간이 없다면 과냉각 액체에 존재하는 이런 원자 규모의 구조는 얼어붙은 고체에 보존될 수도 있다. 그러나 1970년대에 액체를 급속 냉각한 실험의 결과는 정이십면체 대칭이 고체에 국부적으로는 존재하지만 먼 거리에 걸친 구조적인 규칙성은 없다는 것이었다. 액체는 얼어서 무질서한 유리가 되고 그 안에 방향이 제멋대로인 작은 정이십면체 뭉치들이 들어 있다. 이러한 〈정이십면체 유리〉에서 얻은 회절 무늬에는 다섯 겹 대칭은 고사하고 뚜렷한 봉우리조차 전혀 없었다. 하지만 미국 표준국 팀도 (정이십면체 유리를 만들 때보다 훨씬 더 빠른 속도로 식혔지만) 급속 냉각 방법을 사용했다는 것은 단순한 우연이 아니다.

2-2 다섯 겹 대칭으로 타일을 까는 방법

준결정에는 단위 세포가 없지만 다섯 겹 대칭인, 먼 거리에 걸친 질서가 있다. 원자들을 어떻게 늘어놓아야 이런 성질이 나타나겠는가? 이론과 실험이 운 좋게 만나는 드문 일이 여기에서 벌어졌기 때문에 답은 금방 나왔다. 미국 표준국 팀이 수수께끼의 열 겹 대칭인 회절 무늬를 얻기 전에 이미 이 문제를 공략하기 위한 이론이 준비되어 있었다.

이차원, 삼차원 격자와 타일 붙이기의 대칭성에 대해서는 이천 년 전에 그리스 수학자들이 연구했었고 20세기가 반이 지나도록 이것은 비교적 잘 알려진 분야로 여겨졌다. 그러나 타일 모양에 대해 가장 흥미 있는 것들을 찾아낸 사람들은 수학자가 아니라 도안가나 미술가였다. 오랫동안 무어 건축가와 도안가들은 마음 속에 이차원 대칭 무늬를 생각했다. 이들은 피타고라스처럼 이런 무늬에 신성함이 들어 있다고 생각했고 그라나다의 알람브라 궁전 같은 건물의 벽을 복

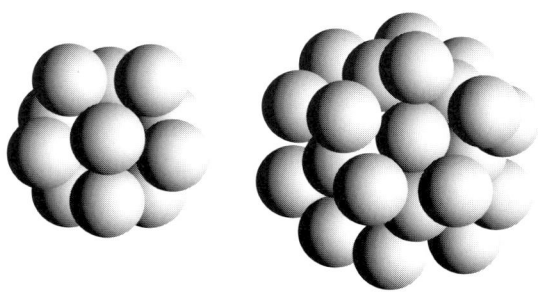

그림 4.14 과냉각된 액체에서 원자들은 정이십면체 대칭성인 작은 뭉치로 모인다. 액체가 마침내 얼면 무질서한 유리 상태에 이 뭉치들이 남아 있을 수 있다.

잡한 기하학적 주제로 장식했다(그림 4.15). 단지 아름다움을 추구하기 위해서 이렇게 한 것은 아니었다. 이슬람 전통에서 살아있는 것을 묘사하는 것은 금지되지는 않았다 해도 피해야 할 것이었기 때문에 무어 도안가들은 추상적인 무늬를 쓸 수밖에 없었다.

수학자가 아닌 많은 일반인들에게 그림을 통해 이차원 타일 붙이기의 기술을 소개한 네덜란드 화가 마우리츠 에셔Maurits C. Escher에게도 아름다움말고 다른 목적이 있었다. 서로 얽힌 새 떼나 점점 크기가 작아지면서 소용돌이치는 도마뱀 무리에서 볼 수 있듯이 에셔 그림의 주제는 흔히 공간과 형태의 변형이다(그림 4.16). 타일 붙이기에 대한 에셔의 관심은 도예가라는 그의 직업에서 비롯되었다.

그림 4.15 무어 예술가들이 즐겨 쓴 기하학적 무늬에는 다섯 겹과 열 겹 대칭성이 뚜렷하다.

그림 4.16 마우리츠 에셔의 도안을 보면 그가 공간을 채우는 모양의 대칭성을 심각하게 생각했다는 것을 알 수 있다. (네덜란드 에셔 재단의 허락을 얻음)

준결정 구조의 기하학

그는 이슬람 타일 모양에서 영향을 받았지만 더 나아가 대칭적인 모양으로 평면을 채우는 것에 대한 수학적인 규칙들을 스스로 발견했다. 그는 순수한 수학자인 조지 폴리아George Polya나 하인리히 헤쉬 Heinrich Heesch 등이 이 분야에서 한 일을 알고 있었지만 이 문제에 대해 스스로의 방법을 찾고 싶어했다. 그는 평면을 채우는 되풀이되는 무늬의 대칭성은 17가지 종류 중의 하나이고 같은 모양을 색깔에 의해 구분할 수 있다면 그 종류가 46으로 늘어난다는 것을 알아냈다. 에셔가 제2차 세계대전 동안 나치 치하의 네덜란드에서 한 이 연구가 1960년대에 결정학계에 알려졌다. 에셔가 죽은 직후 수학자 로저 펜로즈Roger Penrose가 고안한 타일 붙이기 방법을 에셔가 생전에 알았더라면 틀림없이 기뻐했을 것이다.

펜로즈도 다른 여러 과학자처럼 제2차 세계대전 이후 에셔가 한 일에 사로잡혔다. 그가 고안한 타일 붙이기 방법으로 먼 거리에 걸친 규칙성이 〈없이도〉 즉 반복적이 아닌 방법으로도 평면을 같은 모양의 타일로 채울 수 있다. 그는 단지 두 가지 마름모 타일로 이 일을 했다. 정사각형을 눌러서 모서리가 이루는 각이 더 이상 직각이 아니게 된 것이 마름모이다. 펜로즈는 정오각형의 모서리들이 이루는 각도와 연관이 있는 각도로 모서리가 만나는 마름모를 이용해서 이 타일들이 이루는 무늬가 다섯 겹과 열 겹 대칭이 되게 할 수 있었다(그림 4.17). 정오각형과는 달리 펜로즈의 타일로는 빈틈없이 평면을 메울 수 있다. 그렇지만 이렇게 만든 모양에는 되풀이되는 단위 세포가 없다. 펜로즈 타일 붙이기를 하려면 두 마름모를 아무렇게나 늘어놓아서는 안 되고 엄격한 규칙을 따라야 한다. 각 타일의 모서리를 화살표 하나와 화살표 두 개로 표시하면 (그림 4.17) 규칙은 새 타일을 놓을 때 항상 같은 모양의 화살표들이 같은 방향으로 놓여야 한다는 것이다.

펜로즈 타일 붙이기에는 첫눈에 드러나는 이상한 점이 있다. 다섯

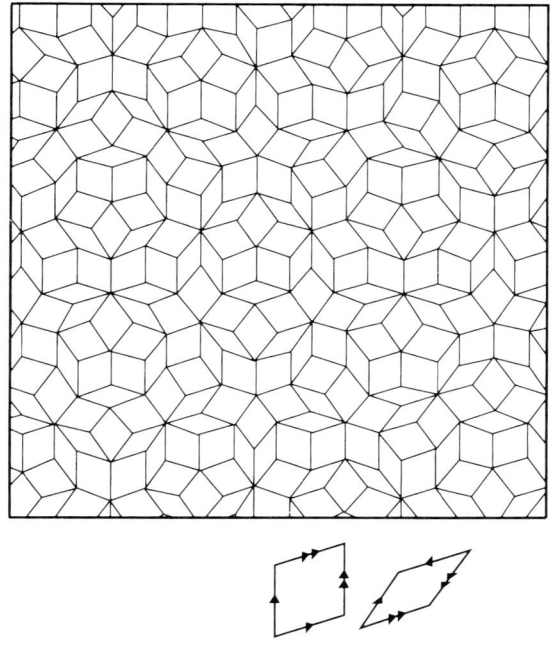

그림 4.17 로저 펜로즈가 고안한 타일 붙이기 방법에서는 두 가지 마름모를 써서 평면을 빈틈없이 메운다. 여기에는 규칙적으로 반복되는 단위, 즉 단위 세포가 없다. 그렇지만 다섯 겹, 열 겹 대칭인 어떤 모양들은 되풀이해서 나타나는 것을 볼 수 있다. 이웃한 타일들 사이의 엄격한 〈짝짓기 규칙〉에서 타일들이 이루는 모양이 나온다. 서로 이웃한 모서리의 화살표가 일치하게 타일을 붙여야 한다.

겹, 열 겹 대칭인 모양들이 자주 나타나기는 하지만 어느 것도 주기적으로 되풀이되지는 않는다. 자세히 살펴보면 또다른 이상한 점이 있다. 타일을 넓게 깔다 보면 뚱뚱한 마름모와 홀쭉한 마름모의 비가 1.62라는 값에서 거의 일정하게 유지된다. 무한히 넓게 타일을 깐다고 가정하면 이 값은 언제나 정확하게 같지만 이 값을 정확하게 적을 수는 없다. 이 값은 원주율처럼 소수점 아래 숫자들이 반복되지도 않고 끝도 없이 계속된다. 이런 수를 무리수라고 부른다. 1/2나 1/3 같이 두 정수의 비로 표시되는 분수를 유리수라고 부르고 유리

수는 소수점 아래에서 유한한 자리의 숫자나 되풀이되는 숫자들로 표시할 수 있다(1/2=0.5, 1/3=0.3333······). 그러나 π를 소수점 아래 백만 자리까지 계산해도 (컴퓨터로 이것을 실제로 계산한 사람들이 있다) 다음 자리에 어느 숫자가 나올지 알 수 없다. 펜로즈 타일 붙이기에서 뚱뚱한 타일과 홀쭉한 타일의 비는 소수점 셋째 자리까지 적어서 1.618이다. 더 정확하게 이 값은 5의 제곱근의 절반($\sqrt{5}/2$)이다. 이 값에는 황금비라는 이름이 있다. 이 값은 π가 원의 기하학적 성질과 관련이 전혀 없는 여러 분야에서 나타나는 것처럼 수학의 여러 분야에서 신비스럽게 튀어나온다.

펜로즈가 다섯 겹 대칭인 타일 붙이기를 연구한 것은 1970년대였다. 1982년에 런던에 있는 버크벡 대학의 알란 맥케이 Alan Mackay가 펜로즈 타일 붙이기에서 타일의 꼭지점에 원자가 놓여 있다면 나타날 회절 무늬를 계산했다. 이 이차원 〈준(準)격자〉에 대한 회절 무늬는 열 겹 대칭인 반점들로 이루어진다. 이것은 미국 표준국 팀이 실험적으로 열 겹 대칭인 회절 무늬를 관측하기 두 해 전이었다. 하지만 펜로즈 격자에 원자들을 〈손으로〉 늘어놓은 것은 그저 그것일 뿐이었다. 맥케이도 다른 누구도 어떻게 삼차원 고체에서 엄격한 타일 붙이기 규칙을 따라 진짜 원자가 이렇게 복잡한 배열을 할 수 있을지에 대해서 아무 말도 할 수 없었다.

1984년에 피터 크래머 Peter Kramer와 라인하르트 네리 Reinhardt Neri는 튀빙엔 Tubingen에서, 돈 레빈 Don Levine과 폴 스타인하트 Paul Steinhardt는 펜실베니아에서 따로따로 펜로즈의 이차원 타일 붙이기를 삼차원으로 확장시키는 데 성공했다. 같은 해에 스켁트만과 동료들이 알루미늄/망간 합금에 대한 회절 무늬를 발표했을 때 레빈과 스타인하트는 관련성을 바로 파악하고 펜로즈 타일 붙이기를 삼차원으로 일반화한 것을 합금의 구조에 대한 모델로 제시했다. 삼차원 타일 붙이기의 짓기 토막은 납작한 마름모의 입체 판이다. 능면체라고 부르는 이것은 입방체를 잘라낸 모양이다(그림 4.18). 다시 뚱뚱하고 홀쭉한 능면체 두 개만 있으면 구멍 없이 삼차원 공간을 다 채울 수도 있고 이웃하는 모서리 사이에는 짝짓기 규칙이 있다. 이렇게 만든 구조에서 정이십면체 대칭성을 지닌 덩어리들을 볼 수 있고 여기서도 뚱뚱한 능면체와 홀쭉한 능면체의 비는 황금비와 관련이 있다. 각 능면체의 꼭지점에 원자들이 놓여 있다면 이 구조에 대해 계산한 회절 무늬는 준결정 합금에서 얻은 회절 무늬와 잘 일치한다.

2-3 그림자 결정

이렇게 두 가지 타일이나 능면체를 짝짓기 규칙에 따라 〈손으로〉 쌓아서 이차원과 삼차원 펜로즈 타일 붙이기를 할 수 있다. 그러나 이 규칙들은 오직 국부적으로만 적용되므로 이것이 어떻게 뚜렷한 회절 봉우리를 만드는 데 필요한 먼 거리에 걸친 결정 같은 질서를 만들 수 있을지는 분명하지 않다. 그러나 진짜 결정과의 관련성에 암시를 주는 다른 타일 붙이기 방법이 있다. 이 방법을 쉽게 이해하려면 일차원 준결정에서 시작하는 것이 편리하다.

일차원 고체는 직선을 따라 나열된 원자들로 생각할 수 있다. 결

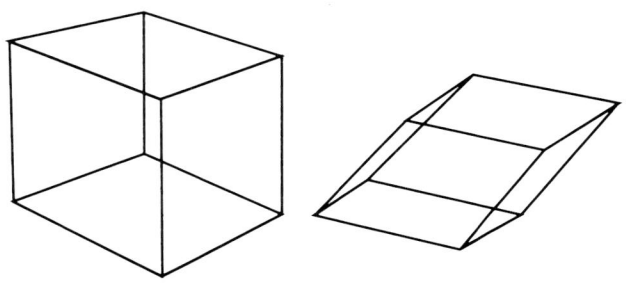

그림 4. 18 펜로스 타일 붙이기의 삼차원 판은 두 가지 능면체를 사용한다.

정이라면 원자들이 주기적으로 배열되어 가장 간단한 경우 이웃하는 원자들 사이의 거리가 모두 같다. 이 구조의 단위 세포에는 원자 하나가 들어 있다. 비결정질 일차원 고체라면 원자들이 불규칙적으로 배열되어 이웃하는 원자들 사이의 거리가 제멋대로일 것이다.

주기적인 이차원 격자를 잘라서도 일차원 결정을 얻을 수 있다(그림 4.19a). 하지만 평행하게 조금 떨어져서 자르면 원자가 하나도 걸리지 않으므로 일반적으로 원자가 폭이 있는 띠에 들어 있다고 생각하고 원자의 위치를 일차원 띠의 한쪽 끝에 투사해서 일차원 결정을 얻을 수 있다(그림 4.19b). 이렇게 얻은 일차원 결정의 성질은 이차원 격자를 지나는 띠의 각도에 의해 결정된다. 띠의 각도가 다르면 결정의 단위 세포도 달라진다.

언뜻 보기에 어떤 각도의 띠에서도 원자들의 배열이 주기적인 결정이 생길 것 같다. 그러나 사실은 그렇지 않다. 일차원 결정이 생기지 않는 각도들이 무한히 많다. 잘 생각해 보면 띠의 기울기가 유리수인 경우에만 주기적인 일차원 배열이 생긴다는 것을 알 수 있다. 기울기가 황금비처럼 무리수이면 생긴 모양은 준주기적이다. 다시 말해 일차원 준결정이다.

일차원 준결정이 어떻게 생겼는가? 정방 격자를 황금비의 기울기로 지나는 띠에서는 이웃 원자들 사이의 거리가 두 가지인 하나는 길고 하나는 짧은 배열이 생긴다(그림 4.20). 이것은 분명히 이웃 원자들 사이의 거리가 제멋대로인 (일차원 유리의) 일차원 배열과 다르다. 하지만 길고 짧음이 번갈아 나타나는 데에는 아무런 규칙이 없다. 이 구조는 주기적은 아니지만 유리보다는 분명히 더 규칙적이다.

더 높은 차원의 준결정도 같은 방법으로 얻을 수 있다. 즉, 더욱 더 높은 차원의 규칙적인 격자를 잘라 얻는다. 삼차원 정방 격자를 무리수 기울기로 잘라 평면에 투사하면 이차원 준결정 모양을 얻을 수 있다(그림 4.21). 삼차원 펜로즈 준결정은 크래머와 네리가, 레빈

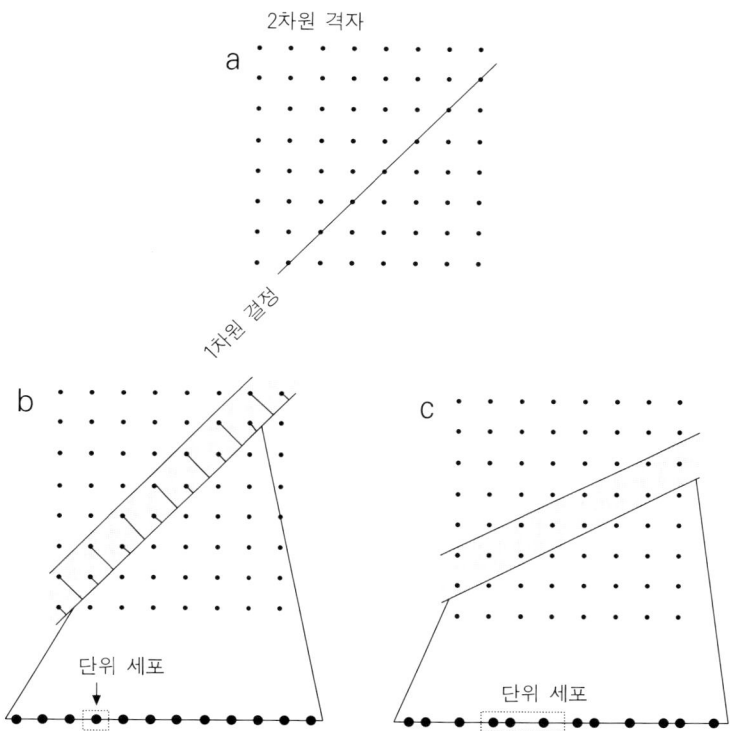

그림 4.19 일차원 결정은 원자들이 일직선 위에 규칙적으로 반복되는 배열이다. 가장 간단한 경우는 모든 원자가 같은 거리만큼 떨어져 있다. 이차원 격자를 〈잘라〉 이런 결정을 얻을 수 있다(a). 원자를 빼먹지 않으려면 이차원 격자를 지나는 띠를 생각해서 띠 안에 든 점을 직선에 투사한다(b). 띠의 각도에 따라 다른 일차원 배열이 생긴다.

과 스타인하트가 생각한 것처럼 규칙적인 육차원 격자를 잘라 삼차원에 투사해서 얻을 수 있다. (육차원 결정이 그려지지 않는다고 마음 쓸 필요는 없다. 수학적으로 이것을 만들기는 아주 쉽다.) 준결정과 실제 결정 사이의 이 관계를 생각하면 단위 세포가 없는 물질에서 뚜렷한 회절 반점이 나타난다는 사실이 덜 불편하게 느껴질지 모른다.

준결정 구조의 기하학 193

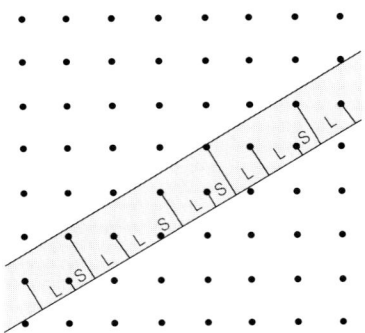

그림 4.20 주기적인 이차원 격자를 지나는 띠가 이루는 각도가 무리수일 때, 띠 안에 든 점들을 직선에 투사하면 일차원 준결정이 된다. 여기 보인 준결정에서 원자들 사이의 거리는 짧거나 길다. 그러나 이 두 가지 거리는 불규칙적으로 반복된다.

　그러나 그렇지 않다. 준결정이 더 높은 차원의 완벽한 결정의 〈그림자〉라는 것이 우리의 마음을 편하게 할지는 모르지만 입사하는 X선이 어떻게, 완벽한 결정성과의 이 심오한 관계를 알아볼 수 있단 말인가? 보강 간섭과 상쇄 간섭이 일어나려면 규칙적인 간격의 층들이 있어야 하지만 준결정에는 그러한 주기적인 층들이 없다는 사실을 이 〈투사〉모델도 설명하지 못하는 것 같다. 주기적인 층이 있다면 반드시 먼 거리에 걸친 질서가 있어야 한다. 준결정에 주기적인 〈준평면〉이라고 부를 수 있는 것이 있다는 사실에 이 문제에 대한 해답이 있는 것 같다.

　뚱뚱하고 홀쭉한 마름모로 이루어진 이차원 펜로즈 타일 붙이기에서 이것을 가장 잘 볼 수 있다. 아무 타일이나 하나 골라 이 타일의 한 면과 나란한 면이 있는 타일에 모두 색칠을 해보자. 색칠된 면들을 보면 아무렇게나 흩어져 있는 것이 아니라 연속적인 줄 모양을 하고 있다. 그리고 이 줄들은 비록 울퉁불퉁하기는 해도 평균적으로 보아 같은 간격으로 벌어져 있고 서로 나란하다(그림 4.22). 처음에 고를 수 있는 마름모의 방향은 다섯 가지이므로 이렇게 나란한 〈준줄〉이 다섯 벌 있다. 삼차원 펜로즈 타일 붙이기에서도 이와 마찬가지로 울퉁불퉁하지만 어느 정도 주기적인 준면들이 있다.

준줄이 있다고 해서 반드시 먼 거리에 걸친 질서가 있는 것은 아니다. 어느 한 줄을 줄 사이의 평균적인 거리만큼 움직인다 해도 다음 줄과 완전히 겹치지는 않는다. 그렇지만 이렇게 움직인 준줄은 다음 줄과 대체로 겹치고 아주 먼 거리까지도 방향이 일치한다. 펜로즈형의 삼차원 준결정의 준평면들은 X선을 산란시켜 다섯 겹 대칭인 무늬를 만든다. 면들이 울퉁불퉁하기 때문에 이 불규칙성으로 인해 회절 무늬가 조금 흐려질지도 모른다고 생각한다면 진짜 결정에서도 열 진동 때문에 회절 면들이 완벽한 주기적인 배열을 할 수 없다는 것을 생각할 필요가 있다. 따라서 다섯 겹의 울퉁불퉁한 준평면이 있는 준결정은 결국 진짜 결정과 크게 다르지 않다.

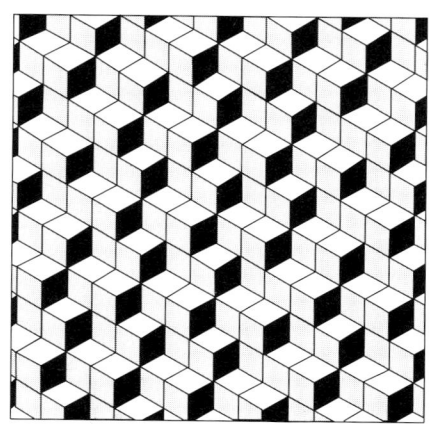

그림 4.21 주기적인 삼차원 격자를 잘라 평면에 투사하면 준주기적인 이차원 타일 무늬가 생긴다. 이것은 정육면체를 쌓은 격자를 잘라 투사한 것이다. 마름모가 이루는 이차원 무늬와 그 밑의 삼차원 격자의 관계를 나타내기 위해 마름모들을 밝고 어둡게 칠했다.

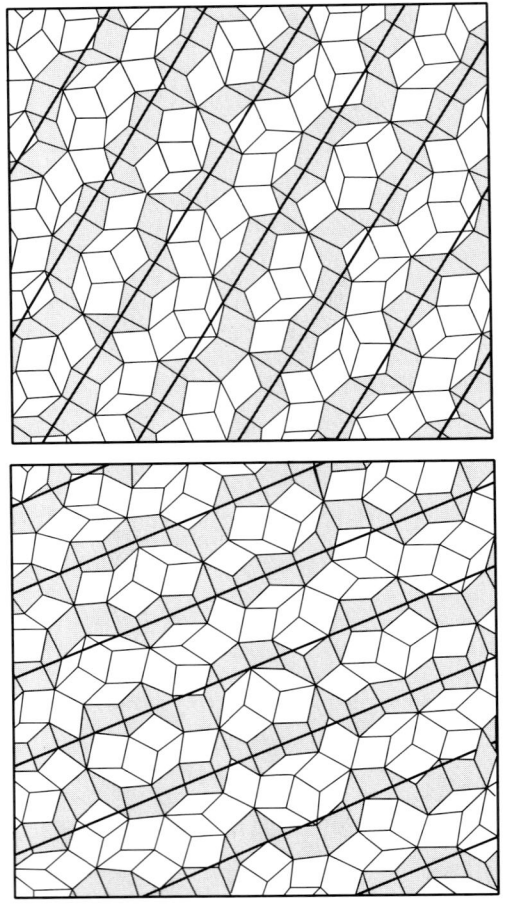

그림 4.22 펜로즈 타일 붙이기에는 다섯 가지 〈준평면〉이 있다. 이 준평면에서 회절된 무늬는 다섯 겹 대칭이다. 이차원 펜로즈 타일 붙이기의 비슷한 다섯 가지 준줄 가운데 두 개를 여기에 보였다. 굵은 줄은 각 줄의 평균적인 방향을 나타낸다.

2-4 원자는 어디에 있는가?

펜로즈 타일 붙이기는 준결정의 구조를 매끈하게 설명한 것 같다. 그러나 지금까지 말하지 않은 거북한 문제가 남아 있어서 아직도 이 별난 물질을 완전히 이해했다고 할 수 없다. 펜로즈 타일의 모서리로 준결정의 〈격자〉를 나타낼 수 있다는 것을 보았다. (여기서 〈격자〉를 꺾쇠로 둘러싼 이유는 이 용어가 점들의 주기적인 배열만을 지시하는 데 쓰여야 하기 때문이다.) 각 모서리마다 원자를 하나씩 놓는다면 준결정을 얻게 될 것이다. 그러나 지금까지 발견된 준결정은 모두 원자들이 적어도 두 가지 이상 (자주 세 가지 이상) 들어 있는 합금이다. 이 합금들의 조성은 보통 아주 정확하게 말할 수 있다. 가장 잘 연구된 알루미늄/망간 준결정에는 조성이 Al_4Mn과 Al_6Mn인 것들이 있고 더 복잡한 준결정의 조성은 더 복잡하지만 Al_6Li_3Cu나 $Al_{18}Cr_7Ru_5$처럼 역시 잘 정의되어 있다. 만약 원자들이 여러 〈격자〉 점에 마구잡이로 흩어져 있다면 이렇게 정확한 조성이 어떻게 항상 유지되는가? 유지된다면 왜 이 물질은 원소들의 비를 일정하게 하려고 애를 쓰는가? 그리고 원자들의 종류가 다르면 크기도 상당히 다르다는 사실을 무시해도 괜찮은가?

결정에서는 원자들의 비가 일정하도록 격자에 원자들을 배열하는 것이 전혀 어렵지 않다. 단위 세포가 전체 물질에 걸쳐 되풀이되므로 한 단위 세포에서만 이 문제를 해결하면 된다. 그러나 준결정에서는 되풀이되는 부분이 없으므로 구조의 한 작은 부분에서 이 문제를 해결해도 소용이 없다. 그리고 펜로즈 타일 붙이기 모델에서는 전체 조성이 맞도록 원자들을 타일들(삼차원적인 능면체들)에 배열할 방법이 전혀 없다. 왜냐하면 물질에서 원자들의 비는 유리수지만 두 가지 능면체의 비는 무리수이기 때문이다.

준결정에도 결함 즉, 정해진 원자의 배열을 따르지 않는 곳이 있을 수 있다고 가정해서 이 문제를 피할 수 있을지도 모른다. 예를 들어 원자가 있어야 할 자리가 비어 있거나 능면체가 찌그러진 영역이 있을지도 모른다. 진짜 결정에서 원자들의 주기적인 배열에 반드시 결함이 있다면 준결정에도 결함이 있다고 생각하는 것은 무리가 아니다. 정수 비의 원자들로 이루어진 물질이 완벽하다면 그 비가 무리수여야 할, 준주기가 있는 〈격자〉가 이런 결함 때문에 가능할지도 모른다. 그렇다면 준결정의 구조를 원자들로 〈장식된〉 능면체라고 생각할 수 있다. 예를 들어 능면체 두 개에 〈그림 4.23〉에 보인 것처럼 원자들을 늘어놓고 이것들로 삼차원 펜로즈 타일 붙이기를 할 때 결함을 조금 넣으면 준결정 $Mg_{32}(Al,Zn)_{49}$의 정확한 원자 비를 얻을 수 있다.

펜로즈 타일 붙이기 모델에서 원자들이 어디에 있느냐보다 더 중요하고 더 어려운 질문은 원자들이 어떻게 그렇게 자리를 잡느냐이다. 모델에서는 엄격한 짝짓기 규칙에 따라 능면체들을 쌓거나 육차원에서 삼차원으로 투사된 모양을 상상하지만 녹은 합금이 급격히 식을 때 원자들은 이 규칙을 알지 못하고 전체적인 구조도 보지 못한다. 원자들이 오직 알 수 있는 것은 원자 바로 주위에서 일어나는

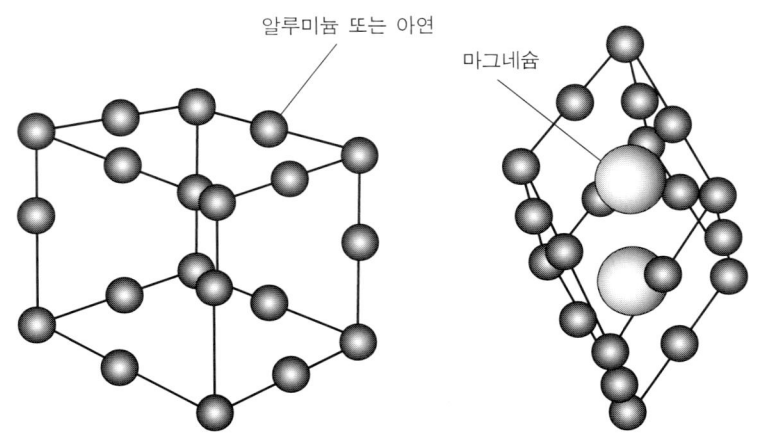

그림 4.23 구조에 어느 정도 결함이 있다고 가정하면 삼차원 펜로즈 타일 붙이기에 쓰는 능면체에 마그네슘과 알루미늄 또는 아연 원자를 장식해서 회절 무늬와 성분비가 $Mg_{32}(Al,Zn)_{49}$ 합금과 일치하는 원자 배열을 얻을 수 있다.

일뿐이다. 큰 방의 양쪽 끝에서 두 사람이 펜로즈식으로 바닥에 타일을 깐다고 생각해 보자. 각자 짝짓기 규칙들을 정확히 지키며 일하더라도 방 가운데에서 두 사람이 마주칠 때에는 십중팔구 타일들의 가장자리를 서로 맞출 수 없을 것이다. 물론 완벽한 모양으로 타일이 깔린 큰 두 영역이 있으므로 가운데 생긴 결함은 크게 중요하지 않다고 생각할 수도 있다. 하지만 두 사람이 아니라 50명이 따로따로 타일을 깐다면 어떻겠는가? 문제는 짝짓기 규칙이 지역적이라는 것이다. 타일을 하나 더할 때는 바로 그 근처의 다른 타일들만 생각하면 된다. 그러나 넓은 영역에 타일 붙이기를 완벽하게 하려면 멀리 떨어진 곳에서 일하는 사람들이 서로 앞을 내다보고 의사 소통을 활발히 해야 한다. 준결정이 자라는 동안에 원자들이 이런 장거리 〈통신〉을 할 수 있는 방법은 없어 보인다. 게다가 빠른 성장 조건은 이 문제를 더욱 어렵게 만든다. 이것은 마치 타일 까는 사람들이 정해진 시간 안에 끝내기 위해 초를 다투어 일하는 것에 비유할 수 있다. 맞지 않는 모양의 타일을 뜯어내어 다시 깔 여유가 없이 말이다.

사실 실제 준결정들에서는 펜로즈 모델의 완벽한 준주기적 구조와 비교해서 상당한 무질서의 기미가 보인다. 예를 들어 결정성 금속과 질서 있는 합금들은 일반적으로 전기를 잘 통하지만 물질 구조의 결함은 전기의 흐름을 방해한다. 금속에서 결함은 전기 저항의 중요한 원인이다. 완벽한 준결정은 결정과 너무 비슷해서 이론적으로는 전기를 잘 통해야 하지만 실제로는 전기가 잘 통하지 않는다.

회절 봉우리가 얼마나 뿌연지를 보고 결정성 고체에서 무질서의 정도를 알 수 있다. 앞에서 말했듯이 유리같이 무질서한 물질에서는 반점이 없이 그저 흐릿한 회절 무늬만이 생긴다. 질서가 완벽하지 않기 때문에 준결정의 회절 봉우리는 어느 정도 흐릿하다. (그러나 이 흐릿함은 결함이나 다른 이유로 생기는 진짜 결정의 흐릿함과는 다르다.) 그러나 펜로즈 모델은 실제로 얻어지는 것보다 훨씬 더 선명한 회절 봉우리를 예측한다.

따라서 준결정의 구조가 이상적인 펜로즈 타일 모양이라고 생각하는 데는 문제가 있다. 펜로즈 타일 모델의 준주기적인 구조는 지나치게 완벽하고, 준결정이 자라는 동안 엄격한 짝짓기 규칙을 따르면서도 어떻게 멀리 떨어진 영역들이 나중에 서로 맞게 할 수 있느냐를 설명할 수 없다. 이 문제 때문에 어떤 과학자들은 준결정의 구조에 대한 다른 모델을 제시했다. 첫 준결정을 발견한 후 곧 댄 스켁트만과 일란 블레크는 (찰스 프랑크가 과냉각된 액체에 있을 것이라고 예측했던) 이 합금이, 거리나 짝짓기 규칙 등에 전혀 구애받지 않고 마구잡이로 연결된 정이십면체 원자 뭉치들로 이루어져 있다고 제안했다. 이 생각에서 정이십면체 유리 모델이라고 부르는 것이 나왔다. 오각형 타일을 빈틈이 생기도록 붙여서 이 모델의 이차원 판을 (그림 4.24b) 만들 수 있다. 같은 오각형 타일들로 펜로즈 타일 붙이기를 할 수도 있다(그림 4.24a). 펜로즈 타일 붙이기에 비해서 이 모델에서는 타일의 배열에 크게 주의할 필요가 없다. 사실 여기에 준주기성이 있을 것 같지 않고 각 뭉치 안에 원자들의 단거리 질서가 있을 뿐 먼 거리에 걸쳐서는 구조가 전혀 없을 것 같기도 하다. 그러나 놀랍게도 정이십면체 유리 모델을 조금만 손을 보면 그것에서 다섯 겹이나 열 겹 대칭인 회절 무늬가 나오는 것을 볼 수 있다. 펜로즈 타일 붙이기는 실제에 비해 너무 선명한 회절 봉우리를 예측하는 데에 비해 정이십면체 유리 모델은 구조가 너무 무질서하기 때문에 너무 뿌연 봉우리를 예측한다.

펜로즈 타일 붙이기는 질서가 너무 많은 준결정을 예측하고 정이십면체 유리 모델에는 무질서가 너무 심하므로 뻔한 해결책은 이 둘을 모두 포함한 모델을 찾는 것이다. 이런 모델 가운데 하나인 마구잡이 타일 붙이기 모델이라고 부르는 모델을 피츠버그에 있는 카네기-멜런 대학교의 과학자들이 개발했다. 펜로즈 타일 붙이기에서는

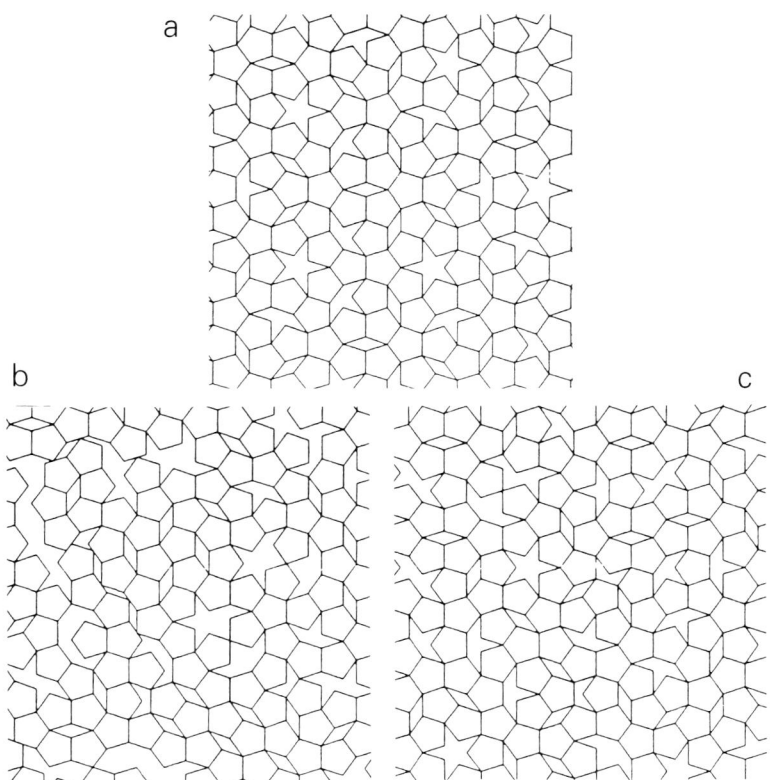

그림 4.24 준결정 구조에 대한 세 가지 모델(여기서는 알아보기 쉽게 이차원 준결정에 대한 것을 보였다). (a) 펜로즈 타일 붙이기, (b) 정이십면체 유리 (c) 마구잡이 유리. 정이십면체 유리 모델은 준결정 구조를 설명하기에 적절하지 않지만 다른 두 모델은 조금 손을 보면 준결정의 회절 무늬의 자세한 특징들을 설명할 수 있다. (미국 스토니 브룩에 있는 뉴욕 대학교의 피터 스테펜스가 그림을 제공함.)

짝짓기 규칙이 있어서 서로 안 맞는 타일 짝들이 안 생기도록 하고 정이십면체 유리 모델에서는 안 맞는 짝들이 생기든 말든 상관하지 않는다. 마구잡이 타일 붙이기 모델에서는 이웃한 타일들의 방향을 결정하는 짝짓기 규칙은 없지만 안 맞는 짝과 틈은 피해야 할 나쁜 것이다. 이 조건은 물리적으로 타당하다. 준결정이 자라는 것은 오직 국부적으로만 적용되는 규칙에 의해 좌우된다. 완벽한 펜로즈 타일 붙이기에 필요한 장거리 통신은 필요 없지만 한편으로 물질은 결함이 너무 많이 생기는 것을 피하기 위해 최선을 다한다. 자라고 있는 준결정에서 각 원자는 이웃 원자들과 가장 편안하게 맞추려고 하지만 그 너머의 다른 원자들이 무엇을 하고 있는지는 상관하지 않는다. 이 모델의 놀라운 특징 하나는 짝짓기 규칙이 없지만 이 모델이 예측한 회절 봉우리는 펜로즈 모델이 예측한 것만큼 선명하다는 것이다. 하지만 타일들이 더 벌어져서는 안 되는 정도를 바꾸어 구조에서 무질서의 정도와 회절 봉우리의 선명함을 〈조절〉하기는 아주 쉽다. 따라서 실제 측정된 것과 거의 일치하는 회절 무늬를 이 모델에서 얻을 수 있다.

마구잡이 타일 붙이기 모델에는 또다른 놀라운 특징이 있다. 실험적으로 대부분의 준결정을 미국 표준국 팀이 사용한 것과 비슷하게 급속 냉각하여 만든다. 이 방법은 합금이 완벽한 결정으로 정돈하기 전에 준주기적인 구조를 얼려서 잡는 것이다. 따라서 준결정은 그 합금이 가장 좋아하는 구조가 아니다. 원자들이 움직일 수 있다면 점차 재배열하여 보통의 결정이 될 것이다. 준결정은 오직 일시적으로만 안정하다 (전문 용어로는 이것을 〈준안정〉하다고 한다). 준결정을 녹여서 원자들을 움직이게 하고 천천히 식히면 보통 결정이 될 것이다. 그러나 어떤 경우에는 마구잡이 타일 붙이기 모델에 내재한 무질서가 (특히 높은 온도에서) 준결정을 더 안정하게 한다는 것이 밝혀졌다. 심지어는 준결정이 진짜 결정보다 더 안정할 수도 있다.

더욱 놀라운 것은 이 안정성을 실험적으로 볼 수 있다는 것이다. 알루미늄/아연/마그네슘 같은 준결정 합금의 일종은 원자들이 움직일 수 있게 되면 결정으로 재배열하는 것이 아니라 녹는점까지 준결정 구조를 유지한다. 다시 말해 이런 물질은 만들기 위해 빠른 속도로 식힐 필요가 없다. 천천히 식혀도 되고 이렇게 해서 진짜 결정처럼 뚜렷한 면이 있는 〈이상적인〉 준결정을 키울 수도 있다. 이때 원자 구조의 다섯 겹 대칭이 물질의 큰 덩어리에서도 뚜렷하게 나타난다(그림 4.25).

일반적으로 말해서 이렇게 조심스럽게 키운 물질에도, 정이십면체 유리 모델의 필연적인 결과인 무질서의 흔적이 있다. 그러나 최근에 이런 무질서가 거의 없는 정이십면체 준결정을 만들었다. 따라서 이 새 합금들에 대해서는 마구잡이 타일 붙이기 모델로도 펜로즈 타일

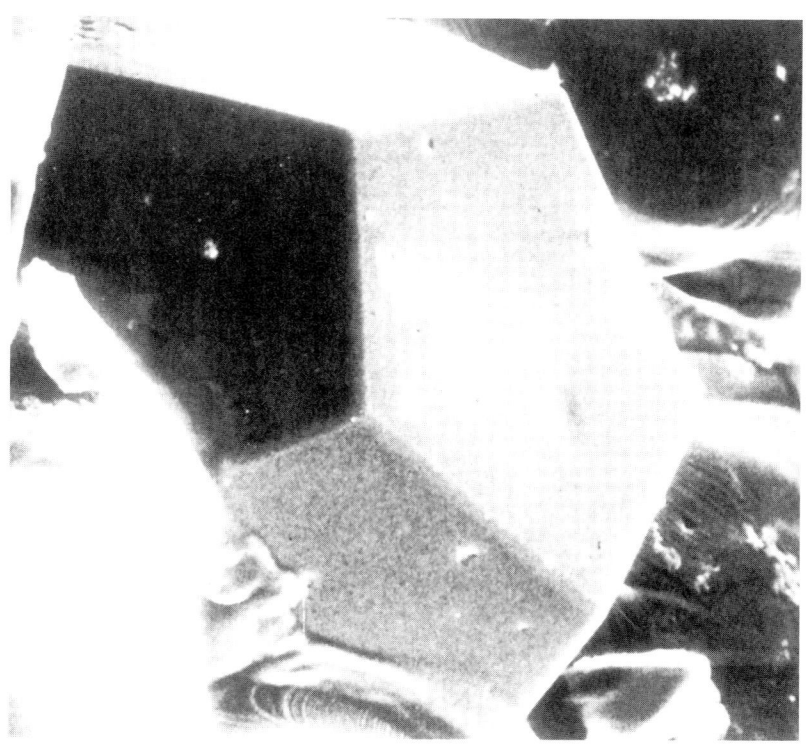

그림 4.25 열역학적으로 안정한 준결정은 〈준안정〉한 것보다 천천히 만들 수 있어서 큰 〈유사-결정〉을 얻을 수 있다. 이것은 원자 구조의 금지된 대칭성을 나타내는 모양으로 자란다. 이 그림에서 유사-결정은 정십이면체 모양이다. (일본 도호쿠 대학교 겐지 히라가 제공)

준결정 구조의 기하학 203

붙이기 모델로도 준결정의 구조를 설명할 수 있다.

    미국 표준국 팀의 발견이 불러일으킨 처음의 흥분이 가라앉은 후 준결정에 대한 연구는 움츠러든 느낌이다. 이 물질들이 새롭고 예상치 않았던 고체라는 데에는 의문의 여지가 없지만 이제 이들의 구조와 성질을 어느 정도 이해하게 되었고 결국 이것 때문에 귀하게 내려온 대칭성의 관념을 포기할 필요는 없었다. 아직도 몇몇 열성가들은 준결정이 〈실제로〉 쓸모 있는 물질이 되기를 희망하지만 이제 많은 연구의 초점은 이 별난 구조가 전기전도성이나 자성 같은 성질에 어떻게 영향을 미치는지에 있다. 그러나 아마도 준결정의 발견에 가장 흥미 있는 측면은, 바이러스와 꽃의 모양에서부터 난류가 생기기 직전의 유체가 흐르는 모양(그림 4.26)에 이르기까지 과학의 여러 분야에서 다섯 겹 대칭인 물체의 중요성을 새로 인식하게 되었다는 것이다. 다섯은 이제 더러운 수가 아니다!

그림 4.26 한때 생각했던 것과 달리 다섯 겹 대칭은 자연계에서 드물지 않게 나타난다. 여기 보인 것은 유체의 흐름이 난류로 바뀌기 직전에 유선이 이루는 모양이다. (뉴욕 대학교 자슬라프스키 제공)

(2000년에 미국 로렌스 버클리 국립연구소의 엘리 로텐버그 Eli Rotenberg와 독일 프리츠-하버 연구소의 카스텐 혼 Karsten Horn과 동료들은 이론과학자들의 예상과 달리 AlNiCo 준결정에 띠 구조가 있고 전자가 보통 금속의 전도 띠에서처럼 자유롭게 움직인다는 것을 발견했다. 왜 준결정의 전기 저항이 높은지는 아직도 수수께끼이다.——옮긴이)

2부 새로운 물질, 새로운 화학

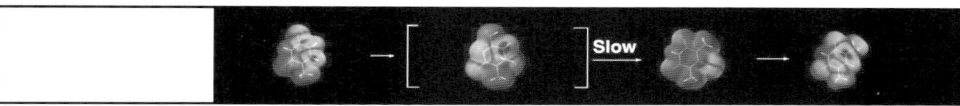

DESIGNING
THE
MOLECULAR
WORLD

1부 현대 화학의 출발

3부 무한한 화학의 가능성

5

분자 하나를 집을 수 있는 집게

> 때로는 스스로를 알기 때문에
> 결합하는 것 같고
> 때로는 화학적 과정 때문에
> 그것이 잘 일어나는 것 같다.
> ── 칼 구스타프 융

시계처럼 정밀하게 얽힌 수억의 분자 부품들이 제어하는 잘 기름칠된 기계에 인간의 몸을 비유할 때가 많다. 분명히 이렇게 생각하는 것도 쓸모가 있지만 오늘날의 분자생물학자들은 인간의 몸을 덜 기계적이고 더 인간적인 모습으로 바라본다. 분자생물학자들은 몸을 각 분자들이 개미처럼 전체의 복지를 위해 주어진 역할을 하는 명실상부한 공동체라고 생각한다. 어떤 분자들은 먹을 것을 모아온다. 어떤 분자들은 모두가 들어가 살 구조를 만들고, 또다른 분자들은 침입자를 경계하고 물리친다. 물론 이러한 각각의 분자 일꾼들은 자율적인 의식이 아니라 화학적 원리에 따라 움직인다.

이 공동체는 보통 각각의 구성원들에게 특정한 임무를 부여한다. 무기 분자들은 선택성이 거의 없기 때문에 기본 원료로 쓰이는 것 외에는 이 공동체에 별 쓸모가 없다. 예를 들어 상온에서 몸의 화학 반응이 효과적으로 일어나게 하기 위해 꼭 필요한 생화학적 촉매 반응에는 전이 금속의 표면 같은 무기 촉매가 쓰이지 않는다. 왜냐하면 이런 무기 촉매는 온갖 화학 반응을 촉진시키기 때문이다. 그 대신 2장에서 본 단백질로 이루어진 효소가 선택성이 매우 높은 촉매 역할을 한다.

간단히 말해 몸 속의 분자 일꾼들은 자신이 상대할 분자를 아주 까다롭게 골라야 한다. 그들은 엄청나게 많은 수의 분자 중에서 자신의 목표를 정확하게 골라내야 할 뿐만 아니라 거의 똑같은 분자들도 구분할 수 있어야 한다. 이렇게 한 분자가 다른 한 분자를 알아보고 상호 작용하는 현상을 화학자들은 〈분자 인식〉이라고 부른다. 수억 년 동안의 진화를 통해 다듬어진 이런 절묘한 분자 인식 능력으로 말미암아 대부분의 생체 분자는 단 한 가지 화학적 작업만을 한다. 그리고 보통 이런 화학적 작업은 길고 복잡한 일련의 조립 공정 중 작은 단계에 지나지 않는다. 생물계에 만능 선수는 정말로 드물고 다들 전문화의 정도를 겨룬다.

이러한 선택성은 분자들이 그들의 임무에 적합하도록 주의 깊게 〈미리 프로그램되어〉 있다는 것을 의미한다. 살아있는 생물에서 이 프로그램을 공급하는 것은 생물의 유전 청사진을 담고 있는 DNA 분자이다. 즉 단백질이 어떻게 분자를 인식할 것인지를 알려주는 정보가 DNA 속에 암호로 들어 있다. 이런 암호가 분자 수준에서 어떻게 작용하는지가 분자유전학자들이 도전했던 가장 근본적인 질문 가운데 하나였다.

그러므로 분자 인식의 원리를 이해하면 복잡한 몸의 화학을 밝히는 데 큰 도움이 될 것이다. 그러나 화학자가 보기에 생체 분자는 엄청나게 커서 (보통 수천 개의 원자로 이루어지고 수백만 개의 원자로 이루어 진 것도 있다) 분자의 어떤 부분이 분자 인식에 관여하는지를 알아내는 것은 엄두가 나지 않는다. 따라서 화학자들은 생체 분자의 한두 가지 특징만을 흉내내는 간단한 모델들을 만들어서 이 문제에 접근한다. 이렇게 해서 알아낸 지식은 인공적으로 합성하려는 약의 구조를 설계하는 데에 큰 역할을 한다.

하지만 약을 설계하는 것에서 보상이 끝나는 것은 전혀 아니다. 매우 선택적인 화학 반응 덕에 화학자들은 놀라운 재주를 부릴 수 있게 되었다. 아주 우아한 한두 단계의 합성 과정을 통해 지금까지 상상하기도 어려웠던 복잡한 분자를 만들 수 있게 되었다. 그 결과로 분자 크기의 기계 장치와 전자 소자를 만들 수 있게 되었고 생명을 이루는 것이 무엇인지에 대해 더 깊이 이해하게 되었다.

1 생명의 화학

1-1 유전자 도서관

DNA 분자 구조 중 DNA의 유전 정보를 단백질 분자로 번역하는 단백질의 생화학적 작용에서 분자 인식은 중요한 역할을 한다. 따라서 분자 인식은 유전학과 분자생물학의 심장부에 놓여 있다. 이 책은 화학 책이므로, 여기서는 이런 생물계를 간략하게 언급할 것이고 자연계에서 분자 인식이 얼마나 중요한지를 보여주는 정도에서 그칠 것이다. 유전학에 대해 더 알고 싶다면 다른 책을 보기 바란다.

자식들이 어버이를 닮는 것, 즉 생명체의 특징이 어떻게 한 세대에서 다음 세대로 전달되는지에 대한 연구에서 현대 유전학이 비롯되었다. 19세기 중반에 오스트리아 교회의 신부 그레고르 요한 멘델 Gregor Johann Mendel이 여러 유전 법칙들을 밝혔다. 그는 식물의 크기, 꽃과 씨의 색깔과 모양 등의 형질이 어떻게 다음 세대로 전달되는지를 알기 위하여 완두콩에 대해 넓은 범위의 잡종 만들기 실험을 하였다. 멘델은 생명체 안에 있는, 유전되는 성질을 책임지는 무엇에 〈형질 요소〉라는 이름을 붙였지만 이것이 무엇으로 이루어져 있는지에 대해서는 아무 말도 할 수 없었다. 멘델은 자식이 부모로부터 각각 한 벌씩, 두 벌의 요소를 물려받는다는 것을 밝혔다.

20세기에 들어서서 멘델이 한 일의 중요성이 드러났다. 그제서야 생물학자들은 현미경으로 세포를 이루는 성분들을 구분할 수 있게 되었다. 생물학자들은 박테리아보다 고등한 모든 생명체의 세포에는 항상 여러 개의 (보통 8개에서 80개 정도의) X자 모양의 물질이 있다는 것을 알았다(그림 5.1). 세포가 분열할 때는 이 물질도 나뉘어 반쪽이 각각 새로 생긴 두 세포 속으로 들어간다. 이 X자 모양의 물질을 염색체라고 부른다. 또한 생식에 관여하는 특별한 세포, 난자와 정자에는 염색체가 보통의 반밖에 들어있지 않다는 것도 알려졌다.

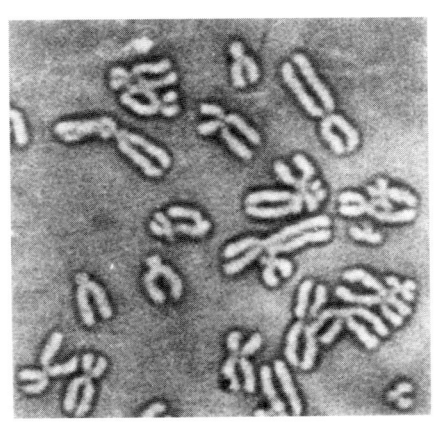

그림 5.1 사람의 염색체. 사람의 각 세포에는 이렇게 X자 모양으로 생긴 염색체가 46개 있다. (존스 홉킨스 대학교 윌리엄 언쇼 제공)

난자와 정자가 합치면 부모로부터 반쪽씩이 더해져서 온전한 한 벌의 염색체가 복원된다. 분명히 염색체가 한 세대에서 다음 세대로 전달되는 방식은 멘델의 형질 인자가 전달되는 것과 일치했다. 1903년에 월터 서톤 Walter Sutton과 테오도르 보베리 Theodor Boveri는 독립적으로 멘델 인자가 염색체 안에 있는 분자 구조일 것이라고 제안했다. (1909년에 요한센 W. L. Johannsen이 여기에 〈유전자 gene〉라는 이름을 붙였다.)

염색체는 유전자의 〈도서관〉이어서 각 유전자는 염색체의 정해진 곳에 자리를 잡고 있다. 어떤 유전자는 성별처럼 생물체의 뚜렷한 특징을 결정한다. 유전자의 분자 구조에 생긴 결함은 어떤 경우 생리적인 장애를 일으켜 생명체가 특정한 병에 걸리기 쉽게 한다. 박테리아와 같은 원시적인 생명체를 제외하면 염색체는 각 세포의 중심에 있는 세포핵에 자리잡고 있다. 20세기 초에 생물학자들은 염색체 안의 유전 물질이 단백질로 이루어져 있을 것이라고 생각했다. 그러나 염색체의 화학적 성분을 분석한 결과, 단백질뿐만 아니라 디옥시리보오스라는 당 분자를 포함한 다른 성분이 들어 있다는 것이 알려졌다 (그림 5.2). 이 성분에는 디옥시리보핵산 deoxyribonucleic acid, 줄여서 DNA라는 이름이 붙었다. (이름의 〈핵〉은 이것이 세포핵에서 왔음을 나타낸다.) DNA와 비슷한 다른 화합물도 핵에서 발견되었다. 염색체가 아닌 다른 곳에도 존재하는 이것은 리보오스 당을 지니고 있어서 리보핵산 ribonucleic acid(RNA)이라고 부른다. (세포핵이 없는 간단한 유기체에서는 DNA와 RNA가 다른 세포 구성 성분과 함께 세포 안을 돌아다닌다.)

1944년, 뉴욕 록펠러 연구소의 에이버리 O. T. Avery와 동료들은 유전 정보를 전달하는 것이 단백질이 아니라 바로 DNA라는 확증을 잡았다. 1953년이 되어서 이 정보 저장 체계가 분자 수준에서 밝혀졌다. 이 해에 프란시스 크릭과 제임스 왓슨은 (X선 결정학의 도움을 받아)

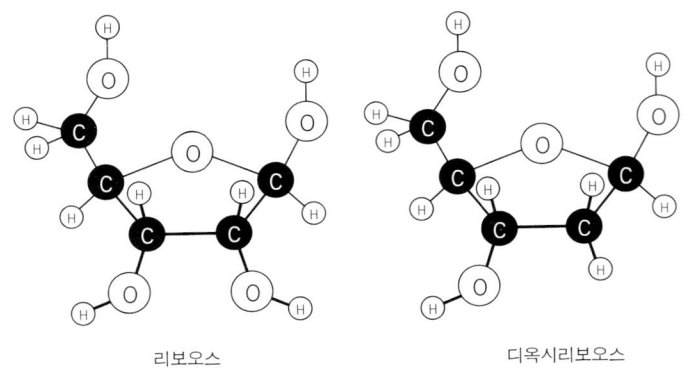

그림 5.2 리보오스 당과 디옥시리보오스 당. 이들은 각각 핵산 RNA와 DNA의 구성 요소이다.

DNA의 분자 구조에 대한 그들의 추론을 《네이처》에 발표하였다.

그 화합물은 뉴클레오티드라 불리는 작은 단위가 이어진 사슬 모양의 중합체이다. 이 뉴클레오티드들은 세 가지 성분으로 이루어져 있다. 즉 디옥시리보오스 당 분자와 이온성의 인산(PO_4) 기와 〈염기〉가 그것이다(그림 5.3). 뉴클레오티드 염기에는 네 종류가 있다. DNA에서는 이들이 아데닌 adenine, 구아닌 guanine, 시토신 cytosine, 티민 thymine이고(약자로 A, G, C, T로 표기한다), RNA에서는 티민 대신에 우라실 uracil이다(그림 5.4). 아데닌과 구아닌은 퓨린 염기의 일종이고 시토신과 티민과 우라실은 피리미딘 염기에 속한다.

크릭과 왓슨이 제안한 구조의 바탕은 수소 결합이라는 약한 결합을 통한 뉴클레오티드끼리의 짝짓기이다. 수소 결합은 중요해서 DNA의 구조에서 뿐만 아니라 생체 분자 사이의 상호 작용에 일반적으로 관여한다. 이것은 1장에서 설명한 비공유 전자쌍 때문에 생긴다. 분자에 있는 산소나 질소 원자에 각각 보통 한 벌 또는 두 벌의 비공유 전자쌍이 있고 이 비공유 전자쌍은 다른 분자의 수소와 약하게 결합할 수 있다. 수소 원자가 질소나 산소와 공유 결합을 하

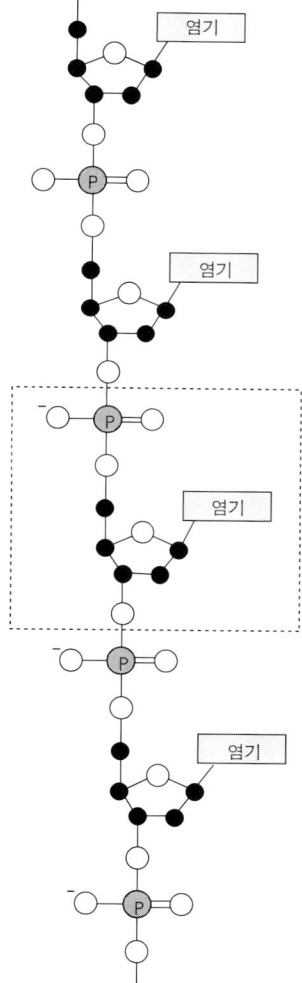

그림 5.3 DNA와 RNA는 뉴클레오티드라고 부르는 단위로 이루어진 중합체이다. 각 뉴클레오티드에는 고리형 당 분자가 들어있다. DNA에서는 이것이 디옥시리보오스 당이고 RNA에서는 이것이 리보오스 당이다. 이 당은 인산기를 통해 다음 뉴클레오티드의 당에 연결된다. 이 당 인산 뼈대에 네 가지 염기 중의 하나가 달려 있다.

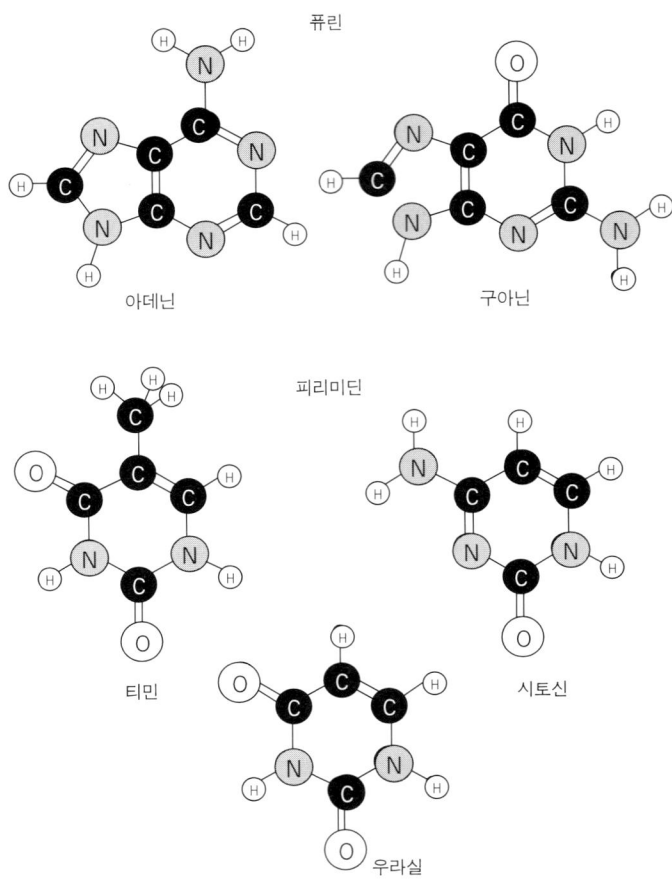

그림 5.4 핵산의 염기들. 티민은 DNA에만 있고 RNA에는 없다. 우라실은 RNA에만 있고 DNA에는 없다.

고 있다면 수소 원자는 약간의 양전하를 띠어 다른 분자에 있는 산소나 질소 원자의 비공유 전자쌍이 여기에 끌린다. 생명체의 화학에서 물이 여러 독특한 역할을 하는 것은 바로 이 수소 결합 때문이다. 액체 상태의 물에서는 수소 결합이 끊임없이 생기고 끊긴다. 얼음에서는 물 분자들이 수소 결합을 통해 결정성의 큰 그물 구조를 이룬다. 수소 결합은 단백질이 특정한 구조를 결정하는 데에도 중요한 역할을 한다.

DNA 염기에는 수소 결합에 필요한 요소가 다 있다. 비공유 전자쌍이 있는 산소와 질소 원자도 있고 질소에 붙은 수소 원자도 있다. 크릭과 왓슨은 각 염기에 상보적인 짝이 있어서 서로 수소 결합을 통해 묶인다고 제안했다. 아데닌과 티민은 수소 결합 두 개로 묶이고 시토신과 구아닌은 수소 결합 세 개로 묶인다(그림 5.5).

케임브리지와 런던의 왕립 대학에서 DNA의 X선 결정 구조를 연구하던 팀은 DNA의 뉴클레오티드 사슬이 두 가닥의 나선 (코일 모양의) 구조를 하고 있는 것 같다고 발표했다. 크릭과 왓슨의 모델에서는 두 가닥은 각각의 가닥에 있는 상보적인 염기들 사이의 짝짓기에 의해 붙들리고 이 염기들은 두 DNA 가닥의 인산당 뼈대에 붙어 있다. 이렇게 생긴 구조는 A—T, C—G 쌍들을 가로대로 하는 나선식 계단과 비슷하다(그림 5.6). 이 이중나선의 두 가닥은 서로 같지 않고 하나는 다른 하나에 대해 사진의 음화에 해당한다. 하나의 가닥이 주어지면 다른 가닥의 구조를 결정할 수 (심지어 만들 수도) 있다. 따라서 이 모델에서 DNA가 자신을 어떻게 복제할지를 바로 알 수 있다. (세포가 분열할 때마다 반드시 DNA가 복제되어야 한다.) 두 가닥이 풀려서 각 가닥이 주형이 되면 그 위에 염기들 사이의 상보적인 짝짓기 규칙에 따라 뉴클레오티드들을 모아 새로운 가닥을 조립한다. 즉, 주형에 A가 나타나면 새 가닥에는 T를 더한다. 이렇게 하여 똑같은 DNA 분자 두 개가 원형에서 만들어진다. 크릭과 왓슨은 DNA 구조에 대한 그들의 모델에서 DNA 복제 메커니즘의 가능성을 바로 알아보았다. 그 당시에는 아무도 관심을 가지지 않았지만 이것은 미래 유전학의 방향을 제시한 것이었다. 그들은《네이처》에 〈우리가 제안한 정확한 짝짓기 메커니즘이 바로 유전 물질의 복

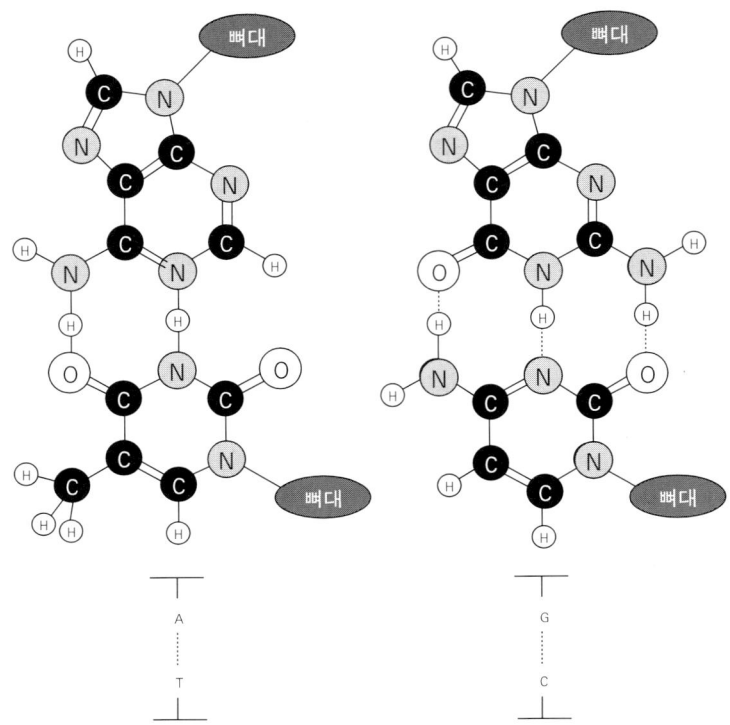

그림 5.5 DNA 염기들은 수소 결합을 통해 상보적인 퓨린-피리미딘 염기 쌍을 이룬다. (점선으로 표시한 수소 결합 두 개를 통해) 아데닌은 사이민과 잘 어울리고 (수소 결합 세 개를 통해) 구아닌은 시토신과 잘 어울린다. 이 상보적인 쌍들은 크기가 같다.

제 메커니즘일지도 모른다는 것에 우리는 주목했다〉라고 적었다.

상보적인 염기 짝짓기는 분자 인식의 훌륭한 예이다. DNA가 복제하는 동안 각 염기는 다른 염기들이 있는 가운데 상보적인 짝과 정확하게 짝짓기를 한다. 즉, 염기는 상대를 〈인식한다〉. 비록 복잡한 효소 반응 기구가 짝짓기 규칙이 지켜지도록 하지만 궁극적으로 인식은 염기 쌍의 기하학적 모양과 이중나선의 모양 때문에 일어난다. 염기를 잘못 이으면, 예를 들어 두 A가 만나게 이으면 나선 구조가 불편하게 불거질 것이다. (그러나 복제 과정에서 염기가 상대를 인식한다는 생각은 최근 도전을 받았다. 로체스터 대학의 쿨Eric T. Kool 교수 팀은 산소와 크기가 거의 같지만 수소 결합을 하지 않는 플루오르가 산소 자리를 차지한 인공적인 염기를 복제 과정에서 새 가닥

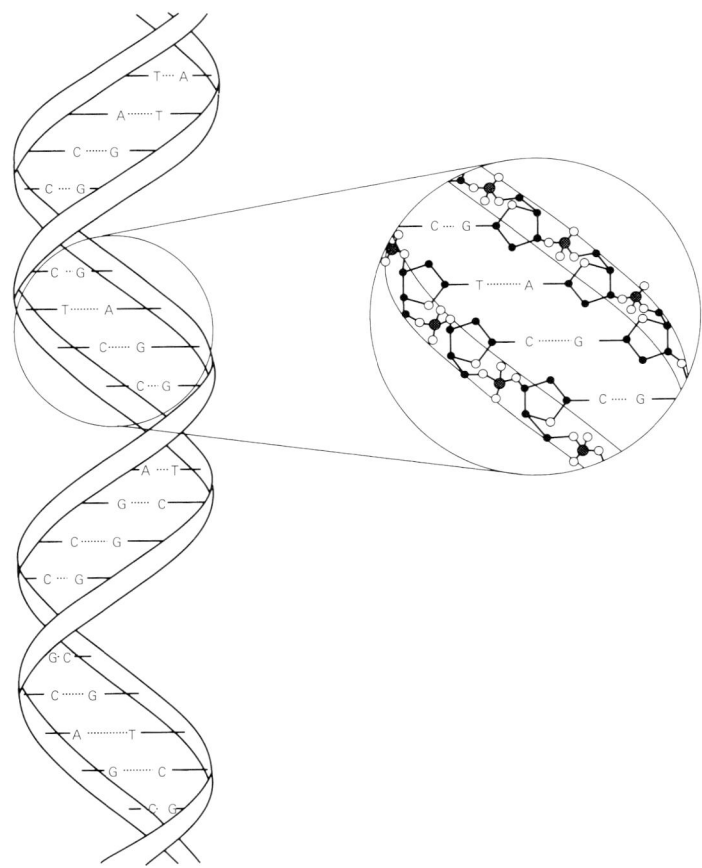

그림 5.6 DNA 분자는 두 뉴클레오티드 중합체 사슬이 다른 사슬의 주위를 도는 이중나선이다. 두 가닥은 상보적인 염기 쌍 사이의 수소 결합으로 서로 붙들린다. 이것은 한 가닥의 염기 서열이 다른 가닥의 상보적인 서열이어야 한다는 뜻이다.

에 도입할 수 있었다. 분자 복제 과정에서는 염기가 상대를 알아보는 것이 중요하지 않고 분자 복제 기구는 수소 결합이 아니라 염기의 기하학적 모양을 인식하는 것 같다.——옮긴이)

1-2 생명의 암호

세포의 모든 DNA는, 즉 게놈이라고 부르는 생명체의 완전한 유전자 청사진은 단 하나의 거대한 이중나선 분자에 들어 있는 것이 아니라 분리된 여러 염색체 속에 몇 부분으로 나뉘어 들어 있다. 인간의 세포 속에는 이런 조각들이 46개나 있다. 염색체는 히스톤이라고 하는 〈채움〉 단백질 분자로 단단히 채워진 DNA 복합체이다.

유전자의 역할은 인체 내의 화학 반응을 총지휘하는 효소 단백질을 만드는 데 필요한 정보를 전달하는 것이다. 유전학자인 프랑소와 야콥 François Jacob은 이것을 〈유전자는 명령하고 단백질은 수행한다〉라고 간단하게 표현했다. 요점은 각 유전자가 단백질의 청사진을 지닌다는 것이다. (이것은 엄밀히 맞는 말은 아니다. 어떤 유전자는 다른 종류의 정보를 지닌다. 단백질의 청사진을 지닌 유전자를 구조 유전자라고 부른다.)

이 정보는 유전자 속에 암호화된 형태로 들어 있다. 단백질의 화학적 구조는 이를 구성하는 아미노산들의 서열로 나타낼 수 있다. 그런데 DNA는 염기들의 서열로 나타낼 수 있고 이 염기들은 단지 버팀대 역할만을 하는, 뉴클레오티드의 다른 성분인 당과 인산기로 연결되어 있다. 따라서 DNA의 특정한 염기 서열이 단백질의 어떤 아미노산에 해당하는 암호라고 상상할 수 있다. 결국 DNA 분자에 있는 유전자의 염기 서열이 단백질 분자를 암호화된 형태로 표시한다.

그러나 단백질에 있는 아미노산의 종류는 스무 가지이지만 DNA 염기는 단지 네 가지에 불과하다. 따라서 DNA 단백질 암호를 완성하려면 한 아미노산을 나타내기 위해 염기 〈여러〉 개가 필요하다. 〈한 아미노산당 하나의 염기)로는 암호가 완성되지 않는다. 모스 부호에도 같은 원리가 적용되어서 길고 짧은 단 두 개의 암호만을 몇 개씩 묶어 알파벳 26자를 표시한다. 염기를 두 개씩 써서 DNA 암호를 만들면 4×4=16개의 암호를 만들 수 있으므로 모든 아미노산을 나타낼 수 없다. 하지만 염기를 3개씩 쓰면 4×4×4=64개의 암호를 만들 수 있어 충분하고도 남는다. 따라서 DNA 단백질 암호는 아미노산을 나타내기 위해 최소한 세 개의 염기를 써야 한다.

실제로 DNA가 단백질의 청사진을 이렇게 기록한다. 유전자의 염기를 세 개씩 읽어서 그 유전자에 암호화된 단백질의 아미노산 서열을 해독할 수 있다. 박테리아에 대한 실험을 통해 이 암호를 해독해서 각 아미노산에 해당하는 염기 삼중체를 알아냈다. 모든 살아있는 유기체는 같은 유전 암호를 사용한다. 암호에 중복이 있어서 아미노산 스무 가지를 나타내기 위해 염기 삼중체 64개를 쓸 수 있으므로 어떤 아미노산은 여러 염기 삼중체로 표시된다. 그리고 어떤 삼중체는 아미노산을 표시하지 않고 대신 유전자의 단백질 암호의 끝을 알리는 〈제어 부호〉로 쓰인다. 전체 유전 암호를 〈그림 5.7〉에 적었다.

생명체의 구조에 대한 정보로 가득 찬 DNA 분자를 뉴클레오티드를 마구잡이로 엮어서 만들 수 없는 것은 분명하다. 이것은 단어를 마구잡이로 늘어놓아서 셰익스피어의 작품을 얻을 수는 없는 것과 마찬가지이다. DNA 조립 공정은 대단히 정밀하게 제어된다. DNA 조립 공정에 생긴 잘못은 철자법의 오류와 같다. 문장이 전혀 무의미하게 될 수도 있고 다른 방향으로 의미가 바뀔 수도 있다. DNA 분자가 만들어지는 동안 바로 검사하고 〈편집하는〉 놀랍도록 효율적인 분자 기구가 있음에도 불구하고 실수가 발생한다. 바로 이 실수 때문에 돌연변이가 생기고 자연 선택에 의해 종이 진화하는 것이다. 즉, 이 실수 때문에 생존에 이로울 수도 있고 치명적일 수도 있는 형질이 우연히 생긴다.

둘째 자리

	U	C	A	G	
U	Phe Phe Leu Leu	Ser Ser Ser Ser	Tyr Tyr Stop Stop	Cys Cys Stop Trp	U C A G
C	Leu Leu Leu Leu	Pro Pro Pro Pro	His His Gln Gln	Arg Arg Arg Arg	U C A G
A	Ile Ile Ile Met	Thr Thr Thr Thr	Asn Asn Lys Lys	Ser Ser Arg Arg	U C A G
G	Val Val Val Val	Ala Ala Ala Ala	Asp Asp Glu Glu	Gly Gly Gly Gly	U C A G

첫째 자리 / 셋째 자리

그림 5.7 DNA 염기 서열에 아미노산으로 단백질을 합성하는 데 필요한 정보가 암호로 들어있다. 한 단백질의 청사진이 든 DNA 조각을 유전자라고 부른다. 암호에서 각 아미노산은 DNA 염기 서열 세 개에 해당한다. 모든 생명체의 유전 암호는 같고 박테리아 DNA를 연구해서 이 암호를 해독했다. 다음처럼 아미노산을 줄여 표시했다. Phe=페닐알라닌, Ser=세린, Tyr=티로신, Cys=시스테인, Leu=루신, Trp=트립토판, Pro=프롤린, His=히스티딘, Arg=아르기닌, Gln=글루타민, Ile=이소루신, Thr=트레오닌, Asn=아스파라긴, Lys=리신, Met=메티오닌, Val=발린, Ala=알라닌, Asp=아스파르트산, Gly=글리신, Glu=글루탐산, Stop은 아미노산을 나타내는 것이 아니라 단백질 합성을 끝내라는 신호이다.

　유전자의 염기 서열이 단백질의 아미노산 서열로 바뀔 때 유전자의 정보가 단백질의 다른 암호로 잘못 번역되는 것도 생각해 볼 수 있다. 대부분의 단백질에서 사슬이 접히고 말려서 단백질이 효소 활성이 있는 형태로 (2장 참조) 모양을 갖추는 데 충분한 정보가 아미노산 서열에 들어 있다. 하지만 단백질 접힘의 원리는 아직 완전히 밝혀지지 않아서 이것은 오늘날 생화학자들의 큰 숙제이다.

1-3 메시지의 번역

DNA 염기 서열로부터 아미노산 서열로 유전 정보를 번역하는 것은 한 번에 이루어지지 않고 중간 단계를 거친다. 이것이 세포에 있는 다른 핵산인 RNA의 역할이다. RNA의 염기인 우라실은 티민과 크기가 같고 아데닌하고만 결합하는 능력도 같다. 따라서 RNA는 DNA와 똑같은 방법으로 정보를 암호화할 수 있다. 그러나 세포 안에서 발견되는 RNA는 DNA보다 길이가 짧고 DNA가 없는 곳에도 존재한다. RNA는 각 유전자에 있는 정보의 복사판을 만들어 그 위에서 유전 정보가 단백질 분자로 바뀌는 비계 역할을 한다.

유전자에서 단백질에 이르는 과정에 대단히 효율적인 분자 조립 기구가 관여한다. 첫 단계는 DNA에 암호화된 유전자 정보의 RNA 판을 만드는 것으로 유전자의 A, T, C, G 뉴클레오티드 서열에 상보적인 RNA의 U, A, G, C 뉴클레오티드 서열을 만든다. DNA 이중나선에서 유전 정보가 든 부분이 풀어져서 그중 한 가닥이 주형으로 작용해서 RNA 분자를 만든다(그림 5.8). 이 과정을 베껴쓰기라고 부른다. 이렇게 만든 RNA 분자를, 나중에 단백질 조립에 관여하는

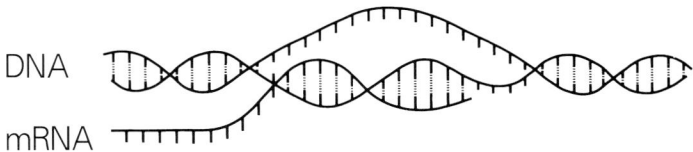

그림 5.8 유전 암호는 RNA를 거쳐 DNA 서열에서 아미노산 서열로 번역된다. 유전자 하나의 정보를 담은 RNA 분자를 전령 RNA, 즉 mRNA라고 부른다. DNA 이중나선의 일부가 풀리고 풀린 두 가닥 중 하나가 주형이 되어 mRNA가 합성된다. DNA 가닥과 상보적인 염기쌍을 이루도록 RNA 가닥의 뉴클레오티드 서열이 결정된다. 생화학적인 분자 인식을 통해 이 베껴쓰기 과정이 진행된다고 생각할 수 있다.

다른 두 RNA와 구별하여 전령 messanger RNA, 즉 mRNA라고 한다. DNA 가닥에서 떨어져 나온 mRNA는 염기 서열에 단백질 청사진을 담고 있다(여기서도 염기 삼중체가 단백질의 각 아미노산을 나타낸다). 또다른 RNA인 전달 transfer RNA, 즉 tRNA가 세포 안을 돌아다니며 단백질 조립에 필요한 아미노산을 구해서 mRNA에게 갖다 준다. mRNA에 든 암호화된 정보를 써서 단백질을 조립하는 이 작업을 번역이라고 한다.

mRNA 주형에 아미노산을 한 번에 하나씩 붙여 단백질을 조립한다. 아미노산 하나에 대응하는 mRNA 상의 염기 삼중체 하나 하나를 코돈 codon이라고 한다. tRNA 분자의 한쪽 끝은 특정한 코돈에만 붙는다. 이 부분에는 mRNA 코돈의 염기 삼중체에 상보적인 염기 삼중체가 들어 있고 이것을 역코돈이라 부른다. 예를 들어 염기 서열이 CGA인 mRNA 코돈에는 tRNA의 역코돈 GCU가 C—G, G—C, A—U의 상보적인 짝을 이루어 붙는다(그림 5.9). tRNA의 다른 쪽 끝은 유전 암호표의 mRNA 코돈에 해당하는 특정 아미노산에만 붙는다. 위의 예에서 DNA 유전자의 GCT의 서열에서 생긴 mRNA의 CGA 서열은 아르기닌 아미노산에 해당한다(그림 5.7). 따라서 단백질 사슬의 자리에 아르기닌을 놓는 tRNA 분자에는 한쪽 끝에 GCU라는 역코돈이 있고 반대쪽 끝은 아르기닌과 결합한다.

코돈-역코돈 인식 과정도 상보적인 염기 짝짓기 원리를 따라 일어난다. 하지만 다른 인식 과정인 아미노산을 집어드는 과정은 잘 밝혀지지 않았다. 여기에는 아미노아실-tRNA 합성 효소의 도움이 필요하다. 모든 아미노산마다 각각 다른 아미노아실-tRNA 합성 효소가 있고 이것의 역할은 아미노산의 산 기와, tRNA의 끝에 붙은 아데닌 뉴클레오티드의 리보오스 고리를 연결하는 것이다. tRNA 역코돈이 무엇이든 관계없이 아미노산이 붙는 다른 쪽은 항상 CGA 염기 서열로 끝나고 아미노산-tRNA 결합은 항상 A 뉴클레오티드에

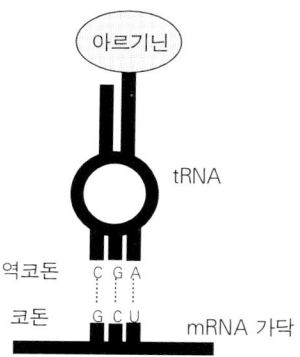

그림 5.9 운반 RNA, 즉 tRNA가 아미노산을 붙들어 mRNA〈단백질 주형〉으로 가져간다. tRNA의 한쪽 끝은 복잡한 분자 인식 과정을 거쳐 적절한 아미노산과 결합된다. 다른 쪽 끝에는 역코돈이라고 부르는 세 개의 염기 서열이 있다. 이 역코돈은 mRNA의 상보적인 코돈 위에 자리잡는다. 여기에 보인 코돈은 아르기닌에 대한 것이다 (CGA, 〈그림 5.7〉 참고).

생긴다. 이쪽 끝이 항상 같기 때문에 맞는 아미노산을 붙이려면 효소는 어떻게 해서든 tRNA의 다른 부분을 〈느낄〉 수 있어야 할 것이다. 분자 생물학에는 이렇게 잘 밝혀지지 않은 복잡한 인식 과정이 많다. (여기에 적힌 것보다 많은 것이 밝혀졌다. 참고문헌 『화학적 진화』, 메이슨 S. F. Mason, 고문주 옮김(민음사, 1996) 329-333쪽을 보시오.──옮긴이)

tRNA가 지닌 아미노산을 mRNA 주형에 연결하려면 리보솜 RNA(rRNA)라는 이름의 세번째 RNA와 함께 다른 효소와 단백질의 도움이 필요하다. 여러 rRNA 분자가 더 많은 수의 효소와 단백질과 합쳐서 리보솜이라고 부르는 아주 복잡한 덩어리를 이룬다. 리보솜은 아미노산을 연결한다. 리보솜은 mRNA에 붙어 먼저 tRNA 역코돈이 mRNA 코돈에 자리잡는 것을 돕는다. tRNA가 mRNA로 아미노산을 갖다주면 리보솜은 아미노산을 단백질 사슬에 연결하고 mRNA 가닥을 따라 한 코돈만큼 움직여서 다음 tRNA를 기다린다.

리보솜은 두 tRNA를 붙든다. 둘 중 하나는 자라는 단백질 사슬에 붙어있고 다른 하나는 거기에 펩티드 결합으로 연결될 아미노산을 가져온다(그림 5.10). 리보솜은 펩티드 결합이 생기도록 정확한 위치에 단백질 사슬과 아미노산을 함께 붙들고 있다. 펩티드 결합이 생

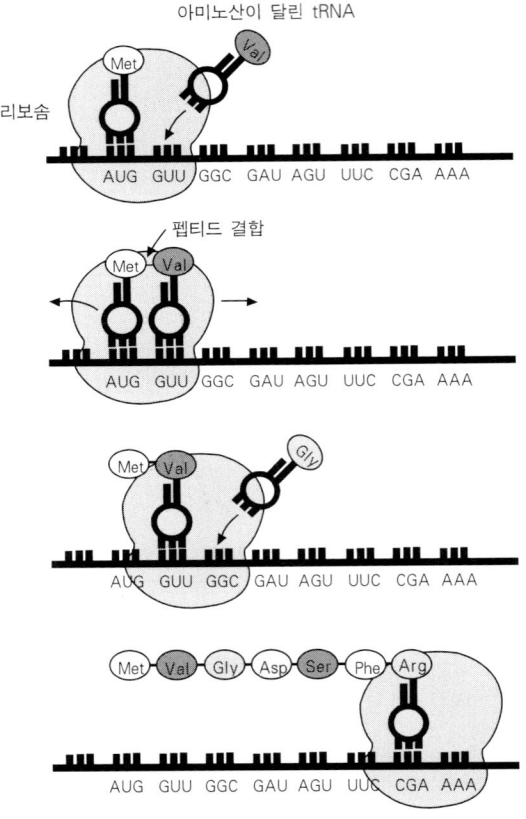

그림 5.10 mRNA 주형 위에서 단백질을 합성하는 것은 아주 조화롭게 일어난다. 리보솜 RNA와 몇 개의 단백질로 이루어진 리보솜이라고 부르는 분자 단위가, 아미노산이 달린 tRNA가 mRNA 코돈 위에 자리잡는 것을 돕는다. tRNA에 달린 아미노산을 단백질 사슬에 펩티드 결합을 통해 이은 다음 리보솜은 mRAN 사슬을 따라 다음 코돈으로 한 칸 자리를 옮긴다. 그 다음 tRNA가 떨어진다.

기면 단백질 사슬은 새 tRNA로 옮겨진다. 리보솜은 먼저 있던 tRNA를 내놓고 다음 코돈으로 움직여 그 다음 tRNA를 기다린다. mRNA의 양끝에는 코돈에 해당하지 않고 단백질 합성의 시작과 끝을 리보솜에 지시하는 염기 서열이 있다. 합성이 끝나면 단백질은 리보솜/mRNA 복합체에서 떨어지고 임무를 다한 mRNA는 효소에 의해 분해된다. 이렇게 복잡하게 보이는 베껴쓰기와 번역이 몸의 분자 기구에게는 아주 쉬운 일이어서 조심스레 만든 전령을 단 한 번만 쓰고 버린다!

2 알아보는 법을 배우기

2-1 생명체에서 배우기

거의 모든 생화학 반응에 고도의 분자 인식 과정이 관련되어 있다. 이런 인식 과정이 어떻게 일어나는지를 아는 것은 생명의 화학을 이해하는 데 필요할 뿐 아니라, 결함이 있는 자연 효소를 대치하거나 새 일을 할 인공 효소를 설계하는 데에 도움이 된다. 앞에서 보았듯이 단백질 효소들은 보통 대단히 크고 복잡한 분자들이지만 효소 작용의 가장 중요한 부분을 이해하면 그 성질을 지닌 더 작고 더 간단한 분자를 설계할 수 있을지 모른다. 따라서 간단한 모델 계에서의 분자 인식에 대한 연구를 통해 제약 산업은 많은 것을 배울 수 있다. 더구나 산업 공정에서 기존의 촉매 대신 선택적인 효소를 쓰는 경우가 점점 더 많아지고 있다는 것을 2장에서 보았다. 많은 양의 자연 효소를 분리하고 정제하는 데는 시간과 비용이 많이 들기 때문에 여기에도 자연 효소를 흉내낸 인공 분자가 중요하게 쓰일 수 있다.

하지만 인공 효소나 새 약 때문에 화학 합성에서 분자 인식을 연구하는 것은 결코 아니다. 유기화학에서 크고 복잡한 분자를 만드는 통상적인 접근법이 반드시 가장 효율적인 방법은 아니라는 것이 지난 수년 사이에 명백해졌다. 유기 합성은 여러 작은 단계를 거치는 길고 지루한 경로를 따르려는 경향이 있다. 반응에 특이성이 없기 때문에 이렇게 긴 길을 돌아가야 한다. 반응을 일으키는 물질이 분자의 다른 부분을 건드리지 않고 정확히 원하는 부분만을 공격하도록 하려면 자주 분자의 다른 부분에 〈보호 기〉를 붙여 놓아야 한다. 아주 조직적이고 특이한 방식으로 반응하여 한두 단계로 원하는 생성물을 얻을 수 있도록 반응물을 설계할 수 있다면 얼마나 좋겠는 가? 한 가지 생성물만이 생기도록 반응물들을 끼워 맞추는 분자 인식을 통해 반응을 원하는 대로 진행시킬 수 있다. 이런 식으로 분자 인식을 이용해서 화학자들은 단지 복잡한 분자들을 섞는 것만으로도 이들이 스스로를 조립할 수 있다는 것을 알게 되었다. 〈자기 조립〉은 이제 이 분야의 구호가 되었다.

유기화학자들만이 이런 접근법에서 도움을 받은 것은 아니다. 마치 초소형의 조립식 키트를 다루듯이 분자 인식 과정을 통해 분자들을 조립해서 놀라운 초구조물들을 만들 수 있다. 이것을 분자 수준의 공학이라고도 할 수 있다. 1밀리미터의 백만 분의 일인 (C_{60} 분자의 크기인) 나노미터 크기를 다루는 나노기술이라는 아주 어린 과학 분야의 연구에는 아마도 분자 자기 조립 과정이 가장 희망적인 수단이 될 것 같다. 분자 수준의 공학이 전자 산업과 재료과학에 기여할 수 있는 가능성은 엄청나게 크지만 그 응용은 이제 막 시작되었을 뿐이다.

2-2 인식의 힌트 : 분자 고리

과학이 시작된 후부터 화학자들은 자연에서 배움을 얻었지만 분자 인식이 하나의 연구 분야로 자리를 잡은 것은 아무리 이르게 보아도

1960년대였다. 당시 미국의 화학자 찰스 페더슨Charles Pedersen은 금속 이온이 고무의 성질에 어떤 영향을 미치는지에 관심이 있던 석유화학 산업 분야에서 일하고 있었다. 페더슨은 우연히 어떤 분자들이 특정한 금속 이온에만 달라붙고 다른 이온에는 붙지 않는다는 것을 발견하였다. 무기화학 분야에서 이런 선택성은 매우 드문 일이었다. 일반적으로 금속들은 화학 반응에 영향을 미칠 때 개별적인 원소가 아니라 일반적인 금속으로 영향을 미친다. 심지어 유기 분자도 금속 이온에 붙을 때 거의 선택성을 보이지 않는다. 그에 비해 효소는 자신의 목표물이 아닌 화학종과는 아무 일도 일으키지 않는다. 그렇지 않다면 생화학은 작용하지 못한다.

그러나 페더슨은 분자들을 단 한 가지 금속 이온하고만 붙고 다른 이온에는 붙지 않도록 고안할 수 있었다. 그것은 예를 들어 칼륨 이온에는 붙고 (같은 전하를 띠고 있고 화학적 성질이 비슷한) 나트륨 이온이나 (칼륨 이온과 크기가 비슷한) 은 이온에는 붙지 않았다. 이 발견은 두 가지 이유 때문에 흥미롭다. 첫째, 특정한 기하학적 방향의 결합을 좋아하기 때문에 주위의 모양에 대해 민감한 전이 금속이 아니라 알칼리 금속과 알칼리 토금속이라고 부르는 주기율표의 1족과 2족 금속에 대해 이 분자가 선택적으로 결합한다는 것은 놀라운 일이다. 전이 금속은 비거나 일부가 찬 전자 오비탈들을 특정한 방향으로 뻗고 있지만 알칼리 금속과 알칼리 토금속의 이온은 단지 전하를 띤 둥근 구일 뿐이다. 둘째로 관심을 끄는 것은 알칼리와 알칼리 토금속 특히 나트륨, 칼륨, 칼슘, 마그네슘은 신경 세포의 반응 같은 여러 생리학적 과정과 관련이 있다는 것이다. 따라서 이 금속들을 구분할 수 있는 분자는 약으로 쓸 수 있을지 모른다.

페더슨이 발견한 분자는 고리형 에테르의 일종으로 탄소와 산소로 이루어진 고리가 있었다. 에테르 기에서 산소는 두 탄소 원자 사이를 다리로 잇는다($-CH_2-O-CH_2$). 물처럼 산소 원자에는 비공유 전자쌍이 두 개 있어서 이 분자는 수소 결합을 하거나 금속 이온과 배위 결합을 할 수 있다. 이 때문에 에테르에 녹는 금속 이온이 많다. 고리형 에테르에는 에테르 기가 고리에 하나 이상 들어 있다. 페더슨의 분자들에서 고리는 보통 9개에서 18개의 원자로 이루어지고 두 CH_2 기마다 산소 원자가 하나씩 번갈아 든다. 이 분자들에서 원자 사이의 결합은 모두 서양 왕관에서 볼 수 있는 것처럼 지그재그로 꺾여 있다. 그래서 페더슨은 이 분자들에 왕관형 에테르라는 이름을 붙였다(그림 5.11).

왕관형 에테르를 금속 이온과 합쳐서 페더슨은 분자로 고리 놀이를 했다. 왕관형 에테르가 이온을 감쌀 때 각 산소 원자는 자신의 비공유 전자쌍으로 금속과 결합하여 이온을 고리의 한 가운데에 단단히 붙든다. 다른 이온에 대한 선택성은 고리 크기에 따라 민감하

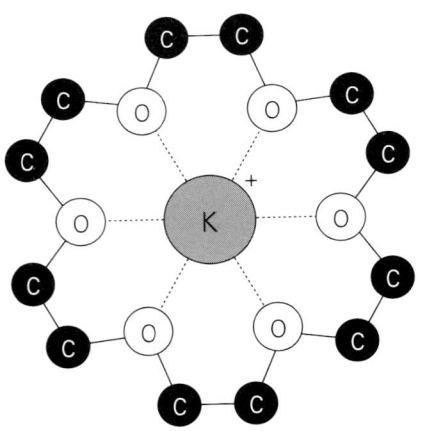

그림 5.11 왕관형 에테르는 에테르가 든 고리형 분자이다. 에테르의 산소 원자들은 비공유 전자쌍을 통해 금속 이온과 (이 그림에서는 칼륨 이온과) 결합할 수 있다. 결합의 세기는 고리의 크기에 따라 민감하게 바뀐다. 알아보기 쉽게 하기 위해 이 그림과 이 뒤에 나오는 모든 그림에서 탄소에 붙은 수소 원자는 생략하였다.

게 바뀐다. 금속이 조금이라도 크다면 고리의 구멍이 금속을 받아들일 수 없다. 금속이 너무 작다면 산소 원자들이 너무 멀리 떨어져 있어 이온을 붙들 수 없다. 칼륨과 은 이온처럼 반지름이 조금만 달라도 왕관형 에테르가 결합하는 정도의 차이는 엄청나게 크다.

2-3 더 빈틈 없이: 주머니

이 금속 이온들의 생리학적 중요성 때문에 장마리 렝 Jean-Marie Lehn은 왕관형 에테르에 관심을 갖게 되었다. 프랑스 스트라스부르에 있는 루이 파스퇴르 대학교에서 일하던 프랑스 화학자 렝은 신경계의 신호 전달에서 나트륨과 칼륨 이온의 역할에 대한 연구를 하고 있었다. 세포막 안팎에 이 이온들이 분포하는 방식에서 신경 세포가 뇌로 보내는 전기적인 신호가 발생한다. 이온을 세포막 한쪽에서 다른 쪽으로 옮기는 방법 중의 하나는 이온을 이온 전달 물질로 싸서 나르는 것이다. 이온 전달 물질은 일반적으로 이온들에 대해 아주 선택적인 고리 모양의 분자들이다. 이온은 세포막을 이루는 지방 화합물에 녹지 않기 때문에 혼자서는 세포막을 통과할 수 없다. 이온 전달 물질은 금속 이온을 지방에 녹을 수 있게 감싼 다음 세포막의 반대쪽에 풀어놓는다.

자연의 여러 이온 전달 물질은 산소나 질소 원자의 비공유 전자쌍을 써서 금속 이온과 결합한다(그림 5.12). 그러므로 페더슨의 왕관형 에테르는, 이온 전달이 어떻게 일어나는지를 연구하는 데 도움이 될 이런 물질에 대한 간단한 모델이 될 수 있다. 어쩌면 여기서 출발해서 진짜 이온 전달 물질의 기능을 흉내내는 새로운 약을 만들 수 있을지도 모른다. 어떤 것은 항생제로 쓸 수 있을 것이다. 렝은 왕관형 에테르에 고리를 더해서 이온이 자리할 빈자리에 더 공간적인 제약을 주면 금속에 대해 더 강하고 더 선택적인 결합을 할 수 있을 것이라는 생각을 했다. 이런 분자들은 분자 바구니 같은 것이다.

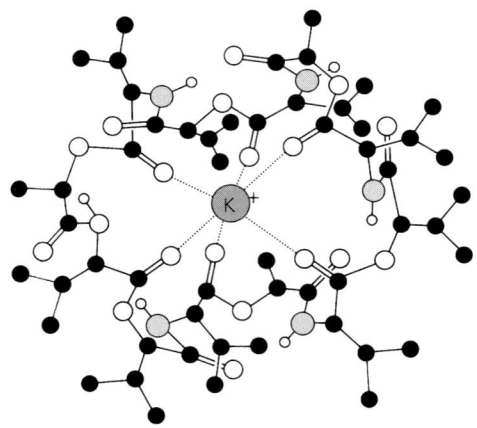

그림 5.12 금속 이온과 결합해서 세포막의 안팎으로 금속 이온을 나를 수 있는 화합물을 이온 운반 물질이라고 부른다. 천연의 이온 운반 물질들은 흔히 왕관형 에테르처럼 금속과 결합할 수 있는 산소나 질소 원자가 든 거대 고리 화합물이다. 여기에 보인 이온 운반 물질 발리노마이신은 칼륨 이온과 특히 강하게 결합한다. 세포의 내용물과 세포막의 기능을 바꿀 수 있기 때문에 이것은 항생제로 작용한다.

고리를 가로지르는 다리를 걸쳐서 고리 두 개가 한쪽에서 겹친 〈두 고리〉 화합물을 만들어 가장 간단한 분자 바구니를 얻을 수 있다(그림 5.13). 고리의 산소 자리에 질소 원자를 두 개 넣어 다리를 놓을 수 있다. 산소 원자가 두 개의 결합을 이루는 데 비해 질소 원자는 세 개의 결합을 이룰 수 있어서 세 가닥을 이을 수 있다. 이렇게 질소로 이어진 분자들을 아자왕관형 에테르 또는 간단히 아자왕관이라고 부른다. 렝은 두 고리 아자왕관에 〈주머니cryptand〉라는 이름을 붙였다. 그리스어로 크립트krypt란 숨긴다는 뜻이다. 주머니 분자에는 정말로 가운데 빈 곳에 금속 이온을 감추는 능력이 있었다. 렝은 에테르 가닥의 길이를 바꾸어 각각의 알칼리 금속에 대해 천연 분자에 맞먹을 만큼 아주 선택적인 주머니 분자를 만들 수 있었다.

두 고리 화합물에서 멈출 이유가 없었다. 1976년에 렝 연구 팀은 세 고리 아자왕관을 만들었다(그림 5.14). 이 분자는 빈 곳이 정말로 새장처럼 생겼고 이온 결합을 선택적으로 할 수 있는 가능성을 더욱 확장했다. 칼륨 이온과 암모늄 이온은 크기가 비슷해서 두 고리 주머니는 각각에 대해 비슷한 정도로 결합한다. 그러나 세 고리 주머니는 암모늄 이온과 훨씬 잘 결합한다. 세 고리 주머니의 경우 선택성이 크기에서 오는 것이 아니라 모양에서 온다. 칼륨 이온은 전하를 띤 구일 뿐이지만 암모늄 이온은 수소 원자 네 개가 정사면체의 꼭지점을 차지한 모양을 하고 있다. 세 고리 주머니에는 NH_4^+와 방향성이 있는 결합을 하기에 꼭 알맞도록 질소와 산소 원자가 자리를 잡고 있다(그림 5.14).

이 예에서 볼 수 있듯이 분자 인식이란 맞는 크기의 구멍에 쐐기를 박는 것 이상이다. 구멍의 크기뿐만 아니라 모양도 맞아야 한다.

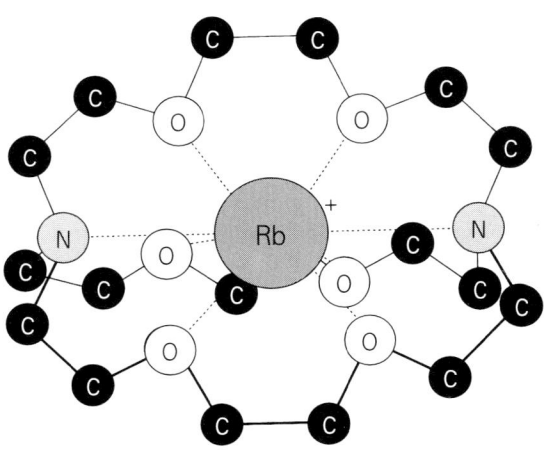

그림 5.13 두 고리 왕관형 에테르에는 한쪽이 붙은 에테르 고리가 두 개 있다. 질소 원자가 이 분자의 세 에테르 사슬을 묶고 또한 비공유 전자쌍을 내놓아 금속 이온(이 경우 루비듐)과 결합한다. 새장처럼 생긴 내부 공간에 이온을 감출 수 있기 때문에 장마리 렝은 이 분자에 〈주머니〉라는 이름을 붙였다.

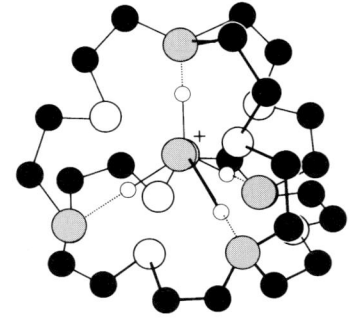

그림 5.14 세 고리 아자왕관형 에테르의 내부는 대체로 구형이다. 여기에 보인 것은 특히 암모늄 이온(NH_4^+)과 잘 결합한다.

생물학적인 인식 과정의 특징은 바로 분자의 모양에 대한 민감성이다. 자물쇠의 빈 곳이 열쇠와 어울리듯 인식을 하는 분자의 모양은 이것을 잡는 분자와 상보적인 모양을 하고 있다. (화학자들은 인식을 하는 분자를 주인host이라고 부르고 잡히는 분자를 손님guest이라고 부른다.) 1894년에 독일인 생화학자 에밀 피셔Emil Fischer가 분자 사이의 상호 작용에서 이 〈자물쇠-열쇠〉 개념을 최초로 생각해 냈다. 상보적인 모양의 분자들이 서로 맞추어져 이루어진 집합체를 초분자라고 부른다. 초분자의 생성과 거동을 연구하는 분야가 초분자화학이다. 초분자는 그것을 이루는 부분들이 강한 공유 결합이 아니라 수소 결합처럼 약한 상호 작용을 통해 연결되어 있다는 점에서 단순히 거대한 분자들과 다르다. 이론적으로 초분자는 쪼개지면 그것을 이루는 분자들이 다시 생긴다. 이 조립에서 일어나는 것은 DNA에서 상보적인 염기끼리 짝을 이룰 때나 생분자가 효소에 결합할 때 일어나는 것과 똑같은 현상이다. 생물학에서는 보통 주인 분자를 수용체라고 부르고 손님 분자를 기질이라고 부른다. 초분자화학에서도 이제는 이 용어를 흔히 쓴다. 이 책에서 앞으로 〈주인/손님〉과 〈수용체/기질〉을 어느 정도까지 같은 뜻으로 쓰겠다.

2-4 모든 형태와 크기

크기와 모양에 대한 선택성을 조합하여 금속 이온보다 훨씬 복잡한 기질을 인식하는 수용체 분자를 고안할 수 있다. 렝과 동료들은 왕관형 에테르의 원리를 이용해서 가늘고 긴 기질에 맞는 분자〈필통〉을 만들었다. 필통 분자는 양끝의 두 아자왕관이 선형의 띠우개 기 두 개로 이어져 있다. 이 수용체의 끝은 주머니 분자처럼 암모늄 기와 결합할 수 있다. 따라서 필통 분자의 내부는 탄화수소 사슬 양끝에 아민(NH_2) 기가 붙은 선형의 다이아민 분자에 대한 완벽한 수용체이다. 산성 용액에서 아민 기는 암모니아처럼 수소 이온을 받아 양전하를 띤 NH 기로 바뀐다.〈다이아미노〉이온의 길이가 아자왕관을 연결하는 띠우개의 길이와 맞으면 다이아미노 이온은 수용체 내부로 끼여든다(그림 5.15). 여러 결합 자리가 어떤 기하학적 모양의 기질과 잘 붙도록 자리잡은 이런 분자들은 생물학적 인식에 상당히 접근한 것이다.

마이애미 대학교의 조지 고켈 George Gokel과 동료들은 흥미를 끄는 또다른 분자 필통을 만들었다. 고켈의 수용체에도 아미노 기와

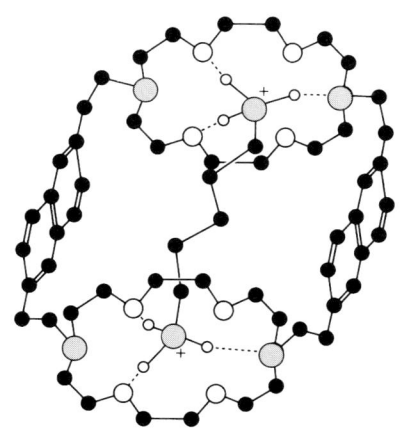

그림 5.15 두 아자왕관 고리가 탄화수소 띠우개로 이어져 긴 통 모양을 만든다. 속의 빈 곳에 가늘고 긴〈연필 같은〉손님 분자가 결합할 수 있다.

결합하기 위한 아자왕관이 양끝에 있다. 그러나 이 두 끝은 다른 몸에서 왔다. 한 아자왕관에는 탄화수소 사슬이 두 개 붙어 있고 탄화수소 사슬 끝에는 티민 염기가 달려 있다. 다른 아자왕관에 붙은 탄화수소 사슬에는 아데닌 염기가 달려 있다. 이 두 부분이 섞이면 아데닌기는 티민 기와 수소 결합으로 이어져 DNA 분자에서 볼 수 있는 염기 쌍을 이룬다(그림 5.16). 이 필통은 저절로 부분으로부터 스스로를 조립했다.

고켈은 또한 움직일 수 있는 팔이 기질을 덮어 기질을 더 단단하게 붙드는 왕관형 에테르의 일종도 만들었다. 이 분자는 질소 원자에 선형의 탄화수소 사슬이 달린 아자왕관이고 탄화수소 사슬 끝에는 이온과 결합할 수 있는, 에테르 기처럼 비공유 전자쌍이 있는 작

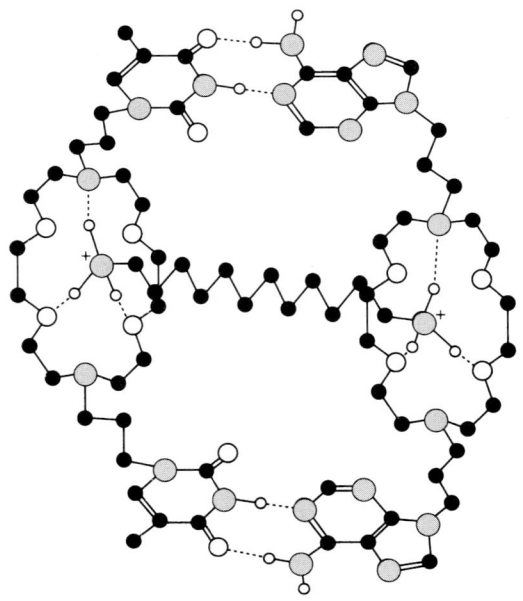

그림 5.16 자기 조립 필통. 상보적인 뉴클레오티드 염기인 아데닌과 티민 사이의 수소 결합을 통해 두 조각이 용액에서 저절로 붙는다.

용 기가 달려 있다. 분자가 올가미 모양이기 때문에 고켈은 이 분자에 올가미 왕관형 에테르라는 이름을 붙였다(그림 5.17). 질소 원자에 붙은 팔은 움직일 수 있다. 금속 이온이 고리와 결합하면 끝의 에테르 기가 이온을 덮어 더 강하게 결합하도록 팔이 돌 수 있다. 움직일 수 있는 팔 때문에 올가미 왕관형 에테르는 유연성과 기질을 가두는 능력을 모두 발휘할 수 있다. 결합이 효과적이고 선택적이지만 기질이 빠져 나오지 못할 만큼 단단히 붙들지는 않는다. 이제 고켈의 자기 조립하는 필통의 각 반쪽은 팔이 두 개 달린 올가미 왕관형 에테르라는 것을 눈치챌 수 있을 것이다.

리처드 바아취 Richard Bartsch가 중심이 된 텍사스 공과대학의 연구팀은 여러 가지 금속 이온을 집을 수 있는 분자 집게를 설계했다(그림 5.18). 이것은 작은 리튬 금속 이온은 잘 물지만 더 큰 나트륨 이온을 물기에는 이 분자의 입이 너무 작다. 따라서 이 집게는 용액에서 리튬 이온만을 선택적으로 잘 골라낸다. 일본 규슈 대학교의 세이지 신카이 Seiji Shinkai와 동료들은 집게의 입을 벌리고 닫을 수 있는 교묘한 방법을 찾아냈다. 그들은 빛을 쪼여 입을 벌리거나 닫게 할 수 있는 분자 집게를 만들었다.

신카이의 집게에서 두 왕관형 에테르 고리는 아조벤젠으로 이어져

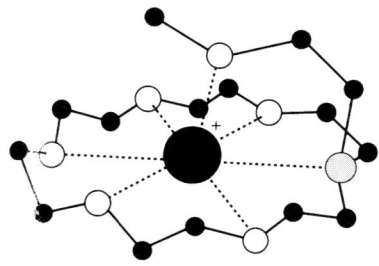

그림 5.17 올가미 왕관형 에테르에서 움직일 수 있는 팔은 손님 분자와의 결합하는 정도를 크게 바꿀 수 있다. 손님 분자를 덮어 고정할 수도 있고 열어서 손님 분자를 풀어놓을 수도 있다.

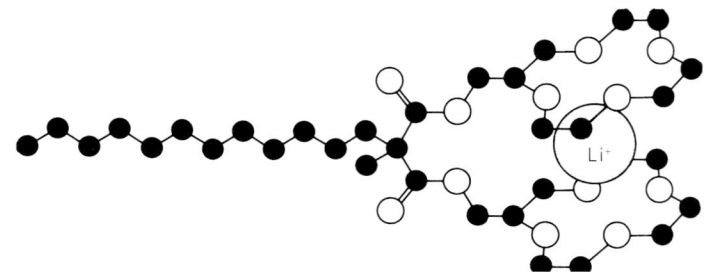

그림 5.18 이 분자의 입은 리튬 이온을 문다.

있다. 아조벤젠은 두 벤젠 고리가 질소-질소 이중 결합으로 이어진 것이다. 각 질소에 비공유 전자쌍이 있기 때문에 이 분자는 꺾여 있다. 두 벤젠기가 이중 결합의 같은 쪽에 오거나 반대쪽에 자리잡는다. 따라서 이 분자에는 두 가지 이성질체가 있다. 두 벤젠이 서로 반대쪽에 있는 형태를 트란스 이성질체라고 하고 같은 쪽에 있는 형태를 시스 이성질체라고 부른다. 이중 결합이 단단하기 때문에 분자는 한 이성질체에서 다른 이성질체로 형태를 쉽게 바꾸지 못한다. 그러나 자외선은 광화학적인 재배치 반응을 일으켜 (덩치 큰 벤젠 고리가 서로 반대쪽에 있기 때문에 더 안정한) 트란스형을 시스형으로 바꿀 수 있다. 열을 받으면 시스형은 다시 트란스형으로 돌아간다.

신카이 팀은 아조벤젠의 두 벤젠 고리에 왕관형 에테르를 붙였다. 분자가 트란스형일 때는 두 왕관형 에테르 고리가 멀리 떨어져 있지만 시스형일 때는 서로 가깝기 때문에 고리 사이에 기질을 가둘 수 있다. 신카이는 이 분자를 분자 집게로 써서 〈액체막〉 안팎으로 칼륨 이온을 옮길 수 있었다(그림 5.19). 두 수용액 층을 갈라놓는 이 액체막은 세포막에 대한 아주 간단한 모델이다. 아조벤젠은 항상 액체막 안에 있다. 자외선을 쬐면 분자가 트란스형에서 시스형으로 바뀌어 한 수용액과 액체막의 경계에서 금속 이온을 붙든다. 온도가 올라가서 트란스형으로 될 때 이 분자는 액체막의 다른 쪽에도 금속 이온을 풀어놓는다. 빛으로 조절하는 막 이동 현상은 태양 에너지를 저장하는 한 방법이 될 수 있다. 막의 한쪽에 쌓인 전하는 나중에 전류의 형태로 방전될 수 있다.

막을 통해 이온을 운반할 수 있는 더 간단한 주머니 분자도 있다. 생물이나 이런 인공적인 계에서 막 전달 현상의 목적은 막의 한쪽에 다른 쪽보다 더 많은 이온을 모아 막의 이쪽과 저쪽에 전위차를 만드는 것이다. 그러나 계가 좋아하는 상태는 양쪽의 이온 농도가 같아지는 것이다 (이것이 열역학적 평형 상태이다. 2장 참고). 따라서 〈열역학적 언덕〉을 거슬러 올라가기 위해서는 에너지가 필요하다. 신카이는 이 에너지를 빛과 열의 형태로 공급했다. 세포에서는 에너지를 저장하는 생화학의 〈축전지〉 분자인 아데노신 3인산

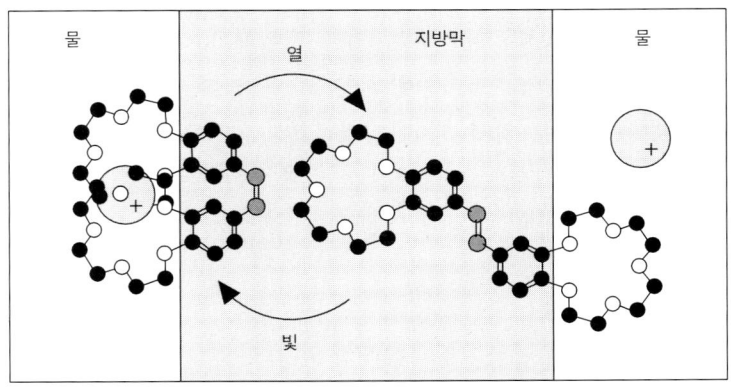

그림 5.19 세이지 신카이가 고안한 분자 집게에서 자외선은 질소 사이의 이중 결합에서 광화학 이성화 반응이 일으켜 입을 다물게 한다. 열은 반대 반응을 일으켜 입을 열게 한다. 이와 관련된 다른 계에서는 가시 광선이나 산성도의 변화가 입을 열게 한다. 금속 이온을 차례로 붙잡았다가 놓아주는 과정을 통해 금속 이온을 인공적인 막의 한쪽에서 다른 쪽으로 옮길 수 있다. 이온은 왼쪽의 시스 이성질체에 잡혀 막을 통과한 다음 오른쪽에서 분자가 트란스형으로 바뀔 때 풀려난다. 이런 이유로 주인 분자를 〈나비〉 분자라고 부르기도 한다.

adenosine triphosphate(ATP)이 관련된 대사 과정에서 보통 이 에너지가 나온다.

이온이 세포막을 지나가는 데는 이 목적을 위해 특별히 준비된 굴을 통하는 전혀 다른 방법도 있다. 세포벽에 있는 이온 통로는 안쪽 면이 (세포막을 이루는 지방 화합물처럼 이온들을 밀어내는 것이 아니라) 이온들과 친한 일종의 관이다. 이온의 흐름을 때맞추어 조절하기 위해 이온 통로에는 문이 있다. 통로에서는 이온을 주머니에 태워 옮길 필요가 없다. 그러나 이온과 통로 사이의 인식 때문에 운반 과정은 여전히 선택적이다. 예를 들면 어떤 특정한 이온에게만 문이 열린다. 렝은 왕관형 에테르를 층층이 쌓아 인공적인 이온 통로를 만들 수 있을 것이라고 생각했고, 다른 연구자들도 여러 왕관형 에테르 고리가 탄화수소 사슬로 이어진 〈볼란드 boland〉 분자로 이 생각을 시험했다. 세포막을 흉내낸 인공적인 막에 들어가면 이 분자들은 정말로 막의 한쪽에서 다른 쪽으로 이온들을 통과시켰다(그림 5.20). 렝은 이 통로에 문을 다는 법도 생각해 냈다. 산성도나 빛이나 전기화학적인 방법으로 문을 여닫을 수 있다. 아직까지는 인공 신경 세포와 비슷한 것이 이 아이디어에서 나오지 않았다. 그러나 막에서 이온을 선택적으로 통과시키는 데 작용하는 기본적인 여러 화학적 원리들은 이제 잘 알려졌다.

2-5 속 이야기

페더슨의 왕관형 에테르와 렝의 주머니는 목표 이온들을 일종의 분자 새장에 가둠으로써 작용한다. 그러나 손님이 붙잡혀야 이 새장이 생긴다. 〈비어 있는〉 주인 분자는 펄럭거릴 뿐 내부에 정해진 모양의 빈 곳이 있는 것은 아니다. 예를 들어 왕관형 에테르는 딱딱한 고리 모양으로 떠다니지 않는다. 금속을 붙잡을 때까지는 오히려 고무 밴드를 닮았다. 그에 비해 천연 효소는 매우 조직적으로 접혀서

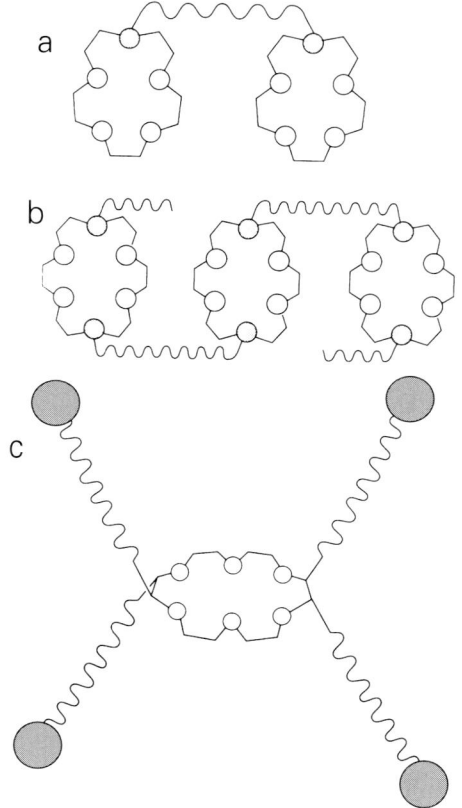

그림 5.20 층층이 쌓인 왕관형 에테르들은 막에서 선택적으로 이온들을 통과시키는 인공적인 〈이온 통로〉가 될 수 있다. 〈볼란드〉라고 부르는 이어진 왕관형 에테르 고리들이 겹쳐서 그런 통로를 만든다(a). 여러 고리가 이어진 분자는 금속 이온이 한 자리에서 다른 자리로 건너 뛸 수 있는 〈고리〉의 굴을 형성할 수 있다(b). 장마리 랭은 중심의 왕관형 에테르에 긴 꼬리를 붙여서 다른 방식의 인공 통로도 만들었다(c). 그는 이것을 〈꽃다발〉 분자라고 불렀다. 꼬리의 끝에는 물에 녹는 원자단이 달려 있어서 (회색 원) 이 분자는 인공 세포막을 이루는 다른 분자들과 섞일 수 있다. 이 꼬리의 구조가 꽤 복잡하기 때문에 여기서 자세히 설명하지는 않겠다. 꽃다발 분자는 알칼리 금속 이온이 막을 통과할 수 있게 한다.

미리 정해진 모양을 이룬다. 천연 효소에는 기질에 꼭 맞게 미리 준비된 열쇠 구멍이 있다. 기질을 인식하는 동안 수용체의 모양이 크게 바뀌어야 한다면 인식 과정이 효과적으로 일어나기 어려울 것이다. 따라서 내부의 빈 공간의 모양이 기질의 모양에 어울리도록 고정된 인공 수용체를 설계하는 것은 흥미 있는 주제이다.

로스앤젤레스에 있는 캘리포니아 대학교의 도널드 크램 Donald Cram은 왕관형 에테르나 그 사촌들보다 더 딱딱하고 모양이 더 고정된 분자들을 만들어 왔다. 이렇게 만든 분자들의 첫 시리즈에 크램은 슈피란드 spherand라는 이름을 붙였다. 〈그림 5.21〉의 그중 하나를 보였다. 여섯 개의 벤젠 고리는 상당히 튼튼한 뼈대를 이룬다. 분자 중앙의 빈 곳은 줄지어 붙은 산소 원자와 함께 금속 이온을 붙들 수 있다. 〈그림 5.21〉의 빈 곳은 매우 작다. 리튬 이온은 들어갈

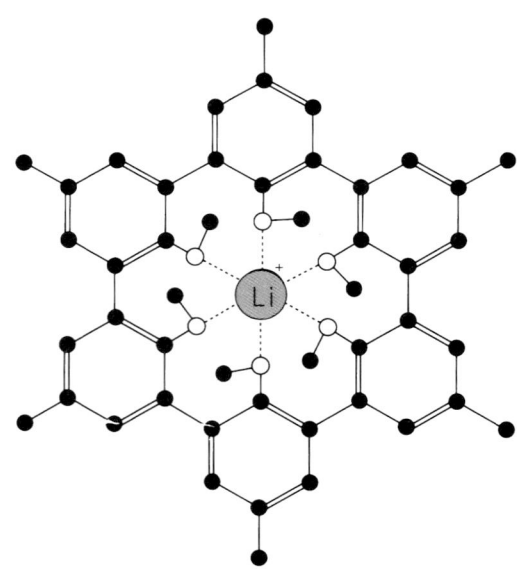

그림 5.21 도널드 크램이 만든 구멍 뚫린 원판 모양의 슈피란드에는 금속과 배위할 수 있는 미리 모양이 고정된 빈 곳이 있다.

수 있지만 나트륨이나 칼륨 이온은 들어갈 수 없다. 또한 리튬 이온과 결합하기 위해 분자가 모양을 바꿀 필요가 전혀 없으므로 이 분자는 왕관형 에테르보다 훨씬 더 효과적으로 이온을 붙잡는다.

이 〈딱딱한〉 고리보다 더 좋은 것은 크립타슈피란드cryptaspherand나 칼릭사렌calixarene 같은 사발 모양의 분자이다(그림 5.22). 벤젠 고리가 이 분자들을 딱딱하게 만든다. 사발 모양 빈 곳의 가장자리에 특정한 원자단을 붙여 어떤 손님 분자를 받을지를 조절할 수 있기 때문에 칼릭사렌은 특히 관심을 끌었다. 예를 들어 테두리를 따라 벤젠 고리에 음전하를 띤 황산(SO_3^-) 기를 달면 사발은 음이온을 밀쳐내고 양이온을 매우 잘 받아들인다. 세이지 신카이는 이 생각을 이용해서 칼릭사렌 두 개로 분자 캡슐을 만들었다. 한 칼릭사렌의 테두리에는 양전하를 띤 원자단을 붙이고 다른 칼릭사렌에는 음전하를 띤 원자단을 붙였다. 두 사발은 스스로 결합하고 아마도 작은 분자를 속에 가둘 수 있을 것이다(그림 5.23). 용액이 더 산성을 띠게 하면 수소 이온이 음전하를 띤 원자단을 전기적으로 중화시키기 때

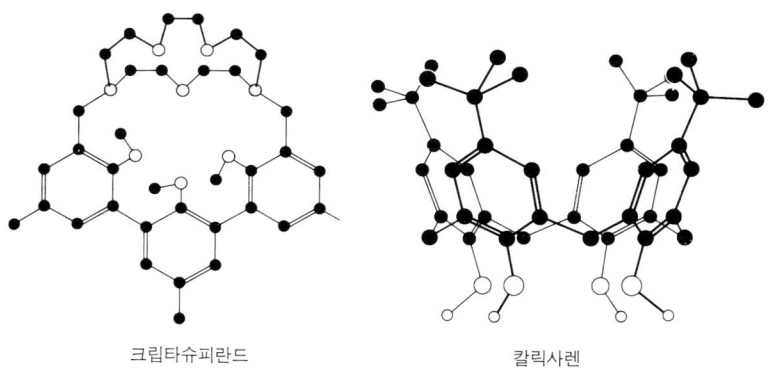

크립타슈피란드　　　　　칼릭사렌

그림 5.22 크립탄드와 슈피란드의 부분을 합치면 크립타슈피란드가 된다(a). 사발 모양의 칼릭사렌은 빈곳의 모양이 고정된 또 다른 주인 분자이다.

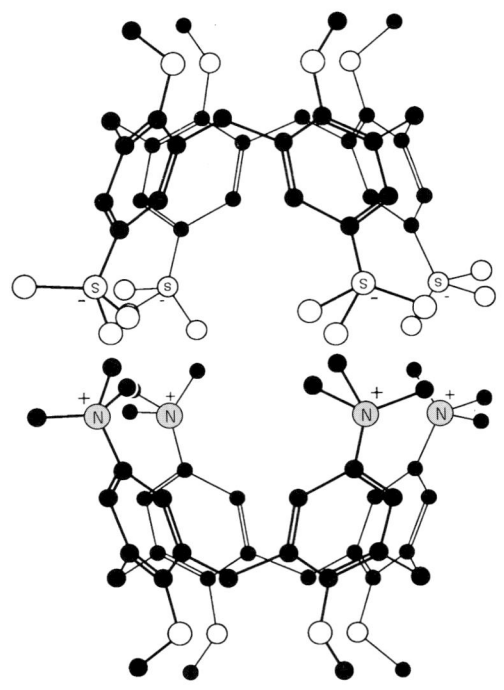

그림 5.23 가장자리에 서로 반대 전하를 띤 이온들이 달린 칼릭사렌들은 스스로 조립하여 캡슐을 만든다. 캡슐 안에는 손님 분자를 가둘 수 있다.

문에 캡슐을 열 수 있다. 언젠가 이런 미세 캡슐을 써서 약을 몸 안에 넣게 될지도 모른다.

도널드 크램은 손님을 더 잘 가두는 분자들을 차례로 만들었다. 이 분자들 중 한 종류는 감옥을 뜻하는 라틴어에서 이름을 따서 카세란드carcerand라고 부른다. 이것은 사발 모양의 칼릭사렌과 슈피란드을 합친 것이다. 이 분자는 벤젠 분자들이 에테르 사슬로 이어져 거의 닫힌 구 모양의 그물을 이룬다(그림 5.24). 이 분자에는 분자가 들어갈 수 있게 작은 구멍이 있지만 분자가 한 번 들어가면 사실상 갇히게 된다.

　이 분자의 새장 같은 구 모양의 구조에는 흥미 있는 닮은꼴들이 있다. 하나는 1장에서 보았던 축구공 모양의 버크민스터풀러렌 분자이다. 버크민스터풀러렌 분자에도 껍질에 벤젠 같은 고리가 있다. 그러나 버크민스터풀러렌 분자의 껍질은 완전히 닫혀 있어서 그 안에 분자를 가두려면 처음부터 분자를 안에 넣고 껍질을 만들거나 껍질에 구멍을 내야 한다. 1장에서 첫째 방법으로 금속이 안에 든 버크민스터풀러렌을 만든 것을 보았다. 화학자들은 이제 탄소 고리를 공격하는 시약을 써서 껍질에 구멍을 내는 방법들을 연구하고 있다. 화학자들은 버크민스터풀러렌에 구멍을 내서 카세란드 형의 분자를

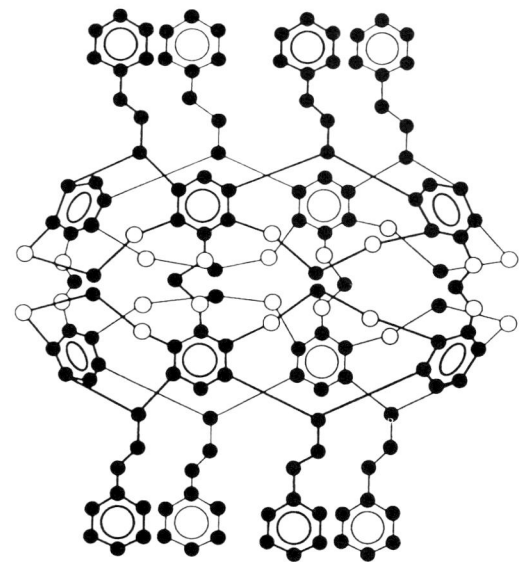

그림 5.24 빈 곳이 딱딱한 분자들 가운데 가장 잘 만든 것 중의 하나는 도널드 크램이 만든 카세란드이다. 카세란드는 작은 손님을 받을 수 있는 좁은 입구가 있는 속이 빈 구 모양의 분자이다. 여기에서는 케쿨레 구조의 이중 결합 대신 보통 쓰는 〈고리〉로 벤젠 고리를 나타내었다.

쉽게 만들 수 있게 되기를 바란다.

2장에서도 카세란드의 닮은꼴을 보았다. 구멍투성이의 결정인 제올라이트가 그것이다. 이 물질에는 알루미노실리케이트 뼈대 안에 분자 크기의 구멍들이 있고 이 구멍들은 좁은 통로로 이어져 있다. 구멍의 크기와 모양이 잘 정의되어 있기 때문에 제올라이트는 효소처럼 선택적인 촉매로 작용할 수 있다. 이 성질을 고려해서 크램은 그가 만든 분자 감옥들이 분자들을 인식하고 가두는 것 이상의 일을 하게 하려 한다. 크램은 그의 분자 감옥을 작은 플라스크로 그 안에서 화학 반응을 일으키려 한다. 어떤 반응들, 특히 생화학적 반응들은 반응물들이 용액 속에 떠돌고 있으면 제어하기가 아주 어렵다. 반응 생성물이나 중간체의 반응성이 매우 강하면 더욱 그렇다. 카세란드를 써서 이런 민감한 반응들을 일으킬 수 있는 격리된 환경을 얻을 수 있을지 모른다.

이 생각이 단순한 상상이 아니라는 것을 보이기 위해 크램은 새장 분자 중 하나를 비이커로 써서 반응성이 아주 강한 분자인 사이클로부타디엔을 합성했다. 사이클로부타디엔은 수소가 하나씩 붙은 탄소 원자 네 개가 번갈아 단일 결합과 이중 결합으로 이어진 고리 모양의 분자이다. 네모 모양을 이루기 위해 탄소 사이의 결합이 매우 심하게 구부러져 있기 때문에 사이클로부타디엔은 매우 긴장되어 있고 아주 쉽게 아세틸렌 분자 두 개로 쪼개지거나 두 분자가 붙어 탄소 원자 여덟 개로 이루어진 고리를 만든다. 사이클로부타디엔 분자가 생긴 후에도 쪼개지지 않고 그대로 남아 있을 수 있는 환경을 만들기 위해 크램과 동료들은 헤미카세란드 분자를 사용했다. 헤미카세란드는 껍질에 좁은 틈이 있는 카세란드이고 가열하면 작은 분자들이 드나들 수 있다(그림 5.25). 크램 팀은 헤미카세란드 안에 사이클로부타디엔을 합성하기 위한 출발 물질인 알파피론을 넣었다. 이 분자는 빛을 쪼여 사이클로부타디엔과 이산화탄소로 바꿀 수 있다.

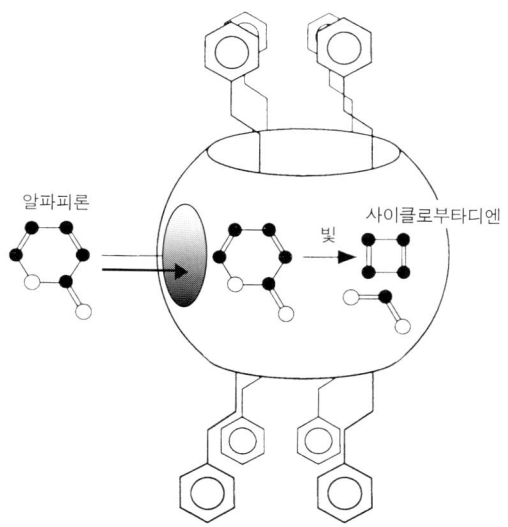

그림 5.25 카세란드는 민감한 반응을 일으킬 수 있는 보호 용기로 작용할 수 있다. 여기에서 알파피론 분자는 껍질의 구멍을 통해 헤미카세란드 안으로 들어온 다음 광화학적인 방법에 의해 반응성이 매우 강한 사이클로부타디엔으로 바뀐다. 바깥의 분자들로부터 격리되어 있는 동안 생성물인 사이클로부타디엔은 안정하다.

긴장된 생성물은 헤미카세란드 안에 머무르는 동안에는 상온에서도 안정하다. 그러나 산소 분자 같은 다른 분자가 안에 들어가도록 문을 열면 사이클로부타디엔은 안에서 새 손님과 반응한다. 내부의 환경이 너무나 다르기 때문에 크램은 이것이 물질의 새 상태라고 부를 만하다고 생각한다.

2-6 바늘로 꿰기

스코틀랜드의 화학자 프레이서 스토다트 Fraser Stoddart는 지금까지 기막히게 뒤틀린 초분자들을 만들어 오고 있다. (스토다트는 현재 로스앤젤레스에 있는 캘리포니아 대학(UCLA) 있다.——옮긴이) 스토다트는 언젠가 분자들이 장난감 조립식 키트의 기둥이나 받침이나 블록처럼 분자들을 조립해서 (아니면 스스로 조립하도록 분자들을 설계해서) 원하는 어떤 구조도 만들 수 있는 날이 올 것이라고 생각한다. 그는 이것을 〈분자 메커노 mdecular Meccano〉라고 부르지만 딱딱한 막대 같은 분자들로 이루어진 장난감 세트를 꿈꾸는 과학자들도 있다. (〈메커노〉는 어린이용 짜맞추기 장난감 키트의 상표명이다. 구멍 뚫린 금속 조각, 볼트, 너트 등이 세트로 되어 있어 여러 가지 물건을 짜맞출 수 있다. ——옮긴이)

스토다트가 한 일은 대부분 한 분자가 다른 분자의 구멍이나 고리를 꿰는 자기 조립에 관한 것이다. 이 초분자들의 원리는 기질 분자가 구멍에 비해 너무 크기 때문에 고리 바깥으로 튀어나온다는 점을 빼고는 렝의 필통 분자의 원리와 비슷하다. 두 에테르 사슬이 벤젠기로 연결된 왕관형 에테르형 분자로 이런 분자 조립품을 만들 수 있다. (이름이 너무 복잡하기 때문에 출발 물질인 하이드로퀴놀 hydroquinol에서 이름을 따서 HY라고 나타내는) 이 분자는 〈그림 5.26〉에 보인 분

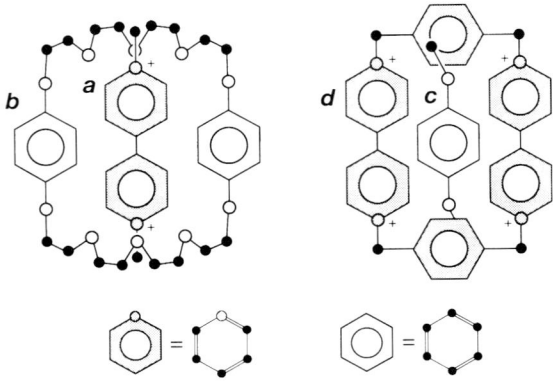

그림 5.26 패러쿼트에서 나온, 전하를 띤 분자 a는 용액에서 저절로 하이드로퀴놀이 들어 있는 왕관형 에테르 고리 b를 꿰어 주인-손님 복합체를 만든다(왼쪽). 같은 방법으로 분자 a와 관련된 고리 d는 분자 b와 관련된 분자 c에 대해 주인으로 작용한다(오른쪽).

자 이온의 수용체로 작용할 수 있다. 이 분자 이온에는 양전하를 띤 질소 원자가 들어 있는 벤젠 같은 고리가 두 개 있다. 패러쿼트 paraquat 분자와 관련이 있기 때문에 이 이온을 PQ^{2+}라고 표시하겠다. 각 분자의 역할을 〈뒤집어서〉두 PQ^{2+} 이온을 이어 고리를 만들고 HY 고리 에테르를 편 기질을 써서 이와 비슷한 초분자를 만들 수도 있다(그림 5.26).

이 조립체가 풀리는 것을 막으려면 실의 양끝에 큰 원자단을 붙인다. 이것은 실이 풀리지 않도록 끝에 매듭을 묶는 것과 같다. 예를 들어 스토다트 팀은 가늘고 긴 HY분자를 PQ^{2+} 고리에 꿴 다음 그 끝에 탄화수소가 달린 규소 원자인 실릴 기를 붙였다(그림 5.27). 이제 고리는 목걸이의 구슬처럼 붙들렸다. 이런 조립체를 로택세인 rotaxane이라고 부른다.

〈로택세인〉이라는 말은 1980년에 프라이버그 대학교의 고트프리트 쉴 Gottfried Schill이 처음 썼다. 그가 만든 것은 탄화수소 고리로 이루어진 다른 종류의 로택세인이다(그림 5.28a). 그보다 13년 먼저 캘리포니아 팔로 알토에 있는 신텍스 연구소의 이안 해리슨 Ian Harrison과

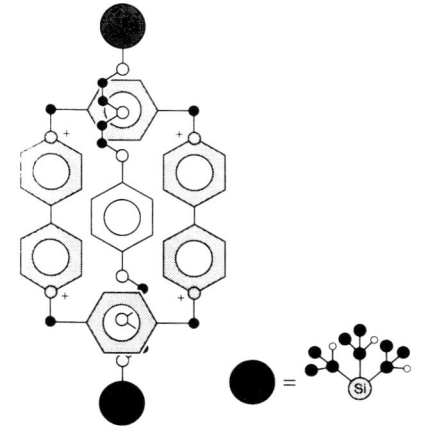

그림 5.27 꿴 분자의 양끝에 덩치가 큰 원자단을 달아서 꿴 분자가 고리에서 빠지지 못하게 할 수 있다. 그 결과 생긴 조립체는 로택세인이다.

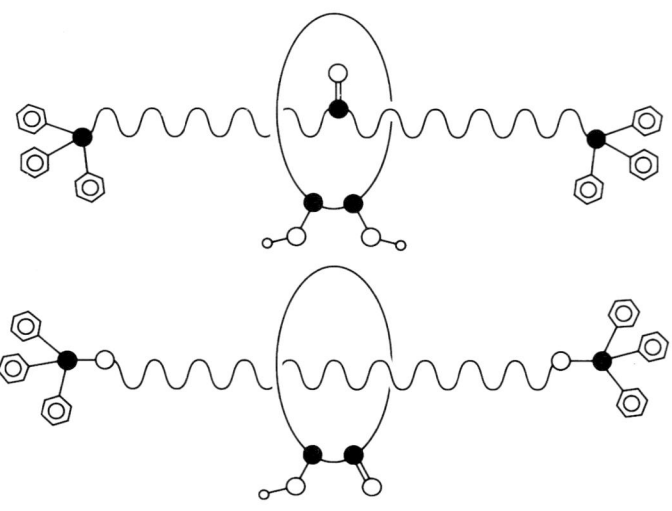

그림 5.28 고트프리트 쉴이 1980년에 정교한 화학 합성을 통해 만든 탄화수소 고리와 실로 이루어진 로택세인(a)과 그보다 13년 먼저 합성된 후플레인(b).

슈엔 해리슨Shuyen Harrison이 아주 비슷한 분자를 만들었었지만(그림 5.28b) 그들은 〈후플레인hooplane〉이란 이름을 썼다. 쉴은 이 조립체가 축에 꿴 바퀴(라틴어로 로타rota)와 닮았다고 생각해서 이름을 그렇게 지었다. 초기의 로택세인과 스토다트와 동료들이 만든 로택세인의 가장 큰 차이는, 앞의 것이 아주 공들인 전통적인 화학 합성법으로 만든 것인 데 비해 스토다트는 구슬과 실이 서로를 알아보게 해서 초분자가 스스로를 조립하게 했다는 것이다.

이 신기한 초분자에서 가장 재미있는 것은 꿰어진 구슬이 움직이게 할 수 있다는 것이다. 예를 들어 스토다트는 HY 실에 PQ^{2+} 구슬이 머무를 수 있는 자리가 두 개 있는 $HY-PQ^{2+}$ 로택세인을 만들었다(그림 5.29). 이제 구슬이 베틀의 북처럼 이 두 자리 사이를 왔다 갔다할 수 있다. 스토다트의 분자 북은 이 분자로 정보를 저장할 수 있을지 모른다는 생각을 불러일으켰다. 각 분자가 두 상태 사이를 왔다갔다할 수 있는 이 분자들의 배열에 컴퓨터의 메모리처럼 자료를 이진 형태로 기록할 수 있을 것이다. 물론 이렇게 하려면 정보를 입력할 수 있도록 상태를 마음대로 바꿀 수 있는 방법과 나중에 정보를 읽어낼 수 있는 방법을 개발해야 한다. 이것을 어떻게 할지는 아직 보이지 않는다. 그러나 어렵다고 이보다 더한 공상에 대한 열정이 줄어드는 것은 아니다. 나노기술의 계산을 하기 위한 분자 주판은 어떤가?

(휴렛 팩커트 연구소에서 UCLA 화학과 교수였던 스탠 윌리엄스Stan Willicms의 연구팀이 바로 이런 메모리를 개발하고 있다. 윌리엄스는 빠르면 2005년에 내용량 메모리 소지를 내놓을 수 있을 것이라고 말한다.——옮긴이)

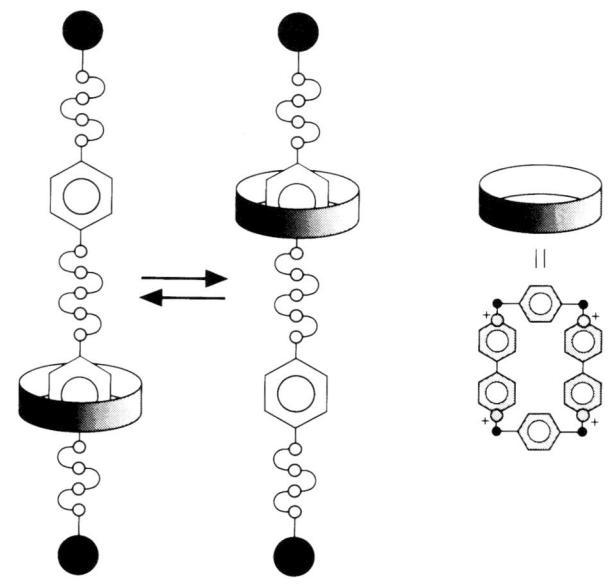

그림 5.29 꿰어진 구슬이 〈붙는 자리〉가 두 개인 로택세인에서는 구슬이 왔다갔다 할 수 있다.

2-7 분자 기차

PQ^{2+} 이온으로 HY 고리를 꿰는 데에도 거꾸로 HY 실로 PQ^{2+} 고리를 꿰는 데에도 성공했기 때문에 스토다트는 이 둘을 합친 것, 즉 닫힌 고리 두 개가 사슬의 고리처럼 이어진 조립체도 반드시 만들 수 있을 것이라고 생각했다. 스토다트 팀은 HY 고리에 PQ^{2+}가 두 개인 분자를 꿴 다음 양끝을 벤젠 분자로 이어서 고리를 닫음으로써 이 대단한 초분자를 합성했다(그림 5.30). 어렵게 보일지 몰라도 화학적인 상호 작용 덕에 실의 양끝이 서로 가까이 위치해서 마무리될 준비가 되어 있기 때문에 이 과정은 실제로는 아주 쉽게 일어난다. 분명히 주인과 손님이 옳게 설계되었다면 합성에서 이 위상학적 묘기는 전혀 문제가 아니다. 분자 인식이 다 알아서 한다.

이렇게 이어진 분자 조립체를 카테네인이라고 부른다. 놀랄지도 모르지만 카테네인의 역사는 로택세인보다 조금 더 길다. 최초의 카테네인은 1960년에 미국 뉴저지에 있는 AT&T 벨 연구소의 에들 와서만 Edel Wasserman이 합성했다. 초기의 로택세인처럼 와서만의 카테네인도 간단한 탄화수소 고리로 이루어졌다(그림 5.31). 두 고리로 이루어진 사슬을 [2]카테네인이라고 부른다. 고트프리트 쉴은 1977

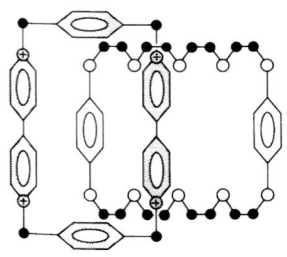

그림 5.30 로택세인의 양끝을 이어서 스토다트는 고리 두 개짜리 분자 사슬 [2]카테네인을 만들었다. 벤젠형 고리들이 서로 평행하게 마주보는 배치가 가장 안정하다. 이 배치에서 벤젠형 고리들은 분자 고리의 평면에 대체로 수직이다.

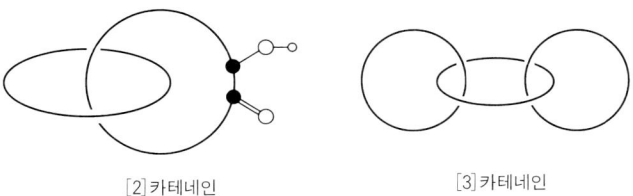

[2]카테네인　　　　　　　　[3]카테네인

그림 5.31 최초의 카테네인은 로택세인처럼 탄화수소로 이루어진 분자였고 이것의 합성은 주인-손님 화학과 전혀 관련이 없다. 여기에 보인 [2]카테네인은 1960년에 합성되었고 최초의 [3]카테네인은 1977년에 합성되었다.

년에 한 걸음 더 나아가 탄화수소로 이루어진 [3]카테네인을 만들었다(그림 5.31).

프랑스 스트라부르의 장피에르 소바즈Jean-Pierre Sauvage는 카테네인들을 금속 이온과 결합시켜 금속-카테네인(다른 말로 〈카테네이트catenate〉)를 만들었다. 금속 이온은 두 고리 사이에 붙들려 있다(그림 5.32). 1983년에 합성된 [2]카테네인은 금속과 결합할 수 있는 주머니에 구리, 리튬, 은 이온을 바꾸어 넣을 수 있다.

한편 쉐필드 대학교에서는 스토다트가 HY 고리 두 개를 꿸 수 있는 더 긴 PQ^{2+} 두 개짜리 실을 써서 만드는 초분자로 [3]카테네인에 도전했다. 실의 두 PQ^{2+} 기는 벤젠 고리 하나가 아니라 두 개만큼 떨어져 있어서 HY 고리 하나를 꿰고 나면 분자에서 PQ^{2+}기 하나가 고리에서 너무 멀리 떨어져 있어서 이미 꿴 HY 고리와는 상호 작용할 수 없기 때문에 고리를 하나 더 꿴다(그림 5.33). 최근에 스토다트는 그의 자기 조립 시스템을 더 멀리 끌고 나가서 [5]카테네인을 만들었다. 올림픽기를 자세히 살펴보면 왜 스토다트가 이 초분자를 〈올림페인olympane〉이라고 부르자고 하는지 알 수 있을 것이다.

만약 이 카테네인에서 고리 하나가 다른 것들보다 훨씬 더 길면 이 조립체는 구슬이 둘레를 돌 수 있는 분자 목걸이가 된다. 스토다

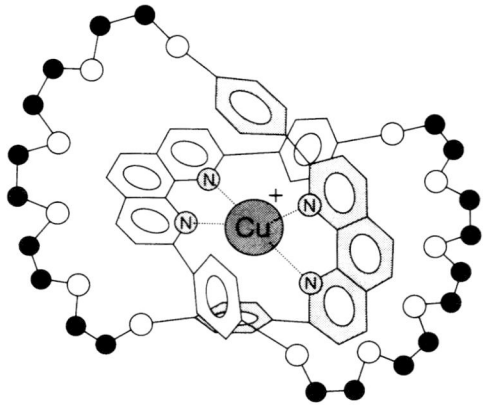

그림 5.32 왕관형 에테르로 이루어진 카테네인은 두 고리 사이의 빈 곳에 금속 이온을 가둘 수 있다. 이런 착화합물을 카테네이트라고 부른다.

트는 구슬이 하나 있고 구슬이 머무를 곳이 두 곳 있는, 둥그렇게 말린 분자 셔틀을 만들었다. 이제 구슬은 원형 궤도에 놓인 일종의 분자 〈기차〉이다. 상온에서 기차는 궤도를 따라 마음대로 움직이지만 온도를 -80°C까지 낮추면 기차와 〈역〉 사이의 상호 작용이 충분히 강해서 열에 의한 기차의 순환 운동을 멈출 수 있다. 스토다트는 역이 네 개 있는 긴 궤도를 만들어서 기차 한 대나 (이것은 -60°C에서 멎는다. 그림 5.34) 두 대가 (둘 다 -40°C에서 멎는다) 궤도 위를 돌아다니는 것을 보았다. 두번째 경우에는 기차 두 대가 충돌할 것 같지만 철로 네트워크의 정교한 작동으로 두 기차는 항상 빈 역을 사이에 두고 움직인다. 스토다트는 궤도에 기차의 움직임을 제어할 신호기를 도입할 수 있기를 바란다. 이 놀라운 분자들은 인간이 여러 가지 면에서 자연보다 화학을 못하지만 반드시 자연보다 상상력이 모자라는 것은 아니라는 것을 보여준다.

3 인식에서 복제로

3-1 복사본

이제 생명체의 세포를 아주 크고 복잡한 초분자 조립체라고 생각하는 것이 전혀 터무니없게 보이지는 않을 것이다. 이 생각이 사실이라는 것을 7장에서 조금 더 알아볼 것이다. 그러나 생명을 단지 복잡한 것과 구분하는 것은 정확하게 무엇인가? 대부분의 과학자들은 생물을 무생물과 구분하는 것이 대사, 복제, 재생의 세 가지 근본적인 성질이라는 데 의견을 같이 한다. (어떤 과학자들은 다른 기준을 더하기도 한다. 이 세 가지가 필요 조건이기는 하지만 충분 조건은 아니라고 말하는 과학자도 있을 것이다.) 생명을 유지하고, 에너지를 얻고, 자라는 데 필요한 물질들을 주변 환경에서 얻는 과정을 대사라고 한다. 사람의 경우 이것은 주로 탄수화물의 형태로 온다. 복제는 명백한 필요 조건이다. 후손을 퍼뜨릴 수 없다면 살아 있다고 말할 수 없다. 다세포 생물도 처음에는 세포 하나에서 시작한다. 이 세포는 많은 복제 세포를 만들어야 하고 이 복제 세포들은 어느 단계에서 서로 다른 기관들로 〈분화한다〉. 그리고 재생이 있다. 필요할 때 스스로를 고칠 수 없는 생명체는 널리 퍼질 수 없을 것이다.

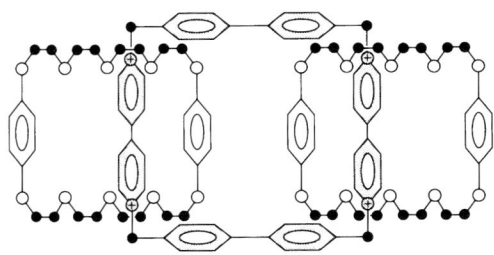

그림 5.33 (여기에 회색으로 표시한) 긴 실 모양의 분자로 두 고리를 꿴 다음 끝을 이어 [3]카테네인을 만들 수 있다.

분자 하나를 집을 수 있는 집게 255

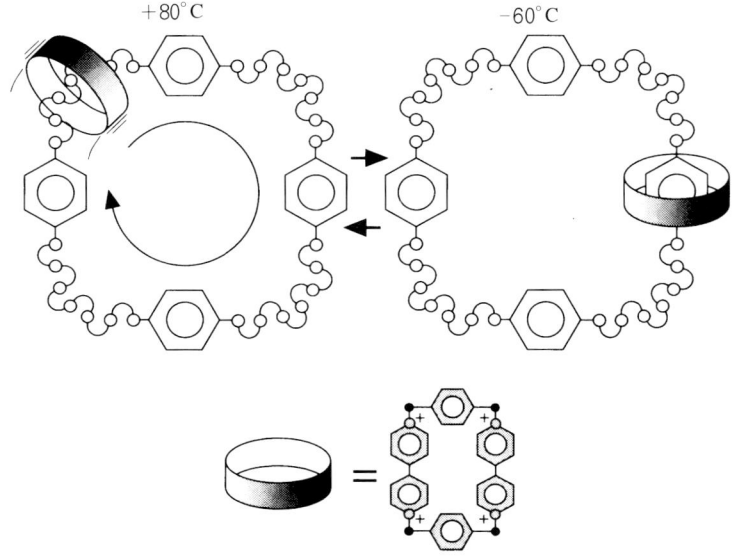

그림 5.34 고리 하나가 다른 하나 보다 훨씬 더 긴 [2]카테네인은 원형 궤도 위를 달리는 기차의 분자 판으로 생각할 수 있다. 상온에서 기차는 큰 고리를 따라 돈다. 분자 조립체의 온도가 낮아지면 기차는 둘 중 하나의 HY 역에 멈춘다.

우리는 왓슨과 크릭이 발견한 DNA의 구조가 생물이 자신의 유전적 정보를 어떻게 복제하는가를 이해하는 결정적인 열쇠가 되었다는 것을 보았다. 이중나선의 상보적인 두 가닥은 각각 새 가닥을 만드는 주형으로 작용한다. 세포가 분열할 때마다 유전 물질이 이렇게 복제되어야 한다. 새로 생긴 두 세포는 게놈의 완벽한 사본을 가지고 있어야 한다. 그러나 주형이라는 개념이 단순하다고 해서 DNA 한 가닥을 실제로 복제하는 일의 복잡함을 얕보아서는 안 된다. DNA 합성 효소가 이 과정을 아주 조심스럽게 지휘한다. 그러나 DNA에 저장된 정보로부터 효소가 만들어진다는 점에서 이 과정은 스스로를 포함하고 있다. 다시 말해 DNA 분자는 스스로를 복제하기 위해 필요한 모든 정보를 담고 있다. 이것은 진정한 의미에서 살아 있는 모든 시스템이 지녀야 할 특징이다. (그러나 이것이 우리 몸 안의 모든 생분자들이 핵산이나 유전 정보에서 나온 단백질이라는 말은 아니다.)

〈상보적인 주형〉이라는 생각이 원리적으로 너무 단순하기 때문에 화학자들은 복제를 연구하기 위한 모델로 덜 복잡한 화학 시스템에도 같은 생각을 적용할 수 있지 않을까 하는 생각을 해왔다. 매사추세츠 공과 대학(MIT)의 화학자인 줄리어스 레벡 Julius Rebek Jr.은 1989년에 구성 성분으로부터 스스로의 사본을 만들어 낼 수 있는 분자를 합성했다고 발표해서 상당한 반향을 일으켰다. (레벡은 1996년부터 미국 캘리포니아 주 라 홀라에 있는 스크립스 연구소에 있다. —— 옮긴이) 이 분자는 정말로 살아 있는 시스템이 갖추어야 할 성질 중 단 하나만을 지니고 있을 뿐이고 다른 성질을 지니도록 분자를 바꿀 수도 없을 테지만 레벡은 이 분자가 보이는 특징을 〈생명의 아주 기초적인 징후〉로 간주할 수 있다고 주장했다.

레벡이 한 일에서 눈에 띄는 점은 이 분자들이 핵산이나 단백질과 공통점이 있기는 해도 복제가 핵산의 상보적인 염기 짝짓기가 아니라 새로운 종류의 분자 인식을 통해 일어난다는 것이다. 어떤 이는 이것을 DNA가 생명의 필요불가결한 조건이 아니라는 표시로 받아들일 수도 있을 것이다. 즉 완전히 다른 화학적 원리에 따라 〈사는〉 생명체를 상상할 수 있을 것이다. 진화생물학자 리처드 도킨스 Richard Dawkins는 레벡의 복제 분자가 〈근본적으로 다른 화학적 바탕에서 '지구와' 나란히 진화하는 다른 세계의 가능성을 높였다〉고 말했다.

DNA를 복제하는 일이 오랫동안 놀라운 묘기로 간주되었지만 레벡은 복제 자체가 그리 대단한 일이 아니라고 생각한다. 그의 말에 따르면 필요한 것은 상보적인 부분을 지녔지만 어떤 이유, 예를 들어 기하학적인 모양 때문에 서로 결합할 수 없는 분자이다. 일반적인 원리를 보이기 위해 상보적인 두 원자단 X와 Y가 있는 분자를 생각하자. 이 원자단은 할 수 있다면 서로 결합한다. 예를 들면 X는 핵산의 아데닌 염기이고 Y는 DNA 이중나선에서 이와 결합하는 티민 염기이다. 분자에서 X와 Y를 잇는 부분이 딱딱하다면 같은 분자의 X와 Y 기는 서로 결합할 수 없다.

그러나 X와 Y의 방향이 적당하다면 둘째 분자의 X가 첫째 분자의 Y와 결합하고 둘째 분자의 Y가 처음 분자의 X와 결합하도록, 똑같은 둘째 분자는 위아래가 뒤집혀서 첫째 분자와 편안하게 맞물릴 수 있다. 물론 이런 짝짓기가 복제는 아니다. 그러나 처음 분자가 만나는 것이 똑같은 분자가 아니라 조립되지 않은 부품이라면 처음 분자가 주형으로 작용해서 여기에 조립되지 않은 부분들이 결합한 후 연결되어 복제품을 만드는 것이 더 쉬워질 수 있다. X 기와 연결부의 일부가 있는 반쪽과 Y 기와 나머지 연결부가 있는 다른 반쪽을 이어 XY 분자를 만들 수 있다고 생각해 보자(그림 5.35). 이 조각들을 완전한 XY 분자가 있는 용액에 더한다면 각 조각은 XY 분자 위의 상보적인 부분과 결합할 것이고 두 조각이 가까워져서 연결부가 쉽게 결합할 수 있을 것이다. 그렇다면 처음 분자는 복제를 도운 것이다.

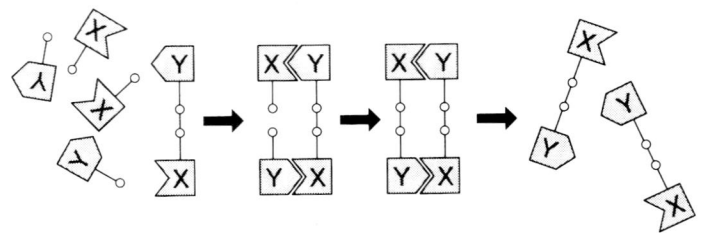

그림 5.35 상보적인 끝이 서로 결합할 수 없는 (예를 들어 구부러질 수 없기 때문에) 분자는 분자 〈복제〉즉, 자기 복제를 할 수 있다. 여기서 X와 Y 원자단은 상보적이다. X와 Y가 든 조각이 조립되어 복제품을 만드는 데 XY 분자가 주형으로 작용한다.

물론 미리 만들어진 XY 분자가 없이도 각각의 조각들이 스스로 결합해서 완전한 XY 분자를 만들 수도 있다. 그러나 조립된 XY 분자가 있으면 둘째 분자의 조립은 더 쉽고 빠를 것이다. 따라서 XY 분자는 스스로의 합성을 촉매한다고 말할 수 있다. 이것은 스스로의 복제품이 만들어지는 과정을 촉진하므로 복제에 가깝다.

　이 생각을 실현하기 위해 레벡은 〈그림 5.36〉에 보인 J자 모양의 분자 B를 합성했다. 분자 B에는 팔이 긴 쪽 끝에 반응을 아주 잘 하는 (회색의 육각형으로 표시한) 펜타플루오로페닐 에스테르가 있고 짧은 쪽 끝에 이미드 기가 있다. 이미드 기 쪽에 레벡은 DNA의 아데노신 뉴클레오티드와 비슷한 분자 A를 붙였다. 이 분자의 아데닌 염기는 DNA의 티민과 하는 것처럼 이미드와 수소 결합을 한다. 그 결과 U자 모양의 분자가 생긴다.

　U자 모양 분자의 두 끝은 나란히 놓인다. 반응을 잘 하는 에스테르 기는 다른 끝의 아민 기와 반응해서 펩티드 결합을 만든다. 그러나 이 결합은 매우 꺾여 있기 때문에 만들어진 분자는 심하게 변형되어 있다. 이 변형을 없애기 위해 이미드와 아데닌 사이의 비교적 약한 수소 결합이 끊어져 분자는 잭나이프처럼 펴진다. 이렇게 터진 분자(〈그림 5.36〉의 R_1)가 복제의 주형이 된다.

　이것은 여러 단계가 복잡하게 일어나는 것처럼 들릴 테지만 이것을 자세히 이해할 필요는 없다. 가장 중요한 것은 이렇게 만들어진 분자의 특징이다. 상보적인 원자단 사이의 결합을 끊어서 레벡은 두 끝이 상보적인 분자, 즉 앞에서 말한 XY 분자의 일종을 만들었다. 이 J자 모양의 분자가 조립되지 않은 자신의 조각과 섞이면 〈그림 5.36〉의 마지막 두 단계에 보인 것처럼 자신의 복제품을 만든다.

　주형 조립 과정의 결과 수소 결합으로 달라붙은 똑같은 두 분자가 생긴다. 이들은 서로 붙어 있으려는 경향이 있지만 묽은 용액에서는 결국 서로 떨어져서 각각이 또다시 조립의 주형으로 작용한다. 결합

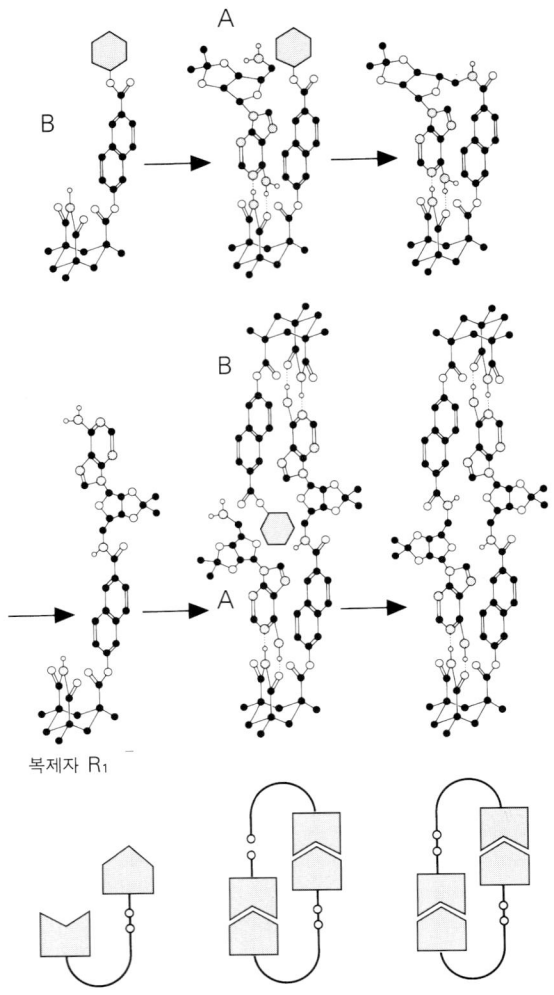

그림 5.36 줄리어스 레벡이 만든 복제하는 분자는 수소 결합을 통해 결합하는 두 조각 A와 B로 이루어져 있다. 짝지은 후에 두 조각은 움직일 수 있는 두 끝 사이에서 반응하기 쉬운 펜타플루오로 페닐기(회색 육각형)를 방출하며 공유 결합을 형성한다. 새로 생긴 결합이 매우 꺾여 있기 때문에 변형을 없애기 위해 수소 결합을 끊으며 복합 분자가 펴져서 복제자 R₁를 형성한다. 이 분자에는 상보적인 두 끝이 있어 각각은 새 조각과 결합할 수 있다. A 끝은 B 조각과 결합하고 B 끝은 A 조각과 결합한다. 이렇게 해서 원 복제자의 주형에서 새 복제자가 조립된다. 마지막 세 단계를 도식화한 그림을 맨 아래에 보였다.

하지 않은 성분 조각들의 용액에 완전한 분자를 조금만 넣으면 복제가 시작되어 모든 성분 조각들이 조립될 때까지 계속된다.

레벡은 특정한 상대와 상호 작용하는 다시 말해 상대를 인식하고 결합하는 조각이라면 무엇이든지 이것들로 복제자를 만들 수 있을 것이라고 생각한다. 이 사설을 뒷받침하기 위해 그는 비슷한 원리를 따르는 복제자의 둘째 〈종〉을 만들었다(그림 5.37). 아주 흥미롭고 많은 의미를 함축한 실험에서 레벡과 동료들은 두 종류의 복제자가 교배하여 잡종을 만들 수 있는지를 조사했다. 첫째 복제자의 상보적인 원자단을 잇는 수소 결합 시스템과 둘째 복제자의 그것이 비슷해서 두 종의 조각들이 서로 상호 작용할 수 있을 것이기 때문에 원리적으로는 이것이 가능해 보인다.

레벡은 두 종류의 완전한 분자가 있는 용액에 첫째와 둘째 복제자의 조각들을 더했다. 이 실험에서는 네 가지 생성물이 나올 수 있다. 두 복제자는 자신의 복사본을 만들 것이다. 하지만 한 복제자의 반쪽과 다른 복제자의 반쪽이 합쳐진 잡종 두 가지가 생길 수 있다(그림 5.38). 이 잡종도 자신을 복제하는 주형으로 작용할 수 있다. 그 결과 이 용액은 네 가지 변종이 스스로를 복제하기 위해 조각들을 놓고 다투는 전쟁터가 된다.

레벡은 분자 교잡 실험의 생성물에서 실제로 두 가지 잡종을 찾아냈다. 두 잡종은 성질이 매우 달랐다. 하나는 말과 나귀의 잡종인 노새처럼 자신의 복제본을 만들 수 없었다. 〈순종〉 복제자의 J자 모양 대신 이 분자는 S자 모양을 하기 때문에 조립의 주형으로 작용할 수 없다. 한편 다른 잡종은 두 순종보다 더 복제를 잘했다. 두 순종 복제자가 섞인 곳에 복제에 필요한 조각들을 계속 공급하면 이 잡종이 경쟁에서 이겨서 조각을 모두 스스로를 복제하는 데 써버릴 것이다.

레벡은 이 분자 〈진화〉의 생각을 더 발전시켜 돌연변이를 일으킬

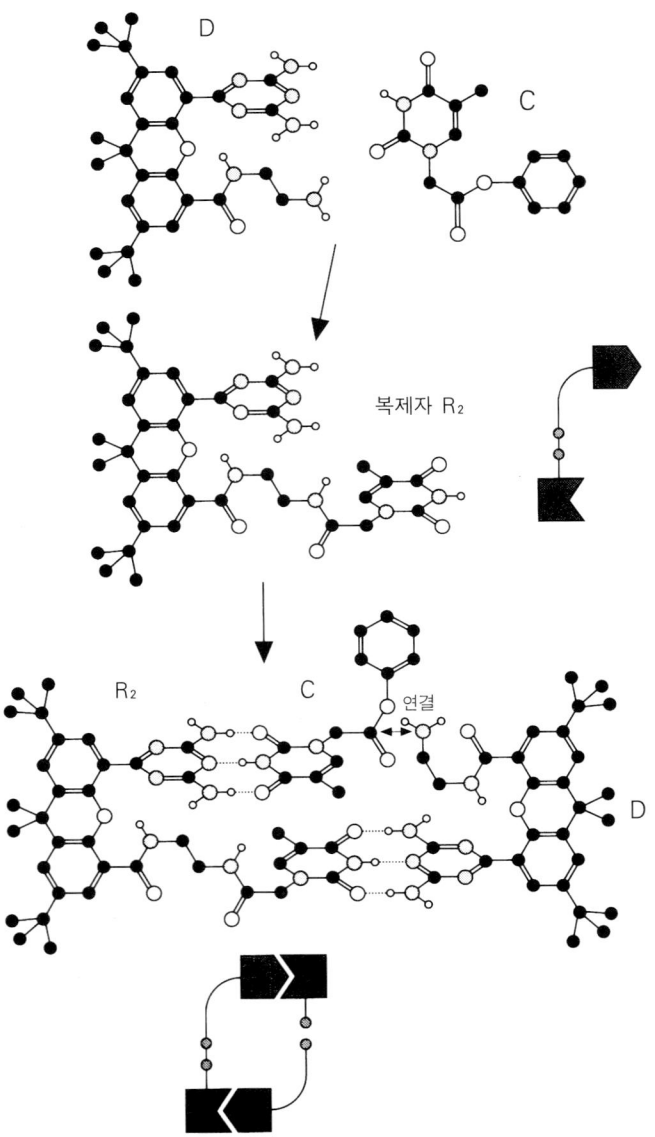

그림 5.37 레벡이 만든 복제자의 둘째 종도 같은 상보성 원리를 이용하지만 다른 화학적 상호 작용을 사용한다.

수 있는 복제자를 만들었다. 그는 덩치가 큰 치환기가 붙은 첫째 복제자 R_1을 만들었다. 이 거추장스러운 치환기에도 불구하고 이 분자는 여전히 자신의 복제를 촉매할 수 있었다. 그러나 이 분자에 자외선을 쬐면 덩치 큰 치환기가 잘려나가 돌연변이된 복제자를 얻을 수

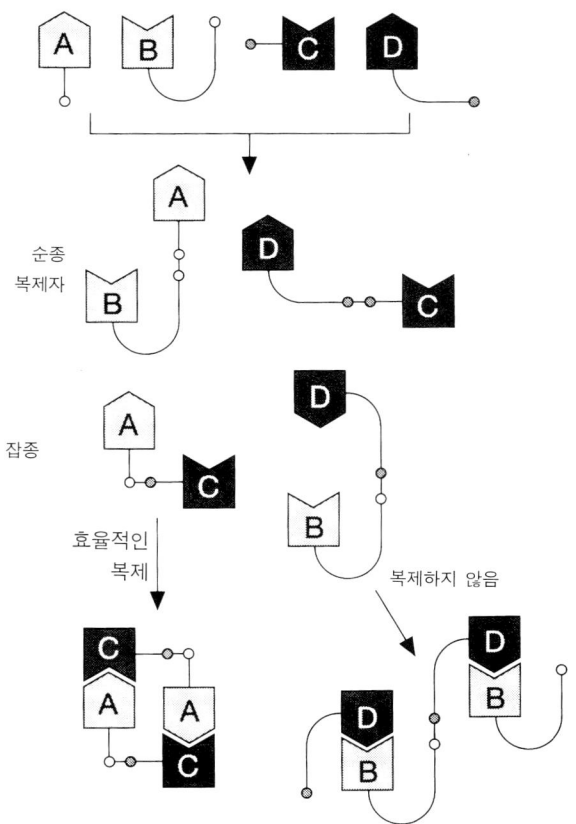

그림 5.38 두 복제자 R_1과 R_2의 조각들을 섞어 잡종을 만들 수 있다. 한 가지 잡종(A-C)은 〈순종〉보다도 복제를 더 잘 한다. 다른 잡종(B-D)은 〈C〉자 모양 때문에 주형으로 작용할 수 없어서 복제를 하지 못한다. 그 대신 이것은 〈S〉자 모양으로 뒤틀리고 상보적인 조각 두 개와 결합해서 안정한 세 조각 복합체를 이룬다.

있다. (자외선은 이와 비슷하게 DNA에도 돌연변이를 일으킬 수 있다.) 돌연변이체는 본래의 복제자와 돌연변이체 모두를 복제하는 주형으로 작용하고 그 결과 복제에 필요한 조각을 놓고 두 복제자 사이에 경쟁이 일어난다. 결국 더 나은 복제자가 다른 하나를 밀어내고 승리한다. 이 예에서는 자외선으로 돌연변이된 복제자가 〈적자생존〉에서 살아남은 〈적자〉이다.

분자 복제와 경쟁은 이제 약으로 쓸 수 있는 생물학적 분자의 새로운 변종을 만드는 데 이용된다. 과학자들은 천연 단백질이나 DNA, RNA 핵산으로 이루어진 분자에 대해 수억, 수조의 변종을 만들고 약을 만드는 데 필요한 일에 이 분자들을 경쟁시킬 수 있다. 이런 화학적 진화를 통해 약의 효과를 미세 조정할 수 있다. 레벡이 한 일에 비해 이 전략은 계획적이지도 않고 잘 제어되지도 않는다. 이 전략에서는 (상보적인 주형의 원리 대신 효소를 이용하는) 생물공학적 방법으로 생분자의 복사본을 만든다. 소수의 돌연변이가 마구잡이로 생기기 때문에 돌연변이체를 모두 확인할 수 없다. 약으로 가장 잘 작용하는, 예를 들어 어떤 기질에 가장 잘 결합하는 돌연변이체만을 분리하여 남기고 나머지 〈쓰레기〉 돌연변이체들은 버린다. 이 선구약을 또다른 돌연변이체를 만드는 출발 물질로 쓰고 이 순환을 반복해서 선구약의 약효를 높일 수 있다. 핵산을 복제하고 돌연변이시키는 방법이 생물공학 연구 분야에서 잘 확립되어 있기 때문에 단백질 대신 DNA와 RNA에 바탕한 새로운 종류의 약이 이 방법으로 진화하고 있다.

다윈적 진화의 용어들을 화학 반응에 적용하는 것은 어색해 보인다. 그러나 과학자들이 지구에 생명이 출현하기 전에 존재했다고 생각하는 원시적인 자기 복제 분자 사이에는 자연 선택과 비슷한 무엇인가가 틀림없이 일어났을 것이다. 초기 지구에서 유기 분자들이 우연히 서로 만나는 것만으로 DNA 복제만큼 복잡한 과정이 나타났을 것이라고는 믿기 어렵다. 그보다는 자기 복제하는 화학 시스템이 먼저 생기고 나서 분자 사이의 적자 생존을 통해 미세 조절되었다는 것이 더 그럴듯하다. 이것은 8장에서 더 다룰 주제이다. 줄리어스 레벡이 한 일은 지구에서 생명이 출현하게 된 화학적 과정을 연구하는 데 여러 가능성을 보여주기 때문에 줄리어스 레벡이 한 일은 상당한 관심을 끈다.

(크램과 페더슨과 렝은 주인-손님 화학에 대한 공으로 1987년 노벨 화학상을 받았다.——옮긴이)

6

전기가 흐르는 플라스틱

여기 더 매력적인 금속이 있다.
———— 햄릿 3막 2장

도쿄 공과대학에서 일하던 일본 화학자 시라카와 히데키Shirakawa Hideki의 한 대학원생이 실험에 서툰 사람들이 흔히 저지르는 실수를 했다. 그가 해야 할 일은 폴리아세틸렌이라고 부르는 중합체를 합성하는 것이었다. 아세틸렌(C_2H_2) 분자를 촉매 반응으로 길게 이으면 폴리아세틸렌이 만들어진다. 보통은 검은색 가루가 생기는데 이 경우 반응기의 유리벽 안쪽에 얇은 은색의 막이 입혀져서 그 대학원생을 당황하게 했다. 유리벽에서 벗겨낸 막은 플라스틱 랩처럼 신축성이 있었다. 결국 그 운 나쁜 대학원생은 무엇이 잘못되었는지를 알아냈다. 그 학생은 촉매를 넣어야 할 양의 천 배나 더 넣었던 것이다! 이런 실수를 저지르면 보통은 끈적거리는 덩어리가 생겨서 반응기를 씻기 위해 한나절을 허비해야 하거나 운이 나쁘면 값비싼 실험 장치를 못쓰게 만들 수도 있다. 그러나 이 실수는 새로운 연구 분야를 열었다.

폴리에틸렌 같은 탄화수소 중합체는 보통 좋은 전기 절연체이다. 게다가 값이 싸고 화학적으로 안정하고 신축성이 있기 때문에 전선의 절연막으로 쓰인다. 그러나 1970년대에 시라카와의 연구실에서 우연히 만들어진 은빛 물질은 금속처럼 보이는 플라스틱이었다. 그렇다면 이 이상한 플라스틱막이 금속처럼 전기를 통할 수 있었을까?

실제로 폴리아세틸렌의 이 형태는 좋은 전기 전도체가 전혀 아니다. 폴리에틸렌 같은 부도체에 비해서는 전도성이 훨씬 낫지만 구리 같은 금속과는 상대가 되지 않는다. 그렇지만 시라카와가 은빛 중합체를 발표했을 때 어떤 과학자들은 이 이상한 물질이 더 연구할 가치가 있다고 생각했다. 1976년에 미국의 화학자 앨런 히거 Alan Heeger와 앨런 맥디아미드 Alan MacDiarmid는 시라카와와 협력하여 요오드를 이 플라스틱막에 더하는 실험을 했다. 그들은 요오드를 〈도핑〉하면 이 물질의 색이 금빛으로 바뀌고 전기 전도도가 십억 배나 높아진다는 것을 발견했다.

이제 다른 물질로 도핑하면 전기가 통하는 여러 중합체가 알려져 있다. 어떤 것들은 구리만큼 전기를 잘 통한다. 이들 중합체 중 여럿은 폴리아세틸렌처럼 사슬형의 탄화수소만으로 이루어졌고 다른 것들에는 황이나 질소나 인 같은 다른 원소가 들어 있다.

커다란 중합체 사슬 대신 따로따로 나뉜 작은 유기 분자들로 이루어진 〈유기 금속〉도 합성되었다. 그러나 앞으로 보게 되듯이 고체 상태에서 이런 물질의 분자 구조는 전도성 중합체와 상당히 비슷하고 금속 성질도 비슷한 이유에서 비롯된다. 이런 유기 금속 가운데는 아주 낮은 온도에서 (대부분의 금속처럼) 전기 저항이 전혀 없는 초전도체가 되는 것도 있고, 철이나 니켈과 비슷하게 자석의 성질을 보이는 것도 있다. 전도성 중합체는 전기 부품에 쓰일 수 있다. 중합체 전지는 벌써 시장에 나와 있고 중합체로 만든 다이오드나 발광 다이오드가 등장하고 있다. 곧 무겁고 값비싼 금속 전선 대신 싸고 가벼운 전도성 플라스틱 전선이 쓰일 것이다.

유기 전도체, 유기 초전도체, 유기 자석은 최근에 등장한 분자전자공학이라고 부르는 분야의 주요 연구 주제이다. 분자전자공학에서는 새로운 성질, 특히 전기적으로 쓸모 있는 성질을 지닌 화합물을 고안하고 합성하는 데 관심이 있다. 이러한 물질들은 새로 대두하는 〈합성 금속〉의 예이고 이런 물질에 비하면 전통적인 구리줄은 조잡하고 거추장스럽게 보인다. 전도성 중합체가 30년 전 규소가 그랬던 것처럼 미세전자공학에 혁명을 일으킬지는 두고 보아야 알겠지만 도쿄 실험실에서 일어난 실수로부터 아주 흥미진진한 일들이 벌어질 것이라는 데에는 의심의 여지가 없다.

1 전류를 이해하기

1-1 왜 금속의 성질이 나타나는가?

전기가 흐르지 않도록 전선을 꼬아 매듭을 묶은 사람에 대한 농담이 있지만 솔직히 말하면 글쓴이는 그 사람에게 어느 정도 동정을 느낀다. 그 불쌍한 사람은 결국 흐르는 것에 대해 당연히 떠올릴 수 있는 일을 한 것이다. 그 사람의 잘못을 고쳐주려면 회로 이론과 전기저항을 알아야 한다. 더 정확하게 따진다면 전선을 따라 흐르는 것이 무엇인지, 이것이 흐를 수 있는 금속이 왜 특별한지를 알아야 한다.

어떤 물질 안에 전하를 띤 알갱이들이 움직일 수 있으면 이 물질은 전기를 통할 수 있다. 순수한 물에는 전하를 띤 H_3O^+와 OH^-이온이 아주 조금 들어 있기 때문에 전기가 아주 약하게 흐른다. 염화나트륨 같은 이온 염을 뜨겁게 하여 녹인 액체는 전기를 통하고 결정성 고체 중에도 요오드화은처럼 전기를 통하는 것이 있다. 이런 고체에서는 이온 중 일부가 움직일 수 있어서 전기가 꽤 잘 통한다. 그러나 전기가 통하는 고체에서 전기를 나르는 것은 거의 항상 전자이다. (전류가 흐른다고 흔히 말하지만 이 말은 정확하지 않다. 흐르는 것은 전하이고 전류는 이 전하의 흐름을 말하는 것이다.)

물론 금속 도체에도 전자가 들어 있고 나무나 고무와 같이 전기가 통하지 않는 부도체에도 전자가 들어 있다. 하지만 도체에는 물질 전체에 걸쳐 움직일 수 있는 전자가 있지만 부도체에는 그런 전자가 없다. 대부분의 고체 금속은 금속 원자들이 규칙적이고 주기적으로 쌓인 결정 구조를 이룬다. 나무나 고무보다 분자 구조가 훨씬 더 간단한 부도체는 다이아몬드이고 다이아몬드도 역시 탄소 원자들이 규칙적으로 쌓인 결정이다. 그런데 왜 구리 결정은 전기를 통하고 탄소 결정은 전기를 통하지 않는가? 간단한 답은 다이아몬드에서는 이웃하는 탄소 원자들의 국부적인 공유 결합으로 전자들이 묶여 있지만 구리에서는 결합이 더 널리 공유되고 비편재화되어 있다는 것이다. 각 원자가 내놓은 결합 전자가 고체 전체에 퍼진 〈바다〉를 이루어 거기서 자유로이 움직일 수 있다는 것이다. 이것은 두 원소가 화합물에서 나타내는 모습에서도 쉽게 알 수 있다. 탄소는 공유 결합을 하지만 금속은 보통 전자를 내놓고 양이온이 된다.

전기적인 신호가 전선을 따라 거의 순간적으로 전달된다는 사실에는 익숙할 것이다. 그러나 이것이 전자 자체가 이렇게 빨리 움직인다는 것을 의미하지는 않는다. 전자는 사실 이온 격자들 사이에서 초당 1밀리미터보다 느린 속도로 천천히 움직인다. 양자역학 이론에 따르면 금속 결정에서 이온들의 배열이 완벽하게 주기적이라면 움직이는 전자는 이들을 〈보지〉 못하고 아무런 방해 없이 금속을 통과할 수 있다. 그러나 결정은 완벽하지 않다. 이온들은 어느 정도의 열 에너지를 지니고 있어 평형 위치에서 진동하므로 이온 격자가 완벽하게 주기적이지 않다. 그리고 실제 결정에는 원자의 배열에 반드시 결함이 있고 다른 원소가 불순물로 들어 있을 수도 있다. 전자가 진동하는 이온이나 결함에 충돌하면 전자는 다른 방향으로 튀어 전하의 흐름이 흐트러진다. 이런 상호 작용으로 말미암아 전기 저항이 생긴다. 전자가 산란되는 정도가 클수록 (다른 말로 하면 금속의 〈산란 중심〉의 밀도가 클수록) 저항이 크다. 전자가 산란될 때 전자는 에너지의 일부를 잃고 이 잃은 에너지는 금속의 온도를 높인다. 백열 전구의 텅스텐 필라멘트에서 볼 수 있듯이 빛을 낼 만큼 온도를 높일 수도 있다.

만약 좋은 전기 도체가 되기 위한 유일한 조건이, 전자가 국부적인 분자형 결합에 갇히지 않고 여러 원자들 사이에서 움직일 수 있는 것이라면 폴리아세틸렌은 금속의 성질을 띠어야 한다. 여섯 탄소 원자로 이루어진 벤젠에서 번가르는 단일 결합과 이중 결합이 분자 평면의 위와 아래에 고리 모양의 오비탈을 형성하여 전자들이 비편재화된다는 것을 1장에서 보았다. 벤젠 분자를 자기장 안에 놓으면 이 전자들이 정말로 고리 주위를 돌아서 〈고리 전류〉를 나타낸다. 그런데 폴리아세틸렌은 여러 벤젠 고리를 끊어서 그 끝을 이어놓은 것으로 생각할 수 있는, 단일 결합과 이중 결합이 번갈아 나타나는 긴 탄소 사슬이다(그림 6.1). 따라서 이중 결합의 π 오비탈은 연속적으로 겹쳐져서 탄소 뼈대를 따라 뱀 모양의 분자 오비탈을 이룬다. 이런 결합을 〈공액〉 결합이라고 한다. 공액 오비탈의 전자는 기찻길 위의 기차처럼 움직일 수 있어야 한다. 다시 말해서 이 전자들은 중합체 사슬을 따라 비편재화되어 있다. 이 간단한 그림에 따르면 사슬의 양끝에 전압을 걸면 사슬은 일종의 전선이 되어 전자가 흐를 수 있어야 한다.

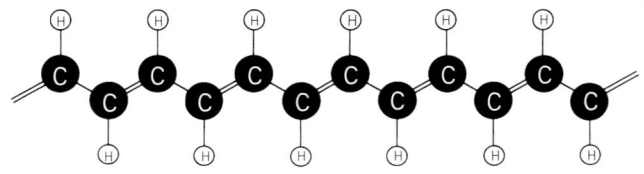

그림 6.1 폴리아세틸렌은 사슬을 따라 단일 결합과 이중 결합이 번갈아 나타나는 탄화수소 중합체이다. 이웃한 π오비탈은 서로 겹쳐서 전자가 지나갈 수 있는 공액 오비탈을 이룬다.

    금속에서는 전자가 모든 방향으로 움직일 수 있지만 중합체의 전자는 오직 한 방향, 즉 사슬의 방향으로만 움직일 수 있다. 이 때문에 중합체를 잡아당겨서 (아니면 특별한 방법으로 합성하여) 모든 사슬이 한 방향으로 늘어서게 하면 다른 방향에 비해 사슬이 늘어선 방향으로 전기가 훨씬 잘 통할 것이다. (사슬에 수직한 방향으로는 사실상 전기가 통하지 않는다.) 또한 같은 이유로 중합체의 전도도는 사슬 사이의 틈새 같은 분자 구조의 결함에 대단히 민감하다. 금속에서는 전자가 비교적 쉽게 결함을 피해 다른 길로 갈 수 있기 때문에 결함이 엄청나게 많이 있지 않는 한 그 영향이 두드러지지 않는다. 그러나 선형의 중합체 사슬에서는 이것이 불가능하다. 〈기찻길〉이 끊기면 전자는 지나갈 수 없다.

    중합체 사슬을 따라 비편재화된 공액 결합에 전자들이 돌아다닌다고 생각하면 플라스틱에 전기가 흐를 수 있다는 것이 그렇게 놀랄 일은 아니다. 그러나 이 설명은 충분하지 않다. 만약 그렇다면 폴리아세틸렌은 그 자체로 전기가 잘 통해야 할 것이다. 그러나 히거와 맥디아미드는 요오드로 도핑을 한 후에야 높은 전도도를 볼 수 있었다. 그리고 (중합체 사슬이 표본의 한 끝에서 다른 끝에 이를 만큼 길지는 않기 때문에) 어떻게 전자가 한 사슬에서 다른 사슬로 옮아가는가라는 문제가 남아 있다. 일반적으로 결합이 비편재화되었는지 아니면 국부적인지가 물질이 전기를 통하는지 통하지 않는지를 결정하는 확실한 기준이 될 수 없다. 그 예로 다이아몬드를 보자. 다이아몬드는 강한 국부적 결합으로 붙들린 고체의 가장 좋은 예지만 붕소나 인을 조금 도핑하면 전도도가 높아져서 규소 같은 반도체가 된다. 다른 원소가 조금 있다고 그 모든 결합이 갑자기 비편재화되겠는가? 이것을 설명하려면 고체 안의 화학 결합을 더 자세히 고려해야 한다.

1-2 결합에서 띠로

독립된 원자에서 전자들은 대부분의 시간 동안 원자핵에 가까운 오비탈에 머물러 있다. 분자에서 결합에 참여한 전자들은 약간의 자유를 더 얻어 둘 이상의 원자핵 주위를 돌아다닌다. 1장에서 원자 오비탈이 겹쳐서 분자 오비탈 전자의 에너지가 원자 상태보다 낮은 결합 오비탈과 더 높은 반(反)결합 오비탈을 만드는 것이 공유 결합이라는 것을 보았다. 금속과 반도체와 부도체를 가릴 것 없이 모든 고체를, 이웃한 원자 오비탈이 겹쳐서 붙들린 수억 개의 원자가 다시 수억 개 모인 거대한 분자라고 생각할 수 있다. 원자를 하나씩 더해서 그런 고체를 만든다고 생각하면 고체 결합의 특징을 분자 오비탈의 관점에서 이해할 수 있다.

가장 간단한 예로 원자들이 한 줄로 늘어선 일차원 고체를 생각하자(그림 6.2). 이 고체를 처음부터 만들어 보자. 먼저 두 원자를 하나의 결합으로 잇는다. 한 원자마다 하나씩의 원자 오비탈이 겹쳐저 결합 오비탈 하나와 반결합 오비탈 하나가 만들어진다. 줄에 원자를 하나씩 더할 때마다 분자 오비탈이 하나씩 더 생긴다. 원자가 충분히 많이 놓이면 오비탈 사이의 에너지 차가 줄어서 각각의 에너지 준위들을 구분할 수 없게 될 것이다. 원자가 수백만 개가 놓이면 에너지 준위는 분리되지 않고 합쳐져서 전자가 지닐 수 있는 에너지의

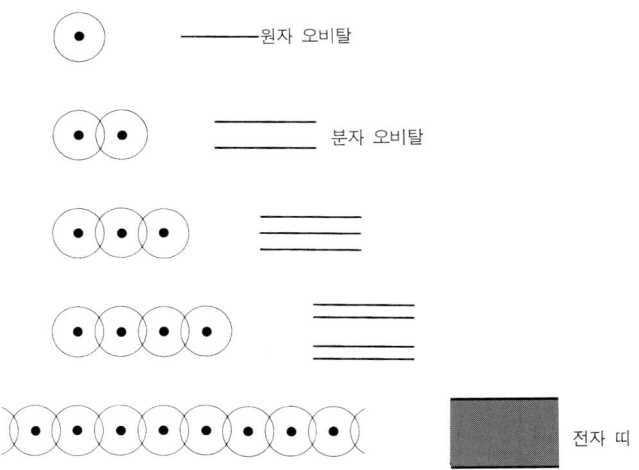

그림 6.2 일차원 고체에 원자를 하나씩 더함에 따라 분자 오비탈들 사이의 틈이 점점 줄어들어 결국 연속적인 전자 띠가 된다.

띠를 이룬다(그림 6.2). 삼차원 고체에서는 한 원자마다 여러 개의 오비탈이 겹쳐서 에너지 띠가 여러 개 생긴다. 이러한 띠에 들어 있는 전자들은 위 끝과 아래 끝 사이의 에너지를 지닐 수 있지만 그 바깥의 에너지는 지닐 수 없다. 따라서 띠 사이에는 금지된 에너지 간격이 있다.

익숙한 삼차원 고체에서 각 띠에 해당하는 이렇게 확장된 오비탈의 모양을 생각하기는 어렵다. 전자가 하나의 원자 주위를 맴도는 것이 아니라 고체 전체를 돌아다니므로 사실 〈오비탈(궤도 함수)〉이라는 말은 이제 적당한 용어가 아니다. 전자들이 돌아다닐 수 있는 원자 사이의 통로가 삼차원적으로 이어진 그물이라고 생각하는 편이 나을 것이다. 이런 〈오비탈〉의 어떤 부분에서는 통로가 아주 좁을 수 있다. 전자가 원자들의 어떤 층이나 줄, 심지어는 원자 오비탈에서처럼 원자 주위의 공간에 붙들려 있을 수도 있다. 하지만 이 그림들을 글자 그대로 받아들여서는 안 된다. 물리학자들은 이런 구조를 정확히 묘사하기 위해 특별한 도구를 사용한다. 물론 이 책에서도 〈띠를 채운다〉는 말을 쓰고 이것은 이러한 에너지 띠에 해당하는 엄청나게 많은 연속된 〈오비탈〉을 채운다는 말이다. 앞으로 〈띠〉라는 말은 고체의 확장된 전자 오비탈을 의미한다.

다이아몬드 같은 부도체에서도, 규소나 게르마늄 같은 반도체에서도, 구리 같은 금속에서도 전자 띠는 결정 격자에 걸쳐 뻗어 있다. 하지만 금속에서는 어떤 전자들이 자유롭게 움직일 수 있지만 반도체나 부도체에는 움직일 수 있는 전자가 없다. 왜 그럴까? 중요한 것은 띠에 전자가 얼마나 들어 있는가이다. 두 원자에서 하나씩의 원자 오비탈을 겹쳐서 만든 결합과 반결합 분자 오비탈에 채울 수 있는 전자의 수는 각 원자 오비탈에 채울 수 있는 전자의 수와 마찬가지로 4이다. 같은 방법으로 고체에서 원자 오비탈을 겹쳐 만든 띠에 채울 수 있는 전자의 수는 띠를 구성하는 원자 오비탈에 채울 수 있는 전자의 수와 같다. 예를 들어 다이아몬드에서 각 원자마다 두 번째 껍질에 있는 네 개의 원자 오비탈(2s와 2p)을 겹치면 결합과 반결합 분자 오비탈에 해당하는 따로 떨어진 두 개의 띠가 생긴다. 그러므로 아래와 위 띠에 원자당 네 개씩, 두 띠에 모두 원자당 여덟 개의 전자를 채울 수 있다.

띠에 속한 전자가 얼마나 잘 움직일 수 있는지는 띠에 전자가 얼마나 차 있느냐가 결정한다. 띠에 있는 전자를 당구대 위의 당구공이라고 생각하자. 정상적인 경우 당구공은 당구대 위를 마음대로 돌아다닐 수 있다(그림 6.3a). 이것은 가득 차지 않은 띠의 상황에 대응한다. 전자들은 움직일 수 있고 고체는 전기를 통한다. 따라서 정의에 의해 금속에는 가득 차지 않은 띠가 적어도 하나 있다 (그림 6.4a).

띠에 전자를 더 채우는 것은 당구대 위에 공을 더 올려놓는 것과

전기가 흐르는 플라스틱 275

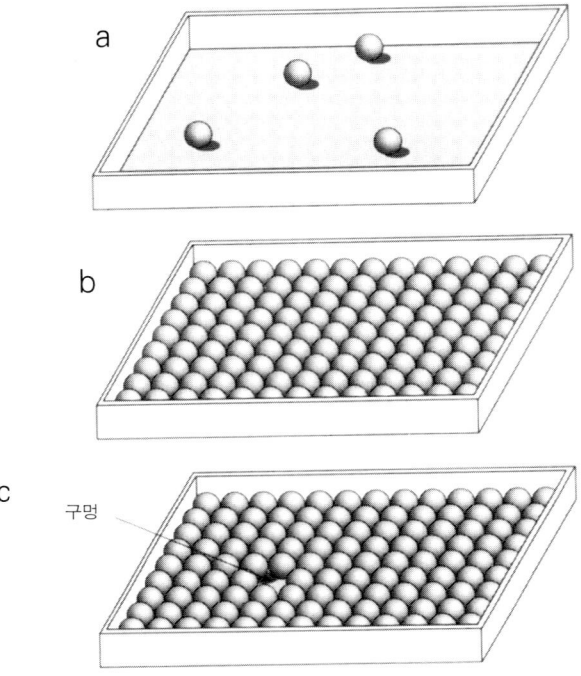

그림 6.3 전자 띠에 든 전자들의 움직임은 당구대 위의 당구공의 움직임에 비유할 수 있다. 공이 몇 개밖에 없으면 공들은 자유로이 굴러다닐 수 있다(a). 당구대 위에 공이 점점 많아지면 공들이 움직이기 어려워진다. 당구대 위가 공으로 완전히 채워지면 공들은 전혀 움직일 수 없다(b). 이 상태에서 공을 하나만 빼내면 그 자리에 남은 구멍은 공들을 재배치하여 한 자리에서 다른 자리로 옮아갈 수 있다. 구멍은 마치 빈 당구대 위의 〈반(反)공〉처럼 움직인다.

같다. 공을 더 많이 올려놓을수록 공이 다른 공에 부딪히지 않고 돌아다니기가 어려워진다. 다시 말해 공이 방해받지 않고 움직이기가 점점 어려워진다. 결국 어느 단계에서 당구대 위가 공으로 가득 찬다(그림 6.3b). 공을 가장 많이 올려놓을 수 있는 상태는 공들이 규칙적으로 배열한 상태이다. 이 상태에서는 어느 공도 움직일 수 없다. 모든 공은 주위의 다른 공들에 의해 갇혀 있다. 전자도 마찬가지이다. 비록 전자 띠는 고체 전체에 걸쳐 퍼져 있지만 띠가 가득

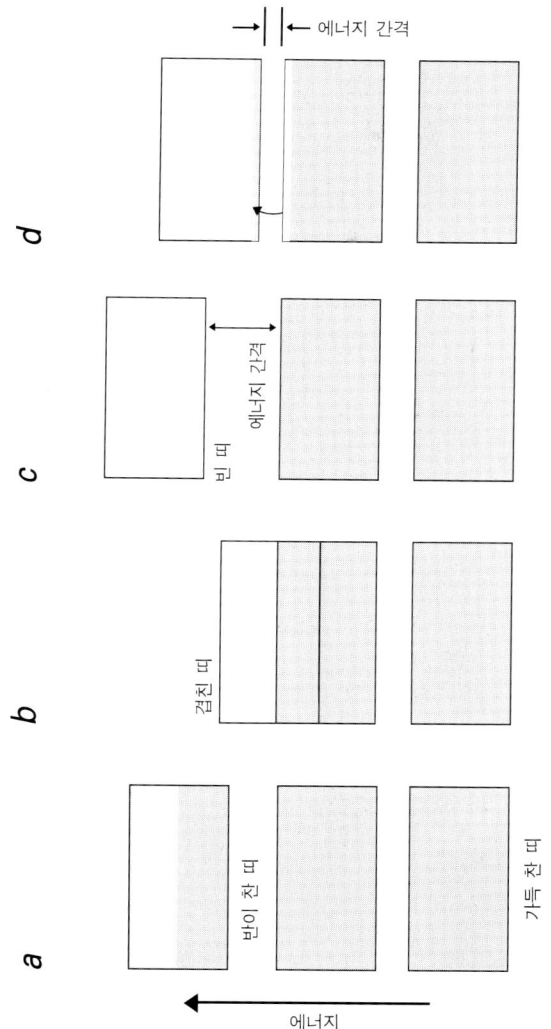

그림 6.4 금속에서는 가장 에너지가 높은 띠가 완전히 차지 않아서 전자들이 움직일 수 있다(a). 알칼리 토금속 같은 원소는 가득 찬 띠와 텅 빈 띠가 겹쳐서 금속성을 띤다(b). 다이아몬드 같은 부도체에서는 가장 에너지가 높은 띠가 가득 차고 다음의 빈 띠 사이에는 에너지 간격이 있다(c). 규소 같은 반도체에서는 가장 에너지가 높은 띠가 가득 차지만 다음의 빈 띠 사이에 있는 에너지 간격이 작아서 일부 전자가 열 에너지를 받아 빈 띠로 올라 갈 수 있다. 이 〈전도〉전자들은 전하를 운반하는 나르개로 작용할 수 있다.

차 있기 때문에 전자는 움직일 수 없고 고체는 전기를 통할 수 없다. 다이아몬드 같은 부도체에서는 어느 에너지 아래의 모든 띠가 가득 차 있다(그림 6.4c). 더 높은 에너지에 텅 빈 띠가 있지만 금지된 에너지 간격 때문에 전자는 그 곳에 갈 수 없다.

알칼리 토금속에서 가장 에너지가 높은 전자가 있는 오비탈은 전자가 가득 찬 맨 바깥쪽의 s 오비탈이므로 맨 바깥쪽 띠도 가득 차서 이 고체가 부도체일 것이라고 생각할지도 모르겠다. 그러나 이 띠는 일부만 차서 거기에 움직일 수 있는 전자가 있다. 그 이유는 더 위에 있는 띠가 폭이 넓어져서 두 띠가 하나로 합쳐졌기 때문이다(그림 6.4b). 이렇게 띠가 합쳐져서 구리, 은, 금을 비롯한 여러 금속이 부도체가 아니라 도체가 된다.

1-3 반도체

도체와 부도체의 두 극단 사이에는 이상하지만 대단히 쓸모 있는 물질인 반도체가 있다. 이 물질들은 도체에 비해서는 전도도가 훨씬 낮지만 부도체에 비해서는 수천 배나 전기를 더 잘 통한다. 화학적인 혼합비를 바꾸어 전도도를 조절할 수 있기 때문에 이 물질들은 아주 쓸모가 있다. 앞에서 말한 기준에 따르면 반도체는 부도체이어야 하지만 다른 이유 때문에 반도체에는 움직일 수 있는 전자가 조금 있다.

가장 널리 알려진 반도체인 규소의 맨 바깥쪽 띠는 각 원자의 3s와 3p 오비탈이 겹쳐서 생긴 것이다. 규소는 다이아몬드와 전자의 수도 같고 고체 상태에서 전자의 배치도 같다. 즉, 완전히 차 있는 띠와 에너지 간격으로 나뉜 (텅 빈) 띠가 그 위에 있다. 그러나 규소의 에너지 간격은 다이아몬드에 비해 훨씬 더 작다(그림 6.4d). 에너지 간격의 크기가 상온에서 열 에너지의 크기와 거의 같으므로 가득 찬 띠의 맨 위 부분에 있는 전자는 가끔 열 에너지를 모아 그 위의 빈 띠로 올라갈 수 있다. 위의 띠로 올라간 전자는 결정 속을 마음대로 돌아다닐 수 있다. 이 전자들은 가득 찬 띠에 〈구멍〉을 남기고 이 구멍으로 주위에 있던 전자가 움직일 수 있다. 당구대와 당구공의 비유로 돌아가자(그림 6.3c). 한 공이 구멍으로 움직이면 그 공이 있던 자리에 다시 구멍이 생긴다. 이런 식으로 구멍은 자리를 바꾸어 마치 빈 당구대 위의 유령 공처럼 한 자리에서 다른 자리로 움직일 수 있다. 구멍을 없애는 유일한 방법은 덜어냈던 공으로 그 자리를 메우는 것이다. 따라서 반도체에서 전자가 빈 띠로 올라가면 전도도가 더욱 높아진다. 위의 띠로 올라간 전자도 전기를 통하고 가득 차 있던 띠에도 구멍이 생겨 전자가 움직일 수 있으므로 전기를 통한다. 구멍 주위의 전자의 자리바꿈을 묘사하는 대신 물리학자들은 구멍을 마치 전하를 나를 수 있는 입자처럼, 음전하 대신 양전하를 띤 〈뒤집어진 전자〉처럼 취급한다. 그러므로 띠 사이의 에너지 간격을 건너 뛸 수 있는 전자의 수가 반도체의 전도도를 결정한다.

온도를 올리면 열 에너지가 커져서 더 많은 전자가 틈을 건너뛰므로 온도가 높을수록 반도체의 전도도는 높아진다. 이것은 금속과는 반대이다. 금속에서는 전자가 전기를 통하는 데 열 에너지의 도움이 전혀 필요 없고 온도가 높아지면 결정의 원자들이 더 심하게 진동할 뿐이다. 이 진동은 원자를 더 커 보이게 하고 따라서 움직이는 전자를 산란할 가능성이 더 많으므로 온도가 높아질수록 금속의 전도도는 낮아진다. 그러므로 실제로는 전도도의 절대 크기가 아니라 온도에 따른 전도도의 변화를 보고 금속과 반도체를 구분한다.

다른 원자를 첨가하는 도핑에 의해 반도체의 전도도를 높일 수 있다. 도핑의 효과는 (전도 띠라고 부르는) 빈 띠에 전자를 더하거나, 가득 찬 (원자가) 띠에서 전자가 쉽게 튀어나올 수 있게 하여 이 띠에 구멍을 더해서 전류를 나르는 전자나 구멍의 수를 늘리는 것이다.

붕소나 인 원자로 도핑해서 규소의 전도도를 높일 수 있다. 이 원자들은 정상적인 결정에서는 규소 원자가 차지해야 할 결정 격자를 차지한다. 하지만 붕소 원자에는 바깥 껍질에 규소보다 전자가 적게 있기 때문에 원자가 띠에 전자가 모자라 붕소 주위의 원자가 띠에는 구멍이 생긴다. 온도가 낮으면 이 구멍이 붕소 원자에 붙들려 있지만 이 구멍을 움직이는 데는 에너지가 얼마 필요하지 않다. 붕소 원자로 도핑하면 가득 찬 원자가 띠의 바로 위에 빈 에너지 준위가 생긴다. (이 준위는 전도 띠보다 훨씬 더 가까우므로) 약간의 열 에너지만으로도 전자가 이 준위로 올라갈 수 있어서 원자가 띠에 빈자리가 생긴다(그림 6.5a). 이 경우 전하를 나르는 것은 양positive 전하를 띤 구멍이므로 이런 도핑을 p형이라고 한다.

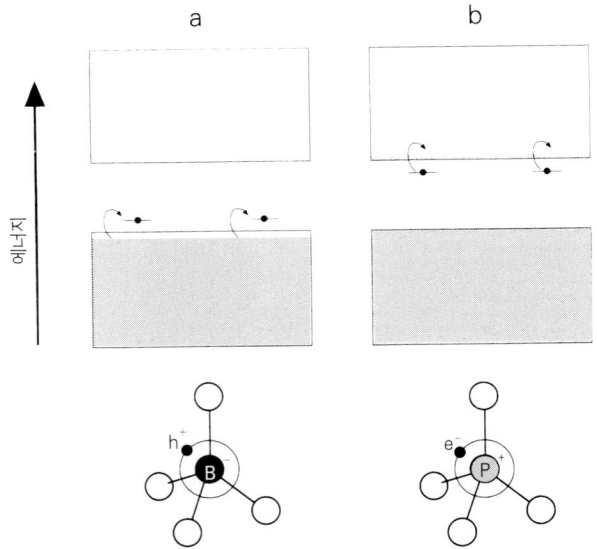

그림 6.5 붕소나 인 같은 다른 원자를 도핑해서 규소의 전도도를 높일 수 있다. 규소 격자에 든 붕소 원자는 원자가 띠에 구멍(h^+)을 만들고 이것은 양전하를 나른다(a). 반면에 인 원자는 빈 전도 띠에 전자(e^-)를 더하고 이것은 음전하를 나른다(b). 이런 불순물 원자를 〈원자핵〉 주위에 전하 나르개가 하나 있는 일종의 수소 원자로 생각할 수 있다. 이 원자들은 쉽게 전하 나르개를 내놓고 이온이 될 수 있다.

인 원자에는 바깥 껍질에 규소보다 전자가 하나 더 많으므로 규소 결정의 인 원자는 규소 원자들과 결합을 모두 이루고도 전자가 하나 남는다. 앞에서와 마찬가지로 온도가 낮으면 이 전자가 인 원자에 붙들려 있지만 열 에너지가 조금만 있어도 전도 띠로 뛰어올라 전하를 나를 수 있다. 인 원자로 도핑하면 전도 띠의 바로 아래에 전자가 든 에너지 준위가 생기고 이 전자는 쉽게 전도 띠로 뛰어오를 수 있다(그림 6.5b). 음negative 전하를 띤 전자가 전하를 나르므로 이런 도핑을 n형이라고 한다.

2 합성한 쇠를 벼리다

2-1 플라스틱 띠

각 원자의 오비탈이 겹쳐서 생기는 띠로 중합체의 전자 구조를 설명할 수도 있지만 이 띠가 중합체의 〈분자〉 오비탈이 겹쳐서 생겼다고 보는 편이 더 쓸모가 있다. 먼저 원자 오비탈이 겹쳐서 중합체 분자마다 독립된 분자 오비탈을 만들고 그 다음에 이웃한 분자들의 분자 오비탈들이 겹쳐서 연속된 띠를 만든다고 보는 것이다. 폴리아세틸렌 분자에서 가장 높은 띠는 중합체 뼈대를 따라 이어진 공액 결합이다. 이 결합 오비탈은 전자로 가득 차 있고 더 높은 곳에 텅 빈 반결합 오비탈이 있다. 그 결과 결합 오비탈이 겹쳐 생긴 원자가 띠는 가득 차 있고 반결합 오비탈이 겹쳐 생긴 전도 띠는 텅 비어 있다(그림 6.6). 이 때문에 원리적으로는 폴리아세틸렌이 폴리에틸렌처럼 부도체일 것 같지만 에너지 틈이 작기 때문에 폴리아세틸렌은 반도체이다.

앞에서 보았듯이 도핑이 이 공액 중합체가 전기를 잘 통하게 만드는 열쇠이다. 하지만 규소와는 달리 도핑을 위해 첨가하는 불순물은

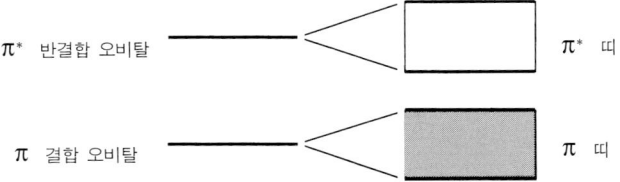

그림 6.6 폴리아세틸렌에서 전자띠는 분자 π오비탈이 겹쳐서 생긴다. 전자가 든 가장 에너지가 높은 띠는 결합 분자 오비탈에서 생긴 것이고 가득 차 있다. 그러나 그 다음의 반결합 (π^*) 오비탈에서 생긴 빈 띠와의 틈이 충분히 작기 때문에 이 물질은 〈나쁜〉 반도체이다.

결정 격자의 〈원래〉 주인을 쫓아내지 않는다. 이 불순물은 중합체 분자 사이의 에너지 틈에 머무를 수 있는 원자나 분자나 이온이다. 이런 불순물의 궁극적인 효과는 앞에서와 마찬가지로 전도 띠나 원자가 띠에 전하를 나를 수 있는 전자나 구멍을 더하는 것이지만 중합체에서 이것이 일어나는 메커니즘은 앞에서 보았던 것보다 더 미묘하다. 요오드 같은 불순물은 p형이다. 요오드는 가득 찬 원자가 띠에서 전자를 빼앗아 I_3^- 이온을 만들어 중합체 사슬에 양전하를 띤 〈섬〉들을 만든다(그림 6.7). 불순물의 농도가 충분히 크면 이웃한 사슬의 섬들이 겹쳐서 전도 띠와 원자가 띠 사이에 새 에너지 띠가 생긴다. 불순물 주위에서 중합체 사슬이 (전하를 띤 섬이 생기기 때문에) 약간 비틀리고, 독립된 에너지 준위 대신 완전한 띠가 생긴다는 것만 빼면 이 과정은 p형 도핑된 규소에서와 같다. n형 도핑으로도 중합체의 전도도를 높일 수 있다. 이 경우에는 나트륨 같은 원소의 원자를 더해서 전도 띠에 전자를 내놓게 하여 같은 결과를 얻는다.

도핑된 중합체의 전도도에는 아직도 수수께끼가 남아 있다. 예를 들면 어떻게 전자가 중합체 사슬 사이를 지나는지는 아직도 완전히 이해되지 않았다. 한 사슬에서 다음 사슬로 전자가 움직일 때 어떤 〈껑충 뛰기〉 메커니즘이 작용할 것으로 생각되지만 다른 가능성들도 있다.

2-2 금속 없이 전기 통하기

폴리아세틸렌은 가장 다재다능하고 싸고 효과적인 전도성 중합체 가운데 하나이고 이 때문에 가장 자세히 연구된 중합체이다. 폴리아세틸렌이 전기를 통한다는 우연한 발견에서 주로 탄소로 이루어진 분자 전도체에 대한 연구가 시작되었고 분자전자공학이 기술적인 중요성을 띠게 되었다. 그러나 쓸모 있는 전기적인 성질을 띤 분자 고체 특히 중합체 고체에 대한 생각은 그보다 훨씬 더 앞선다. 비교적 전도도가 높은 비금속 화합물이 20세기 초부터 알려졌다.

1842년에 독일 화학자 크노프 W. knop는 중심의 백금 원자 주위를

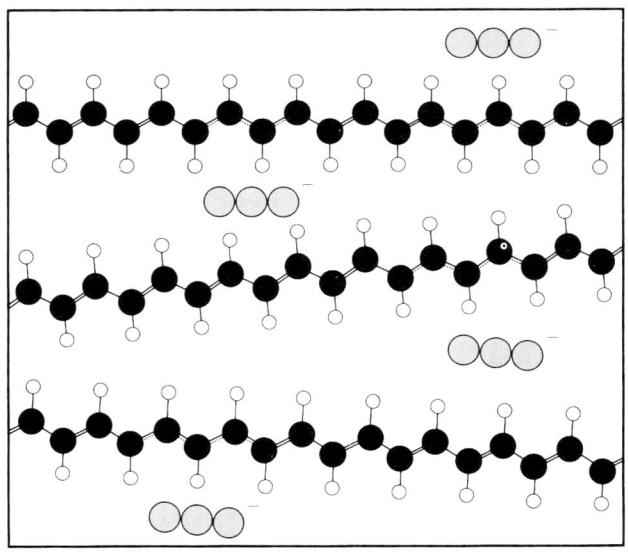

그림 6.7 폴리아세틸렌에서 불순물은 탄화수소 사슬 사이에 자리잡는다. 불순물은 비편재화된 π오비탈에 전자를 내놓거나 거기에서 전자를 빼앗아 탄화수소 뼈대에 전하를 띤 국부적인 영역(《엑시톤 exciton》)을 만든다. 이 영역에서는 단일 결합과 이중 결합이 잘 구분되지 않는다. 엑시톤의 농도가 충분히 커지면 이것들이 서로 겹쳐서 다 차지 않은 띠를 만들어 전기를 통할 수 있게 된다.

네 개의 사이아나이드 이온이 정사각형으로 에워싼 분자 단위로 이루어진 화합물을 합성했다(그림 6.8). 이 단위는 테트라사이아노백금산tetracyanoplatinate(TCP) 작용기로 알려져 있고 2가의 음전하를 띤다. 이 단위는 칼륨 같은 금속 양이온과 함께 $K_2Pt(CN)_4$ 같은 결정 고체를 형성할 수 있다. 그러나 대부분의 금속 염은 투명하거나 색이 있는 광물처럼 보이는 데 비해 크노프의 화합물은 금빛을 띤 청동색의 금속 광택을 띤다.

1910년에 영국인 프랑크 플레이페어 버트Frank Playfair Burt는 전혀 다른 물질을 합성했다. 그가 합성한 물질은 황과 질소만으로 이루어진 별난 중합체였고 역시 금속 광택을 띠었다. 탄소처럼 긴 사슬을 만들 수 있는 원소는 몇 되지 않기 때문에 탄소를 포함하지 않은 중합체는 비교적 드물다. 그러나 버트의 중합체는 놀랍게도 단순한 화합물로 황과 질소 원자가 교대로 구불구불한 사슬을 이룬 것이었다(그림 6.9). 중합체 화학의 표현을 따라 이 화합물을 $(SN)_x$라고 표기할 수 있다 (x는 SN 단위가 정해지지 않은 큰 수만큼 되풀이된다는 것을 나타낸다).

그러나 1970년대가 되어서야 이 두 물질의 전기적인 성질이 조사되었고 둘 다 대부분의 다른 분자 물질에 비해서는 전기가 상당히

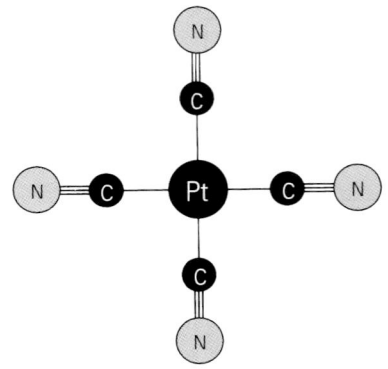

그림 6.8 테트라사이아노백금산 이온의 구조.

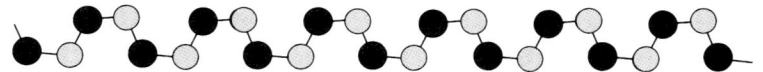

그림 6.9 공액 물질 (SN)ₓ에는 황 (검은색) 원자와 질소 (밝은 회색) 원자로 번갈아 이루어진 구불구불한 중합체 뼈대가 있다.

잘 통하는 전도체라는 것이 밝혀졌다. 이제 (SN)ₓ는 가득 찬 띠와 텅 빈 띠가 겹쳐서 전자가 움직일 수 있는 물질이라는 사실이 알려졌다. TCP의 전도도는 다른 메커니즘에서 비롯된다. 이 고체는 중합체 사슬 대신 Pt(CN)₄ 단위로 이루어져 있다. 1964년에 결정된 이 고체의 결정 구조를 보면 정사각형 단위가 접시들처럼 층층이 쌓여 있다(그림 6.10). 백금 원자의 전자 오비탈 중 일부는 사이아나이드 기를 향하고 있지만 정사각형 평면에서 아래위로 튀어나온 아령처럼 생긴 d 오비탈도 있다. TCP 단위가 층층이 쌓이면 이 d 오비탈이 겹쳐 전자 띠를 이룬다. (이 띠에 든 전자는 오비탈들이 겹친 사슬에서 갇혀 있으므로 이 띠는 〈일차원〉이다.) 음전하를 띤 Pt(CN)₄ 단위와 전기적으로 중성을 맞추기 위한 양이온(일반적으로 칼륨 이온)의 비가 간단한 정수비가 되지 않도록 성분비를 조절하면 전기를 통하는 TCP 염을 얻을 수 있다. 이 경우 층층이 쌓인 Pt(CN)₄에서 생긴 일차원 전자 띠는 가득 차지 않고 일부가 비어 있다. 예를 들어 칼륨염 $K_{1.75}Pt(CN)_4$는 좋은 전도체이다. 전도 띠가 일차원적이기 때문에 TCP의 전도성은 중합체처럼 방향에 따라 다르다. 미국 뉴욕 주 웹스터에 있는 제록스 사에서는 보통의 방법으로 키운 $K_{1.75}Pt(CN)_4$ 결정보다 전도도가 수천 배 더 큰 순수하고 거의 완벽한 결정을 키우는 방법을 개발했다. 칼륨 이온과 TCP 이온이 든 용액에 전류를 흘리면 양극에서 바늘 모양의 결정이 자란다(사진 6). 이때 바늘 모양 결정의 긴 축 방향으로 Pt(CN)₄ 기가 쌓인다.

1973년에 펜실베니아 대학교의 앨런 히거와 동료들은 탄소, 수

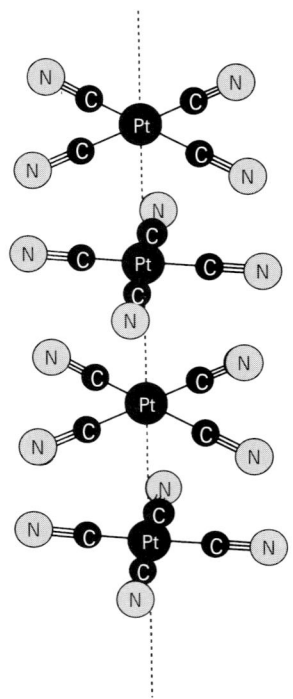

그림 6.10 테트라시아노백금산의 염에서 Pt(CN)₄ 단위는 층층이 겹친다. 정사각형 단위의 아래위로 튀어나온 아령 모양의 백금 원자의 오비탈이 겹쳐서 〈일차원〉 띠를 이룬다. 염이 전기를 통하게 하려면 성분비를 조절해서 이 띠가 적당히 차도록 한다.

소, 황, 질소만을 포함한 두 가지 유기 화합물로 이루어진 이온 염을 합성했는데 이 화합물은 −220°C에서 전도도가 상온에서 구리의 전도도와 맞먹었다. 두 화합물 중 하나는 보통 TCNQ라고 줄여 쓰는 7,7,8,8-테트라사이아노-p-퀴노다이메탄 7,7,8,8-tetracyano-p-quinodimethane이고 다른 하나는 TTF로 줄여 쓰는 테트라사이아노풀발렌 tetrathiofulvalene이다(그림 6.11). TCNQ는 전자를 아주 잘 받아들이므로 금속 같은 전자 주개와 이온 염을 만든다. TTF는 쉽게 전자를 하나 잃어 안정한 양이온이 되므로 TTF와 TCNQ는 잘 어울리는 짝이다.

TTF-TCNQ 결정 속의 분자들은 π 오비탈이 겹쳐 띠를 형성할 수 있도록 층층이 쌓여 있다. 두 분자는 모두 납작하고 각각 자기들끼리 층을 이룬다. TCP 염에서는 TCP 이온의 면에 수직하게 층을 이루지만 TTF와 TCNQ가 쌓인 층은 쌓인 방향에 대해 기울어져 있다. 이렇게 배열하는 편이 분자들을 더 빽빽하게 채울 수 있다(그림 6.12). 그래도 분자 평면에서 밖으로 튀어나온 π 오비탈들은 아래와 위에 있는 분자의 π 오비탈과 겹친다. TTF 분자가 전자 하나를 〈온전히〉 TCNQ 분자에 준다면 TTF 분자의 원자가 띠는 텅 비고 TCNQ 분자의 전도 띠는 가득 찰 것이다. 그렇다면 이 화합물은 (대부분의 이온 염처럼) 부도체이거나 기껏해야 반도체일 것이다. 그러나 TTF-TCNQ에서는 평균적으로 한 분자당 $\frac{3}{5}$ 개의 전자가 옮아가서 TTF 띠는 일부만 비고, TCNQ 띠는 일부만 찬다. 따라서 전자가 움직일 수 있다. 전자는 각각 독립된 입자이므로 $\frac{3}{5}$ 개의 전자가 옮

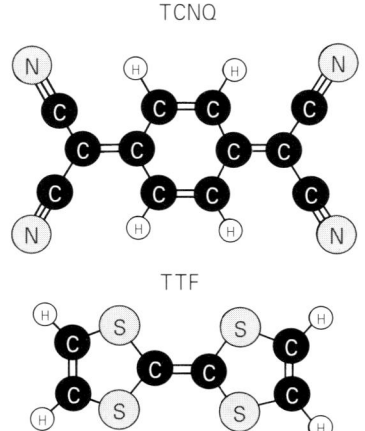

그림 6.11 유기 분자인 전자 받개 TCNQ와 전자 주개 TTF의 구조.

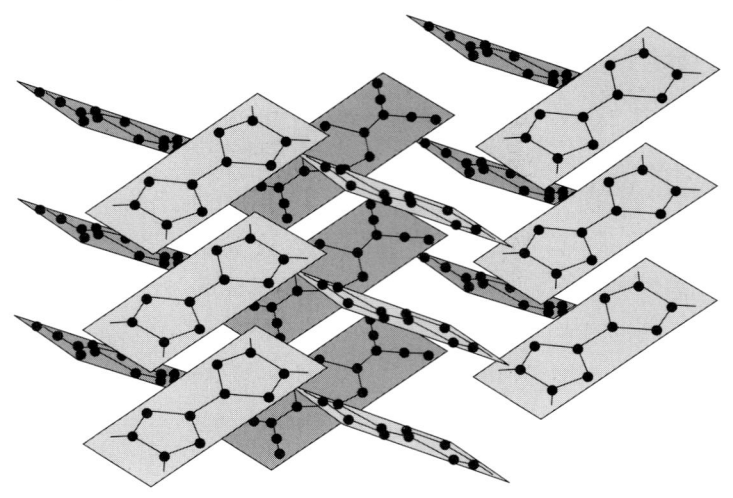

그림 6.12 전하 전달 염 TTF-TCNQ에서 납작한 분자들은 〈청어 뼈〉처럼 어긋나게 층을 이루고 이웃한 분자들의 π 오비탈이 겹쳐서 이어진 일차원 띠를 이룬다. TTF에서 TCNQ로 전자가 전달되어 TTF 원자가 띠의 일부가 비고 TCNQ 전도 띠의 일부가 찬다.

아간다는 것은 이상하게 들릴지 모르지만 이것은 평균적으로 그렇다는 말이다. TTF 분자 다섯 개 중의 세 개가 전자를 TCNQ 전도 띠에 내놓는다고 생각할 수 있다.

 TTF-TCNQ 염은 주개 분자의 전하 일부가 받개 분자로 옮아가서 전기를 통할 수 있는 전하 전달 화합물이라고 부르는 분자 전도체의 한 예이다. 이 화합물을 보면 전도성 분자 고체가 반드시 중합체일 필요가 없다는 것을 알 수 있다. 필요한 것은 이웃한 분자들의 전자 오비탈이 겹쳐서 띠를 형성하고 이 띠가 전하 전달에 의해 일부가 채워지고 일부가 비는 것이다. 적어도 두 가지 분자의 상호 작용에 의해 전기가 통하게 되므로 여기에는 주개와 받개 분자를 바꾸거나 화학 성분비를 달리해서 전도도를 바꿀 수 있는 여지가 많다.

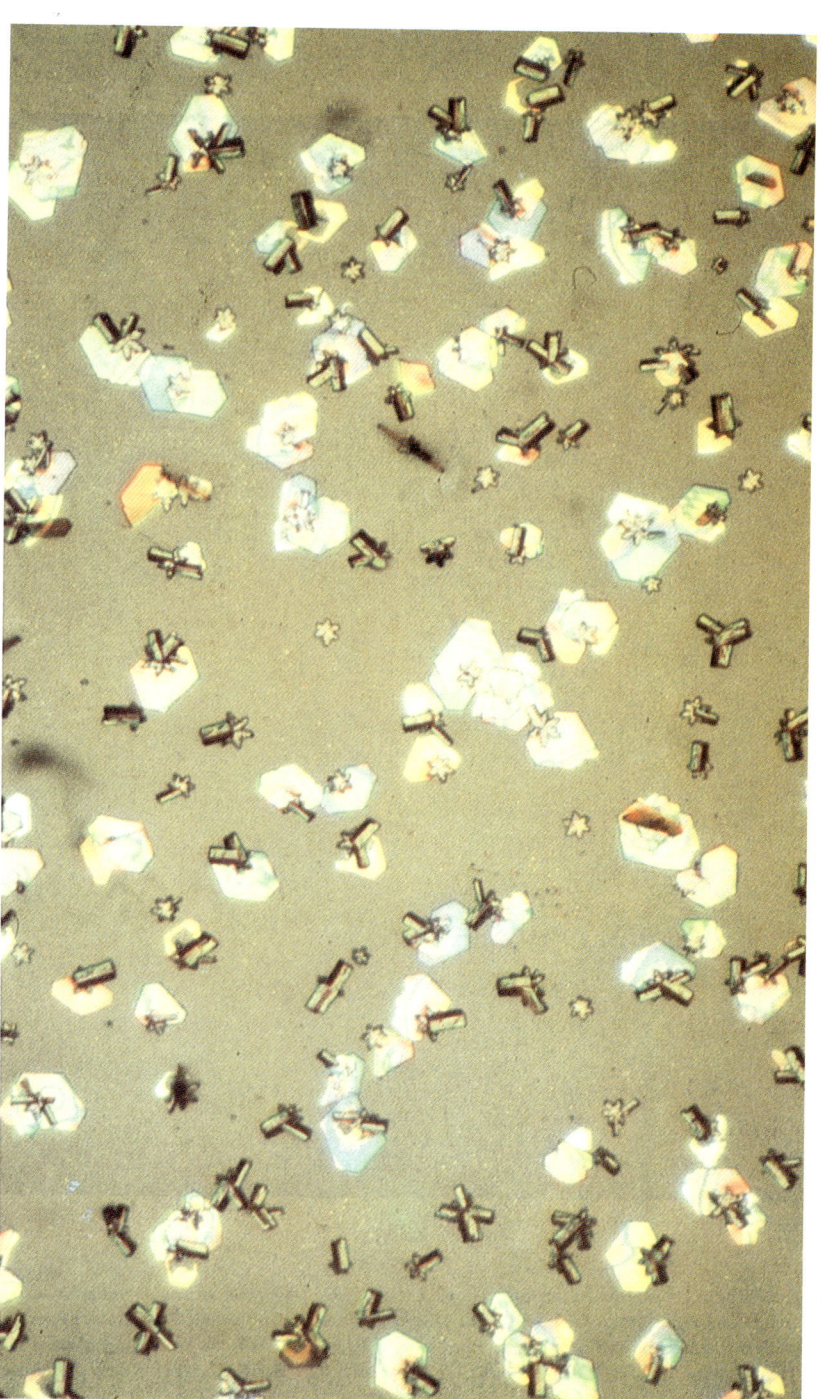

사진 1 도널드 허프만과 볼프강 크래초머와 대학원생들이 1990년에 분리하여 정제한 풀러렌의 결정. 이것은 대부분 C_{60}으로 이루어져 있고 C_{70}이 약 10퍼센트 섞여 있다. (애리조나 대학교 도널드 허프만 제공)

사진 2 금 표면의 C_{60} 분자층. 이 그림은 광학 현미경보다 훨씬 더 작은 크기를 볼 수 있는 주사 터널 현미경으로 얻은 것이다. 원형의 분자들은 밝은 봉우리로 나타난다. C_{60} 분자가 빨리 회전하기 때문에 분자의 오각형과 육각형 고리를 알아볼 수 없다. (캘리포니아 IBM 알마덴 연구소 돈 베튠 제공)

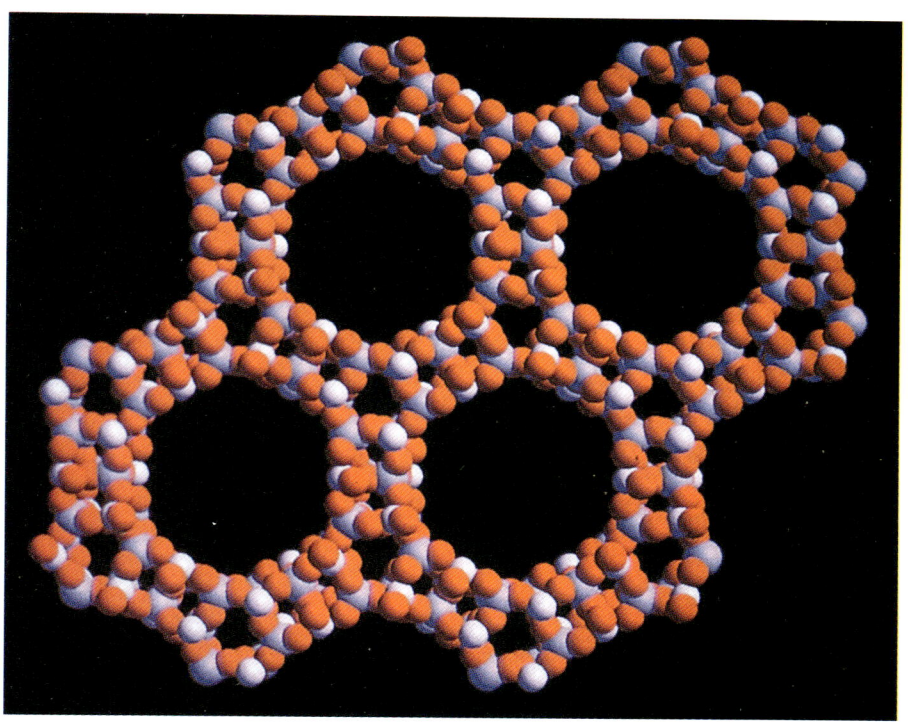

사진 3 1988년에 합성된 알루미노포스파테이트 VPI-5에는 아주 큰 구멍이 있다. 구멍의 입구는 원자 열여덟 개로 이루어진 고리이다. 여기에 보인 것은 구멍을 위에서 아래로 내려다 본 것이다. 빨간색 원자가 산소, 보라색 원자가 알루미늄, 파란색 원자가 인이다. (캘리포니아 공과 대학교 마크 데이비스 제공)

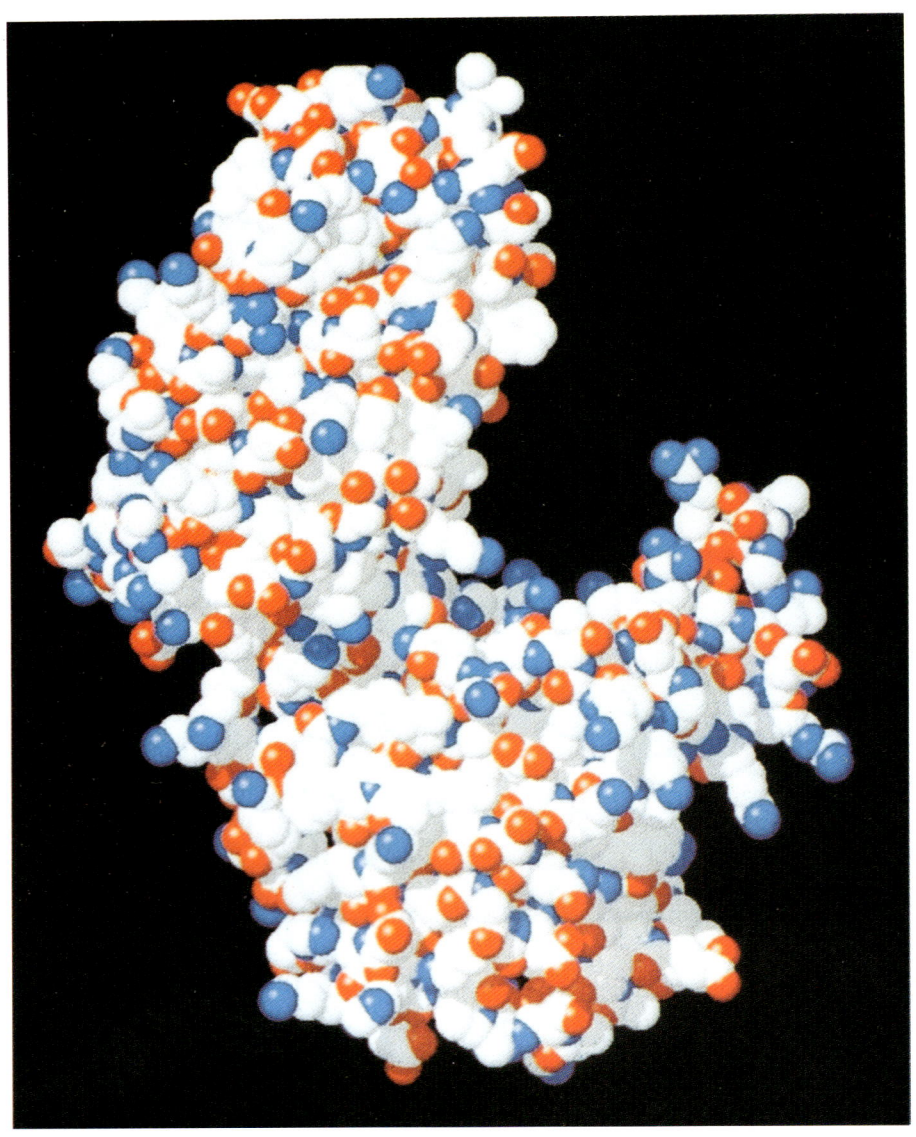

사진 4 포스포글리세레이트 카이네이즈 효소. 이것은 포도당을 분해해서 대사 에너지를 생성하는 주요 반응에 관여한다. 갈라진 틈에 기질 분자가 결합하고 그것을 에운 두 개의 튀어나온 부분이 반응을 촉매한다. 탄소 원자를 흰색, 질소 원자를 파란색, 산소 원자를 빨간색으로 나타냈다. (로스앤젤레스 캘리포니아 대학교 데이비드 굳셀 제공)

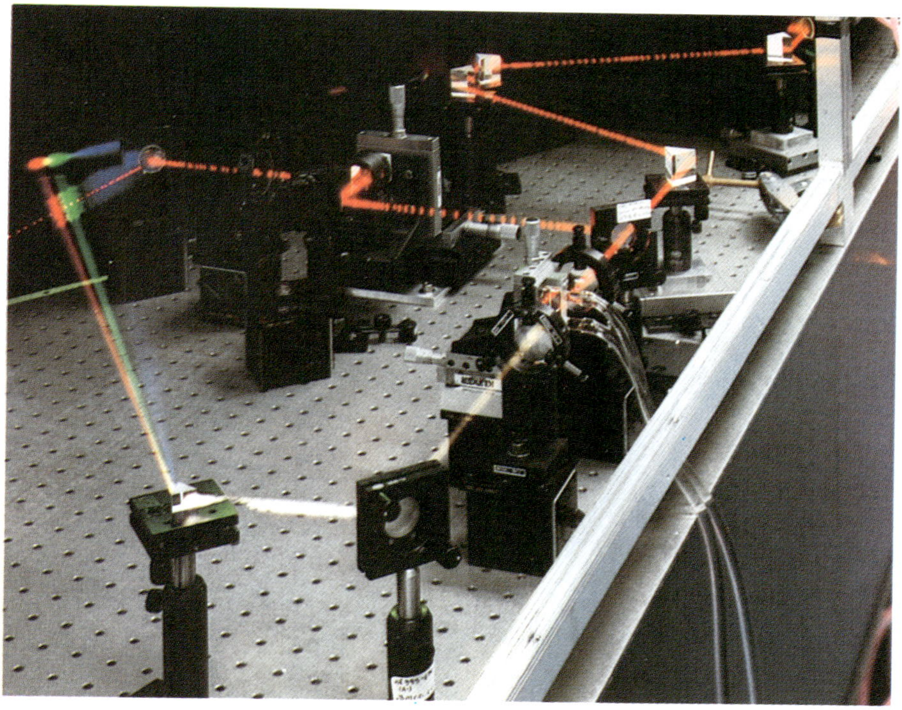

사진 5 캘리포니아 공과 대학교에 있는 아메드 제웨일의 레이저 실험실에서는 온갖 색을 볼 수 있다. 이 레이저 빔 중 일부는 매우 짧은 펄스로 오기 때문에 일 초에 수백조 번이나 번쩍거릴 수 있다.

사진 6 용액에서 전기화학적인 방법으로 키운 $K_{1.75}Pt(CN)_4$ 결정. 뉴욕 웹스터의 제록스 연구소에서 이 방법을 개발했다.

사진 7 폴리파라페닐렌 비닐렌이라는 중합체로 플라스틱 발광 다이오드를 만들었다. 이 물질에 전자와 정공을 주입하면 빛을 낸다. 최초의 중합체 LED는 노란빛을 냈지만 중합체의 화학적인 구성을 바꾸어 다른 색을 내게 할 수 있다. 빨강, 주황, 녹색, 파랑을 내는 LED가 이미 선보였다. (케임브리지 대학교 화학과 사진과 제공)

사진 8 폴리아세틸렌은 온도에 따라 색이 바뀐다. 아래 빨간 부분은 드라이아이스에 잠겨 있기 때문에 차다. 발열체에 둘러싸여 따뜻한 윗부분은 파랗다. (로스앤젤레스 캘리포니아 대학교 리차드 카너 제공)

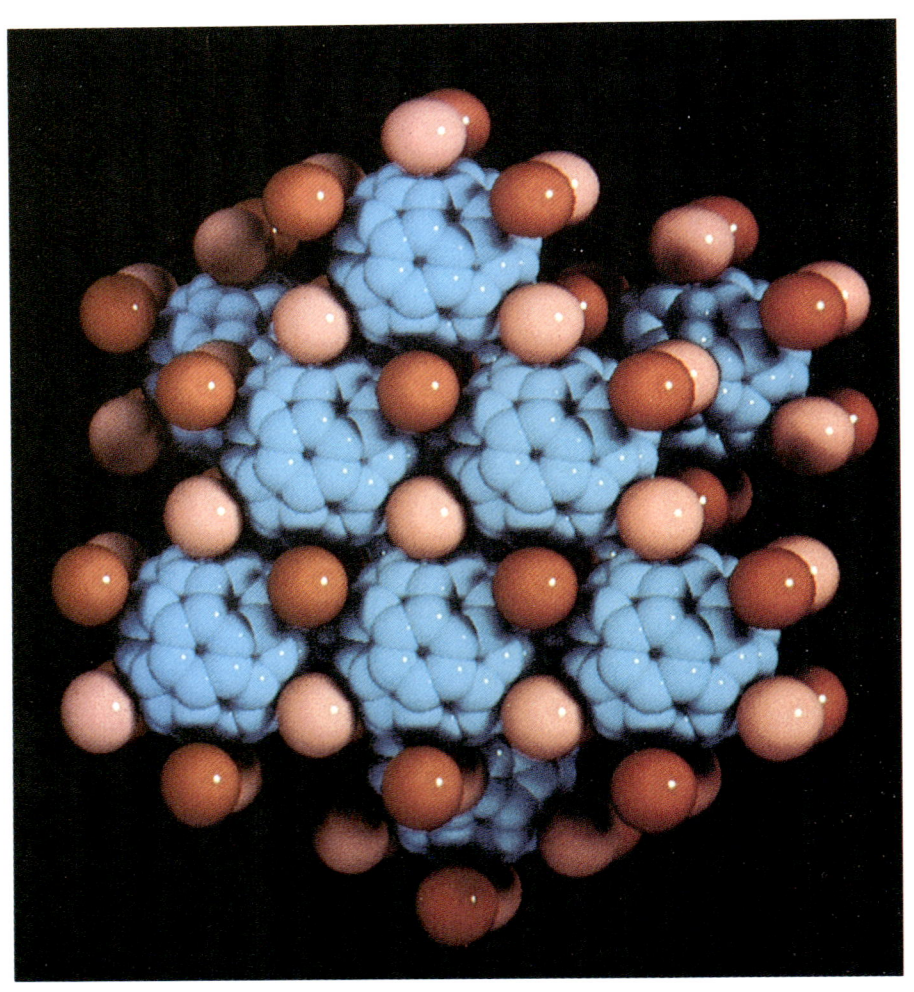

사진 9 칼륨으로 도핑된 C_{60}는 18K에서 초전도성을 띤다. C_{60} 공은 파란색으로 칼륨 이온은 빨간색과 분홍색으로 나타내었다. (로스앤젤레스 캘리포니아 대학교 리차드 카너 제공)

사진 10 전기장에서 모양을 바꾸는 중합체 젤을 써서 전기적인 신호에 따라 구부러지는 로봇 〈손가락〉을 만들 수 있다. (교토 공과 대학교 가지와라 제공)

사진 11 계면활성제 막에서 표면적, 곡률, 늘어남의 에너지 비용 사이의 미묘한 균형이 계면활성제 층으로 안정하게 된 마이크로에멀전에서 규칙적이고 주기적인 구조를 만들기도 한다. 여기에 보인 것은 상의 부피가 일정할 때 두 연속 마이크로에멀전처럼 서로 침투한 두 네트워크 사이의 계면의 면적을 최소로 하기 위한 표면이다. 이 구조는 셔크의 첫째 최소 표면이다. 서로 섞이지 않는 두 사슬의 끝을 이은 다이블럭 공중합체에서 이 구조가 관찰되었다. 두 연속 마이크로에멀전에서 물과 기름의 네트워크처럼 두 사슬은 서로 침투한 네트워크 둘로 분리되고 그 사이에 최소 표면 경계가 있다. 물/기름/계면활성제 혼합물에서는 이 구조가 발견되지 않았지만 계면활성제가 경계에 있는 다른 주기적인 최소 표면이 관찰되었다. 곡율을 최소로 하기 위해 물 안의 계면활성제 이중층 혼자서도 주기적인 최소 표면을 만든다. (짐 호프만 그림, 앰허스트 매사추세츠 대학교 데이비드 호프만 제공)

a

b

사진 12 액정의 복굴절로 무지개 색의 여러 가지 〈질감〉을 얻는다. (a)의 액정은 액정 디스플레이에 널리 쓰이는 강유전 액정에 속한다. (b)에 보인 질감은 스멕틱 A 상에서 나온 것이다.

사진 13 중앙 해령에 있는 열수 분출구는 메탄이나 암모늄 이온 같은 화합물과 광물이 풍부한 뜨거운 물을 뿜어낸다.

a

b

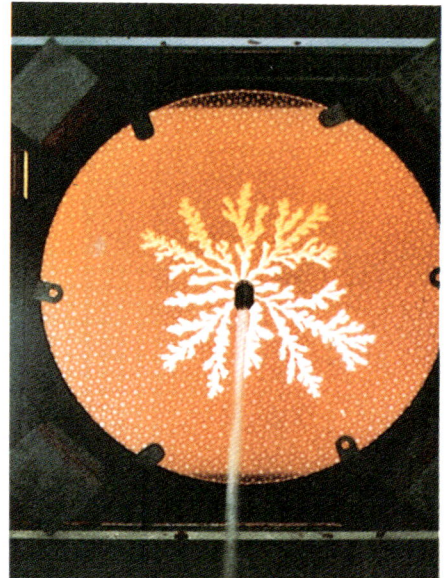

c

사진 14 헬쇼 장치에서 생긴 모양. 압력을 가한 상태에서 희게 보이는 액체를 더 밀도가 높은 (색깔이 있는) 다른 액체로 주입했다. 주입 압력과 다른 요인에 따라 전기 석출에서 본 것들을 연상시키는 다른 방울 모양들을 볼 수 있다. 여기 보인 것은 DLA 형(a), 빽빽이 갈래친(b), 나뭇가지(c) 성장이다. 마지막 것에 대해서는 두 판 중 하나의 면에 줄을 새기거나 해서 방향을 유도할 필요가 있다. 여기 보인 사각 격자는 네 겹 대칭인 〈눈송이〉를 만들었다.

사진 15 진동하는 벨루소프-자보틴스키 반응의 화학 파동. 불완전하게 섞으면 반응물이 농도가 부분적으로 달라서 거기서부터 과녁이나 나선 모양의 파동면이 밖으로 퍼진다. (막스플랑크 분자생리학 연구소 스테판 뮐러 제공)

a

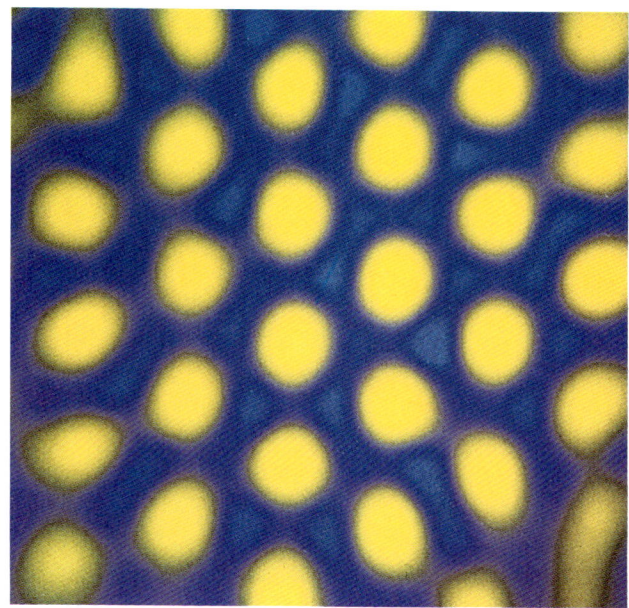

b

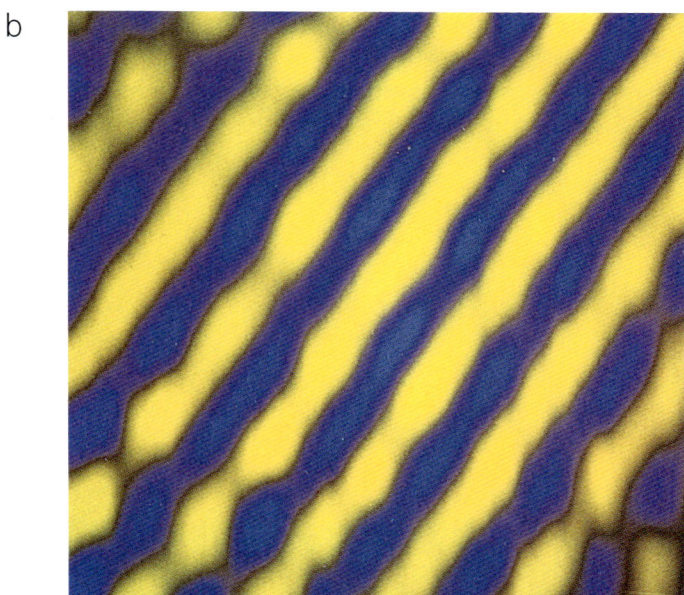

사진 16 온도와 반응물의 농도가 적당한 CIMA 반응은 고정된 튜링 구조의 이차원 격자를 생성한다. 한 온도에서 나타난 육각형(a) 무늬가 다른 온도에서는 줄(b) 무늬로 바뀐다. (오스틴 텍사스 대학교 해리 스위니 제공)

사진 17 남극의 얼음 속에 갇힌 옛날 공기 방울에서 과거 대기의 시료를 얻을 수 있다. 더 깊은 곳에 있는 얼음에 더 오래 전의 공기가 갇혀 있다. 따라서 파낸 얼음 심에 있는 공기 방울의 화학적 조성을 분석해서 대기의 화학적 역사를 알 수 있다. (베른 대학교 슈타우퍼 제공)

사진 18 얼음 입자가 생길 만큼 극지방의 공기가 차가워지면 극 성층 구름이 생긴다. 노르웨이의 해안에서 찍은 이 사진에 보이는 것 같은 일부 극 성층 구름은 물이 얼어 생긴 것이다. 물이 언 것과 질산이 언 것이 섞여 생긴 극 성층 구름도 있다. 구름 입자의 표면은 오존을 파괴하는 주요한 반응 중의 몇을 촉매한다. (캘리포니아 미항공우주국 에임스 연구소 툰 제공)

2-3 전도성 중합체의 활약

전기가 통하는 폴리아세틸렌이 발견된 이후 분자전자공학을 실제로 이용하려는 과학자들은 주로 탄소로 이루어진 공액 중합체에 대해 많은 연구를 했다. 이런 중합체가 쉽고 싸게 만들 수 있고, 화학적으로 안정하고, 쉽게 끊기지 않고 구부릴 수 있는 등 기계적 성질이 좋기 때문이었지만 다른 한편으로는 화학적으로 이런 중합체를 자유자재로 다룰 수 있어 성분이나 구조를 바꾸어 중합체의 성질을 조절할 수 있기 때문이기도 했다. 현재는 폴리파라페닐렌, 폴리피롤, 폴리티오펜, 폴리아닐린 등 도핑하면 좋은 전도체가 되는, 주로 탄소로 이루어진 여러 가지 중합체가 알려져 있다(그림 6.13). 이 물질 중 일부는 금속이나 반도체 대신 쓰이기 시작해 완전히 새로운

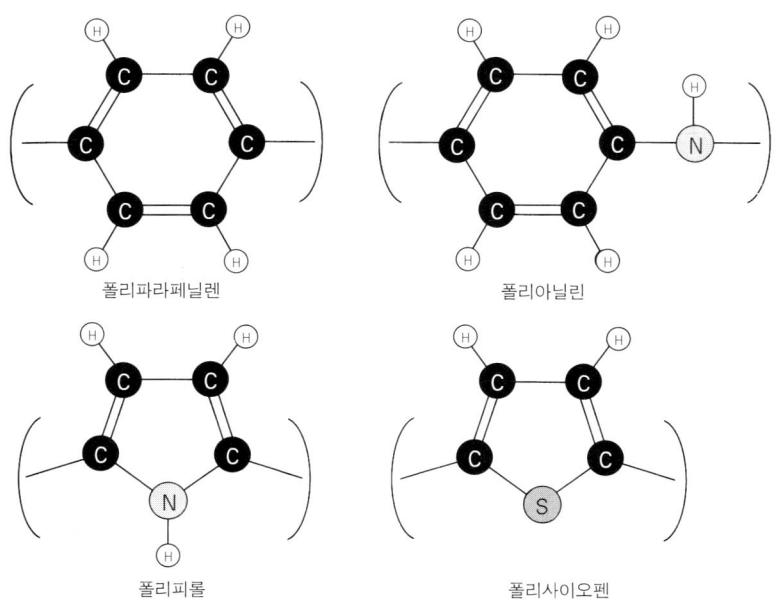

그림 6.13 몇 가지 전도성 유기 중합체의 반복 단위.

응용 분야를 낳았다.

앞의 예로는 중합체 전지를 들 수 있다. 1980년대 초에 맥디아미드와 히거는 도핑한 폴리아세틸렌을 전극으로 사용하여 재충전할 수 있는 전지를 개발했다. 금속을 사용한 보통의 전지가 방전될 때 금속 전극의 금속 이온이 전지의 전해질로 녹아나가고 재충전할 때는 반대로 금속 이온이 금속 전극 표면에 다시 달라붙는다. 원리적으로는 이런 방전·충전 순환을 거친 후 전극은 원래 상태로 돌아와야 하지만 실제로는 여러 번의 용해-석출 과정을 거치고 나면 성능이 떨어진다. 하지만 중합체 전극을 사용한 전지에서는 충전·방전을 일으키는 이온이 전극의 일부분을 이루지 않고 항상 용액에 남아 있으므로 성능이 나빠지지 않는다. 또 하나 중요한 점은 금속 전극이 (특히 납 축전지의 납 전극이) 매우 무겁다는 것이다. 전지를 전기 자동차 등에 쓰려면 무게가 중요한 요인이 된다. 무거운 전지를 쓸 경우 전지에서 나온 출력의 대부분을 자동차에 더해진 무게를 미는 데 사용된다. 탄소, 수소, 질소 같은 가벼운 원소로 만든 전극을 쓰는 중합체 전지는 무게당 출력이 높다. 게다가 납 축전지나 니켈-카드뮴 전지와 달리 이런 전지에는 일반적으로 유독한 성분이 없다. 시장에 나와 있는 중합체 전지 중 일부는 금속을 사용한 전지보다 유효 기간이 길고 출력도 크다.

전도성 중합체를 써서 만든 미소전자공학 소자 가운데 특히 눈길을 끄는 것 중 하나는 발광 다이오드 light emitting diode(LED)이다. 1988년에 케임브리지 대학교의 리처드 프렌드 Richard Friend와 동료들이 이것을 만들었다. 프렌드 그룹은 그 전에 폴리아세틸렌을 이용해서 미세전자공학에서 가장 널리 쓰이는 소자인 보통의 다이오드와 트랜지스터를 만드는 데 성공했었다. 그들은 다른 종류의 전도성 탄화수소 중합체인 (PPV라고 줄여 쓰는) 폴리(파라페닐렌 비닐렌)poly(paraphenylene vinylene)을 전기적으로 자극하면 빛이 나오는 것을 발견했고 이것으로 중합체 LED를 만들었다. 프렌드와 동료들은 PPV 막으로 〈배선하고〉 거기에 전압을 걸어 중합체의 전도 띠에 전자를 넣는 동시에 원자가 띠에서는 전자를 빼서 구멍을 만들었다. 이 전자와 구멍은 중합체 뼈대를 따라 움직일 수 있지만 가까워지면 서로 전기적으로 끌려서 쌍으로 묶인다. 재결합이라는 과정을 통해 전자는 결국 원자가 띠의 구멍으로 떨어져서 소멸한다. 이 과정에서 전자에서 잃은 에너지가 빛으로 나온다. 이렇게 재결합하는 전자와 구멍이 많으면 PPV 막은 노란색으로 빛을 낸다(사진 7).

PPV 사슬의 화학적인 구조를 바꾸어 프렌드 그룹은 여러 가지 색깔의 LED를 만들 수 있었다. 색은 전자와 구멍이 재결합할 때 전자가 잃는 에너지에 좌우되고 이 에너지는 다시 원자가 띠와 전도 띠 사이의 에너지 간격의 폭에 좌우된다. 성분비가 약간 다른 중합체들은 에너지 간격이 조금씩 다르므로 변형된 PPV와 다른 중합체를 써서 눈으로 볼 수 있는 모든 색 빨강, 주황, 노랑, 녹색, 파랑을 내는 LED를 만들 수 있다.

이런 기존의 소자뿐만 아니라 전도성 중합체는 전혀 새로운 분야에도 응용된다. 중합체 막에 불순물 원자의 증기를 쐬는 것만으로 도핑이 되기 때문에, 전도성 중합체를 도핑 불순물로 작용하는 물질을 감지하는 화학 센서로도 쓸 수 있다. 이런 센서에는 도핑되지 않은 중합체 막이 들어 있고 이 중합체의 저항을 측정한다. 중합체 막이 도핑 불순물 원자를 포함한 공기에 노출되면 불순물이 막에 들어간다. 막에 들어간 불순물의 양에 따라 전도도가 증가하므로 전도도를 측정해서 공기 중의 도핑 불순물의 농도를 알 수 있다.

폴리아닐린과 폴리사이오펜 같은 전도성 중합체를 도핑하면 색이 바뀐다. 폴리사이오펜은 도핑되지 않은 상태에서는 짙은 파란색이지만 도핑되면 빨간색으로 바뀐다. 이런 물질은 전압을 걸면 색이 바뀌는 〈전기 변색〉 표시기에 쓸 수 있다. 온도에 따라서 색이 바뀌는 경우도 있다. 폴리아세틸렌의 색은 낮은 온도에서는 빨간색이지만 온도가 높아지면 파란색이 된다(사진 8). 열변색이라고 부르는 이 성질을 이용해서 온도계를 만들 수 있다. 그러나 전도성 중합체의 전기 변색이나 열변색 성질을 실제로 이용하려면 아직도 해야 할 일이 많이 남아 있다.

 아마도 많은 응용 분야 중 가장 흥미 있는 것은 의학적인 응용일 것이다. 쉽게 끊기지 않고 구부릴 수 있는 무독성의 중합체를 인공 신경으로 쓸 수 있을지 모른다. 신경계에서 신호를 전달하는 신경돌기는 생화학적인 센서로부터 등골로, 결국 뇌로 전류를 운반하는 일종의 가는 전선이다. 손상된 신경을 언젠가 중합체로 바꿀 수 있을까? 폴리피롤은 독성이 없고 피 속에 있는 응고 방지제인 헤파린으로 도핑되어 전기를 통할 수 있기 때문에 그 후보로 거론되고 있다.

3 저항이 없는 길

3-1 압력을 받다

 1979년에 프랑스에서 일하던 과학자 미셸 리보Michel Ribault와 클라우스 베가드Klaus Bechgaard와 데니스 제롬Denis Jerome은 헥사플루오르화인산 테트라메틸테트라셀레노풀발렌이라는 이름의 전하 전달 화합물에 대해 연구를 하고 있었다. 뒤의 반쪽에 해당하는 분자는 TTF를 변형한 것으로 TMTSF이라고 줄여 쓴다. TTF처럼 TMTSF도 전자를 잘 내놓는다. 리보와 동료들이 연구하던 염에서 TMTSF는 전자를 헥사플루오르화인산(PF_6) 기에 내놓는다. 두 TMTSF당 헥사플루오르화인산 기가 하나씩 있으므로 전체 화합물을 $(TMTSF)_2PF_6$라고 표기할 수 있다.

 $(TMTSF)_2PF_6$의 결정은 금속처럼 보이는 좋은 전도체이다. 그러나

온도가 낮아지면 전도도가 낮아지는 TTF-TCNQ와는 달리 이 고체는 0K에서 겨우 20도 높은 온도까지도 전기를 잘 통한다. 하지만 프랑스 연구팀은 더 극단적인 조건에서 전도성을 조사하려고 했다. 그들은 정상적인 대기압의 12,000배 압력으로 결정을 누르고 나서 0K에서 1도도 채 높지 않은 온도가 될 때까지 결정을 천천히 식혔다. 온도가 이 값에 이르자 결정의 저항이 갑자기 0으로 떨어졌다. 다시 말해 결정이 갑자기 훨씬 더 좋은 전도체가 되었다. 게다가 0.9K에서는 전기 저항이 완전히 사라졌다. 이것은 물질에 흘린 전류가 열로 전혀 손실되지 않고 흐를 수 있다는 것을 의미한다. 이 물질은 완벽한 전도체였다. 이런 성질을 지닌 물질을 초전도체라고 한다. 이 실험 전에는 초전도 물질로 오직 금속과 합금만이 알려져 있었기 때문에 $(TMTSF)_2PF_6$는 최초의 분자 초전도체로 기록되었다.

$(TMTSF)_2PF_6$에서 이런 현상을 보려면 높은 압력이 필수적이었다. 대기압 아래에서 이 염은 12K(-261°C) 이하에서 부도체로 변한다. 하지만 PF_6 기 대신 과염소산(ClO_4) 기를 전자 받개로 바꾸면 염에 압력을 가하지 않아도 1.2K에서 초전도체가 된다. (이렇게 낮은 온도를 음수의 섭씨 온도로 표기하는 대신 과학자들은 절대 0도를 기준으로 한 절대 온도 단위를 쓴다. 1도의 크기는 섭씨 온도에서와 같고 단위 켈빈 Kelvin은 K로 줄여 쓴다. -261°C는 절대 온도계에서 12K이다.)

3-2 금속의 초전도성

과학자들이 이렇게 극단적인 조건에서 이런 이상한 물질의 초전도성을 연구하는 이유가 무엇인지 궁금한 사람이 있을 것이다. 이 대답을 하려면 먼저 덴마크 물리학자 하이케 카멀링 온스 Heike Kamerlingh Onnes가 1911년에 힘겹게 시도한 실험에서 시작한 주류 초전도체 연구의 맥락에서 분자 초전도체의 자리를 찾아보아야 한다.

카멀링 온스는 아주 낮은 온도에서 금속의 저항에 관심을 가졌다.

금속의 저항은 0K에 가까워질수록 작아져서 (실험적으로는 결코 도달할 수 없는) 0K에서는 저항이 없어질 것이라고 기대되고 있었다. 앞에서 금속의 원자 격자의 진동이 전자를 산란하여 전기 저항을 나타낸다는 것을 보았다. 0K에서 원자들은 꼼짝도 할 수 없으므로 이 산란은 사라질 것이다. 하지만 0K에서도 불순물이나 자리를 잘못 잡은 원자들은 여전히 전자를 산란할 수 있다. 결함이 없는 완벽한 결정을 기른다면 전도성 전자는 0K에서 전혀 방해를 받지 않고 움직일 수 있을 것이다. 따라서 적어도 이론적으로는 아주 낮은 온도에서 초전도 현상이 가능하다는 것이 당시의 예상이었다. 0K에 이를 수도 없고 결함이 없는 결정을 기를 수도 없었지만 카멀링 온스는 온도가 낮아짐에 따라 금속이 초전도 상태에 가까워지는 것을 관찰하게 되기를 희망했다.

하지만 그가 액체 헬륨 온도로 식힌 수은의 전도도를 측정했을 때, 놀랍게도 그는 0K에 이르기 훨씬 전에 전기 저항이 사라졌다는 것을 발견했다. 대략 헬륨의 끓는 점인 4.2K 근처에서 초전도 상태로 바뀌었다. 의심할 여지없이 수은 원자가 결정 격자에서 진동하고 있고 결정에 결함이 있을 텐데도 저항이 사라졌다. 어떻게인지는 모르지만 전자는 이것들을 무시하거나 피할 수 있는 방법을 찾은 것처럼 보였다. 곧이어 다른 금속에 대해서도 이 현상이 발견되었다. 예를 들어 주석은 3.7K에서 초전도체가 되고 납은 7.2K라는 〈높은〉 온도에서 초전도체가 된다.

그 이후 저온 실험에 의해 대부분의 금속이 온도가 낮아지면 초전도체가 된다는 것이 알려졌다. 순수한 금속들은 초전도체가 되는 온도가 0K에 상당히 가깝지만 (둘 이상의 원소가 섞인) 합금들은 그보다 나았다. 예를 들어 바나듐규소 합금은 18K에서, 나이오븀게르마늄 합금은 23.2K에서 초전도체가 된다. 나이오븀게르마늄 합금이 1973년 이래 수년 동안 가장 높은 초전도 상태 전이 온도를 기록하고 있었다. 과학자들은 새로운 혼합물을 만들어 이 온도를 조금씩 높이고 있었지만 들인 노력에 비해 돌아오는 것은 점점 적어졌다. 초전도 전이 온도는 천장에 가까워지고 있는 것처럼 보였다. 이것은 초전도 상태를 유지하려면 액체 헬륨을 쓰는 값비싼 냉각 장치가 필요하기 때문에 초전도체의 여러 가능한 응용 분야 중 실제로 실현 가능한 것은 몇 되지 않는다는 것을 의미했다. 따라서 1970년대와 1980년대 초반에 초전도체의 응용에 대한 전망은 확실히 어두웠다.

3-3 세라믹 혁명

1986년의 하룻밤 사이에 모든 것이 바뀌었다. 스위스 취리히의 IBM 연구소에서 일하던 조그 베드노즈 Georg Bednorz와 알렉스 뮐러 Alex Müller는 35K에서 초전도체가 되는 물질을 보고했다. 놀랍게도 종전의 기록에서 12도나 껑충 뛰었기 때문에 물리학자들은 매우 흥분했다. 스위스 과학자들이 보고한 이 물질은 전이 온도가 기록적이라는 것말고도 전에 알려졌던 초전도체와 전혀 닮지 않았다는 점에서 흥미를 끌었다. 이것은 금속 합금이 아니라 란탄, 바륨, 구리 금속의 산화물이었다. 금속과 비금속을 모두 포함한 이런 종류의 물질을 보통 세라믹이라고 부른다. 질기고 주물러서 모양을 만들 수 있는 금속과 달리 이런 물질들은 딱딱하고 쉽게 부러진다.

베드노즈와 뮐러는 이 새로운 발견으로 1987년에 노벨 물리학상을 받았다. 하지만 수상 당시 벌써 베드노즈와 뮐러의 세라믹 초전도체는 그 뒤를 이른 놀라운 발전에 압도되었다. 상온에서도 초전도 상태를 유지하는 물질은 결코 발견되지 않을지 모르지만 그에 못 미치더라도 만족할 수 있다고 모든 물리학자들이 말할 것이다. 값싼 액체 질소 냉각 장치로 초전도 상태를 유지할 수 있는 액체 질소의 끓는점인 77K보다 높은 온도에서 초전도체가 되는 물질은 엄청난 이득을 가져올 것이다. 물리학자들은 액체 헬륨을 쓸 때는 가능성이 전혀 없었던 초전도체의 여러 가지 응용을 고려해 볼 수 있게 될 것이다. 란탄-바륨-구리 산화물의 전이 온도는 액체 질소 끓는점의 절반에도 못 미쳤지만 이 벽을 넘어 16도나 더 올라가는 데는 한 해도 채 걸리지 않았다. 1987년에 텍사스 휴스턴 대학교의 폴 추 Paul Chu와 동료들은 관련된 다른 세라믹 물질인 이트륨-바륨-구리 산화물이 93K에서 초전도체가 된다고 발표했다.

이 발견이 과학계에 불러일으킨 흥분은 이루 말할 수가 없었다. 과학자들은 밤늦게까지 실험실에 남아 중세의 연금술사처럼 마법의 약을 얻기 위해 물질들의 다양한 혼합물을 시험했다. 그 마법의 약을 발견하면 경쟁에서 이기고 명예와 아마도 재산도 함께 얻을 것이었다. 이 연구는 1988년에 도쿄의 일본 전기회사(NEC) 연구소의 과학자들이 만든 세라믹에서 최고조에 이르렀다. 그들이 만든 탈륨-바륨-구리 산화물은 125K(-148°C)의 전이 온도를 기록했다. 그 5년 후에 나온 새 기록은 겨우 8도밖에 올리지 못했다. 쮜리히의 연방공과대학의 과학자들이 1993년에 발견한 수은이 든 산화물의 전이 온도는 133K이다. 순식간에 벌어진 이 발전 이후 초전도체 연구는 다시 새 천장에 이른 것처럼 보였다.

지금까지 초전도체 열성자들은 새 물질의 용도를 찾아내는 데 대단한 어려움을 겪었다. 구리 산화물 세라믹은 깨지기 쉽기 때문에 금속과는 달리 다루기가 매우 어렵다. 하지만 더 큰 문제는 대부분의 응용에 필요한 큰 전류를 흘릴 때 나타난다. 초전도체에 흐르는 전류가 어떤 임계값보다 크면 초전도체는 다시 보통의 전도체가 된다. 구리 산화물 초전도체는 임계 전류가 금속 합금 초전도체보다 작다. 이것이 구리 산화물 초전도체의 응용을 가로막는 주 요인이다.

어떤 응용에서는 저항 가열 효과에 의해 에너지를 잃지 않고도 전류를 흘릴 수 있는 초전도체의 성질을 이용한다. 수 킬로미터에 이르는 구리 송전선에 전기가 흐를 때 전력의 상당량이 목적지에 도달하기 전에 열로 사라진다. 하지만 구리선을 초전도 전선으로 바꾼다면 전력을 전혀 잃지 않을 수 있다. (엄격하게 말하면 직류 전류를 공급할 때만 그렇고 교류 전류를 공급할 때는 그렇지 않다.)

초전도체는 컴퓨터와 미소전자공학에도 쓸모가 있다. 전기가 흘러도 열이 나지 않기 때문에 과열을 걱정할 필요 없이 회로를 더 작고 빽빽하게 할 수 있다. 초전도 물질을 이용한 스위치 소자는 반도체로 만든 것보다 훨씬 더 빨리 신호에 반응할 수 있다.

저항 없이 전류를 흘리는 성질말고도 초전도체에는 다른 이상한 성질이 있고 이것도 응용할 수 있다. 1913년에 독일 과학자 마이스너 K. W. Meissner와 오쉔펠트 R. Ochsenfeld는 초전도체가 자장에 밀려난다는 것을 발견했다. 이트륨-바륨-구리 산화물 세라믹 초전도체의 작은 조각을 자석 위에 올려놓고 액체 질소로 식히면 〈마이스너 효과〉에 의해 조각이 공중으로 올라가 자석 위에 뜬다(그림 6.14). 이것을 이용해서 철로 위를 구르는 대신 떠서 달리는 열차가 제안되었다. 열차와 철로 사이에 물리적인 접촉이 없기 때문에 마찰이 없고 따라서 에너지를 얼마 들이지 않고도 빠른 속도로 달릴 수 있다. 마이스너 효과는 마찰이 없는 기계 베어링에도 이용될 수 있다. 초전도체는 자장의 변화에 민감하게 반응하기 때문에 초전도 양자 간섭계 superconducting quantum interference device(SQUID)라고 부르는 장치가 수년 전부터 쓰이고 있다. 뇌에 흐르는 전류가 만드는 미세한 자장의 변화를 감지할 수 있기 때문에 이를 이용한 센서로 뇌의 전기적인 활동 양상에 대한 지도를 얻을 수 있다. 이것은 신경과학자들이 뇌의 작용을 이해하는 데 도움을 줄 것이다. 액체 질소 온도에서 작동하는 이트륨 바륨 구리 산화물을 이용한 SQUID가 이미 시장에 나와 있다.

3-4 짝짓기

구리 산화물 〈고온〉 초전도체의 발견은 초전도체의 응용에 대한

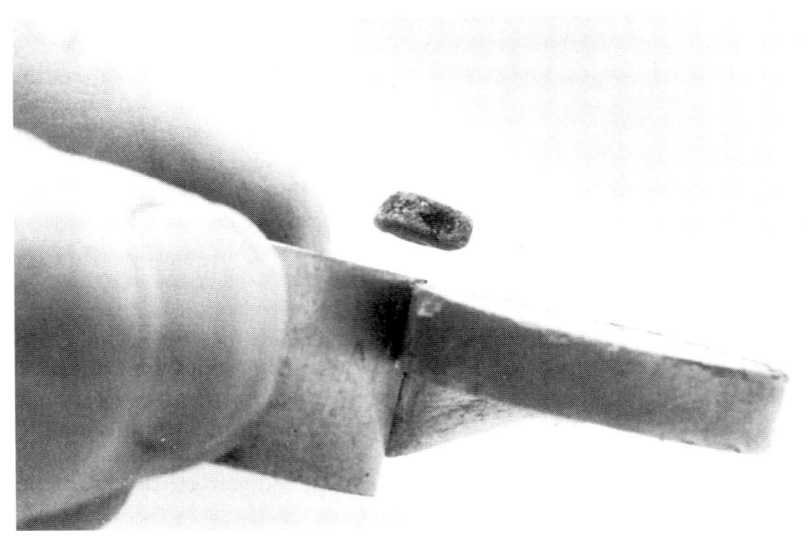

그림 6.14 초전도 물질은 자기장을 밀어내기 때문에 자석 위에 뜰 수 있다. 여기서 (초전도 전이가 일어나는 온도보다 낮은) 액체 질소 온도로 식힌 고온 초전도 이트륨 바륨 구리 산화물 덩어리가 손에 든 자석 위에 떠 있다. (버밍햄 대학교 컬린 고 제공)

관심을 다시 불러일으켰다. 그러나 베드노즈와 뮐러가 세라믹 초전도체를 발견하기 훨씬 전에 전이 온도가 높은 초전도체가 가능하리라는 예측을 한 사람이 있었다. 1960년대에 스탠포드 대학교의 윌리엄 리틀 William Little은 일차원 분자 전도체는 전례 없이 높은 온도에서 초전도체가 될 수 있을 것이라고 생각했다.

리틀이 왜 고온 초전도체의 후보로 이 물질을 골랐는지를 이해하려면 먼저 고전적인 저온 초전도체에서 어떻게 초전도 현상이 나타나는지를 이해할 필요가 있다. 1957년에 존 바딘 John Bardeen과 레온 쿠퍼 Leon Cooper와 로버트 슈리퍼 Robert Schrieffe는 (지금은 제안자들의 이름 첫 자를 따서 BCS 이론이라고 부른다) 초전도체에서 (보통은 전하가 같기 때문에 서로 미는) 전자들이 서로 끌어당긴다고 설명했다. 이 이론은 언뜻 보기에는 말이 안 되는 것 같다. 그러나 이 끌림은 쿠퍼쌍이라고 부르는 전자쌍을 만들고 이 쌍이 결정 격자에서 초전류를 나른다.

어떻게 전하가 같은 두 입자가 서로 끌어당길 수 있을까? 물론 초전도 금속 안의 전자가 전기적으로 미는 힘을 느끼고 있으리라는 데는 의문의 여지가 없지만 양전하를 띤 금속 이온의 중개에서 비롯된 끄는 힘은 이 미는 힘을 압도할 수 있다. 결정에서 돌아다니는 전자는 금속 양이온에 끄는 힘을 미쳐서 전자가 그 곁을 지나갈 때 양이온을 잡아당긴다. 전자가 아주 작고 가벼운 데 비해 금속 이온은 훨씬 더 무겁기 때문에 전자가 지나간 다음에도 이온들은 원래의 자리로 돌아가는 데 얼마의 시간이 걸린다. 그 효과로 전자가 지나가며 결정 격자에 잔물결을 일으킨다(그림 6.15). 금속 이온들이 서로 가

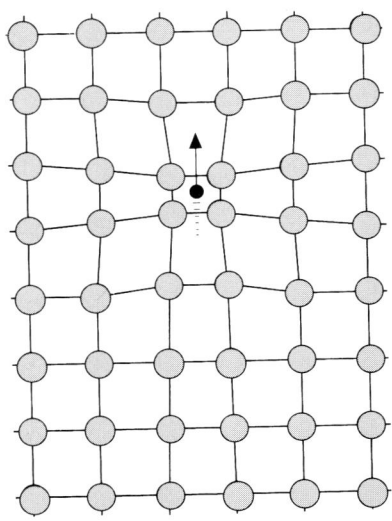

그림 6.15 고온 초전도를 설명하는 BCS 메커니즘에 따르면 고온 초전도 금속에서 전자는 금속 이온 격자의 매개를 통해 쌍을 이루게 된다. 전자가 지나갈 때 격자의 이온들을 끌어당겨서 양전하가 밀집한 영역을 만든다. 이온들이 원래 자리로 돌아가는 데는 시간이 걸리기 때문에 두번째 전자는 여기에 끌린다.

까이 있는 동안 비정상적으로 양전하가 밀집한 영역이 생기고 이 영역으로 두번째 전자가 끌린다. 다시 말해 첫번째 전자는 수명이 짧은 양전하의 꼬리를 남기고 두번째 전자가 이 꼬리에 끌려서 마치 두 전자 사이에 진짜 끄는 힘이 작용하는 것처럼 보인다.

이 효과에는 두 가지 중요한 점이 있다. 하나는 두번째 전자가 흔적에 끌릴 때면 첫번째 전자가 떠난 지 한참 뒤이기 때문에 쿠퍼쌍의 두 전자가 비교적 멀리 떨어져 있다는 것이다. 쿠퍼쌍의 〈크기〉가 격자의 이웃하는 이온 사이의 거리보다 만 배나 더 클 수도 있다. 다른 하나는 끌림이 상당히 약해서 어떤 이유로든 금속 이온의 끌림이 방해를 받으면 쉽게 사라진다는 것이다. 열적 진동에 의한 마구잡이 운동은 금속 이온의 끌림을 방해하기 때문에 전자쌍은 오직 이 진동이 아주 작은 낮은 온도에서만 유지된다.

초전류를 설명하는 데는 (반드시 같은 방향으로 움직일 필요가 없는) 두 전자가 움직인다고 생각하는 대신 쿠퍼쌍이 움직인다고 생각하는 편이 낫다. 따라서 쿠퍼쌍을 전하와 질량이 전자의 두 배인 합성 입자(이것을 준(準)입자 quasiparticle라고 부른다)로 생각하는 것이 편리하다. 그러나 이런 식으로 설명을 하다 보면 쿠퍼쌍 유사 입자는 전자와 매우 다른 성질을 지니고 있다는 것이 드러나고, 이 다른 성질이 바로 초전도 현상의 열쇠이다.

전자는 기본 입자를 분류하는 기준에서 볼 때 페르미온에 속하고 두 페르미온 입자는 같은 양자 상태를 차지할 수 없다. 그에 비해 쿠퍼쌍은 양성자, 중성자, 빛의 〈입자〉인 광자 등과 함께 보손에 속한다. 페르미온과 달리 (양자역학의 규칙에 따르면) 보손은 얼마든지 같은 양자 상태를 차지할 수 있다. 따라서 전자는 에너지가 낮은 양자 상태가 채워지고 나면 에너지가 높은 양자 상태를 차지해야 하지만 쿠퍼쌍 유사 입자는 모두 에너지가 가장 낮은 상태에 들어간다. 쌍을 이룬 전자들은 모두 한 가지 양자 상태에 있다. 이것은 마치 초전도 전이 온도에서 전도성 전자가 든 전도 〈띠〉가 갑자기 모든 전자를 수용할 수 있는 하나의 에너지 〈준위〉로 압축된 것과 같다.

이런 〈압축된〉 상태에서는 쿠퍼쌍이 쉽게 산란되지 않는다. 산란된다는 것은 에너지가 바뀐다는 것이다. 연속적인 에너지 띠에 든 전자에게는 이것이 쉬운 일이지만 쿠퍼쌍의 에너지를 바꾸려면 쿠퍼쌍을 다음의 〈압축된〉 에너지 준위로 올려야 한다. 여기에는 진동하는 이온들이 제공할 수 있는 열 에너지보다 더 큰 에너지가 필요하다. 따라서 쿠퍼쌍들은 산란의 요인들을 모두 무시하고 큰 무리의 군중처럼 격자 속을 돌아다닌다. 이때 전하가 흐르는 데는 저항이 없다.

BCS 이론은 금속의 초전도성을 설명하는 데 큰 성공을 거두었다. 그러나 이 이론은 세라믹 〈고온〉 초전도체에 적용할 수 없다. 사실 전이 온도가 30K보다 높으면 전통적인 BCS 이론으로는 초전도성을 설명하기 어렵다. 모든 초전도 현상이, 쿠퍼쌍이 형성되고 이들이 단일 양자 상태로 압축되는 것과 관련이 있다는 데에는 일반적인 합의가 이루어져 있지만 고온 초전도체에서 정확히 어떻게 쿠퍼쌍이 생기는지는 아직 수수께끼이다.

3-5 분자 초전도체

윌리엄 리틀이 제안한 것은, 일차원 분자 초전도체에 전이 온도에 대한 BCS 이론의 한계를 극복할 수 있는 다른 짝짓기 메커니즘이 작용할지 모른다는 것이었다. 금속에서 움직이는 전자가 양전하의 꼬리를 남겨 쿠퍼쌍이 생긴다는 생각에서 출발하여 리틀은 공액 중합체의 뼈대를 따라 전자가 움직일 때도 같은 효과가 생길 수 있다고 했다. 또한 중합체 뼈대에 붙은 곁사슬에 쉽게 치우치는 전자 구름이 있는 중합체 사슬을 생각했다. 예를 들어 보통 비편재화된 전자 오비탈이 있는 염료 분자의 전자 구름은 쉽게 한쪽으로 치우칠 수 있다. 사슬을 따라 전자가 지나갈 때 곁사슬의 전자를 밀면 양전하를 띤 영역이 생긴다(그림 6.16). 그러면 초전도 금속에서 일그러진 격자로 쿠퍼쌍의 두번째 전자가 끌리듯이 두번째 전자가 이 영역에 끌릴 수 있다.

리틀의 메커니즘이 금속 결정의 초전도 메커니즘과 크게 다른 점은 이 일차원계에서 전자가 짝을 짓는 데는 원자가 움직일 필요가 전혀 없다는 것이다. 훨씬 가벼운 전자가 움직이는 것으로 충분하다. 리틀은 이 짝짓기는 훨씬 쉬워서 높은 온도에서도 일어날 수 있을 것이라고 생각했다. 리틀의 어림 계산으로는 이 방법에 의한 초전도 현상은 상온에서도 일어날 수 있었다. 사실 그는 분자 전도체가 안정하다면 (그럴 리 없지만) 2,000°C에서도 초전도 현상이 전혀 불가능한 것은 아니라고까지 주장했다.

비록 이 제안은 심한 논란을 불러일으켰고 쉽게 받아들여지지 않았지만 그 가능성은 분자 초전도체를 찾는 노력을 자극하기에 충분했다. 안타깝게도 아직 리틀이 제안한 성질을 조금이라도 보이는 분자 초전도체를 발견하지는 못했다. 그렇지만 앨런 히거와 동료들이

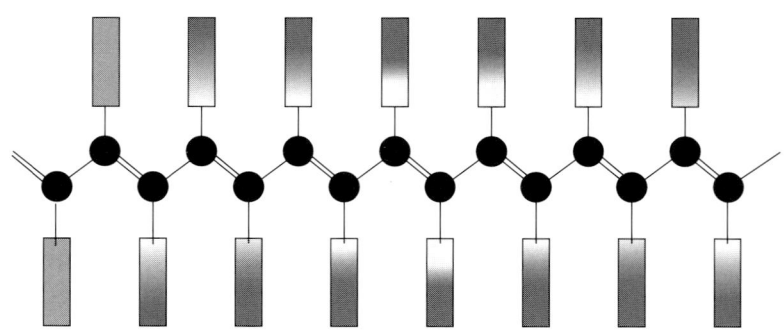

그림 6.16 윌리엄 리틀이 제안한 공액 중합체에서의 초전도 모델에서는 중합체 뼈대에 붙은 비편재화된 쉽게 치우칠 수 있는 전자 구름이 있는 곁사슬이 전자 짝짓기를 매개한다. 중합체 뼈대를 따라 지나가는 전자는 곁사슬의 전자를 밀어내어 양전하를 띤 영역을 만들고 이것이 두번째 전자를 끌어당긴다. 이 짝짓기 메커니즘에서는 가벼운 전자가 움직일 뿐 무거운 이온은 움직이지 않는다.

1973년에 TTF-TCNQ를 합성하자 일차원 층 구조에 리틀의 메커니즘이나 다른 방법이 작용하여 적당한 조건에서 이것이 초전도체가 될지도 모른다는 기대를 한 사람들도 있었다. 그러나 곧 실험적으로 그렇지 않다는 것이 밝혀졌다. 앞에서 말했듯이 TTF-TCNQ는 온도가 낮아지면 전기를 잘 통하던 성질을 잃고 반도체가 된다. 영국의 물리학자 루돌프 피얼스Rudolf Peierls의 실험으로 이 현상을 설명할 수 있다. 1954년에 그는 온도가 낮아지면 분자들 사이의 거리가 일정한 선형 사슬의 구조가 이웃한 분자들 사이의 거리를 번갈아 길고 짧게 하여 에너지를 낮출 수 있다는 것을 보였다. 피얼스 불안정성이라고 부르는 이 재배열로 말미암아 일부만 차 있던 맨 위의 띠가 하나는 가득 차고 하나는 텅 빈 두 띠로 갈라진다. 이 물질은 이제 반도체이다.

  TTF-TCNQ의 경우 53K에서 일어나는 피얼스 불안정성 때문에 선형 중합체 사슬이나 켜켜이 쌓인 분자 층으로는 초전도체를 만들기가 매우 어렵다. 이런 고체에 압력을 가해 불안정성을 막을 수 있을지도 모른다는 생각이 있었다. TTF-TCNQ에 대해서는 이것이 아무 소용이 없었다. 오히려 높은 압력은 불안정성이 더 잘 일어나게 했다. 그러나 제롬과 베가드는 댄 잔 앤더슨Dan Jan Andersen과 함께 TTF 대신 TMTSF을 쓰고 TCNQ를 조금 변형한 2, 5-다이메틸-TCNQ(DMTCNQ)를 써서 더 나은 결과를 얻었다. 이 두 분자로 이루어진 전하 전달 화합물 TMTSF-DMTCNQ는 상압에서는 TTF-TCNQ처럼 상온에서 전기가 통하고 41K에서 부도체가 된다. 하지만 압력을 가하면 부도체 전이가 일어나지 않고 그 대신 액체 헬륨의 끓는 점(4.2K)까지 전기를 통했다. 연구자들은 분자 초전도체에 이르는 길에 들어섰다고 느꼈다.

  그들의 연구에서 전자 주개인 TMTSF의 있고 없음이 전도도에 가장 큰 영향을 준다는 것이 드러났기 때문에 연구자들은 DMTCNQ

대신 다른 전자 받개를 써서 염을 만들기로 했다. 헥사플루오르화인산 이온을 썼을 때 그들은 분자 초전도체를 발견했다.

지금까지 초전도성이 더 좋은 이 주제의 여러 변형들이 발견되었다. 가장 나은 것은 TTF의 다른 친척인 비스(에틸렌다이사이오)테트라티아풀발렌 bis(ethylenedithio)tetrathiafulvalene(BEDT-TTF, 더 짧게 줄이면 ET)을 쓴 것이다(그림 6.17). 1988년에 일본 츠쿠바에 있는 NEC 연구소의 사이토 G. Saito와 동료들은 BEDT-TTF와 전자 받개 사이오시안산 구리 (Cu(NCS)$_2$)로 이루어진 전하 전달 염이 대부분의 금속보다 훨씬 높은 온도인 10K에서 초전도 전이를 일으킨다는 것을 발견했다. 현재 최고 기록은 미국 일리노이에 있는 아곤 국립 연구소의 잭 윌리엄스 Jack Williams와 동료들이 만든 비슷한 화합물의 13K이다. 이런 초전도성이 고전적인 BCS 이론에서처럼 움직이는 전자와 고체 속의 원자 움직임의 상호 작용에서 비롯되는지, 아니면 이런 선형 구조에 다른 메커니즘이 작용하는지는 아직 분명하지 않다.

4 초전도 축구공

분자 전도체 무리 중 최근에 발견된 물질은 너무 눈이 부셔서 지금까지 선형 분자계에 대해 고생해서 얻은 결과들이 모두 빛이 바랬

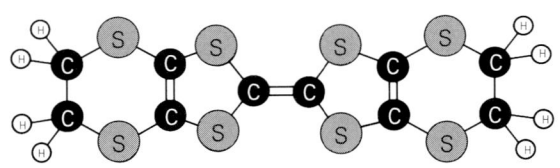

그림 6.17 지금까지 가장 전이 온도가 높은 유기 초전도체에 쓰인 전자 받개 BEDT-TTF의 구조.

다. 1장에서 언급한 60탄소 축구공 버크민스터풀러렌(C_{60})은 재주가 끝이 없는 것 같다. 순수한 C_{60} 고체(〈풀러라이트 fullerite〉)는 전기가 잘 통하지 않지만 1991년에 미국 뉴저지에 있는 미국 전신전화 사 벨 연구소에서 로버트 하돈 Robert Haddon과 아서 허바드 Arthur Hebard가 이끌던 연구팀은 리튬, 나트륨, 칼륨, 루비듐, 세슘 등 알칼리 금속으로 도핑한 풀러라이트가 전기를 잘 통한다는 것을 발견했다. 이 고체를 금속 증기에 쬐면 쉽게 도핑할 수 있다. C_{60} 결정에서 분자들은 TTF-TCNQ처럼 오비탈이 서로 겹칠 만큼 가까이 있어서 가득 찬 원자가 띠와 텅 빈 전도 띠가 생기고 전도 띠는 알칼리 금속 같은 전자 주개로부터 전자를 받을 수 있다. 그러나 도핑한 C_{60}과 도핑한 중합체에는 한 가지 차이가 있다. 전자가 선형 사슬에 갇혀 있지 않기 때문에 도핑한 C_{60}의 전도성은 모든 방향에 대해 같다.

도핑을 계속하면 처음에는 전도도가 증가해 C_{60} 분자 하나당 알칼리 원자가 세 개까지 되지만 도핑을 더 많이 하면 전도도가 점점 내려간다. 이것은 금속 원자가 C_{60} 전도 띠에 전자를 내놓는다는 생각과 부합한다. 도핑을 하면 띠가 점점 차서 C_{60} 분자 하나당 알칼리 금속 원자가 여섯 개가 되면 전도 띠가 가득 차서 화합물이 부도체가 된다.

AT&T 벨 연구소는 미국에서 초전도체 연구가 가장 활발한 곳 중의 하나이기 때문에 하돈과 동료들이 그 다음에 시도한 것을 보고 놀랄 필요는 없다. 그렇기는 해도 그들은 그들의 운을 믿기 어려웠다. 30K에서 벌써 C_{60} 분자 하나당 칼륨 원자 세 개가 든 고체(K_3C_{60})의 저항이 줄어들기 시작했다. 그리고 약 18K에서 저항은 0으로 떨어졌다. 도핑한 풀러라이트(사진 9)가 정말로 초전도체일 뿐 아니라 전이 온도도 그때까지 알려진 분자 초전도체의 가장 높은 전이 온도보다 무려 6 내지 7도가 더 높았다.

그 뒤로 새 발견이 잇달았다. 벨 연구소의 과학자들이 칼륨 대신 루비듐으로 도핑하자 C_{60} 화합물은 30K에 이르기도 전에 초전도 상태로 전이했다. 이 온도보다 높은 온도에서 초전도 전이를 일으키는 물질은 구리 산화물 초전도체밖에 없다. 이 초전도체의 모든 가족이 곧 모습을 드러냈다. 모두 C_{60} 분자 하나당 금속 원자가 세 개 있고 어떤 것에는 알칼리 금속 원자 두 가지가 들어 있다(표 6.1). 현재 최고 기록은 $RbCs_2C_{60}$의 전이 온도 33K이다. 더 높은 온도가 보고되기도 했지만 아직까지 확인되지 않았다. 1992년에 알칼리 토금속인 칼슘으로 도핑한 새로운 가족이 등장했다. 이 화합물 Ca_5C_{60}의 전이 온도는 8.4K이고 그 뒤 발견된 바륨으로 도핑한 Ba_6C_{60}의 전이 온도는 7K이다.

이 결과는 정말로 놀라운 것이다. 풀러렌 초전도체가 등장할 때까

표 6.1 초전도 풀러렌 화합물

화합물	전이 온도 (K)
K_3C_{60}	19
Rb_3C_{60}	29
K_2RbC_{60}	23
K_2CsC_{60}	24
Rb_2KC_{60}	27
Rb_2CsC_{60}	31
$RbCs_2C_{60}$	33
Na_2KC_{60}	2.5
Na_2RbC_{60}	2.5
Na_2CsC_{60}	12
Li_2CsC_{60}	12
Ca_5C_{60}	8.4
Ba_2C_{60}	7
$(NH_3)_4Na_2CsC_{60}$	30

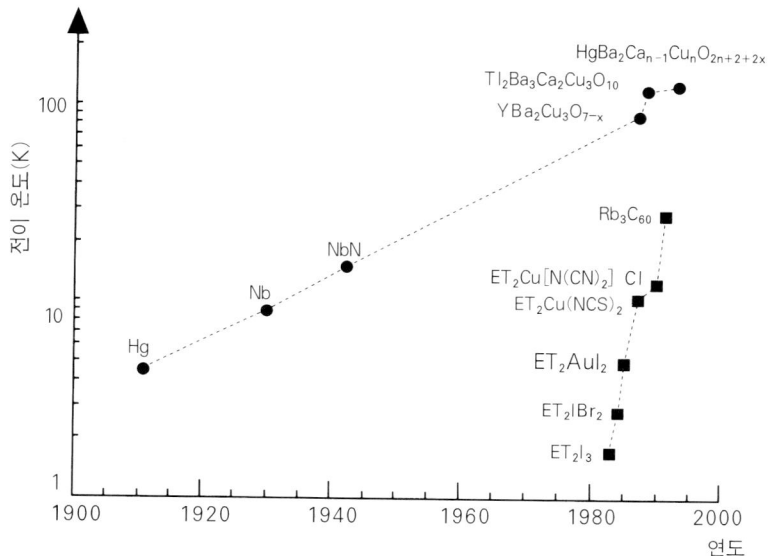

그림 6.18 20세기가 가기 전에 분자 초전도체가 구리 산화물 고온 초전도체를 따라 잡을 수 있을까? 그림의 추세가 계속된다면 그렇게 될 것이다. (미국 일리노이 주에 있는 아곤 국립연구소의 잭 윌리엄스의 주장에 따름.)

지 과학자들은 오직 구리 산화물 종류의 물질만이 상온에 접근한 온도에서 초전도체가 된다는 생각에 익숙해져 있었다. 분자 초전도체는 흥미 거리 이상의 무엇은 되지 못할 것으로 보였다. 이제 어떤 과학자들은 C_{60}으로 만든 분자 초전도체가 곧 구리 산화물보다 더 나은 초전도성을 보일 것이라고 믿기에 이르렀다. 잭 윌리엄스는 금속 초전도체, 구리 산화물 초전도체, 분자 초전도체에 대한 지금까지의 결과를 비교했다(그림 6.18). 이 경향이 계속 된다면 20세기가 끝나기 전에 분자 초전도체가 기록 경신을 주도하게 될 것이다.

(히거와 맥디아미드와 시라카와는 전도성 고분자 연구에 대한 공로로 2000년 노벨 화학상을 받았다. 2000년에 전이 온도가 더 높은 분자 고온 초전도체를 루슨트 테크놀로지 벨 연구소의 버트람 바트록 Bertram

Batlogg 팀이 발견했다. C_{60} 하나당 3.2개의 전자를 내놓은 결정은 52K에서 초전도 성질을 나타내었다. 유기 발광 표시 소자는 1998년부터 쓰이기 시작하여 지금은 수많은 휴대 전화기에도 쓰이고 있다. 분자 반도체에 대한 연구도 활발하다. 한쪽 방향으로만 전기를 통하는 분자가 알려져 있고 탄소 나노 튜브로 분자 트랜지스터도 만들었다. 비정질 규소 트랜지스터만큼 속도가 빠른 고분자 트랜지스터도 알려졌다. 루슨트 테크놀로지 벨 연구소의 과학자들은 전기로 구동하는 유기 레이저를 만들었다.── 옮긴이)

7

칼로 자를 수 있는 액체

> 나는 페인트를 만드는 것이
> 아주 이상한 직업이라는 것을 곧 깨달았다.
> ── 프리모 레비

이 책의 처음에서 나는 페인트에도 재미있는 것이 있다는 느낌을 주려고 하였다. 그러나 아마 그렇게 들리지 않았을 것이다. 실내 장식에 대해 궁리하고 있던 것이 아니라면 당연히 그럴 것이다. 만약 궁리 중이라면 머리카락이나 카펫에 얼룩을 남기지 않는 페인트의 가치를 인정할지도 모른다. 흐르지 않는 페인트는 분명히 이상한 물질이다. 통 속이나 붓에서는 거의 고체이다. 칼로 자르면 자른 면을 볼 수도 있다. 그러나 이것을 펴서 바르기 시작하면 액체처럼 흐른다. 놀라운 재주가 아닌가? 어떻게 이것이 가능한가?

페인트처럼 우리에게 익숙하지만 자세히 살펴보면 이상한 것들이 많다. 바로 휘저으면 끈끈해지는 물질이다. 겨자 가루에 물을 넣고 반죽을 만들어 보라. 천천히 저으면 부드럽게 흐른다. 그러나 수저를 빨리 움직이면 굳는다. 또 수저를 다시 천천히 움직이면 다시 천천히 흐르는 액체가 된다. 어린이들의 〈요술〉 찰흙도 또한 신기하다. 손에서는 밀가루 반죽처럼 말랑거리지만 벽에다 대고 힘껏 던지면 산산이 부서진다.

기계적인 교란에 반응하여 〈끈끈함(기술적인 용어로는 점도)〉이 변하는 성질을 틱소트로피라고 한다. 이 성질은 중세 때부터 알려져 있었던 것 같다. 이탈리아 카톨릭 교회에 있는 중세의 신성한 물건 중에 성인의 피가 담겼다는 14세기의 작은 약병이 있다. 짐작대로 이것은 딱딱하게 굳은 갈색의 고체지만 종교적인 의식 중에 손으로 살살 흔들면 액체가 된다. 말할 것도 없이 신부는 이 현상이 속세의 흐르지 않는 페인트와 관련이 있다고 여기지는 않을 것이다. 이것은 기적으로 간주된다. (이탈리아 화학자들은 이것을 베수비오 화산 비탈의 산화철 등 14세기에 쉽게 구할 수 있었던 화합물로부터 만들 수 있다는 것을 보였다.)

이런 성질을 지닌 물질을 만들려고 할 때 도움이 되는 화학적인 원리는 무엇인가? 이 현상이 화학 반응에서 나오는 것은 아니다. 이 과정에서 강한 공유 결합이 생기거나 끊어지지도 않고 원자가 위치를 바꾸지도 않는다. 이것은 5장에서 보았던 초분자 상호 작용과 비슷하지만 훨씬 더 큰 규모에서 일어나는 어떤 것이다. 여기서 생기는 구조는 서너 개나 여남은 개의 분자로 이루어진 것이 아니라 엄청난 수의 분자로 이루어진다. 이 물질들은 〈콜로이드〉의 예이다. 콜로이드는 구조의 크기가 나노미터(C_{60} 같은 중간 크기 분자의 크기)에서 마이크론(대략 박테리아의 크기)에 이르는 분자 집합체이다. 이렇게 정의된 콜로이드에 속하는 물질들은 페인트, 그리스, 치약, 역청, 액정, 비누 방울, 거품 등 엄청나게 다양하다. 이들은 쉽게 모양을 바꿀 수 있고 흐를 수 있는 〈말랑말랑한〉 형태의 물질이다. 또한 신체를 이루는 세포가 마이크론 크기의 분자 집합체라는 점에서 우리 또한 콜로이드 구조체이다.

콜로이드 과학은 응용 과학에서 돋보이는 분야이다. 대단히 많은 산업계의 과학자들이 콜로이드를 연구하고 있고 이것은 페인트뿐만 아니라 식품 과학, 화장품, 윤활제, 농업과도 관련이 있다. 오늘날 콜로이드를 설명하는 원리 중 일부는 아주 오래 전부터 알려졌었지만 다른 원리들은 전혀 관련이 없을 것 같은 물리, 화학, 생물학의 구석진 연구 분야에서 나왔다. 고대 이집트 사람들은 영국에서 인도 잉크라고 부르는, 아라비아 고무에 숯을 안정하게 분산시킨 콜로이드를 만들었다. 건물과 배에 물이 스며들지 않게 하기 위해 역청을 쓴 것을 보면 로마 사람이나 바빌로니아 사람들도 콜로이드 물질의 가치를 알고 있었다. (중국 사람들도 거의 2000년 전부터 숯을 기름에 분산시켜 먹을 만드는 법을 알고 있었다.——옮긴이) 콜로이드 분야는 책의 한 장이 아니라 책 한 권에 담기에도 너무 넓다. 여기서는 콜로이드 화학 중 몇 가지 주제만을 다루겠다. 읽는 이가 그 넓이를 짐작하기를 바랄 뿐이다.

1 놀랍게 줄어드는 겔

1-1 고체인가 액체인가?

비결을 먼저 알려주겠다. 흐르지 않는 페인트에는 기름이나 물 용매에 안료 미립자와 함께 분산된 긴 사슬 모양의 중합체가 들어 있다. 중합체 사슬에는 길이를 따라 중간중간에 용매에 녹지 않는 (예를 들어 기름 용매에 녹지 않는 이온성) 원자단이 붙어 있다. 이 원자단들은 용매와 닿는 것을 최소로 하기 위해 끼리끼리 뭉쳐 있다. 이것은 일종의 〈반창고〉로 볼 수 있다. 이웃 분자들과 붙어 있지만 이들을 묶고 있는 상호 작용은 약해서 쉽게 끊어진다. 그러나 각 중합체 분자에 반창고가 아주 많기 때문에 이것들을 다 더하면 분자들이 비교적 튼튼한 네트워크로 엮인다. 이 구조는 내부에 액체 용매를 담고 있다. 페인트 붓으로 미는 등 힘을 가해 네트워크의 일부를 변형시키면 약한 고리가 끊어지고 중합체 분자와 용매와 안료는 자유롭게 흐른다. 미는 힘이 사라지면 반창고들은 다시 서로 붙는다(그림 7.1a).

같은 원리로 미는 힘을 가할 때 더 끈끈해지는 반대의 성질을 지

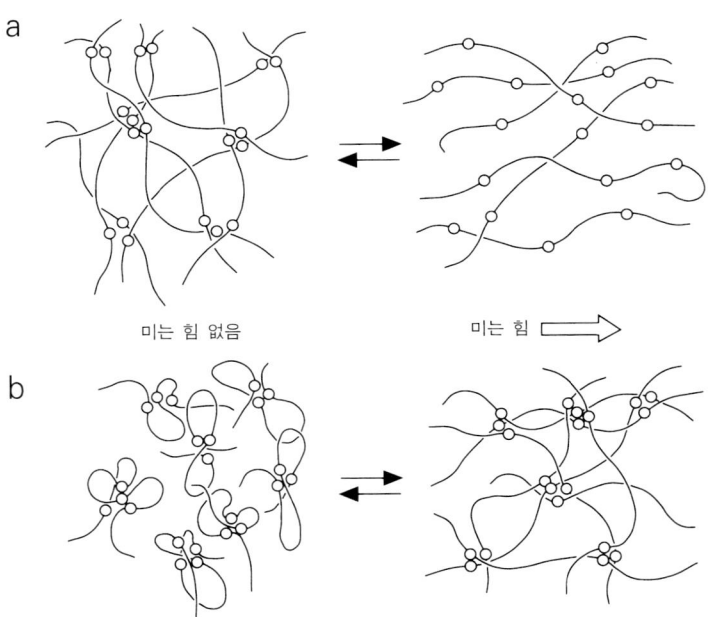

그림 7.1 틱소트로피 성질을 띤 중합체를 저으면 점도가 바뀐다. 예를 들어 유기 용매에서 뭉치기 때문에 〈반창고〉로 작용하는 (흰 원으로 표시한) 이온성 원자단을 포함한 중합체 사슬이 있다. 다른 사슬에 속한 원자단끼리 뭉치면 중합체는 연결되어 꽤 튼튼한 네트워크를 이룬다. 이 네트워크는 미는 힘을 받으면 부서진다(a). 같은 사슬의 원자단끼리 뭉치면 각 사슬이 공처럼 말린다. 그러나 미는 힘이 사슬을 펴면 사슬이 연결된다(b).

닌 물질도 만들 수 있다. 이번에는 중합체 분자의 모양과 반창고끼리 끄는 힘을 조절해서 〈한〉 분자의 반창고들이 서로 붙도록 중합체를 고안한다. 이렇게 되면 분자 사이를 연결하는 네트워크는 없다. 대신 각 사슬은 접착 테이프를 둘둘 말아 만든 공처럼 말려 있다. 각 중합체 분자는 다른 중합체 분자 위를 미끄러질 수 있다. 그러나 이 유체에 미는 힘을 가하면 붙었던 반창고들이 흩어져 말렸던 분자가 사슬처럼 펴진다. 이제 이웃한 중합체에도 반창고가 있기 때문에 서로 붙어서 튼튼한 네트워크를 이룬다(그림 7.1b).

흐르지 않는 페인트는 겔이라고 알려진 물질의 예이다. 겔이라는 이름은 젤라틴이나 젤리를 연상시키기 때문에 익숙하게 느껴질 것이다. 이 물질은 고체와 액체 사이의 중간 지대에 있다. 칼로 자를 수도 있고 틀에 부어 (오래 보존할 수는 없다 해도) 모양을 만들 수도 있는 이것을 액체라고 부를 사람은 없을 것이다. 그렇다고 이것을 진짜 고체로 분류할 수도 없다. 실제로 겔은 일종의 복합체이다. 겔에는 액체가 들어 있지만 고체처럼 어느 정도 굳기를 유지하는 중합체 골격 속에 묶여 있다. 액체는 중합체 뼈대 사이를 채우고 중합체 사슬이 얽히는 것을 막는다. 겔이 얼마나 단단한가는 중합체 사슬 사이의 교차 결합의 정도에 달려 있다. 겔에는 아주 끈끈한 액체에서부터 꽤 튼튼한 고체까지 있다.

자연에서 겔은 여러 가지로 쓰인다. 액체와 고체의 성질이 모두 필요할 때는 거의 항상 겔이 쓰인다. 조직 사이를 흐르는 체액처럼 분자들이 시스템 안을 돌아다니려면 액체 같아야 하고 물질이 무게를 지탱하려면 고체 같아야 한다. 우리 몸의 눈에도 겔이 있고 윤활제 구실을 하는 관절에도 겔이 있다. 여러 천연 재료로 겔을 만들 수 있다. 예를 들어 젤라틴은 천연 단백질 콜라겐의 네트워크가 물로 〈채워진〉 것이다. 콜라겐은 힘줄, 피부, 뼈, 눈의 각막에 들어 있다. 자연적인 상태에서 사슬 모양의 단백질 분자는 나선으로 서로 꼬여 실을 이룬다. 이 실을 가열하면 단백질 나선이 풀어져 각 사슬이 흩어진다. 이것을 식히면 분자가 다시 꼬이지만 분리된 실이 아니라 마구잡이로 꼬여서 삼차원적인 네트워크로 얽힌다(그림 7.2).

겔 네트워크의 부피는 그 안에 담긴 액체의 양에 달려 있다. 중합체 네트워크는 신축성이 있기 때문에 용매가 많을수록 해면처럼 부풀고 〈마르면〉 오그라든다. 하지만 붙들린 용매의 양이 아닌 다른 요소도 겔의 부피에 영향을 미칠 수 있다. 중합체 분자 사이에는 서로 끌거나 미는 힘이 작용한다. 이렇게 반대 방향으로 작용하는 힘들 사이의 미묘한 균형에 따라 분자들 사이의 거리와 겔이 차지하는 부피가 결정된다. 온도나 용매의 종류나 산성도 등의 주변 조건에 따라 이 균형이 민감하게 바뀌기 때문에 이 조건을 바꾸어서 겔의 부피를 바꿀 수도 있다.

1-2 부피 조절

매사추세츠 공과대학에서 도요이치 다나카 Toyoichi Tanaka는 자극

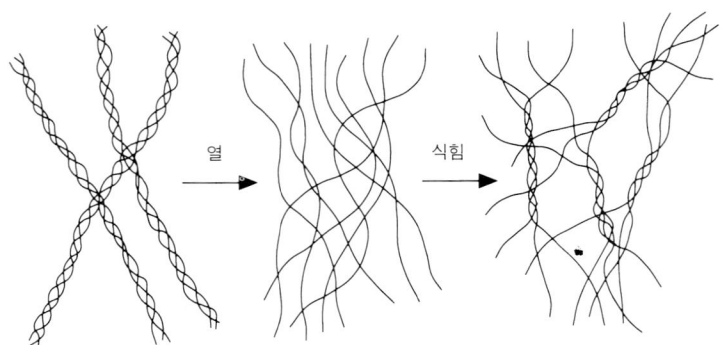

그림 7.2 콜라겐 단백질로 젤라틴 만들기. 콜라겐은 자연 상태에서 세 가닥이 서로 꼬여 삼중나선을 이룬다. 열을 가하면 가닥이 풀어진다. 이것이 식어 각 가닥이 다시 삼중나선을 이룰 때 마구잡이로 꼬이기 때문에 한 콜라겐 사슬이 다른 여러 사슬과 얽혀 교차결합된 겔을 형성한다.

에 따라 부풀거나 줄어드는 겔을 만들었다. 다나카는 중합체 뼈대에 규칙적인 간격으로 아미드(-CONH$_2$) 기가 붙은 폴리아크릴아미드 polyacrylamide(PAA) 중합체로 겔을 만들었다. 젤라틴 같은 겔과는 달리 이 폴리아크릴아미드 네트워크에는 중합체 분자들이 강한 공유 결합으로 붙들려 있다. 사슬의 몇 곳만이 이렇게 연결되어 있기 때문에 네트워크는 신축성이 있고 늘어나거나 줄어들 수 있다.

다나카는 알칼리 용액에 이 튼튼한 네트워크를 담가 성질을 바꾸었다. 이렇게 처리하면 아미드 기의 일부가 가수분해 과정을 통해 카복실산(-COOH) 기가 된다. 이 산 기는 수소 이온(H^+)을 내놓고 음전하를 띤 카복실산 이온(-COO$^-$) 기가 된다. 겔에는 결국 중합체 네트워크에 군데군데 음이온을 띤 부분이 생긴다. 겔을 늘어나고 줄어들게 하는 것은 바로 이 부분이다(그림 7.3). 가수분해된 폴리아크릴아미드 겔의 부피는 아세톤과 물을 섞은 용매의 비율에 의해 결정된다. 아세톤의 양이 많아지면 겔이 줄어든다. 겔에 카복실산 이온 기가 얼마 없으면 아세톤의 양이 많아질 때 겔이 천천히 줄어든다. 그러나 겔에 카복실산 이온 기가 많으면 재미있는 일이 생긴다. 처음에는 수축이 거의 일어나지 않다가 아세톤의 비율이 어느 임계 값에 이르면 겔이 갑자기 수축한다(그림 7.4). 아주 심하게 수축하기도 한다. 알칼리 용액에 60일 동안 담가둔 겔의 경우 부피가 갑자기 350분의 1로 줄어든다. 용매의 성분비를 바꾸는 대신 온도를 바꾸거나 용액의 산도를 바꾸어도 갑작스런 수축 전이를 일으킬 수 있다. 아주 많은 천연 또는 인공 겔이 이런 종류의 늘어나거나 줄어드는 〈부피 전이〉를 일으킨다.

세 가지 힘이 경쟁한 결과 부피가 바뀐다. 첫째 힘은 중합체 네트워크의 탄성력이다. 중합체 분자에는 본래 나선형으로 말리려는 성질이 있기 때문에 네트워크는 연결된 스프링과 비슷하다. 네트워크를 늘이거나 변형시킬 수 있지만 그러려면 분자 사슬을 본래 모양대

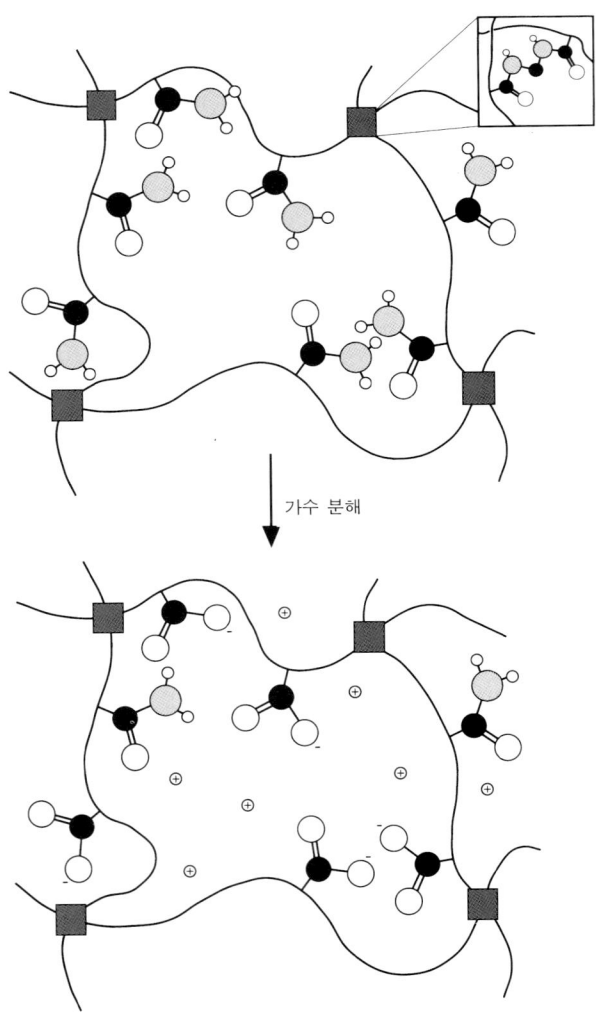

그림 7.3 도요이치 다나카가 연구한 폴리아크릴아미드 겔에는 중합체 사슬들이 공유 결합(사각형)으로 이어져 있다. 알칼리에 닿으면 아미드($-CONH_2$) 기의 일부가 가수분해되어 산($-COOH$) 기가 된다. 산 기는 수소 이온을 내놓고 카복실산 이온 기가 된다. 가수분해는 비교적 느려서 수일에 걸쳐 일어나기 때문에 가수분해 기간을 조절해서 카복실산 이온 기의 비율을 바꿀 수 있다. 겔이 늘어나고 줄어드는 성질은 가수분해의 정도에 매우 민감하다.

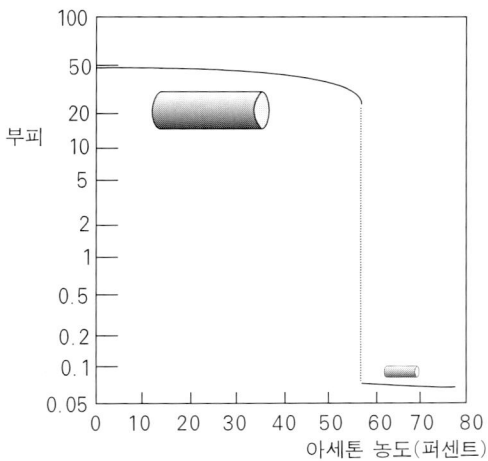

그림 7.4 PAA 겔 안의 물/아세톤 용매의 성분비가 바뀌면 겔이 늘어나거나 줄어든다. 심하게 가수분해된 겔에서는 용매의 어떤 임계 성분비에서 부피의 변화부피 전이가 갑자기 일어난다. (매사추세츠 공과대학의 도요이치 다나카를 인용함)

로 유지하려는 탄성력을 이겨야 한다(그림 7.5a). 분자 사슬을 이루는 덩어리들의 열적인 요동이 사슬들 사이의 거리를 유지하기 때문에 평형 부피보다 작게 하려고 해도 탄성력을 이겨야 한다.

다른 두 힘은 겔에 침투한 용매에 관련된 것이다. (실제로는 중합체와 용매 사이의 상호 작용이 중합체가 어떻게 꼬이는지를 부분적으로 결정하기 때문에 용매는 탄성력에도 영향을 미친다.) 화학적인 성질에 따라 어떤 중합체 분자는 중합체 분자들에 둘러싸이는 것을 좋아하고 어떤 중합체 분자는 용매에 둘러싸이는 것을 좋아한다. 물/아세톤 용매처럼 용매 분자가 둘 이상일 때 중합체 분자는 둘 중 하나를 더 좋아할 수 있다. 다나카의 겔에서 아크릴아미드 사슬은 아세톤 분자보다 물 분자에 더 끌리고 물 분자보다는 다른 아크릴아미드 사슬에 더 끌린다. 그러므로 PAA 겔은 본질적으로 수축하려는 경향이

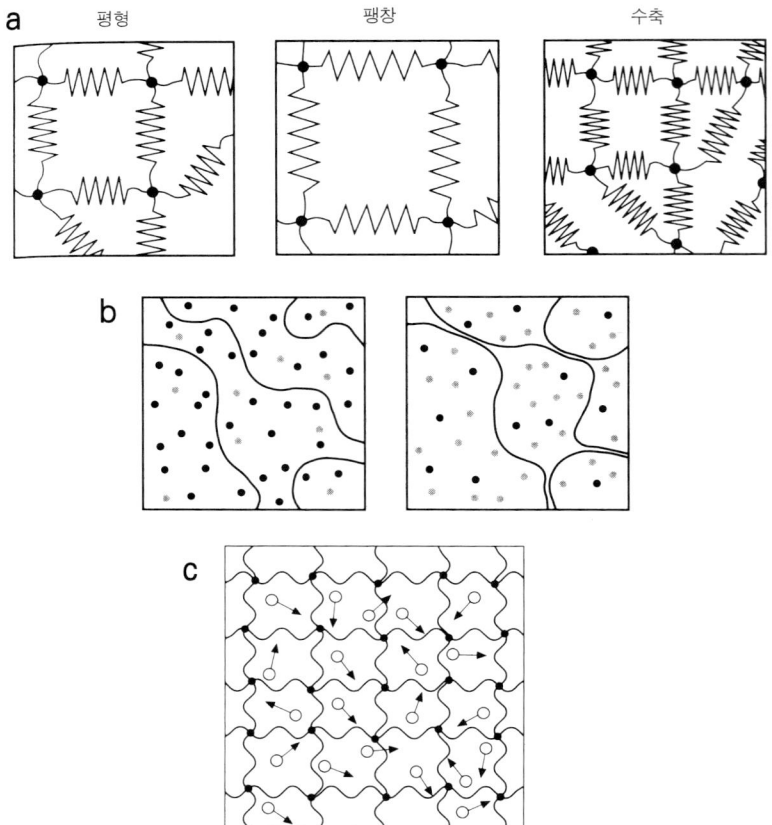

그림 7.5 세 힘의 균형이 겔의 부피를 결정한다. 중합체 네트워크는 스프링의 네트워크처럼 행동한다. 탄성력이 팽창이나 수축에 저항해서 어떤 평형 부피를 유지한다(a). 용매의 구성 분자나 다른 사슬 가운데 중합체 사슬이 더 좋아하는 것이 있기 때문에 용매의 성분비에 따라 민감하게 부피가 변한다(b). 마지막으로 수소 이온의 〈삼투압〉 때문에 겔이 오그라들지 않는다(c).

있다. 물 분자가 아세톤 분자보다 이 경향을 더 잘 막기 때문에 물에 담근 겔이 아세톤에 담근 겔보다 부피가 더 크고 물/아세톤 용매에서 아세톤의 양이 많아지면 수축이 일어난다(그림 7.5b).

마지막으로, 가수분해된 PAA 겔의 카복실산 기가 용액에 수소를 내놓는다는 것을 보았다. 용액에 떠다니는 수소 이온이 네트워크를 가득 채운다. 이 양전하를 띤 이온과 중합체 네트워크에 남은 음전하를 띤 카복실산 이온 기 사이의 상호 작용의 결과는 스폰지처럼 구멍이 많은 물질을 기체 분자가 지나가며 미치는 영향과 비슷하다. 겔 바깥보다 겔 안쪽에 수소 이온이 더 많기 때문에 삼투압이 네트워크에 작용한다. 이 결과 네트워크가 부푼다(그림 7.5c). 겔에 갇힌 용매에 이온의 수가 많을수록 삼투압이 더 크다. 카복실산 기는 어떤 용매에서 수소를 더 잘 잃는다. 예를 들면 아세톤에서보다는 물에서 수소 이온을 더 쉽게 내놓는다. (기체의 압력처럼 수소 이온의 삼투압도 온도에 따라 변한다.)

 이 세 가지 힘 사이의 상호 작용이 겔의 부피를 결정한다. 용매의 성분비나 산도 또는 온도를 바꾸면 가장 크게 영향을 미치던 힘이 다른 것으로 바뀌고 그 결과 부피가 변한다. 어떤 상황에서는 마치 한 힘이 사라지고 다른 힘이 그 자리를 차지한 것처럼 이 부피 변화가 급격하게 일어난다. 다나카는 외계의 여러 요인이 이 힘의 균형에 영향을 미치고 팽창이나 수축 전이를 일으킬 수 있다는 것을 보였다. 예를 들어 전기장은 중합체 네트워크에 고정된 음이온을 띤 카복실산 이온 기에 영향을 미쳐서 삼투압을 바꿀 수 있다. 겔의 한 부분을 전기장에 넣으면 그 부분에서만 부피 변화가 일어난다. 원통형 겔에서는 오그라든 〈목〉이 생긴다(그림 7.6). 인조 근육에 이 현상을 이용하여 전류에 반응해 인조 근육이 줄어들거나 늘어나는, 즉 인조 근육을 전기적으로 제어하는 방법을 생각해 볼 수 있다. 다나카는 빛을 흡수하는 천연물질인 클로로필을 중합체 네트워크에 고정해서 빛에 반응하여 수축하는 겔도 만들었다.

 빛이나 전기장이나 온도 등에 반응해 기계적인 운동이나 전환을 하는 물질에 대해서 여러 응용을 생각할 수 있다. 먼저 로봇의 인조

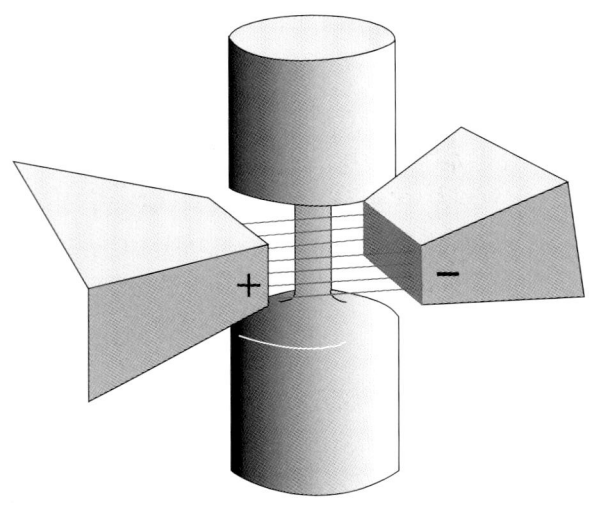

그림 7.6 용매 안의 이온화된 원자단에 전기장이 있으면 겔의 부피가 바뀌어 전기장에 놓인 겔 실린더에 〈목〉이 생긴다.

근육이 떠오르고 〈중합체 손〉의 시제품도 벌써 선보였다(사진 10). 전기장에 반응해서 물 속에서 꿈틀거리는 〈물고기〉도 있다. 금속이나 반도체와는 달리 고분자 겔은 생체 시스템과 잘 어울리기 때문에 인공 심장 판막처럼 손상된 조직의 대체품으로 쓰일 수 있을 것이고 일부 생물의료 분야에서는 벌써 쓰이고 있다. 산성도에 따라 팽창하는 성질은 몸의 특정 부위에 약을 전달하는 데 쓸 수 있다. 위에서 작은창자로 넘어갈 때 산성도의 변화에 반응해서 겔이 팽창하면 작은 겔 캡슐의 중합체 네트워크에 갇혔던 약이 용매와 함께 나올 수 있다.

　이 물질들은 환경의 변화에 반응하여 성질을 바꾸는 〈스마트〉 재료의 일종이다. 스마트 재료 연구는 재료과학에서 빨리 발전하는 분야이다. 예를 들어 전기장에 놓일 때 고체와 액체 사이를 전이하는 전기유동 유체는 동력 자동차에서 아주 부드럽게 움직이고 닳지 않는 클러치로 응용될 수 있을 것이다. 다른 스마트 재료는 스스로의 틈을 메우거나 손상되었을 때 색깔을 바꿀 것이다. 이런 연구를 통해 재료에 대해 완전히 새롭고 흥미를 끄는 개념이 나올 것이다. 이 개념에 따르면 환경의 변화에 따라 수동적이고 무력한 반응 대신 〈능동적인〉 변화가 일어나 완전히 새로운 재료가 만들어질 수도 있다.

2 비누에서 세포로

2-1 개수통의 화학

세제 광고에서는 옷을 빨 때 기름 얼룩이 가장 어렵다는 사실을 강조한다. 왜 그런지 생각해 보면 당연하다. 기름과 지방은 물에 녹지 않기 때문에 옷의 섬유에서 떨어지지 않고 남는다. 비누 분자는 기름 입자에 물에 녹는 껍질을 씌워 옷과 그릇과 조리대에서 기름을 녹여낸다. 비누 분자는 두 가지 성질을 띤다. 한쪽은 물을 좋아하고 다른 쪽은 기름을 좋아한다. 비누 분자의 한쪽은 기름이나 지방에 녹기 때문에 기름 방울의 표면에 박힌다. 물에 녹는 다른 쪽은 표면에서 바깥으로 튀어 나와 있다.

이런 분자를 양쪽성 분자라고 한다. 양쪽성 분자는 흔히 〈계면활성제〉라고도 부른다. 이 말은 비누 분자가 두 가지 다른 (보통 섞이지 않는) 물질 사이의 〈표면에서 활동하는〉 분자라는 것을 의미한다. 일반적으로 말해 비슷한 것끼리 섞인다. 기름과 지방에는 탄화수소 사슬이 있고 계면활성제 분자의 기름에 녹는 부분에도 탄화수소 사슬이 있다. 물에 녹는 부분은 보통 카복실산 이온(COO^-)이나 설폰산 이온(SO_3^-)처럼 음이온을 띤 〈머리〉 기이다(그림 7.7). 시장에서 파는 비누의 대부분은 카복실산 이온 계면활성제이다. 전기적으

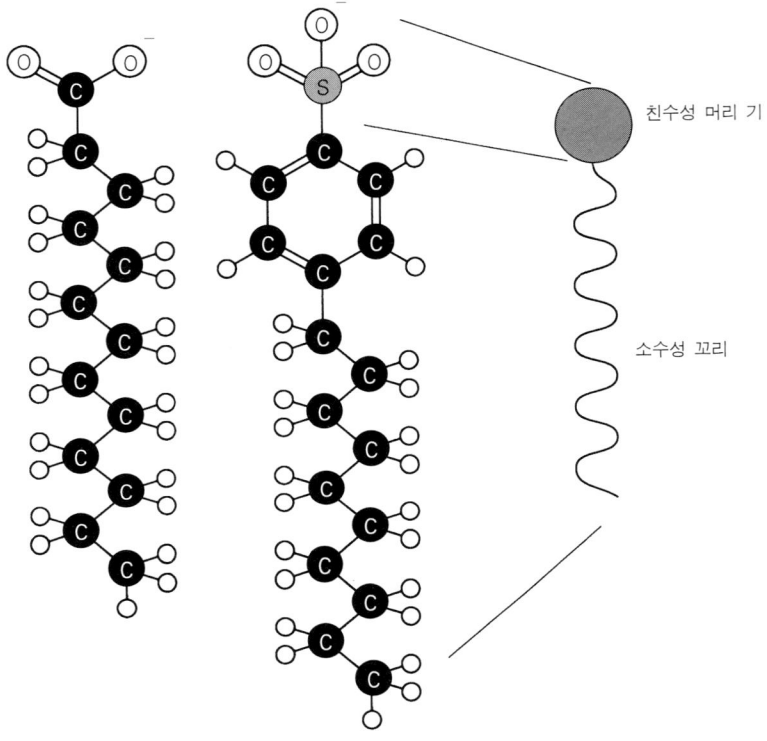

그림 7.7 계면활성제 분자에는 물에 녹는 전하를 띤 〈머리〉 기와 기름에 녹는 탄화수소 꼬리가 있다.

로 중성이 되려면 머리 기의 음전하마다 양이온이 있어야 한다. 비누에서 이것은 보통 나트륨 이온(Na^+)이다. 따라서 보통 비누는 〈$CH_3-(CH_2)_n-CO_2^-\ Na^+$〉라는 화학식으로 나타낼 수 있고 이때 n은 10부터 18 사이의 정수이다.

물을 좋아하는 머리 기는 〈친수성〉이라고 하고 기름을 좋아하는 (그래서 물을 싫어하는) 꼬리를 〈소수성〉이라고 한다. 계면활성제 분자는 물에 녹지만 가능하다면 소수성 꼬리를 물에서 멀리 두려고 한다. 꼬리를 기름 방울에 묻는 것이 그 한 방법이다. 그밖에도 계면활성제가 이것을 달성하는 데는 많은 다른 방법들이 있고 여기서 온갖 다양한 구조가 생긴다. 이것이 콜로이드 화학의 주된 관심 중 하나이다.

2-2 군중이 끄는 힘

용액에 조금 녹아 있을 때 계면활성제는 물 표면에 모인다. 여기서 계면활성제들은 소수성 꼬리가 물에 닿지 않도록 머리를 아래로 하고 꼬리를 공기 중으로 뻗는다. 순수한 물 표면에서 H_2O 분자는 용액 한가운데서처럼 여러 이웃 분자들과 서로 끄는 안정적인 상호작용을 할 수 없기 때문에 표면 분자는 용액 속의 분자에 비해 에너지가 높다. 따라서 표면은 에너지 비용을 치러야 한다. 표면이 넓을수록 이 에너지 비용도 크다. 보통 이 표면〈잉여 에너지〉를 표면장력으로 표현한다. 그 이유는 이것의 효과가 액체의 표면적을 최소로 하기 위해 액체를〈잡아당기는〉것으로 나타나기 때문이다. 안개의 물방울이 구형이고, 플라스틱이나 기름 바른 표면에서 물이 중력이 잡아당기는 대로 퍼지지 않고 렌즈 모양의 방울을 이루는 이유가 이것이다(그림 7.8). 그러나 물 표면에 한 층의 계면활성제만 있어도 표면의 에너지 비용이 낮아진다. 다시 말해 표면장력이 작아진다. 그 이유는 어쨌든 물 속에 있기를 싫어하는 계면활성제의 소수성 꼬리가 표면층을 형성하기 때문이다. 표면에 놓인 물방울에 비누를 조금만 더하면 물방울이 퍼진다.

물 표면의 계면활성제는 액체와 공기 사이에 막을 이루어 비누 방울과 거품에서 극히 얇은 액체막을 안정시킨다. 순수한 물은 표면적이 최소인 물방울로 오그라들 것이다. 그러나 계면활성제는 표면장력을 낮추어 넓은 면적에 대한 에너지 비용을 줄인다. 거품은 단순히 여러 물방울이 모인 것이지만 화재 진압에서 광물 추출에 이르는 다양한 분야에 쓸모가 있기 때문에 상당한 상업적, 공업적 관심의 대상이다. 또한 거품은 작은 밀도에도 불구하고 꽤 튼튼하기 때문에

그림 7.8 소수성 표면의 물방울. 표면장력은 물방울을 렌즈 모양으로 잡아당긴다. 계면활성제를 더하면 표면장력이 작아져서 물방울이 퍼진다. (프록터&갬블 사 이사오 노다 제공)

불타는 기름 위에 제법 튼튼하지만 아주 가벼운 덮개를 형성하여 불이 계속 타기 위해 필요한 공기를 차단한다.

계면활성제의 양이 점점 많아지면 용액의 표면에만 모여 있지 못하는 때가 온다. 계면활성제 분자는 소수성 꼬리를 물에서 감출 다른 방법을 찾아야 한다. 그런 방법 중 한 가지는 분자들이 꼬리를 내부에 모으고 머리가 물에 녹는 껍질을 이루도록 뭉치는 것이다(그림 7.9). 미셀이라고 부르는 이 구조는 계면활성제가 기름 방울 주위에 이루는 것과 똑같다. 단 하나의 차이는 미셀 내부에 기름을 좋아하는 꼬리 말고 다른 것이 없다는 것이다. 계면활성제의 양이 〈임계 미셀 농도〉

보다 높을 때 미셀이 생기는 것을 용액에 빛이 지나가는 자리가 환하게 보이는 것으로 확인할 수 있다. 19세기에 영국의 물리학자 존 틴달John Tyndall이 이 효과를 발견했다. 이것은 미셀이 빛을 산란하기 때문이다. 입자의 크기가 가시광선의 파장과 비슷하기 때문에 여러 콜로이드 시스템에서 빛을 강하게 산란하므로 틴달 효과는 미셀의 존재를 알리는 특징적인 신호이다.

수많은 양쪽성 분자를 모아 미셀을 만들려면 상당한 재주가 필요하다고 생각할지도 모르겠다. 그러나 분자들이 스스로를 조직하기 위해서는 물과 소수성 꼬리 사이의 적대적인 상호 작용만으로 충분하다. 이것은 5장에서 보았던 초분자 자기 조립 과정이다. 단지 더 큰 규모에서 수십, 수백, 수천 개의 분자가 관여하는 것뿐이다. 이런 구조를 자기 조직적이라고 한다. 그러나 여기서 조직이라는 말을 너무 심각하게 받아들여서는 안 된다. 미셀은 계면활성제 분자들이 불완전하게 쌓인 어느 정도 무질서한 구조체이다. 각 분자는 뭉치를 쉽게 떠날 수 있고 새 분자도 마찬가지로 쉽게 뭉치에 합류할 수 있다.

액체 탄화수소(파라핀) 같은 유성 용매에서 계면활성제 분자는 안팎이 바뀐, 즉 〈뒤집힌〉 미셀을 형성한다. 여기서 계면활성제는 머

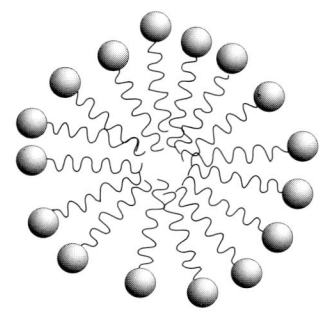

그림 7.9 물 속의 계면활성제는 미셀을 형성하고 미셀의 내부에 꼬리를 묻어서 소수성 꼬리를 숨긴다.

리를 안쪽으로 하고 꼬리가 바깥쪽을 향하게 해서 친수성 머리를 용매로부터 보호한다(그림 7.10a). 분자들이 조립되어 막대 모양을 이룬 원통형 미셀에서 구형이 아닌 다른 모양도 볼 수 있다(그림 7.10b). 가까워지면 원통형 미셀들은 통나무 더미처럼 쌓여서 액정과 비슷한 구조를 이룬다. (이 장의 뒷부분에서 액정을 다룰 것이다.)

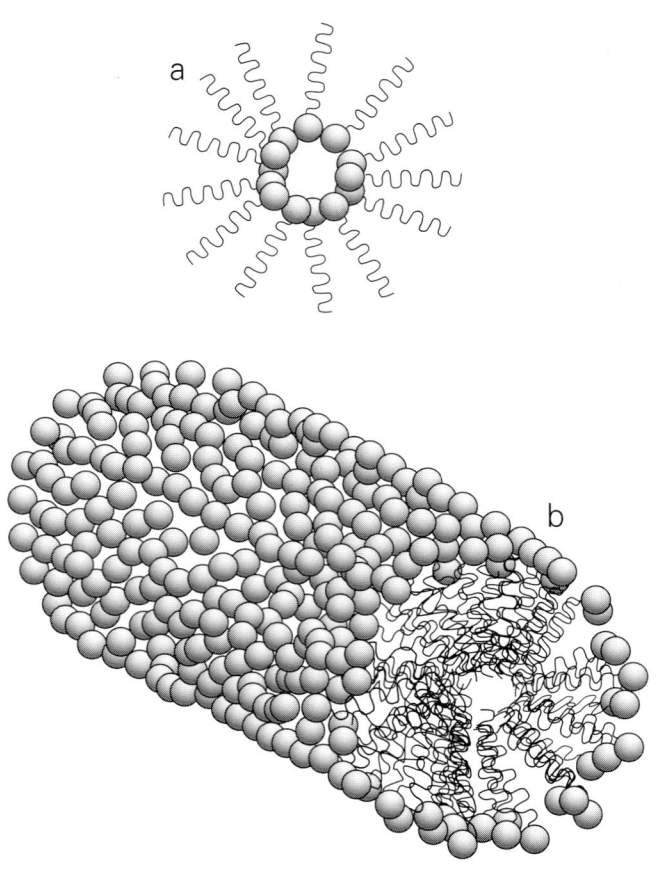

그림 7.10 계면활성제는 유성 용매에서 뒤집힌 미셀(a)을 형성한다. 원통형 미셀(b).

작은 미셀의 내부는 소수성 꼬리로 차 있지만 큰 미셀에는 물에 녹지 않는 물질을 담을 수 있는 물이 없는 빈 곳이 있다. 따라서 계면활성제는 섞이지 않는 액체가 물에 안정하게 분산되도록 해서 이들이 분리된 두 층으로 나뉘는 것을 막을 수 있다. 기름과 물을 섞고 심하게 흔들면 두 상(相) 중 하나가 다른 하나 속에 작은 방울의 형태로 분산된다. 작은 콜로이드 방울이 빛을 심하게 산란하기 때문에 이런 혼합물은 뿌옇다. 그러나 이탈리안 드레싱에서 볼 수 있듯이 내버려두면 두 상은 다시 분리된다. (이탈리안 드레싱에서 〈물〉상은 아세트산의 용액인 식초이다.) 그러나 여기에 계면활성제를 더하면 계면활성제는 분산된 방울을 다른 상에 녹는 층으로 둘러싸서 안정하게 한다. 버릴 생각을 하고 이탈리안 드레싱에 주방용 세제를 조금 넣어서 이것을 시험해 볼 수 있다. 이렇게 얻은 것은 한 액체가 다른 액체 속에 콜로이드 형태로 분산된 에멀전의 예이다. 에멀전을 안정하게 하는 것, 다시 말해 나뉘지 않게 하는 것은 산업계의 콜로이드 과학, 특히 식품과 페인트 산업에서 해결해야 할 실제적인 문제이다. 자연에서도 에멀전을 볼 수 있는데 가장 익숙한 것은 우유이다. 우유는 지방과 단백질이 물에 분산된 것이다. 지방의 콜로이드 입자가 빛을 심하게 산란하기 때문에 우유는 뿌연 흰빛을 띤다. 분리한다면 각 성분들은 투명할 것이다.

어떤 화학자들은 뒤집힌 미셀의 내부를 화학 반응을 일으키기 위한 반응기로 이용한다. 촉매나 전자 재료로 유망한 콜로이드 크기의 고체 입자를 만드는 데는 이것이 아주 쓸모가 있다. 뒤집힌 미셀이 든 유성 용매에 물에 녹는 고체 입자의 (일반적으로 이온성의) 성분을 더하면 이것이 미셀의 친수성 내부로 들어간다. 이렇게 감싸인 물에서 이온의 농도를 충분히 높이면 고체가 석출된다. 뒤집힌 미셀은 이때 석출된 고체의 크기와 모양을 결정하는 틀로 작용한다. 크기가 다 같은 뒤집힌 미셀을 만들 수 있기 때문에 이 방법으로 크기가 같은 구형 고체 결정을 만들 수 있다. 미국 뉴저지에 있는 AT&T 벨 연구소와 앨버커크에 있는 미국 산디아 국립연구소의 과학자들이 이 방법으로 반도체 물질인 셀레늄화 카드뮴의 입자들을 만들었다. 이 과학자들은 이 재료가 새 방식으로 빛을 내기를 기대한다.

2-3 생명으로 가는 미셀

우리는 5장에서 모든 생명을 이루는 DNA가 자기 복제하는 것처럼 스스로를 복제할 수 있는 분자들에 대해 보았다. 이 화학 시스템을 만든 과학자들은 다음 장에서 다룰 지구에서 생명이 어떻게 출현했는가라는 질문에 답하는데 이것에서 도움을 받으려 했다. 화학 시스템을 스위스 쮜리히에 있는 연방 공과대학의 이탈리아 출신의 화학자 피에르 루이기 루이지 Pier Luigi Luisi는 DNA와는 다른 형태로 자기 복제를 하는 화학 시스템을 고안했다. 루이지 팀은 줄리어스 레벡의 분자 〈주형〉 복제자처럼(257쪽) 미셀이 자신의 조립을 촉진할 수 있는 방법을 연구했다. 이 자기 복제하는 미셀은 레벡의 분자에서처럼 아주 제한적인 의미에서 생명의 어떤 특징을 보인다고 생각할 수 있다.

루이지의 생각은 간단하다. 미셀이나 뒤집힌 미셀이 화학 반응을 일으킬 수 있는 그릇으로 작용할 수 있다면 미셀 안에서 미셀을 구성하는 양쪽성 분자를 합성할 수 있을까? 미셀 바깥보다 미셀 안에서 이 반응이 더 잘 일어난다면 미셀은 다른 미셀이 생기는 것을 촉진할 것이다. 다시 말해 미셀이 자기촉매가 되는 것이다.

이 방법으로 미셀을 이루는 다양한 양쪽성 분자를 만들 수 있다. 9할은 이소옥탄이고 1할이 옥탄올인 혼합 용매에 녹은 옥탄산나트륨 ($CH_3-(CH_2)_6-CO_2^-\ Na^+$) 비누에서 루이지와 동료들은 최초의 자기촉매 시스템을 발견했다. 이소옥탄은 물에 녹지 않는 탄화수소이므로 계면활성제는 이 용매에서 뒤집힌 미셀을 형성한다. (옥탄올의 역할은 미묘하다. 옥탄올은 탄화수소에도 녹고 물에도 녹는다.) 여기에 물을 약간 넣으면 물은 뒤집힌 미셀의 친수성 내부로 들어간다.

루이지 팀은 이 콜로이드 분산액에 옥틸산 계면활성제를 만드는 시약으로 에스터의 일종인 옥탄산 에틸과 수산화 리튬을 넣었다. 수산화 리튬은 이 에스터를 가수분해하여 옥틸산 이온과 에탄올을 만든다. 수산화 리튬은 이소옥탄에 잘 녹지 않기 때문에 이소옥탄 용매에서는 가수분해 반응이 잘 일어나지 않는다. 그러나 물을 품은 뒤집힌 미셀이 있으면 에스터와 수산화 리튬이 이 물에 녹아 거기서 가수분해 반응이 잘 일어난다(그림 7.11). 이렇게 생긴 옥틸산 분자

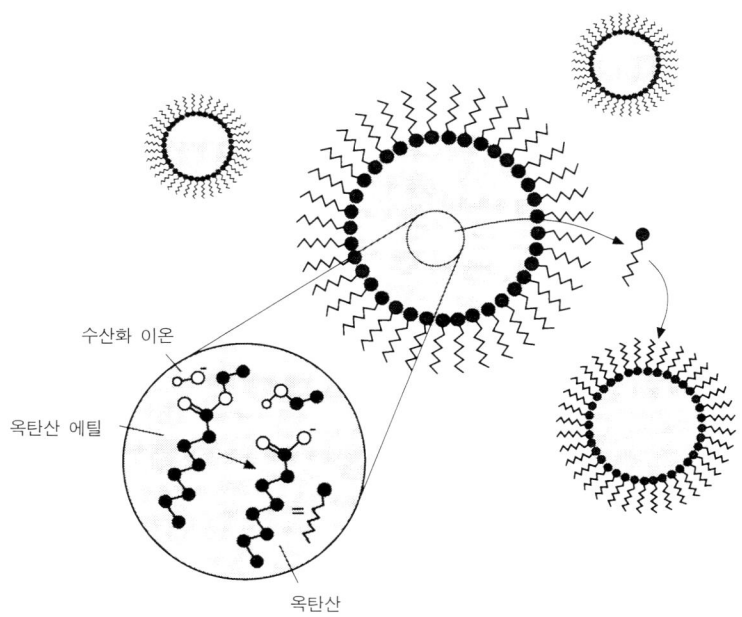

그림 7.11 뒤집힌 미셀은 자신을 복제할 수 있다. 뒤집힌 미셀 안의 물에서 옥탄산 에틸은 빨리 가수분해되어 옥탄산을 만든다. 옥탄산은 미셀을 빠져나와 또 다른 뒤집힌 미셀을 형성한다. 뒤집힌 미셀은 이렇게 자기촉매로 작용하여 자신의 합성 속도를 높인다.

칼로 자를 수 있는 액체 329

는 뒤집힌 미셀에서 빠져나와 자기들끼리 뭉쳐서 새로운 뒤집힌 미셀을 만든다. 느슨한 의미에서 원료로부터 미셀은 스스로를 복제한 것이다.

초기 실험에서 루이지와 동료들은 미리 만든 뒤집힌 미셀을 용매에 넣어 반응을 시작했다. 하지만 나중에는 에스터 전구체와 계면활성제, 가수분해 시약만 가지고 복제하는 미셀을 만들었다. 일단 충분한 양의 에스터가 가수분해되어 뒤집힌 미셀을 이룰 만큼 계면활성제가 생기고 나면 미셀이 가수분해를 촉진하기 때문에 이 과정이 빨라진다. 이때 미셀 구조체는 세균의 균체가 생길 때처럼 갑자기 증식한다.

지구에 최초로 나타난 원시생명체가 자기복제하는 미셀이었을까? 미셀과 세포막 사이에는 비슷한 점이 있기 때문에 그렇게 생각할 수 있다. 미셀이나 세포막은 양쪽성 분자가 자기 조직한 구조체이다. 그러나 세포 안에는 물 외에도 많은 것들이 있다. 속이 빈 세포막은 스스로를 복제할 수 있다고 해도 살아있는 생명체라고 보기 어렵다. 그리고 이것에는 유전 정보를 저장하고 다음 세대로 전달할 수단이 없다. 다시 말해 이것은 진화할 수 없다.

2-4 모형 세포를 향해서

용액에서 계면활성제의 농도가 임계 미셀 농도보다 훨씬 더 크면 자기 조직의 정도가 더 큰 새로운 구조들이 나타난다. 이 새로운 상에서 중요한 구조적인 모티프는 이중층이다. 계면활성제 분자들이 나란히 줄을 맞추어 판을 형성하고 소수성 꼬리를 물로부터 감추기 위해 꼬리가 안을 향하도록 등을 맞대어 이중층을 형성한다. 판의 가장자리에 소수성 꼬리가 드러나는 것을 막기 위해 이중층은 말려서 닫힌 주머니를 형성한다. 이것을 막소포라고 부른다(그림 7.12). 세포벽은 자연의 양쪽성 분자, 보통 인지질로 이루어진 막소포이다.

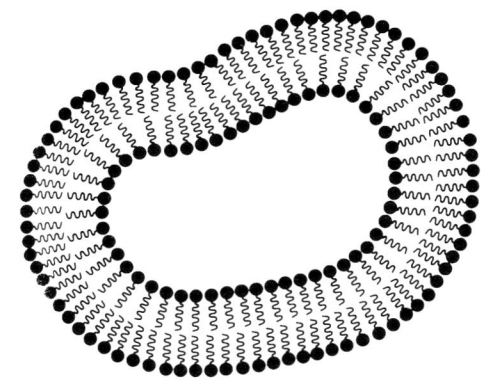

그림 7.12 양쪽성 이중층이 형성한 막소포의 단면. 양쪽성 분자가 등을 맞대고 판을 이루고 이 판이 말려서 닫힌 주머니를 형성한다.

인지질은 친수성의 인산 이온 머리에 탄화수소 꼬리가 두 개 붙은 것이다(그림 7.13a)

　1961년에 영국 케임브리지에 있는 동물생리학 연구소의 알렉 방햄 Alec Bangham이 최초로 인지질이나 다른 양쪽성 분자가 자발적으로 자기 조직하여 막소포를 이룬다는 것을 발견했다. 이것을 보고 과학자들은 속에 물밖에 없는 〈모형 세포〉를 이용해서 세포의 성질을 연구하기 시작했다. 미셀처럼 이중층 막소포도 느슨하게 붙들린 분자 조립체이다. 구성 성분들은 화학 결합이 아니라 소수성 꼬리를 물에서 감추려는, 약한 〈소수성〉 힘으로 붙들려있다. 꽉찬 무도회장의 사람들처럼 양쪽성 분자들은 층 안에서 옆 방향으로 비교적 자유롭게 움직일 수 있다. 박테리아 하나를 감싼 이중층 막의 한쪽 끝에서 다른 쪽 끝까지 인지질 분자가 움직이는 데는 1초밖에 걸리지 않는다.

　그러나 모든 세포벽이 흐물거리는 것은 아니다. 동물에서 일부 세포들의 막에는 콜레스테롤 분자가 들어있다. 콜레스테롤 분자는 소수성 꼬리의 일부가 빳빳한 양쪽성 분자이다(그림 7.13b). 콜레스테롤은 막을 빳빳하고 튼튼하게 한다. 한편 적혈구의 이중층 막은 단백질 뼈대가 강화한다. 세포막에 잠긴 단백질에 붙은 스펙트린 단백

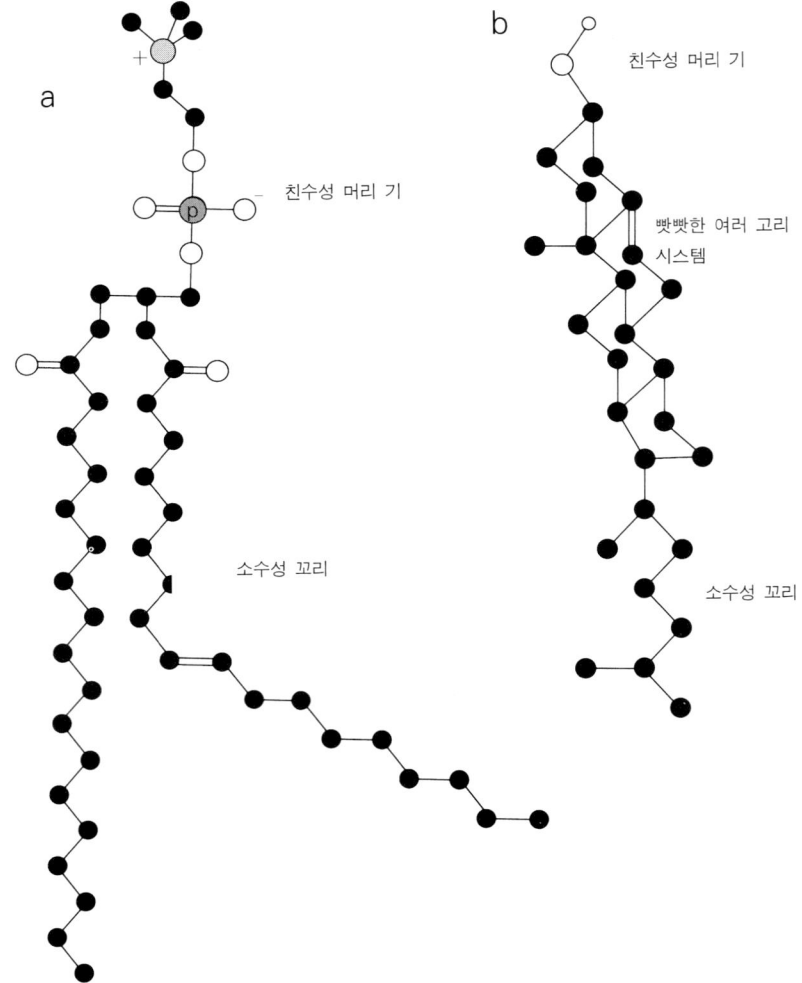

그림 7.13 세포막은 주로 인지질 양쪽성 분자로 이루어진다(a). 콜레스테롤 분자(b)가 막에 들어가면 막이 빳빳해진다. (알아보기 쉽도록 탄소에 붙은 수소 원자는 생략했다.)

질 가닥들이 얼기설기 엮인 망이 이 뼈대를 이룬다. 이것은 다른 단백질 안에 깊숙이 박히는 방식으로 이중층에 발라진다. 빈혈을 일으키는 구상적혈구증과 타원적혈구증은 유전적 돌연변이가 이 세포 뼈대를 이루는 단백질을 합성하는 능력에 영향을 미쳐서 모양이 비정상인 적혈구를 만들기 때문에 나타난다.

더 일반적으로 세포의 이중층에는 〈활동적인〉 단백질 성분이 박힐 수 있다. 이렇게 세포막에 고정된 막 단백질은 여러 면에서 세포의 행동, 예를 들어 세포 주위의 용액에서 만난 분자에 대한 반응 등을 조절한다. 막 단백질에 의해 제어되는 분자 인식 과정은 면역 시스템의 생화학이 하는 일 중 가장 중요한 역할이다. 5장에서 대부분의 세포의 막에는 물질이 지나갈 수 있는 〈통로〉가 있다는 것을 보았다. 신경 세포에는 칼륨이나 칼슘 같은 금속 이온이 지나갈 수 있는 통로가 있다. 신경 세포막 양쪽의 금속 이온의 농도 차이에서 신경 시스템을 따라 진행하는 전기 신호가 나온다.

2-5 분자 배달 가방

막소포를 이루는 성분 사이에는 화학 결합이 없기 때문에 비누 방울처럼 쉽게 막소포를 뚫거나 터뜨릴 수 있다. 그러나 더 놀라운 것은 막소포가 융합하거나 나뉠 수 있다는 것이다. 막소포 두 개가 서로 닿으면 닿은 곳에서 막이 합쳐져서 더 큰 막소포 하나가 된다. 거꾸로 막소포에서 원생동물의 헛발 같은 〈싹〉이 나서 스스로 떨어져 더 작은 막소포를 형성할 수도 있다. 이 과정은 세포생물학에서 대단히 중요하다. 이 과정을 통해 세포는 바깥의 물질을 세포 안으로 받아들이고 세포의 물질을 바깥으로 내보낸다. 세포벽에서 뻗은 싹으로 이물질을 감싸서 세포 안으로 받아들일 수 있다(그림 7.14a). 이것을 엔도시토시스endocytosis라고 부른다. (시토cyto-는 속이 빈 그릇을 뜻하는 그리스어의 키토스kytos에서 유래했다.) 반대로 이물질

a

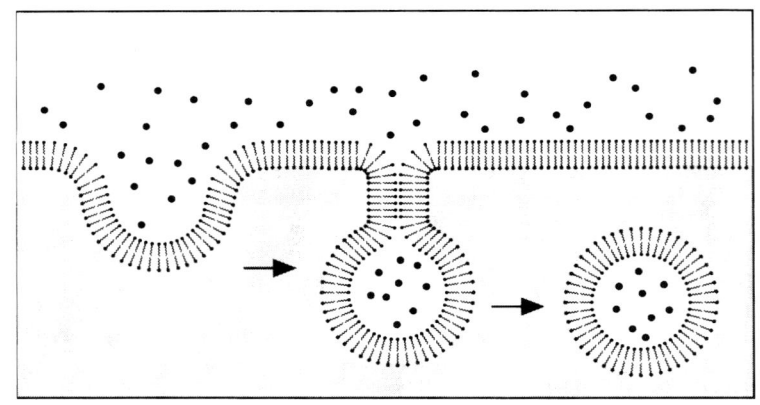

b

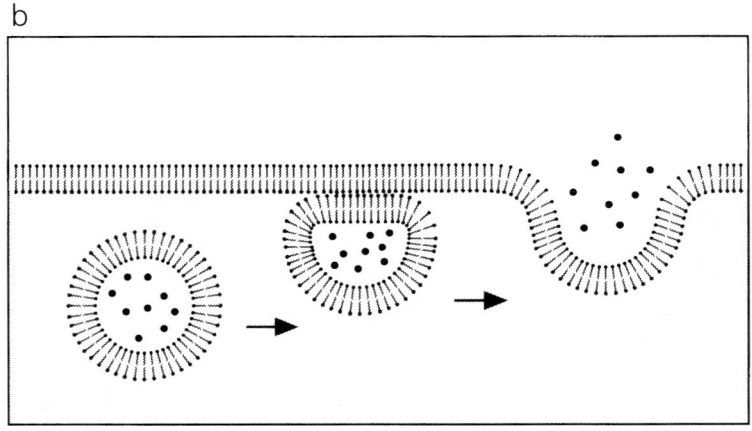

그림 7.14 엔도시토시스(a)와 엑소시토시스(b) 과정을 통해 세포는 이물질을 각각 삼키고 뱉는다. 회색으로 표시한 부분이 세포 내부이다.

을 담은 막소포를 세포벽과 융합시켜 세포 내부의 이물질을 세포 바깥으로 내보낼 수도 있다(그림 7.14b). 이 과정을 엑소시토시스exocytosis라고 부른다. 과학자들은 약이나 다른 물질을 담은 인공 인지질 막소포가 세포막 융합과 엔도시토시스를 통해 그 물질을 세포 안에 넣을 수 있다는 것을 알았다. 이런 인지질 막소포를 초기 연구에서 리포솜 liposome이라고 불렀다. 지금은 리포솜이 일반적인 이중막 막소포를 뜻한다. 약 전달에 쓰이는 리포솜은 몸 바깥에서 합성한다. 약이 리포솜 속에 들어가도록 전달할 약이 들어 있는 용액에서 리포솜을 합성한다. 약이 든 리포솜은 보통 몸에 주사된다. 리포솜이 목표 세포를 찾아 약을 전달할 때까지 약은 몸에서 아무 생리적인 영향을 미치지 못한다.

리포솜과 세포막이 어떤 인지질로 이루어졌느냐가 두 막 사이의 상호 작용을 결정한다. 대부분의 리포솜은 세포막에 달라붙기만 한다. 리포솜 안의 약 분자는 천천히 리포솜 밖으로 확산해서 세포로 들어간다. 리포솜의 성분비를 바꾸어서 다른 종류의 세포에 달라붙는 정도와 약이 밖으로 확산하는 데 걸리는 시간을 조절할 수 있기 때문에 약을 선택적으로 전달할 수 있다.

세포가 엔도시토시스를 통해 리포솜을 통째로 삼킬 수도 있다. 세포 안에 들어간 리포솜은 점차 분해되어 내용물을 내놓는다. 다른 가능성은 세포벽과 거기에 붙은 리포솜 사이에서 인지질 분자를 교환하는 것이다. 리포솜 안의 이렇게 교환할 수 있는 양쪽성 분자에 약 분자를 붙여놓으면 이 과정을 통해 약이 세포 안으로 들어갈 수 있다. 아주 드물게 리포솜과 세포벽이 실제로 융합하기도 한다. 이런 상호 작용을 〈그림 7.15〉에 보였다.

약 전달에 리포솜을 이용하는 것은 앞날이 밝다. 어떤 병을 치료하는 데는 벌써 성공을 거두었다. 예를 들어 악성 종양이나 백혈병 치료에 쓰이는 독소루비신을 리포솜으로 전달하면 심각한 부작용을 많이 줄일 수 있다. 항암제 안타사이클린을 리포솜을 써서 투여하는 것은 선택적으로 암을 공격하는 효과를 열 배나 높였다. 이제 리포솜은 유전자 전달에도 아주 유망한 수단이 될 것 같다. 고장난 유전

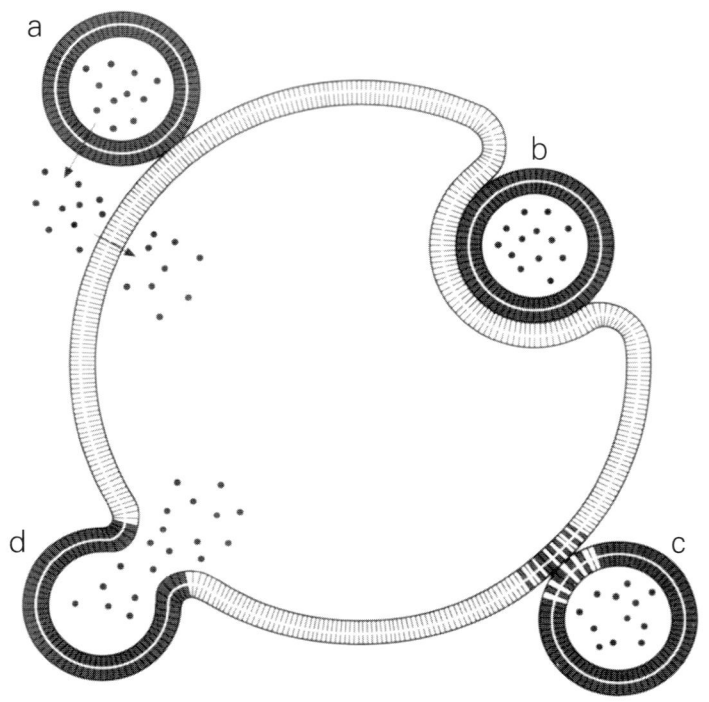

그림 7.15 리포솜을 통해 세포에 약을 배달하는 기구. 많은 수의 리포솜은 단순히 세포 표면에 달라붙는다. 거기서 리포솜에 담긴 약 분자는 리포솜 벽을 통해 확산해서 세포 안으로 들어간다(a). 엔도시토시스를 통해 세포가 리포솜을 삼킬 수도 있다(b). 리포솜은 세포 안에서 분해되어 내용물이 세포 안으로 나온다. 세포벽에 붙은 리포솜이 세포와 지질을 교환할 수도 있다(c). 리포솜이 세포막과 융합하는 것은 (d) 훨씬 드물게 일어난다.

자를 바꾸기 위해서는 세포에 DNA나 RNA의 조각을 전달해야 한다. 유전자 치료라고 부르는 이 방법은 여러 가지 질병 치료에 효과가 있을 것 같다.

그러나 리포솜을 이용한 전달 방법에 문제가 없는 것은 아니다. 특히 면역 체계는 세포와 아무리 닮았어도 몸 안의 이물질을 너무 잘 찾아낸다. 그래서 혈액의 리포솜이 이물질로 인식되어 항체에 의해 파괴되는 경우가 자주 있다.

2-6 3면의 게임

지금까지 서로 섞이지 않는 액체를 계면활성제를 이용해 하나를 다른 액체 속에 콜로이드 상태로 안정하게 분산시킬 수 있다는 것을 보았다. 기름 방울을 미셀에 넣어서 물에 녹일 수 있고 물을 뒤집힌 미셀에 넣어 기름에 분산시킬 수도 있다. 이것은 계면활성제가 만들 수 있는 엄청나게 다양한 물-기름상 가운데 단지 두 가지일 뿐이다. 어떤 상이 생기는지는 일반적으로 세 가지 성분의 상대적인 비율에 달려 있다. 섞이지 않는 두 액체가 계면활성제에 의해 콜로이드 구조로 분산되어 아주 작은 크기까지 잘 섞인 것을 마이크로에멀전이라고 부른다.

기름이 안에 든 미셀상에 기름을 더하면 미셀들이 부풀어서 크고 뭉크러지기 쉽게 될 것이다. 기름이 든 미셀 두 개가 서로 만나면 하나로 합쳐질 것이다. 마침내 미셀들이 연결되어 계면활성제 옷을 입은 기름 방울들이 용액 전체에 걸쳐 가지를 치고 이어질 것이다. 여기까지 오면 이것을 물에 기름이 분산된 것으로 보아야 할지 기름에 물이 분산된 것으로 보아야 할지 구분하기 어려울 것이다. 계는 이제 물과 기름의 마구잡이 미궁이고 그 경계면을 계면활성제가 안정시킨다(그림 7.16a). 이 마이크로에멀전에서 물 네트워크와 기름 네트워크는 대체로 끊기지 않고 이어져 있다. 이것을 두 연속 이중 미궁 구조 bicontinuous double-labyrinth structure라고 부른다.

계면활성제로 덮인 물과 기름의 경계면은 심하게 굽어 있다. 마이크로에멀전에서 더 일반적으로는 양쪽성 구조에서 굽은 것은 〈숨어〉 있어야 할 양쪽성 분자의 일부를 노출시키기 때문에 에너지 비용을 치러야 한다. 물과 기름이 계면활성제 층을 사이에 두고 교대로 두께가 있는 판을 이루면 굽은 경계면을 없앨 수 있다(그림 7.16b). 이것을 라멜라 상이라고 부른다.

아마도 물-기름-계면활성제 시스템에서 가장 놀라운 상은 질서 있는 두 연속 구조이다. 앞에서 경계면에는 자유 에너지 비용을 치러야 한다는 것을 보았다. 이 비용을 최소로 하기 위해서 (다시 말해 경계면의 넓이를 최소로 하기 위해) 두 연속 마이크로에멀전은 〈그림 7.16a〉에 보인 무질서한 마구잡이 네트워크와 매우 다른 구조를 만들 수 있다. 표면적이 최소인 두 연속 구조는 최소 표면이라는 이름으로 오래 전부터 수학자들에게 알려져 있었다. 19세기에 독일인 슈바르츠가 이것을 연구했다. 이것은 결정의 단위 세포처럼(4장) 특정한 구조적인 요소가 반복해서 나타나는 주기적이고 질서 있는 구조이다. 최소 표면의 모습은 아주 우아하고 놀랍다(사진 11). 주기적인 터널의 배열이 서로 맞물린 것이나 여러 가지 이유 때문에 이것은 〈배관공의 악몽〉 구조라고 부른다.

2-7 평면의 결정들

물 표면의 계면활성제 분자는 아주 무질서하다. 표면에서 위로 솟은 꼬리는 이리저리 흔들리고 한 분자가 차지한 자리는 다른 분자와 관계가 없다. 그러나 분자를 더 촘촘히 모으면 각 분자는 다른 분자들의 존재를 느끼고 거기에 반응하여 분자들이 질서 있게 정렬한다. 표면의 분자 밀도가 커짐에 따라 이 배열은 마침내 아주 규칙적이 된다. 이제 분자들은 규칙적인 결정처럼 나란히 포개진다. 20세기 초에 미국 과학자 어빙 랭뮤어 Irving Langmuir가 분자를 이렇게 질서정연하게 채우는 아주 쉬운 방법을 발견했다. 그는 네모난 물통의 물 위에 계면활성제를 퍼뜨렸다. 물통에는 움직일 수 있는 물에 닿은 가로대가 있었다(그림 7.17). 가로대를 움직여 물 위의 계면활성제 층을 압축하면 표면막의 구조에서 급작스런 변화를 여러 번 볼 수 있다. 이 물 위의 이차원 계면활성제 막을 지금은 랭뮤어 막이라

a

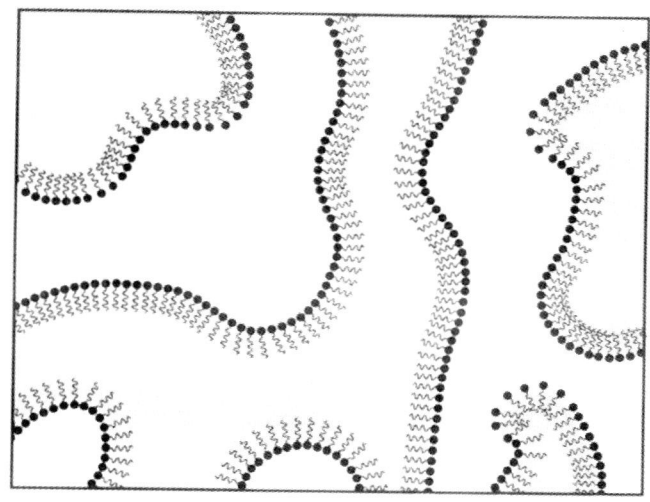

b

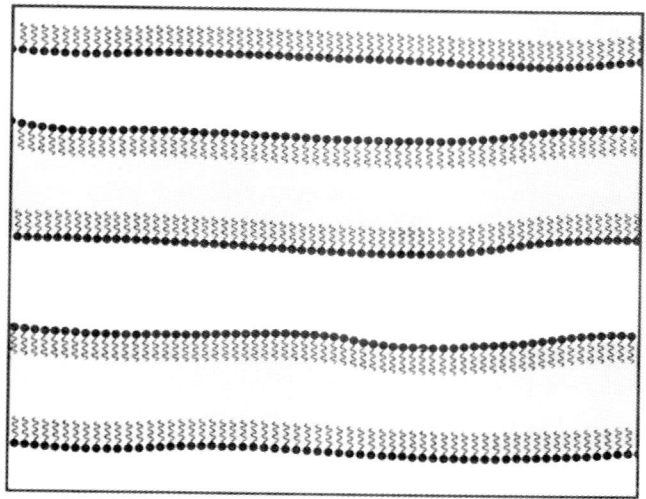

그림 7.16 마이크로에멀전에서 경계면의 계면활성제는 아주 작은 크기까지 섞인 물(흰색)과 기름(회색)을 안정하게 한다. 물과 기름의 상은 무질서할 수도 있고(a) 때로는 연속된 서로 침투하는 네트워크를 이루기도 한다. 라멜라 상에서 물과 기름은 계면활성제 층을 경계로 하여 판을 이룬다.

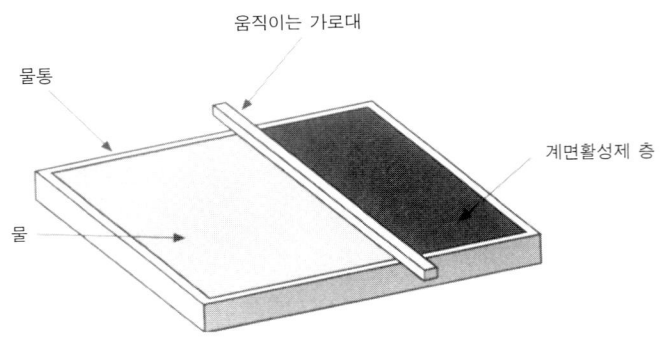

그림 7.17 랭뮈어 물통. 가로대를 움직여 계면활성제 분자가 있는 부분의 면적을 바꾸면 물 표면에 있는 계면활성제 분자의 밀도를 바꿀 수 있다.

고 부른다.

랭뮈어 막을 써서 이차원 평면에서 일어나는 현상을 익숙한 삼차원 세계와 비교할 수 있다. 삼차원 세계의 물질에는 세 가지 고전적인 상태가 있다. 밀도가 높아지는 차례로 기체, 액체, 고체가 그것이다. 물질의 밀도를 바꾸어서 예를 들면 압축해서 물질을 한 상태에서 다른 상태로 바꿀 수 있다. 평면에서도 같은 현상이 일어난다. 수면에 띄엄띄엄 떨어진 계면활성제 분자들을 이차원 기체로 생각할 수 있다. 각 분자들은 독립적이지만 평면을 벗어나지는 못한다. 계면활성제 분자들이 자유로이 움직일 수 있는 면적을 줄여서 이차원 기체의 밀도를 높일 수 있다. 랭뮈어형의 가로대를 써서 이것을 쉽게 할 수 있다.

형광 현미경으로 랭뮈어 막의 구조를 연구할 수 있다. 계면활성제 분자들 속에 레이저나 아크등의 빛을 받아 형광을 내는 〈탐색〉 분자를 몇 개 흩어 놓는다. 계면활성제의 여러 이차원 상에 형광 분자가 녹는 정도가 다르기 때문에 현미경으로 형광을 볼 때 각 상들이 밝기가 다른 조각들로 구분된다.

이차원 기체에서는 탐색 분자가 멀리 흩어져 있어 이들이 내는 형광이 너무 약해 보이지 않는다. 그러나 가로대를 움직여 막을 압축하면 갑자기 밝은 점들이 나타난다. 이것은 이차원 액체상에 해당한다. 여기서는 분자의 밀도가 (탐색 분자의 밀도도) 훨씬 더 크다. 더 압축하면 밝은 점들이 합쳐져서 연속적인 밝은 배경을 이루고 이차원 기체의 검은 방울들은 점점 줄어들어 마침내 사라진다.

표면 압력을 더 높이면 이차원 기체가 이차원 막에서만 볼 수 있는 다른 상태로 전이한다. 이것은 (계면활성제 분자가 무질서하게 있는) 액체와 (계면활성제들이 규칙적으로 뭉친) 고체의 중간 상태이다. 분자 배열이 규칙적으로 되풀이되는 증거를 X선 회절에서 볼 수 있기 때문에 이것은 진짜 액체가 아니다. 그러나 이것은 완전한 질서에서는 너무 멀다. 이 상태에서 물 바깥을 향한 소수성 꼬리들의 방향은 서로 어느 정도 일치하지만 분자 자체의 위치는 상당히 무질서하다. 이 상태를 액체-응축 liquid-condensed(LC) 상이라고 부르고 밀도가 낮은 것을 액체-팽창 liquid-extended(LE) 상이라고 부른다. 탐색 분자가 LC 상에는 잘 녹지 않기 때문에 형광 현미경에서 어둡게 나타난다. 따라서 어두운 점이 다시 나타나는 것을 보고 LC 상의 형성되었다는 것을 알 수 있다(그림 7.18). 막을 더 조이면 LC 상이 진짜 이차원 고체로 바뀐다. 이차원 고체에서 분자는 꼬리를 나란히 하여 규칙적으로 포개진다 (그림 7.19)

어느 온도 이상에서만 LE 상이 존재한다. 그 이하의 온도에서는 이차원 기체가 바로 LC 상으로 바뀐다. LE 막의 온도를 갑자기 낮추면 〈그림 7.20〉에 보인 환각적인 무늬가 나타난다. 여기에는 밝은 LE 상 안에 기체 상(원형과 꽃 중심)과 LC 상(꽃〈잎〉)이 동시에 생긴다. LE 상 안의 이차원 기체 방울도 이상한 구조이다(그림 7.21). 이것은 방울의 벽이 가느다란 LE 상인 일종의 이차원 거품이다. 로

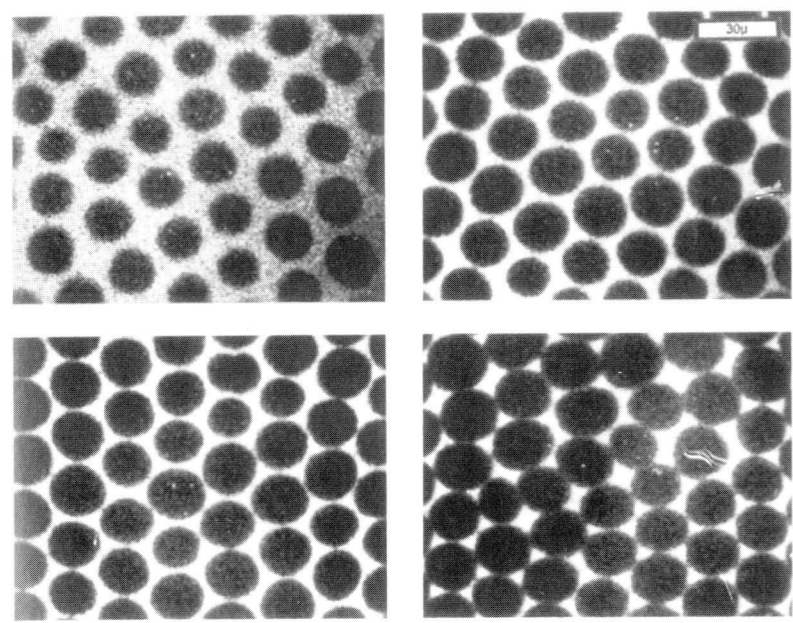

그림 7.18 형광 현미경으로 본 랭뮈어 막에서 액체-팽창 상 안의 액체-응축 상의 성장. 검은 원이 액체-응축 상이다. 이것들은 계면활성제의 밀도가 클수록 커진다. (메인 대학교 뫼발트 제공.)

스앤젤레스에 있는 캘리포니아 대학교의 찰스 노블러Charles Knobler와 동료들은 이 거품의 온도를 천천히 올리면 방울의 벽이 갑자기 구불구불해지는 것을 발견했다. 방울 벽의 LE 상의 크기가 커지기 때문에 구불거리게 된다. 이것은 네크워크가 더 이상 버티지 못할 때까지 LE 상들이 교점에서 서로를 밀치는 것을 의미한다.

랭뮈어 막에서 상전이가 만드는 또 다른 복잡한 무늬를 〈그림 7.22a〉에서 볼 수 있다. 줄무늬 상이라고 부르는 이 구조는 LC 상이 LE 상 안에서 자랄 때 생긴다. LE 상이 처음에 검은 점으로 나타나고 계면활성제 분자 사이의 상호 작용 때문에 서로를 밀친다. LC 영역이 커지면 이 미는 힘 때문에 원형의 영역들이 벌레 같은 모양

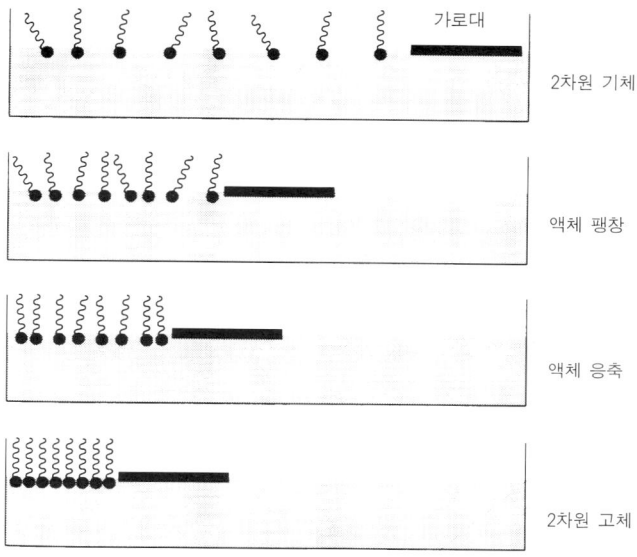

그림 7.19 랭뮈어 막의 이차원 기체, 액체-팽창, 액체-응축, 결정(〈고체〉) 상의 구조

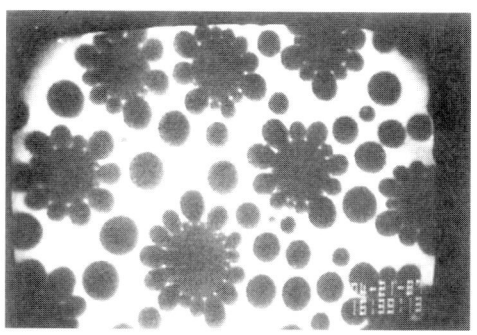

그림 7.20 이차원 기체와 LC 상만이 안정한 온도로 LE 상을 갑자기 식힐 때 생기는 모양. 이 두 상이 빨리 자랄 때 여러 가지 놀라운 모양이 생긴다. (로스앤젤레스 캘리포니아 대학교 찰스 노블러 제공)

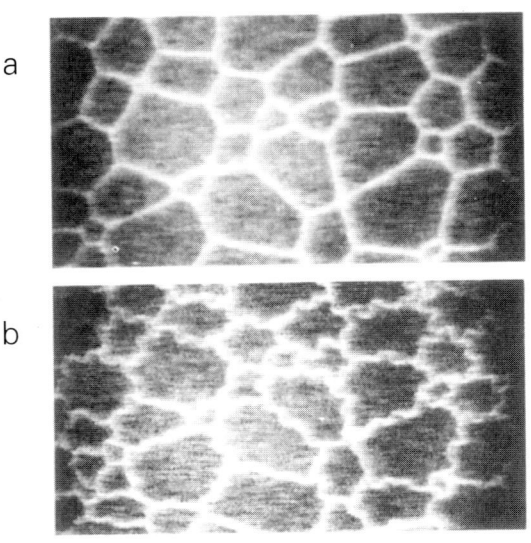

그림 7.21 평면의 거품. 어둡게 보이는 이차원 기체는 LE 상의 얇은 벽으로 분리되어 있다(a). 이 거품의 온도를 높이면 벽이 구불구불하게 된다(b). (로스앤젤레스 캘리포니아 대학교 찰스 노블러 제공)

으로 바뀐다. 〈그림 7.22b〉에서 보는 나무 가지 모양의 구조도 마찬가지로 놀랍다. 액체 상 안에 인지질의 이차원 고체 상이 자랄 때 이 구조가 생긴다. 이 구조는 무엇이 빨리 자랄 때 흔하게 나타난다. 9장에서 이것의 다른 예들을 볼 것이다.

2-8 층 뜨기

1910년대에 랭뮤어와 그의 학생 캐서린 블로젯 Katharine Blodgett 은 질서 있게 압축된 랭뮤어 막을 물 표면에서 유리판 같은 고체 표면으로 옮기는 방법을 고안했다. 막으로 덮인 용액에 유리판을 조심스럽게 담그면 계면활성제의 친수성 머리가 유리의 (친수성) 표면에 붙기 때문에 막을 물에서 끌어올릴 수 있다. 막의 일부가 끊어져서 물 위에 남는 것을 막으려면 유리판을 끌어올리면서 계면활성제 층을 유리판 쪽으로 계속 밀어야 한다. 이렇게 해서 만든(그림 7.23) 유리판 위에 정렬된 계면활성제 층을 랭뮈어-블로젯(LB) 막이라고 부른다.

이 막이 한 층에서 끝날 이유는 없다. 유리판을 다시 담갔다 꺼내서 둘째 층을 얻을 수 있다. 그러나 이번에 랭뮈어 막이 보는 것은 유리의 친수성 표면이 아니라 빽빽이 들어선 첫째 층의 소수성 꼬리이다. 따라서 계면활성제 분자의 둘째 층은 꼬리부터 달라붙는다(그림 7.23). 이렇게 얻은 두 층의 랭뮈어-블로젯 막도 리포좀이나 세포의 벽과 같은 이중층 구조이다.

켜켜이 쌓인 층들을 만들 때까지 이렇게 쌓는 과정을 되풀이할 수 있다. 담그는 순서나 양쪽성 분자의 종류를 바꾸어 쌓는 배열을 바꿀 수 있다. 알칼리 용액에서 막을 만들면 어떤 양쪽성 카복실 산은 모든 층에서 머리가 위를 향하도록 놓인다(그림 7.24). 특정한 염료

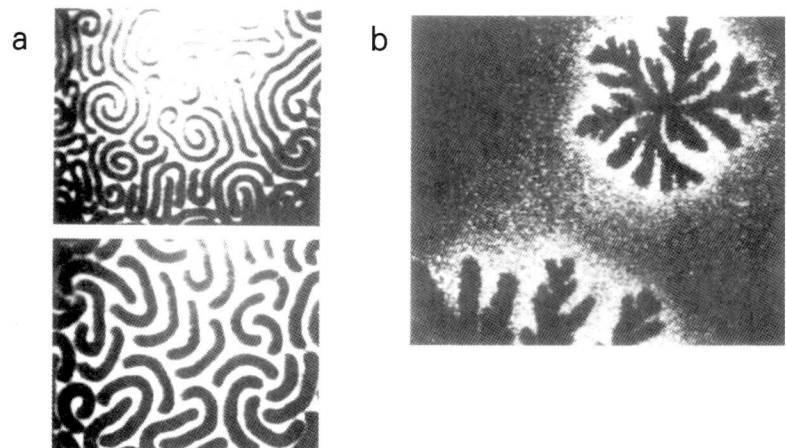

그림 7.22 랭뮈어 막이 만드는 더 복잡한 모양. LE 상 안에서 자라는 LC 상은 줄무늬를 이룬다(a). 이차원 고체상은 나무 가지 모양의 구조를 만든다(b). 이 나뭇가지 구조를 〈프랙털〉이라고 부른다. 9장에서 이 별난 성질을 살필 것이다.

칼로 자를 수 있는 액체 345

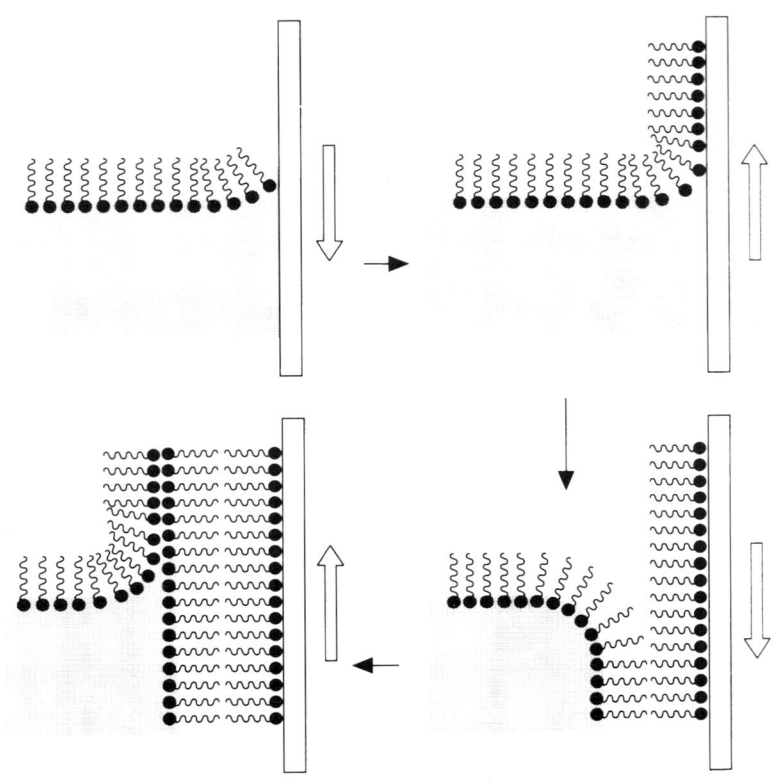

그림 7.23 유리판 같은 것을 조심스럽게 담가 물 표면에서 고체 표면으로 랭뮈어 막을 옮길 수 있다. 이렇게 해서 유리판 위에 질서 있는 계면활성제의 층인 랭뮈어-블로젯 막을 만든다. 담그는 과정을 반복하면 여러 층의 막을 얻을 수 있다.

등의 분자는 모든 층에서 머리를 밑으로 향한다.

랭뮈어와 블로젯의 보고 이후 랭뮈어-블로젯 막은 40년 동안 어둠에 묻혀 있었다. 그러나 분자공학 기술이 발전하여 이런 질서 있는 분자 배열을 이용할 수 있는 많은 응용 분야들이 제시됨에 따라 최근 몇 년 사이에 이에 대한 관심이 매우 높아졌다.

LB 막과 생물학적 막 사이의 유사점 때문에 LB 막을 생물학적 분자를 담는 막의 대용품으로 쓸 수 있다. 예를 들어 막 단백질의 자연적인 환경을 LB 막을 써서 흉내낼 수 있으므로 면역 반응처럼 세포 표면에서 일어나는 과정들을 연구하기 위한 모델로도 LB 막이 쓰일 수 있다. LB 막에 고정된 생물학적 분자들의 배열로 새로운 장치들을 만들 수도 있을 것이다. 전통적으로 쓰이던 반도체 재료

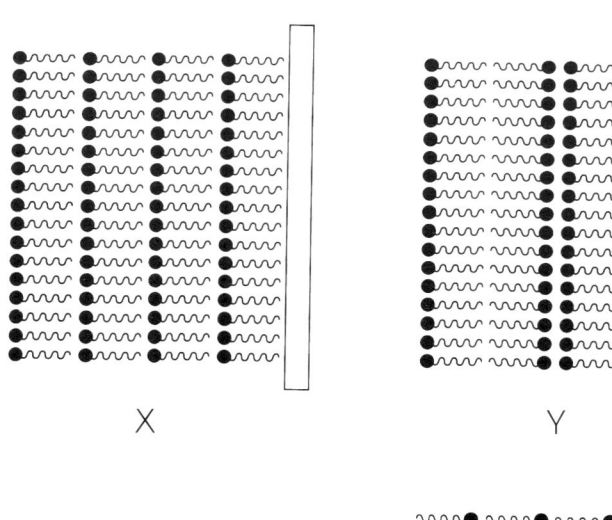

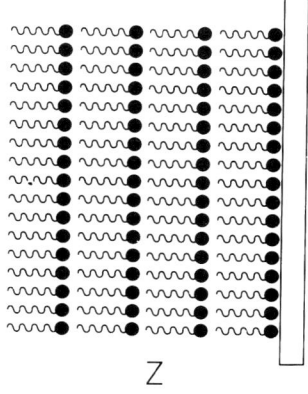

그림 7.24 LB 막에 층을 여러 방법으로 쌓을 수 있다. 가장 흔한 것은 양쪽성 분자가 머리를 아래로 위로 번갈아 쌓인(그림 7.23 참고) Y형이다. 담그는 순서나 양쪽성 분자의 종류나 막 쌓기 조건을 바꾸어 쌓이는 양쪽성 분자 층의 배열을 바꿀 수 있다. X형 막에서 양쪽성 분자는 모두 기판에서 머리를 들고 있다. Z형 막에서는 모두 머리가 밑을 향한다.

칼로 자를 수 있는 액체 347

대신 박테리오로돕신처럼 빛의 에너지를 모으는 데 쓰이는 생분자 등의 자연적인 화합물들로 태양 전지를 만들 수 있을지도 모른다. LB 막에 붙들린 효소들은 바이오센서로 이용될 수 있다(2장 참고). 자연적인 막처럼 LB 막은 어떤 물질은 통과시키고 다른 물질들은 통과시키지 않는 선택적인 필터로 작용할 수 있다.

어떤 LB 막이 빛과 상호 작용하는 방식은 광학적으로 응용할 수 있다. 어떤 물질을 통과하거나 반사된 빛의 파장은 그 물질이 흡수한 파장이 빠진 것을 제외하면 처음에 들어간 빛과 같은 것이 보통이다. 그러나 어떤 물질은 파장이 통과할 때 들어간 빛에는 전혀 없던 파장이 나오거나 반사된다. 이런 물질들은 통과하는 빛의 파장을 두 배, 심지어는 세 배로 높인다. 적외선 살을 이런 물질에 쬐면 파란빛이 나올 수 있다. 이런 〈비선형〉 광학 성질은 레이저처럼 들어가는 빛의 세기가 클 때 볼 수 있다. 나이오븀산 리튬 같은 몇 가지 무기물 결정은 이렇게 파장을 두 배 세 배로 바꿀 수 있다. 이런 물질은 레이저로 만들 수 있는 색깔의 수를 늘리는 데 아주 쓸모가 있다. 이산화탄소, 아르곤, 헬륨/네온 레이저 같은 대부분의 레이저에서는 잘 정의된 한 파장의 빛이 나온다. 하지만 과학자들은 온갖 파장의 레이저를 쓰고 싶어한다. 또 무기 물질보다 비선형 광학 성질이 더 좋은 LB 막들이 발견되었다. 이것은 막의 두께나 막의 화학적인 성분비를 바꾸어서 특정한 응용에 맞게 이런 성질을 조절할 수 있다. 비선형 광학 성질은 다른 용도로도 쓸모가 있다. 입사하는 빛의 세기를 조절해서 투명하거나 불투명한 상태를 바꿀 수 있는 스위치를 만들면 이것으로 전기 대신 빛을 쓰는 논리 회로나 컴퓨터를 만들 수 있을 것이다. 이런 장치에 LB 막이 중요하게 쓰일 가능성이 있다.

LB 막을 써서 빛으로 정보를 저장할 수 있는 장치의 시제품이 벌써 나왔다. 이 막은 빛을 쪼이면 두 가지 안정한 상태 사이를 전환하는 분자들로 이루어졌다. 이 분자들을 질서 있게 배열한 것을 빛으로 작동하는 스위치의 이차원적인 저장소라고 생각할 수 있다. 예를 들어, 빛을 쪼이면 한 이성질체에서 다른 이성질체로 전환하는 분자로 이루어진 LB 막이 있으면 초점이 작은 레이저 살을 써서 두 이성질체가 이루는 모양으로 정보를 기록할 수 있다. 원리적으로는 한 분자당 한 〈비트〉라는 엄청나게 높은 밀도로 정보를 저장할 수 있다. 잘 고르면 두 이성질체의 흡광 스펙트럼이 다른 성질을 이용해서 이 정보를 읽어낼 수 있을 것이다. 읽기 빛살이 막을 훑을 때 다른 이성질체가 있는 영역들의 〈색깔〉의 차이를 구분할 수 있을 것이다. 아조벤젠 분자가 든 양쪽성 분자로 만든 LB 막을 이런 목적에 응용할 수 있을 것이다. 아조벤젠 분자는 광화학적으로 두 이성질체 사이를 전환할 수 있다(238쪽).

6장에서 어떤 분자 물질의 결정은 전기를 통한다는 것을 보았다. 한 층 한 층 쌓아 만든 분자 결정이라고 LB 막을 생각할 수 있기 때문에 TCNQ-TTF(286쪽) 같은 전하 전달 화합물을 써서 전기가 통하는 LB 막을 만들 수 있을 것이라는 기대가 있었다. 이런 전하 전달 화합물로 LB 막을 만들려면 먼저 탄화수소 꼬리를 붙여 이들을 양쪽성 분자로 바꾸어야 한다. 일본 츠쿠바에 있는 국립화학 연구소의 마추모토 M. Matsumoto와 동료들은 아조벤젠과 TCNQ 단위가 모두 들어 있는 분자를 써서 광스위치와 전기 전도성을 둘 다 지닌 LB 막을 만들었다. 이 막의 전도성을 빛으로 조절할 수 있다(그림 7.25). 지금은 무기 물질로 만드는 금속-부도체-반도체 구조 같은 〈샌드위치형〉 전자 소자를 만드는 데 반도체성이나 도체성의 LB 막이 요긴하게 쓰일지 모른다. 그러나 전하 전달 화합물로 만든 LB 막의 전도성은 아직 그렇게 좋지 않다. 그 한 이유는 먼 거리까지 질서가 완전한 막을 만들기 어렵기 때문이다. 결함은 전도도를 낮춘다.

이렇게 LB 막에 대해 생각할 수 있는 응용 중 어떤 것은 〈수동적

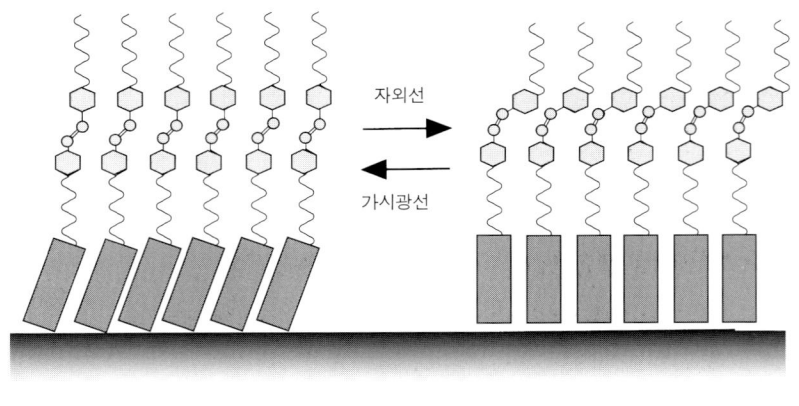

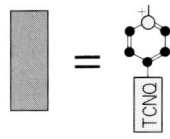

그림 7.25 빛에 반응해서 성질을 바꾸는 LB 막으로 광메모리와 스위치를 만들 수 있을지도 모른다. 여기서는 빛으로 LB 막의 전기 전도도를 바꾼다. TCNQ 기에 긴 탄화수소 사슬이 달린 양쪽성 분자가 막에 들어 있다. 사슬 중간에 있는 아조벤젠 기를 자외선과 가시광선을 써서 한 이성질형에서 다른 이성질형으로 또는 반대로 바꿀 수 있다. 이 광이성질화는 TCNQ 기가 포개진 방식을 바꾸어 막의 전도도를 바꾼다. 일본 츠쿠바에 있는 국립 화학 연구소의 마추모토와 동료들이 이렇게 분자 소재를 만드는 방법을 개발했다.

인〉 것이다. 이런 응용에서 막은 일종의 표면 덮개로만 작용한다. 예를 들어 LB 막이 표면의 부식을 막는 보호 덮개나 식각 공정에서 마스크로 쓰일 수 있다. 원하는 모양이 오려진 스텐실로 유리를 가리고 거기에 모래를 분사해서 모양을 만드는 것처럼 반도체 물질에 전자 회로를 식각하는 동안 LB 막이 어떤 영역을 가릴 수 있다. 이 때는 전자 살이나 이온 살이나 X선이 모래 분사의 구실을 한다. 자기 테이프 산업에서는 LB 막이 자기 테이프의 좋은 내구성 덮개로 쓰일 것이라 기대한다. 이 덮개는 막 위의 자기 입자를 보호하고 테이프와 읽기-쓰기 헤드 사이에서 윤활 작용을 하는 두 가지 역할을 해야 한다. 스테아르산 바륨으로 만든 수 분자층 막은 테이프가 헤드를 지나갈 때의 마찰을 크게 줄일 수 있다. 사실 랭뮈어는 측정기의 베어링을 윤활할 목적으로 LB 막을 이용하는 데 관심을 보였었다!

3 흐르는 결정

3-1 역설적인 액체

LB 막에서 양쪽성 분자는 고체 표면에 옮겨지기 전에 랭뮈어 물통에서 충분히 압축되어 완전한 이차원 고체가 된다. 그러나 소포막의 이중층에 있는 분자들은 더 잘 움직일 수 있고 뭉친 배열이 더 규칙적이어서 랭뮈어 막의 액체-응축 상과 비슷하다. 이 이중층은 액정이라고 부르는 분자 구조의 한 예이다. 손목 시계, 무선 전화기, 휴대형 컴퓨터에 들어 있는 액정 표시기 때문에 오늘날 〈액정〉은 익숙한 말이어서 거기에 숨은 모순을 지나치기 쉽다. 생각해 보라. 정의에 의하면 결정은 분자들이 먼 거리까지 질서 정연하게 배열한 것이다. 한편 액체는 〈흐를〉 수 있고 이것은 분자들이 자유롭게 움직일 수 있고 따라서 분자들이 아무렇게나 뭉쳐 있다는 것을 의미한다. 어떻게 한 물질이 액체인 동시에 결정일 수 있는가?

이것은 액정을 처음 발견한 오스트리아 출신의 식물학자 프리드리히 라이니처 Friedrich Reinitzer와 독일 물리학자 오토 레만 Otto Lehmann 앞에 놓인 수수께끼였다. 1888년에 라이니처가 성질이 아주 이상한 유기 화합물을 합성했다. 그 화합물 벤조산 콜레스테릴은 앞에서 언급한 적이 있는 어떤 세포막의 구성 성분으로 콜레스테롤 분자에서 유도되었다. 라이니처는 이 벤조산 유도체의 결정을 얻어 그 당시 유기화학자들이 쓰던 (오늘날 쓰는 것과도 거의 같은) 표준 방법으로 이것의 성질을 알아내려 하였다. 이것이 두 단계에 걸쳐 녹는 것처럼 보였기 때문에 그는 혼란스러웠다. 결정은 145.5°C에서 액체로 바뀌었다. 그러나 이 뿌연 액체는 178.5°C가 되어야 투명해졌다. 마치 두 가지 액체 상태가 존재하는 것 같았지만 라이니처는 이런 것을 본 적이 없었다.

혼란 속에서 이 식물학자는, 결정화를 미시적으로 연구한 전문가로 알려진 레만에게 이 화합물을 보냈다. 레만은 뿌연 액체에서 복굴절 현상을 보았다(129쪽). 복굴절은 결정의 방향에 따라 빛의 속도가 다를 때 나타난다. 이런 물질을 지나갈 때 편광된 빛의 면이 돌 수 있다.

레만은 벤조산 콜레스테릴의 첫째 액체 상태에 복굴절성이 있는 것을 발견하고 놀랐다. 결정에서 이런 성질은 질서 있는 구조에서 나온다. 질서 있는 구조일 때만 방향에 따라 성질이 다를 수 있다. 그러나 보통의 액체에서는 분자들이 마음대로 돌아다니기 때문에 평균적으로 한 방향은 다른 모든 방향과 같다. 라이니처의 화합물에 대해 가능한 유일한 설명은 이것이 어느 정도 마구잡이가 아닌 질서 있는 구조를 이룬다는 것이었다. 이것은 물질의 넷째 상태처럼 보였다. 기체도 액체도 고체도 아닌 〈부드러운〉〈액체〉인 결정이었다. 시료에 편광된 빛을 비추는 편광 현미경에서 액정의 복굴절은 여러 가지 아름다운 색의 모양을 만든다(사진 12).

3-2 방향의 문제

1924년에 독일인 다니엘 폴란더 Daniel Vorlander가 액정 물질이 긴 막대 모양의 분자로 이루어졌다는 것을 밝혀냈다. 곧 이 막대의 방향에 액정의 분자적인 질서가 있다는 것을 깨닫게 되었다. 구형 입자로 이루어진 물질에는 한 가지 질서밖에 없다. 각 입자가 있는 위치의 규칙성이 그것이다. 그러나 막대를 모은 것에는 막대의 방향에도 질서가 있을 수 있다. 위치와 방향의 규칙성은 각각 독립적이어서 하나가 다른 하나를 따르지 않는다. 막대 모양의 분자로 이루어진 결정에서 가장 간단한 주기적인 배열은 이것들을 모두 같은 쪽을 향하게 하고 나란히 줄을 맞추는 것이다. 여기에는 위치의 질서와 방향의 질서가 있다(그림 7.26). 녹는점 이상에서 막대들은 흔들려서 위치 질서를 잃는다. 하지만 방향의 질서는 어느 정도 남아서 평균적으로 한 방향을 가리킨다. 이웃 분자들이 가까이 있기 때문에 분자는 이 방향에서 너무 멀리 기울어질 수 없다. 이처럼 분자의 위치에는 규칙성이 없지만 평균적으로 분자들이 잘 정의된 방향을 향하는 것을 액정 상태라 한다.

결정이 녹을 때 액정 물질이 지나치는 여러 단계의 무질서가 있다. 녹는점 조금 위에서 분자의 열 운동은 결정의 층상 구조를 망가뜨릴 만큼 강하지 않기 때문에 각 층 안에서 위치 질서는 없어졌지만 막대들은 전체 구조를 유지한다. 이 액정 상은 층에 수직한 방향의 위치 질서를 유지하기 때문에 스멕틱 상이라고 부른다. 두 가지 스멕틱 상을 흔히 볼 수 있다. 막대의 방향이 층에 수직하면 이것을 스멕틱 A라고 부른다. 평균적인 방향이 상의 층들에 비해 기울어 있으면 이것은 스멕틱 C이다(그림 5.26). 이 외에도 일곱 가지 스멕틱 상이 현재 알려져 있다.

열 운동이 더 심해지면 스멕틱 상의 층이 무너져 위치 질서가 완전히 없어진다. 그러나 방향의 질서는 남아서 막대 모양 분자들은 모두 같은 방향을 선호한다. 이것이 네마틱 상이다. 온도가 더 높아지면 분자가 더 심하게 흔들려서 방향 질서마저도 없어진다. 막대는 돌며 모든 방향을 마구잡이로 가리킨다. 이제 이 물질은 더 이상 액정이 아니라 모든 방향에 대해 성질이 같은 진짜 액체이다. 결정과 액체 사이에서 나타나는(그림 7.26) 액정상들을 〈중간〉 상이라고 한다.

라이니처와 레만이 본 벤조산 콜레스테릴의 투명한 상태는 진짜 액체이다. 그러나 뿌연 상태는 앞에서 본 단순한 네마틱 상이나 스

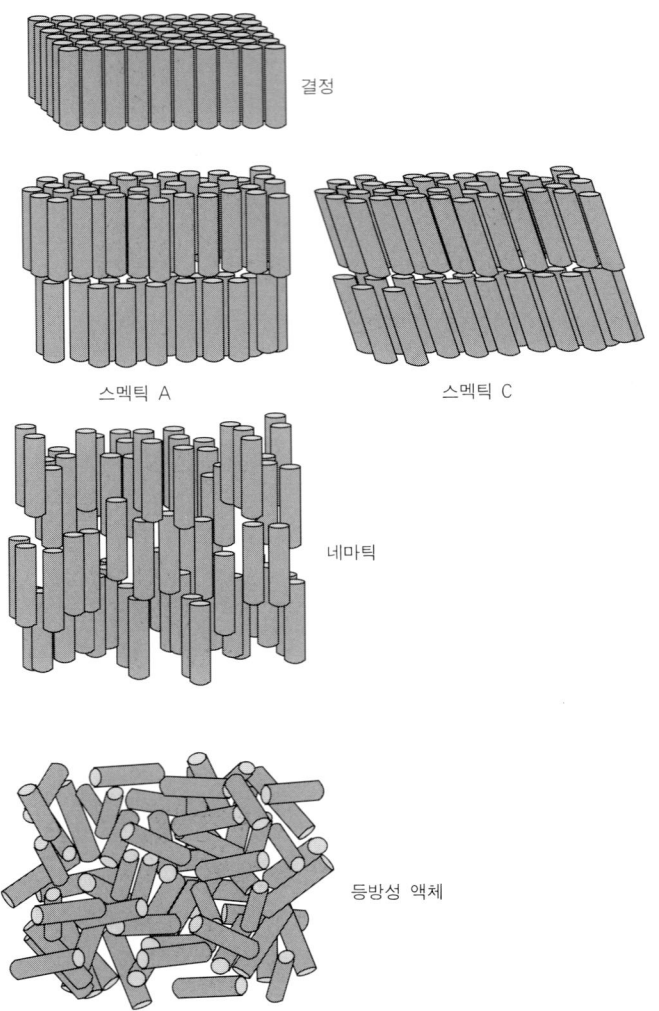

그림 7.26 막대형 분자가 이루는 고체, 액체, 액정 상의 구조에는 결정, 스멕틱 A, 스멕틱 C, 네마틱, 등방성 액체가 있다. 간단히 하기 위해 여기서는 액정에서 분자들이 똑같이 기울어진 것으로 나타냈지만 실제로는 잘 정의된 평균 기울기 각도를 중심으로 기울어진 각도들이 저마다 조금씩 다르다.

멕틱 상이 아니다. 벤조산 콜레스테릴은 손대칭성이 있는 키랄 분자이기 때문에 이 상의 구조는 더 복잡하다. 키랄 분자의 경우 분자가 가리키는 방향을 나사처럼 비틀어서 네마틱 상의 자유 에너지를 낮출 수 있다. 이것은 보통의 네마틱 상에서처럼 분자들이 나란히 배열하는 것보다 분자가 이웃 분자에 대해 약간 기울어지는 것을 좋아하기 때문이다. 그 결과 액정 전체에 걸쳐 분자의 방향이 나선형으로 돈다(그림 7.27). 이렇게 비틀린 상의 이름은 이 현상을 맨 처음 본 화합물에서 나왔다. 이것이 콜레스테릭 상이다.

　콜레스테릭 상에서 나선의 피치는 대체로 가시 광선의 파장과 같다. 따라서 결정이 X선을 산란하듯이(4장) 이 상은 빛을 반사한다. 파장에 따라 반사가 다르기 때문에 무지개 빛이 생긴다. 나비의 날

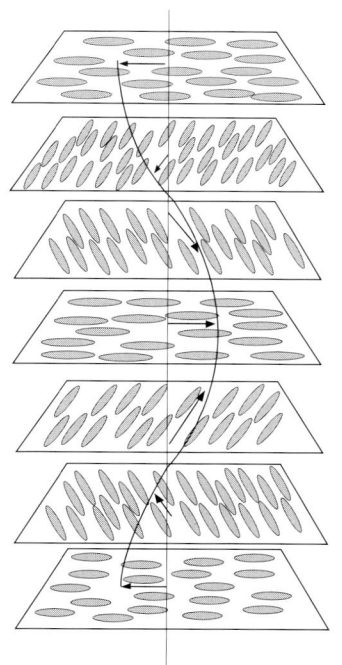

그림 7.27 콜레스테릭 상에서 분자의 방향은 나선처럼 돈다. 콜레스테릭 상은 빛을 강하게 산란하기 때문에 무지개 색을 띤다. 나비의 날개나 곤충의 겉껍질에서 이런 색을 볼 수 있다.

개나 어떤 곤충의 겉껍질의 무지개 빛은 그 조직을 구성하는 콜레스테릭 상에서 나온 것이다.

   막대 모양의 분자들만 방향에 질서가 있는 액정 상을 만드는 것이 아니다. 원리적으로 구형이 아닌 분자는 모두 분자의 방향에 질서가 있을 수 있고 결정에서 많은 분자들이 그렇다. 그러나 액체 상태에서는 구형에서 심하게 벗어난 분자들만이 이런 질서를 유지할 수 있다. 막대 모양으로 늘어난 분자의 반대쪽 극단은 납작하게 눌린 원판이다. 방향에 질서가 있도록 원판이 놓인 것에는 익숙할 것이다. 접시나 음반이 쌓인 것을 생각해 보라.

   라만 연구소의 인도 물리학자 시바라마크리슈나 찬드라세카 Sivaramakrishna Chandrasekhar가 1970년대에 원판형 분자가 층층이 쌓인 〈디스코틱 discotic〉 액정 상을 이룰 것이라고 예측했다. 1977년에 찬드라세카는 최초의 디스코틱 상을 발견했다(그림 7.28). 전자 주개나 받개로 작용하는 분자를 이렇게 쌓은 것은 〈분자 전선〉처럼 전자가 위아래 방향으로 지나갈 수 있을 것이라고 과학자들은 예상했다. 중심에 금속 이온이 있는 포피린 분자가 디스코틱 상을 형성하면 전기 전도도가 높아지는 것이 관찰되었다.

3-3 전시판에 놓기

   막대 모양의 액정에는 일반적으로 양끝의 전하 분포가 다르기 때문에 전기적 쌍극자가 있어서 전기장의 방향에 따라 분자가 정렬한다. 따라서 전기장을 가해 액정의 배향을 바꿀 수 있다. 배향이 물질의 굴절과 다른 광학적 성질에 미치는 영향이 알려져 있었기 때문에 1930년대에 이것을 전기적 표시 장치에 쓸 수 있을 것이라 예상되었다. 그러나 1960년대에야 이런 용도에 쓸 만큼 빛과 열에 충분히 안정한 화합물이 개발되었다.

   액정 표시기 liquid crystal display(LCD)는 복굴절을 이용한다. 엇

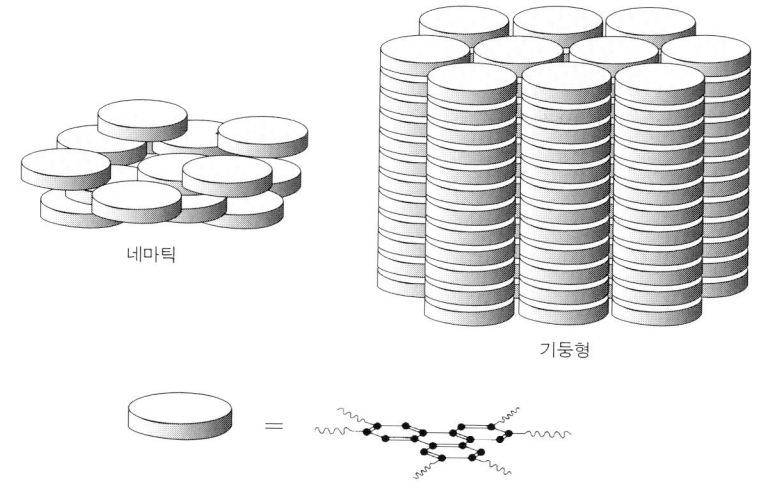

그림 7.28 디스코틱 액정. 액정 기둥형 상에서 원판형 분자는 접시처럼 포개진다. 네마틱 상에서 분자들의 방향은 같지만 위치에는 질서가 없다.

 갈린 편광 필터 사이에 든 액정은 첫째 편광판을 통과한 빛의 편광면을 돌려서 둘째 편광판을 지나가게 할 수 있다. 이것은 분자의 방향이 세포의 한쪽 끝에서 다른 쪽 끝까지 매끄럽게 90°를 도는 네마틱 상이 들어 있는 투명한 세포로, 빛의 편광면을 꼭 필요한 만큼 돌릴 수 있다(그림 7.29). 최초의 LCD에서는 세포의 표면을 폴리이미드 중합체로 덮어서 액정의 배향을 바꾸었다. 한 배향으로 문지른 폴리이미드 층에 이웃한 액정 분자는 이 문지른 방향에 나란하게 배열한다. 표시 세포의 위아래에 문지른 배향이 서로 직각인 폴리이미드 층을 얹어서 비틀린 네마틱 구조를 만든다. 편광된 빛은 세포 위아래의 엇갈린 편광판을 모두 통과할 수 있다.
 전기장으로 분자를 정렬시켜 액정의 배향을 바꾸면 빛이 통과하지 못해 세포가 어두워진다. 실제로 표시기의 픽셀은 위아래가 전기가 통하는 투명한 물질인 산화인듐주석으로 덮여 있다. 이 위아래 판

칼로 자를 수 있는 액체 357

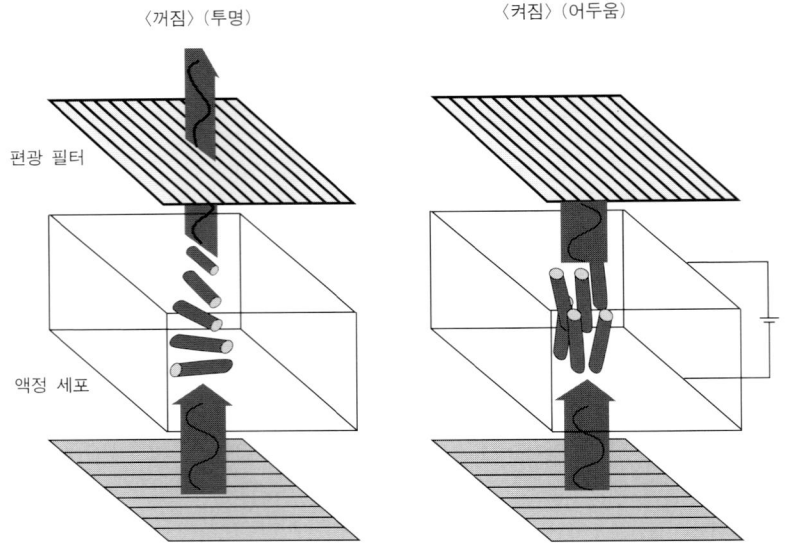

그림 7.29 네마틱 액정 표시판은 나란한 분자들이 편광된 빛의 편광면을 돌리는 성질을 이용한 것이다. 세포의 위아래 면에 있는 배향 막 덕분에 분자들이 빛을 정확한 각도만큼 돌려서 빛이 두 편광판을 통과한다. 그러나 세포에 전기장을 걸면 분자들이 다른 배향으로 늘어서서 빛이 통과할 수 없기 때문에 셀이 어두워진다.

사이에 전기장을 걸면 분자들은 문지른 폴리이미드의 영향에서 벗어나 전기장에 나란하도록 돌아선다(그림 7.29). 첫째 편광판을 통과한 빛은 이제 편광면이 돌지 않기 때문에 둘째 편광판을 통과하지 못해서 픽셀이 검게 변한다.

  LCD의 가장 큰 장점 하나는 이것을 작은 공간에 만들 수 있다는 것이다. 신용카드처럼 얇은 LCD를 만들 수 있다. 그러나 수많은 픽셀을 연결하고 그것들이 서로 간섭하지 않게 하기 어렵기 때문에 LCD가 큰 면적의 표시기에는 덜 실용적이다. 이 때문에 그림처럼 벽에 걸 수 있는 LCD 텔레비전은 아직 실용화 되지 않았다. 그러나 1970년대와 1980년대에 키랄 강유전성 액정이 개발되어 이 방향으로 발전이 있었다. 이 물질로 만든 표시기는 초기의 〈비틀린 네마틱twisted nematic(TN)〉 LCD와 원리가 같지만 전환이 더 빠르고 픽셀 사이의 간섭이 없이 더 촘촘하게 픽셀을 배치할 수 있다. 이 물질로 만든 잡지 크기의 표시기가 이미 선보였다. (LCD 모니터는 보편화되기 시작했고 LCD 벽걸이 텔레비전도 상용화 되었다.——옮긴이)

3-4 액체의 색

LCD가 말끔하기는 해도 이 〈물질의 넷째 상태〉가 쓰이는 곳이 시계와 텔레비전뿐이라면 실망스러울 것이다. 그러나 그렇지 않다. 오늘날 액정은 재료과학에서 새롭고 아주 흥미 있는 방향을 널리 제시한다.

LB 막처럼 비선형 광학 효과를 보이는 액정이 많이 있다. 레이저의 진동수를 두 배 높이는 데 이것을 쓸 수 있을 것이다. 광학적 성질을 전기적으로 바꿀 수 있기 때문에 신호 처리에 전기와 빛을 함께 쓰는 〈광전자〉 컴퓨터를 만드는 데 쓰일 것이 기대된다.

중합체가 액정 상을 형성하면 중합체 플라스틱에도 새롭고 쓸모 있는 성질이 생긴다. 보통의 플라스틱에서 중합체 분자들은 일반적으로 무질서하게 얽혀있다. 그러나 액정 상태에서는 분자들이 상당한 정도로 정렬할 수 있고 중합체를 굳는점 이하로 식혀도 이 질서가 유지될 수 있다. 액정 중합체로 만든 물질은 이런 방향의 질서 때문에 큰 강도를 보일 수 있다. 한 예로 듀폰에서 개발한 〈아라미드〉로 만든 섬유는 철보다 강하다.

별난 광전기적 성질을 지닌 액정 중합체는, 레이저 살로 물질에 모양을 새겼다가 전기장 안에서 레이저를 쏘여 그것을 지울 수 있는 광메모리의 매체가 될 수 있다. 이 물질은 읽고쓰기도 가능한 콤팩

트디스크에 쓰일 수 있다.(지금 시장에 나와 있는 읽고 쓸 수 있는 CD-RW에는 이런 액정이 아니라 무기 재료인 텔루륨-은-안티모니-인듐 합금이 쓰인다.——옮긴이)

인상적인 색깔 때문에 액정은 과학의 경계를 넘어 예술과 디자인 분야에도 적용된다. 액정의 색깔은 고정된 것이 아니라 여러 가지로 변할 수 있기 때문에 관심을 끈다. 이것으로 색깔에 〈움직임〉의 요소를 넣어 예술적인 표현에서 새로운 차원을 열 수 있다. 무지개 색의 색상은 보는 방향에 따라 바뀌기 때문에 관람자의 움직임을 작품의 일부로 도입할 수도 있다. 콜레스테릭 상의 색깔이 온도에 따라 바뀌는 것을 이용한 가능성은 더 흥미진진하다. 나선형 비틀림의 피치는 가장 강하게 산란되는 빛의 파장을 결정하는데 이것은 온도에 따라 바뀐다. 따라서 이 물질은 온도에 따라 색이 바뀌는 성질인 열변색성이 있다. 몸의 온도에 따라 색이 바뀌는 천으로 만든 옷이 벌써 나왔다. 화학 회사인 머크 Merck UK는 천에 인쇄해서 열에 민감한 무지개빛 옷을 만들 수 있는, 액정으로 만든 열변색 잉크를 판매한다. 어쩌면 이렇게 해서 새 옷을 사지 않고도 항상 계절에 맞는 색의 옷을 입을 수 있지 않을까?

3부 무한한 화학의 가능성

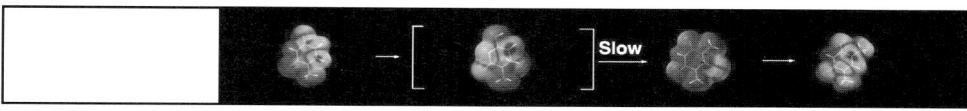

DESIGNING
THE
MOLECULAR
WORLD

1부 현대 화학의 출발

2부 새로운 물질, 새로운 화학

8

어떻게 화학에서 생명이 비롯되었는가

돌에서 조개까지는 먼 길이다……
—조지 크리스토프 리히텐버그

　　미국 화학자 줄리어스 레벡이 과거에 물리학이 있었고 화학도 있었지만 생물학은 없었다고 말한 적이 있다. 다시 말해 기독교 성서적인 견해를 글자 그대로 따르지만 않는다면 누구라도 물리학과 화학이 생물학을 낳았다는 결론에 이르게 될 것이다. 생명이 초보적인 형태에서 복잡한 형태로 진화하는 것은 생물학이 설명해야 할 문제지만 생명의 탄생 자체는 물질을 다루는 물리과학이 풀어야 할 숙제이다. 가장 먼저 대답해야 할 질문은 이것이다. 화학만 가지고 생명이 비롯될 수 있는가? 이제 생명 유지에 필수적인 DNA의 복제 메커니즘과 단백질의 제조와 광합성의 화학적인 기초와 세포 대사와 면역 반응 등의 분자적인 과정을 상당한 정도로 이해하게 되었기 때문에 거의 모든 과학자가 큰 소리로 그렇다고 대답할 것이다. 이제 질문은 어떻게 이 절묘하게 조화로운 (생)화학계가 돌과 물과 간단한 기체들뿐이었던 행성에 저절로 생겼는가로 옮아갔다. 아직 모든 답을 얻지는 못했지만 우리가 얼마나 생명의 기원을 과학적으로 설명할 수 있게 되었는지 그리고 앞으로 얼마나 더 가야 할 것인지를 이 장에서 살펴 볼 것이다.

창조론을 굳게 믿지 않는 사람 가운데 이러한 시도를 불쾌하게 여기는 사람들이 있다. 아마도 이런 사람들은 우리가 생명과 그 기원을 과학적으로 완벽하게 설명할 수 있게 된다면 우리의 존재로부터 정신적인 것이 사라질 것이라고 생각하는 모양이다. 신기하게도 이 견해는 암묵적으로 우리가 그러한 설명을 할 수 있게 되리라고 가정하는 것 같다. 즉 우리가 너무 깊이 묻지 말아야 한다고, 의문 가운데 어떤 것은 이성적인 조사에 의해 밝혀질 수 있지만 그럼에도 불구하고 일부러 모르는 채로 남겨두어야 한다고 주장하는 것 같다. 그러나 나는 질문을 제한하거나 탐색의 영역에 울타리를 치는 것보다 인류의 정신에 더 해를 끼치는 것은 없다고 생각한다. 우리가 세심하고 책임감 있게 질문하고 탐색한다면 말이다. 이러한 태도는 내게 상상력의 완전한 실패로 보인다. 우리는 생명의 과학적인 근원에 대해 두려워할 것이 아무것도 없다. 이것이 우리를 더 겸손하게 만들지는 몰라도 우리의 자존심을 빼앗지는 않을 것이다. 이것은 우리가 왜 웃는지, 왜 우는지, 왜 우리들 중 누군가가 애초에 이 문제에 관심을 가지게 되었는지를 털끝만큼도 설명할 수 없을 것이다. 이것이 세상에서 의문과 흥분과 사랑을 없애지도 않을 것이다. 우리가 굳이 여기에 영적인 의미를 부여하지 않는 한 종교적인 믿음이 손상될 이유도 없다. 어느 모로 보나 생명은 화학적인 과정이지만 삶의 모든 면이 과학적인 연구의 대상은 아니다.

19세기 이전에는 이것이 전혀 곤란한 문제가 아니었다. 당시 과학자들의 견해는 아주 단순했다. 그들은 바위를 이루는 무기물과 생물로부터 나온 유기물의 두 가지 형태의 물질이 있다고 생각했다. 유기물은 무기물로 바뀔 수 있지만 절대로 무기물에서는 유기물이 나올 수 없다는 것이 당시의 정설이었다. 독일의 뛰어난 화학자 바론 유스투스 폰 리비히 Baron Justus von Liebig에 따르면, 〈간단한 물체와 광물들의 반응은…… 생물을 연구하는 데에 전혀 관련이 없다고 간주할 수 있었다〉. 물론 처음에 유기물이 어디서 왔느냐는 문제가 남아 있기는 했지만 다윈 이전 시대에는 언제나 어려운 문제를 신의 도움으로 해결할 수 있었다.

따라서 생물학과 화학은 분야가 다르다고 여겨졌다. 하지만 그 둘에 비슷한 면이 있다는 것도 알려져 있었다. 생물학의 많은 영역이 화학처럼 물질이 한 형태에서 다른 형태로 바뀌는 현상과 관련되어 있었다. 생물은 유기물을 먹어 일부는 스스로의 몸을 만드는 데 사용하고 나머지는 버린다. 그렇지만 당시 과학자들은 이 생물학적 변환이 화학의 법칙을 따른다고는 전혀 생각하지 않았다. 오히려 유기물에는, 산 것과 죽은 것을 구분하는 〈활력〉이 들어 있다고 생각했다. 무기물, 즉 죽은 물질은 생물에 들어가서 활력을 얻어 생물의 일부가 되고, 살아 있는 물질은 활력이 〈빠져서〉 죽는다고 생각했다. 오직 생물만이 다른 것에 활력을 불어넣을 수 있었다. 죽은 물질에서는 결코 활력이 저절로 생길 수 없었다. 사람들은 화학적 힘과 활력이 반대 방향으로 작용한다고 생각했다. 화학적 힘은 유기물을 분해해서 죽은 것으로 만들지만 활력은 생물이 자라고 자손을 낳게 하는 힘이었다.

그러나 19세기에 무기화학과 유기화학의 경계가 점점 무너지기 시작했다. 유기물을 화학적으로 분석해 보니 유기물에는 주로 탄소와 수소가 들어 있고 산소와 질소도 들어 있고 드물게 황과 인도 들어 있다는 것이 알려졌다. 광물과 같은 무기물에서도 이 원소들을 모두 찾을 수 있었다. 그리고 유기물로 간주되는 물질들을 무기물에서 만들 수 있다는 것이 알려지기 시작했다. 1828년에 독일인 프리드리히 뵐러Friedrich Wohler가 결정성 염인 사이산 암모늄으로부터 요소를 합성했고 수십 년 후 프랑스의 화학자 마셀린 베르텔로가 탄소와 수소에서 아세틸렌을 만들었다. 그 동안 열역학이 발전하여 무기화학 반응을 일으키는 에너지 변화와 정체 불명의 활력을 굳이 구분할 필요가 없다는 것이 밝혀졌기 때문에 유기화학은 무기화학과 더욱 가까워졌다. 예를 들어 호흡은, 음식을 공기 중의 산소로 태워 에너지(즉, 열)를 방출하는 과정으로 생각할 수 있었다. 생화학 반응이 무기화학 반응과 다른 것은 분명했다. 생화학 반응은 지나치게 진행하는 법이 없고 여러 반응들이 조직적으로 조화롭게 일어나는 경우가 많았다. 그러나 결국 과학자들은 분자 수준에서 화학과 생물학 사이에 경계가 없다고 생각하게 되었다. 물질들은 산소와 무기 재료 사이에서 바뀌고 생물의 화학도 기체, 염, 광물, 금속의 화학과 같은 원리를 따른다.

　이 모든 것의 의미는 레벡이 말한 대로다. 간단히 말해서 과거의 언젠가 화학에서 생물학이 나왔다. 지구상에 생명이 출현한 미지의 〈생명 탄생의 순간〉을 가정하거나 신이 물질에 활력을 불어넣었다고 생각할 필요가 없다. 생명은 살아있지 않은 물질에서 저절로 나왔다. 이 장에서는 이것이 어떻게 일어났는지를 추론할 것이다. 언제 어디에서 일어났는지에 대해서는 10장에서 더 다룰 것이다. 〈왜〉일어났는지는 두말할 것 없이 가장 흥미로운 질문이지만 이것은 (아직) 과학적 질문이 아니다.

1 지구에서 시작하다

1-1 원시 수프의 조리법

5장에서 생물체가 단백질로 이루어졌다는 것을 알았다. 생물 조직은 대부분 단백질로 이루어지고, 효소라고 불리는 아주 특별한 단백질은 생명을 유지하는 데 필수적인 화학 반응의 주역이다. 이 때문에 어떻게 생물의 도움 없이도 단백질이 생길 수 있는지가 생명의 화학적 근원을 밝히기 위한 연구의 첫 주제가 되었다. 그러나 단백질말고도 생명에 필수적인 분자들이 있고 DNA도 그중 하나이다. 이 장의 뒤에서 이 문제도 다룰 것이다.

단백질은 아미노산으로 이루어진다. 아미노산이 펩티드 결합으로 줄줄이 이어져 단백질이 된다. 무생명의 (생명 탄생 전의) 지구에서 어떻게 단백질이 생겼는지를 설명하려면 먼저 아미노산이 어떻게 생겼는지를 말할 수 있어야 한다. 단백질의 구조는 엄청나게 복잡하지만 아미노산은 비교적 작은 유기 분자이고 생물에서 발견되는 것은 겨우 스무 가지이기 때문에 이 질문은 훨씬 쉽다. 화석 기록에 의하면 지구상에 생물이 출현한 것은 35억 년 전이다. 다시 말해 지구가 생기고 나서 10억 년이 지나서야 생명이 나타났다. 1920년대에 러시아의 생물학자 알렉산더 오파린 Alexander Oparin은 오래된 돌의 화학 성분을 분석하여 아미노산을 이루는 기본 원소들(탄소, 수소, 산소, 질소)이 초기 지구에서는 오늘날 흔히 볼 수 있는 것들과 다른 분자 형태로 존재했었다고 결론지었다. 예를 들어 질소는 오늘날 대기 중에 N_2 분자로 존재하지만 원시 지구에서는 암모니아(NH_3)로 존재했고 양도 보잘것없었다. 그리고 탄소는 아마도 주로 메탄(CH_4)으로 존재했을 것이다. 그에 비해 오늘날에는 대기 중에 이산화탄소로 존재하는 탄소가 훨씬 많다. 오파린은 메탄, 암모니아, 수소, 물분자로 이루어진 원시 대기에서 간단한 유기 분자들이 생겼을 것이고 이것들을 만드는 반응에 필요한 에너지는 번개나 태양의 자외선에서 왔을 것이라고 추측했다.

　서로 알지 못한 채, 영국의 생물학자 홀데인 J. B. S. Haldane도 오파린과 거의 같은 가설을 내놓았다. 대기에서 생긴 유기 화합물에서 생명이 탄생했다는 추정을 지금은 오파린-홀데인 시나리오라고 부른다. 이렇게 생긴 유기 화합물들은 바다에 녹아서 〈원시 수프〉를 이루었을 것이다.

　1950년대에 시카고 대학교에 있던 미국의 화학자 해럴드 우레이 Harold Urey와 그의 학생 스탠리 밀러 Stanley Miller는 이 가설을 시험해 보기로 했다. 밀러는 원시 대기에서 정말로 유기 화합물들이 생겼을지를 확인하는 가장 좋은 방법은 그 당시 지구상의 (추정한) 조건을 흉내낸 실험을 하는 것이라고 생각했다. 우레이와 밀러는 원시 대기를 이루고 있었을 것이라고 생각되는 메탄, 암모니아, 물, 수소를 섞어 반응기 안에서 순환시켰다. 순환하는 동안 한 쪽에서는 액체가 끓고 다른 쪽에서 이것이 식어서 다시 액체가 되었다. 번개를 흉내내기 위해 기체 상태의 혼합물 속에 전기 방전을 시켰다(그림 8.1). 일주일의 실험을 끝내고 나니 용액에는 여러 가지 유기 화합물이 들어 있었고 그중에는 글리신과 알라닌 같은 간단한 아미노산이 꽤 많았다.

　이 최초의 실험 이후에 다른 연구자들도 전자 빔이나 단순한 열 등의 다른 에너지원을 써서 비슷한 결과를 얻었다. 밀러-우레이 실험은 아주 조잡한 제어되지 않는 조건에서도 간단한 물질에서 출발하여 생명에 필수적인 유기 분자들이 생길 수 있다는 것을 보여주었다는 점에서 중요하다. 생명의 화학적 근원을 이해하는 질문에서 밀러-우레이 실험은 큰 의미가 있다. 그러나 처음에는 이 실험의 의미가 과장되어 심지어는 생명이 시험관에서 창조될 수 있는 것처럼 말한 사람조차 있었다.

그러나 밀러-우레이 실험에서 사용한 혼합물이 원시 대기의 화학 조성을 제대로 흉내낸 것인지 상당히 의심스럽다. 원시 대기에 (화학자들이 〈환원성〉이라고 부르는) 수소를 포함한 화합물만 있었던 것

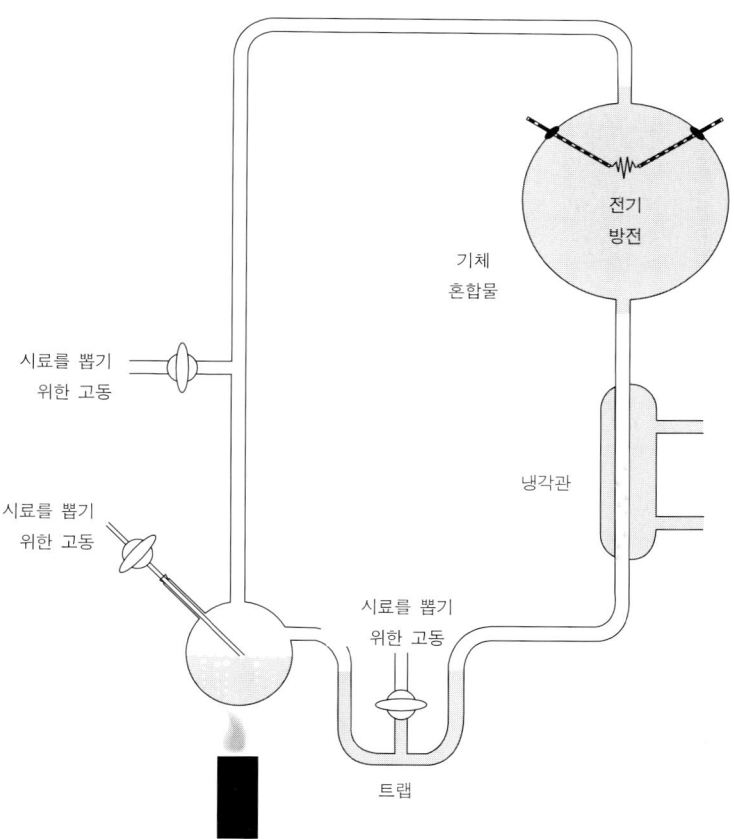

그림 8.1 해럴드 우레이와 스탠리 밀러가 지구의 원시 대기에서 유기 화합물이 생기는 것을 흉내내기 위해 사용한 장치. 수소와 암모니아와 메탄과 물의 혼합물이 장치 안을 순환한다. 한 반응기에서는 전기 방전이 화학 반응을 일으켜 간단한 아미노산 등의 유기 분자가 생긴다. 이렇게 생긴 유기 분자들은 기체가 물로 응축될 때 물에 녹아 장치의 다른 쪽에 농축된다.

어떻게 화학에서 생명이 비롯되었는가 369

이 아니라 탄소산화물이나 질소산화물 같이 산소를 포함한 화합물이 꽤 있었는지도 모른다. 이러한 배합은 아미노산을 만들기에 전혀 적합하지 않다. 산소를 포함한 화합물이 많이 있었다면 유기 분자들은 그것들이 생기는 바로 그 과정에서 〈타 없어졌을〉 것이다.

1-2 온천과 바보의 금

무기 기체에서 유기 분자를 만들려면 반응을 일으킬 에너지가 필요하다. 번개, 화산, 자외선 등이 모두 이러한 에너지원이 될 수 있다. 그러나 이러한 에너지원은 생긴 유기 분자를 파괴할 수도 있다. 색다른 가설은 깊은 바다 밑의 에너지원을 제안한다. 깊은 바다 속에서 생긴 아미노산은 지구 표면의 매서운 조건으로부터 보호되었을 것이다.

1970년대에 태평양 바닥에 내린 무인 심해 탐사정은 아주 뜨거운 물을 뿜어내는 온천들을 발견했다. 이것들의 온도는 300°C가 넘을 때도 있었다(이 깊이에서는 압력이 매우 높기 때문에 끓는점이 높아져 물이 이 온도에서도 액체이다). 열수 분출구라고 불리는 이 온천은 지각의 갈라진 틈과 구멍으로 흘러들어간 바닷물이 지구 내부의 마그마에 의해 가열되어 바다 바닥으로 올라온 것이다. 따라서 해저 화산 활동이 활발한 중앙 해령 같은 곳에 이러한 열수 분출구가 많다. 중앙 해령에서는 맨틀 속에서 녹은 바위가 솟아나와 새로운 대양 지각을 만든다. 열수 분출구에서 나오는 뜨거운 물에는 무기질이 많이 녹아 있고 이들이 식으면서 고체로 분리되어 높은 굴뚝 같은 모양을 만든다(사진 13). 여기서 나오는 액체는 작은 무기질 가루들이 섞여 있어 연기처럼 탁하다.

미국 메릴랜드에 있는 미국 항공 우주국(NASA) 고다드 우주 비행 센터의 잔 콜리스John Corliss도 이 열수 분출구를 발견한 팀의 일원이었다. 그와 동료 과학자들은 이 분출구의 굴뚝들에 조개와 바다 지렁이와 박테리아가 우글거린다는 것을 알아냈다. 이 박테리아들은 화산 주위에서 생겨서 열수 분출구에서 나오는 황을 포함한 화합물로부터 필요한 에너지와 영양의 전부 또는 일부를 얻는다. 이들은 산소 없이도 뜨거운 데서 잘 사는 아케박테리아 archaebacteria라고 불리는 아주 원시적인 부류이다. 최초의 생물은 산소가 없고 뜨거운 환경에서 살 수밖에 없었을 것이다.

따라서 열수 분출구는 너무 뜨거워서 살지 못할 곳이 아니라 어떤 생물에게는 아주 살기 좋은 곳이다. 콜리스는 이곳이 생명이 시작되기 가장 좋은 곳일 것이라고 생각했다. 온천수에 섞여 나오는 화산 기체의 주성분은 H_2, N_2, 황화수소, 일산화탄소, 이산화탄소 등의 간단한 분자이고 이들로부터 더 복잡한 유기 분자들이 생겼을 것이다. 그리고 여기에는 생명 탄생 전의 화학을 일으킬 에너지원(온천수의 열)도 있다. 그리고 최초로 태어난 생물이 살아 남는 데 필요한 무기질 형태의 영양분도 아마 풍부했을 것이다. (현대의 바다 미생물도 날마다 무기 영양소를 먹는다.) 만약 생명체가 열수 분출구의 안쪽에 자리를 잡았다면 초기 지구에 일어났던, 큰 운석의 충돌과 같은 대재난들로부터 보호되었을 것이라고 콜리스는 생각했다. 콜리스의 열수 분출구 가설은 5세기의 그리스인 아켈라우스 Archelaus의 말을 예언처럼 상기시켜 준다. 〈처음 지구가 따뜻했을 때 찬 것과 더운 것이 섞인 저 아래에서 여러 생물이 나타났고 진흙에서 먹을 것을 얻었을 것이다.〉

스탠리 밀러를 비롯한 일부 과학자들은 열수 분출구 가설을 무시한다. 밀러는 대부분의 열수 분출구는 너무 뜨거워서 유기 분자를 만들기보다는 부숴버릴 것이라고 말한다. 모든 바다의 물을 다 합한 만큼의 물이 8백만 년에서 천만 년의 기간 동안에 열수 분출구와 중앙 해령에서 흘러나와 순환한다. 따라서 그의 견해에 따르면 해저 화산 활동은 유기 화합물의 생성을 돕기보다는 바다의 다른 곳에서 생긴 유기 화합물들을 태워버려서 생명 탄생을 더 어렵게 만들었을 것이다. 수백 도의 온도에서 생명체를 만들 수 있는 화학이 어떤 것일까 상상하는 일은 분명히 어렵다. 그 온도에서는 모든 아미노산이나 당이 일 분도 견디지 못하고 분해될 것이다.

열수 분출구 가설을 지지하는 사람들은 분출구에서 충분히 떨어진 곳은 화산 기체와 영양분이 풍부하고 그리 뜨겁지 않다고 반박한다. 스코틀랜드 글래스고 대학교의 지질학자들은 열수 분출구 가까운 해저에서 〈미니 분출구〉들을 발견했다. 미니 분출구는 황철광으로 이루어졌고 나오는 물의 온도가 $150°C$ 이하이다. 그들은 이 미니 분출구 안의 화학 환경이 간단한 유기 분자를 연결하기에 가장 이상적이라고 생각한다. 열수 분출구 시나리오에 대해서는 앞으로도 논쟁이 계속될 테지만 현재로서는 자세한 부분들이 해명되지 않은 하나의 가설일 뿐이다.

열수 분출구 가설을 들고 나온 사람 중의 하나인 스코틀랜드 글래스고의 화학자 카이언스스미스 A. G. Cairns-Smith는 수년 동안 생명의 기원에 대해 또 다른 이상한 이론을 발전시켰다. 그가 제안한 이론에 따르면 최초로 자기 복제하는 〈생명체〉가 유기 분자로 이루어진 것이 아니라 무기 결정으로 이루어졌다. 아주 이상하게 들리지만 이것은 DNA 분자가 복제되는 것과 같은 원리에 바탕을 두고 있고 심각하게 고려해볼 가치가 있다. 카이언스스미스는 외가닥 DNA가 주형으로 작용해서 새 가닥이 생기듯이 결정 성장도 결정의 표면이 주형으로 작용해서 그 위에 새로운 층이 생기며 일어난다는 데에 주목했다. 많은 결정들은 원자가 이루는 면을 따라 아주 쉽게 쪼개지는데 카이언스스미스는 생물 세포가 자라서 나뉘는 것처럼 이것을 일종의 복제로 보자고 제안했다. 게다가 결정의 다른 면들은 다른 속도로 자란다고 알려져 있다. 물론 결정이 자라는 속도는 완벽한 결정 구조 속의 결함이나 비규칙성에 의해서도 영향을 받는다. 이러한 것들은 조금씩 모양이 다른 결정들이 돌연변이를 일으켜 서로 경쟁하는 상황을 생각할 수 있고 따라서 결정의 진화를 말할 수 있을지도 모른다.

카이언스스미스에 따르면 진흙 광물은 원시적인 무기물 복제자의 이상적인 후보이다. 이 물질들은 음전하를 띤 알루미노실리케이트 판 사이에 물과 금속 이온들 채워져 있는 여러 겹의 샌드위치이다 (그림 8.2). 판 사이의 금속 이온은 다른 금속 이온과 쉽게 바뀔 수

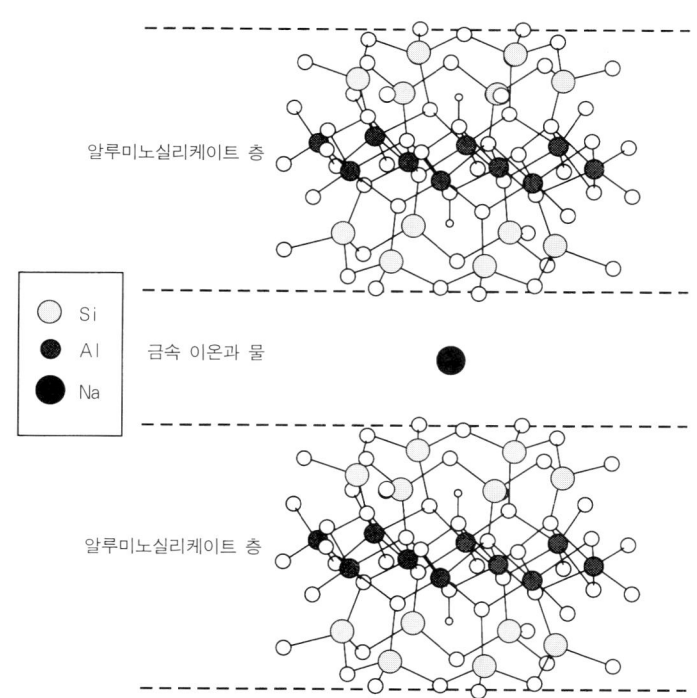

그림 8.2 나트륨 몬트모릴로나이트의 결정 구조는 흔한 진흙의 구조이다. 음전하를 띤 알루미노실리케이트 층 사이에 양전하를 띤 나트륨 이온들이 들어 있다. 보통 층 사이의 공간에는 물이 꽤 많이 들어 있다.

있다. 진흙에서 일어나는 이온 교환은 물에서 독이 있는 금속을 없애는 정수 과정에 이용되기도 한다. 진흙 광물은 판 사이에 차례차례 다른 금속 이온이 들어 있는 원시적인 〈유전자 은행〉을 써서 유리한 특징들을 새 결정으로 전할 수 있었을 것이라고 카이언스스미스는 말한다.

물론 진흙 복제자라는 생각은 과장된 것이다. 그러나 카이언스스미스가 이 시스템을 살아 있는 생물이라고 부르자는 것은 아니다. 그는 이 시스템이 진화해서 어느 단계에 이르면 유기 분자가 생기는 것을 도울 수 있었을 것이라고 주장하는 것이다. 처음에 유기 분자들은 결정이 복제되는 것을 돕기 위한 노예에 불과했을 것이다. 그러나 시간이 지나고 나서 유기 분자들은 스스로를 복제할 수 있도록 적응했을지 모른다. 이 가설을 뒷받침하는 몇 가지 사실은 눈여겨볼 만하다. 진흙 결정은 때때로 유기 화합물이 관련된 반응에 좋은 촉매로 작용한다. 그리고 층 사이의 거리가 다른 진흙 결정들은 제올라이트(2장 참고)보다 훨씬 못하기는 해도 어느 정도 선택적인 촉매이다. 게다가 어떤 유기 분자들은 결정의 어떤 면을 자라지 못하게 하거나 더 빨리 자라게 한다. 이빨이나 뼈와 같은 생체 무기물을 만들 때 광물의 성장을 제어하는 것은 아주 중요하고 단백질은 이 일을 능수능란하게 한다.

광물이 중심 역할을 하는 또 다른 생명 탄생 가설을 한때 유기 화학자였다가 이제는 변호사가 된 독일인 군터 베흐터호이저 Gunter Wächterhäuser가 제안했다. 그의 이론은 생명 탄생 전에 생긴 분자들이 아니라 그 화학을 가능하게 한 에너지원에 관심을 둔다. 대부분의 생화학 반응에서 에너지는 곧 전자이다. 반응물에 전자를 잘 주거나 반응물에서 전자를 잘 뺏는 효소들이 반응을 돕는다. 무기화학도 이 일을 할 수 있고 베흐터호이저는 특히 황철광 또는 바보의 금이라고 부르는 이황화 철(FeS_2)이 전자를 공급할 수 있을 것이라고 생각했다. 황철광은 글래스고의 지질학자들이 열수 분출구 주위의 〈미니 분출구〉에서 발견한 바로 그 성분이다. 양전하를 띤 광물 표면에는 유기 분자가 달라붙을 수 있고 황철광이 일종의 에너지원으로 작용해서 이런 유기 분자로 이루어진 원시 생물체의 대사를 일으켰을 것이라고 베흐터호이저는 생각한다. 이 〈표면 대사체〉는 철과 일황화 철 FeS을 격리시켜 이것이 FeS_2로 바뀔 때 내놓은 전자를 이 〈생물체〉의 물질 대사에 이용했을 수 있다.

베흐터호이저는 그의 이론의 대부분이 상상이라는 것을 스스로 인정한다. 그러나 황철광을 물질 대사에 이용하는 희귀한 박테리아가 실제로 있다는 사실이 이 이론에 어느 정도 무게를 준다. 만약 베흐터호이저의 〈표면 대사체〉가 광물 표면에서 떨어져 나와 유기막을 오므려 닫고 작은 황철광 조각을 그 안에 포함한다면 그것을 아주 조잡한 형태의 생물 에너지원을 지닌 원시 세포로 볼 수 있다. (베흐터호이저와 동료들은 황화철 니켈이 있으면 $100°C$ 물에서 CH_3SH와 CO가 반응하여 탄소-탄소 결합이 있는 사이오아세트산 메틸과 아세트산이 생긴다는 것을 보였다. —— 옮긴이)

2 외계에서 시작하다

2-1 포자론 - 별에서 온 생명

초기 지구에서 유기 분자가 생긴 과정에 대해 수많은 가설들이 제시되었지만 어떤 과학자들은 이 문제를 생각할 필요가 없다. 그들은 생명체를 이루는 조각이 외계에서 생겨서 지구에 떨어졌을 것이라고 생각한다.

1908년에 스웨덴의 화학자 스반테 아레니우스 Svante Arrhenius는 꽁꽁 언 생명의 씨앗이 별빛의 압력으로 날려서 지구에 뿌려졌을지 모른다고 제안했다. 아레니우스는 이것을 〈포자론 panspermia〉 가설이라고 불렀다. 이것은 너무 황당하고 시험할 수 있는 방법이 있을 것 같지 않기 때문에 과학적인 주장이 아니라고 할 수도 있다. 그러나 프란시스 크릭은 1981년에 출판한 『생명의 출현 Life Itself』(홍영남 옮김, 아카데미서적, 1992)에서 이 생각을 되살렸다. 크릭은 〈보내진 포자론〉의 가능성을 생각했다. 이것은 다른 태양계의 어떤 생명체가 행성을 살 수 있는 곳으로 바꿀 목적으로 생명의 씨앗을 우주로 보냈다는 것이다. 이제 우리는 과학이 아닌 과학 소설의 영역으로 들어 왔고 크릭도 그렇다고 인정한다. 그의 생각은 포자론 가설에서 출발한 재미있는 상상일 뿐이다. (한때 그의 아내는 노벨상 때문에 그가 정신이 돈 것이 아닐까 의심하기도 했다.)

도대체 생명이 외계에서 시작했다는 이 가설들이 앞에서 본 생명이 지구에서 시작했다는 가설들의 심각한 상대가 될 이유가 하나라도 있는가? 대기권 밖에 (우리가 보낸 것을 빼고는) 생명이 존재한다고 믿을 근거는 없다. 하지만 우주에서 생명을 구성하는 원재료인 유기 분자가 생긴다는 데는 의문의 여지가 없다. 별들 사이의 기체 구름의 스펙트럼에서 천문학자들은 메탄올, 포름알데히드, 시안화수소 등 간단한 유기 분자들이 만드는 신호를 뚜렷이 볼 수 있다. (탄소 원자가 2개 있는 아세트산도 이 목록에 더해졌다.——옮긴이) 특히 사이산은 아미노산 등의 더 복잡한 여러 가지 유기물을 만들기에 이상적인 출발 물질이다. 별들 사이의 공간이 생물 탄생 전의 화학이 작용할 수 있는 곳은 절대로 아니지만 외계의 유기 분자들이 지구로 떨어진다는 데에는 의문의 여지가 있다.

2-2 지구 폭격

외계의 유기화학에 대해 우리가 알고 있는 것의 대부분은 운석의 형태로 지구에 떨어진 돌들을 분석해서 알아낸 것이다. 이 우주의 돌 부스러기들의 근원은 여러 곳이다. 대부분은 화성과 목성 사이에 있는 행성을 만들지 못하고 남은 돌들이 고리를 이루고 있는 소행성대에서 온다. 소행성 가운데 몇은 화성의 궤도보다 더 태양계 안쪽으로 들어오고 아주 드물게 이런 소행성이 지구를 스칠 듯이 지나거나 지구와 부딪히기도 한다. 1908년에 시베리아의 퉁그스카 호수 위에서 무엇인가가 폭발하여 수 킬로미터까지의 나무들을 모두 쓰러뜨렸다(그림 8.3). 과학자들은 이 폭발이 아마도 지름이 10미터 정도의 운석이 부서지며 생긴 충격이었을 것이라고 생각한다. 계산해 보면 퉁그스카 폭발 정도의 사건은 대체로 250년마다 한 번씩 일어나지만 더 큰 물체가 떨어질 가능성은 물체의 크기가 커질수록 급격히 줄어든다. 그리고 커다란 운석이 지구에 충돌하는 것은 엄청난 재난이

그림 8.3 1908년 시베리아의 퉁그스카 호수 위에서의 폭발이 수백 제곱 킬로미터 안의 나무들을 모두 쓰러뜨렸다. 지금은 이 폭발이 지름이 10미터에 이르는 운석 때문에 생겼을 것이라고 추측한다. (뉴욕 미국 자연사 박물관 제공.)

어떻게 화학에서 생명이 비롯되었는가 377

다. 지름이 10킬로미터인 운석의 충돌은 메가톤급 핵탄두 1억 개보다도 큰 에너지를 낸다. 이 에너지는 현재 지구상의 모든 핵무기의 파괴력보다도 크고 이러한 충격을 겪으면 아마도 인류가 살아남지 못할 것이다.

두번째로 운석이 오는 곳은 혜성이다. 혜성도 소행성처럼 행성을 만들지 못한 우주의 부스러기이지만 혜성은 훨씬 더 먼 곳에서 온다. 명왕성의 궤도를 지나 가장 가까운 별까지 거리의 중간인 반지름이 2광년인 곳에 오트 구름이라고 부르는 것이 있다. 태양의 중력에 살짝 붙들린 물체들이 둥그런 껍질 모양을 이룬 오트 구름은 다른 별들의 중력에도 영향을 받기 때문에 어떤 물체는 궤도가 흐트러져 태양계로 여행을 시작하여 혜성이 된다.

어떤 혜성들은 헬리 혜성처럼 일정한 주기로 태양 가까이 왔다가 멀리 가는 궤도를 돈다. 그러나 혜성이 행성과 충돌하는 일은 아주 드물다. 1994년 7월에는 슈메이커레비 9번 혜성이 목성과 충돌하였다. 이것의 규모는 상상을 뛰어넘지만 혜성에서 온 대부분의 작은 운석들은 지구를 가깝게 지난 혜성의 조각일 뿐이다.

지구가 생긴 지 얼마 되지 않았을 때는 행성으로 뭉쳐지지 않고 태양계 안을 떠돌아다니는 부스러기들이 지금보다 훨씬 많았다. 따라서 커다란 운석이 지구에 떨어지는 일도 훨씬 잦았다. 지금도 이 심했던 폭격의 흔적을 곰보처럼 크레이터로 얽은 달에서 볼 수 있다. 지구 위의 충격 크레이터의 대부분은 지각이 휘고 부서지고 새로 생기는 동안 지워졌지만 남아 있는 것들을 보면 어린 행성을 때린 충격이 얼마나 컸었는지에 놀라지 않을 수 없다. 예를 들어 미국 아리조나의 운석공은 지름이 2킬로미터나 되고(그림 8.4) 노르웨이와 러시아 사이에 있는 깊이가 40킬로미터가 넘는 바렌츠 해는 4천만 년 전에 있었던 큰 충격 때문에 생긴 것 같다.

이 심한 폭격은 35억 년 전에 멎었고 그때 이미 지구에 생명이 있었다. 커다란 충격들이 생명의 진화에 큰 영향을 끼쳤다는 것은 오래 전부터 알려져 있었지만 지금은 이러한 영향이 좋은 것이었는지 나쁜 것이었는지에 대해 논란이 있다.

큰 충격이 내는 에너지를 생각하면 언뜻 생각하기에 운석의 충돌 결과는 나쁜 것일 것 같다. 화석의 기록에 따르면 1억 5천만 년 내지 2억 년 동안 지구를 지배했던 공룡이 6천 5백만 년 전 백악기 마지막에 돌연히 사라졌다. 1980년에 캘리포니아 버클리 대학교의 월터 알바레즈Walter Alvarez와 동료들은 그 시기의 퇴적층에 이리듐이 많다는 발견을 근거로 공룡의 멸종이 커다란 운석 충격에 의한 것이라는 설을 내놓았다. 지구에서는 이리듐이 희귀한 원소지만 운석에는 훨씬 더 많이 들어 있다. 알바레즈와 동료들은 아마도 지름이 10킬로미터에 이르는 혜성이 충돌하여 이리듐이 풍부한 먼지가 발생해 지구의 기후를 바꾸어서 공룡이 수십 년 사이에 멸종했을 것이라고 제안했다. 이제 멕시코의 식슈럽에서 이 엄청난 사건이 일어났다고 믿을 만한 확실한 지질학적 증거가 있다.

그림 8.4 미국 아리조나에 있는 운석공은 지구가 초기에 얼마나 큰 충격을 받았었는지를 보여준다. (아리조나 프랙스태프 미국 지질국 데이비드 로디 제공)

어떻게 화학에서 생명이 비롯되었는가 379

화석 기록은 공룡 시대 이전에도 여러 번 전지구적인 규모의 멸종이 있었다는 것을 보여준다. 이것은 진화가 커다란 운석 충돌로 끊임없이 방해를 받았을 것이라는 생각을 하게 한다. 어쩌면 생명 탄생은 한 번만 있었던 것이 아니라 여러 번 처음부터 새로 출발했었는지도 모른다. 이것들을 생각하면 생명의 발전에 운석이 좋은 영향을 끼쳤을 수도 있다는 주장에 놀랄 수도 있을 것이다. 더구나 운석이 생명의 기원일지도 모른다는 주장은 터무니없게 느껴질 것이다. 그러나 그렇지 않다.

2-3 운석에서 온 유기 분자

1960년대에 탄소질 운석이라고 불리는 운석에 유기 화합물이 들어 있다는 것이 분명해졌다. 실제로 어떤 운석은 그 안에 식물 화석이 들어 있다고 알려지기도 했고 1966년에 헤럴드 우레이는 운석 안에서 살아 있는 세균을 발견했다고 주장했다. 하지만 자세히 조사한 결과 이러한 환상적인 주장들은 사실이 아닌 것으로 밝혀졌다. 예를 들어 우레이의 결과는 그가 조사한 시료가 지구의 세균에 오염되었기 때문이었다.

그러나 캘리포니아에 있는 미항공우주국의 에임스 연구 센터에서 일하던 스리랑카인 화학자 시릴 폰남페루마 Cyril Ponnamperuma와 동료들이 찾은 것은 그렇게 쉽게 무시할 수 없었다. 그들은 1969년에 오스트레일리아의 머치슨 상공에서 폭발한 운석 조각을 분석해서 그 안에 아미노산이 들어있다는 것을 알아냈다. 그러나 머치슨 아미노산은 지구의 생명체에서 유래한 것이 아니라는 분명한 증거가 있었다. 우리는 2장에서 지구의 생명체에 들어 있는 (글리신을 뺀) 모든 아미노산은 거울 비대칭이어서 두 가지 가능한 거울 대칭 형태(광학 이성질체)가 있지만 자연에서는 오직 한 가지(왼손형 즉 L형)만 발견된다는 것을 보았다. 그러나 머치슨 아미노산을 폰남페루마가 분석해 보니 그 안에 왼손형과 오른손(D)형 아미노산이 반반씩 들어 있었다. 게다가 무거운 탄소 동위 원소인 탄소-13이 운석의 아미노산에는 지구의 유기물에서보다 훨씬 많이 들어 있었다. 또한 머치슨 운석에서 발견된 아미노산 중의 상당수는 생명체에서 나온 것이 아니었다. 자연에서는 오직 스무 가지 아미노산만이 발견되지만 머치슨 운석에서는 74종의 아미노산이 확인되었다. (엔겔 M. H. Engel과 마코 S. A. Macko 머치슨 운석의 아미노산에 질소-15가 지구상의 것보다 더 많다는 것을 발견하였다. 이것은 머치슨 아미노산이 외계에서 왔다는 또 하나의 증거이다.──옮긴이)

폰남페루나의 발견이 가지는 의미는 아미노산이 소행성이나 혜성과 같은 천체에서 생겨서 운석에 담겨 지구로 운반될 수 있다는 것이다. 그렇다면 오파린-홀데인 가설이나 다른 지상 시나리오에 대응해서 생명체를 이루는 구성 물질을 만드는 다른 시나리오가 가능하다. 하지만 정말로 많은 양의 아미노산이 이런 방식으로 초창기 지구에 운반될 수 있었을까? 조약돌만한 운석에는 유기물이 얼마 들어 있지 않았을 것이고 큰 물체가 떨어지면 거대한 충격이 유기물을 비롯한 모든 탈 수 있는 것들을 태워서 재로 만들었을 것이다. 하지만 떨어진 물체 중심부에 숨겨져 있었거나 퉁구스카 사건을 일으킬 만큼 큰 운석이 땅에 부딪히기 전에 쪼개졌다면 일부는 불타는 것을 피할 수도 있었을 것이다.

1989년에 샌디에고에 있는 캘리포니아 대학교의 메이쿤 차오 Meixun Zhao와 제프리 바다 Jeffrey Bada가 발견한 흥미 있는 사실도 외계에서 많은 양의 유기물이 혜성에 의해 지구로 운반되었을 것이라는 생각을 뒷받침한다. 두 지질학자는 덴마크의 스테븐스 클린트에 퇴적된 진흙을 연구하고 있었다. 그 곳에는 백악기가 끝나고 제3기가 시작되는 시기에 쌓인 퇴적층이 노출되어 있었다.

차오와 바다가 이 연구를 하기 전에 다른 곳의 백악기/제3기 경계

층과 마찬가지로 스테븐스 클린트 진흙에 이리듐이 많이 들어 있다는 것이 알려져 있었고 이것은 그 당시에 운석 충돌이 있었음을 암시했다. 차오와 바다는 이 진흙에 아미노산이 경계층에서 멀리 떨어진 다른 퇴적층보다 훨씬 더 많이 들어 있다는 것을 발견했다. 게다가 그들이 발견한 아미노산은 지구의 생물체에는 아주 드문 것이지만 탄소질 운석에는 흔한 것이었다. 두 과학자는 아마도 공룡을 멸종시켰을 바로 그 거대한 운석이 이 아미노산을 지구로 운반했을 것이라고 생각했다. (루안 베커와 제프리 바다는 캐나다 몬타리오 주 서드베리의 지층에서 찾은 C_{60} 안의 헬륨 동위 원소의 비율이 태양계의 비율과 다르다는 것을 발견했다. 그들은 C_{60}이 50억 년 전에 적색 거성에서 생긴 C_{60}을 혜성이 운반했을 것으로 추측했다. 현대 우주론에 따르면 우주의 나이에 따라 헬륨 동위 원소의 비가 바뀐다. —— 옮긴이)

이제 많은 지질학자들이 운석이 초창기 지구에 상당히 많은 양의 유기 물질을 운반할 수도 있었을 것이라고 믿는다. 지구 폭격이 끝날 때 이 공급도 끊겼을 테지만 그때는 이미 지구에 생명이 나타나 있었다. 운석 충돌은 또한 우레이-밀러 실험과 비슷한 반응이 대기에서 일어나는 데 필요한 에너지를 공급해서 초창기 지구의 유기 물질 구성에 영향을 주었을 수도 있다. (실험 결과에 의하면 간단한 기체의 혼합물을 폭발 충격으로 가열해서 아미노산을 만들 수 있다.) 코넬 대학교의 크리스토퍼 키바 Christopher Chyba와 칼 세이건 Carl Sagan은 외계에서 온 유기물과 지구에서 만들어진 유기물 둘 다 생명의 탄생에 필요한 화합물들을 만드는 데 크게 기여했을 것이라고 추산했지만 이 계산은 너무 불확실하다. 우리가 확신할 수 있는 것은 아마도 생명 탄생에 필요한 유기물이 어떻게 만들어졌는지에 대한 가설이 모자라는 일은 결코 없을 것이라는 것이다.

3 왜 생명은 양손잡이가 아닌가

3-1 왼, 오른손잡이를 손으로 고르다

그러나 이 모든 시나리오가 결코 설명할 수 없는 한 가지 수수께끼가 있다. 왜 생명체의 단백질을 만드는 모든 아미노산이 〈왼손잡이〉 종류인가? 마찬가지로 왜 탄수화물을 만드는 모든 거울 비대칭 당은 모두 오른손잡이인가? 어떻게 생명은 한쪽 손만을 쓰게 되었는가?

빛의 편광면을 돌릴 수 있는 천연 화합물의 일부에 잘 쓰는 손이 있다는 것은 19세기 초부터 화학자들에게 알려져 있었다. 특히 수정은 이 성질로 유명했다. 그러나 네덜란드 사람 아일하트 미처리히 Eilhard Mitscherlich가 1844년에 풀기 어려운 수수께끼를 찾아냈다. (포도주 발효의 부산물인) 타르타르산과 라세미산의 나트륨암모늄 염의 화학적 물리적 성질을 보아서는 의심할 여지없이 두 물질이 같은 화합물이었지만 타르타르산 염은 빛의 편광면을 돌리고 라세미산 염은 그렇지 않다고 그는 보고했다.

프랑스 화학자 루이 파스퇴르 Louis Pasteur는 이 수수께끼를 풀기로 마음먹었다. 파스퇴르는 두 가지 염의 용액에서 기른 결정을 현미경으로 들여다보고 결정들의 모양이 다르다는 것을 발견했다. 두 결정은 모두 비대칭이었지만 라세미산 염에는 서로를 거울에 비춘 모양인 두 가지 형태가 들어 있었고 타르타르산 염에는 오직 한 가지만이 들어 있었다(그림 8.5) 파스퇴르는 눈을 가늘게 뜨고 놀라운 손재주를 부려 현미경 아래에서 족집게로 라세미산 염에서 두 가지 결정을 따로따로 골라냈다. 그는 각 결정을 따로 녹인 용액은 타르타르산 염처럼 광학 활성이 있다는 것을 발견했다. 화학 결합이나 분자 모양을 오늘날처럼 이해하지는 못했지만 파스퇴르는 라세미산에는 같은 화합물의 두 거울상 형태가 들어 있다고 옳은 결론을 내렸다. 이 두 거울상을 우리는 광학 이성질체 또는 키랄 이성질체라

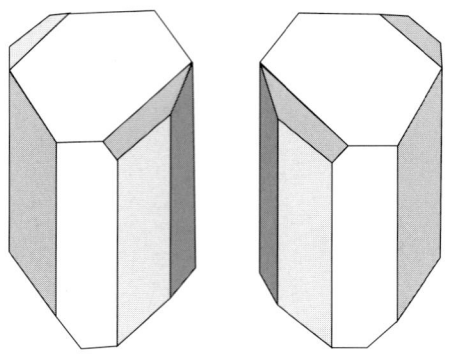

그림 8.5 라세미산의 나트륨암모늄 염은 서로 거울 대칭인 두 가지 결정을 만든다. 루이 파스퇴르는 19세기에 두 가지 결정을 손으로 분리하고 이것들에 광학 활성이 반대인 분자들이 들어 있다고 추론했다.

고 부른다(115쪽 참고). 광학 활성인 타르타르산에는 오직 한 가지 이성질체만이 들어 있다.

파스퇴르는 더 나아가 생명체는 〈광학 활성〉(즉 키랄) 분자에 대해 매우 선택적이라는 것을 보였다. 그가 곰팡이 한 종류에 타르타르산의 두 가지 이성질체를 각각 주었더니 곰팡이는 한 가지만을 대사에 이용했다. 곰팡이는 다른 이성질체를 소화시키지 않았다. 파스퇴르는 이 선택성이 곰팡이 자체의 생화학의 어떤 비대칭성을 나타낸다고 추론하고 더 나아가 무기물에는 없는 이 손대칭 선택성이 생명체의 일반적인 성질이라고 추측했다. 파스퇴르는 광학 활성이 생화합물의 뚜렷한 특징이라고 생각했고 생물계의 잘 쓰는 손에 대한 설명이 생명 자체를 이해하는 열쇠가 될 것이라는 확신을 가지게 되었다.

그러나 지금 우리는 손대칭 선택성이 반드시 생물체가 작용해야만 나타나는 것이 아니고 키랄 촉매(2장 참고) 같은 키랄 환경이 작용한 결과라는 것을 안다. 그러나 이 이해는 자연계의 손대칭 선택성을 둘러싼 수수께끼를 푼 것이 아니라 단지 생명의 화학적 기원 당시로 문제를 옮겨논 것에 불과하다.

3-2 손대칭성의 근원

손대칭성이 손대칭성을 낳는다. 예를 들어 단백질의 나선 구조의 방향은 단백질을 이루는 모두 L형인 아미노산의 손대칭성에서 비롯된 것이다. D-당에 대한 효소의 작용은 L-당에 대한 효소의 작용과 크게 다르다. (L-당은 생물체가 소화할 수 없다고 알려져 있다.) 원시적인 복제 시스템에 손대칭 선택성이 나타나기만 하면 이것이 계속 전파될 것이라는 것은 쉽게 짐작할 수 있다. 단백질이 중요한 역할을 하기 때문에 생명의 손대칭 선택성을 설명하기 위해 과학자들은 생명 탄생 전의 화학에서 L-아미노산이 절대적으로 우세하게 되는 메커니즘을 찾으려고 했다. 우리가 곧 보게 되듯이 최초의 복제 시스템은 단백질을 이용하지 않았을 테지만 아미노산에서 손대칭성이 시작된 것을 설명하기 위해 제안된 시나리오의 대부분은 다른 키랄 분자에도 적용할 수 있다.

우레이-밀러 아미노산 합성은 출발 물질로 메탄과 암모니아와 수소를 사용한다. 그에 비해 외계의 천체에서는 스트레커 합성과 비슷한 과정을 거쳐 아미노산이 생겼을 것이다. 스트레커 합성은 (우주 공간에서 생길 수 있는) 시안화수소산과 암모니아를 사용한다. 이 반응은 물이 있다면 천체의 광물 표면에서 일어날 수 있다. 어쩌면 여기에 태양의 자외선이 도움을 주었을 수도 있다. 지상이든 천상이든 이 두 과정이 일어날 때 반응 환경에 전혀 손대칭 선택성이 없으므로 아미노산은 두 과정에서 모두 라세믹 혼합물로만 얻어진다.

실제로 머치슨 운석에서 발견된 아미노산이 외계에서 왔다는 결정적인 증거 중 하나는 그것이 라세믹 혼합물이라는 것이었다. 그러나

1990년에 오클라호마 대학교의 엔겔과 동료들은 머치슨 운석의 아미노산을 꼼꼼히 다시 조사한 결과 추출한 알라닌이 아주 조금 라세믹이 아니라고 발표했다. 그들은 L-이성질체가 R-이성질체보다 8퍼센트 더 많았다고 말했다. 이 주장에 대해서 심한 논란이 있었다. 지구의 물질의 오염으로 인한 잘못된 보고들이 많았던 지난 역사에 비추어 어떤 과학자들은 이 주장을 믿으려 하지 않았다. 더구나 L-알라닌이 더 많은 것은 지구의 물질에 의해 오염되었다면 나타날 바로 그 결과였기 때문에 더욱 그랬다. 그러나 엔겔과 동료들의 결과가 사실이라 하더라도 그것이 지구에서 L-이성질체만이 발견되는 이유를 근본적으로 설명하는 것은 아니다. 다만 그 이유를 지구가 아닌 운석 표면에서 찾게 만들 뿐이다. 다시 말해 그것은 손대칭 선택성의 근원을 단순히 우주로 옮긴 것에 불과하다.

이것은 닭이 먼저냐 달걀이 먼저냐 하는 고전적인 문제이다. 손대칭 선택성이 가능하려면 이미 손대칭 선택성이 존재해야 하는 것 같다. 이 문제에 대한 설명으로 제기된 여러 가설들은 두 가지로 정리할 수 있다. 왼손 분자와 오른손 분자 사이의 선택은 우연히 이루어졌거나, (결코 화학적일 수 없는) 어떤 영향이 우리가 지금 보는 방향으로 균형을 깨뜨렸다는 것이다. 만약 선택이 우연이었다면 설명은 화학만으로 충분하다.

1953년에 브리스톨 대학교의 찰스 프랑크는 작은 우연한 요동으로 키랄 분자의 라세믹 혼합물을 비가역적으로 두 이성질체 가운데 하나로 완전히 바꿀 수 있는 가상적인 반응들의 체계를 고안했다. 프랑크는 한 이성질체가 자기촉매적으로 생기고 다시 말해 한 이성질체가 많으면 많을수록 그것이 생기는 속도가 빨라지고 다른 이성질체가 생기는 것을 방해하는 반응 체계를 가정하였다. (일본 도쿄 과학 대학교의 젠소 소아이 Kenso Soai와 동료들은 1998년에 실제로 그런 화학 시스템을 찾았다.——옮긴이) 적당한 조건에서 이 시스템은 작은 우연한 요동에도 불안정하다. 왜냐하면 두 이성질체 중 하나가 조금이라도 많아지면 자기촉매와 방해 효과에 의해 금방 이 차이가 증폭되기 때문이다. 만약 두 이성질체가 같은 정도로 안정하다면 이 불안정성이 어디로 향할지는 순전히 우연 때문이고 그렇다면 혼합물이 모두 D형으로 바뀔 가능성은 모두 L형으로 바뀔 가능성과 같다.

만약 생명이 거의 같은 시기에 여러 곳에서 이렇게 시작하였다면 손대칭성이 다른 원시 생명체의 집단이 여럿이었을 가능성이 있고 이들이 서로 만나서 전쟁을 벌이는 상황도 상상할 수 있을 것이다. 그러나 이러한 상황은 과학 소설에는 적당한 시나리오일지 몰라도 과학적이라고 받아들이기는 어렵다.

그러나 생명 탄생 전의 화학에서 왼쪽과 오른쪽 사이의 선택이 우연이 아니었을 수도 있을까? 생각할 수 있는 이유 하나는 지구가 돈다는 것이다. 지구의 회전은 바다와 대기에서 코리올리 힘이라 불리는 〈비트는〉 효과를 낳는다. 이 비트는 효과는 북반구와 남반구에서 반대 방향으로 작용하고 이론적으로는 생명이 어느 쪽 반구에서 시작하였느냐에 따라 생명의 왼쪽 오른쪽 선택을 결정하는 데 충분하다. 그러나 어떻게 코리올리 힘이 분자 수준에서 작용하는지는 명확하지 않고 이 이론을 주장하는 사람도 몇 되지 않는다. 그보다는 돌려 〈젓기〉와 관련된 시나리오가 더 믿을 만하다. 미국 노스캐롤라이나에 있는 웨이크 포레스트 대학교의 딜립 콘데푸디 Dilip Kondepudi와 동료들은 용액을 어느 방향으로 젓느냐에 따라 용액에서 생긴 키랄 결정인 과염소산 나트륨의 광학 활성이 결정된다는 것을 밝혔다. (여기서 손대칭성은 이온들이 나선 방향으로 쌓이기 때문에 생기고 원리적으로 나선은 두 가지 다른 방향으로 꼬일 수 있다.)

손대칭성의 기원이 우연이 아니라는 다른 가설은 이것이 햇빛의 비대칭성 때문이라고 주장한다. 하루 중 어느 때에 햇빛은 (앞에서 말한 평면 편광과는 다른) 일종의 나선 즉 〈회전〉 편광을 보인다. 햇빛은 해가 뜰 때 한쪽으로, 해가 질 때 반대쪽으로 아주 조금 회전 편광된다. 어떤 학자들은 이것이 키랄 분자와 광화학적 상호 작용을 거쳐 균형을 깨뜨리는 데 충분하다고 말한다. 그러나 계산해 보면 이 효과는 무지무지하게 작다. 이 생각과 관련이 있는 것은 키랄 분자와 회전 편광된 고에너지 입자 사이의 상호 작용이다. 여기서 고에너지 입자는 우주선이거나 자연 방사능 붕괴에서 나오는 베타 입자이다. 고에너지 베타 입자는 분자를 쪼개기에 충분한 에너지를 지닐 수 있고 키랄 분자와 상호 작용할 때 베타 입자와 분자가 상대적으로 왼쪽이냐 오른쪽이냐에 작용의 크기가 아주 조금 달라진다. 그러나 이 경우 역시 이 차이가 의미 있는 효과를 가져올 만큼 충분히 크다고 말할 수 없다.

3-3 왼쪽 방향의 우주

생명의 손대칭성의 기원에 대해서 가장 마음을 끄는 설명은, 자연이 왼손 아미노산만을 쓰는 이유가 1950년대에 발견된 우주 자체가 일종의 왼손 구조를 가졌다는 사실과 관련이 있다는 것이다. 이 발견은 물리학자들에게 대단한 충격이었고, 자연의 근본적인 법칙은 그런 구분을 할 리 없다는 오래된 직관을 자연이 스스로 거부하는 것 같았다. 그 당시까지 무엇을 오른쪽이라고 부르나 왼쪽이라고 부르나 아무 차이가 없었고 이것을 실험적으로 결정할 수도 없었다.

자연이 오른쪽과 왼쪽을 구분하지 않는다는 생각은 근본적인 물리 〈법칙〉에 내재되었고 이것을 패리티 보존이라고 불렀다. 아원자 입자의 패리티를 왼손, 오른손 성질의 척도라고 대강 생각할 수도 있지만 이것은 실제로 그 입자를 묘사하는 양자역학 방정식의 성질이다. 패리티 보존이란 어떤 물리 과정 전에 그 시스템을 구성하는 입자의 패리티 값의 합이 그 물리 과정 후에 패리티 값의 합과 같아야 한다는 것이다. 이것은 모든 물리 법칙이 거울에 비친 세계에서도 똑같이 성립한다는 것을 형식적으로 표현한 것이다.

1950년대에 양자역학의 아버지 중 하나인 볼프강 파울리는 패리티 보존은 결코 위배되지 않을 것이라는 데 내기를 해도 좋다고 말했었다. 그러나 1956년에 중국인 물리학자 쳰닝 양Chen Ning Yang과 충다오 리 Tsung Dao Lee가 패리티가 보존되지 않을 수도 있는 상황이 있을 수 있다는 생각을 했고 뉴욕의 콜럼비아 대학교에 있던 중국 태생의 물리학자 쳰성 우Chien-Shiung Wu는 이 생각을 시험했다. 우는 붕괴할 때 핵에서 베타입자가 나오는 방사성 원소 코발트-60의 붕괴를 조사했다. 베타 붕괴는 자연의 근본적인 네 힘 중 하나인 약력에 의해 원자핵의 입자들이 상호 작용한 결과이다. (다른 세 힘은 전자기력과 중력과 양성자와 중성자를 원자핵에 붙들어 매고 있는 강력이다.)

코발트-60 원자핵은 남북 극을 가진 작은 자석과 같다. 코발트-60이 붕괴할 때 베타 입자가 주로 자극의 방향으로 튀어나온다는 것은 알려져 있었다. 만약 약한 상호 작용이 패리티 보존을 따른다면 베타 입자가 남극과 북극에서 나올 가능성이 같아야 했다. 우는 정말로 그런지 시험하기 위해 먼저 코발트 조각을 거의 절대 온도 0도까지 식히고 자기장 속에 두었다. 이렇게 하면 원자핵 자석이 모두 바깥 자기장과 같은 방향으로 늘어선다. 더 높은 온도에서라면 이 정렬이 무작위적인 열 운동에 의해 흐트러지겠지만 절대 0도에서는 원자들이 정렬된 상태로 있다. 그 다음 우는 시료의 두 끝에서 튀어나오는 베타 입자의 수를 세었다. 분명하게 한쪽 극에서 다른 쪽 극보다 베타 입자가 더 많이 튀어나왔다. 따라서 코발트-60의 두 극은 동등하지 않다. 다시 말해 어느 극을 남극, 어느 극을 북극이라고 부를지가 마음대로인 것이 아니고 패리티가 항상 보존되지 않는다.

그렇다 해도 이것이 생명의 기원에서 손대칭 선택성이 생긴 것과 무슨 관계가 있는가? 입자 물리에서 오른쪽과 왼쪽이 동등하지 않다고 해도 이 구분을 화학 과정에 전달할 방법이 있는가? 이름이 그렇기는 해도 패리티를 위반하는 약력은 궁극적으로 화학적인 상호 작용을 담당하는 전자기력보다 강하고 힘이 전달되는 거리가 아주 짧기 때문에 이것은 어려워 보인다. 약력은 원자핵에서 입자들이 상호 작용하는 데 중심 역할을 하지만 이 경계를 지나면 거의 영향이 없다. 베타 붕괴가 원자핵 너머에 영향을 주는 유일한 방법이다. 따라서 화학 반응에 대한 약력의 영향은 극히 작을 수밖에 없다.

그러나 그 영향은 분명히 존재하고 크기를 계산할 수도 있다.(전자기력과 약력은 물리학에서 하나의 이론으로 통합되었다.—— 옮긴이) 약력이 왼손을 선호하는 것은 키랄 분자의 두 이성질체의 상대적인 안정도에 아주 조그만 차이를 가져온다. 아미노산에서 L-이성질체는 D-이성질체보다 아주 조금 (실내 온도에서 약 1.000000000000001배만큼) 더 안정하다. 어떤 학자들은 자연계에서 L-아미노산만이 발견되는 것을 설명하기에는 이 차이가 너무 작다고 무시했다. 그러나 딜립 콘데푸디와 동료인 조지 넬슨George Nelson은 키랄 분자가 자기촉매 합성을 하는 찰스 프랑크의 반응 체계에서 불안정성이 얼마나 되는지 다시 계산해서 전자기약력 비대칭성에 의해 생기는 L-아미노산의 아주 작은 상대적인 안정성이 그 차이를 만들기에 충분하다는 것을 보였다. 이러한 시스템은 98퍼센트의 가능성으로 L-이성질체가 우세하게 될 것이다.

모스크바의 화학물리 연구소에 있는 비탈리 골단스키Vitalii Goldanski와 동료들은 놀라운 시나리오를 발전시켰다. 이 시나리오에서는 차가운 우주 공간에서 유기 분자가 합성될 때 키랄 비대칭성이 갑자기 뒤집힐 수 있다. 골단스키와 동료들은 1978년에 소련 화학자 레오니드 모로조프Leonid Morozov가 일반화한 프랑크 모델에서 이러한 뒤집힘의 한 원인을 찾을 수 있다고 말한다.

고전적인 열역학에 따르면 우주 공간은 별 가까이를 빼고는 화학 반응이 일어나기에 너무 차갑다. 0K보다 겨우 몇 도 높은 온도로 꽁

꽁 얼어붙은 곳에서 분자들이 지닌 에너지는 반응에 필요한 자유 에너지 장벽을 넘어가기에 너무 작다(90쪽 참고). 그러나 골단스키와 동료들은 양자 역학의 터널 효과에 의해서 분자들이 에너지 장벽을 넘지 않고도 반응을 일으킬 수 있다는 것을 보였다. 골단스키 팀의 실험에서 포름알데히드는 액체 헬륨 온도(약 4K)에서도 수천 개 분자 길이의 중합체 사슬을 만들 수 있었다. 고전 이론에 따르면 이 온도에서 이 반응은 엄청나게 느리지만 양자역학에 따르면 이 반응이 상당한 속도로 진행할 수 있다. 차가운 우주 공간에서 분자의 손대칭성이 L형에서 D형으로 D형에서 L형으로 뒤집히는 〈양자화학〉이 일어날 수 있고 패리티가 보존되지 않기 때문에 D형에서 L형으로 바뀌는 반응이 더 자주 일어날 것이다. 골단스키의 시나리오에 따르면 이것이 〈생명의 차가운 기원〉을 이끌었을 것이다.

이 가설들 가운데 어떤 것도 아직은 만족스럽지 않다. 옳은 답은 어디서 어떻게 생명이 시작하였는지를 말할 수 있어야 할 것이다. 가설들의 대부분을 시험하는 것이 불가능하지는 않다 해도 매우 어렵기 때문에 하나의 답에 이를 가능성은 없어 보인다. 우리 몸의 단백질 화학이 왼손인 것이 단지 우연 때문이었는지 원대한 계획 때문이었는지 결코 알지 못할 수도 있다. (손대칭을 일으키는 새로운 요인이 발견되었다. 프랑스 그로노블에 있는 CNRS 고자기장 연구소의 거트 리켄 Geert Rikken과 로파 E. Raupach는 자기장 안에서 편광되지 않은 빛으로 광화학 반응을 일으켜서 손대칭을 유발했다.——옮긴이)

4 생명을 이루는 조각들

4-1 유전자 은행의 기원

단백질을 만드는 아미노산에 대해서는 이만하기로 하자. 생명체를 이루는 다른 주요 성분인 디옥시리보핵산(DNA)과 리보핵산(RNA)은 어떻게 시작했는가? 이것들이 뉴클레오티드라고 불리는 단위로 이루어진 중합체이고 뉴클레오티드는 DNA에 네 종류, RNA에 네 종류가 있다는 것은 앞에서 보았다. 각 뉴클레오티드는 퓨린 또는 피리미딘 염기와 당과 인산 기로 이루어진다(그림 5.3, 214쪽).

자세히 살펴보면 뉴클레오티드는 아미노산보다 더 복잡하고 이것들을 간단한 분자에서 시작해서 합성하는 것은 결코 만만한 일이 아니다. 그러나 화학자들은 이 화합물들이 초기 지구에서 어떻게 생겼을지에 대해 그럴듯한 반응식을 고안했고 이 반응들이 실제로 일어난다는 것을 여러 번 실험으로 보였다. 퓨린과 피리미딘 염기는 시안화수소산(HCN)을 가지고 만든다. 시안화수소산에는 모든 뉴클레오티드 염기를 만드는 데 필요한 세 가지 원소가 모두 들어 있다. 아데닌은 시안화수소산만 가지고도 만들 수 있다. 다섯 분자가 여러 단계의 반응을 거쳐 두 고리 화합물을 만든다(그림 8.6). 다섯 분자를 옳은 방법으로 붙이는 것은 정교한 작업이라고 생각할지 모르지만 휴스턴 대학교의 잔 오로John Oró는 1960년에 암모니아와 시안화수소산의 수용액을 끓이기만 해도 아데닌이 조금 생긴다는 것을 보였다. 시릴 폰남페루마는 1963년에 메탄, 암모니아, 물, 수소로 이루어진 우레이-밀러 혼합물에 전자 살을 쬐면 아데닌이 생긴다는 것을 알아냈다.

구아닌은 아데닌보다 어렵지만 시안화수소산과 요소로 만들 수 있다. 요소는 간단한 분자에서 어렵지 않게 만들 수 있다(그림 8.6). 요소는 또한 생명체가 없던 초기 지구에서 피리미딘 염기를 만들었을 것이라고 생각되는 과정에도 필요하다. 시토신이 먼저 생기고 이것이 간단한 유기 분자들과 반응을 거쳐 우라실과 티민을 만든다. 요소 대신 사이아네이트(NCO^-) 음이온을 써도 이 과정을 구성할 수 있다(그림 8.7).

이 반응들이 복잡해 보이지만 지금 우리는 실험실에서 원하는 화

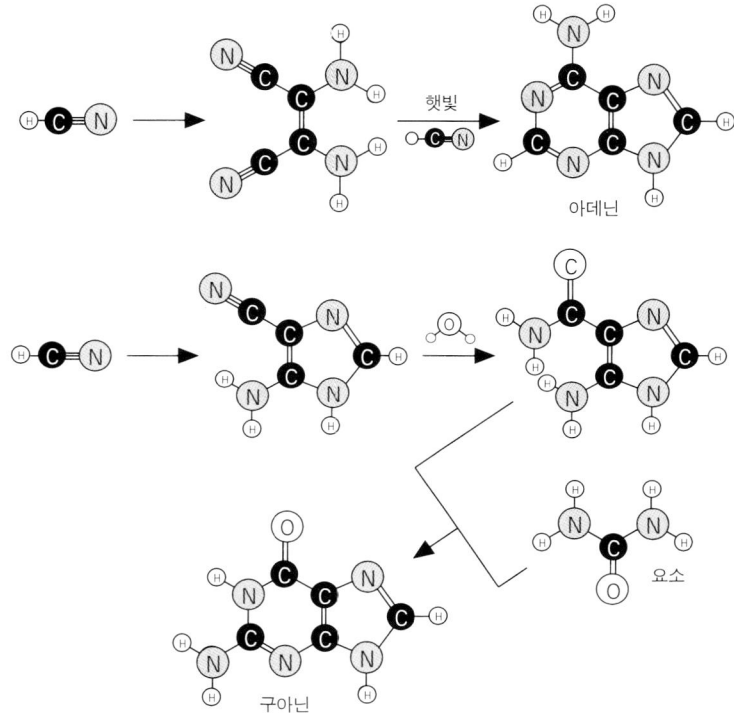

그림 8.6 간단한 유기 분자에서 출발해서 핵산의 퓨린 염기인 아데닌과 구아닌을 만들 수 있다. 마지막 단계에서 햇빛이 필요하기는 하지만 아데닌은 쉽게 시안화수소(HCN) 다섯 분자로 만들 수 있다. 구아닌은 HCN 네 분자를 한 고리 화합물로 잇고 이것을 요소와 반응시켜 만들 수 있다.

합물을 효율적으로 합성하는 데 관심이 있는 것이 아니다. 우리가 알고 싶은 것은 간단한 유기 분자의 혼합물에서 이 염기들이 생길 수 있는지 없는지이다. 다시 말해 원리적으로 이 분자들이 초기 지구에서 생기지 않았을 이유가 없다는 것을 보이고 싶은 것이다. 위에서 말한 모든 과정에서 반응물과 조건들은 초기 지구에 있었음직한 것들이다.

   RNA와 DNA에 든 당(리보오스와 디옥시리보오스)도 마찬가지로

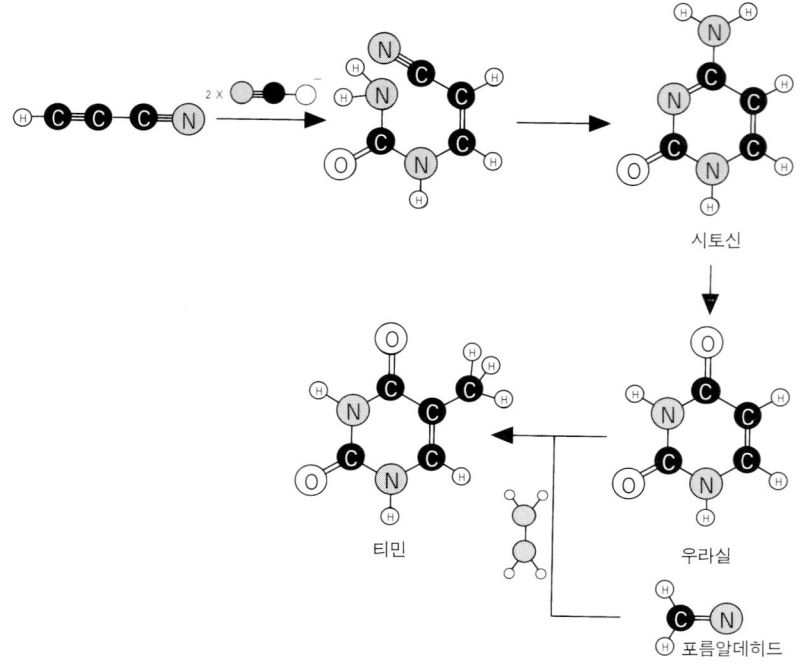

그림 8.7 사이아노아세틸렌과 (여기에 보인) 사이아네이트 음이온이나 요소를 반응시켜 피리미딘 염기인 시토신과 우라실을 만든다. 우라실은 히드라진이 있으면 포름알데히드와 반응하여 티민을 만든다.

간단한 분자로 만들 수 있다. 두 가지 당에는 탄소와 산소로 이루어진 오각 고리가 있고(그림 5.2, 213쪽) 둘 다 포름알데히드(HCHO)만 가지고 만들 수 있다. 포름알데히드는 알칼리 용액에서 중합 반응을 일으켜 오각 또는 육각의 당 고리를 만든다(그림 8.8). 그러나 생명은 그렇게 쉽게 생기지 않는다. 리보오스는 알칼리 용액에서 오래 견디지 못하고 금방 산성의 화합물로 분해된다. 어떻게 초기 지구에 많은 양의 리보오스가 생길 수 있었는지에 대해서는 아직 적당한 설명이 없다. 또한 포름알데히드의 중합 반응으로 만들 수 있는 약 50가지 오탄당과 육탄당 가운데 왜 리보오스와 디옥시리보오스가 핵산에 끼여들게 되었는지에 대해서도 아직 답이 없다.

　인산 기는 간단한 무기 이온이고 인회석 같은 광물에 많이 들어 있기 때문에 어쩌면 핵산에서 가장 문제 없이 만들 수 있는 것이 인산 기라고 생각할지도 모르겠다. 그러나 인산염 광물은 안 녹기로 유명하다. 따라서 바다에 녹은 유기 화합물 사이에서 진행되었을 화학에 어떻게 인산 이온이 끼어 들었을지는 오랫동안 풀리지 않은 숙제였다. 그러나 인산 이온도 녹을 수 있다. 염기성의 PO_4 단위가 사슬이나 고리로 이어진 인산 이온은 녹는다(그림 8.9). 인산 이온이 들어 있는 바위는 화산 속에서 폴리인산 기라고 불리는 이 중합체 구조를 만들 수 있다.

　비록 무기 화합물이기는 하지만 인산 이온은 초기 지구에서 더 복

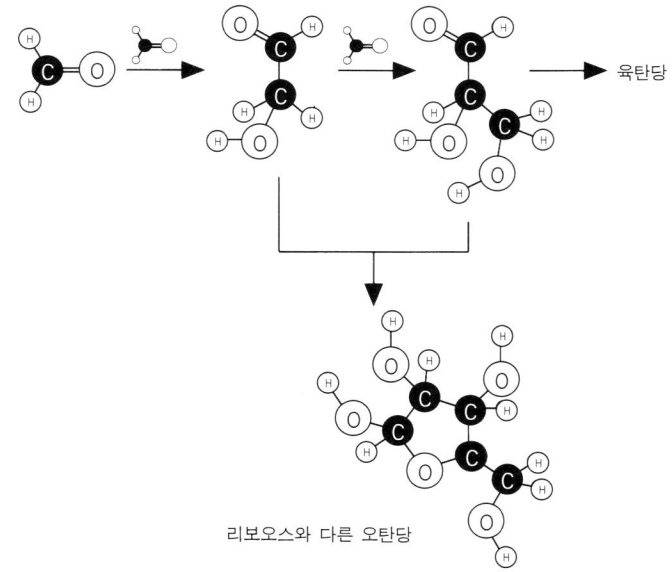

그림 8.8 포름알데히드를 중합하여 리보오스 같은 당을 만들 수 있다. 이 반응은 여러 가지 다른 오탄당과 육탄당을 만들 수 있다.

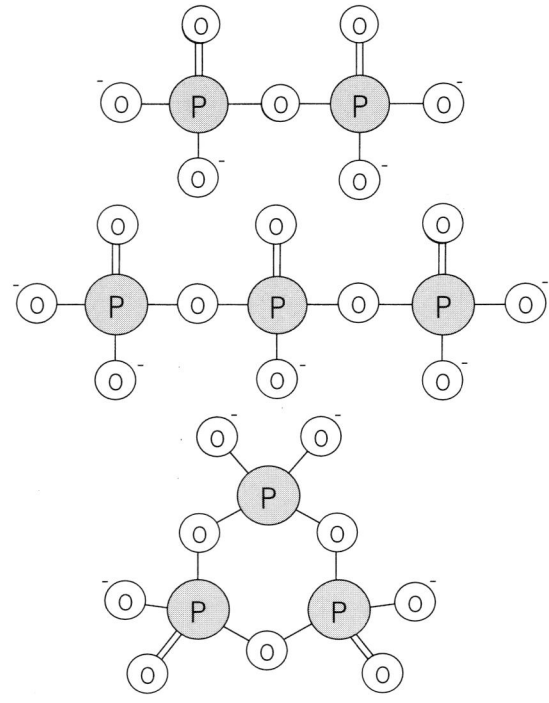

그림 8.9 인산(PO_4^{2-}) 이온이 중합한 형태인 폴리인산 기는 물에 비교적 잘 녹고 아마도 이것에서 인을 포함한 핵산의 전구체가 합성되었을 것이다.

잡한 화합물들을 만드는 데 결정적인 역할을 했을 것이다. 어떤 유기 분자들은 인산 이온이 붙어 있을 때 더 잘 이어져 긴 사슬을 만든다. 예를 들어 인산 이온은 두 아미노산이 펩티드 결합으로 이어지는 것을 촉진한다. 게다가 인산염은 음전하를 띤 단위들로 이루어져 있어서 이 단위들이 서로 밀치고 있기 때문에 이 단위들 사이의 결합에는 많은 에너지가 저장되어 있다. 따라서 폴리인산 기는 일종의 화학 에너지 창고여서 이렇게 저장된 에너지를 다른 반응을 일으키는 데 이용할 수 있다. 살아 있는 세포는 에너지를 아데노신 뉴클레오티드에 인산 기가 세 개 붙어 있는 아데노신 삼인산(ATP)에 저장한다. ATP나 이 비슷한 다른 분자가 최초의 생명체에 에너지를 공급했을 수 있다.

4-2 최초의 세포

이제까지 생명체를 이루는 주요 성분을 어떻게 만드는지에 대해 이야기했지만 이것들을 이어서 정확한 구조의 단백질이나 핵산을 만드는 엄청난 문제가 남아 있다. 화학적인 원리만 가지고 이런 정교한 합성 과정이 일어날 수 있다는 것을 믿기 어렵다면 원시 해양에서 이 일이 일어났을 것이라고는 더욱 생각하기 어렵다. 태풍이 몰아치는 바닷물에서 유기 분자들은 묽어지고 흩어져서 모일 수 없었을 것이다. 그런 환경에서는 우리 몸 안의 세포에서 일어나는 화학 반응들이 일어날 가능성이 전혀 없다. 생명체의 생화학적 과정은 안전하고 아늑한 격리된 소우주 다시 말해 세포막 안에서 일어난다. 앞에서 말한 것보다 더 복잡한 화학이 일어나려면 이와 비슷한 보호막이 있어야 할 것이다. 어떻게 이런 보호막이 생기게 되었을까?

7장에서 인지질 같은 양극성 분자가 이중막을 이루어 저절로 속이 빈 막소포를 만들 수 있다고 말했었다. 알렉산더 오파린은 1920년대에 기름 같은 유기 분자의 일종에서 이와 비슷한 일이 일어날 수 있다는 것을 알았다. 그러나 그의 〈원시 세포〉는 양극성 분자로 이루어진 것이 아니라 천연 중합체로 이루어졌다. 보통 아교 같은 단백질과 아라비아 고무가 천연 중합체로 쓰였다. 이 물질들은 용액에서 결합해서 녹지 않는 작은 방울로 뭉쳤다. 오파린은 이 방울들을 코아세르베이트라고 불렀다. 막소포와는 달리 코아세르베이트는 속이 빈 껍질이 아니다. 이것은 물과 기름을 잘 섞었을 때 생기는 미세한 기름 방울과 별로 다르지 않다. 이 점에서 코아세르베이트는 세포의 좋은 모델이 아니고 오파린이 왜 이것에 그렇게 흥분했는지 알 수 없다. 그렇다 해도 코아세르베이트에는 몇 가지 재미있는 성질이 있다.

오파린은 조잡한 물질 대사를 할 수 있어서 자라고 분열할 수 있는 코아세르베이트를 만들었다. 아라비아 고무와 히스톤 단백질로 만든 코아세르베이트에 오파린은 설탕 분자를 연결하여 중합체 탄수화물 다시 말해 녹말을 만드는 효소를 더했다. 녹말은 식물이 영양분을 저장하는 화합물로 필요하면 다시 설탕 분자로 분해될 수 있다. 효소가 든 코아세르베이트 현탁액에 오파린이 설탕을 더하자 방울은 설탕을 흡수하여 녹말을 만들고 이 과정에서 부풀었다. 마침내 방울은 쪼개지고 이렇게 생긴 다음 세대의 작은 방울은 설탕을 흡수하여 자라는 과정을 계속했다. 이 과정에는 분명히 세포가 대사하고 자라고 분열하는 것과 비슷한 점이 있다. 그러나 겉보기에만 그런 것이다. 코아세르베이트는 다음 세대로 유전 정보를 전달하지도 못하고 스스로 필요한 효소를 만들 수도 없고 (코아세르베이트에 더한 효소는 살아 있는 세포에서 추출한 것이다) 코아세르베이트를 구성하는 기본 물질인 히스틴 단백질과 아라비아 고무도 만들지 못한다. 오파린은 코아세르베이트가 단백질을 만들 수 있게 되는 데 수백만 년이면 충분하리라고 생각했지만 그 당시에는 유전 정보가 어떻게 저장되고 전달되는지에 대한 지식이 없었고 오파린은 코아세르베이트가 생명의 기원으로 그럴듯하지 않다는 것을 알지 못했다.

그러나 오파린의 결과는 나중에 다른 〈원시 세포〉 시나리오에 영감을 주었다. 마이애미 대학교의 생물학자 시드니 팍스 Sidney Fox가 이 시나리오를 주장한다. 팍스의 원시 세포는 아미노산을 물 없이 섞고 가열해서 만든 마구잡이로 중합된 아미노산의 작은 방울이다. 팍스는 이 중합체를 프로테노이드라고 부른다. 아미노산을 가열하여 중합하려고 하면 보통 시커먼 타르가 되고 이것은 아무 쓸모도 없다. 그러나 아미노산 중에 아스파르트산은 이 방법으로 중합하여 폴리펩티드를 만들 수 있다. 팍스는 아스파르트산이 있으면 다른 아미노산도 중합에 참여하여, 더 정확하게 말하면 공중합하여, 아스파르트산이 일부 포함된 폴리펩티드를 만든다는 것을 알았다. 다른 아미노산인 글루타민산으로 중합을 일으켜도 프로테노이드를 만들 수 있다.

프로테노이드를 물에 녹이면 지름이 1밀리미터의 수백 분의 일인 작은 공들이 생긴다. 오파린의 코아세르베이트와는 달리 이 공들은 방울이 아니라 속이 빈 프로테노이드 막소포이다(그림 8.10). 이것들은 서로 크기가 거의 같을 뿐 아니라 합쳐질 수도 있고 눈을 내어 새 공을 만들 수도 있어서 실제 세포와 훨씬 더 비슷하다. 팍스의 원시 세포는 생화학적 반응에 대해 어느 정도 촉매 효과도 보인다. 이것은 효소와 닮았지만 효소가 지닌 선택성은 없다. 이러한 성질을

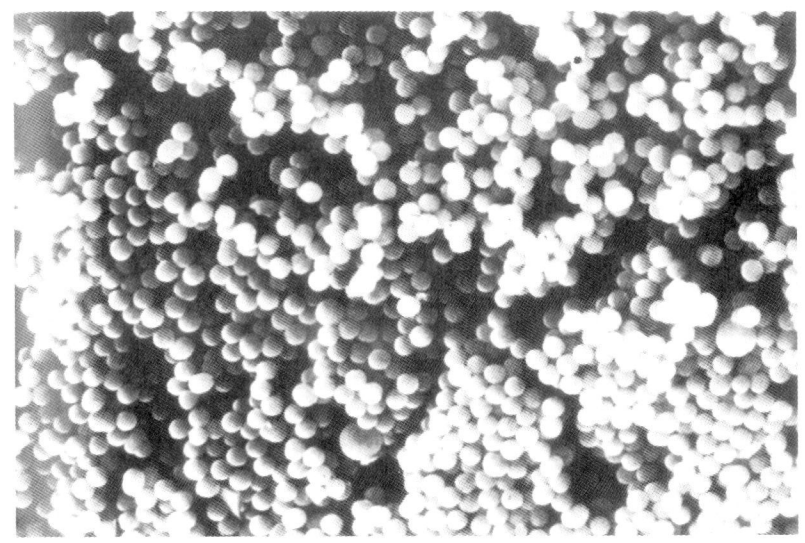

그림 8.10 아미노산을 중합하여 만든 시드니 팍스의 프로테노이드 공은 자라고 복제할 뿐 아니라 원시적인 대사도 한다. 팍스는 이것을 살아 있는 〈원시 세포〉로 간주할 수 있다고 말한다. (스티븐 브룩과 시드니 팍스의 사진, 시드니 팍스 제공)

보고 생명 이전의 진화에서 프로테노이드가 화학 반응이 일어나는 보호 그릇 역할을 했을 수 있다고 생각할 수 있다. 그러나 팍스는 더 나아가 프로테노이드 공 그 자체가 살아 있다고 할 수 있는 원시적인 시스템으로 발전했을 것이라고 말해서 많은 사람의 공격을 받았다. 이 원시 세포가 단백질과 비슷한 물질로 이루어졌기는 해도 코아세르베이트와 마찬가지로 유전 정보를 복제하고 전달하는 능력이 없기 때문에 이 생각은 옳지 않다.

아마도 생명 이전의 원시 세포로 가장 그럴듯한 것은 324쪽에서 말한 피에르 루이기 루이지의 스스로 복제하는 미셸일 것이다. 이것은 진짜 세포막처럼 양극성 분자로 이루어졌을 뿐 아니라 살아 있는 세포벽처럼 보이는 막소포를 형성할 수 있다. 그러나 루이지의 실험은 특별한 출발 물질을 사용했기 때문에 어떻게 초기 지구에서 이것들이 저절로 생겼을지에 대해서 적당한 설명이 없다.

4-3 DNA와 단백질: 어느 것이 먼저냐?

초기 지구에서 아미노산과 뉴클레오티드가 중합하여 중합체를 이루는 것이 실제로는 어려웠을지 모르지만 원리적으로는 가능하다. 아미노산의 중합은 물에서는 일어나기 어렵다. 아미노산 사이에 펩티드 결합이 생기려면 물 한 분자가 빠져 나와야 한다. 반대로 펩티드 결합은 물 한 분자가 더해져서 끊어질 수 있다(이 과정을 가수분해라고 부른다). 물이 많으면 펩티드 결합이 생기는 것보다 가수분해가 일어나는 것이 더 쉽다. 물이 마른 웅덩이나 화산 가까이의 뜨겁고 마른 환경에서는 농축된 아미노산이 이어져 폴리펩티드를 만들 수 있을 것 같지만 이런 과정을 흉내낸 실험에서는 폴리펩티드를 아주 소량밖에 얻을 수 없었다. 하지만 농축제라고 부르는 반응성 분자가 생성된 물을 〈빨아들인다〉면 아미노산들이 결합하기 쉽다. 예를 들어 사이아나마이드 화합물은 글리신과 루신 두 아미노산의 결합을 유도할 수 있다(그림 8.11). 초기 지구의 조건에서 시안화수소산에서 사이아나마이드가 나올 수 있다.

잔 오로와 시릴 폰남페루나와 동료들은 사이아나마이드 같은 농축제가 있으면 염기와 당과 인산 기에서 뉴클레오티드가 생기는 것도 쉬워진다는 것을 알았다. 캘리포니아 솔크 연구소의 레슬리 오겔 Leslie Orgel은 아연 등의 금속 이온이 뉴클레오티드가 올리고뉴클레오티드로 서로 이어지는 것을 돕는다는 것을 알았다(몇 개의 뉴클레오티드가 이어진 짧은 중합체를 올리고뉴클레오티드라고 부른다). 중합된 뉴클레오티드와 폴리펩티드가 준비되었으니 이제 원시 생명체의 핵산과 단백질에 금방 이를 수 있을 것 같다. 그러나 생명의 화학적 기원을 찾는 탐험이 끝나기는커녕 우리는 이제 가장 어려운 문제에 부딪혔다.

지금까지는 제멋대로인 운에 의지해 왔다. 다시 말해 다른 물질들이 마구 섞여 있는 데서 생명의 원료가 매우 조잡한 반응을 통해 나왔다. 그리고 이 원료 화합물들이 마구잡이로 이어져 중합체를 만들 수 있다는 것을 보았다. 그러나 생명은 마구잡이 과정이 아니다. 사

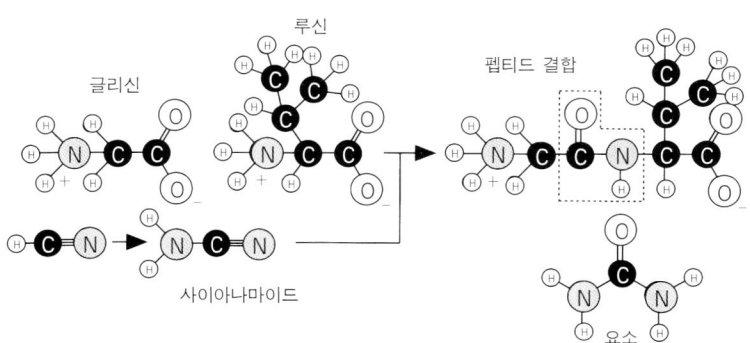

그림 8.11 아미노산인 글리신과 루신은 시아나마이드를 〈농축제〉로 써서 다이펩티드를 만들 수 있다.

실 생명은 우리가 아는 것 중 분자들이 가장 정교하게 조직된 것이다. 5장에서 본 것에 비추어 생명체는 최소한 세 가지 기능을 지녀야 한다. 자기복제와 재생 그리고 대사가 그것이다. 그리고 생명체는 그 안과 밖을 구분한 경계를 지녀야 할 것이다. 분자 수준에서 고도의 조직과 협동이 있어야만 이 모든 성질을 나타낼 수 있다. 어디서 이러한 조직이 왔는가? 지금까지 말한 마구잡이 화학 반응의 세상으로부터 올 수 있을까?

그러나 우리가 신의 도움을 요청하지 않는다면 그래야 한다. 여기까지 신의 도움 없이 왔으니 신의 도움은 더 필요할 때에 대비해 남겨 두는 것이 나을 것 같다.

생명체의 조직은 결국 유전자 구조, 즉 게놈에서 나온다. 게놈에는 생명체의 분자 기계를 만드는 데 필요한 모든 정보가 들어 있다. 이 분자 기계의 대부분은 단백질이지만 정보 자체는 핵산 DNA에 들어 있고 RNA를 거쳐 단백질로 번역된다. 이제 우리는 우레이-밀러 실험 이후 지난 30년 동안 생명의 기원을 연구하는 학자들을 괴롭힌 문제에 이르렀다. 뉴클레오티드를 마구잡이로 이어 DNA 비슷한 올리고뉴클레오티드를 만들어서는 생명체의 설계도를 다시 말해 생명에 필수적인 단백질의 설계도를 만들 가능성이 털끝만큼도 없다. 마찬가지로 아미노산을 마구 이어 성능 좋은 효소를 만들 가능성도 잊어버리는 편이 좋다. DNA와 단백질은 모두 의미 있는 정보로 가득 차 있다. 둘 다 어떤 목적에 맞게 프로그램된 것이다. 하지만 이 프로그램이 어떻게 시작되었는가?

다른 측면에서 문제를 볼 수도 있다. 단백질을 만들려면 그 설계도가 네 가지 글자로 적힌 DNA가 있어야 한다. 그러나 (마구잡이 폴리뉴클레오티드 사슬이 아닌) DNA는 단백질 효소의 도움이 있어야 만들 수 있다. 효소는 존재하는 DNA를 본으로 핵산의 새 가닥을 만든다. 단백질 없이 DNA로만 이루어진 세상에서 DNA에 담긴 정보로 단백질을 만드는 것을 상상할 수 있다. DNA 없이 단백질 효소로만 이루어진 세상에서 효소들이 서로 도와 비생물적 과정에서 생긴 뉴클레오티드로 핵산을 만드는 것을 상상할 수 있다. 그러나 이것 없이 저것을 만들거나 저것 없이 이것을 만드는 것은 상상할 수 없다. 생물의 기원을 다룰 때 닭이 먼저냐 달걀이 먼저냐 하는 것은 누구나 아는 철학적 패러독스가 아니라 정말로 해결해야 할 문제이다.

4-4 RNA 세상

1980년대 초에 단백질 DNA 고리를 풀 가능한 방법이 발견되었다. DNA를 단백질로 번역하는 중계자인 RNA 분자는 지금까지 거론하지 않았다. 하지만 최초로 나타난 자기복제하는 분자가 RNA였을 것이라고 생각하는 이유는 바로 이 중계자 역할 때문이다. RNA는 정보를 담을 수도 있고 (전달자 RNA, 즉 mRNA는 유전자에 담긴 정보를 나른다) 단백질 합성의 본이 될 수도 있다. 다시 말해 RNA는 생명체의 유전 설계도를 나르는 역할과 단백질 합성을 통해 이 유전 정보를 표현하는 역할을 모두 담당한다.

RNA가 최초의 분자 복제자일지 모른다는 생각은 1960년대에 처음 나왔지만 당시에는 별로 주목 받지 못했다. RNA를 복제하는 데도 DNA와 마찬가지로 효소의 도움이 있어야 하는 것 같았기 때문이다. 그러나 1980년대에 분자생물학자 시드니 알트만Sidney Altman과 토마스 체크Thomas Cech는 반드시 그렇지는 않다는 것을 발견했다. 그들이 알아낸 것은 어떤 RNA 분자가 다른 RNA 분자의 합성을 촉매하는 〈비단백질 효소〉로 작용한다는 것이었다. 이것이 의미하는 바는 효소 작용을 하는 RNA 분자는 자기 복제를 할 수 있을지도 모른다는 것이다. 체크와 알트만은 촉매로 작용하는 RNA을 리보자임이라고 부르기로 했다. 이 발견으로 1989년에 체크와 알트만은 노벨 화학상을 받았다.

리보자임을 고려하면 생물 출현 전의 세계에 복제하는 RNA 분자가 많이 있었을 것이라는 생각이 그럴듯해 보였다. 이것들을 살아 있다고 말할 수는 없겠지만 분명히 생명체로 가는 길에 있다고는 말할 수 있을 것이다. 하버드 대학교의 생물학자 월터 길버트Walter Gilbert는 이 시나리오에 〈RNA 세계〉라는 이름을 붙였다. RNA 세계에 최초로 등장하는 것은 스스로의 복제를 어느 정도 촉매할 수 있는 RNA를 닮은 간단한 올리고뉴클레오티드이다. RNA 주형의 복제가 완전하지 않기 때문에 가끔씩 복제 과정의 실수로 뉴클레오티드 배열에 돌연변이가 나타날 것이고 자연 선택에 의해 돌연변이체 중 복제를 더 잘하는 것이 다른 것들을 압도할 것이다. 이 RNA 복제자는 점점 더 효율적으로 되고 결국 여러 단백질을 모아 이용하는 법을 배우게 되었을 것이다. 아마도 RNA 복제자는 단백질들로 현재의 세포에서 일어나는 코돈 번역(5장 참고)을 흉내내게 되었을 것이다. 이런 단백질 중 어떤 것은 효소로 작용해서 RNA의 복제를 도왔을 것이다. 스스로의 효소를 만들어낼 수 있는 RNA는 그렇지 못한 것들을 압도했을 것이고 이 방향으로 전진하는 혈통이 진화 과정에서 다수를 차지하게 되었을 것이다. 한참 뒤에야 우라실이 티민으로 바뀐 RNA의 두 가닥 판이라고 할 수 있는 DNA가 나타났을 것이다. RNA에 유전 정보를 저장하는 것보다 DNA에 저장하는 것이 더 안전하기 때문에 점차 DNA가 복제 시스템의 중심 위치를 차지하고, RNA는 단백질 합성을 중계하는 역할로 몰려났을 것이다.

RNA가 촉매로 작용한다는 데서 이 시나리오가 나왔지만 생명이 RNA 세계에서 나왔을 것이라고 생각하는 데에는 다른 이유도 있다. DNA는 유전 정보를 저장하는 수동적인 기억 장치 역할만 하지만 여러 가지 RNA는 세포 안의 여러 생화학적 과정에 능동적으로 관여한다. 효소가 일을 하는데 필요한 분자인 조효소 가운데 다수가 진짜 RNA 뉴클레오티드이거나 RNA와 비슷한 분자이다. 이것은 단백질이 생화학 효소의 주역을 맡기 전까지 RNA 비슷한 분자들이 다양한 역할을 했으리라는 짐작을 하게 한다.(일본 도쿄대학교의 와다나베 기미수나Watanabe Kimitsuna와 동료들은 1998년에 리보솜의 23S RNA가 홀로 펩티드 결합 형성을 촉매할 수 있다는 것을 보였다. 2000년에 밝혀진 리보솜의 결정 구조를 보면 활성 자리가 단백질 없이 RNA만으로 이루어져 있다. ── 옮긴이)

그렇지만 RNA 세계 시나리오에 문제가 없는 것은 아니다. 가장 큰 문제는 RNA 비슷한 분자가 어떻게 나타나게 되었느냐 하는 것이다. 어렵기는 해도 뉴클레오티드의 기본 성분을 간단한 유기 분자로부터 만들 수 있다. 농축제가 있다면 뉴클레오티드가 마구잡이로 이어지겠지만 이렇게 생긴 올리고뉴클레오티드에는 정보가 가득 담긴 RNA와 달리 해석할 유전 정보가 없다. 생명이 RNA에서 바로 시작했다기보다는 비슷하기는 해도 더 간단한 복제할 수 있고 조잡한 유전 정보를 나를 수 있는 분자에서 출발했을 것 같다. 아마도 D-리보오스가 아닌 다른 당이 이 RNA 복제자에 들어 있다가 이 잡탕에서 충실하게 자기 복제를 할 수 있는 진짜 RNA와 비슷한 분자가 점차로 걸러졌을지 모른다. 만약 그렇다면 이 최초의 복제자는 무엇이었을까?

4-5 최초의 복제자

실제로든 상상이든 RNA보다 훨씬 덜 복잡하지만 어느 정도 자기 복제할 수 있는 분자 시스템의 예를 지금까지 여러 개 보았다. 카이언스스미스의 (가상적인) 진흙 광물이 그렇고 루이지의 자기촉매 미셀이 그렇다. 캘리포니아 라 홀라에 있는 스크립스 병원 연구소의 분자생물학자 제럴드 조이스Gerald Joyce는 이런 시스템이 더 복잡한 복제자가 나오기 쉽도록 환경을 바꾸거나 그 자체가 RNA 같은 분자의 합성을 촉매해서 RNA나 그 전구체로 이르는 길을 열었을지 모른다고 생각한다.

어느 정도 연구된 RNA 전구체의 후보로는 글리세롤과 퓨린 염기로 이루어진 〈의사(疑似)뉴클레오시드〉가 있다. (뉴클레오시드는 핵산 염기에 리보오스나 디옥시리보오스 당이 붙은 것이다. 이것을 인산기가 없는 뉴클레오티드라고 생각할 수도 있다.) 핵산 당과 달리 글리세롤은 고리 모양 분자가 아니고 글리세롤과 퓨린 염기로 만든 뉴클레오시드와 비슷한 분자는 진짜 RNA와 달리 거울 대칭이다. 리보오스-퓨린 조합에서는 가능한 구조 이성질체와 광학 이성질체가 엄청나게 많지만 글리세롤 유사체에서는 이성질체가 그에 비해 훨씬 적고 화학도 훨씬 단순하다. 이런 분자가 모여 올리고머(짧은 중합체 사슬)를 만든다면 이것이 주형이 되어 진짜 RNA 뉴클레오티드 사슬을 만들 수 있을 것이다.

독일인 화학자 군터 폰 키드로브스키 Gunter von Kiedrowski는 1986년에 DNA 복제와 더 닮은 합성 분자의 복제를 보였다. 보완적인 시토신과 구아닌 염기를 포함한 뉴클레오티드 여섯 개가 이어진 분자에 폰 키드로브스키는 이 분자를 둘로 나눈 조각인 뉴클레오티드 세 개짜리 조각을 더했다. 이렇게 하면 두 조각이 이어져 여섯 개짜리 주형과 똑같은 것이 복제된다(그림 8.12a). 원래의 6개짜리 분자가 자기 보완적이어서 같은 분자와 결합할 수 있기 때문에 이 주형 조립 과정은 복제이다.

레슬리 오겔 그룹은 반쯤 만들어진 덩이들을 쓰는 폰 키드로브스키의 실험에서 더 나아가 올리고뉴클레오티드가 뉴클레오티드 각각에 대응하는 상보적인 가닥을 조립하는 데 주형으로 쓰일 수 있다는 것을 보였다(그림 8.12b). 그러나 주형과 같은 가닥이 생기는 것이 아니라 상보적인 가닥이 생기기 때문에 이것은 일종의 복사이기는 해도 복제라고는 할 수 없다.

그러나 이러한 방법으로 더 긴 가닥을 만든다면 문제가 생긴다.

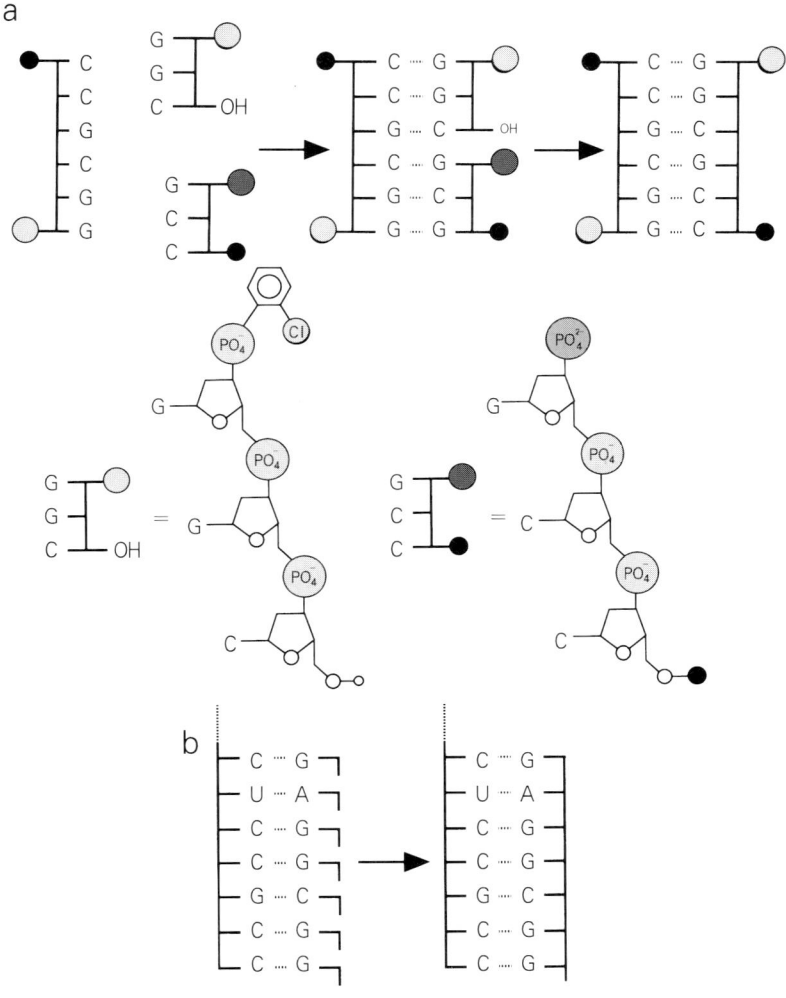

그림 8.12 합성한 유사 DNA 뉴클레오티드 가닥은 같은 가닥이나 상보적인 가닥을 만드는 주형으로 작용할 수 있다. 군터 폰 키드로프스키는 (a)에서 뉴클레오티드 육합체 가닥이 두 삼합체 조각으로부터 스스로의 복제를 촉매할 수 있다는 것을 발견했다. 레슬리 오겔은 상보적인 가닥 위에서 아미노산이 하나씩 붙어서 더 긴 가닥을 만들 수 있다는 것을 발견했다(b). 그러나 가닥이 길어지면 복사 과정에서 〈실수〉가 일어나기 쉽다. DNA 복제에서는 교정 효소가 이런 실수를 찾아 고친다.

복제된 가닥이 떨어져야 또 다른 복제를 촉매할 테지만 상보적인 가닥이 주형 위에 한 번 생기면 이것은 안정한 이중나선을 형성해서 떨어지지 않는다. 그리고 오겔의 실험에서 올리고뉴클레오티드의 길이가 약 열 개 이상이 되면 복사의 충실도가 떨어지기 시작한다. 이 결과는 DNA 복제에 쓰이는 복잡한 효소 작용 없이는 핵산 사슬에 저장된 정보를 모두 재생산할 수 없다는 것을 보여준다.

지금까지 행해진 이러한 화합물에 대한 몇 안 되는 연구들만 가지고 어떻게 유사 RNA 분자들이 진짜 RNA 세계를 만들었는지는 알 수 없다. 최초의 복제자들이 화학을 생물학으로 바꾸었다면 이 분자들은 진화했을 것이다. 정보를 저장하고 전달할 뿐 아니라 진화에 유리한 돌연변이를 일으킬 수 있게 되어서 생존에 유리하게 적응해 갔을 것이다. 분자 수준에서 작용한 진화와 자연 선택이 복제하는 분자들을 점점 더 영리하게 몰고 갔을 것이다.

이제 이러한 문제와 불확실성을 실험적으로 시험할 수 있게 되었다는 것은 과학자들을 흥분시킨다. 5장의 마지막에서 말한 것처럼 과학자들이 이제 생명 탄생 전의 화학을 진화적 관점에서 생각하기 시작했다는 것은 정말로 놀랍다. 다윈이 고도로 진화한 생명체를 연구하여 개발한 돌연변이와 자연 선택과 같은 개념들을 과학자들은 분자에도 적용하기 시작했다. RNA 세계에서 시험해 볼 수 있는 생각들을 찾을 수 있고 생명의 화학적 기원에 대한 연구의 새 측면을 볼 수 있다. 이제 처음부터 끝까지 무기화학부터 생물학까지를 모두 붙들고 연구할 필요가 없어졌다. 이제 문제는, 대부분의 영역이 아직 비어있지만 몇 군데 윤곽이 드러난 그림 맞추기 퍼즐을 닮아가고 있다. 어떻게 키랄 비대칭성이 생겼는지 아미노산의 근원이 어디인지에 대한 확실한 답을 모르고 어떻게 RNA 세계가 생겼는지 여기서 어떻게 DNA 세계로 옮겨갔는지 아직 모른다. 그러나 전체적인 그림이 그려지기 시작했고 이제 답을 얻을 수 있을 것 같은 질문들에

집중할 수 있게 되었다. 답을 하나씩 얻을 때마다 돌아가서 빈자리를 메울 수 있을 것이다. 우리가 모두 어디에서 왔느냐라는 세상에서 가장 큰 수수께끼에 대해 이제는 더 이상 속수무책이 아니다.

9

분자 세계의 소우주

……물리 현상들이 만드는 모양은
생물이 만드는 모양만큼 아름답고 다양하다.
—다시 웬트워스 톰슨

　17세기에 수학은 과학의 공식적인 언어가 되었다. 당시 수학은 〈과학의 여왕〉이라는 이름을 얻었다. 아이작 뉴턴이나 르네 데카르트 Rene Descartes나 고트프리트 라이프니츠 Gottfried Leibniz처럼 이성의 새 시대를 연 주역들에게 자연계의 움직임에 대한 그들의 연구를 올바르게 표현하는 방법은 수학적인 공식을 사용하는 것이었다. 특히 라이프니츠는 모든 연구가 그것이 과학적이든 역사적이든 철학적이든 경제적이든지 간에 수학이라는 보편 언어로 표현되어야 한다고 생각했다. 이것은 수학의 보편성을 지나치게 과장한 것이겠지만 수학이 과학적인 근본 원리를 표현하는 방법이라는 데에는 대체로 합의가 이루어져 있다. 거리의 제곱에 반비례하는 뉴턴의 중력 법칙에서 아인슈타인의 $E=mc^2$에 이르기까지 세계 각국의 과학자들은 이 보편 언어로 뜻을 전했다. 어떤 과학 논문의 경우 문장은 거의 의미가 없고 공식이 모든 것을 주장한다.

무엇보다도 수학이 매우 효과적이었기 때문에 이것이 관례가 되었다. 헝가리 태생 미국인 물리학자 유진 위그너 Eugene Wigner에 따르면 〈터무니없을〉 정도로 정확히 수학은 자연의 움직임을 묘사할 수 있다. 왜 그럴까? 어떤 과학자들은 수학을 인공적인 것이라고 생각한다. 수학은 우리의 목적을 위한 독단적인 형식론일 뿐이라는 것이다. 다른 과학자들은 수학이 아원자 입자나 물질에 작용하는 근본적인 힘과 함께 자연의 일부라고 생각한다.

수학은 매우 형식적인 언어이다. 미숙련자에게 수학 논문은 마치 고대 인도어로 쓰인 것처럼 보일지 모른다. 그러나 기하학에서 보듯이 수학은 규칙적이고 예측 가능한 것의 가장 좋은 예이다. 수학적인 세계는 완전하고 단순한 대칭성을 가진 모양인 원, 정사각형, 직선들로 이루어진 것 같다. 고대인들은 완전한 기하학적 모양의 아름다움에 감탄하여 이것들이 신에게서 비롯되었다고 생각했다. 플라톤은 〈기하학은 영혼을 진실로 이끌고 가장 철학적인 것을 창조한다〉고 말했다. 플라톤은 흙, 공기, 불, 물로 이루어진 4원소의 근본 입자 모양이 유클리드가 발견한 완전한 삼차원 입체들일 것이라고 생각했다. 피타고라스와 그 제자들에게 수는 자연계를 정량하기 위한 수단이 아니라 세상을 이루는 바로 그 본질이었다.

자연의 근본 법칙으로 수학적인 완전함을 가정하는 이러한 신화적인 믿음을 16세기 천문학자 요한 케플러 Johann Kepler가 한 일에서도 볼 수 있다. 케플러는 유클리드의 완전 입체들에 내접하는 여섯 행성의 궤도를 묘사하려고 했다. 갈릴레오의 태양 중심설에 관한 반대 이유 중 가장 큰 것은 지구의 궤도가 원이 아니라 타원이라는 것이었다. 어떻게 천상의 물체가 완전한 원이 아닌 다른 궤도를 그릴 수 있겠는가?

그러나 19세기 이후 굳은 믿음을 지녔던 과학자들이 의심을 품기 시작했다. 도대체 자연적인 물체 중에 완전한 원이나 구나 정육각형이나 정육면체나 정사면체 모양을 한 것이 몇이나 되는가? 그에 비해 자연이 기하학을 전혀 고려하지 않는다는 증거는 수없이 많다. 우리가 보는 것은 온갖 불규칙적인 모양의 나무와 구름과 꽃과 산과 생물체들이다. 만약 수학이 과학의 언어라면 과학이 이 온갖 복잡한 모양들을 어떻게 설명할 수 있을까?

이 질문이 이 장의 주제이다. 분자들이 어떻게 모여서 우리 주변에 보이는 모양들을 만드는지를 설명하는 것은 화학자들의 임무이기 때문에 화학자들은 이 질문에 자주 부딪힌다. 이 장의 시작에서 인용한 과학자 다시 톰슨에 따르면 〈진짜 과학을 판별하는 기준이 수학과의 관련이기 때문에…… 칸트는 그 당시의 화학이 과학이라고 불리기는 하지만 진정한 의미의 과학은 아니라고 선언했다〉. 톰슨은 물리학, 수학, 기계학에 대한 박학한 지식을 동원하여 자연의 복잡한 모양을 설명하려는 시도로 『성장과 모양에 대하여 On Growth and Form』라는 특이하지만 영향력 있는 책을 썼다. 여기서 그는 기하학과 생물계가 서로 배타적인 것이 아니라는 것을 보였다.

오늘날 화학은 대단히 수학적이다. 하지만 분자 사이의 상호 작용을 나타내는 간단한 공식 몇 개로 다분자계를 설명하려는 〈환원주의적〉 방법은 분자가 많아지면 곧 벽에 부딪힌다. 따라서 과거에는 세상의 많은 시스템들이 너무 복잡해서 수학적인 분석이 사실상 불가능하다고 간주되었다. 그러나 지난 수십 년 동안의 가장 놀라운 발견 중 하나는 복잡성이 반드시 무질서하거나 다룰 수 없거나 어지러운 것은 아니라는 것이다. 오히려 복잡성은 질서의 근원으로, 간단한 시스템이 나타내는 기하학적인 무미건조함과 달리 자주 놀랍도록 다양한 모양patterns을 만드는 것처럼 보인다. 정말로 놀라운 것은 복잡한 계를 수학적으로 기술하는 데에 수학적인 근본 요소가 필요하지 않다는 것이다. 환원주의자는 시스템을 구성하는 요소들 사이의 가장 단조로운 상호 작용만을 볼 뿐이지만 시스템을 하나로 보는 〈전일주의자holist〉는 같은 곳에서 구성 요소들이 복잡한 조직을 이룰 수 있는 가능성을 발견한다.

복잡성에서 비롯한 많은 모양들은 자연계에서 볼 수 있는 섬세하고 아름다운 〈유기적〉 모양들을 닮았다. 그리고 전혀 관련이 없을 것 같은 시스템들에서 비슷한 모양들을 볼 수 있다. 이것들의 공통점 한 가지는 많은 경우 이 시스템들이 빠르고 불안정한 변환 과정 중에 있다는 것이다. 이 때문에 평형에서 멀리 떨어진 시스템이 만드는 모양들을 하나의 이론으로 설명할 수 있으리라 기대할 수 있다.

1 결정에 생기를 불어넣기

1-1 낯선 소우주

자연적인 광물의 아름다움은 그 대칭성에서 나온다. 그러나 이러한 프리즘 모양을 복잡하다고 할 사람은 아무도 없다. 결정에서 원자나 분자는 규칙적으로 층을 이루며 쌓여 있고, 한 원자를 에워싼 주위의 원자들은 규칙적이고 기하학적인 배열을 이룬다는 것을 4장에서 보았다. 이러한 층 쌓기 때문에 흔히 볼 수 있는 결정의 매끈한 면과 각진 모서리가 생긴다.

결정이 자라는 동안에 규칙적인 층들이 생기려면 자라는 결정에 더해지는 원자들이 적당한 자리를 찾을 수 있어야 한다. 원자들이 결정에 부딪히자마자 바로 달라붙는 것은 소용이 없다. 원자들은 규칙적인 격자에서 빈자리를 찾을 때까지 결정의 표면을 돌아다닐 수 있어야 한다. 이렇게 되려면 일반적으로 결정이 천천히 자라야 한다. 그러나 만약 결정이 너무 빨리 자라서 〈결함〉 원자가 제자리를 찾을 시간이 없다면, 따라서 처음 부딪힌 곳이 규칙적인 격자의 자리이든 아니든 간에 그 자리에 머무른다면 어떻게 되겠는가? 액체의 온도를 갑자기 어는점 아래로 내려 〈과냉각〉 액체를 만들면 이러한 결정 성장을 유도할 수 있다. 이 경우에 결정이 자라는 것은 비평형 과정이다. 뜨거운 액체를 식히는 대신 그 물질을 녹인 포화 용액의 온도를 갑자기 낮추어도 고체의 비평형 결정 성장을 유도할 수 있다. 포화 용액이란 그 물질을 더 녹일 수 없는 용액을 말한다 (어떤 사람들은 커피를 설탕으로 포화시키기 때문에 바닥에 녹지 않은 설탕이 남는다). 용액의 온도가 높으면 보통 포화 용액에 더 많은 물질을 녹일 수 있기 때문에 포화 용액을 갑자기 식히면 일부가 용액에서 밀려나 고체로 가라앉는다.

　비평형 조건에서 자란 결정은 면들이 정확한 각을 이루는 기하학적인 프리즘 모양과 전혀 다를 수 있다. 〈그림 9.1〉의 모양들은 뜨거운 기체로부터 철과 크롬과 실리콘의 합금 결정이 빨리 굳을 때 생긴 것이다. 이 모양들은 아주 우아하고 살아있는 생물을 연상시킨다. 전자 현미경으로 들여다보면 이 물질이 만든 온갖 이상한 모양을 볼 수 있고 이것은 공상 과학 영화에 나오는 외계의 풍경처럼 아무것과도 닮지 않았다. 그러나 이러한 구조가 마구잡이이거나 불규칙하지는 않다. 복잡하기는 하지만 거기에는 대칭성과 어떤 모양이 있다. 평형에서 아주 먼 이 과정에 무엇인가가 있어 규칙성이 나타난다.

1-2 가는 가지들

　비평형 결정 성장을 이해하기 위해 과학자들은 응집이라는 결정 성장 방식에 주목했다. 응집 과정에서는 작은 입자들이 포도송이처럼 달라붙은 뭉치에 충돌하며 자란다. 뭉치에 부딪힌 입자는 부딪힌 바로 그 곳에 달라붙는다. 이 과정은 원자들이 재배열할 시간이 없

그림 9.1 기체를 찬 표면에 식혀서 고체를 만들면 (Cr, Fe)$_5$ Si$_3$ 같은 금속-규소 화합물은 이상하고 우아한 모양의 결정을 만든다. (일본 기푸 대학교 세이지 모토지마 제공)

는 빠른 결정 성장과 닮았다. 응집은 자연에서 흔히 볼 수 있다. 예를 들어 연기에서 작은 조각들이 달라붙어 커다란 그을음 입자를 만들거나, 작은 유기 물질 조각들이 솜뭉치처럼 붙어서 물을 탁하게 하는 과정이 응집이다.

응집 과정에서 뭉치가 자라는 속도는 입자가 주위의 매질에서부터 뭉치의 표면에 도달하기까지 걸리는 시간에 의해 결정되는 경우가 많다. 매질 속에서 입자가 제멋대로 움직이는 것을 확산이라고 부르고 이 확산이 속도를 결정하는 응집 과정을 확산 제한 응집diffusion-limited aggregation(DLA)이라고 부른다. DLA에 의해 자라는 뭉치들은 점점 더 벌어지는 섬세한 가지를 만든다(그림 9.2). 가지가 자라기 시작하면 새 입자들은 뭉치의 중심에 이르기 전에 먼저 가지에 부딪혀 달라붙게 되므로 가지 사이의 〈골짜기〉는 영영 채워지지 않는다.

자세히 들여다보면 DLA 뭉치에는 이상한 성질이 있다. 현미경으로 큰 뭉치를 들여다보자. 우리는 매우 불규칙적으로 갈라진 가지들

그림 9.2 확산 제한 응집(DLA)에서 생긴 입자의 뭉치는 가는 가지 모양으로 자란다. 그림에 보인 뭉치는 입자가 마구잡이로 돌아다니다가 다른 입자와 만나 달라붙는 과정을 흉내낸 컴퓨터 모델에서 나온 것이다. (오슬로 대학교 토머스 레이지와 폴 미킨 제공)

을 보게 될 것이다. 현미경의 배율을 더 높여서 뭉치의 한 부분을 더 자세히 보자. 조금 전에 겨우 구분할 수 있었던 가지들을 이제 훨씬 쉽게 알아볼 수 있지만 여전히 더 작은 가지들이 보일 것이다. 현미경으로 보이는 모습은 조금 전에 낮은 배율로 보았던 것과 거의 같을 것이다(그림 9.3). 배율을 더 높여 보아도 마찬가지다. 불규칙한 표면에는 조금 전에 보이지 않았던 더 가는 구조들이 있어서 전체적인 모습은 거의 같을 것이다.

배율을 바꾸어도 구조가 바뀌지 않는 물체를 스스로 닮았다고 한다. 스스로 닮은 구조에는 크기를 잴 수 있는 자가 없다. 바둑판 모양의 길들이 뉴욕 시를 비슷한 크기의 정사각형들로 나누고 있어서 〈블록〉이 뉴욕 시에서 길이를 재는 편리한 자가 될 수 있다는 것은 4장에서 보았다. 이것은 정상적인 결정의 경우에도 마찬가지여서 길이를 단위 세포의 수로 잴 수 있다. 그러나 스스로 닮은 구조에서는 길이를 잴 수 있는 특징적인 크기의 토막을 찾을 수 없다. 왜냐하면 스스로 닮았다는 정의에 의해 그 토막은 더 작은 토막들로 이루어져 있기 때문이다. 스스로 닮은 구조에는 〈길이의 척도가 없다〉.

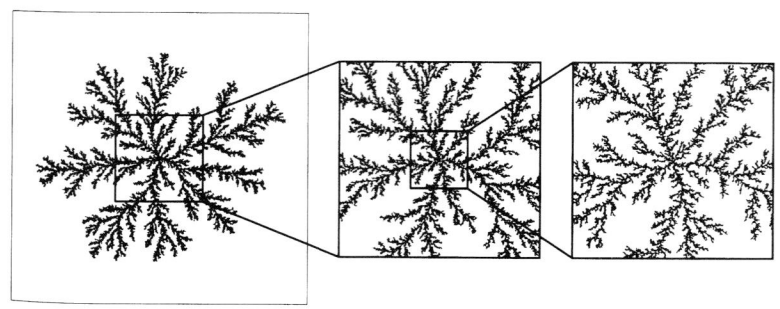

그림 9.3 DLA 뭉치를 더 자세히 들여다볼수록 더 가는 구조가 드러난다. 따라서 여러 단계로 확대해도 뭉치는 같아 보인다. 이런 성질을 스스로 닮았다고 한다. (오슬로 대학교 토마스 레이지와 폴 미킨 제공)

DLA 뭉치의 가지 하나하나는 입자들이 실처럼 가늘게 이어진 일차원적인 것이다. 그러나 이것이 자라면 〈그림 9.2〉에서 보는 것처럼 이차원 면을 채운다. (그을음 같은 실재 DLA 뭉치는 삼차원의 모든 방향으로 가는 가지를 뻗지만 컴퓨터로 그린 〈납작한〉 모습이 더 알아보기 쉽다.) 납작한 DLA 뭉치는 일차원인가 이차원인가?

　물체의 차원을 정하는 쉬운 방법은 그것이 자랄 때 무게가 어떻게 느는지 보는 것이다. 줄 모양의 물체에 든 것은 예를 들어 줄을 긋는 데 필요한 잉크의 양은 길이에 비례한다. 〈그림 9.4a〉의 가는 실로 만든 별 같은 물체의 지름이 커지면 무게도 같은 비율로 커진다. 수학적으로 말해서 물체의 무게는 지름에 비례한다. 이런 성질을 지닌 물체는 일차원이다. 그러나 〈그림 9.4b〉의 속이 꽉 찬 물체에 든 것(즉, 그 물체의 질량)은 면적에 비례하고 따라서 지름의 제곱(지름×지름, 즉 (지름)^2)에 비례한다. 이것은 이차원 물체의 특징이다. 공 같은 삼차원 물체의 질량은 지름의 세제곱(지름×지름×지름, 즉 (지름)^3)에 비례하는 부피를 따른다.

　이제 물체의 차원과 지름(또는 길이)과 질량과의 관계를 알았다.

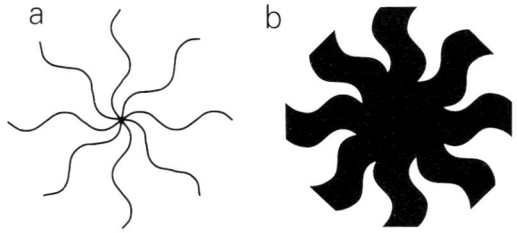

그림 9.4 크기가 커질 때 질량이 어떻게 느는지를 보고 물체의 차원을 알 수 있다. 일차원 물체(a)의 경우 질량은 길이에 비례한다. 이차원 물체(b)의 경우 질량은 길이의 제곱에 비례한다. 〈그림 9.2〉에 보인 것 같은 〈납작한〉 DLA 뭉치는 일차원도 이차원도 아닌 1과 2 사이의 비정수 차원이다. 이것은 쪽거리 모양의 독특한 성질이다.

물체의 질량은 물체의 지름을 차원만큼 제곱한 것에 비례한다. DLA 뭉치가 자랄 때 질량이 어떻게 늘어나는지를 재서 DLA 뭉치의 차원을 결정할 수 있다. 컴퓨터에서 DLA 과정을 흉내내서 쉽게 이 일을 할 수 있다.

이 컴퓨터 실험의 결과는 뜻밖이다. 질량은 지름에 비례하는 것도 아니고 지름의 제곱에 비례하는 것도 아니고 그 사이의 값인 지름의 1.7제곱(즉, (지름)$^{1.7}$)에 비례한다. (어떤 값을 1.7제곱한다는 것은 직관이 아니지만 이것을 계산하는 수학적 방법은 있다. 로그표만 있으면 충분하다.) 앞에서 배운 대로라면 뭉치는 1.7차원이다. 이것은 무슨 뜻인가? 우리는 차원을 정수로만 생각해 왔다. 선에 갇힌 입자는 일차원에서만 움직일 수 있다. 면에 갇힌 입자는 이차원에서만 움직일 수 있다. 그리고 우리의 일상 세계는 삼차원이다. 그런데 어떻게 입자가 1.7차원에 갇힐 수 있는가?

1-3 자연의 기하학?

수학자 베누아 만델브로 Benoit Mandelbrot는 차원이 정수가 아닌 물체를 발견하고 쪽거리(프랙털 fractal)라는 이름을 붙였다. 하지만 이것이 기하학적인 상식과 맞지 않았기 때문에 그는 속으로는 이것을 〈괴물〉이라고 생각했다. 하지만 이제 쪽거리가 추상적인 수학 세계에서 온 무시무시하게 생긴 침략자가 아니라는 것은 분명하다. 쪽거리 성질을 보이는 물체들은 우리 주위에 널려 있다. 나무의 뿌리와 가지에는 쪽거리 성질이 있어서 갈래치기가 점점 더 작은 크기로 되풀이된다(그림 9.5). 거의 모든 구름이 쪽거리 구조이고 산악 지대의 땅 모양과 강의 수계도 그렇다(그림 9.6). 해안선도 쪽거리 모양이다. 우주에서 본 대륙의 해안선에서부터 소축적 지도에 나타난 만과 후미까지 땅과 바다의 경계에는 여전히 더 작은 구조가 있다.

사실 쪽거리는 자연계에서 너무 자주 나타나기 때문에 이렇게 오

그림 9.5 나무의 뿌리나 가지 같은 자연의 많은 모양들은 스스로 닮은 구조이다. 아프리카 연안 소코트라 섬에서 자라는 용핏줄 나무에서 이 예를 한 눈에 볼 수 있다. 나무 가지가 갈래친 모양과 〈그림 9.7〉의 모양을 비교해 보라. (밀너/아카시아 제공)

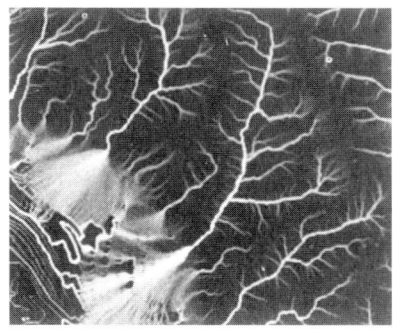

그림 9.6 산과 강 같은 지형도 스스로 닮은 성질과 쪽거리 기하학의 특징을 보인다. 예를 들어 산맥은 넓은 길이 척도에서 스스로 닮았고 강들이 이루는 수계에는 여기에 (흰색으로) 보인 네바다 주 동북부의 것처럼 복잡한 갈래치기 구조가 있다.

랫동안 못보고 지나쳤다는 것을 믿기 어려울 정도이다. 아마도 이것은 모양에 대한 생각을 완전히 바꾸어야 하기 때문이었을 것이다. 우리는 물체를 기하학적인 윤곽으로 묘사하는 데 익숙하다. 네모난 집, 둥근 사과 이렇게 말이다. 그러나 쪽거리는 이렇게 묘사할 수 없다. 쪽거리의 윤곽은 너무 복잡하고 스스로 닮았기 때문에 특징적인 단위로 전체 모양을 만들 수도 없다. 그 대신 쪽거리 모양을 묘사하는 자연스러운 방법은 기하학적인 것이 아니라 〈알고리듬적〉이다. 모양을 그림으로 설명하는 대신 모양을 만드는 〈규칙들〉로 쪽거리 물체를 묘사한다. 나무 모양 쪽거리를 묘사하려면 이렇게 말할 수 있다. 〈한 선에서 출발한다. 거리 d에서 특정한 각도로 벌어진 두 선으로 갈래친다. 거리 $\frac{1}{2}d$에서 같은 방법으로 갈래친다. $\frac{1}{2} \times \frac{1}{2} d$ (즉 $\frac{1}{4}d$), $\frac{1}{2} \times \frac{1}{2} \times \frac{1}{2}d$ 등에서 같은 방법으로 계속한다.〉 이렇게 만든 모양은 〈그림 9.7〉처럼 보일 것이다. 기본 규칙은 이것이다. 갈래치는 곳마다 길이를 반으로 (폭도 반으로) 하여 두 선을 긋고 이를 되풀이한다. 이렇게 명령을 차례차례 모아 놓은 것을 알고리듬이라고 한다. 컴퓨터 과학에서 알고리듬은 문제를 풀기 위해 프로그램이 따라야 할 차례들을 뜻한다. 알고리듬이란 본질적으로 어떤 일을 하기 위한 전략이다.

〈그림 9.8〉에 셔핀스키 개스킷이라고 불리는 또 다른 쪽거리 물체가 있다. 이 구조를 만드는 알고리듬은 이렇다. 까만 삼각형을 크기가 같은 삼각형 네 개로 나누고 가운데 있는 삼각형을 들어낸다. 이 조작을 하고 나면 넓이가 원래 삼각형의 사 분의 일인 삼각형 세 개가 남는다. 이제 남은 세 삼각형에 대해 이 조작을 되풀이한다. 완전한 쪽거리 물체를 얻으려면 알고리듬이 무한 번 계속되어야 한다. 이렇게 하면 검은 삼각형은 점점 더 작아지고 결국 검은 삼각형이 모두 사라져 빈자리만 남을 것이라고 생각하는 사람이 있을지도 모르겠다. 하지만 알고리듬이 되풀이 될 때마다 없어지는 넓이의 세

그림 9.7 기둥이 잘 정의된 절차에 따라 반복적으로 가지치기를 하는 간단한 알고리듬에서 쪽거리 〈나무〉가 나온다. (스스로 닮은 성질을 유지하기 위해 가지의 폭도 바꾸었다.) 이런 간단한 규칙으로 자연에서 보는 것과 비슷한 모양을 여러 가지 만들 수 있다.

배가 남으므로 결코 검은 삼각형을 모두 들어낼 수는 없다. 이상적인 셔핀스키 개스킷은 아주 고운 스펀지 같다. 처음에 이차원 공간을 〈채운〉 검은 삼각형에서 시작했지만 알고리듬을 무한 번 되풀이한 후 남은 것은 이차원이 아니라 분수 (즉 쪽거리) 차원의 물체이다. 셔핀스키 개스킷은 1.58차원이다.

〈그림 9.8〉에 보인 것은 완전한 쪽거리 셔핀스키 개스킷이 아니다.

그림 9.8 시르핀스키 개스킷은 정삼각형의 가운데를 거듭 들어내서 만든다. 결국 남는 것은 차원이 1.58인 고운 스펀지 같은 물체이다.

계속 되풀이하면 세부를 그림으로 나타내기 어렵기 때문에 여섯 번 반복한 다음 멈추었다. 그리고 자연에서도 스스로를 닮은 물체들이 제한된 척도에서만 그렇다. 너무 작아지면 결국 새로운 요소가 (세포 구조나 분자 구조가) 모양을 결정한다.

전혀 관련이 없는 자연계의 이곳 저곳에서 쪽거리가 너무 자주 나타나기 때문에 만델브로는 스스로 닮은 쪽거리를 〈자연의 기하〉라고 선언했다. 이 주장이 옳던 그르던 간에 쪽거리 기하학을 통해 자연계의 복잡한 모양 뒤에 놓여 있는 일관된 원리를 어느 정도 알 수 있다. 그리고 DLA 뭉치의 예는 또 다른 중요한 점을 보여준다. 쪽거리 기하학은 보통 평형에서 벗어난 과정에서 나타난다.

1-4 손가락과 눈송이

쪽거리 DLA형 뭉치들은 전기 석출이라는 과정에서도 생길 수 있다. 용액에 담근 전극에 전압을 걸면 금속 이온들이 녹아 있는 용액에서 금속 뭉치가 자란다. 전극의 전압이 비교적 낮으면 천천히 석출이 일어나서 매끈한 금속막이 생긴다. 이것이 전기 도금의 원리이다. 하지만 전압이 높으면 이 과정이 평형에 가까운 조건에서 진행될 수 없다. 이 경우 석출된 금속의 모양은 매우 불규칙적이다(그림 9.9). 전기 석출은 여러 면에서 DLA을 실험적으로 실현한 것이라고 볼 수 있는데 이것은 1984년에 케임브리지 대학교의 로빈 볼Robin Ball과 로버트 브래디Robert Brady가 발견하였다. 〈그림 9.9〉에 보인 금속 뭉치의 쪽거리 차원은 1.7이고 이것은 〈그림 9.2〉에서 본 컴퓨터로 만든 DLA 뭉치의 차원과 거의 같다.

그림 9.9 전기 석출 과정으로 DLA 뭉치처럼 생긴 금속 석출물을 만들 수 있다. 여기에 보인 것은 〈그림 9.2〉에 보인 DLA 뭉치처럼 쪽거리 차원이 1.7이다. (케임브리지 대학교 존 멜로스 제공)

전극의 전압을 바꾸면 석출 과정을 평형에서 멀거나 가깝게 마음대로 조절할 수 있다. 실험을 하다 보면 항상 매끈한 석출이나 DLA형 쪽거리 모양이나 나타나는 것은 아니라는 것을 알 수 있다. 어떤 전압에서는 성장 방법이 바뀌어 다양한 모양이 나타난다. 〈그림 9.10〉에 보인 두 가지 모양은 DLA 성장 방식으로 자란 것이 아니다. 〈그림 9.10a〉의 모양을 빽빽이 갈래친 모양이라고 부른다. 여기서 줄기들은 가는 실같은 모양이 아니라 끝이 갈라진 손가락처럼 보인다. 〈그림 9.10b〉에 보인 성장 방식은 그보다는 더 규칙적이다. 가는 가지들은 더 대칭적으로 갈래를 뻗고 중심 가지는 끝이 갈라지지 않고 곁가지만을 만든다. 이 방식을 나뭇가지 성장이라고 부른다.

다른 시스템에서도 이 두 모양을 볼 수 있다. 예를 들어 물을 기름에 주입하는 것처럼 한 액체를 서로 섞이지 않는 더 끈끈한 액체에 주입하면 빽빽이 갈래친 모양을 볼 수 있다. 이때 두 액체의 경계에 나타나는 갈래치기를 끈끈한 갈래치기 viscous fingering라고 부른다. 물을 기름에 주입하는 방법은 구멍이 많은 바위에 스며든 석유를 뽑아낼 때 종종 쓰인다. 이 경우 끈끈한 갈래치기는 석유 채취를 비효율적으로 만든다. 고르게 커지는 물방울에 의해 석유가 밀려나지 않고 물과 기름이 끈끈한 갈래치기 과정으로 서로 엉키면 아주 성가시다. 물론 물과 기름이 실제로 섞이는 것은 아니다. 끈끈한 갈래치기가 일어나는 조건을 이해하면 더 효율적으로 석유를 채취하는 데 도움을 줄 수 있다.

19세기에 영국인 조선 기사 헨리 헬쇼 Henry Hele-Shaw가 끈끈한 갈래치기를 연구할 수 있는 장치를 고안했다. 헬쇼 장치는 한쪽이 투명한 납작한 두 판 사이에 끈끈한 액체를 채운 것이다. 한쪽 판의 가운데에 난 구멍으로 덜 끈끈한 액체를 주입하여 더 끈끈한 액체를 바깥으로 밀어낸다. 액체를 주입하는 힘은 전기 석출에서의 전압과 비슷하다. 주입 압력이 클수록 시스템은 평형에서 멀어진다.

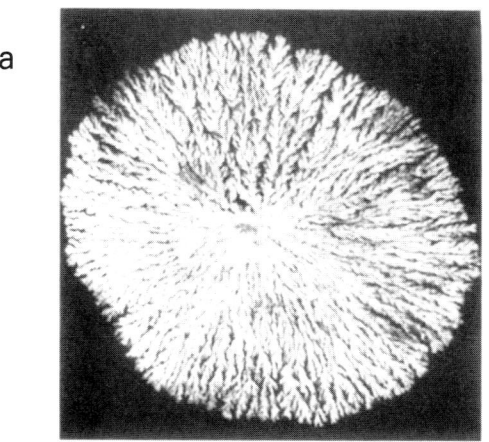

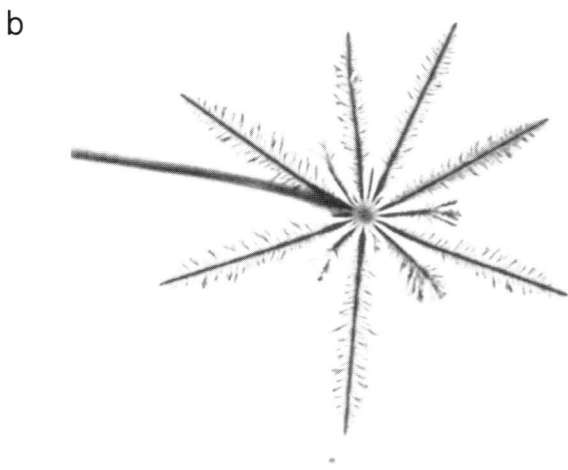

그림 9.10 전기 석출에서는 전극의 전압 같은 성장 조건을 바꾸어 쉽게 성장 방식을 바꿀 수 있다. 여기에 보인 것은 빽빽이 갈래친 성장 방식(a)과 나뭇가지 성장 방식(b)이다. (케임브리지 대학교 존 멜로스(a), 보스턴 대학교 피터 가릭(b) 제공)

분자 세계의 소우주 427

이 압력을 조절하여 주입한 〈거품〉의 성장 방식을 바꿀 수 있다. 전기 석출에서 보았던 세 가지 성장 방식, 빽빽이 갈래친 모양과 DLA형 쪽거리 성장과 나뭇가지 성장을 헬쇼 장치에서 전부 볼 수 있다(사진 14).

대칭적인 나뭇가지 모양이 나타나게 하려면(사진 14c) 바닥 판에 일정한 간격으로 홈을 내어 거품이 자랄 방향을 유도해야 한다. 우리는 이 나뭇가지 모양을 본 적이 있다. 추운 겨울날 아침 창문에 낀 성에가 이렇게 생겼다. 얼음 결정이 중심의 〈씨〉에서 바깥쪽으로 자라면 눈송이가 된다(그림 9.11).

나뭇가지 모양의 결정이 자라는 방향은 원자나 분자가 쌓이는 방

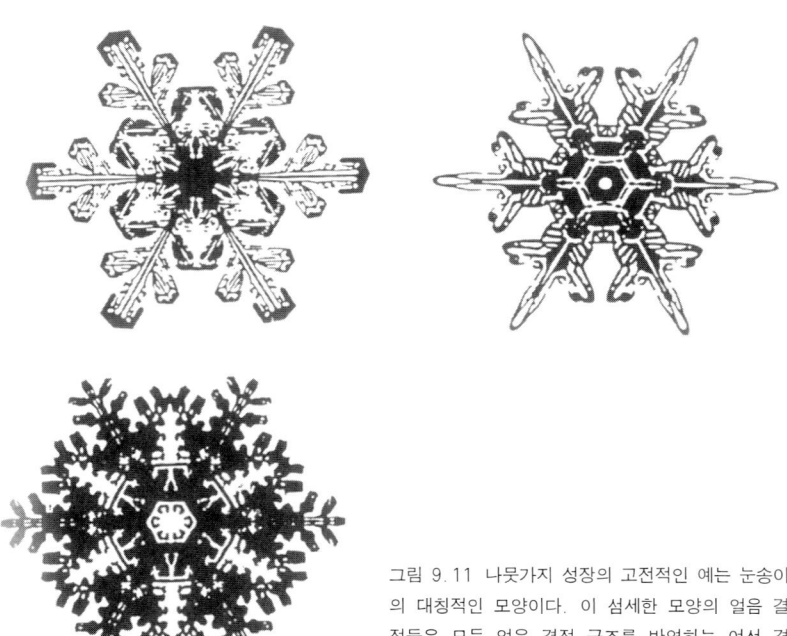

그림 9.11 나뭇가지 성장의 고전적인 예는 눈송이의 대칭적인 모양이다. 이 섬세한 모양의 얼음 결정들은 모두 얼음 결정 구조를 반영하는 여섯 겹 대칭이다.

식인 결정의 미세 구조에서 비롯한다. 결정의 어떤 면은 다른 면보다 부푸는 데에 더 많은 에너지가 필요하기 때문에 결정이 자라고 새로운 갈래를 뻗기 쉬운 방향들이 있다. 가장 자라기 쉬운 방향이 결정 구조의 대칭성을 결정한다. 얼음 결정에서 물 분자는 여섯 방향으로 대칭이 되도록 쌓인다. 따라서 눈송이도 여섯 겹 대칭이다. 고체 이산화탄소 결정 구조는 네 방향 대칭이므로 (화성에서 볼 수 있을) 이산화탄소 눈송이는 네 겹 대칭일 것이고 아마 〈사진 14c〉의 모양처럼 보일 것이다.

2 화학 반응이 만드는 파동과 무늬

2-1 흐름과 변화

평형에 먼 곳에서 일어나는 과정들을 과학적으로 연구하는 것은 비교적 최근에 시작되었지만 이들이 특별하지 않다는 것은 이제 확실하다. 오히려 우리 주위에서 이런 현상은 얼마든지 볼 수 있다. 하늘은 영구히 흐르는 상태에 있다. 결코 멈추지 않는 대기의 순환에 따라 구름, 바람, 폭풍이 모두 왔다가 간다. 바다도 마찬가지로 흐르며 밀물과 썰물을 되풀이하고 표면은 크게 혹은 작게 물결친다. 바다와 육지로 이루어진 행성의 얼굴도 처음 육지가 생긴 이후 육지의 움직임에 따라 바뀌었다. 대륙들은 부딪혔다 멀어지고 바다도 생겼다 없어진다.

이 모든 움직임이 어느 순간에 멈춘다면 얼마나 이상하겠는가? 바다가 거울처럼 고요해지고 날마다 같은 날씨가 되풀이된다면 말이다. 하지만 화학자들은 오랫동안 화학적인 과정들을 이렇게 보아 왔다. 변화는 일어나지만 곧 사라진다. 두 화합물이 만나서 연기나 섬광이나 폭음을 내는 극적인 반응이 일어날 수도 있지만 결국 새 평형에 이른다. 연기가 사라지고 나면 새로 생긴 생성물이 새 상태에 고요히 있을 것이다. 비평형 상태는 지속되지 않는다고 화학자들은 가정했었다.

그러나 결코 조용해지지 않는 화학 반응이 있다는 것을 이제 우리는 안다. 더 정확하게 표현하면 이런 경우 최종적인 평형 상태에 이르는 대신 화학적인 구성 요소들이 마음을 정하지 못하고 좋아하는 상태를 계속 바꾸는 것처럼 보인다. 우리가 이런 특별한 반응에 반응물을 계속 공급하는 한 이 반응들은 한 가지 생성물을 토해내는 대신 여러 상태 사이에서 진동하고 이 과정에서 자주 복잡한 모양을 만든다.

1951년에 소련 화학자 보리스 벨루소프 Boris P. Belousor는 이제는 유명해진 진동하는 화학 반응의 예를 발견했다. 벨루소프는 사람들에게 이 반응이 정말로 진동한다는 것을 믿게 하는 데 애를 먹었다. 반응물이 충분히 섞이지 않아서 그렇게 보일 가능성이 있었다. 사람들은 한 반응이 스스로 이쪽으로도 저쪽으로도 진행한다는 것은 모든 변화의 방향을 지시하는 열역학 제2법칙(2장 참고)에 어긋난다고 비판했다. 1960년대에 모스크바 국립 대학교의 아나톨 자보틴스키 Anatol Zhabotinsky의 연구가 발표되고 나서야 벨루소프 화학 반응이 진동한다는 것이 받아들여졌다. 제2법칙이 흔들린 것은 아니었다. 자유 에너지는 언제나 줄어들지만 어떤 화합물의 농도가 시간에 따라 오르락내리락할 뿐이었다.

벨루소프-자보틴스키(BZ) 반응의 진동을 눈에 보이게 할 수 있다. 화학 〈지시약〉을 쓰면 진동하는 두 상태가 선명한 빨간색과 파란색을 띠게 된다. BZ 반응의 원료를 섞으면 처음에는 빨간색 용액이 된다. 혼합물을 잘 저으면 반응이 진행하여 용액의 색이 갑자기 파란색으로 바뀐다. 하지만 화학 변화가 끝난 것은 아니고 곧 빨간색이 다시 나타난다. 시간이 지나면 용액은 다시 마음을 바꾸어 파란색이 된다. 이렇게 계속된다. 용액은 마치 이상한 교통 신호등처럼 빨간색과 파란색 사이를 왔다갔다한다. 용액을 내버려두면 수시간 뒤에 진동이 멎는다.

반응 용액을 얇은 접시에 붓고 젓지 않으면 놀라운 방법으로 빨강-파랑 바뀜이 일어난다. 접시 전체에 걸쳐 색깔이 한꺼번에 바뀌는 것이 아니라 파란색이 따로 떨어진 점들, 즉 핵들에서 나타난다. 아마도 핵 근처의 농도가 고르지 않거나 그 근처에 먼지 같은 불순물이 있기 때문일 것이다. 핵에서 주기적으로 파란색이 맥동하면 파란색은 점점 바깥쪽으로 퍼진다. 그 결과 연못의 물결처럼 동심원을 이루는 빨강-파랑색 띠가 나타난다(사진 15).

때때로 이러한 과녁 모양이 일그러져 반응 매질의 바깥쪽으로 뻗는 나선이 생기기도 한다. 이러한 나선의 팔이 부딪히면 합쳐지거나 하나가 다른 하나를 잡아먹는다(그림 9.12). 이러한 과녁이나 나선 모양을 이제 〈화학 파동〉이라고 부른다. 화학 파동은 파도의 물마루나 기상도의 온난 한랭 전선처럼 반응 매질에서 진행하는 화학 반응 전선이다. 소용돌이 모양은 금방 기상 위성 사진의 소용돌이치는 태풍이나, 거친 물의 소용돌이를 생각나게 한다. 이것이 혹시 〈일반적인〉 비평형 모양의 다른 예가 아닐까?

2-2 되먹임과 진동

2장에서 화학 반응이 보통 내리막 과정이라는 것을 보았다. 반응물이 만나면 결합이 끊기고 생겨서 자유 에너지가 더 적은 생성물을 만든다. 따라서 언뜻 생각하면 모든 반응이 한 방향으로만 가야할 것 같다. 한쪽 방향으로 내리막이라면 반대쪽으로는 반드시 오르막이다. 오르막 반응을 일어나게 하려면 반드시 자유 에너지를 소모해야 한다. 그렇다면 어떻게 한 반응이 이쪽으로 갔다 저쪽으로 갔다 하고 더구나 그것이 일정한 시간 간격으로 되풀이되겠는가?

2장에서 촉매를 써서 화학 반응을 빨리 일어나게 할 수 있다는 것

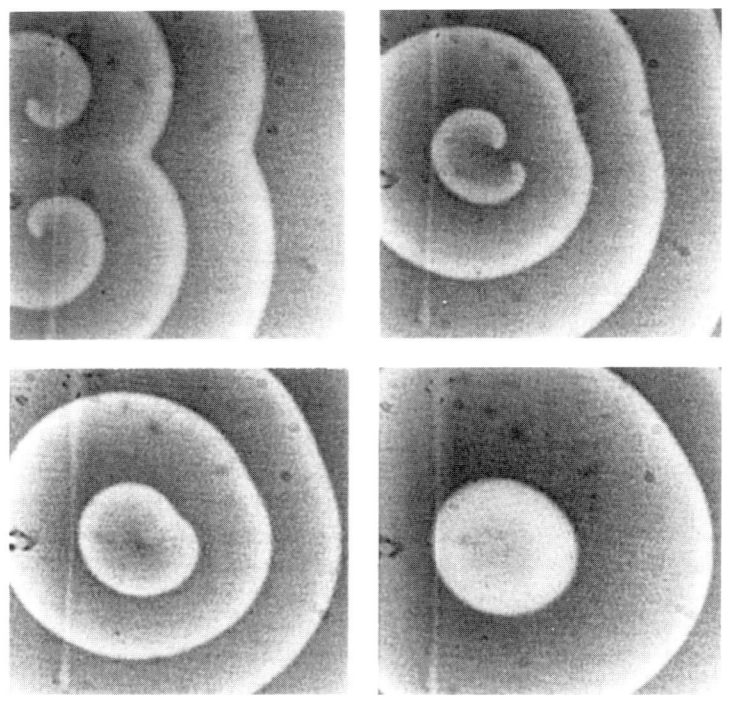

그림 9.12 BZ 반응에서 나선 파동의 충돌. 도는 방향이 반대인 두 나선은 서로를 상쇄한다. (막스-플랑크 분자생리학 연구소 스테판 뮐러 제공)

도 보았다. 촉매는 반응이 일어나기 위해 넘어야 할 자유 에너지 장벽을 낮추는 물질이다. BZ 반응의 열쇠는 촉매이다. BZ 반응이 별난 이유는 반응에 의해 촉매가 생긴다는 것이다. 따라서 촉매의 양도 반응이 진행함에 따라 변한다.

반응 속도가 생성물의 농도에 좌우될 때 자기촉매라고 부르는 이런 현상이 나타난다. 생성물이 일단 생기면 가만히 있는 것이 아니라 아직 반응하지 않은 원료에 작용하여 더 많은 생성물을 생기게 한다. 그 결과 생성물이 나타나면 되먹임으로 반응을 더 빠르게 하여 반응물이 더욱 빨리 소모된다.

결과가 원인을 더 키우는 이러한 되먹임을 〈양〉의 되먹임이라고 한다. 양의 되먹임은 보통 시스템을 어느 한쪽 방향으로 치우치게 만든다. 반대의 현상인 음의 되먹임은 시스템을 안정된 상태에 즉 〈정상 상태〉에 있게 한다. 음의 되먹임에서 결과는 원인을 줄이는 방향으로 작용하므로 요동이 사그라든다.

되먹임이 의미하는 것은 시스템이 어떻게 행동해 왔는지가 시스템이 어떻게 행동할지를 좌우한다는 것이다. 행동의 결과가 다음 행동의 원인이 된다. 이제는 보통 〈카오스〉 시스템이라고 부르는 예측할 수 없는 행동을 보이는 시스템들에서 흔히 양과 음의 되먹임을 볼 수 있다. 곧 카오스에 대해 보게 될 테지만 여기서 이것만큼은 확실히 알아야 한다. BZ 반응의 나선 모양과 과녁 모양 자체는 카오스가 아니다. 복잡하기는 하지만 거기에는 규칙성과 주기성이 있다.

양의 되먹임은 작은 흔들림을 커다란 흔들림으로 바꿀 수 있다. 원리적으로 자기촉매가 일으키는 양의 되먹임이 화학 반응을 평형에서 먼 곳으로 끌고 나갈 수 있다. 그러나 진동이 일어나기 위해서는 자기촉매 고리와 반대 방향으로 작용하는 다른 과정이 경쟁을 해야 한다. 이것을 이해하기 위해 BZ 반응보다 훨씬 간단한 자기촉매 반응을 생각해 보자. 원료(화합물 A라고 부르자)에서 저절로 생기는 생성물(화합물 B)은 A와 작용하여 B를 더 많이 생기게 한다. 2장에서 배운 대로 화학 반응식을 적어 보면 A가 저절로 B가 되는 반응은 아래처럼 적을 수 있다.

$$A \rightarrow B \qquad (1)$$

중요한 자기촉매 반응에서 B는 A와 작용하여 더 많은 B를 만든다. B 분자와 A 분자에서 출발해서 결국 B 분자는 그대로 남아 있고 A 분자가 B 분자로 바뀌었으므로 아래처럼 적을 수 있다.

$$A + B \rightarrow 2B \qquad (2)$$

결국 A 분자 하나가 B 분자 하나로 바뀌었으므로 두번째 반응은 첫번째 반응과 차이가 없어 보인다. 오직 다른 점은 B 분자가 이 변화를 이끌었다는 것이다. 하지만 반응식의 왼쪽에 있는 B 분자가 A가 B로 바뀌는 것을 촉매했다고 가정했으므로 이 차이는 매우 중요하다. 단계 (2)는 단계 (1)보다 더 빨리 일어난다.

시스템이 진동하게 하려면 B 분자가 다른 분자 C로 바뀌는 또 다른 단계가 필요하다. 이 과정이 일어나려면 화합물 C가 있어야 한다고 가정하자. 단계 (2)에서 A를 B로, B를 C로 바꾼 것이 단계 (3)이다.

$$B + C \rightarrow 2C \qquad (3)$$

이 단계도 자기촉매적이다. C가 더 많이 생기면 B가 C로 바뀌는 속도도 더 빨라진다. 단계 (3)이 없다면 단계 (1)과 (2)는 A가 다 없어질 때까지 (양의 되먹임 때문에) 점점 더 빨리 B를 만들 뿐이다. 이것을 방지하려면 단계 (3)이 반드시 필요하다.

이제 화합물 A와 약간의 화합물 C를 가지고 이 반응 계획을 출발해 보자. 처음에 단계 (1)이 B를 만들 것이다. 생긴 B 분자는 단계 (2)를 통해 A와 함께 더 많은 B를 만들 수도 있고 단계 (3)을 통해 C와 반응하여 B를 소모할 수도 있다. 처음에 A가 C보다 훨씬 더 많았다면 단계 (2)가 우세할 것이고 자기촉매적인 이 반응은 B의 생성을 촉진하여 B의 농도가 급격히 올라갈 것이다. 하지만 단계 (3)도 자기촉매적이기 때문에 무시될 수 없다. 처음에는 오직 몇 개의 B 분자만이 단계 (3)을 따라 가서 C를 조금 더 만들 것이지만 곧 이렇게 생긴 C가 단계 (2)를 거쳐 생긴 많은 양의 B와 반응하여 더 많은 C를 만들 것이다. 따라서 처음에 B의 농도가 상승한 후 단계 (3)이 점점 더 중요해짐에 따라 C의 농도가 상승할 것이다. 그러나 단계 (3)이 C를 증가시키며 B를 소모하면 B가 감소할 것이다. 만약 B가 있으면 빨간색이고 C가 있으면 파란색을 띠는 지시약을 넣고 반응이 진행하는 것을 관찰한다면 빨간색이던 혼합물이 파란색으로 변하는 것을 보게 될 것이다.

어떻게 하면 혼합물이 다시 빨간색으로 돌아 갈 수 있겠는가? 이렇게 하려면 B를 증가시키고 C를 감소시켜야 한다. 가장 간단한 방법은 단계 (1)에서 A가 B로 바뀌듯이 C가 저절로 다른 화합물 D로 바뀌는 과정을 넣는 것이다. D는 더 이상 반응에 참여하지 않는다고 가정한다.

$$C \rightarrow D \tag{4}$$

단계 (3)은 C를 만들고 단계 (4)는 C를 소모한다. C는 오직 B가 있는 동안만 단계 (3)을 통해 생기지만 그와 관계없이 단계 (4)를 통해 사라진다. 따라서 B를 소모하여 C가 많아진 파란색 상태는 계속 유지될 수 없다. B가 거의 다 없어지면 단계 (4)를 통해 사라진 C를 보충할 수 없으므로 C의 농도가 줄어들기 시작한다. C의 농도가 충분히 줄어들면 단계 (2)가 주도하여 다시 B가 많아진다. 혼합물은 빨간색으로 변한다.

계속 반응이 진행하려는 것을 보려면 B의 유일한 원천은 A이므로 A를 혼합물에 계속 공급하여야 한다. 또한 반응이 막히지 않도록 D를 제거할 필요가 있다. 따라서 A를 일정한 속도로 공급하고 D를 일정한 속도로 제거하도록 반응기를 설치해야 한다. 그렇게 하면 혼합물의 색을 결정하는 B와 C의 농도가 시간에 따라 심하게 흔들리는 것을 볼 수 있을 것이다. 연속 흐름 반응기를 써서 실제로 이러한 실험을 할 수 있다.

이제 반응 혼합물은 빨간색에서 파란색으로 그리고 다시 빨간색으로 변할 것이다. 단계 (2)가 주도하게 되면 이제 시스템은 B가 많고 C가 적은 조금 전으로 돌아간다. 다시 전체 순환이 되풀이되어 B의 증가는 C의 증가를 부르고 이렇게 계속될 것이다. A가 공급되고 D가 제거되는 한, 혼합물의 색은 빨간색과 파란색 사이를 진동할 것이다. A를 공급하고 D를 제거하는 것은 시스템을 평형에서 먼 곳으로 떼어놓기 위해 반드시 필요하다.

서로 경쟁하는 자기촉매적인 두 단계가 이 간단한 네 단계 반응계의 색을 결정한다. 앞에서 BZ 반응 혼합물의 색은 시간에 따라 달라질 뿐 아니라 공간적으로도 달라질 수 있다는 것을 보았다. 다시 말해 반응기의 이쪽과 저쪽의 색이 다를 수 있다. 공간적인 모양을 얻으려면 반응물들을 덜 섞으면 된다. 충분히 섞지 않은 반응 혼합물에는 농도의 매우 작은 흔들림이 나타나고 되먹임 고리 때문에 반응은 이러한 흔들림에 매우 민감하다. 이런 작은 흔들림이 B의 우세를 C의 우세로 또는 그 반대로 바꿀 수 있다. 이러한 불균형이 시작된 곳에서 퍼져 나가는 색깔을 띤 화학 파동을 만든다.

2-3 벨루소프 진동자

BZ 반응은 앞에서 본 네 단계 과정보다 훨씬 더 복잡하다. 그러나 기본 원리는 같다. 되먹임하는 여러 자기촉매 단계가 반응을 한 쪽으로 다음에는 다른 쪽으로 왔다갔다하게 한다. BZ 반응의 원료는 유기 화합물인 말론산($HOOC-CH_2-COOH$)과 브롬산 이온(BrO)의 염과 브롬화 이온(Br^-)이다. 반응 과정에서 말론산은 브롬화말론산($HOOC-CHBr-COOH$)으로 바뀐다. 이 반응에는 촉매가 필요하고 보통 세륨 이온을 쓴다. 이 이온은 전하가 다른 두 상태, 즉 Ce^{3+}와

Ce^{++} 사이를 왔다갔다할 수 있다. 이온의 전하 수를 산화 상태라고 하고 이온이 한 산화 상태에서 다른 산화 상태로 바뀌려면 전자를 얻거나 잃어야 한다. 〈사진 15〉의 색깔은 페로인 지시약이 만든 것이다. 페로인은 Ce^{3+}가 있으면 빨간색을, Ce^{++}가 있으면 파란색을 띤다.

말론산의 수소를 브롬으로 바꾸는 반응은 아주 간단해 보일지 모르지만 실제로는 중간 화학종들이 생겼다 사라지는 여러 단계를 거쳐 반응이 일어난다. 1972년에 오레건 대학교의 리처드 필드Richard Field와 리처드 노이에Richard Noyes와 엔드르 쾨뢰스Endre Körös가 이 반응 단계를 추론했다. 중요한 단계에서 브롬산 이온은 브롬과 산소가 든 $HBrO_2$, BrO_2, $HOBr$ 등의 여러 다른 화학종으로 바뀐다. 세륨 이온은 전자를 얻거나 잃어 산화 수를 바꾸며 이 단계들 중 몇 개를 촉매한다.

반응 A와 반응 B의 두 순환 과정이 Ce^{3+}/Ce^{++} 상호 변환으로 연결된 것으로 전체 과정을 나타낼 수 있다. 원료인 BrO 와 Br^-는 서로 반응하여 $HBrO_2$와 HOBr을 만든다. 반응 A에서 $HBrO_2$는 BrO 와 반응하여 두 분자의 BrO_2를 만들고 이렇게 생긴 BrO_2는 Ce^{3+}에 의해 $HBrO_2$로 바뀐다. 이 과정에서 금속 이온은 Ce^{++}로 바뀌어 지시약을 파란색으로 바꾼다. $HBrO_2$ 한 분자에서 시작해서 두 분자로 끝나기 때문에 이 반응은 433쪽의 반응 (2)처럼 자기촉매적이다. 반응 B는 아직도 완전히 이해되지 않았지만 첫 단계에서 $HBrO_2$는 Br^-와 함께 말론산을 브롬화한다. (아래에서 BrMA로 표기한) 브롬화말론산은 Ce^{++}와 반응하여 Br^-와 Ce^{3+}를 만든다. Ce^{3+}는 지시약을 빨간색으로 되돌린다. 반응 A와 B에서 생성물은 그 자체가 반응물이므로 자기촉매적인 되먹임이 일어난다. $Ce^{3+} \leftrightarrow Ce^{++}$ 반응에 의해 이어진 두 개의 톱니바퀴로 전체 반응을 이해할 수 있다.

일정한 간격으로 반응 A가 심하게 일어나기 때문에 진동이 생긴다. 처음에 $HBrO_2$는 Br^-와 반응하여 HOBr을 만든다. Br^-가 얼마

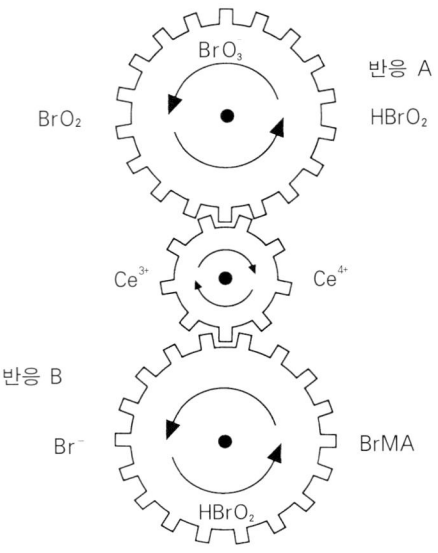

남지 않으면 이 반응이 느려져서 $HOBr_2$가 BrO 와 반응하는 반응 A 가 계를 주도한다. 그러나 이 반응은 Ce^{3+}를 Ce^{4+}로 바꾸어 Ce^{3+}를 소모하기 때문에 어느 정도 진행하면 느려진다. 이렇게 되면 반응 B 가 Br^-와 Ce^{3+}를 다시 만든다. Br^-가 너무 많이 생기지 않는다면 다시 반응 A가 시작하여 파란색 파동을 만든다.

2-4 생명과 다른 곳에서 볼 수 있는 나선형 파동

드러내서 말하지는 않았지만 이 장을 시작할 때 우리의 목표는 모양이 생기는 과정에서 〈일반성〉을 찾는 것이었다. 일반성이 있다면 겉보기에는 전혀 공통점이 없는 시스템에서 나타나는 모양들을 분류할 수 있다. BZ 반응에서 나타나는 과녁 모양과 나선 모양은 그러한 예이다. 〈그림 9.13〉에서 백금 촉매 표면에서 일어나는 두 가지 기체, 일산화탄소와 산소의 반응이 만드는 모양들을 볼 수 있다. 일

그림 9.13 일산화탄소와 산소(밝은 부분)가 백금 금속의 표면에서 촉매 반응을 일으키는 동안 반응물의 분포에 과녁 모양이 뚜렷하다. (베를린 프리츠-하버 연구소 어틀 제공)

산화탄소를 이산화탄소로 바꾸는 반응은 2장에서 보았다. 이 과정은 자동차의 배기 장치에 있는 촉매 변환기에서 일어나는 주 과정이다. 이 중요한 반응에 미처 생각하지 못했던 복잡성이 분명히 있다. 따라서 지적인 호기심 때문이 아니라 이것이 촉매 반응의 효율에 지대한 영향을 미칠지도 모르기 때문에 이러한 모양이 왜 나타나는지를 이해할 필요가 있다.

BZ 반응의 나선 모양은 끈적끈적한 실 곰팡이인 딕티오스텔리움 디스코이디움이라는 아메바의 군체에서도 볼 수 있다(그림 9.14). 이러한 모양은 곰팡이에게 열이나 물이 부족하게 되었을 때 나타난다. 이러한 조건에서 아메바는 뭉쳐서 한 몸을 이루어 더 나은 곳으로 움직인다. 〈선구자〉 세포라고 부르는 세포가 고리 아데노신 일인산 cyclic adenosine monophosphate(cAMP)이라고 부르는 물질을 분비하면 뭉침이 시작된다. 선구자 세포는 자기촉매 반응을 통해 cAMP를 합성하고 이것을 일정한 간격의 맥처럼 분비한다. 다른 세포가 cAMP를 감지하면 이들은 cAMP가 더 진한 쪽, 즉 선구자 세포가 있는 쪽으로 움직인다. 이 현상을 화학 주성 chemotaxis이라고 부른다. 주기적인 cAMP의 분비로 인해 세포들은 매우 조직적인 과녁 모양이나 나선 모양으로 뭉친다. 다른 생물계에서도 이런 화학 주성에 의해 뭉친 놀랍도록 정교한 구조들을 볼 수 있다(그림 9.15). 이러한 현상은 아직까지 완전히 이해되지 않았다.

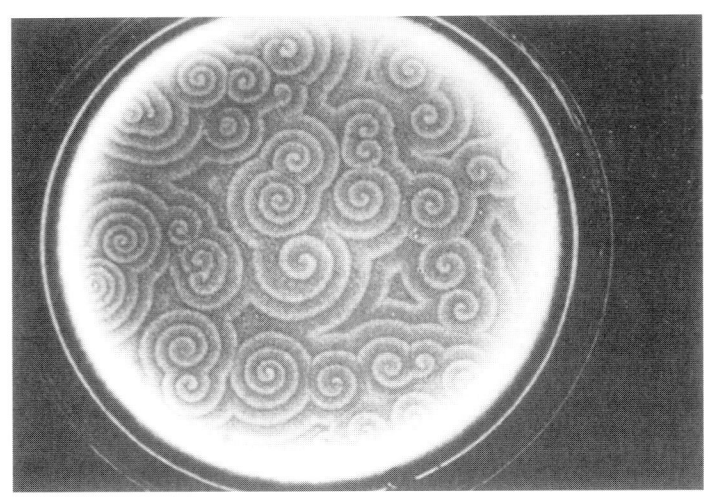

그림 9.14 실 곰팡이 딕티오스텔리움 디스코이디움의 군체에서 나타나는 나선 파동. 물이나 양분의 부족 같은 외부의 〈스트레스〉에 대한 반응으로 실 곰팡이들이 뭉칠 때 이런 모양이 생긴다. (옥스퍼드 대학교 네웰 제공)

2-5 고정된 무늬와 표범의 점들

우리가 지금까지 본 화학적 모양은 시간이 흐름에 따라 바뀌는 〈움직이는〉 것이다. 그러나 자연계에는 이와 달리 움직이지 않거나 아주 오랫동안 지속되는 모양들도 있다. 이미 자세히 연구된 과일 파리 애벌레의 초기 발생이 그 예이다. 과일 파리의 배에 줄무늬가 나타나는데(그림 9.16) 이 줄의 칸들은 나중에 다른 기관으로 자란다. 말하자면 어느 칸은 머리로 다른 칸은 가슴으로 자란다. 과일 파리의 배에서 이러한 칸들이 나타나는 것은 비코이드라는 단백질의 농도와 관련이 있다. 비코이드의 농도는 발생 중인 알의 한쪽 끝에서 다른 쪽 끝으로 갈수록 진해진다. 비코이드 단백질의 농도가 일종의 신호가 되어 몸의 축을 따라 다른 곳에서 다른 유전자들을 〈켜서〉 배를 각각 다른 부분으로 자랄 칸들로 나눈다. 모든 세포가 동등한 초기의 배에서 이렇게 지역적인 분화가 생기는 과정을 형태 발생이라고 부른다. 비코이드 단백질의 단순한 농도 기울기에서 어떻게 띠 무늬가 나타나는지는 아직까지 밝혀지지 않았다.

1950년대에 수학자 앨런 튜링 Alan Turing이 화학계에서 고정된 무늬가 나타날 수도 있는 메커니즘을 제안했다. 튜링은 근대 과학의

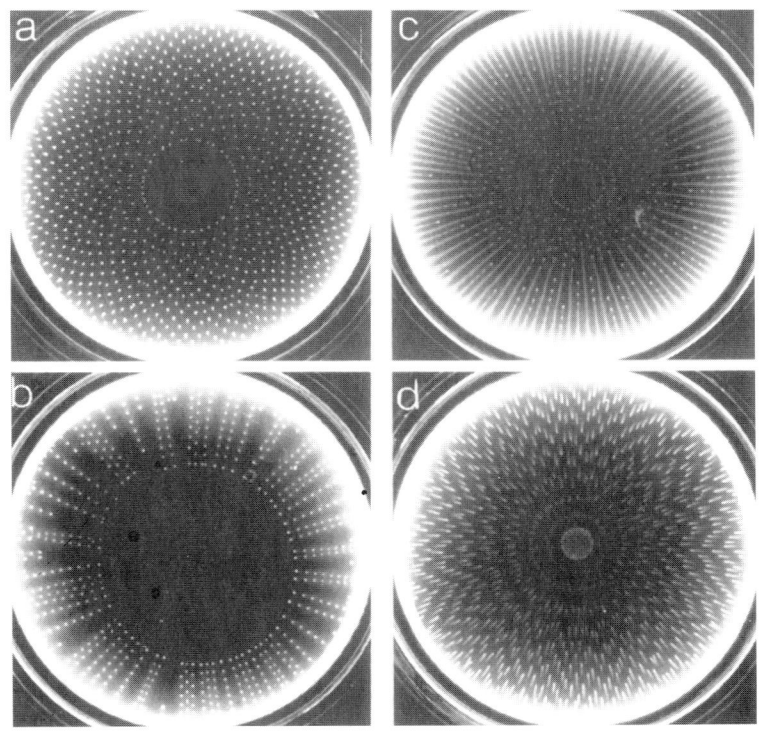

그림 9.15 우무에서 배양한 대장균 박테리아의 군체는 뭉쳐서 아주 다양한 고정된 모양을 나타낸다. 이웃 박테리아를 이끄는 화학물질을 분비하는 박테리아 사이의 〈화학 주성〉 신호가 이런 구조를 만든다. 화학 주성 메커니즘으로 박테리아 군체는 스스로를 매우 복잡하게 조직할 수 있다. 그림 9.9와 9.10에 보인 것과 비슷한 쪽거리 성장 모양이나 나뭇가지 성장 모양도 다른 박테리아 군체에서 관찰되었다. (하버드 대학교 엘레나 버드렌과 하워드 버그 제공)

그림 9.16 발생 초기에 과일 파리의 배에 줄무늬가 생긴다. 각각의 줄로 구분된 칸은 나중에 다른 발생 경로를 따르게 된다. 배의 한쪽 끝에서 다른 끝으로 갈수록 진해지는 비코이드 단백질의 농도가 신호가 되어 이런 모양이 생긴다. (케임브리지 분자 생물학 실험실 피터 로렌스 제공)

전설적인 인물 가운데 하나이고 수학의 천재였다. 그는 제2차 세계대전 동안 독일의 암호를 해독하는 데 두드러진 공을 세웠다. 그가 생각해낸 초보적인 컴퓨터의 개념을 써서 수학자들은 수학적인 분석으로 풀 수 있는 문제와 그렇지 않은 문제를 구분할 수 있었다. 이제는 튜링 기계라고 부르는 이 개념은 근대 정보 이론과 컴퓨터 과학을 받치는 주춧돌 가운데 하나이다. 하지만 형태 발생에 대한 튜링의 공헌은 여러 발생생물학자들에게 자극을 주기는 했지만 널리 받아들여지지 않았다. 아무도 튜링이 말한 안정적인 무늬, 즉 튜링 구조를 실제로 만드는 화학계를 찾지 못한 것이 그 이유였다.

튜링이 이론적으로 보인 것은 반응 매질에서 반응 분자들이 서로 다른 속도로 확산하는 자기촉매계(이것을 반응확산계라고 부른다)에서 저절로 튜링 구조가 생길 수 있다는 것이었다. 더 자세히 말하면 만약 느린 반응물에 의해 촉진되는 반응이 더 빨리 움직이는 반응물에 의해 억제되고 반응물들의 확산 속도가 적당하면, 균질적인 혼합물이던 계가 어느 순간에 이곳저곳의 화학 조성이 다른 불균일한 계로 바뀔 수 있다는 것이다. 효과만을 말한다면 계가 주기적인 구조를 가진 일종의 결정으로 바뀌었다고 볼 수도 있다. 하지만 계에 속한 분자들이 자유로이 움직일 수 있음에도 불구하고 주기적인 구조가 유지되기 때문에 결정치고는 아주 이상한 결정이다. 정상적인 결정에서는 분자들이 자유로이 움직인다면 주기성이 금방 사라질 것이다.

진동하는 자기촉매적인 화학 반응을 발견하자 과학자들은 거기에서 튜링 구조를 만들 수 있는 실마리를 찾을 수 있을지도 모른다고 생각했다. 그러나 BZ 반응과 같은 일반적인 자기촉매 반응들은 보통 움직이는 화학 파동을 만들 뿐 고정된 구조를 만들지 않는다. 튜링이 그의 생각을 발표하고 나서 40년이 지난 1990년이 되어서야 보르도 대학교의 파트릭 드 케퍼 Patrick de Kepper가 튜링 구조라고 부를 수 있는 무늬를 최초로 보였다. 드 케퍼 그룹은 아염소산 이온-요오드화 이온-말론산 chlorite-iodide-malonic acid(CIMA) 반응이라고 부르는 BZ 과정을 연구하고 있었다. CIMA 반응에서는 확산 속도를 늦추기 위해 반응물들이 겔 상태로 섞여 있어서 고정된 무늬가 나타날 수 있다. 이들은 계에서 화학 조성의 변화를 보기 위해 녹말 지시약을 썼다. 녹말 지시약은 반응의 매개종인 I_3^- 이온의 농도가 높으냐 낮으냐에 따라 노란색이나 파란색을 나타낸다. 이들은 전체적으로 파란색인 겔에서 노란색의 점들이 줄지어 나타나는 것을 보았고 이것을 튜링 구조라고 생각했다(그림 9.17). 오스틴에 있는 텍사스 대학교의 해리 스위니 Harry Swinney와 키 오양 Qi Ouyang은 나중에 훨씬 더 큰 튜링 구조를 〈기를〉 수 있었다. 처음에는 반응이 점점 커지는 과녁 무늬가 나타났지만 한 시간 정도가 지나면 이러한 무늬가 사라지고 육각형으로 늘어선 노란 점들이 나타나서 점차 움직이지 않고 고정되었다(사진 16). 계의 온도를 달리 해서 오양과 스위니는 점무늬 대신 줄무늬가 나타나게 할 수도 있었다. 이러한 무늬의 전환도 이미 튜링의 이론에 의해 예측되었었다.

과학자들은 튜링의 예언에 자극받아 발달생물학과 더 직접적으로

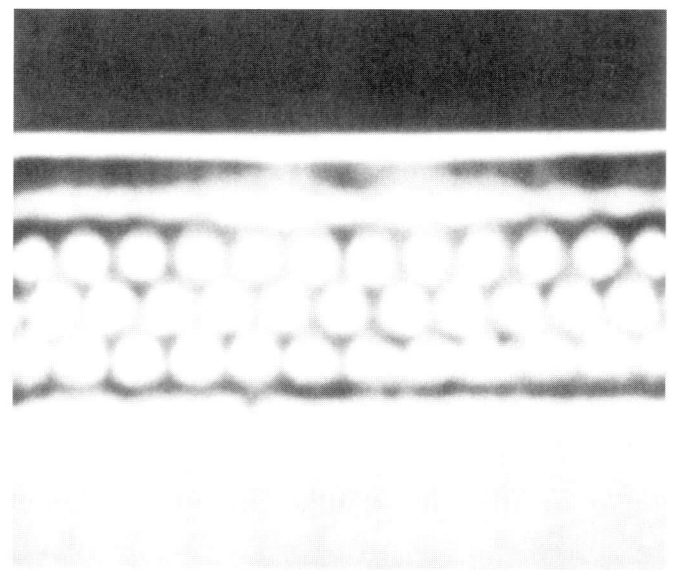

그림 9.17 튜링 구조(화학 조성이 다른 영역들이 이루는 고정된 무늬)가 아염소산 이온 - 요오드화 이온 - 말론산 진동 반응에서 생길 수 있다. (보르도 I 대학교 파트릭 드 케퍼율 제공)

관련이 있는 계를 찾으려고 했다. 어떤 과학자들은 동물 가죽의 줄 무늬나 점무늬가 이런 과정으로 생겼을 것이라고 생각했다. 세포 수준에서 이러한 무늬가 나타나는 것은 거죽에서 색소를 만드는 세포가 빛을 흡수하는 분자를 얼마나 많이 만드는지에 달려 있다. 많이 만들면 그 부분의 가죽은 짙은 색이 되고 적게 만들면 그 부분의 가죽이 옅은 색이 된다. 이 세포가 색소를 얼마나 만들지는 거죽의 복잡한 모양으로 분포하는 〈신호〉 화합물에 의해 조절된다. 고등 껍질에서 볼 수 있는 무늬도 이와 마찬가지로 화학적으로 조절된다(그림 9.18). 고등 껍질은 유기물 매질에 무기물의 결정이 박혀 있는 것이고 그 안에 살고 있는 생물이 생화학적으로 이것을 조절한다. 껍질의 무늬와 거의 똑같은 고정된 모양으로 반응 생성물들이 분포하는 이론적인 반응(확산 반응) 공식을 고안할 수 있다. 그러나 고둥 껍질이 어떻게 생기는지는 우리가 잘 모르기 때문에 이론적인 모델과 자연의 화려한 작품을 비교하는 것은 아직은 정성적일 뿐이다.

3 화학 카오스

3-1 소용돌이 속으로

평형에서 먼 곳에 있는 계에서 규칙적이고 대칭적인 무늬가 갑자

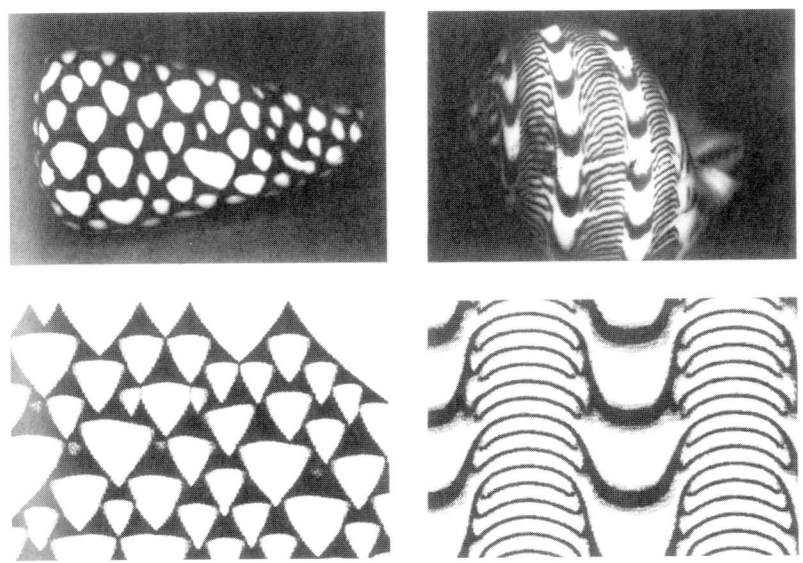

그림 9.18 반응 확산 화학계에서 고둥 껍질의 무늬를 흉내낼 수 있다. 위에 보인 실제 무늬와 아래에 보인 이론적인 반응 공식에서 계산한 무늬가 놀랍도록 비슷하다. (독일 튀빙겐의 막스-플랑크 발달 생물학 연구소 한스 마인하트 제공)

분자 세계의 소우주 445

기 저절로 나타날 수 있다는 것을 튜링 구조에서 알 수 있다. 그러나 다른 한편으로는 이런 계가 완전히 통제 불능 상태가 되어 전혀 계의 행동을 예측할 수 없게 될 수도 있다. 이렇게 되면 이러한 계를 더 이상 과학적으로 연구할 수 없다고 생각할지도 모르겠다. 바로 수십 년 전까지만 해도 대부분의 과학자들이 그렇게 생각했었다. 그러나 예측 불가능한 계를 조사하는 것은 이제 과학 분야를 통틀어 가장 빨리 자라는 분야 중 하나이고 이것은 놀랄 만큼 다양한 분야를 하나로 어우른다. 이것이 바로 카오스에 대한 연구이다.

카오스는 지난 수년 사이에 가장 유행한 과학 용어 가운데 하나이다. 날씨를 비롯해서 유체, 레이저, 전자 회로, 심장 조직, 동물 집단의 크기, 시장처럼 엄청나게 다양한 물리적인 계가 카오스적으로 행동한다. 대충 말해서 이 모든 예들에서 볼 수 있는 카오스의 특징은 예측 불가능성이다. 더 정확하게 말하자면 카오스의 특징은 초기 조건이나 작은 요동에 극도로 민감하다는 것이다. 만약 어떤 시스템이 카오스적으로 행동한다면, 초기 조건이 아주 미세하게 다른 두 계는 시간이 지남에 따라 금방 완전히 다른 두 상태로 진화한다. 극히 작은 요동도 카오스계의 미래를 완전히 바꾸어 놓을 수 있다. 결과의 크기는 원인의 크기와는 관계가 없다. 이 원리는 〈나비 효과〉라는 말로 잘 표현된다. 나비 효과란, 예를 들어 브라질에 있는 나비 날개의 퍼덕임이 서울의 날씨를 바꿀 수 있다는 것이다.

어떤 계가 카오스계라면 이 계가 미래에 어떻게 될지 예측 할 수 없다. 매사추세츠 공과 대학의 기상학자였던 에드워드 로렌츠Edward Lorenz가 날씨계가 카오스계라는 것을 알아차렸으니 장기 일기 예보는 결코 성공할 수 없을 것 같다. 그러나 카오스와 마구잡이 사이에는 중요한 차이가 있다. 마구잡이는 우연에 의한, 따라서 예측할 수 없고 확률적으로만 기술할 수 있는 사건들의 결과이다. 그러나 카오스계의 미래는 아주 자주 정확한 수학 공식으로 나타낼 수 있다. 거기에는 마구잡이의 영향이 전혀 없다. 모든 것은 수학적으로 정확하다. 그러나 그 시스템이 미래의 어느 순간에 어떻게 될지에 대해서는 수학에서 아무런 도움도 받을 수 없다. 그것을 알려면 공식에 숫자를 넣어서 실제로 계산을 해보아야 한다. 카오스계를 수학적으로 완전히 묘사할 수 있기 때문에 〈결정론적〉이라는 표현을 쓴다. 결정론적 카오스는 말이 안 되는 소리 같지만 이 말로 나타내려는 것은 카오스가 계 자체의 되먹임에서 비롯한 잘 알려진 (따라서 마구잡이가 아닌) 길을 따라 일어난다는 것이다.

3-2 카오스에 이르는 길: 악마의 계단을 오르기

BZ 반응은 어떻게 카오스가 화학에 영향을 미치는지를 볼 수 있는 이상적인 계이다. 연속 흐름 반응기에서 BZ 반응의 반응물을 일정한 속도로 공급하고 생성물을 일정한 속도로 제거한다면 주기적인 진동이 계속될 것이다. 그러나 반응기에서 혼합물의 흐름을 빠르게 하면 새로운 현상이 나타나기 시작한다. 시간이 지남에 따라 잘 저은 반응기에서 브롬화 이온의 농도가 어떻게 변하는지를 측정하여 반응이 어떻게 진행하는지를 따라가 보자. 흐름이 느린 경우에는 437쪽에서 설명했듯이 반응 A와 B가 교대로 진행하여 규칙적이고 주기적인 진동을 볼 수 있다. 흐름을 점점 빠르게 하면 이 진동이 갑자기 두 겹이 된다. 이것을 주기 배가 쌍갈림 bifurcation이라고 부른다. 브롬화 이온의 농도는 한 주기 안에서 두 번 오르락내리락한다. 흐름을 더 빨리 해보자. 계의 움직임은 점점 복잡해진다. 마침내 규칙적인 진동은 예측 불가능성으로 바뀐다(그림 9.19). BZ 혼합물은 이제 카오스에 들어선 것이다.

주기 배가 쌍갈림의 연속은 보통 카오스에 접근하고 있다는 신호이다. 카오스 바로 앞에서는 주기적인 진동이 두 배가 되고 다시 두 배가 되는 일이 계속 일어난다. 다른 계에서는 카오스가 임박했다는

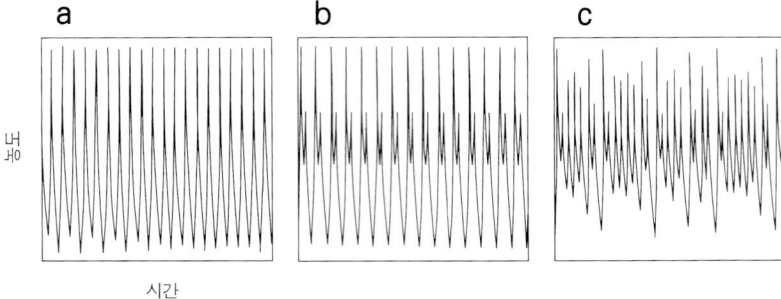

그림 9.19 반응기 안에서 반응물이 흐르는 속도가 빨라지면 BZ 반응에서 브롬화 이온 농도의 진동은 매우 규칙적이다가(a) 주기가 두 배가 되었다가(b) 결국 카오스가 된다(c).

다른 신호도 볼 수 있다. 예를 들어 유체의 흐름이 점점 빨라지면 완전한 난류가 발생하기 전에 흐름이 잠깐씩 흐트러지는 것을 볼 수 있다. 간단한 주기 배가 외에 BZ 반응에서 〈혼합 방식〉 진동이라고 부르는 카오스에 이르는 더 복잡한 경로도 볼 수 있다. 여기에서는 큰 진동과 그 사이에 낀 작은 진동으로 이루어진 순환이 반복된다 (그림 9.20). 한 주기 안에 작은 진폭과 큰 진폭이 모두 들어 있기 때문에 이것을 혼합 방식 진동이라고 부른다. 이러한 행동의 각 방식을 〈점화수〉를 써서 나타낼 수 있다. 점화수란 반복되는 하나의 순환에서 큰 진폭에 불이 켜진 횟수이다. 점화수를 유속에 대해 그린 그래프를 써서 흐름이 빨라짐에 따라 BZ 혼합물의 움직임이 어떻게 바뀌는지를 나타낼 수 있다.

이 그림은 유속이 0일 때 점화수 0인 데서 출발해서 유속이 크면 점화수가 1이 될 때까지 평평한 곳이 차례로 높아지는 일종의 계단처럼 보인다(그림 9.21). 계단에서 각 단의 폭과 다음 단까지의 높이 차는 아주 비규칙적이고(사실은 카오스이다), 이러한 계단을 걸어서 내려오는 것은 아주 위험한 일이다. 이 구조를 왜 〈악마의 계단〉이라고 이름붙였는지 이해하는 것은 어렵지 않다.

그러나 거기서 끝나는 것이 아니다. 한 혼합 방식 진동이 다른 것으로 바뀌는 영역을 자세히 들여다보면 여러 개의 더 작은 계단이 있는 것을 볼 수 있다. 계는 두 혼합 방식 진동 중 어느 것을 택할지 마음을 정하지 못한 것처럼 보인다. 여기서는 양쪽의 〈순수한〉 혼합 방식 진동의 순환을 각각 여러 개씩 포함한 커다란 순환이 주기적으로 나타난다. 악마의 계단의 주 단들을 잇는 이 중간 단들 사이의 전환을 더 자세히 들여다보면 거기에 또 더 복잡한 진동들이 있다(그림 9.21). 계는 결코 매끈한 전환을 보여주지 않고 복잡한 여러 단계를 거쳐서 계의 행동을 바꾼다. 확대하면 할수록 더 자세한 구조가 나타나는 것은 바로 쪽거리 구조에서 나타나는 바로 그 특징이다. 가끔 이 진동에서 주기성의 흔적이 모두 사라지고 진동은 카오스로 바뀐다. BZ 반응의 악마의 계단의 무수히 많은 곳에서 카오스가 기다리고 있다.

언뜻 생각하기에는 카오스적 움직임을 기술하는 방법이 도대체 있을 것 같지 않다. 그러나 옳은 방법을 쓰면 카오스계의 움직임 밑에

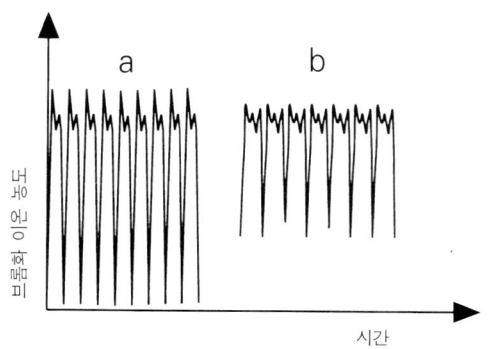

그림 9.20 BZ 연속 흐름 반응기에서 흐름의 속도가 적당하면 혼합 방식 진동이 나타난다. 큰 농도 진동과 그 사이에 작은 농도 진동으로 이루어진 순환이 되풀이된다. (a)는 1^2 방식이고 (b)는 1^3 방식이다.

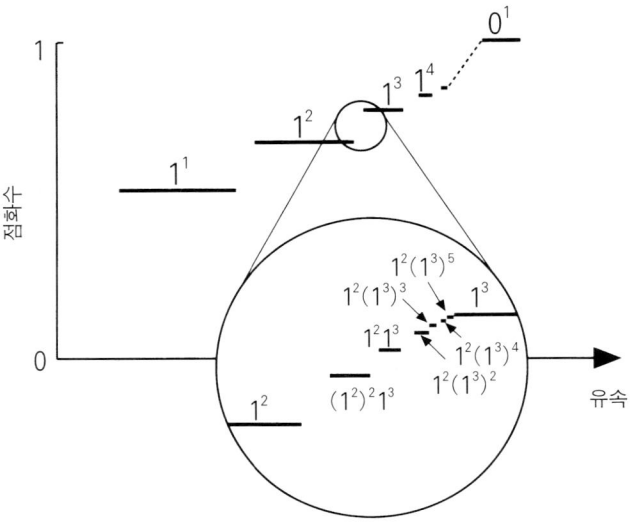

그림 9.21 BZ 반응에서 혼합 방식 사이의 전이를 흐름의 속도에 대해 나타내면 단의 폭이 일정하지 않은 〈악마의 계단〉이 나타난다. 이 단들을 자세히 들여다보면 다음 단으로의 전이가 더 복잡한 혼합 방식들을 거쳐 일어나는 것을 알 수 있고 이 작은 전이들에는 또 더 자세한 구조가 있다. 이 계단은 사실 쪽거리이다.

있는 구조를 볼 수 있다. BZ 혼합물의 경우 〈그림 9.19〉처럼 반응하는 화학종의 농도를 시간에 대해 그리는 대신 한 화학종(예를 들어 Br^-)의 농도가 다른 화학종(예를 들어 $HBrO_2$)의 농도에 대해 어떻게 바뀌는지를 그릴 수 있다. 주기적인 진동이라면 이 그림은 한계 순환이라는 닫힌 고리를 이룰 것이다(그림 9.22). 시간이 지남에 따라 두 농도는 이 고리를 따라 바뀔 것이다. 계의 흐름이 주기 배가 쌍갈림이 나타날 만큼 빨라지면 이 한계 주기가 두 개의 고리를 만든다(그림 9.22). 이제 계는 한 반복 순환에서 두 고리를 모두 돌 것이다. 쌍갈림이 계속되면 고리의 수는 점점 늘어 나중에는 실타래처럼 보인다. 그러나 계의 유속이 카오스 영역에 이르면 모든 주기성이 사라진다. 하지만 이것이 실타래가 끊어진다는 뜻은 아니다. 실타래의 모양은 그대로 유지되지만 구조가 아주 미세해져서 농도가 고리를 돌 때 같은 길을 다시 밟지 않는다.

한계 순환은 카오스 학자들이 〈끌개〉라고 부르는 것들 가운데 하나이다. 끌개는 시작한 곳이 어디든 간에 계가 결국 이끌리게 되는

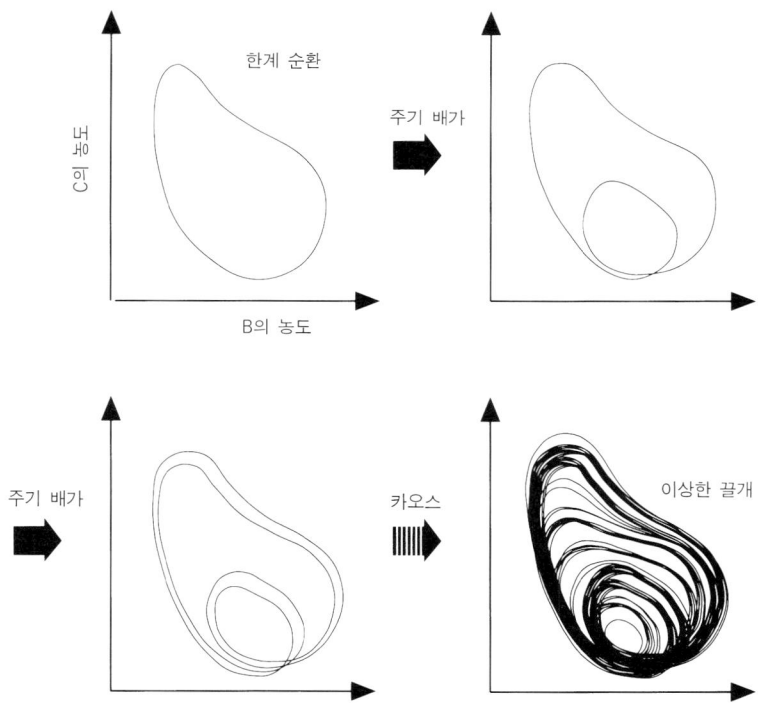

그림 9.22 한 성분의 농도를 다른 성분의 농도에 대해 그리면 진동 반응에서 정상적인 진동은 닫힌 궤적(〈한계 순환〉)을 그린다. 반응이 이 한계 순환의 바깥에서 시작하더라도 곧 반응은 한계 순환으로 끌린다. 주기 배가 쌍갈림에서 하나이던 고리는 두 개의 고리로 갈라진다. 주기 배가가 잇달은 후 결국 시스템은 카오스가 된다. 카오스 상태에서 〈끌개〉는 무한히 섬세한 구조이고 계의 행동은 결코 똑같이 되풀이되지는 않는다. 그렇다고 해서 그림이 갑자기 마구잡이 궤적의 뒤섞임이 되는 것은 아니다. 계는 계속 특징적인 구조를 유지하고 있다. 이 촘촘한 카오스 궤적을 이상한 끌개라고 부른다.

행동 방식이다. 두 화학종의 초기 농도가 한계 순환에서 떨어져 있더라도 곧 한계 순환에 다가와 그 이후 계속 고리 위에서 머무르게 된다. 카오스계에도 계가 움직이는 경계가 비교적 명확한 끌개가 있을 수 있다. 하지만 이 끌개는 하나의 고리도 아니고 여러 개의 고리도 아니다. 카오스 끌개는 무한히 섬세한 구조를 가지고 있다. 더 자세히 보면 새 경로가 언제나 보인다. 다시 말해 이 끌개는 쪽거리이다. 이 이상한 성질 때문에 이 쪽거리 구조를 〈이상한 끌개〉라고 부른다. 아마도 이것이 카오스와 쪽거리가 모두 새로 대두하는 복잡성의 과학의 일부라는 것을 보여주는 가장 좋은 예일 것이다.

4 큰 그림

이제 자연계의 (화학적이든 아니든) 여러 과정에서 나타나는 복잡한 움직임과 모양에 공통점이 있다는 것을 믿게 되었기를 바란다. 어떤 구조들은 보편적이다. 예측할 수 없는 카오스적 움직임 밑에 단순한 결정론적 원인이 있을 수 있다. 쪽거리 구조와 카오스 동역학 사이에는 밀접한 관련이 있다. 복잡성은 가끔 혼란 대신 질서와 규칙성을 이끌어내기도 한다. 그리고 무엇보다도 중요한 것은 복잡성과 카오스와 구조를 지닌 모양이 평형에서 멀리 떨어진 과정에서 자주 나타난다는 것이다.

비평형 과정을 통일적으로 이해하려고 최초로 노력한 사람은 브뤼셀의 화학물리 연구소에 있던 일리아 프리고진 Ilya prigogine이다. 그는 1960년대와 1970년대에 이룬 업적으로 1977년에 노벨 화학상을 받았다. 평형 상태에 고정되지 않고 시간이 흐름에 따라 진화하는 계에서 어떻게 (때때로 아주 복잡한) 공간적인 무늬가 나타나서 유지될 수 있는가 하는 것이 프리고진의 연구 주제였다.

여러 비평형 모양에서 나타나는 근본적인 특징은 자기 조직이다. 자기 조직이란 계의 미시적 성질로 설명할 수 없는 계의 거시적 성질이다. 4장에서 평형 상태에서 자란 소금 결정의 입방체 모양은 각 이온이 쌓이는 방법의 결과라는 것을 보았다. 그러나 튜링 구조의 벌집 모양은 아염소산 이온-요오드화 이온-말론산의 혼합물에서 분자와 이온이 서로 작용하는 방법에서 온 것이 아니다. 처음에는 균일했던 계에서 이 규칙적인 모양이 저절로 나타나는 것은 물리학자들이 대칭 파괴 과정이라고 부르는 것의 한 예이다. 처음에는 어느 방향을 보아도 꼭 같지만 계는 각 방향들이 동등하지 않은 상태로 전이한다. 다시 말해 계의 대칭성이 낮아진다.

이런 비평형 구조의 다른 특징은 요동에 대해 안정하다는 것이다. 카오스적 행동을 보이는 계는 요동에 극도로 민감하다. 아주 작은 자극으로 엄청난 차이가 일어날 수 있다. 그러나 어떤 계가 한계 순환에 갇히면 요동이 있어도 계는 다시 제 궤도로 돌아간다. 요동에 대해 안정한 동역학적 구조를 소산 구조라고 부른다. 소산 구조는 요동이 더한 여분의 에너지를 소산할 (흩어버릴) 수 있다. 이것은 간단한 흔들이와 같은 보존적인 진동계와 극적으로 대비된다. 흔들이를 밀면 흔들이가 더 크게 흔들린다. 그에 비해 소산 진동자는 〈밀려도〉 잠깐 동안의 교란 후에 밀리기 전과 똑같은 주기 운동을 되풀이한다. 어떤 면에서 (이해하기 쉽게 말하자면) 소산계는 자기 생각을 가지고 있어서 한 가지 행동 방식을 선택하면 그 방식을 고집하는 것처럼 보인다. 그러다 그 방식이 안정한 조건을 벗어나면 계는 (주기 배가 쌍갈림 같은) 전환을 거쳐 새로운 안정 상태로 간다.

평형에서 출발해서 자기 조직하는 이 능력은 어디서 오는가? 이 질문에 답하기 위해 프리고진과 동료들은, 19세기에 깁스와 헬름홀쯔 등이 평형계에 대한 열역학 체계를 만들었듯이 비평형계에 대한 열역학 체계를 세우려고 했다. 〈브뤼셀 학파〉는 비평형 상태에서의 구조, 모양, 성장 방식의 변화를 평형 상태에서의 상 전이에 대비했다.

평형 상 전이 중에 대칭 파괴 특징을 보이는 것이 많이 있다. 대칭 파괴적인 평형 상전이 상태의 계에서는 흔히 계의 한 부분이 멀리 떨어진 다른 부분의 변화에 매우 민감하게 반응하는 원격 상관성이 나타난다. 따라서 이러한 순간에는 마구잡이의 작은 요동도 계 전체에 쉽게 영향을 미칠 수 있다. 그런데 바로 이것이 BZ 반응과 같은 비평형계에서 볼 수 있는 상황이다. 비평형 과정이 쌍갈림 점에 접근할 때 비슷한 원격 상관성이 나타나 멀리 떨어진 부분들을 서로 연결시킨다. 이렇게 해서 계는 아주 커다란 구조로 스스로를 조직할 수 있다. 비록 계를 구성하는 각 성분들이 영향을 미칠 수 있는 범위가 아주 좁더라도 그렇다. 온도 같은 열역학적 양이 평형계를 미는 것에 비해 비평형 전이를 일으키는 것은 계를 평형에서 먼 쪽으로 민다. 이것이 평형계와 비평형계의 차이다. 계를 평형에서 먼 쪽으로 미는 힘은 결정 성장에서는 과포화나 과냉각의 정도이고, 전기 석출에서는 전극에 건 전압이고, 진동 화학 반응에서는 반응물의 유속이다.

프리고진의 생각과 최근의 카오스 이론이 평형에서 멀리 떨어진 계에서 나타나는 다양하고 때론 아주 이상한 현상들에서 일관성을 발견하는 데 도움을 주었지만, 비평형 과정을 이해하기 위해서는 아직도 19세기에 고전 열역학이 발전하여 평형 현상을 이해하는 데에 걸린 만큼 긴 시간을 가야 한다. 그러나 수많은 자연 현상을 이해하기 위해서 물리학과 화학과 생물학에서 비평형 과정이 차지하는 중요성과 비평형 구조의 아름다움을 생각할 때 비평형 과정을 이해하려는 노력이 앞으로 계속될 것이라는 것은 확실하다.

지구를 되살리는 과학

게임이 너를 죽이고 있는 것이 확실하다면
게임의 규칙을 고칠 것을
심각하게 고려할 만하다.
——스캇 펙

얼마 전만 해도 화학책에서 화학이 우리의 환경과 관련이 있다는 말을 볼 수 없었다. 그러나 오늘날 대기화학과 환경화학은 침체된 학문 분야가 아니라 전지구적인 당면 과제이다. 어느 틈엔가 대기과학자들은 언론의 주목을 받고 있고 그들의 연구 결과가 정부의 정책을 결정한다. 세계는 마침내 과학자들이 항상 알고 있던 것을 깨달았다. 대기의 화학 성분들이 환경에 지대한 영향을 미치고 대기의 섬세한 균형을 흔드는 것은 파멸적인 결과를 가져올 수 있다는 것이다.

대기과학자들이 특히 관심을 가지는 문제들은 흔히 온실 효과라고 부르는 지구 온난화와 오존층 파괴, 산성비, 전세계에 걸쳐 나타나는 납, 수은, 방사능 물질 같은 오염 물질의 증가이다. 이런 문제들은 격렬하고 가끔은 감정이 개입된 논쟁을 불러일으킨다. 순수한 과학적 관심보다 훨씬 더 많은 것이 이런 문제와 관련이 있기 때문에 더욱 그렇다. 제조 회사는 돈을 벌기 위해 팔고 있는 화학물질들이 환경에 미칠지도 모르는 피해를 똑바로 보아야 한다. 한편 우리는 늘어나는 전력 수요와 더 많은 전력을 생산하는 과정에서 생기는 기체 폐기물과 건강을 해칠지도 모르는 물질들의 나쁜 영향을 저울질해야 한다.

이 장의 목표는 이런 문제의 중심에 대기화학이 놓여 있다는 것을 보이는 것이다. 이런 논의를 이해하려면 지구의 대기가 어떻게 지금의 상태에 이르게 되었는지를 알 필요가 있다. 8장에서 비쳤듯이 생명을 유지할 수 있는 대기가 지금처럼 항상 지구를 에워싸고 있지는 않았다. 대기가 생명을 낳은 것이 아니라 그 반대로 생명이 지금의 대기를 낳았다. 대기과학자 제임스 러브록James Lovelock이 제안했듯이 생명, 육지, 바다, 대기를 따로따로 생각할 것이 아니라 이것들이 서로 연결된 지구의 다른 측면이라고 생각할 때가 되었다. 이것이 러브록의 〈가이아Gaia〉 가설의 핵심이다. 왜 인류의 활동과 그것이 환경에 미치는 영향을 따로 떼어놓을 수 없고 왜 환경이 우리의 쓰레기를 무한히 받아들일 수 있다고 생각해서는 안 되는지를 이해하는 데에 이런 관점이 도움을 줄 것이다. 지구의 대기는 당연하게 생각해서는 안 될 특별한 혜택이다.

1 대기의 화학적 조절

1-1 숨쉴 수 있는 대기

아주 강력한 천체 관측 기구가 있어서 다른 별의 주위를 도는 행성을 보는 것으로 그 행성 대기의 성분비를 알 수 있다고 가정해 보

자. 이때 지구와 비슷한 대기를 가진 행성을 발견한다면 이곳에 틀림없이 생명이 출현했다고 결론을 내릴 것이다. 생명이 출현할 수 있다는 것이 아니라 틀림없이 생명이 출현했다는 결론을 말이다. 누군가 지적인 존재가 지구를 본다면 지구의 대기는 생명의 존재를 알리는 분명한 신호이다.

그 이유는 태양계의 다른 행성의 대기와는 달리 지구의 대기는 극도의 화학적 비평형 상태에 있기 때문이다. 이것은 어떤 면에서는 엄청나게 큰 컵에 담긴 물질의 혼합물이 앞 장에서 본 것처럼 평형에서 아주 멀리 떨어진 상태를 유지하는 것과 같다. 대기를 이렇게 화학적 평형에서 멀리 떨어져 있도록 붙드는 것은 태양 에너지와 지구 내부에서 나오는 열 에너지이다. 하지만 이 에너지를 화학적 불균형 상태로 바꾸는 데 가장 중요한 작용을 하는 것은 바로 생명이다.

이것은 우리의 환경이 신기하게도 우리를 위해 잘 맞추어졌다고 생각하는 것이 틀렸다는 말이다. 대기가 그 안과 아래에 사는 생명체와 잘 어울리게 된 것은 결코 우연이 아니다. 생명의 진화와 대기가 현재의 성분비를 얻게 된 것은 따로따로 일어난 일이 아니다.

약 46억 년 전에 막 생긴 지구는 태양과 다른 행성들과 같이 원시기체 성운에서 응축한 녹은 마그마 덩어리였다. 이 액체 지구에서 화학 원소들이 분리되기 시작했다. 지구의 대부분을 이루는 철은 약간의 니켈과 함께 가라앉아 금속 핵을 이루고 용암의 〈더껑이〉를 남겼다. 이 더껑이에는 주로 마그네슘, 규소, 산소, 약간의 남은 철, 알루미늄, 나트륨, 칼륨, 칼슘이 들어 있었다. 이 화학적 분리는 철광에서 철을 뽑는 용광로에서 일어나는 과정과 비슷하다.

약 38억 년 전에 지구의 열이 우주 공간으로 빠져나가고 표면은 충분히 식어 딱딱한 지각이 생겼다. 이때 두 과정이 대기의 형성에 기여하기 시작했다. 지각 아래에 있는 용암에는 물, 메탄, 산화탄소, 질소, 네온 같은 여러 기체가 녹아 있어, 딱딱한 지각을 뚫고 화산에서 용암이 솟아나올 때 이 기체들이 방출되었다. 한편 태양계에서 행성을 이루고 남아 떠돌던 덩어리들이 가끔 지구와 충돌해서 상당한 양의 휘발성 기체를 내놓았다. 지구에 있는 물의 85퍼센트가 외계의 천체가 지구와 충돌할 때 왔다고 추정된다.

약 38억 년 전에 지구 표면의 기온이 100도 이하로 내려가 대기의 수증기가 액체로 응축되었다. 이 폭풍우는 상상하기 어렵다. 할 수 있다면 해보라. 바다 전체의 물이 아마도 10만 년에 걸쳐 하늘에서 쏟아져내렸을 것이다. 바다가 생기면서 물에 잘 녹는 염화수소, 이산화황, 이산화탄소 등은 바다로 씻겨 들어갔다. 이 중 일부는 그때 광물과 반응하여 물에 녹지 않는 탄산염이나 황산염을 만들었을 것이다.

수소, 헬륨, 네온 같은 가벼운 기체는 태양 성운에는 풍부했지만 지구의 중력으로 붙들기에는 너무 가벼워서 대기를 통과해 우주 공간으로 날아갔다. 남아서 초기 대기를 이룬 기체는 메탄, 수증기, 이산화질소(N_2O), 일산화탄소(CO)였다. 이런 대기에서 생명이 처음 나타났다.

생명을 이루는 복잡한 화학이 간단한 원료로부터 겨우 3억 년 만에 나타났다는 것은 놀랍다. 그러나 아라믹 S. M. Awramik과 동료들이 이것의 증거를 발견했다. 그들은 1983년 서부 오스트레일리아에서 박테리아 화석의 흔적이 있는 35억 년 된 돌들을 발견했다. 이 생명체는 오늘날에도 존재하는 아주 원시적인 종인 청록 조류나 사이아노박테리아와 아주 비슷하게 보인다.

하지만 오늘날에는 거의 모든 조류가 광합성으로 물 분자를 쪼개서 에너지를 얻는 데 비해 이 초기 생명체는 아케박테리아처럼 대사를 이루는 화학 반응들이 훨씬 더 조잡했을 것이다. 이 생명체 중 어떤 것은 아세트산 같은 유기 분자들을 쪼개서 에너지를 얻고 이산화탄소와 메탄을 대기에 방출했을 것이다. 어떤 것은 일산화탄소를 메탄으로 바꾸거나 황산 이온을 황화수소로 바꾸었을 것이다.

이 박테리아들은 산소가 없는 환경에서 잘 살았을 것이다. 사실 산소는 그들에게 독이다. 하지만 어느 날, 주위에 널린 물 분자를 쪼개서 훨씬 더 많은 에너지를 얻을 수 있는 박테리아가 나타났음에 틀림이 없다. 이 과정에서 독성의 기체 산소가 발생하기 때문에 이것은 대단히 반사회적인 행동이었다. 하버드 대학교의 미생물학자인 린 마굴리스Lynn Margulis는 광합성 생물의 등장이 산업 혁명 이후 인류에 의한 기체 방출을 아무 것도 아닌 것으로 보이게 할 만큼 거대한 규모의 〈전세계적인 환경 오염 위기〉을 불러왔다고 말한다. 생명의 진화는 대기를 전혀 다르게 바꾸었다.

언제 이 환경 위기가 일어났는지에 대해서는 아직도 논란의 여지가 있지만 대부분의 연구자들은 약 19억 년 전에서 20억 년 전 사이일 것으로 추정한다. 광합성을 에너지원으로 이용하는 것이 매우 유리하기 때문에 이 능력을 지닌 박테리아들이 지구를 차지하게 되었고 마침내 산소 생산이 압도적으로 증가해 전세계의 조류 군집에서 산소 기체가 뽀글뽀글 올라오게 되었다. 결국 이 오염은 많은 미생물 집단을 멸종시켰지만 이와 함께 이 독에 내성이 있는 돌연변이 종도 나타났다. 어떤 것은 더 적응하여 건강을 해치는 새 환경을 참고 견디는 것이 아니라 산소 속에서 더 잘 자라는 방법을 찾아냈다. 이런 생명체들은 실제로 대기의 산소를 이용하여 살아가게 되었다. 이들은 새 세상의 공기로 숨을 쉬었다.

산소로 숨을 쉬는 단세포 생명체가 최초의 동물이었다. 이들은 대기 중 산소의 농도가 지금의 5퍼센트에 이른 8억 년 전에 나타났다. 아마도 3억 년 전부터는 산소가 지금처럼 대기의 약 5분의 1을 이루게 되었고 그 상태가 대체로 유지되었을 것이다. 하지만 그 전에는 농도에 상당한 흔들림이 있었다는 증거가 있다. 산소가 대기의 35퍼센트에 이른 적도 있었다.

대기의 윗부분에서 햇빛은 산소 분자를 산소 원자 두 개로 쪼갠다. 이렇게 생긴 산소 원자는 다른 산소 분자와 반응하여 산소 원자가 세 개로 이루어진 오존(O_3)을 만든다. 이 분자는 자외선을 강하게 흡수하기 때문에 햇빛의 스펙트럼에서 자외선을 걸러낸다. 자외선은 유기 물질을 망가뜨리기 때문에 약 4억 년 전에 오존층이 형성되고 나서야 생명체가 자외선을 막아 주던 바닷물을 떠나 육지로 올라올 수 있었다.

1-2 재순환하는 세상

현재 산소는 대기의 21퍼센트를 차지한다. 나머지 79퍼센트의 대부분은 반응하지 않는 질소로 이루어졌다. 약 0.05퍼센트가 이산화탄소이고 이것은 식물이 자라기에 충분하다. 이 구성은 지구의 모든 생물을 합한 생물권과 지질권을 이루는 대륙, 바다, 지구의 내부에서 일어나는 지질학적인 과정에 의해 조절된다. 생물권은 숲, 초원, 흙 속의 세균, 플랑크톤, 해양 미생물 등 모든 생물을 아우른다. 광합성을 하는 식물은 물에서 수소 원자를 떼어 이산화탄소를 에너지가 많은 탄수화물로 바꾸고 이 과정에서 남은 산소를 내보낸다. 소비자 즉, 동물은 산소로 숨을 쉬고, 산소를 이용해 먹은 탄수화물을 태워 이산화탄소로 내보낸다. 호흡이라고 부르는 이 과정에서 나온 에너지는 나중에 쓰기 위해 ATP라고 부르는 물질에 저장된다(397쪽 참고). 광합성을 하는 식물이 사용된 산소를 재생하지 않는다면 대기의 산소 농도는 느리기는 해도 꾸준히 감소할 것이다.

식물에 의해 유기물로 〈고정된〉 탄소의 상당량은 결국 소비자의 호흡에 의해 (주로 죽은 식물을 분해하는 미생물의 호흡에 의해) 이산화탄소로 대기에 방출된다. 하지만 탄소는 생물이 관여하지 않는 순수한 〈무기〉 지질학적 과정에 의해서도 대기에서 나가고 들어온다. 대기 속의 CO_2와 광물이 반응하는 풍화에 의해 탄소는 탄산염으로 고정된다. 그리고 탄산염이 많이 든 돌이 변성암이 될 때 CO_2가 방출된다. 이산화탄소는 중탄산 이온(HCO_3^-) 같은 화학종의 형태로 바다에 녹는다. 바다 생물이 죽으면 바다의 바닥에 시체가 쌓여 탄소가 풍부한 퇴적층을 이루고 이 대양판이 해구에서 다른 판의 아래로 미끄러질 때 지구 내부로 들어간다. 지구 맨틀의 열에 의해 이 탄소들은 새로운 형태로 바뀌고 해구 뒤의 화산이 분출할 때 대기로 재순환한다(그림 10.1).

질소도 역시 생물권과 지질권에서 일어나는 과정을 통해 대기에서 나가고 들어온다. 질소는 보통 아주 안정해서 반응하지 않지만 어떤 박테리아는 이것을 암모니아로 바꾸고 이것에서 아미노산처럼 질소가 들어있는 유기 화합물을 만든다. 모든 생물은 아미노산이 필요하다. 식물은 스스로 이것을 합성하고 동물은 식물이나 다른 동물을 먹어서 이것을 섭취한다. 질소의 일부는 요소가 되어 결국 다시 암모니아가 되고 일부는 〈산화되어〉 아질산 이온(NO_2^-)이나 질산 이온(NO_3^-)이 된다. 탈질소화 과정이라고 부르는 과정을 통해 박테리아는 질산 이온에서 산소를 떼어내고 질소 기체를 대기로 돌려보낸다.

대기, 생물권, 지질권을 거치는 이런 산소, 탄소, 질소의 순환을 생지구화학적 순환이라고 부른다. 탄소가 이 순환 과정에서 어떻게 바뀌는지는 프리모 레비 primo Levi가 쓴 책 『주기율표 *Periodic Table*』에 잘 묘사되어 있다. 대기에서 어떤 원소를 가져가는 과정이 대기에 그 원소를 내놓은 과정과 균형이 맞을 때 대기는 결코 열역학적 평형 상태에는 이르지 못하지만 같은 상태를 유지하는 〈정상 상태〉에 머무르게 된다.

9장에서 평형에서 멀리 떨어진 계의 움직임은 예측하기 어렵다는 것을 보았다. 특히 이런 계는 작은 요동에도 크게 반응할 수 있다. 우리는 대기의 현재 정상 상태가 얼마나 안정한지 모른다. 그러나 분명한 것은 지구의 역사상 성분비가 완전히 다른 또 하나의 정상 상태의 대기가 존재했었다는 것이다.

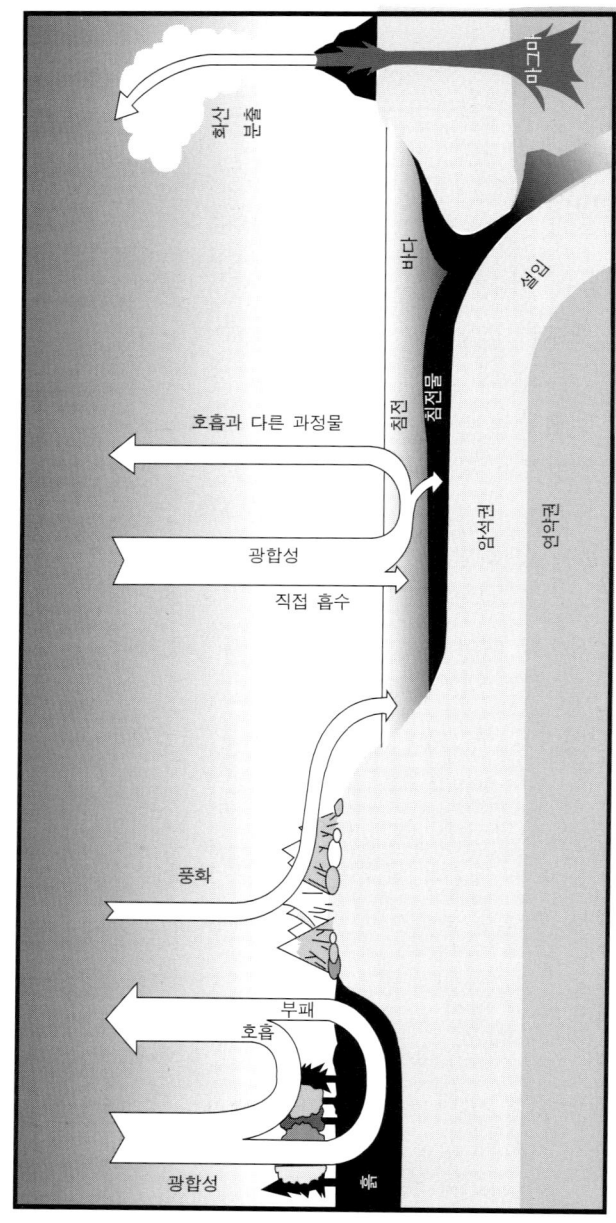

그림 10.1 자연적인 탄소 순환의 중요한 부분은 이산화탄소를 대기에 내놓거나 대기에서 가져간다. 땅과 바다에서 CO_2는 광합성을 통해 식물에 고정된다. 이렇게 고정된 탄소가 식물의 호흡을 통해 다시 대기로 방출되고 박테리아가 죽은 식물을 썩게 할 때도 대기로 방출된다. 균산질 동과 대기의 CO_2 사이의 무기 화학적 반응(풍화 반응)은 중탄산 이온(HCO_3^-)을 바다에 내놓고 이 중 일부는 해양 생물이 탄산칼슘($CaCO_3$) 껍질을 만드는 데 쓰인다. 죽은 동물과 식물은 결국과 함께 바다 바닥에 가라앉아 탄산가 풍부한 퇴적층을 이룬다. 해구에서 이 퇴적층은 지각판을 따라 지구의 맨틀로 끌려 들어가서 탄소는 다시 CO_2나 탄소가 든 다른 기체로 바뀌고 화산섬을 통해 대기로 방출된다. 자연적인 탄소 순환의 다른 요소들이 메탄과 일산화탄소의 농도를 결정한다.

462

1-3 빙하기: 끊임없는 재발

기후가 바뀌는 것은 하나도 새롭지 않다. 지구의 평균 기온은 인류가 진화하기 전에 오랜 기간에 걸쳐 여러 번 크게 바뀌었다. 가장 눈에 띄게 나타난 것은 불규칙적으로 되풀이되는 빙하기이다. 태양 주위를 도는 지구의 궤도 모양과 방향이 주기적으로 바뀌므로 그 결과 계절이나 위도상의 위치에 따라 지구가 받는 열의 분포에 작지만 중요한 변화가 생겨 빙하기가 온다고 생각된다. 유고슬라비아의 천문학자 밀루틴 밀란코비치 Milutin Milankovitch가 19세기에 최초로 지구의 궤도 변화의 효과를 계산했다. 밀란코비치는 태양에서 오는 열의 변화가 지구의 기후에 변화를 일으키기에 충분해서 이것이 빙하기를 시작하고 끝낸다고 제안했다. 지구의 기후에 대한 지질학적 기록에서 밀란코비치 순환이라고 부르는 약 100,000년, 44,000년, 23,000년, 19,000년의 주기적인 변화를 확인할 수 있고 이것은 지구 궤도의 주기적인 변화를 반영한다.

그러나 밀란코비치 궤도 주기의 결과로 태양열의 지구상 분포가 달라지는 양은 크지 않다. 그 자체로 지구를 얼어붙게 하거나 얼음판을 녹이기에는 충분하지가 않다. 그리고 밀란코비치 이론은 기후가 아주 느리고 점진적으로 변한다고 예측하지만, 지질학적 기록은 지구 평균 기온의 변화가 훨씬 빨리 변했고 그와 함께 대기의 일부를 차지하는 〈미량〉 기체의 양이 바뀌었음을 보여준다. 기후는 해류가 순환하는 모양 등의 자연적인 과정에 영향을 받는다. 그리고 아마도 장기적으로는 기후에 가장 중요한 영향을 미치는 것은 이산화탄소나 메탄 같은 미량 기체의 자연적인 양을 결정하는 생지구화학적 순환일 것이다. 밀란코비치 순환이 일으킨 조그만 변화가 기후에 영향을 미치는 이러한 자연 과정의 변화를 촉발시켰다고 생각된다. 이런 자연 과정들은 그 효과를 증폭시켜 기후가 더 빨리 변하게 한다.

남극 대륙을 덮고 있는 얼음판처럼 오래된 얼음판에 구멍을 깊이

뚫어 과학자들은 얼음이 생길 때의 공기 방울을 간직하고 있는 긴 얼음 기둥, 즉 〈심〉을 꺼냈다(사진 17). 아주 민감한 화학적 방법을 동원하여 이 공기 방울을 분석하면 대기의 화학적 역사를 알 수 있다. 남극에 있는 옛 소련의 보스톡 기지에서 파낸 심을 분석한 결과 지난 16만 년 동안 대기 중의 이산화탄소의 양은 결코 일정하게 유지되지 않았다는 것을 알 수 있었다(그림 10.2). 어떤 때는 이산화탄소가 현재의 양만큼 많았고 어떤 때는 산업 혁명 이전의 3분의 2 정도로까지 내려갔었다. 12만 년 전에서 1만 년 전까지 지속된 마지막 빙하기 동안 이산화탄소의 농도는 산업 혁명 이전 〈근대〉 값의 64퍼센트에 불과했다.

얼음이 생길 때 주위 온도에 따라 얼음에 들어 있는 중수소의 양이 결정된다. 이것을 이용하여 과학자들은 과거에 이 온도가 어떻게 변했었는지 알 수 있고 지구 기후의 역사를 알아낼 수 있다. 보스톡 심에는 온도와 이산화탄소 농도 사이에 뚜렷한 관계가 있다. 한쪽이 높으면 다른 쪽도 높다.

보스톡 심을 분석한 결과 대기 중의 메탄의 농도도 이산화탄소처럼 온도의 변화를 따른다는 것이 드러났다(그림 10.2). 이것은 메탄의 자연적인 순환도 기후의 변화와 연결되어 있다는 것을 암시한다. 하지만 대기의 1퍼센트도 차지하지 않는 이런 기체가 어떻게 지구 평균 기온을 섭씨 10도나 바꾸는 변화를 일으킬 수 있는가?

1-4 방열 장부를 맞추기

지구는 태양에서 가시 광선과 함께 가시 영역 밖의 적외선과 자외선의 형태로 열을 받는다. 태양에서 오는 복사의 약 3분의 1은 구름이나 얼음판 같이 밝은 물체에 의해 우주로 반사된다. 따라서 반사되는 양은 지구의 대부분을 덮고 있는 구름의 양과 밝기에 영향을 받는다. 이것을 정량적으로 나타내는 것이 입사하는 전체 복사 중

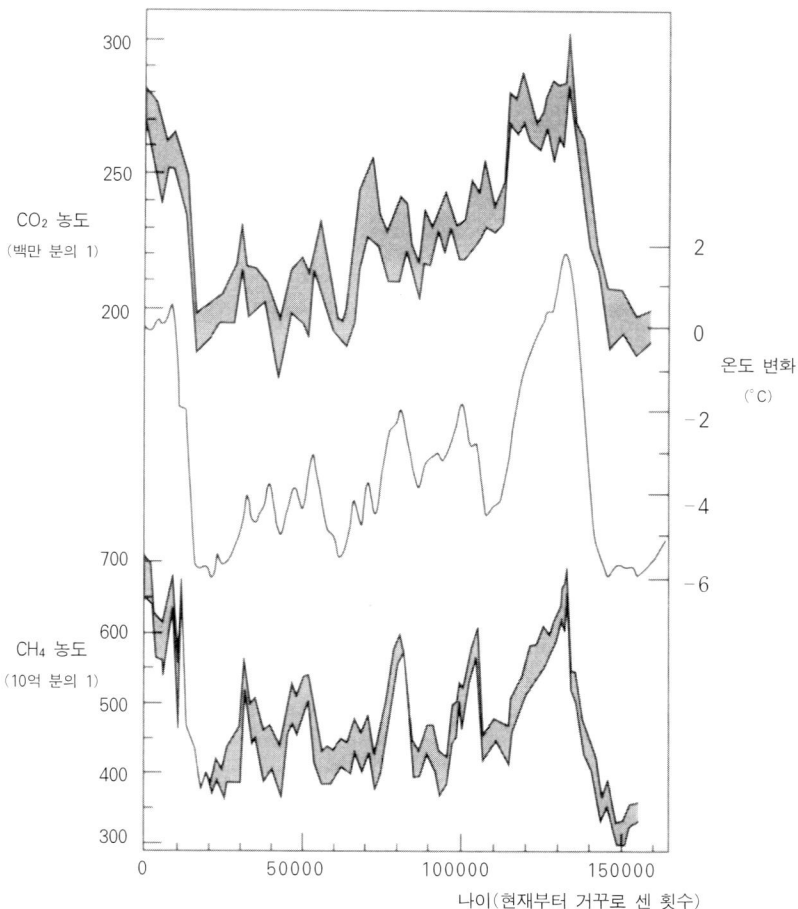

그림 10.2 남극 대륙의 보스톡에서 꺼낸 얼음 심에 갇힌 공기 방울을 분석해서 얻은 이산화탄소(위)와 메탄(아래)의 기록은 과거에 대기에서 이 두 화합물의 농도가 상당히 변했었다는 것을 보여준다. (회색 영역은 측정의 불확실한 정도를 나타낸다.) 얼음 속의 무거운 수소(중수소)의 양은 온도 변화(가운데)의 기록이다. 이산화탄소와 메탄의 농도 변화는 대체로 온도 변화와 동시에 나타난다. 여기서 두 기체의 농도 변화가 지구의 기후에 영향을 미쳤을 것이라는 추측을 할 수 있다.

지구를 되살리는 과학 465

반사되는 양의 비율인 〈알베도〉이다. 구름의 양이 많아지거나 얼음판이 늘어나면 알베도가 높아지고 지구 표면에 흡수되는 태양 에너지의 양은 줄어든다.

우주로 반사되지 않은 태양 복사는 대기나 바다나 땅에 흡수되고 식물이나 해양 플랑크톤 같은 생물도 태양 복사를 흡수한다. 에너지를 흡수한 것은 따뜻해져서 결국 에너지를 다시 복사한다. 그러나 이때 나오는 복사는 흡수했던 것과 많이 다르다. 에너지를 흡수한 계가 태양처럼 빛이 나지는 않는다! 이 계들은 가시 광선 대신 보이지 않는 열의 형태로 즉, 가시 광선보다 파장이 긴 적외선을 복사한다.

대기에 포함된 미량 기체 중 소위 온실 기체라고 부르는 것들은 분자의 진동 주파수가 적외선 복사와 일치하기 때문에 가시 광선은 그대로 통과하지만 적외선 영역의 복사는 강하게 흡수한다. 따라서 지구가 태양에서 받은 에너지의 일부는 우주 공간으로 돌아가지 못하고 대기에 흡수되어 지구 표면으로 다시 복사된다(그림 10.3). 이러한 방식으로 온실 효과가 나타난다. (그러나 이것은 진짜 온실에서 나타나는 현상과 다르다. 진짜 온실에서는 유리가 내부의 따뜻한 공기와 외부의 찬 공기가 섞이는 것을 막을 뿐이다.)

가장 중요한 온실 기체는 이산화탄소(CO_2), 메탄(CH_4), 일산화질소(N_2O), 염화불화탄소 chlorofluorocarbon(CFC)들이다. 실제로는 대기에 포함된 수분이 적외선 복사를 매우 강하게 흡수하기 때문에 이들 기체 중 어떤 것보다도 온실 효과가 더 크다. 하지만 인류의 활동이 대기 중 수분의 양에 직접적으로 영향을 미치지 않기 때문에 수분은 보통 온실 기체로 분류되지 않는다. 수분의 양은 바닷물의 증발이나 하늘에서 떨어지는 비나 눈 같은 자연 과정에 의해 결정된다. 탄소나 산소나 질소처럼 물도 끊임없이 대기에서 들어오고 나간다. 이 순환을 물 순환이라고 부른다. 온실 효과를 계산하기 위한 컴퓨터 모델에는 기상 시스템의 한 요소로 이 물 순환이 들어 있다.

 온실 효과가 인류의 잘못으로 인해 일어난 인위적인 현상은 아니다. CFC를 제외한 모든 온실 기체들은 원시 지구에 대기가 생긴 이후 계속 대기에 존재해 왔다. 인류의 활동은 단지 이런 기체의 농도를 자연적으로 존재하던 수준보다 높였을 뿐이다. 만약 오늘날의 O_2/N_2 대기에 온실 기체가 없다면 지구의 평균 온도는 $-18°C$까지 떨어져 지구는 꽁꽁 얼어붙을 것이다. 따라서 자연적인 온실 효과가 없었다면 지구에 생물이 살기 어려웠을 것이다. 주로 소량의 수분과 이산화탄소와 메탄에 의한 온실 효과 덕에 지구의 평균 온도가 그보

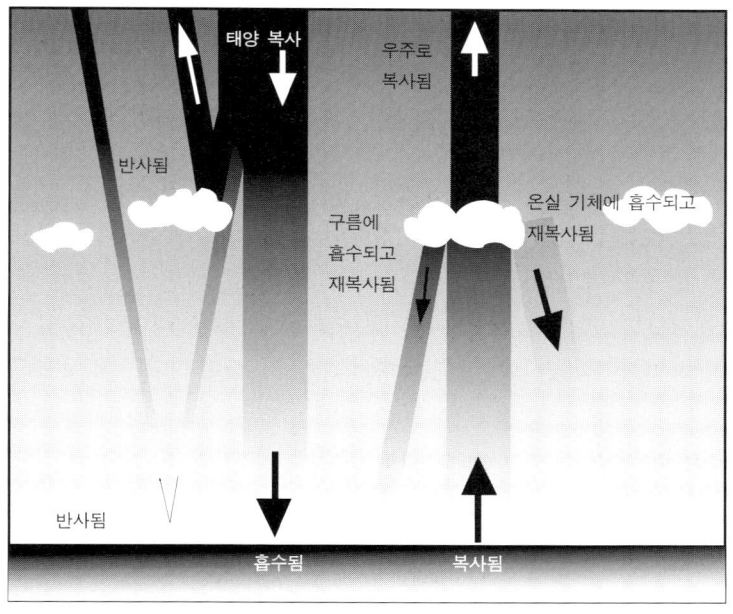

그림 10.3 온실 효과는 태양에서 온 열이 온실 기체의 흡수 때문에 대기에서 붙들린 결과이다. 지구로 온 태양 에너지의 약 30퍼센트가 우주로 반사된다. 나머지는 대기와 지구 표면에서 흡수된 뒤 적외선으로 다시 방출된다. 이 재방출된 적외선 중 일부는 구름과 온실 기체에 붙들리고 나머지는 우주 공간으로 빠져나간다.

다 33°C나 높게 유지된다.

1-5 지구 온난화를 일으키는 것

모든 온실 기체 중 이산화탄소의 효과가 가장 크다. 인류의 활동은 산업 혁명이래 대기에서 CO_2의 농도를 26퍼센트나 높였다. 석탄, 석유, 천연 가스 같은 화석 연료를 태운 것이 주원인이었다. 엄청난 양의 숲을 파괴하는 것도 대기 중 CO_2의 양에 큰 영향을 미친다. 숲은 대기에서 CO_2를 빨아들여 식물에 탄소를 고정하는 자연적인 〈스펀지〉로 작용한다. 나무들이 잘려서 타거나 썩으면 이 탄소는 다시 CO_2로 방출된다. 자연적인 탄소 순환의 요동은 보스톡 얼음 심기록에 나타난 것처럼 대기 중의 CO_2 농도를 상당히 바꿀 수 있다. 중요한 질문은 인류의 CO_2 투입에 자연적인 CO_2 생산과 소비 과정이 어떻게 바뀔 것인가이다.

오늘날에는 대기 중 메탄의 농도가 이산화탄소 농도의 200분의 1에 불과하지만 메탄이 지구 온난화에 끼치는 영향은 상당하다. 분자 대 분자로 따져서 CH_4는 CO_2보다 적외선을 더 강하게 흡수하기 때문에 온실 효과가 더 크다. 산업 혁명 이후 대기 중 메탄의 농도는 두 배로 늘어났다. 인류의 여러 활동이 여기에 영향을 미쳤고 특히 농업과 땅의 활용이 메탄의 농도를 증가시켰다. 그중 가장 큰 영향을 미치는 것은 논에서 벼를 키우는 일이다. 벼는 자라면서 메탄을 방출한다. 아시아에서 벼 재배는 1940년 이후 두 배로 증가했다. 소나 양 같은 되새김 동물도 소화기에서 상당한 양의 메탄을 내놓는데 이것이 인류의 활동 중 두번째로 큰 메탄 배출원이다. 열대림과 사바나의 식물을 태워도 메탄이 대기로 방출된다. 쓰레기 매립지에서의 발효와 부패, 석탄 채굴과 유전 탐사와 파이프라인에서 천연 가스의 방출도 대기로 메탄을 더한다.

하지만 자연적인 메탄의 방출도 상당하다. 늪과 툰드라 같은 습지에서 세균의 활동은 논에서 나오는 것만큼의 메탄을 방출한다. 또한 흰개미 집단도 숲을 태워서 나오는 것과 거의 같은 양의 메탄을 내놓는 것 같다. 바다와 호수와 강의 생물학적 과정도 약간의 메탄을 내놓는다.

대기 중의 메탄을 가장 많이 없애는 것은 대기에서 일어나는 화학적인 파괴이다. 지구 표면에서 약 10-15킬로미터 높이까지 뻗친 대기권에는 반응성이 강한 하이드록시(OH) 종이 상당히 많다. 이것은 메탄을 공격해서 일산화탄소와 물 등 여러 가지 생성물을 만든다. (그러나 일산화탄소와 물도 역시 온실 기체로 지구 온난화에 영향을 끼친다.)

염화불화탄소(CFC)는 오존을 파괴하는 (나중에 설명할 것이다) 성질 때문에 특히 환경 문제에 대한 관심을 불러일으켰다. 또한 염화불화탄소는 적외선을 매우 강하게 흡수한다. 따라서 이산화탄소나 메탄보다 대기 중의 농도가 훨씬 더 작음에도 불구하고 지구 온난화에 작지만 무시할 수 없는 영향을 끼친다. 대기 중에 CFC가 존재하게 된 것은 전적으로 인류의 책임이다. 자연은 CFC를 만들지 않는다. 이 기체들은 화학적으로 대단히 안정하기 때문에 스프레이 충진제, 냉매, 용매, 거품 발생 등에 쓸 목적으로 공업적으로 생산되었다. 그러나 이 화학적인 안정성 때문에 CFC는 대기에서 분해되지 않고 성층권까지 올라가 오존을 파괴한다. 좋은 소식 하나는 CFC가 나쁘다는 것이 너무나 명백하기 때문에 CFC를 다른 것으로 대치하라는 압력이 높아져 마침내 2010년 전에 CFC 사용을 완전히 금지하는 조약이 맺어졌다는 것이다. 따라서 앞으로 CFC가 온실 기체로서 미치는 영향은 줄어들 것이라고 예상할 수 있다. 그러나 얄궂게도 오존을 파괴하는 CFC의 능력은 지구 온난화에 미치는 알짜 영향을 줄인다. 왜냐하면 오존도 또한 온실 기체이기 때문이다.

바다와 땅에서 여러 다양한 생물학적 과정이 일산화질소를 생산하지만 이러한 과정의 세세한 부분이나 전체적인 생산과 소비의 규모는 알려져 있지 않다. 인류의 활동은 산업 혁명 전과 비교할 때 대기 중 일산화질소의 농도를 약 8퍼센트 증가시켰다. 화석 연료와 숲을 태우고 질소가 풍부한 비료(질산 염과 암모늄 염)를 쓴 것이 이런 결과를 낳았다.

덜 중요한 온실 기체로는 다른 질소 산화물과 오존과 일산화탄소가 있다. 지구 표면에서 10-15킬로미터 위쪽의 성층권에서 오존은 자외선을 차단하는 좋은 역할을 하지만 지구 표면의 오존은 환경에 해롭다. 오존은 건강을 해치는 독성이 있는 오염 물질로 눈과 폐에 유해하고 식물을 손상시킨다. 화석 연료를 태운 것과 산업 활동 때문에 대기권의 오존 농도는 지난 세기 동안 2-3배 증가한 것으로 보인다.

1-6 되먹임과 불확실성

자연적인 온실 기체가 관련된, 특히 이산화탄소와 메탄이 관련된 생지구화학적 순환과 물 순환 때문에 기후 변화에 되먹임 메커니즘이 생겼다. 여기에는 변화하는 과정을 가속하는 양의 되먹임도 있고 변화를 늦추는 음의 되먹임도 있다. 예를 들어 지구 기온이 높아지면 바다와 땅의 생태계가 교란되어 CO_2와 메탄의 방출과 소비 사이의 균형이 달라질 수 있다. 기후 변화에 관한 정부간 위원회 Intergovernmental Panel on Climate Change(IPCC)의 실무진인 최고의 국제적인 기후 연구자들로 구성된 팀은 1990년의 보고서에서 〈인류의 활동으로 인한 기후 변화 때문에 탄소 순환 메커니즘에 예상치 못한 큰 변화가 생길 가능성을 배제할 수 없다〉고 말했다. (2000년 11월의 IPCC 3차 평가보고서 초안은 온실 기체에 의해 유발되는 것과 같은 〈과잉 발열 촉진〉이 지구 표면 온난화로 이어지고 있다면서 21세기 지구 대기의 이산화탄소 집중도는 인류의 화석 연료 연소를 통한 이산화탄소

배출에 의해 사실상 결정될 것이 확실하다고 지적했다.——옮긴이)

물 순환과 관련된 되먹임은 주로 대기 중의 수분이 뭉쳐 형성된 구름이 기후에 미치는 영향과 관련이 있다. 구름이 지구의 방열 장부에 어떻게 영향을 미치는지는 아직 명백하지 않다. 사실 이것이 지구 온난화를 예측하기 어렵게 만드는 가장 큰 요인이다. 구름이 기후에 양의 되먹임을 가져오는지 음의 되먹임을 가져오는지, 즉 구름의 알짜 효과가 지구 온난화를 증폭하는지 완화하는지에 대해서조차 의견이 모아지지 않았다. 한편으로 구름은 태양 복사를 우주 공간으로 반사시켜 지구의 알베도를 높이므로 구름은 지구 표면에 도달하는 복사를 줄인다. 그러나 구름은 지구 표면에서 방출되는 적외선을 흡수하여 온실 기체처럼 이것을 대기로 다시 돌려보낸다. 현재 기후에서 구름이 미치는 전체적인 효과는 냉각이다. 즉 대기 중의 적외선 흡수에 의한 영향보다는 태양 복사를 우주 공간으로 반사하는 효과가 더 크다. 그러나 지구 온난화는 구름의 구조와 분포를 바꾸고 따라서 복사에 미치는 영향을 바꿀 것이기 때문에 더 따뜻한 기후에서도 구름의 되먹임 효과가 반드시 이렇게 나타날 것이라고는 말할 수 없다.

되먹임은 작은 요동을 큰 요동으로 증폭시킬 수 있기 때문에 계가 교란에 매우 민감해진다는 것을 9장에서 보았다. 기후의 되먹임 때문에 지구 온난화의 위협은 훨씬 더 심각하다. 왜냐하면 기후의 되먹임 때문에 대기 중에 온실 기체가 많아질수록 온도가 반드시 점차적으로 증가할 것이라고 장담할 수 없기 때문이다. 그러나 인류에 의해 초래된 기온 변화가 기후계를 균형에서 너무 멀리 끌고 가서 어떤 자연적인 양의 되먹임을 초래할 가능성은 분명히 있다. 이런 양의 되먹임이 시작되어 일어나는 변화는 인류가 미친 영향만 가지고 생각한 것보다 훨씬 더 클 것이다. 다른 한편으로 음의 되먹임이 자동 온도 조절 장치처럼 작용하여 지구 온도가 너무 높아지지 않게 할지도 모른다. 양과 음의 되먹임을 찾아내고 그것들이 기후에 미치는 상대적인 효과를 예측하는 것은 지금까지의 경험으로 보아 대단히 어렵고 이 때문에 우리는 미래에 기후가 어떻게 변할지를 정확히 예측할 수 없다.

바로 이 불확실성 때문에 기후계는 예측하기도 어렵고 모델을 세우기도 어렵다. 이러한 되먹임으로 인해 모델에 있는 작은 불확실성이 예측할 수 없는 큰 불확실성을 가져오기 때문이다. 이것은 단지 과학적인 문제만이 아니라 지구 온난화와 관련된 정치적인 문제이다. 대부분의 비과학자들은 과학에서 정확한 대답을 듣고 싶어한다. 정확하게 알 수 없다거나 예측하기 어려운 것이 많이 있다는 말은 흔히 대기과학자들이 무슨 일이 일어나고 있는지 모르고 있다는 뜻으로 해석된다. 또한 무슨 이유에서건 미래에 일어날 기후 변화에 대해 (양쪽 다) 극단적인 견해를 택하기로 마음먹은 사람들은 자신들의 해석을 뒷받침할 근거들을 아주 쉽게 찾을 수 있다. 우리는 온실 기체 방출을 줄이는 데 소극적인 산업계에서 모든 불확실성을 고려할 때 그런 조치가 굳이 필요하지 않다고 말하는 것을 쉽게 들을 수 있다. 그러나 바로 이 불확실성이 온실 기체 방출을 규제해야 하는 가장 큰 이유라는 것을 읽는이들이 명백하게 이해했기를 바란다. 물론 같은 이유로 파멸을 예언하는 사람들은 그렇게 될 가능성은 거의 없지만 아주 극적이고 마음을 불안하게 하는 기후 변화의 시나리오를 구성할 수도 있다.

지구 온난화가 가져올지도 모를 엄청난 재난을 피하기 위해 필요한 사회적, 경제적, 공업적 변화가 어렵고 비싸기 때문에 이로 인해 손해를 보는 쪽에서는 그런 변화가 정말로 필요하다는 증거를 요구한다. 정확한 예측이 매우 어렵다는 것을 고려하면 가장 간단한 방법은 실제로 인식할 만한 변화가 일어나고 있는지를 측정하는 것이라고 생각할 수도 있다. 하지만 여기서도 과학계는 똑부러지는 대답을 하기 어렵다. 대부분의 과학자들이 지구 온난화의 위협이 진짜라는 것을 인정하지만 지구 온난화의 조짐이 벌써 보이기 시작했느냐는 질문에 대해서는 확실히 그렇다고 대답할 수 없다.

산업 혁명 이후 온실 기체들의 농도가 극적으로 높아졌고 지구 평균 기온이 20세기 초부터 상승했다는 것은 분명하다(그림 10.4). 게다가 지난 100년 동안 해수면이 매해 평균 1-2밀리미터 정도씩 상승했다. 지구 온난화는 극지의 얼음판과 고산 지대의 빙하를 녹이기 때문에 장기적으로 해수면을 상승시킬 것이다. 그러나 이런 정황 증거들은 과학적으로 엄격한 증명이 되지는 못한다. 먼저 지구 평균은 모든 것을 말해주지 못한다. 지구 온난화에 대한 컴퓨터 모델은 지구 전체의 기온이 골고루 올라가지 않을 것이라 예측한다. 사실 일부 지역에서는 단기간에 걸쳐 기온이 〈내려갈〉 수도 있다. 온실 효과에 의한 온난화가 정말로 일어나고 있다고 확신하려면 온실 기체의 농도 상승과 기온 변화 사이에 (우연에 의한 것이 아닌) 명백한 관계가 있어서 기후 모델이 예측하는 기온 변화의 전세계적인 분포 (이것을 〈온실 지문〉이라고 부른다)와 실제 관측이 일치해야 한다. 그

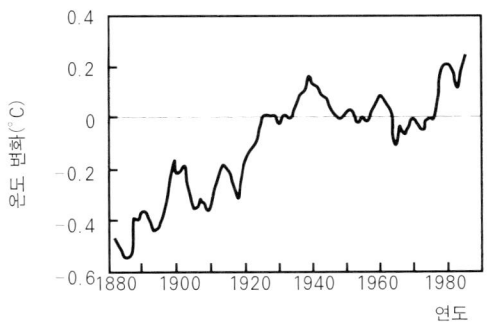

그림 10.4 지구 평균 기온은 20세기 초부터 1940년부터 1970년 사이처럼 그렇지 않은 적도 있었지만 대체로 (통계학적으로 의미 있게) 상승했다. 이 추세를 보고 인류의 활동에 의한 온실 효과의 결과가 벌써 나타나기 시작했다고 생각할 수도 있지만 아직 확실한 증명으로 받아들일 수는 없다.

러나 그런 관계는 아직 확립되지 않았다.

이런 불확실성과 우리 지식의 부족 때문에 미래의 기온 상승을 예측하기 어렵다. 이 예측은 또한 가까운 장래에 온실 기체 방출을 얼마만큼 줄일지와도 관련이 있다. 방출을 전혀 제한하지 않아 산업계가 지금까지 해온 것처럼 계속한다면 2025년까지 기온이 $1-2.5°C$ 높아질 것이고 2100년까지는 $3-6°C$ 높아질 것이다. 만일 기온이 $6°C$만큼 높아진다면 이것은 지난 15만 년 동안의 어느 때보다도 높은 온도로 우리의 짧은 경험으로는 이런 변화가 기후에 어떤 변화를 초래할지 예측할 수 없다. 가까운 장래에 온실 기체 방출을 어느 정도 제한한다면 조금은 덜 극적인 전망을 할 수 있다. 여러 가지 시나리오에 따르면 2100년까지 지구 기온은 $2-3°C$ 높아질 것이다. 이 값들이 크지 않게 보일지 모르지만 그 결과 해수면 상승, 날씨 변화, 농업 생산성, 태풍의 빈도 등은 매우 심각하게 바뀔 수도 있다. 물론 우리가 전혀 잘못 예측한 것으로 결과가 나타날 수도 있다. 예를 들어 어떤 음의 되먹임 메커니즘이 작용하여 기온은 채 $1°C$도 높아지지 않을지도 모른다. 그러나 현재의 불확실성을 핑계삼아 아무 조치도 취하지 않는 것은 너무 무모한 바람이다. 제정신을 가진 사람이라면 아무도 보험에 들기 전에 도둑이 들거나 차가 망가지거나 심각한 병에 걸릴 것이라는 데에 완벽한 증거를 요구하지 않을 것이다. 최악의 상황이 벌어진다면 그것은 우리 모두에게 닥칠 것이다. 그리고 그때 우리를 구해줄 사람이 아무도 없을 것이라는 것은 분명하다.

2 지구의 햇빛 가리개

2-1 하늘의 구멍

앞에서 대기에 산소가 많아짐과 동시에 성층권에 산소의 사촌인 오존(O_3) 또한 늘어났다는 것을 보았다. 오존은 자외선을 강하게 흡수하기 때문에 성층권의 오존층은 태양의 자외선이 지구 표면에 도달하지 못하게 하는 거르개로 작용한다. 자외선은 가시 광선보다 에너지를 훨씬 더 큰 꾸러미로 나른다. 이 에너지 꾸러미는 섬세한 생물학적 분자의 구조를 망가뜨리기에 충분할 정도로 크다. 이것은 생물 조직을 손상시킬 수 있어서 지상의 식물과 해양 먹이 사슬의 중요한 부분인 플랑크톤에 해를 미치고 피부암과 백내장을 일으킨다.

이 때문에 영국 남극 조사단의 조 파먼Joe Farman과 동료들이 1985년에 발표한 결과에 깜짝 놀랄 수밖에 없었다. 그들은 1977년부터 1984년 사이에 남극의 할리 만 상공 성층권의 오존 농도가 60퍼센트 수준으로 줄어든 것을 발견했다(그림 10.5). 나중에 대기과학자

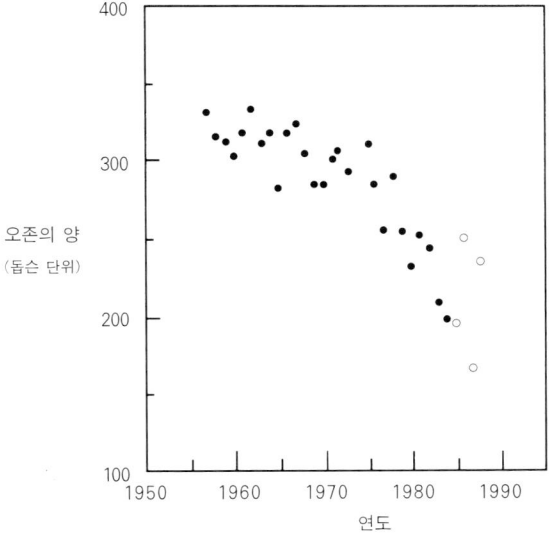

그림 10.5 영국 남극 조사단의 조 파먼과 동료들은 1985년에 남극 할리 만 상공의 오존 농도가 그 전 15년 동안 계속 감소했다는 것을 보였다. 파먼의 자료를 검은 원으로 표시했다. 그 뒤 측정된 값을 나타내는 흰 원도 같은 경향성을 보인다. 20세기 초에 오존 측정을 시작한 영국 과학자 돕슨의 이름을 딴 돕슨 단위를 써서 오존의 양을 나타낸다.

들이 NASA의 님버스 7호 위성에 실린 전체 오존 지도 분광계 Total Ozone Mapping Spectrometer(TOMS)로도 같은 시기에 비슷한 결과를 보고 있었다는 것이 드러났다. 하지만 그 관측값이 너무 낮았기 때문에 대기과학자들은 관측 장치가 고장났다고 생각했었다. 그러나 파먼 팀의 관측은 남극 대륙 대부분의 12-24킬로미터 상공에서 성층권의 오존이 심각하게 줄어들었다는 것을 명백하게 보였다.

그 뒤를 이은 관측들에서 매해 남극 성층권의 오존 농도는 9월에 시작하는 남극의 봄부터 줄기 시작해서, 극 부근의 대기 순환 방식이 바뀌어 오존이 적은 공기가 흩어져서 주변의 공기와 섞이는 10월 말이나 11월까지 낮은 상태로 있다는 것이 드러났다. 오존 감소의 정도 즉, 오존 구멍의 〈깊이〉는 매해 다르다(그림 10.6).

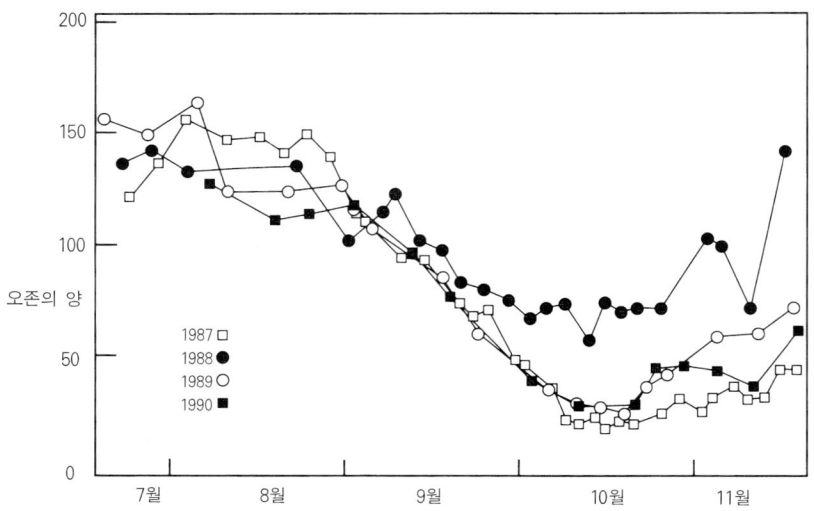

그림 10.6 남극의 〈오존 구멍〉은 남반구의 봄마다 찾아온다. 이것은 9월에 시작해서 11월까지 지속된다. 여기에 보인 것은 1987년부터 1990년 사이에 남극 기지 상공 12에서 20킬로미터 사이 성층권의 오존의 총량을 돕슨 단위로 나타낸 것이다.

사람이 만든 염화불화탄소에서 나온 화합물들 때문에 오존 구멍이 생긴다는 것은 이제 누구나 인정한다. 염화불화탄소는 본질적으로 수소가 염소와 플루오르로 치환된 탄화수소이다. 앞에서 말했듯이 이 화합물들은 여러 용도로 수십 년 동안 쓰여왔다. 이렇게 널리 쓰이게 된 이유는 CFC가 반응성이 거의 없고 독성도 없기 때문이었다. 그러나 이 성질 때문에 CFC는 다른 여러 미량 기체들을 분해하는 대기권 하부의 화학 반응에도 분해되지 않고 전 지구로 퍼져 결국 성층권으로 올라간다. 25킬로미터 이상의 고도에서 CFC 분자는 자외선에 노출된다. (25킬로미터 이하에서는 오존이 자외선을 가린다.) 자외선은 CFC를 부수어 개개의 염소 원자를 떼어 낸다. 1974년에 어빈에 있는 캘리포니아 대학교의 마리오 몰리나 Mario Molina와 셔우드 롤랜드 Sherwood Rowland는 이 과정이 초래할지도 모를 재앙을 경고했다.

홑원자에는 원자 오비탈이나 분자 오비탈에 짝을 이루지 못한 전자들이 있기 때문에 보통 반응성이 매우 강하다. (헬륨이나 네온 등 불활성 기체는 예외이다. 불활성 기체에는 짝을 이루지 않은 전자가 없다.) 짝을 이루지 못한 전자가 있는 화학종을 자유 라디칼이라고 부른다. 염소 자유 라디칼은 특히 독성이 강하다. 연구에 의하면 이것은 오존과 바로 반응하여 산화염소(ClO)와 산소 분자(O_2)를 만든다 (그림 10.7). 몰리나와 롤랜드는 이 반응이 성층권에서도 일어나 오존층을 화학적으로 파괴할 수 있을 것이라고 지적했다. 이 위험성을

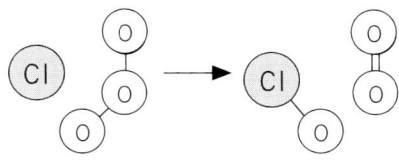

그림 10.7 자유 염소 원자(라디칼)는 오존과 결합하여 산화염소와 산소 분자가 된다.

인식하여 1970년대 말 미국은 분무기에 CFC를 쓰는 것을 금지했다. 그러나 그 당시 CFC가 정말로 오존층을 파괴한다는 확실한 증거가 없었기 때문에 CFC를 많이 쓰던 산업계는 일하던 방식을 바꾸라는 요구에 강하게 저항했다. 1970년대와 1980년대 동안 전세계에서 여러 산업 분야에서 사용한 CFC는 꾸준히 대기권에 쌓였다.

2-2 파괴의 순환

CFC에서 나온 염소 라디칼이 오존 파괴의 주범이라면 왜 이 현상이 남극에서만 그리고 봄 동안만 일어나는가? 남극의 겨울 동안 거대한 소용돌이 모양의 공기 기둥이 남극 대륙에 형성되어 소용돌이 내부의 공기는 사실상 외부의 공기에서 분리된다(그림 10.8). 이 분리 때문에 그리고 극지방의 겨울 동안 햇빛이 비치지 않기 때문에

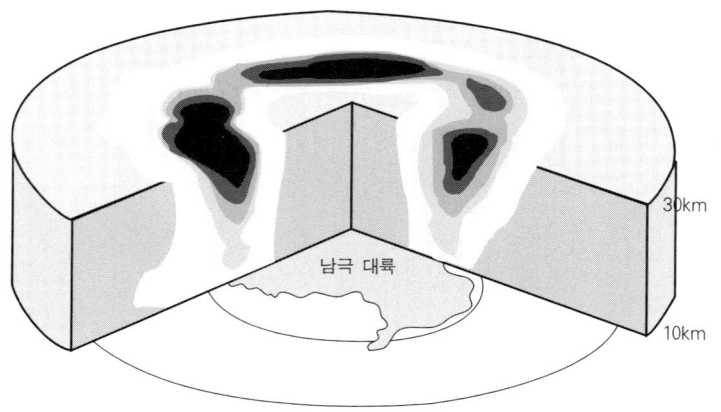

그림 10.8 남극 대륙 근방의 공기 순환 모양 때문에 겨울마다 주위에서 분리된 찬 공기의 소용돌이가 생긴다. 여기에 보인 것은 1990년 10월에 남극 주위 10에서 30킬로미터 상공의 대기권과 성층권에서 잰 바람의 속도이다. 흰 극 소용돌이 안에 점점 짙어지는 검은 부분은 더 빠른 바람 속도를 나타낸다. (미국 메릴랜드에 있는 미항공우주국 고다드 우주 비행 센터의 마크 슈벌이 그림을 제공함.)

소용돌이 안 성층권의 온도는 -80°C까지 내려간다. 이때 성층권의 물이 얼어 극 성층 구름을 형성한다. 극 성층 구름은 빛을 산란하기 때문에 극지방의 긴 밤 동안 하늘에서 아주 뚜렷이 볼 수 있다(사진 18). 극 성층 구름의 얼음 입자에는 상당량의 질산(HNO_3)이 들어 있을 수 있다. 질산은 대기권 어디에나 미량 기체로 존재하는 질소 산화물에서 생긴다. 이 얼음 입자에서 가장 중요한 오존 파괴 반응이 일어난다고 생각된다. 오존을 파괴하는 서로 연결된 여러 과정을 밝혀내기 위하여 지난 수년 동안 실험실에서, 그리고 남극 성층권의 화학 조성에 대해 지상, 기상 기구, 위성 관측을 통한 대규모의 연구가 행해졌다.

가장 중요한 단계는 〈그림 10.7〉에 보인 대로 염소 원자가 오존과 반응하여 산화염소와 산소를 내놓는 것이다. 그러나 산화염소 또한 반응성이 매우 강한 분자여서 뒤이어 다른 반응들을 한다(그림 10.9). 이 반응들의 마지막 결과는 ClO의 염소 원자가 산소 원자에서 분리되어 다시 자유 라디칼이 되는 것이다. 오존 분자 하나를 파괴한 염소 원자는 이제 다시 다른 오존 분자를 파괴할 수 있다. 다

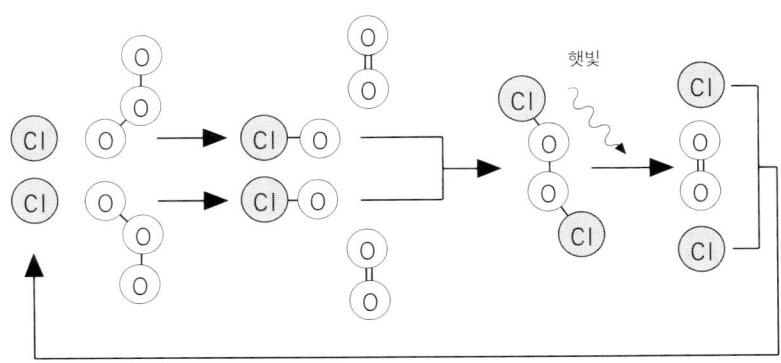

그림 10.9 오존을 파괴하는 염소 라디칼은 염소 촉매 순환을 통해 다시 생성된다.

시 말해 염소 자유 라디칼은 오존 파괴의 촉매로 작용한다. 이와 관련된 반응 순서를 염소 촉매 순환이라고 한다.

그러나 산화염소나 염소 라디칼을 소모하는 경쟁 반응은 이 해로운 순환을 멈출 수 있다. 이런 반응들 중 가장 중요한 것은 이산화질소(NO_2)가 관련된 것이다. NO_2는 ClO와 반응하여 $ClONO_2$ 분자를 만든다. 이 반응은 2장에서 본 것같이 촉매 표면에서만 일어난다. 극 성층 구름의 얼음 입자 표면도 이런 표면으로 작용할 수 있다. 남극 성층권에서 $ClONO_2$는 비교적 안정한 분자여서 해를 미칠 염소 원자를 붙들어 중화한다. 따라서 극 성층권의 이산화질소는 오존 파괴의 정도를 줄인다. 다른 중요한 반응은 염산(HCl)을 형성하는 염소 라디칼과 메탄의 반응이다. 염산도 비교적 안정해서 염산으로 존재하는 염소는 해가 없다. 그러나 이 〈비활성형〉 염소들은 빛이나 다른 분자와의 반응으로 쪼개져서 다시 〈활성〉 염소를 내놓을 수 있다(그림 10.10a).

극 성층권에서 반응성이 있는 질소가 제거되면 이 화합물들이 〈활성〉 염소와 결합하여 오존 파괴 정도를 낮추는 효과가 줄어든다. 극 성층 구름에서 질산이 얼면 질소가 붙들려 더 이상 화학 반응에 참여하지 못한다. 얼음 입자가 커지면 성층권을 통과해 밑으로 떨어져 다시 돌아오지 못한다.

극 성층 구름은 또한 비활성화된 염소 형태인 HCl과 $ClONO_2$ 사이의 반응을 촉매한다. 반응 결과 Cl_2와 HNO_3이 생성되고 Cl_2는 햇빛에 분해되어 다시 염소 라디칼이 되고 HNO_3은 얼음 입자에 남는다. 이렇게 하여 활성 염소를 붙잡아 오존 파괴를 줄여야 할 NO_2가 구름 속에 질산/얼음 결정으로 붙잡히므로 활성 염소가 더욱 해를 끼친다(그림 10.10b).

더 나쁜 것은 질산/얼음 결정이 너무 커지면 무거워져서 공기 중에 남아 있지 못하고 성층권을 통과해 내려오는 것이다. 이렇게 하

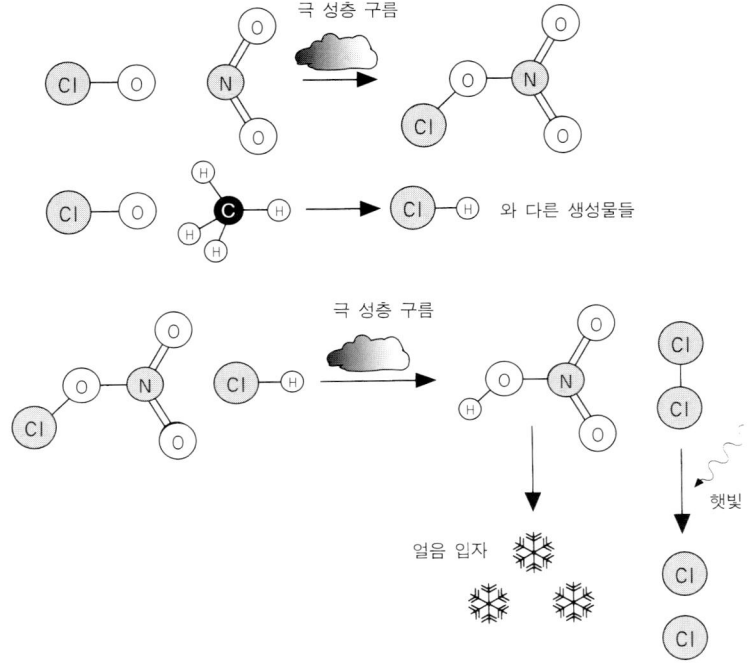

그림 10.10 염소 라디칼을 내놓을 수 있는 〈활성〉 염소는 이산화질소(NO_2)나 산화질소(NO)나 메탄 등과 반응하여 〈비활성형〉으로 바뀔 수 있다(a). 이 반응들은 염소 촉매 순환을 멈춘다. 그러나 극 성층 구름의 얼음 입자에서 비활성형인 $ClONO_2$와 HCl이 반응하면 다시 활성 염소가 생성된다(b).

여 오존 파괴를 완화할 질소가 성층권에서 영원히 제거된다.

브롬 화합물도 염소 촉매 순환을 촉진한다. 브롬 화합물 중 일부는 인류가 방출한 것이지만 (브롬 화합물은 살충제 등으로 쓰인다) 대기권에 있는 브롬 화합물의 대부분은 바닷말 등에서 자연적으로 방출된 것이다. 어떤 바닷말은 브롬화메틸(CH_3Br)을 내놓는다. 빛에 의해 쪼개진 브롬 화합물에서 산화브롬(BrO)이 생기고 이것은 ClO와 같은 방법으로 오존을 파괴한다. BrO는 또한 ClO에서 염소 라디칼이 생기는 것을 돕는다.

지구를 되살리는 과학 481

지금까지 말한 것이 오존 파괴의 주요 화학 과정이다. 이 조각들을 짜 맞춘 그림은 왜 그리고 어떻게 남극 대륙 위의 오존층이 파괴되었는가에 대한 설명으로 믿을 만하다. 어둡고 추운 극 겨울 동안 대기 순환 방식 때문에 극 소용돌이가 생긴다. 소용돌이 안의 온도가 내려감에 따라 물과 질산은 성층권에서 얼어 극 성층 구름을 형성한다. 얼음 입자 표면에서 일어나는 화학 반응이 비활성형 염소(예를 들어, HCl과 $ClONO_2$)를 활성형으로 바꾼다. 그래서 소용돌이에서 오존 파괴가 준비된다. 봄이 되어 태양이 다시 나타나면 햇빛이 염소 촉매 순환을 시작한다. 오존 농도는 급격히 떨어져 10월 초에 최저에 이른다.

10월 말 극 소용돌이가 사라지면 소용돌이 속에 있던 오존이 거의 없는 공기는 바깥쪽의 〈보통〉 공기와 섞인다. 이렇게 하여 남극 대륙 위의 오존 농도는 높아지지만 남극 대륙 바로 바깥 상공에서는 오존층이 옅어진다. 이제 극지방에서 멀리 떨어진 오스트레일리아 상공의 오존층도 옅어진다는 믿을 만한 증거가 있다. 늦은 봄에 소용돌이가 사라지면 이곳 지상에 이르는 자외선이 더 강해진다. 또한 이때에 사람들이 바닷가로 몰리므로 강한 자외선이 건강에 미칠 위험은 상당한 걱정을 자아낸다. 그러나 오스트레일리아를 제외하고는 남반구의 이 위도에는 사람이 거의 살지 않는다. 하지만 비슷한 일이 북극에서도 일어난다면 어떻게 되겠는가? 사람들이 많이 사는 스칸디나비아, 북부 유럽, 캐나다 상공에서 이 일이 일어난다면 말이다.

이제 오존 구멍이 북극에서도 나타난다는 조짐들이 있다. 그러나 이 증거들은 아직 모든 사람들에게 인정 받지는 못했다. 또한 이 증거에 따르면 북극 오존 구멍이 생기더라도 이 구멍은 남극에 비해서 훨씬 얕다. 이유를 생각하기는 어렵지 않다. 북극 주위의 공기 순환은 남극 주위와 다르다. 그 한 이유는 북반구에 남반구보다 훨씬 더 마른 땅이 많다는 것이다. 극 소용돌이는 북극에서도 나타나지만 남극에서만큼 뚜렷하지 않고 그만큼 격리되지도 않는다. 부분적으로는 이 이유 때문에 북극의 겨울 기온은 남극에서만큼 낮게 내려가지 않는다. (북극의 겨울 기온은 남극보다 보통 15-20°C 더 높다.) 따라서 북극의 겨울 동안은 오존 파괴에 결정적인 역할을 하는 극 성층 구름이 생기지 않는다. 그러나 겨울 기온은 해마다 다르므로 유난히 추운 북극 겨울에는 오존 파괴의 조건이 갖추어질 법도 하다.

1988년과 1989년 사이의 겨울이 그런 경우였던 것 같다. 1989년 1월은 25년 만에 가장 추워서 북극 성층권의 온도가 -85°C까지 내려갔다. 북극권에 극 성층 구름이 나타났고 어느 위도에서는 오존 농도가 그 전 3년에 비해 25퍼센트나 내려갔다. 그러나 오존 감소와 극 성층 구름의 형성이 정확히 일치하지 않는 등 여러 이유 때문에 북극의 오존 감소에는 이론이 분분하다. 그렇지만 이제 북극 오존이 감소한다는 분명한 증거가 나타났을 때 대기과학자들이 거의 놀라지 않으리라는 것은 분명하다.

2-3 손해를 최소화하기

1987년 9월, 24개국이 캐나다의 몬트리올에 모여 CFC의 생산과 소비를 제한하기로 국제 협정을 맺었다. 몬트리올 의정서라고 부르는 이 조약은 1989년 1월부터 효력을 발휘하였다. 협정에 서명한 모든 나라들은 1990년에 주요 CFC 화합물의 생산을 1986년 수준에서 묶고 1999년까지 생산량을 50퍼센트 줄이기로 합의했다. 이 협정이 개발도상국의 경제에 미치는 영향을 줄이기 위해 개발도상국들은 생산량을 덜 감축해도 되도록 했다. 몬트리올 의정서는 1990년 런던에서 열린 국제 회의에서 갱신되어 2000년까지 주요 CFC 화합물의 생산을 완전히 중지하기로 목표가 수정되었다. 의심의 여지없이 이 조약은 국제적으로 인류의 활동이 전 세계에 영향을 미친다는 것을 인정하는 것이다. 그러나 런던 조약이 지켜지더라도 오존 감소는 앞으로 수십 년 동안 계속될 것 같다. 화학적인 과정이 대기에서 CFC를 완전히 몰아내는 데는 수년이 걸린다. 당장 내일부터 CFC를 전혀 방출하지 않는다 해도 이미 대기 중에 충분히 많은 CFC가 있기 때문에 당분간 CFC의 나쁜 효과는 지속될 것이다.

게다가 오존 감소가 극지방에서만 나타날 이유가 없다는 것은 분명하다. 1982년 말부터 1983년 동안 훨씬 낮은 위도의 오존 농도도 정상보다 상당히 낮았다. 그 당시에는 이유를 말할 수 없었지만 지금의 오존 화학 지식으로는 설명을 제시할 수 있다. 1982년 봄, 멕시코의 엘 치콘 화산이 대규모로 폭발했는데 이것은 1991년 필리핀에서 분출한 피나투보 산 폭발 다음으로 20세기에 두번째로 큰 규모였다. 엘 치콘은 엄청난 양의 이산화황을 대기로 뿜어냈고 이 중 상당량이 황산 입자(에어졸)로 바뀌었다. 과학자들은 극 성층 구름에서 일어나는 촉매 반응들이 이 황산 에어졸에서도 일어날 수 있다고 믿는다. 1982년에서 1983년 사이에 중위도 지역에서 일어난 오존 감소는 엘 치콘 화산 폭발의 결과였던 것 같다. 1991년과 1992년에 피나투보도 같은 영향을 미쳤다는 증거들이 있다. 따라서 화산 폭발도 예측 불가능한 오존 감소의 한 요인이다.

그러나 약간의 희망도 있다. 현재는 CFC가 나쁜 효과를 미치고 있지만 CFC가 영원히 존재하지는 않을 것이다. 대기권에 나쁜 영향을 미치지 않거나 영향이 훨씬 적은 CFC 대체물이 개발되고 있다. 가장 널리 거론되는 것은 HCFC라고 부르는 것이다. 여기에도 역시 염소와 플루오르가 들어 있지만 상당량의 수소도 들어 있다. 수소 때문에 이것은 반응성이 더 강해서 대기 중에 오래 머무르지 않고 분해된다. 21세기 중반에는 오존 감소를 지나간 위기라고 여기게 될 가능성이 충분히 있다.

3 황과 산의 비

3-1 스칸디나비아의 죽음

1980년대에 스칸디나비아와 미국 북동부에서 넓은 면적의 침엽수림이 시들기 시작했다. 수없이 많은 전나무와 소나무가 죽어가는 것이 발견되었다(그림 10.11). 동시에 이곳의 강과 호수에서 민물고기 수가 급격히 감소했다. 특히 송어와 연어의 수가 많이 줄었고 어떤 민물고기들은 멸종했다. 뉴욕 주의 아디론닥 산맥의 호수 중 절반에는 물고기가 전혀 없었다. 1930년대의 4퍼센트에 비해서는 엄청난 증가였다.

숲과 호수 생태계에 닥친 변화가 너무 심각했기 때문에 환경과학자들은 자연적인 과정말고 다른 무엇이 영향을 미친 것이 아닐까 의심할 수밖에 없었다. 특히 공업 생산이 활발한 지역(미국 북동부와 북유럽)이나 바로 인접한 곳에 이런 현상이 심했기 때문에 인간의

그림 10.11 1980년대에 북반구의 침엽수림에서 숲이 죽어가는 것을 흔히 볼 수 있었다. (노르웨이 NIVA 리처드 라이트 제공)

활동으로 인한 공해를 의심하게 되었다.

이 현상이 나타난 곳에서 비의 화학적 조성에 대한 기록을 보면 산업 혁명 이후 계속 비의 산도가 증가했다. 보통 비는 이산화탄소가 녹은 탄산이 들어 있기 때문에 약간 산성이다. 중성 물의 pH는 7이지만 빗물의 pH는 보통 5.6 근처이다. (용액의 산도가 높을수록 pH는 작아진다.) 하지만 현재 미국 북동부에서 비의 pH는 약 4이고 가끔은 미국과 유럽에서 식초의 pH와 맞먹는 2.1이라는 낮은 값이 보고되기도 한다. 자연의 여러 계가 산성화된 비를 흡수하거나 중화하기 때문에 강과 호수의 pH 감소는 이처럼 심하지는 않다. 이 지역의 산성화된 호수의 pH는 보통 5보다 조금 작다. 비로만 하늘에서 산성의 물이 떨어지는 것이 아니라 눈, 이슬, 안개로도 땅에 내려온다. 〈산성비〉라는 표현은 보통 이렇게 땅에 내려오는 모든 〈젖은〉 퇴적을 말한다. 또한 대기 중 산은 기체 상태로 바로 강, 호수, 흙, 식물에 흡수될 수 있고 이것을 마른 퇴적이라고 부른다.

젖거나 마른 산 퇴적 때문에 자연의 민물계가 산성화 되어 나무와 물고기가 죽었다는 것은 금방 분명해졌다. 산은 생태계에 영향을 줄 뿐 아니라 석조물이나 시멘트 같은 건축 재료를 부식시켜 위험을 초래할 수도 있다. 이것을 막으려면 매우 비싼 보존 방안이나 복원 방안이 필요하다.

3-2 공업이 내놓는 산성 물질

산 퇴적은 대기 중에 있는 두 가지 미량 기체, 즉 이산화황(SO_2)과 질소 산화물(주로, NO와 NO_2이고 이들을 한꺼번에 NO_x라고 부른다) 때문이다. 공업 생산이나 인류의 다른 활동이 SO_2와 NO_x를 상당히 많이 내놓는다. 화석 연료를 태울 때 SO_2와 NO_x가 나온다. 특히 황과 질소가 많이 든 석탄을 태울 때 많이 나오지만 자동차의 배기 가스에서도 상당량이 나온다. 숲이나 다른 식물을 태울 때도 질소 산화물이 나온다. 산성비는 주로 공업화한 북반구의 나라에서 나타나는 문제들이지만 열대 지방에서 식물을 불사르는 것도 충분히 많은 NO_x를 방출해서 흙과 호수의 화학에 영향을 미친다.

공업 활동의 중심에서 이런 오염 물질이 대기로 방출되지만 오염 물질은 비나 눈으로 씻기기 전에 대류권에서 수백 킬로미터 떨어진 곳까지 퍼질 수 있다. 따라서 공업 활동의 중심에서 떨어져 있지만 그쪽에서 불어오는 바람이 도달하는 곳의 오염의 피해가 가장 크다. 영국, 독일과 동부 유럽의 나라들에서 오는 황과 질소의 산화물을 모두 받는 특히 나쁜 자리에 스칸디나비아가 자리잡고 있다. 스웨덴 남부에서는 대기 중 황 화합물의 70퍼센트가 인류의 활동에 의한 것이고 그중 80퍼센트는 스웨덴 바깥에서 온 것이다. 지역적인 오염을 줄이기 위해 굴뚝을 높이는 것이 문제를 더 악화시킨다. 굴뚝이 높으면 오염 물질은 더 멀리 퍼진다. 유럽과 북 아메리카에서 출발한 황 오염은 그린란드의 얼음에도 나타나고 가끔씩 북극 주위를 덮는 북극 안개를 일으킨다.

SO_2와 NO_x는 대류권에서 하이드록시 자유 라디칼이 관여하는 화학 반응들을 거쳐 각각 황산과 질산으로 바뀐다. 물 분자가 햇빛의 자외선을 받아 광화학적으로 쪼개져서 이 라디칼이 생긴다. 이 라디칼은 반응성이 매우 강해서 거의 모든 미량 기체와 반응할 수 있기 때문에 대기권 하부의 화학에서 아주 중요한 역할을 한다. 예를 들어 앞에서 본 것처럼 하이드록시 라디칼과 메탄의 반응을 통해 대기권에서 메탄이 주로 제거된다. 공기에서 미량 기체를 제거하는 이 능력 때문에 하이드록시 라디칼을 흔히 대류권의 〈세제〉라고 한다. 하이드록시가 SO_2나 NO_x와 반응하는 것이 이 세척 과정의 또 다른 예이다. 하지만 불행히도 만들어지는 것이 질산과 황산이기 때문에 바로 안개나 구름의 물방울에 녹아 산성 용액을 만든다.

산성비의 효과는 필연적으로 강과 호수와 흙의 산도를 높이는 것이라고 생각할 수 있다. 그러나 최근 수십 년 동안 하늘에서 떨어지는 물의 산도는 분명히 높아졌지만 이것이 땅과 호수의 화학에 얼마만큼 영향을 미쳤느냐에 대해서는 논란이 뜨겁다. 왜냐하면 이런 자연계는 꽤 많은 산과 염기를 흡수할 수 있기 때문이다. 땅은 보통 약간 염기성이고 중탄산 이온(HCO_3^-)이나 암모니아가 들어 있다. 이것들은 산이 내놓은 수소 이온을 붙잡아 각각 탄산(H_2CO_3, 이것은 물과 이산화탄소로 쪼개진다)이나 암모늄 이온(NH_4^+)이 된다. 산성화를 막는 〈완충제〉으로 작용하는 진흙 광물이 있는 땅도 많다. 이런 알루미노실리케이트 광물과 물이 반응하면 깁사이트($Al(OH)_3$) 광물처럼 알루미늄과 수산화 이온이 든 화합물이 생긴다. 산이 이런 화합물에 작용하면 묶여 있던 알루미늄 이온이 지하수에 녹아 이것을 다른 곳으로 나를 수 있다. 따라서 진흙땅에 산성비가 내리면 산도가 높아지지 않고 강이나 호수로 씻겨 나가는 알루미늄의 양이 많아진다. 알루미늄은 여러 종류의 물고기에 대해 독이기 때문에 산성비의 생물학적 생태학적 영향에 대한 우려는 물이 산성화되는 것이 아니라 알루미늄 농도가 높아지는 것이다. 또한 알루미늄이 치매와 같은 퇴행성 신경 질환과 관련이 있을지도 모른다는 주장이 제기되었기 때문에 알루미늄이 사람의 건강에 미칠 영향에 대한 우려도 높아지고 있다.

분필의 재료인 탄산칼슘 같은 돌은 염기성이어서 산성비를 중화시킨다. 그러나 화강암이나 석영 같은 규산질 돌은 그 자체가 약한 산성이어서 산을 중화시키지 못한다. 산성비의 영향을 주로 받은 스칸디나비아나 캐나다, 로키 산맥, 애팔래치아 산맥, 아디론닥 산맥에 이런 규산질 암석이 흔하다. 그러므로 이 지역에는 강과 호수의 산성화를 막을 자연적인 보호 장치가 없다.

강이 날라오는 무기물과 호수 바닥과 물 속의 생물학적인 과정이 지배하는 호수의 화학은 꽤 복잡하다. 따라서 들어온 산에 호수가 어떻게 반응할지도 역시 예측하기 어려운 복잡한 문제이다. 어떤 호수들은, 특히 북극 지방에 있는 것들은 자연적인 생물학적 과정 때문에 염기성을 띠어서 꽤 많은 산이 들어와도 pH에 큰 변화 없이 유지된다. 그러나 어떤 호수들은 금방 산성화된다. 산성화가 심해져서 나타나는 현상이 반드시 먹이 사슬 전체에 걸쳐 일정하지는 않다. 따라서 어떤 종은 사라져도 다른 종은 이익을 얻어 호수의 생태가 바뀐다. 그러나 일반적으로 산성 환경에 적응하는 종의 수는 비교적 적기 때문에 산성화는 호수 생태계의 다양성을 감소시킨다.

3-3 깨끗이 하기

산성비에서 다행한 점이 있다면 산성비가 원인이라는 것이고 따라서 원리적으로는 해결책을 쉽게 찾을 수 있다는 것이다. 산성비의 주원인인 화석 연료를 태우는 것은 또한 지구 온난화를 초래할 위험이 있기 때문에 이런 식으로 방출되는 기체들을 속히 줄일 필요가 있다. 그러나 가까운 장래에 화석 연료 사용이 줄 가능성은 거의 없다. 에너지 절약을 아무리 외쳐도 아마도 20세기 말까지는 배기 가스 방출량이 늘어날 것이다. 그렇다면 유해 가스가 대기권에 이르지 못하게 하는 것말고는 별다른 방법이 없다.

연료를 태우기 전에 황 함량을 낮추는 방법이 있고 배기 가스에서 SO_2와 NO_x를 없애는 방법이 있다. 자연적으로 황 함량이 적은 석탄과 석유를 사용하는 편이 좋겠지만 인공적으로 황 함량을 낮출 수도 있다(물론 비용이 꽤 든다). 배기 가스를 〈세정기〉을 통과시켜 황과 질소 산화물을 무해하게 바꾸거나 고체화 또는 액체화시켜서 산성 가스를 제거할 수도 있다. 배기 가스를 바로 바다로 불어넣는 방법도 제안되었다. SO_2는 바다에 녹았다가 바닥으로 가라앉을 것이다. 생태학적으로 안정한지와는 별개로 이것이 경제적으로 타당한지는 물론 다른 문제이다.

세정기를 설치하는 등의 알려진 방법을 동원하는 것은 비싸다. 전 세계적인 황 방출을 반으로 줄이려면 매해 수백억 달러가 필요할 것이고 이것은 전기료를 엄청나게 올릴 것이다. 그렇지만 미국의 환경 보호청은 새로 짓는 석탄 화력 발전소는 배기 가스에서 70-90퍼센트의 황 화합물을 제거해야 한다고 포고했다. 이제 유럽도 마침내 스칸디나비아 문제에 대한 책임을 인정하고 황 방출을 제한하는 조치들을 도입하기 시작했다. 결국 화석 연료 공급이 끊기면 산성비도 사라질 것이다. 그러나 그 동안은 우리는 이 산업화된 사회의 가장 불쾌한 면을 피할 수 없을 것이다.

4 외로운 오아시스

우리가 아는 한 지구는 태양계에서 생명이 존재했거나 존재하는 유일한 행성이다. 이웃 행성인 금성이나 화성은 지구와 크기가 비슷하지만 메말랐다. 화성은 너무 춥고(-53°C) 금성은 너무 덥다 (200°C). 화성에는 오존층이 없어서 태양에서 오는 자외선을 막지 못한다. 그 결과 화성의 〈흙〉은 부식성의 과산화 화합물 층으로 덮여 있고 이것은 유기물을 금방 태울 것이다. 금성은 생성 초기에 〈과다한 온실 효과〉가 휘발성 화합물을 모두 대기로 올려 보냈다고 추측된다. 그 결과 지금은 황산 구름에 덮여 있다. 이렇게 태양계의 다른 행성에서 우리가 대기의 화학을 바꾸어 일으키는 문제들이 초래할 극적인 결과를 볼 수 있다. 물론 가장 열렬한 환경보호론자도 지구에 이렇게 극단적인 결과가 나타날 것이라고 말하지는 못할 것이다. 그러나 대기의 화학 성분이 행성의 운명을 결정한 이런 예를 보면, 우리를 우주 공간과 갈라놓고 있는 이 얇은 파란색의 섬세한 껍질을 마음대로 해도 괜찮다고 생각하는 것은 한없이 무모하다.

우주에서 지구를 보고 행성에 대한 우리의 인식이 많이 바뀌었다. 생명이 우주에서 본 행성의 모양을 바꾸어 놓는다는 것도 알게 되었다. 또한 우주에서 지구를 보며 겸손해져야 한다는 것을 알게 된다. 우주에서 본 지구에 인류의 특별한 흔적은 보이지 않는다. 보이는 것은 오직 (다양한 생명의 존재를 나타내는) 화학적인 껍질뿐이다(그림 10.12). 그러나 여기 지상에서 우리가 이 행성의 얼굴을 바꿀 수

그림 10.12 지구에 생명이 있는가? 갈릴레오 우주선이 중력으로 가속되어 목성으로 가기 위해 1990년에 지구를 지나칠 때 측정 장치들을 지구로 겨냥해서 생명의 신호를 조사했다. 대기의 극단적인 화학적 비평형(특히 눈에 띄는 높은 산소와 메탄의 농도)에서 이 행성에 생명이 존재한다는 것이 뚜렷했다. 태양계의 다른 어떤 행성에서도 이 특징을 볼 수 없다. (미항공우주국이 찍은 사진을 가지고 레이드 톰슨이 준비한 것을 칼 세이건이 제공함.)

지구를 되살리는 과학 491

있다는 것을 이제 깨닫기 시작했다. 우리가 그 능력을 보유할 수 있는 지혜를 찾게 되기를 희망하자.

(크루첸 Paul Crutzen과 몰리나와 롤랜드는 대기화학, 특히 오존의 생성과 파괴에 관한 연구 공로로 1995년에 노벨 화학상을 받았다.——옮긴이)

옮긴이 후기

　책이 나온 후 지금까지 《네이처》의 편집자였던 필립 볼이 고른 화학의 10개 주제 중 4개에서 노벨 화학상 수상자가 나온 것을 볼 수 있었다. 번역본의 출간은 처음 생각보다 늦었지만 이 책이 다룬 주제들은 여전히 뜨거운 연구 분야이다. 책이 나온 이후의 발전과 우리말로 소개된 것들은 옮긴이 주와 참고문헌에 넣었다.
　글쓴이는 이 책에서 다룬 화학의 주제들을, 1부 현대 화학의 출발, 2부 새로운 물질, 새로운 화학, 3부 무한한 화학의 가능성 세 가지로 분류했다. 글쓴이가 말했듯이 화학의 분야들을 물리화학, 유기화학, 무기화학의 고전적인 틀에 담으려는 것은 이제 별 의미가 없다. 옮긴이는 이 책을 읽고 나서 화학을 글쓴이가 보여준 큰 줄거리 속에서 보게 되었고 화학 연구와 뉴스들이 화학의 안에서 그리고 밖으로 다른 과학 분야와 연결된 것을 더 잘 알아보게 되었다.

  이 책을 읽고 번역한 것은 옮긴이에게 화학자, 과학자로서 큰 행운이었다. 부디 많은 분들이 이 책을 읽고 옮긴이처럼 화학이 여전히 활기차고 재미있고 할 일이 많은 과학 분야라는 것을 깨닫기 바란다. 그리고 과학과 화학의 재미를 알리는 필립 볼 같은 이야기꾼이 더 많이 나오기를 바란다.

참고문헌

독자들을 위해 *부터 ***까지의 문자로 각 문헌의 기술적인 수준을 표시하였다. *로 표시한 것은 일반인을 위한 글로 이 책과 수준이 비슷하다. **로 표시한 것은 어느 정도 과학적 소양이 있는 사람을 대상으로 한 글이거나 대학교의 학부 수준의 기초 교재이다. ***으로 표시한 것은 특정 분야의 전문가를 상대로 한 글이다. 그러나 전문적인 과학 교육을 받지 않은 독자라고 해서 반드시 셋째 부류로부터 달아날 필요는 없다. 셋째 부류의 글이라고 해서 모두 어렵지는 않다.

일반 화학

General Chemistry, P. W. Atkins & J. A. Beran (Scientific American Books, W. H. Freeman & Co., 1992). **

The Extraordinary Chemistry of Ordinary Things, C. Snyder (John Wiley, 1992). **

Molecules, P. W. Atkins (Scientific American Books, W. H. Freeman & Co., 1987). *

Chemical Evolutions, S. F. Mason (Clarendon Press, Oxford, 1992): 『화학적 진화』, 고문주 옮김 (민음사, 1996). *

A Short History of Chemistry, I. Asimov (Heinemann, London, 1965). *

The World of Physical Chemistry, K. J. Laidler (Oxford University Press, 1993). *

General, Organic and Biological Chemistry, J. R. Amend, B. P. Mundy & M. T. Arnold (Sanders College Publishing, 1990). **

Chemistry Imagined, R. Hoffmann & V. Torrence (Smithsonian, Washington, 1993). *

(옮긴이) *From Caveman to Chemist*, H. W. Salzberg (American Chemical Society,

1991);『화학의 발자취』, 고문주 옮김 (범양사출판부, 1993). *
(옮긴이) *The Same and Not the Same*, R. Hoffmann (Columbia University Press, Washington, 1995);『같기도 하고 아니 같기도 하고』, 이덕환 옮김 (까치, 1996). *
(옮긴이)『노벨상이 만든 세상 화학』, 이종호 지음(나무의 꿈, 2000). *
(옮긴이) *The Consumer's Good Chemical Guide*, J. Emsley(W. H. Freeman, 1944);『화학의 변명』, 허훈 옮김(사이언스북스, 2000). *

1장

원자의 구조
Atom, Isaac Asimov (Dutton, New York, 1991). *
Taming The Atom, H. C. von Baeyer (Viking, 1992). *
(옮긴이) *The Periodic Kingdom*, P. W. Atkins (BasicBooks, 1995);『원소의 왕국』, 김동광 과학세대 옮김 (동아출판사, 1996). *

화학 결합
The Nature of The Chemical Bond (2nd Edition), Linus Pauling (Cornell University Press, 1940). **
Valence, C. A. Coulson (Oxford University Press, 1952). **
Physical Chemistry (4th Edition), P. W. Atkins (Oxford University Press, 1990). **
The Chemical Bond, ed. A. H. Zewail (Academic Press, 1992). **

탄소 분자
Organic Chemistry: The Name Game, A. Nickon & E. F. Silversmith (Pergamon, 1987). **
Fascinating Molecules in Organic Chemistry, F. Vogtle (John Wiley, 1992). **
Cyclophanes, F. Diederich (Royal Society of Chemistry, London, 1991). ***

도데카헤드란
"Total synthesis of dodecahedrane," L. A. Paquette, R. J. Ternansky, D. W. Balogh & G. I. Kentgen, *Journal of the American Chemical Society* 105, 5446 (1983). ***

버크민스터풀러렌
"C_{60}: Buckminsterfullerene," H. W. Kroto, J. R. Heath, S. C. O'Brien, R. F. Curl

& R. E. Smalley, *Nature* 318, 162(1985). ***
"Space, stars, C_{60} and soot," H. W. Kroto, *Science* 242, 1139 (1988). **
"Probing C_{60}," R. E. Smalley & R. F. Curl, *Science* 242, 1017 (1988). **
"Solid C_{60}: a new form of carbon," W. Krätschmer, L. D. Lamb, K. Fostiropoulos & D. W. Huffman, *Nature* 347, 354 (1990). ***
"Great balls of carbon," R. E. Smalley, *The Sciences* 31(2), 22 (March/April 1991). *
"Great balls of carbon," J. Baggott, *New Scientist* 34 (6 July 1991). *
"Fullerenes," R. F. Curl & R. E. Smalley, *Scientific American* 265, 54 (October 1991). *
"C_{60}: Buckminsterfullerene, the celestial sphere that fell to Earth," H. W. Kroto, *Angewandte Chemie* (English Edition) 31, 111(1992). **
Buckminsterfullernes, eds W. E. Billups & M. A. Ciufolini (VCH, Berlin, 1993). ***
The Fullerenes, eds H. W. Kroto, J. E. Fischer & D. E. Cox (Pergamon, 1993). ***
Perfect Symmetry: The Accidental Discovery of a New Form of Carbon, J. Baggott (Oxford University Press, 1994). *

탄소 나노튜브와 나노 입자

"Helical microtubules of graphitic carbon," S. Iijima, *Nature* 354, 58 (1991). ***
"Down the straight and narrow," M. S. Dresselhaus. *Nature* 358, 195 (1992). ***
"Curling and closure of graphitic networks under electron-beam irradiation," D. Ugarte, *Nature* 359, 707 (1992). ***
"Carbon onions introduce new flavour to fullerene studies," H. W. Kroto, *Nature* 359, 670 (1992). **
"Single metal crystals encapsulated in carbon nanoparticles," R. S. Ruoff, D. C. Lorents, B. Chan, R. Malhotra & S. Subramoney, *Science* 259, 346 (1993). ***
(옮긴이) "Novel nanocarbons-structure, properties, and potential applications," S. Subramoney, *Advance Materials* 10, 1157 (1998). ***

2장

열역학

Basic Chemical Thermodynamics (4th Edition), E. B. Smith (Oxford University Press, 1990). ***
Chemical Thermodynamics, M. L. McGlashan (Academic Press, 1979). ***

표면 촉매
Perspectives in Catalysis: A Chemistry For The 21st Century, eds J. M. Thomas & K. I. Zamaraev (Blackwell Scientific Publications, 1992). ***

Catalysis at Surfaces, I. M. Campbell (Chapman & Hall, 1988). **

"Catalysis on surfaces," C. M. Friend, *Scientific American* 268, 42 (April 1993). *

제올라이트
"Synthetic zeolites," G. T. Kerr, *Scientific American* 82 (July 1989). *

"Solid acid catalysts," J. M. Thomas, *Scientific American* 112 (April 1992). *

제올라이트 공학
"Catalytic aspects of inclusion in zeolites," N. Herron in *Inclusion Compounds* Vol. 5, eds J. L. Atwood, J. E. D. Davies & D. D. MacNicol (Oxford University Press, 1991). ***

효소 촉매
Understanding Enzymes (3rd Edition), T. Palmer (Ellis Horwood, 1991). **

Introduction to the Chemistry of Enzyme Action, A. Williams (McGraw-Hill, London. 1969). **

The Machinery of Life, D. S. Goodsell (Springer-Verlag, Berlin, 1993). *

효소의 공업적인 이용
"The greening of chemistry," S. Roberts & N. Turner, New Scientist 126, 38 (21 April 1991). *

바이오센서
Biosensors, E. A. H. Hall (Prentice Hall, 1991). ***

Biosensors: Fundamentals and Applications, eds A. P. F. Turner, I. Karube & G. S. Wilson (Oxford University Press, 1987). ***

"Biosensors," J. S. Schultz, *Scientific American* 264 (August 1991). *

3장

빛
Light, R. W. Ditchburn (Dover, 1991). **

분광학

Introduction to Molecular Spectroscopy, G. M. Barrow (McGraw-Hill. 1962). **
Fundamentals of Molecular Spectroscopy, C. N. Banwell (McGraw-Hill, 1972). **
Physical Chemistry (4th Edition), P. W. Atkins (Oxford University Press, 1990). **

광화학

Principles and Applications of Photochemistry, R. P. Wayne (Oxford University Press, 1988). **
Light, Chemical Change and Life, eds J. D. Coyle, R. R. Hill & D. R. Roberts (Open University Press, 1982). **

초고속 레이저 분광학

"The birth of molecules," A. H. Zewail, *Scientific American* 263, 76 (1990). *
"Laser femtochemistry," A. H. Zewail, *Science* 242, 1645 (1988). ***
"Ultrafast reaction dynamics." M. Gruebele & A. H. Zewail, *Physics Today* 43(5), 24 (1990). ***
"Real-time laser femtochemistry," A. H. Zewail & R. Bernstein, in *The Chemical Bond* ed. A. H. Zewail (Academic Press, 1992). **
"Femtosecond clocking of the chemical bond," M. J. Rosker, M. Dantus & A. H. Zewail, *Science* 241, 1200 (1988). ***
"Direct femtosecond mapping of trajectories in a chemical reaction," A. Mokhtari, P. Cong, J. L. Herek & A. H. Zewail, *Nature* 348, 225 (1990). ***

결합 선택적 광화학

"State-and bond-selected unimolecular reactions." F. F. Grim, *Science* 249, 1387 (1990). ***

4장

결정학과 회절

Crystallography and Its Applications, L. S. D. Glasser (Van Nostrand Reinhold Co., 1977). **
Inorganic Solids, D. M. Adams (John Wiley, 1974). **
Diffraction Methods, J. Wormald (Oxford University Press, 1973). ***
"Architecture of the invisible," J. M. Thomas, *Nature* 364, 478 (1993). *
Fearful Symmetry, I. Stewart & M. Golubitsky (Penguin, 1992). *

준결정

"Metallic phase with long-range orientational order and no translational symmetry," D. Schectman, I. Blech, D. Gratias & J. W. Cahn, *Physical Review Letters* 53, 1951(1984). ***

Introduction To Quasicrystals, ed. M. V. Jaric (Academic Press, 1988). **

The Physics of Quasicrystals, eds P. J. Steinhardt & S. Ostlund (World Scientific, Singapore, 1987). ***

"Quasicrystals," D. Nelson, *Scientific American* 255, 32 (August 1986). *

"The structure of quasicrystals," P. W. Stephens & A. I. Goldman, *Scientific American* 264, 24 (April 1991). *

(옮긴이) "Crazy crystals," P. Steinhardt, *New Scientist* 32(25 January 1997). *

5장

생화학과 유전학

The Chemistry of Life (3rd Edition), S. Rose (Penguin, 1991). *

Biochemistry (2nd Edition), J. D. Rawn (Carolina Biological Supply Co., 1989). **

Biochemistry, C. K. Mathews & K. E. van Holde (Benjamin/Cum-mings, 1990). **

Genetics (2nd Edition), P. J. Russell (Scott, Foresman & Co., 1990). **

Molecular Cell Biology (2nd Edition), eds J. Darnell, H. Lodish & D. Baltimore (Scientific American Books Inc., Freeman, 1990). **

DNA

The Double Helix, J. D. Watson (Penguin, 1968): 『이중나선』, 하두봉 옮김 (전파과학사, 1973). *

"Molecular structure of nucleic acids," J. D. Watson & F. H. C. Crick, *Nature* 171, 737 (1953). ***

화학적 분자 인식과 초분자 화학

The Chemistry of Macrocyclic Ligand Complexes, L. F. Lindoy (Cambridge University Press, 1989). **

Macrocyclic Chemistry, B. Dietrich, P. Viout & J.-M. Lehn (VCH, Weinheim, 1993). ***

"Supramolecular chemistry – scope and perspectives," J.-M. Lehn, *Angewandte Chemie* (English Edition) 27, 89 (1988). **

Bioorganic Chemistry (2nd Edition), H. Dugas (Springer-Verlag, 1989). **

Host – Guest Molecular Interactions: *From Chemistry to Biology* (John Wiley, 1991). ***

Inclusion Compounds Vol. 4, eds J. Atwood, J. E. D. Davies & D. D. MacNicol (Oxford University Press, 1991). ***

왕관형 에테르

Crown Ethers and Cryptands, G. W. Gokel (Royal Society of Chemistry, London, 1991). ***

칼릭사렌

Calixarenes, C. D. Gutsche (Royal Society of Chemistry, London, 1993). ***

카세란드

"Molecular container compounds," D. Cram, *Nature* 356, 29 (1992). ***

로택세인과 카테네인

"A [2] catenane made to order," P. R. Ashton *et al.*, *Angewandte Chemie* (English Edition) 28, 1396 (1989). ***

"Molecular trains: the self-assembly and dynamic properties of two new catenanes," P. R. Ashton *et al.*, *Angewandte Chemie* (English Edition) 30, 1042(1991). ***

"Polyrotaxanes: molecular composites derived by physical linkage of cyclic and linear species," H. W. Gibson & H. Marand, *Advanced Materials* 5, 11(1993). ***

분자 복제

"A self-replicating system," T. Tjivikua, P. Ballester & J. Rebek, *Journal of The American Chemical Society* 112, 1249 (1990). ***

"Molecular recognition with model systems," J. Rebek, *Angewandte Chemie* (English Edition) 29, 245 (1990). ***

"Crossover reactions between synthetic replicators yield active and inactive recombinations," Q. Feng, T. K. Park & J. Rebek, *Science* 254, 1179 (1992). ***

"Competition, cooperation, and mutation: improving a synthetic replicator by light irradiation," J.-I. Hong, Q. Feng, V. Rotello & J. Rebek, *Science* 255, 848 (1992). ***

"Life in a test tube," L. D. Hurst & R. Dawkins, *Nature* 357, 198 (1992). **

"Molecular replication," L. E. Orgel, *Nature* 358, 203 (1992). ***

(옮긴이) "Go forth and multiply," E.K. Wilson, *Chemical & Engineering News* 40

(7 December 1998). **

6장

고체 물리
Introduction to Solid - State Physics (6th Edition), C. Kittel (John Wiley, 1986). **
The Solid State, A. Guinier & R. Jullien (Oxford University Press, 1989). **
The Electronic Structure and Chemistry of Solids, P. A. Cox (Oxford University Press, 1987). ***

분자 전자공학
"Molecular electronics," C. A. Mirkin & M. A. Ratner, *Annual Reviews of Physical Chemistry* 43, 719 (1992). ***
(옮긴이) "Polymeric and Organic Electronic Materials and Applications," *MRS Bulletin* 13-56 (June 1997). **
(옮긴이) "The Dawn of organic Electronics," IEEE Spectrum 29 (August 2000) ***

전도성 중합체
"Plastics that conduct electricity," R. B. Kaner & A. G. MacDiarmid, *Scientific American* 258, 60 (February 1988). *
"New semiconductor device physics in polymer diodes and transistors," J. H. Burroughes, C. A. Jones & R. H. Friend, *Nature* 335, 137 (1988). ***

분자 전도체
"Linear-chain conductors," A. J. Epstein & J. S. Miller, *Scientific American* 241, 48 (October 1979). *

초전도
Superconductivity - The Next Revolution? G. F. Vidali (Cambridge University Press, 1993). **
The Path of No Resistance, B. Schechter (Simon & Schuster, New York, 1989). *

유기 초전도체와 분자 초전도체
"Organic superconductors," K. Bechgaard & D. Jerome, *Scientific American* 247, 52 (July 1982). *

"Superconductors go organic," D. Carlson & J. M. Williams, *New Scientist* 26 (14 November 1992). *

Organic Superconductors (Including Fullerenes): Synthesis, Stucture, Properties and Theory, J. M. Williams et al. (Prentice Hall, 1992). ***

"Molecular inorganic superconductors," P. Cassoux & L. Valade, in *Inorganic Materials* eds D. W. Bruce & D. O' Hare (John Wiley, 1992). ***

풀러렌 초전도체

"Superconductivity at 18 K in potassium-doped fullerene (K_3C_{60}), " A. F. Hebard et al., *Nature* 350, 600 (1991). ***

"Superconductivity at 28 K in Rb_xC_{60}, " M. J. Rosseinsky et al., *Physical Review Letters* 66, 2830 (1992). ***

"Superconductivity in doped fullerenes, " A. F. Hebard, *Physics Today* 45, 26 (November 1992). ***

7장

콜로이드 과학

Introduction to Modern Colloid Science, R. J. Hunter (Oxford University Press, 1993). **

Introduction to Colloid Science, W. J. Popiel (Exposition-University Press, New York, 1978). **

겔

"Gels," T. Tanaka, *Scientific American* 244, 110 (January 1981). *

"Phase transitions of gels," Y. Li & T. Tanaka, *Annual Reviews of Materials Science* 22, 243 (1992). ***

"Environmentally sensitive polymers and hydrogels," A. S. Hoffman, *MRS Bulletin* 16, 42 (Materials Research Society, September 1991). **

계면 활성, 미셀, 리포좀

The Science of Soap Films and Soap Bubbles, C. Isenberg (Dover, 1992). *

"Molecular architecture and function of polymeric oriented systems: models for the study of organization, surface recognition, and dynamics of biomembranes," H. Ringsdorf, B. Schlarb & J. Venzmer, *Angewandte Chemie* (English Edition)

27, 114 (1988). ***

"Micelles and microemulsions," D. Langevin, *Annual Reviews of Physical Chemistry* 43, 341(1992).

"Liposomes," M. J. Ostro, *Scientific American* 256, 90 (January 1987). *

Liposomes: from Physics to Applications, D. D. Lasic (Elsevier, 1993). **

자기 복제하는 미셀

"Self-replicating reverse micelles and chemical autopoiesis," P. A. Bachmann, P. Walde, P. L. Luisi & J. Lang, *Journal of the American Chemical Society* 112, 8200 (1990). ***

랑뮈어 막

"Seeing phenomena in flatland: studies of monolayers by fluorescence microscopy," C. M. Knobler, *Science* 249, 870 (1990). ***

"Phase transitions in monolayers." C. M. Knobler & R. C. Desai, *Annual Reviews of Physical Chemistry* 43, 207 (1992). ***

랑뮈어-블로젯 막

Langmuir-Blodgett Films, ed. G. Roberts (Plenum, 1990). **

액정

Liquid Crystals, P. J. Collings (Princeton University Press, 1990): 『액정』, 이신두 옮김 (전파과학사, 1994). **

Liquid Crystals (2nd Edition), S. Chandrasekhar (Cambridge University Press, 1992). **

"The world of liquid crystals." R. Templer & G. Attard, *New Scientist* 25 (4 May 1991). *

8장

초기 지구

The Young Earth, E. G. Nisbet (Allen & Unwin, 1987). **

Chemical Evolution, S. F. Mason (Clarendon Press, Oxford, 1992): 『화학적 진화』, 고문주 옮김, (민음사, 1996). **

"The nature of the Earth prior to the oldest known rock record: the Hadean era," D. J. Stevenson, in *Earth's Earliest Biosphere* ed. J. W. Schopf (Princeton University

Press, 1983). ***
(옮긴이) Life in the Universe: Scientific American: Special Issue (W. H. Freeman, 1995):『우주와 생명』, 장회익 외 옮김 (김영사, 1996). *
(옮긴이) http://www.panspermia.org/. *

생명의 화학적 기원
The Origin of Life, M. G. Rutten (Elsevier, 1971). **
The Origin of Life, C. E. Folsome (W. H. Freeman, 1979). **
Origins of Life, F. Dyson (Cambridge University Press, 1985). **
Seven Clues to the Origin of Life, A. G. Cairns-Smith (Cambridge University Press, 1985):『생명의 기원에 관한 일곱 가지 단서』, 곽재홍 옮김 (동아출판사, 1991). *
"Chemical evolution and the origin of life," R. E. Dickerson, *Scientific American* 239, 62 (September 1978). *
"The origin and early evolution of life on Earth," J. Oró, S. L. Miller & A. Lazcano, *Annual Reviews of Earth & Planetary Science* 18, 317 (1990). ***
(옮긴이)『생명의 기원』, 박인원 (서울대학교출판부, 1997). **
(옮긴이) Origins, R. Shapiro(Summit, 1986):『닭이냐 달걀이냐』, 홍동선 옮김 (책세상, 1990). *

손대칭성의 기원
The Ambidextrous Universe, M. Gardner (Penguin, 1974):『마틴 가드너의 양손잡이 자연 세계』, 과학세대 옮김 (까치, 1993). *
Chemical Evolutions, S. F. Mason (Clarendon Press, Oxford, 1992):『화학적 진화』, 고문주 옮김 (민음사, 1996). ** (〈옮긴이 해설〉에 1995년까지의 연구 성과가 잘 정리되어 있다.)
"Origins of biomolecular handedness," S. F. Mason, *Nature* 311, 19 (1984). ***

RNA 세계와 리보자임
"RNA evolution and the origins of life," G. Joyce, *Nature* 338, 217 (1989). ***
The RNA World, ed. R. F. Gesteland & J. F. Atkins (Cold Spring Harbor Laboratory Press, 1993). **
"RNA as an enzyme," T. R. Cech, *Scientific American* 255, 76 (November 1986). *

생명체의 초기 진화
Earth's Earliest Biosphere, ed. J. W. Schopf (Princeton University Press, 1983). ***

"The evolution of the earliest cells," J. W. Schopf, *Scientific American* 239, 84 (September 1978). *

Microcosmos, L. Margulis & D. Sagan (Summit, New York. 1986):『마이크로코스모스』, 홍욱희 옮김 (범양사출판부, 1987). *

The Emergence Of Life, S. Fox (Basic Books, New York, 1988). *

(옮긴이) *The Third Culture: Beyond the Scientific Revolution*, J. Brockman (Simon & Schuster, 1995):『제3의 문화』, 김태규 옮김 (대영사, 1996). * 9장에서 다루는 복잡성과 관련하여 생명의 기원과 초기 진화는 신경계, 지능의 진화로 이어지는, 현대의 여러 사상가들이 참여하는 뜨거운 연구 주제이다. 이 책에서 소개한 사상가 중 여럿이 생명이 기원과 진화를 연구하고 있다. 아래에 소개하는 Stuart Kaufmann도 그 중 하나이다.)

(옮긴이) *At Home in the Universe*, S. Kaufmann (Oxford University Press, 1995). *

열수 분출구

(옮긴이) Some like it hot," R. I. Rawls, *Chemcal & Engineering News* 35 (21 December 1998). ***

핵산 복제 모델

"Molecular replication." L. E. Orgel, *Nature* 358, 203 (1992). *

"A self-replicating hexadeoxynucleotide," G. von Kiedrowski, *Angewandte Chemie* (English Edition) 25, 932 (1986). ***

9장

물리학과 생물학에서의 형태

On Growth And Form, D'A. Thompson (Cambridge University Press. 1992). **

(옮긴이) *Nature's Numbers*, I. Stewart (BasicBooks, 1995):『자연의 수학적 본성』, 김동광 과학세대 옮김(동아출판사, 1996). *

쪽거리

The Fractal Geometry Of Nature, B. B. Mandelbrot (W. H. Freeman, 1982). *

Fractals, J. Feder (Plenum Press, 1988). **

The Beauty of Fractals, H.-O. Peitgen & P. H. Richter (Springer-Verlag, Berlin. 1986). *

Fractals, H. Lauwerier (Princeton University Press, 1991). *

"Fractal phenomena in disordered systems," R. Orbach, *Annual Reviews of Materials Science* 19, 497 (1989). ***

결정 성장과 모양

"Fractal growth," L. M. Sander, *Scientific American* 256, 82 (January 1987). *

"The formation patterns in non-equilibrium growth." E. Ben-Jacob & P. Garik, *Nature* 343, 523 (1990). ***

"Pattern formation in materials science." J. P. Gollub & L. M. Sander, *MRS Bulletin* 12, 98 (Materials Research Society, August/September 1987). **

진동하는 화학 반응

When Time Breaks Down, A. T. Winfree (Princeton University Press, 1987). **

Oscillations and Travelling Waves in Chemical Systems, eds R. Field & M. Burger (John Wiley, 1985). ***

"Chemical waves," J. Ross, S. C. Müller & C. Vidal, *Science* 240, 460 (1988). ***

형태 발생

The Making of a Fly, P. A. Lawrence (Blackwell Scientific Publications, 1992). **

"The shape of things to come." L. Wolpert, *New Scienist* 38 (27 June 1992). *

튜링 구조

"Experimental evidence of a sustained standing Turing-type nonequilibrium chemical pattern," V. Castets, E. Dulos, J. Boissonade & P. De Kepper, *Physical Review Letters* 64, 2953 (1990). ***

"Transition from a uniform state to hexagonal and striped Turing patterns," O. Ouyang & H. L. Swinney, *Nature* 352, 610 (1991). ***

"Crystals from dreams," A. T. Winfree, *Nature* 352, 568 (1991). **

가죽과 껍질의 모양 만들기

"How the leopard gets its spots," J. D. Murray, *Scientific American* 258, 80 (March 1988). *

Models of Biological Pattern Formation, H. Meinhardt (Academic Press, 1982). **

카오스

Chaos, J. Gleick (Sphere, 1988) ; 『카오스』, 박배식, 성하운 옮김 (동문선, 1994). *

"Chaos," J. P. Crutchfield, J. D. Farmer, N. H. Packard & R. S. Shaw, *Scientific American* 255, 38 (December 1986). *

"What is chaos, that we should be mindful of it?," J. Ford, in *The New Physics* ed. P. Davies (Cambridge University Press, 1989). **

Exploring Chaos, ed. N. Hall (W. W. Norton & Co., 1992). *

(옮긴이) *Does God Play Dice?*, I. Stewart (Blackwell, 1990):『하느님은 주사위 놀이를 하는가?』, 박배식, 조혁 옮김 (범양사출판부, 1993). *

화학 카오스

"Chemical chaos," S. K. Scott, in *Exploring Chaos*, ed. N. Hall (W. W. Norton & Co., 1992). *

Chemical Chaos, S. K. Scott (Oxford University Press, 1991). ***

비평형 열역학

From Being To Becomming, I. Prigogine (Freeman, 1980):『있음에서 됨으로』, 이철수 옮김 (민음사, 1988). *

Self-Organization in Nonequilibrium Systems, G. Nicolis & I. Prigogine (John Wiley, 1974). **

"Physics of far-from-equilibrium systems and self-organization," G. Nicolis, in *The New Physics* ed. P. Davies (Cambridge University Press, 1989). **

Exploring Complexity, G. Nicolis & I. Prigogine (Freeman, New York, 1989). **

(옮긴이) *Order Out Of Chaos*, I. Prigogine & I. Stengers (Heinemann, London, 1984):『혼돈으로부터의 질서』, 신국조 옮김 (정음사, 1988: 고려원미디어, 1993):『혼돈 속의 질서』, 유기풍 옮김 (민음사, 1990). *

(옮긴이) *The Arrow of Time*, P. Coveney & R. Highfield (W. H. Allen, London, 1990):『시간의 화살』, 이남철 옮김 (범양사출판부, 1994). *

(옮긴이) *Frontiers of Complexity*, P. Coveney & R. Highfield (Fawcett Columbine, New York, 1995). * (복잡성을 더 상세히 다룬 책이다. 특히 화학과 관련해서는 이 책의 6장을, 생명의 기원과 관련해서는 7장을 보시오.)

10장

대기의 기원과 진화

The Chemiral Evolution of the Atmosphere and Oceans, H. D. Holland (Princeton University Press. 1984). **

"How climate evolved on the terrestrial planets," J. F. Kasting, O. B. Toon & J. B. Pollack, *Scientific American* 258, 90 (February 1988). *

(옮긴이)『지구환경과학 II : 대기.해양.우주.환경』, 한국지구과학회 편 (대한교과서주식회사, 1994). *

대기 화학

Chemistry of Atmospheres (2nd Edition), R. P. Wayne (Oxford University Press, 1991). **

Atmospheric Change, T. E. Graedel & P. J. Crutzen (W. H. Freeman, 1993). **

Atmosphere, Weather and Climate (6th Edition), R. G. Barry & R. J. Chorley (Routledge, 1992). **

"The changing atmosphere," T. E. Graedel & P. J. Crutzen, *Scientific American* 261, 28 (1989). *

Gaia, J. Lovelock (Oxford University Press, 1979) :『가이아』, 홍욱희 옮김 (범양사출판부, 1990). *

The Ages Of Gaia, J. Lovelock (Oxford University Press, 1988) :『가이아의 시대』, 홍욱희 옮김 (범양사출판부, 1992). *

(옮긴이) *Gaia*, J. Lovelock (Gaia Books, London, 1991) :『가이아』김기협 옮김 (김영사, 1995). *

(옮긴이) *Atmosphere, climate, and Change*, T. E. Graedel & P. J. Crutzen (Scientific American Library, 1995) :『기후 변동』, 김경렬. 이강웅 옮김(사이언스북스, 1999). *

생지구화학적 순환

Biogeochemistry, W. H. Schlesinger (Academic Press, 1991). **

Global Biogeochemical Cycles, eds S. S. Butcher, R. J. Charlson. G. H. Orians & G. V. Wolfe (Academic Press, 1992). **

기상 기록과 고(古)기상학

Ice Ages, J. Imbrie & K. P. Imbrie (Macmillan, London, 1979). *

"The ice-core record : climate sensitivity and future greenhouse warming," C. Lorius, J. Jouzel. D. Raynaud, J. Hansen & H. Le Treut, *Nature* 347, 139 (1990). ***

지구 온난화

Global Climate Change, ed. S. F. Singer (Paragon House, New York. 1989). **

Hothouse Earth, J. Gribbin (Bantam Press, London, 1990). *

"The changing climate," S. H. Schneider, *Scientific American* 261, 38 (September 1989) *

Climate Change. The IPCC Scientific Assessment, eds J. T. Houghton, G. J. Jenkins & J. J. Ephraums (Cambridge University Press, 1990). **

(옮긴이) *Laboratory Earth: The Planetary Gamble We Can't Afford to Lose* (Science Masters Series), S. H. Schneider (BasicBooks, 1997);『실험실 지구』, 임태훈 옮김 (두산동아, 1997). *

오존층 파괴

"Large losses of total ozone reveal seasonal ClO_x/NO_x interaction," J. C. Farman, B. G. Gardiner & J. D. Shanklin, *Nature* 315, 207 (1985). ***

"The Antarctic ozone hole," R. S. Stolarski, *Scientific American* 258, 20 (1988). *

"Progress towards a quantitative understanding of Antarctic ozone depletion," S. Solomon, *Nature* 347, 347 (1990). ***

"Stratospheric ozone depletion," F. S. Rowland, *Annual Reviews of Physical Chemistry* 42, 731 (1991). ***

"Polar stratospheric clouds," R. Turco & O. B. Toon. *Scientific American* 264, 40 (June 1991). *

산성비

"Acid rain," G. E. Likens, R. F. Wright, J. N. Galloway & T. J. Butler, *Scientific American* 241, 39 (October 1979). *

Acid Rain, B. J. Mason (Clarendon Press, Oxford, 1992). **

다른 주제들

Advanced Inorganic Chemistry (3rd Edition), F. A. Cotton & G. Wilkinson (lohn Wiley, 1972). **

Organic Chemistry (3rd Edition), R. T. Morrison & R. N. Boyd (Allyn & Bacon, 1973). **

Introduction to Polymers, R. J. Young (Chapman & Hall, 1981). **

Polymer Chemistry, M. P. Stevens (Oxford University Press, 1990). **

Electrochemistry, C. M. A. Brett & A. M. Oliveira Brett (Oxford University Press, 1993). **

Organometallics (2nd Edition), Ch. Elschenbroich & A. Salzer (VCH, Weinheim, 1992). **

화학의 시대

1판 1쇄 펴냄 2001년 2월 10일
1판 11쇄 펴냄 2019년 9월 6일

지은이 필립 볼
옮긴이 고원용
펴낸이 박상준
펴낸곳 (주)사이언스북스

출판등록 1997. 3. 24. (제16-1444호)
(06027) 서울특별시 강남구 도산대로1길 62
대표전화 515-2000, 팩시밀리 515-2007
편집부 517-4263, 팩시밀리 514-2329
www.sciencebooks.co.kr

한국어판 ⓒ (주)사이언스북스, 2001. Printed in Seoul, Korea.

ISBN 978-89-8371-075-8 03430